FESTKÖRPERPROBLEME

BAND II

Festkörperprobleme

BAND II

zugleich Halbleiterprobleme Band VIII

in Referaten des Halbleiterausschusses
des Verbandes Deutscher Physikalischer Gesellschaften
Saarbrücken 1962

Herausgegeben von
Prof. Dr. Fritz Sauter, Köln

Mit 221 Abbildungen

AKADEMIE-VERLAG, BERLIN 1963

Lizenzausgabe des Verlages
Friedr. Vieweg & Sohn, Braunschweig

Satz und Druck: ACO DRUCK GMBH, Braunschweig
Printed in Germany
Druckgenehmigungsnummer 202 · 100/858/63

Vorwort

Die Buchreihe „Festkörperprobleme", die aus der von Herrn Schottky begründeten Reihe „Halbleiterprobleme" hervorgegangen ist, soll die zusammenfassenden Vorträge bringen, welche auf den gemeinsamen Arbeitssitzungen des Halbleiterausschusses des Verbandes Deutscher Physikalischer Gesellschaften und der Arbeitsgemeinschaft Metallphysik gehalten werden. Gerade durch diese Koppelung der Tagungen der Halbleiterphysiker und der Metallphysiker sollte erreicht werden, daß diese beiden großen Gruppen von Physikern, die sich mit Festkörperproblemen beschäftigen, in engeren fachlichen und persönlichen Kontakt kommen. Dadurch erschien auch die Änderung des Titels der Buchreihe gerechtfertigt.

Der vorliegende Band enthält zusammenfassende Vorträge, welche auf der gemeinsamen Tagung der Physikalischen Gesellschaft Hessen-Mittelrhein-Saar mit den beiden obenerwähnten Arbeitskreisen im April 1962 in Saarbrücken gehalten wurden. Daß die zusammenfassenden Vorträge auf dieser Tagung sich vornehmlich mit Problemen der Halbleiterphysik beschäftigen, war ein Spezifikum dieser Tagung. Es wird ein vornehmliches Anliegen bei den kommenden gemeinsamen Arbeitstagungen sein, zusammenfassende Vorträge auch aus anderen Gebieten der Festkörperphysik neben den eigentlichen Halbleiterproblemen in das Programm aufzunehmen.

Köln, im Juli 1963

F. Sauter

Inhaltsverzeichnis

F. R. KESSLER*)

Die optischen Konstanten der Halbleiter

Mit 62 Abbildungen

Überblick über den behandelten Themenkreis

Über die Absorptionsverhältnisse in Halbleitern ist zusammenfassend mehrfach im Halbleiterausschuß berichtet worden, dagegen wurde dem Realteil des Brechungsindexes bisher weniger Aufmerksamkeit geschenkt. *Beide* Größen, Absorptionsindex und Brechungsindex, sind es aber, die einerseits die Ausbreitung elektromagnetischer Wellen in einem Medium (Relative Permeabilität $\mu_{rel} = 1$) bestimmen und andererseits zur Analyse des mikrophysikalischen Geschehens in einem Halbleiterkristall herangezogen werden können.

Es ist das Ziel des Referates, gerade den *Zusammenhang* zwischen beiden Größen darzustellen, denn obwohl beides phänomenologisch unabhängige Größen sind, ist es möglich, sie über eine geeignete Dispersionstheorie gemeinsam auf das Verhalten der Elektronen des Kristalls zurückzuführen und somit die dortigen Parameter zu bestimmen. Dabei wird wieder die Sonderstellung deutlich, die die Halbleiter unter den Festkörpern einnehmen. Während bei den Metallen die *freien* Ladungsträger und bei den Isolatoren, z. B. den Ionenkristallen, die *gebundenen* Elektronen bzw. Ionenladungen jeweils weitgehend *allein* die Dispersion und Absorption beherrschen, lassen sich beim Halbleiter beide Einflüsse bequem *nebeneinander* studieren, verbunden mit dem Vorteil, durch Variation der Dichte der freien Ladungsträger ihren Einfluß auf Absorptionsindex und Brechungsindex separieren und damit sehr genau verfolgen zu können.

Dementsprechend behandelt das Referat die folgenden Sachgebiete:

1. Da der Absorptionsindex im betrachteten Wellenlängenbereich vom statischen Fall bis zum ultravioletten Spektralteil mit $\lambda = 0{,}1$ µm (entsprechend ca. 10 eV Lichtquantenenergie) um etwa vier Zehnerpotenzen variiert, müssen *mehrere* Meßmethoden zur Bestimmung der optischen Konstanten verwendet werden. In dem ersten, gegenüber dem Vortrag stark erweiterten, Kapitel werden die wesentlichen Methoden, wie sie bei Halbleitern Verwendung finden, aufgeführt.

Im Bereich hoher Absorption sind es hauptsächlich Messungen an reflektiertem, u. U. linear polarisiertem Licht. Da aber Reflexionsmessungen praktisch die optischen Eigenschaften einer nur sehr dünnen Oberflächenschicht abtasten, sind derartige Messungen empfindlich gegenüber den speziellen Eigenschaften der Oberfläche oder gegen Fremdstoffschichten (z. B. Oxydschichten) auf der Oberfläche. Die Größe und die Elimination ihres Einflusses wird diskutiert.

2. In dem Referat wird häufig die klassische Dispersionstheorie zum Vergleich herangezogen, da sie sich durch Umdeutung ihrer Parameter auch im Bereich der

*) Universität des Saarlandes, Saarbrücken, Institut für Experimentalphysik.

Quantentheorie der Absorption bzw. Dispersion verwenden läßt. Der darin enthaltene Zusammenhang zwischen n und k einerseits und den Meßgrößen Absorptionskoeffizient und Reflexionsvermögen anderseits sei kurz rekapituliert.

3. Auch beim Halbleiter gibt es spektral begrenzte Absorptionsbanden, die mit einem klassischen Oszillator einer relativ scharfen Resonanzfrequenz erklärt werden können und wobei der Verlauf des Brechungsindexes diese Auffassung bestätigt.

Ein bekanntes Beispiel ist die durch Gitterschwingungen verursachte „Reststrahlenbande" derjenigen Kristalle (bei den Halbleitern sind es vorwiegend die Mischkristallhalbleiter), in deren Gitterbindung ein relativ starker polarer Anteil auftritt. Auf diesen, für einen Halbleiter weniger typischen Fall, wird nur kurz eingegangen.

Daneben liefern Übergänge zwischen relativ schmalen Energiebändern einen ähnlichen Verlauf der optischen Konstanten, so z. B. beim Selen. Die daraus ermittelten energetischen Abstände zwischen den Bändern sind eine wertvolle Hilfe bei der Aufklärung der Bandstruktur.

4. Die freien Ladungsträger tragen nicht nur zum Absorptionskoeffizienten bei, sondern auch zum Brechungsindex. Im letzteren Fall bedeutet der Beitrag der freien Ladungsträger eine Verringerung der gesamten Polarisierbarkeit und damit der Dielektrizitätskonstanten. Denn die gebundenen Elektronen, mit ihren im UV liegenden Resonanzfrequenzen schwingen gleichphasig, die freien Ladungsträger dagegen aufgrund ihrer Massenträgheit gegenphasig im elektrischen Wechselfeld. Wählt man die Konzentration der freien Elektronen hoch genug, so erhält man eine Verkleinerung des Brechungsindexes. Aus dem spektralen Verlauf läßt sich die effektive Masse der freien Ladungsträger ermitteln, wenn man im übrigen der Drudeschen Theorie folgt. Da diese Bestimmungsmethode unabhängig ist von der Relation zwischen der Frequenz des Lichtes und der Stoßzeit der Ladungsträger, kommt dieser Methode gegenüber der Zyklotronresonanz ein gewisser praktischer Vorteil zu.

Aus dem gleichen Grund gelingt es, auch den Mittelwert der effektiven Masse aufzulösen, den man dann als experimentelles Ergebnis erhält, wenn sich die freien Ladungsträger in einem nichtparabolischen Band befinden.

Auf diese Weise läßt sich z. B. am InSb der $E(\mathfrak{k})$-Verlauf des Leitungsbandes quantitativ ermitteln.

Über die Absorption freier Ladungsträger ist von *H. Schmidt* in Bad Pyrmont im Jahre 1959 berichtet worden. Deshalb soll diesbezüglich nach einem kurzen Überblick nur der Sonderfall behandelt werden, daß auch hier das Band nichtparabolisch ist, und Entartung vorliegt. Der Fall der Entartung entspricht der klassischen Drudeschen Theorie mehr als der der Nichtentartung. Mit Hilfe einer Näherung bezüglich der jetzt eingehenden Stoßzeit, läßt sich auch hier der gewonnene Mittelwert der effektiven Masse auflösen und der nichtparabolische $E(\mathfrak{k})$-Verlauf ermitteln, wie z. B. beim InSb.

Da man bei kleinen effektiven Massen durch hohe Dotierung die Plasmaresonanzfrequenz eines Halbleiters in den ultraroten Spektralbereich verschieben kann, ist dem n- und k-Verlauf und dem Reflexionsvermögen im Bereich der Plasmaresonanz ein Unterabschnitt gewidmet.

5. Im Bereich der Fundamentalabsorption der Halbleiter, in den man bei kürzerwerdender Wellenlänge mit Beginn der Absorptionskante eintritt, ändern sich n und k sehr stark. Obwohl es sich dabei um ein breit verlaufendes Spektrum

handelt, läßt sich ein eindeutiger Zusammenhang zwischen n und k mit Hilfe der Kramers-Kronig-Relation angeben. Diese Relation ist an einigen Halbleitern überprüft worden. Sie erlaubt auch die Beurteilung der Frage, ob man das vollständige Absorptionsspektrum vor sich hat. Da der Absorptionsindex im ultravioletten Spektralbereich wieder stark abnimmt, scheint dies der Fall zu sein. Die Kramers-Kronig-Relation macht aus der Kenntnis des vollständigen Absorptionsspektrums eine Aussage über die statische Dielektrizitätskonstante des Halbleiters.

Die quantentheoretische Deutung des vollständigen n- und k-Spektrums anhand des Bändermodells ist erst in der letzten Zeit in Angriff genommen worden, sie vermittelt aber bereits sehr wertvolle Aufschlüsse über die energetischen Abstände der Bänder und ihre Substrukturen. Der Lichtquantenenergie entsprechend handelt es sich, gemessen am minimalen Bandabstand, um relativ große Energiedistanzen.

6. Die Kramers-Kronig-Relation bietet aufgrund ihrer Allgemeinheit eine Möglichkeit der Deutung des Faradayeffektes im Bereich der Absorptionskante, also des Faradayeffektes beim Valenz-Leitungsband-Übergang der Elektronen. Die im Bereich relativ hoher Eigenabsorption nicht ganz einfachen Messungen zeigen einen abrupten Vorzeichenwechsel z. B. bei Germanium. Der Beziehung zwischen Magnetoband*absorption* und Faradayeffekt wird eine Deutung der Frequenzselektivitäten mit Hilfe des Bändermodells und der Theorie der erlaubten, direkten Übergänge im Magnetfeld an die Seite gestellt.

In allen vorgenannten Abschnitten kann es sich nicht darum handeln, das vorhandene experimentelle Material vollständig vorzuführen, die Auswahl wurde vielmehr nach dem Gesichtspunkt getroffen, den systematischen Zusammenhang der optischen Konstanten für die verschiedenen mikrophysikalischen Prozesse aufzuzeigen.

Die optischen Konstanten führen nicht nur in der bisher geschilderten Weise zu der erwünschten vertieften Kenntnis des Bändermodells, ihre Kenntnis ist vielmehr auch für die Verwendbarkeit der Halbleiter in der experimentellen und technischen Praxis von großer Wichtigkeit. Während diesbezüglich die Absorptionseigenschaften als hinreichend fruchtbar zur Qualitätskontrolle, zur Bestimmung photoelektrischer Verwendbarkeit, zur Verwendung als Ultrarotmodulator usw. bekannt sind, sollen in dem letzten und

7. Kapitel Schlußbemerkungen über die Verwendbarkeit der Sondereigenschaft speziell des Brechungsindexes der Halbleiter folgen.

1a Meßmethoden für n und k des komplexen Brechungsindexes

In einem Medium der relativen Permeabilität $\mu_{\mathrm{rel}} = 1$ beschreibt der komplexe Brechungsindex $\mathfrak{n} = n - ik$ die Ausbreitung einer elektromagnetischen Welle, dabei bestimmt n die Phasengeschwindigkeit und k die Dämpfung. Auch die Energieteilung, d. h. die Reflexions- und Eindringverhältnisse, an der Grenzfläche zwischen zwei Medien, wird vollständig und einschließlich aller Phasenbeziehungen durch n und k beschrieben. Optische Messungen liefern also stets nur diese beiden phänomenologischen Größen, die sogenannten „optischen Konstanten", die in diesem Sinne voneinander unabhängige Größen sind.

Beide Größen, Brechungsindex n (unter „Brechungsindex" soll im folgenden stets der Realteil des komplexen Brechungsindexes verstanden werden) *und* Absorptionsindex k, lassen sich jedoch gemeinsam aus dem mikrophysikalischen

Mechanismus der Wechselwirkung zwischen elektromagnetischer Welle und Materie ableiten. Dies ist die Aufgabe der Dispersionstheorie. Damit werden die optischen Konstanten in ihrer Größe und Frequenzabhängigkeit erklärt.

Zunächst sollen die Meßmethoden für n und k besprochen werden, wobei speziell und kritisch ihre Anwendung auf Halbleiter betrachtet wird. In diesem Sinn sind auch die Literaturzitate aufzufassen. Sie weisen auf Arbeiten hin, in denen die Messungen bzw. Meßmethoden auf *Halbleiter* angewendet werden.

Ganz allgemein mißt man quantitativ die Strahlungs*intensitäten* der an einer Probe reflektierten oder durch eine Probe geeigneter Form hindurchgegangenen Strahlung, wozu häufig die Messung des Polarisationszustandes hinzutritt. Nur in wenigen günstigen Fällen dient die Intensitätsmessung lediglich zur Feststellung des *Winkels* der Richtungsablenkung oder der spektralen Lage von Maxima bzw. Minima.

Im *Innern* des betrachteten und als homogen vorausgesetzten Mediums nimmt die Energie der Strahlung auf der Strecke d (cm) ab um den Faktor

$$e^{-Kd} \text{ mit } K(\text{cm}^{-1}) = \frac{4\pi k}{\lambda_{\text{Vakuum}}}. \tag{1}$$

Beim Durchtritt durch eine *Grenzfläche* geben die Fresnelschen Formeln [1] die Amplituden der (beim Einfall von Medium 1 nach Medium 2) auftretenden reflektierten und durchgelassenen Wellen an, und zwar getrennt für die parallel und senkrecht zur Einfallsebene linear polarisierten Wellentypen, in die sich eine linear polarisierte Welle mit *beliebigem* Azimutwinkel zerlegen läßt. Im Falle $\frac{n_2}{n_1} < 1$ (Eintritt in ein optisch dünneres Medium) erstreckt sich die Gültigkeit der Fresnelschen Formeln nicht auf den Bereich der Totalreflexion, da in diesem Fall die Phasengeschwindigkeit der Welle im dünneren Medium vom Einfallswinkel abhängig wird.

Die Intensitätsverhältnisse erhält man aus dem Quadrat des Verhältnisses der reellen Amplitudenbeträge.

Interessanterweise gibt es nur sehr wenige Meßmethoden, die sich ausschließlich auf die Volumenverhältnisse stützen, die meisten benutzen oder enthalten das Grenzflächenverhalten der elektromagnetischen Welle. Der Unterschied der praktisch geübten Meßverfahren besteht dann darin, je nach Größe von n und k die Bedingungen so geschickt zu wählen, daß man die Fresnelschen Formeln bequemer bezüglich n und k auswerten kann.

Sind zwei Grenzflächen, hinreichend eng benachbart, was bei endlichen Probendimensionen häufig der Fall ist, so hat man die Interferenzerscheinungen bei der Überlagerung z. B. vielfach reflektierter Strahlen zu berücksichtigen und erhält damit erst die effektiv reflektierten bzw. durchgelassenen Intensitäten. Dabei muß außerdem die Summation über das endliche spektrale Intervall der verwendeten „monochromatischen" Strahlung durchgeführt werden. Letzteres gelingt mathematisch einfach, wenn jeder Frequenz in diesem Intervall die gleiche Intensität zukommt. Eine Voraussetzung, die bei der Monochromatisierung mit Hilfe eines Monochromators (mit Prisma oder Gitter) ausgehend von einer kontinuierlich emittierenden Lichtquelle stets hinreichend erfüllt ist, aber nicht bei der Verwendung von Spektrallinien, auch u. U. nicht bei der Verwendung schmalbandiger Interferenzfilter.

I Bestimmungsmethoden an planparallelen Schichten

Die am häufigsten verwendete Methode zur Bestimmung von k ist die der Ermittlung des Absorptionskoeffizienten K aus Durchlässigkeitsmessungen bei senkrechter Inzidenz an einer planparallelen Platte, die beiderseitig von Luft (oder wenigstens von einem nicht absorbierenden Medium) umgeben ist. Da es sich bei den Halbleitern um Proben fester Körper handelt, können derartige freitragende Schichten durch Herabschleifen oder Abätzen noch in Schichtdicken von wenigen µm hergestellt werden.

Diese Methode der *Durchlässigkeits*messungen hat gegenüber den später zu berechnenden reinen *Reflexions*messungen den Vorteil, weniger empfindlich zu sein gegenüber speziellen Oberflächeneigenschaften, die das Reflexionsvermögen u. U. erheblich verändern können. Hier bleibt im allgemeinen das ungestörte Innere dominierend. Aus dem gleichen Grund bestehen aber auch Bedenken, bei den Durchlässigkeitsmessungen die Schichtdicke allzusehr zu reduzieren, oder gar zu Aufdampfschichten überzugehen. Aus Messungen der Lebensdauer weiß man, daß der Halbleiterkristall bis zu Tiefen von 30 bis 100 µm durch den Poliervorgang Veränderungen erfährt [2, 3]. Bei Schichtdicken von dieser Größenordnung hat man also eigentlich nur mehr „Oberfläche" vor sich.

Die vollständige Formel für die Intensitätsdurchlässigkeit einer planparallelen Schicht in Luft ($n_{\mathrm{Luft}} = 1$) lautet [4]:

$$I_D = e^{-Kd} \frac{(1-R)^2 + 4R\sin^2\psi}{(1-R e^{-Kd})^2 + 4R e^{-Kd} \sin^2(\alpha+\psi)} \tag{2}$$

oder nach einer Umformung

$$I_D = (1-R)^2 e^{-Kd} \frac{1+\left(\frac{k}{n}\right)^2}{(1-R e^{-Kd})^2 + 4R e^{-Kd} \sin^2(\alpha+\psi)}. \tag{3}$$

(Die einfallende Intensität wird hier und im folgenden = 1 gesetzt.)

Der zweite Summand im Nenner enthält das Interferenzglied, das durch die Überlagerung der vielfachreflektierten Anteile entsteht.

In der Formel bedeutet R das Reflexionsvermögen an der Grenzfläche Luft absorbierendes Medium bei Einfall aus der Luft [1]).

$$R = \frac{(n-1)^2 + k^2}{(n+1)^2 + k^2}. \tag{4}$$

Ferner berücksichtigt α

$$\alpha = 2\pi n \frac{d}{\lambda}; \qquad d = \text{Schichtdicke} \tag{5}$$

den Phasenwinkel, der durch den Unterschied der optischen Weglänge auftritt, und ψ die Phasensprünge an den beiden Grenzflächen

$$\tan\psi = \frac{2k}{n^2 + k^2 - 1}. \tag{6}$$

---

1) Nur im Grenzfall schwacher Absorption (vgl. weiter unten) ist R auch gleich dem Reflexionsvermögen an der gegenüberliegenden Grenzfläche, d. h. beim Einfall aus dem absorbierenden Medium.

Variiert innerhalb der betrachteten Strahlintensität α um ein mehrfaches von 2π, sei es, daß das verwendete Wellenlängenintervall zu groß ist, sei es, daß die Schicht nicht streng parallel ist, so hat man über α zu mitteln, wobei der Interferenzcharakter verlorengeht.

Häufig kann man durch die Wahl der Schichtdicke oder durch Keilform der Schicht erreichen, daß man nur die Intensität des direkten Strahls, der die Schicht *d einmal* durchlaufen hat, mißt, d. h., daß man von der Berücksichtigung vielfachreflektierter Strahlen absehen kann.

In allen drei Fällen (Interferenz, Mittelung, direkter Strahl) kann man je nach der Stärke der Absorption an Stelle der etwas unhandlichen vollständigen Formel (2 bzw. 3) Näherungen benutzen. Das entscheidende Kriterium ist die Größe k/n (häufig als $\varkappa$ bezeichnet), d. h. die Dämpfung bezogen auf die Wellenlänge im absorbierenden Medium und nicht etwa die Größe k (Dämpfung bezogen auf die Wellenlänge im Vakuum) oder gar das Produkt $k \cdot d$ (bzw. Kd).

Die Abb. 1 gibt in einem Schema eine Übersicht über die 7 praktisch verwendbaren Näherungsformeln[1]).

Eine erläuternde Bemerkung sei nur bezüglich der Felder D und G eingefügt. Da die vielfachreflektierten Anteile wegfallen, sobald das Produkt Kd hinreichend groß ist, wird meistens die Formel D kritiklos verwendet, da sie sich auch bei trivialerer Betrachtung der Strahlschwächung durch Reflexions- und Absorptionsverluste ergibt[2]).

Auf die erheblichen Fehler, die jedoch dadurch entstehen, daß man nicht auf die absolute Größe von k/n achtet, ist mehrfach hingewiesen worden [6].

Das Reflexionsvermögen der Grenzschichten hängt nämlich dann von der Einfallsrichtung ab, ist also in beiden Fällen verschieden. Bei $k = 1$ und $n = 4$ entstehen z. B. bereits Fehler von 6 %!

Die Berücksichtigung dieses Umstandes ist durchaus von experimenteller Bedeutung. Da man apparativ eine Durchlässigkeit von etwa 1 : 700 000 noch messen kann — darüber hinaus versagen die Möglichkeiten einer linearen und reproduzierbaren Intensitätsanzeige bzw. Intensitätsschwächung — bedeutet dies, daß man bei einer Probendicke von 1 µm, einem $n = 4$ und bei einer Wellenlänge von 1 µm geneigt ist, das k/n, das in diesem Beispiel etwa 0,25 betragen würde, noch auf diese Weise zu messen. An einkristallinen Dünnschliffen haben z. B. *Dash* und *Newman* [7] noch bis zu einem $k/n = 0{,}16$ gemessen.

Überschreitet k/n dann derartige Werte, so wird man, wenn sich die Schichtdicke nicht reduzieren läßt, schon aus meßtechnischen Gründen gezwungen sein, n und k mit Hilfe reiner Reflexionsmessungen zu bestimmen (siehe weiter unten). Da man auf der anderen Seite Aufdampfschichten wesentlich dünner herstellen kann, wird die Sache in diesem Fall gravierender. So gehen die Messungen von *Brattain* und *Briggs* [8] an Germanium maximal bis zu einem $k/n = 1{,}5$, wobei der Faktor $(1 + \varkappa^2)$ bereits 3,25 beträgt!

Zur Auswertung der Durchlässigkeitsmessungen bez. k bedarf es noch der Kenntnis von R. Statt es an einer Grenzfläche (unter Ausschaltung der vielfachreflektierten Anteile!) zu messen (vgl. Bestimmungsmethode II), kann man auch

---

[1]) Die Felder H und J sind vergleichsweise ohne Wert, da bei massiven Schichten die Schichtdicke d kaum hinreichend klein gemacht werden kann.

[2]) Selbst bei *Becker* und *Fan* [5] erscheint die Formel D als allgemeingültig.

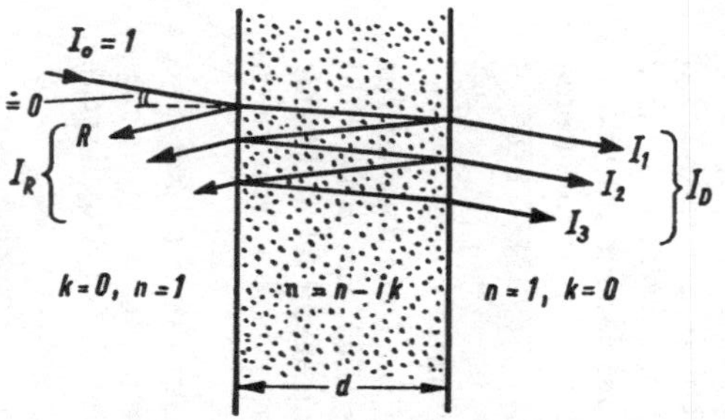

$$R_\perp = \frac{(n-1)^2 + k^2}{(n+1)^2 + k^2}$$

$$k = n\varkappa$$

$$K = 4\pi k/\lambda_{\mathrm{vak}}$$

$$\tan\psi = 2k/(n^2 + k^2 - 1)$$

$I_D = I_1$ weil $d \neq \mathrm{const}$ oder $Kd \gg 1$	A $(1-R)^2$	D $(1-R)^2\,e^{-Kd}$	G $(1-R)^2\,e^{-Kd}\cdot(1+\varkappa^2)$
I_D Interferenzerscheinung, da λ und d scharf $\alpha = 2\pi n\frac{d}{\lambda}$	B $\frac{(1-R)^2}{(1-R)^2 + 4R\sin^2\alpha}$	E $\frac{(1-R)^2\,e^{-Kd}}{(1-R\,e^{-Kd})^2 + 4R\,e^{-Kd}\sin^2(\alpha+\psi)}$	H vollständige Formel $\frac{(1-R)^2\,e^{-Kd}\,(1+\varkappa^2)}{(1-R\,e^{-Kd})^2 + 4R\,e^{-Kd}\sin^2(\alpha+\psi)}$
$I_D = \frac{\int_0^{2\pi} I_{D_\alpha}\,d\alpha}{\int_0^{2\pi} d\alpha}$ Mittelung über $\Delta\alpha \gg 2\pi$, da λ oder d unscharf	C $\frac{1-R}{1+R}$	F $\frac{(1-R)^2\,e^{-Kd}}{1-R^2\,e^{-2Kd}}$	I
	$\varkappa = 0$	$\varkappa < 0{,}1$	$\varkappa \geqslant 0{,}1$

Abb. 1. Formelübersicht über die von einer planparallelen Probenschicht in Luft bei senkrechtem Einfall durchgelassenen Intensitäten I_D unter verschiedenen Bedingungen. Die Skizze dient der Definition der verwendeten Symbole

die gesamte Intensität I_R messen, die die planparallele Platte reflektiert. Dabei sind analoge Betrachtungen bez. der Interferenzerscheinungen anzustellen.

Liegt wieder eine Mittelung über $\Delta\alpha \gg 2\pi$ vor und ist $k/n < 0{,}1$, so liefert eine Auflösung nach Kd die Formel [9]

$$K \cdot d = \ln \frac{1}{2 I_D} \left\{ (1-I_R)^2 - I_D^2 + \sqrt{[I_D^2-(1-I_R)^2]^2 + 4 I_D^2} \right\}. \qquad (7)$$

Man kann sich in dem speziellen Fall, daß die Vielfachreflexion nicht zum Tragen kommt, auch ganz von der Notwendigkeit der Kenntnis von R befreien, wenn man Durchlässigkeitsmessungen an zwei verschiedenen Schichtdicken durchführt und die Quotienten beider Werte bildet (vergleiche dazu die Formeln der Felder A, D und G), Voraussetzung ist dabei, daß die beiden Proben gleiches Reflexionsvermögen besitzen. Dies bedeutet nicht nur gleichen Polituzustand, sondern auch sonst gleiche Behandlung der Halbleiteroberfläche (z. B. Alter, Temperatur, adsorbierte Stoffe), da bei Halbleitern mit ihren speziellen Oberflächeneffekten das Reflexionsvermögen noch von andern Parametern der Oberfläche abhängt, z. B. von Inversionsschichten, Oberflächenzuständen, Kontaktpotential usw. Im Kapitel über die Oberflächeneinflüsse auf die optischen Konstanten werden darüber weitere Ausführungen gemacht. Um die Gleichheit von R bei der Schichtdickenvariation sicherzustellen, wird man die Messungen zur Kontrolle an mehreren verschiedenen Schichtdicken durchführen und prüfen, ob $\ln I_D$ aufgetragen gegen d richtig eine gerade Linie ergibt.

Der Vollständigkeit halber seien noch drei Spezialfälle erwähnt.

1. *Brattain* und *Briggs* [8] geben die vollständigen Formeln für I_D und I_R an für den Fall, daß die Schicht mit dem komplexen Brechungsindex auf eine nicht absorbierende Schicht (z. B. aus mechanischen Gründen) aufgebracht ist und beide freien Seiten der Doppelschicht von einem gemeinsamen nichtabsorbierenden Medium (z. B. Luft) umgeben sind.

2. Ist die Schicht sehr dünn, d. h. kleiner als die Wellenlänge der Strahlung, so daß man in der vollständigen Formel (2 bzw. 3) die Exponentialfunktionen entwickeln kann, so erhält man eine Näherungsformel für die durchgelassene Intensität in der Gestalt [10]

$$I_D = \frac{1}{1 + 2(2nk)\left(\frac{\pi d}{\lambda}\right) + [(2nk)^2 + (n^2-k^2-1)^2]\left(\frac{\pi d}{\lambda}\right)^2 + \ldots}. \qquad (8)$$

3. Schließlich ist bei sehr dünnen Schichten mit $n = k$, in denen die vielfachreflektierten Anteile zur Interferenz kommen und außerdem d so klein bleibt, daß man über die ganze Schichtdicke mit einer konstanten elektrischen Feldstärke rechnen kann, zu beachten, daß es eine kritische Dicke gibt, die sogenannte „Woltersdorff-Dicke" [1]) bei der unabhängig von der Wellenlänge 50 % der Strahlungsintensität absorbiert und 25 % durchgelassen wird. Derartige Schichten sind also ungeeignet zur Bestimmung des spektralen Verlaufs von k. Allerdings wird die Gleichheit von n und k [2]) nur über einen längeren Spektralteil gewähr-

---

[1]) Zuerst angegeben von *Barnes* und *Czerny* [4], spezialisiert von *Woltersdorff* [11], weitere Literatur siehe *H. Mayer* [12].

[2]) Die Bedingung $n = k$ ist für derartige Verhältnisse nicht zwingend, wenn der Brechungsindex der Umgebung $\neq 1$ ist. Eine Verallgemeinerung wurde von *von Fragstein* [13] gegeben.

leistet sein, wenn man mit der Frequenz unterhalb der aus der Maxwellschen Theorie folgenden kritischen Frequenz ν_1 (vgl. Kapitel 46)

$$2\pi\nu_1 = \frac{\sigma}{\varepsilon_0\,\varepsilon_{rel}} \tag{9}$$

σ = optische Leitfähigkeit, ε_{rel} = Realteil der relativen DK, ε_0 = DK des Vakuums

bleibt. Für Halbleiter mit ihrer im Vergleich zu den Metallen kleinen optischen Leitfähigkeiten und großen DK bedeutet dies sehr große Wellenlängen (sehr langwelliges Ultrarot oder Hochfrequenz).

Das Meßverfahren für k ist nicht nur nach oben sondern auch nach unten begrenzt. Praktisch kann man kleinere Absorptionskoeffizienten als $K = 0{,}1\,\mathrm{cm}^{-1}$ (das ergibt bei $d = 1\,\mathrm{mm}$, Mittelung über α und $R = 0{,}5$ ein $I_D = 0{,}328$ gegenüber $I_D = 0{,}3333$ bei $K = 0$) nicht mehr mit hinreichender Genauigkeit bestimmen. Die Gründe dafür sind die folgenden:

1. Um eine hinreichende Intensitätsschwächung in der Probe zu erreichen, muß diese eine zu große Schichtdicke aufweisen. Dabei wird der Strahlengang dejustiert, da die optische Weglänge dann erheblich verändert ist. Besonders Halbleiter mit ihrem relativ hohen Brechungsindex sind in dieser Beziehung ungünstig. Derartige Intensitätsverluste durch Dejustierungen können eine Absorption vortäuschen.

Die verschiedenen Methoden der Abhilfe lassen sich nicht generell verwenden. Bringt man z. B. die Probe zwischen den Eintrittsspalt des Monochromators und eine an ihrer Oberfläche gleichmäßig emittierende Lichtquelle, die außerdem größer ist als der zur weiteren Abbildung benutzte Bündelquerschnitt, so entsteht durch dieses Einbringen der planparallelen Platte bezüglich der Ausleuchtung des Monochromators eine virtuelle Lichtquelle. Das ändert aber die Intensitätsverhältnisse theoretisch nicht, wenn dieses virtuelle Bild ebenfalls noch eine größere Ausdehnung als der Bündelquerschnitt an der Stelle hat. Halbleiter jedoch wird man nicht dem vollen Weißlicht aussetzen können, da u. U. die Absorptionseigenschaften aufgrund photoelektrischer Effekte verändert sind [14, 15].

Die analoge Verwendung eines ausgedehnten Strahlungs*empfängers* bei der Anordnung der Probe *hinter* dem Monochromator stößt ebenso auf Schwierigkeiten, da man a) analog eine homogene Empfindlichkeit auf der Empfängerfläche garantieren muß und b) speziell bei thermischen Empfängern bei großer Empfängerfläche zu großer thermischer Trägheit gelangt, so daß das zweckmäßige Anzeigeverfahren mit Hilfe intermittierenden Lichtes nicht mehr anwendbar ist.

Von der Möglichkeit, die beim Einbringen der Platte auftretende Bildverschiebung dadurch wieder rückgängig zu machen, daß man auf der anderen Seite des abbildenden Systems eine gleiche Platte einschiebt (bei gleichzeitiger Verdoppelung der für die Absorption wirksamen Schichtdicke), ist offenbar bisher noch nicht Gebrauch gemacht worden. Man kann auch ganz auf eine Kompensation der Dejustierung verzichten und dafür die durchgelassene Intensität quantitativ integrieren, indem man einen kleinen Strahlungsempfänger im ganzen Bündelquerschnitt oder am Bildort auf einer Fläche abtastend bewegt [16].

Damit erfaßt man gleichzeitig die Fehler, die durch eine Abweichung der Probe von der streng planparallelen Form entstehen (Keilform verschiebt das Bild, eine Linsenwirkung bei nicht ganz ebener Oberfläche — speziell wieder bei den hohen Brechungsindizis der Halbleiter — verändert die Bildweite und den Abbildungsmaßstab).

2. Der zweite Grund für die praktische Schwierigkeit, kleinere Absorptionskoeffizienten als $K = 0{,}1\ \mathrm{cm}^{-1}$ zu messen, liegt an der Streuung, sei es, daß diese im Kristallvolumen stattfindet, sei es, daß die polierte Oberfläche streut [17].

Im ersteren Falle gewinnt man zwar einen Extinktionskoeffizienten zurecht, aber die Streuung vereitelt die eindeutige Zuordnung zur wirklichen Absorption (d. h. Extinktion mit Energietransformation), die meistens erwünscht ist.

Natürlich kann auf der anderen Seite auch die Messung der Streuung in Halbleiterkristallen von Interesse sein, um z. B. Gitterstörungen zu erfassen. Dann wendet man jedoch andere, spezifische Meßmethoden an, die die direkte Strahlung möglichst ausschließen[1] [2]).

Einige kritische Bemerkungen zur Genauigkeit von Absorptionsmessungen mit kommerziellen kompletten Spektralphotometern finden sich bei *Oswald* [20].

Auf die Möglichkeit, aus der diffusen Reflexion von pulverisierten Festkörpern das Absorptionsvermögen zu bestimmen [21], sei hier nur hingewiesen, da die Genauigkeit nicht die der anderen Verfahren erreicht.

II Bestimmungsmethoden für den Realteil des Brechungsindexes

Da mit Hilfe der Durchlässigkeitsmessungen an planparallelen Schichten durch Ausschaltung der vielfachreflektierten Anteile der Imaginärteil des komplexen Brechungsindexes k allein bestimmt werden kann, sollen in diesem Abschnitt einige Methoden der alleinigen Realteilbestimmung [22] besprochen werden, während dann der Abschnitt III ihre gemeinsame Bestimmung aus Reflexionsmessungen behandelt.

Am bekanntesten und genauesten ist die Bestimmung von n nach der Prismenmethode. Da sie auf der Gültigkeit des Brechungsgesetzes ohne Kenntnis des Absorptionsindexes k aufgebaut ist, ist sie auf den Bereich $k \ll n$, d. h. den „durchsichtigen" Spektralbereich beschränkt. Mit Hilfe dieser Methode sind die Brechungsindizes einiger Halbleiter auf der langwelligen Seite der Absorptionskante bestimmt worden [23, 24].

Bequem ist auch die spektrale Vermessung der „Farben dünner Plättchen", da die Bestimmung des Brechungsindexes auch hier keine quantitative Intensitätsmessung (wie auch bei der Prismenmethode) erfordert, sondern nur eine „Frequenzanalyse". Die Lage der Intensitätsmaxima bestimmt sich aufgrund der Interferenzbeziehung an der planparallelen Platte (Felder B und E) der Abb. 1, ihre Bestimmung setzt also hinreichend monochromatische Strahlung voraus. Gewisse Schwierigkeiten bereitet die Bestimmung der Ordnung der Interferenz, wenn der Brechungsindex eine Wellenlängenabhängigkeit von der Form $n = n_1 + \alpha\lambda$ hat [25].

Im allgemeinen sind diese n-Messungen nur im Gebiet sehr schwacher Absorption[3]) möglich, da bei den realisierbaren einkristallinen Schichten sonst die Interferenzen nicht mehr zustande kommen. Geht man zu Aufdampfschichten über, so sieht man sich deren eigener Problematik gegenüber, die ja aus den

---

1) Für Streumessungen an Silicium siehe z. B. *Schwuttke, Weinreich* und *Keck* [18].

2) Zur Unterscheidung zwischen Absorption und Streuung in Festkörpern siehe z. B. *Bastin, Mitchell* und *Whitehouse* [19].

3) Umgekehrt, zur Bestimmung kleiner Absorptionswerte mit Hilfe von Interferenzeffekten siehe *Cownie* [26].

Bemühungen der Metalloptik hinreichend bekannt ist. Da sind zunächst die Methoden der Schichtdickenbestimmung (z. B. Interferenzmethoden nach *Tolansky* [27]) kritisch [28, 29] zu betrachten, womit ein allgemeines Problem angeschnitten wird.

Offen bleibt zweitens, ob die optischen Konstanten der Aufdampfschicht denen des massiven Materials entsprechen, wobei man für die strukturempfindlichen Halbleiter sicher besonders große Abweichungen erwarten muß.

So weisen z. B. *Lark-Horovitz* und *Meissner* [30] auf Unterschiede im Reflexionsvermögen von Germanium hin (im Sichtbaren $R = 0{,}37$ gegen 0,45 an massivem Material). Ferner geben sie an, daß trotz nachweislich gleicher Struktur die Beweglichkeit in der Aufdampfschicht um den Faktor 1000 kleiner ist als im massiven Germaniummaterial. Dies wird auf die Anwesenheit von traps zurückgeführt. Neuere Messungen von *Lukes* [31] an Germanium-Aufdampfschichten zeigen immer noch quantitative Abweichungen bei qualitativer Ähnlichkeit im spektralen Verlauf.

Zur exakten Ermittlung der optischen Konstanten wird in jüngster Zeit auch den eventuellen Inhomogenitäten der Aufdampfschicht Rechnung getragen [32 bis 35].

Im allgemeinen wurden derartige Messungen an Halbleiter-Aufdampfschichten als nicht ganz kompetent verworfen, sie wurden schließlich überflüssig, da Messungen an Dünnschliffen gelangen. Umgekehrt ist es heute, nachdem man die optischen Konstanten von massivem Halbleitermaterial so ausgezeichnet kennt, interessant, die Strukturempfindlichkeit der Halbleiter auszunutzen, um dem Problem der „Anomalie der optischen Konstanten dünner Schichten" nachzugehen. Da z. B. die freie Weglänge der Leitungselektronen in Halbleitern erheblich größer ist als in Metallen, sollten sich „Weglängen-Effekte" schon an Dünnschliffen zeigen[1]).

Es sei noch erwähnt, daß die Bestimmung von n aus der spektralen Lage der Interferenzmaxima natürlich voraussetzt, daß in einem gewissen Wellenlängenbereich n selbst konstant ist. Andererseits sind aber gerade die Gebiete mit Dispersion von größerem Interesse.

Man kann die *spektrale* Lage der Maxima und Minima ersetzen, indem man bei *fester* Wellenlänge an genau vermessenen keilförmigen Proben die Abhängigkeit der Maxima und Minima von der Dicke mißt [36].

Ein anderes Interferenzverfahren zur Bestimmung der optischen Konstanten, vorgeschlagen von *J. Lecomte* [37] benutzt die „Vergütungstechnik": Dampft man auf den Halbleiter eine nicht absorbierende Substanz *bekannten* Brechungsindexes auf, so wird das ursprüngliche Reflexionsvermögen mit charakteristischer Wellenlängenabhängigkeit verändert. Daraus läßt sich das n der Unterlage berechnen [38]. Bei vernachlässigbarer Absorption gewinnt man n, liegt Absorption vor, so läßt sich n bestimmen, wenn man k z. B. aus Durchlässigkeitsmessungen d. h. also in einem zweiten Meßverfahren bestimmt hat.

Auf die Bestimmung des Brechungsindexes im Hochfrequenzbereich aus Messungen der Dielektrizitätskonstanten soll hier nicht eingegangen werden.

Ein bekanntes Verfahren der n-Bestimmung ist die Feststellung des Brewsterwinkels in Reflexion an durchsichtigen Kristallen, d. h. wieder unter der Voraussetzung $n \gg k$. Unter diesem Winkel reflektiertes natürliches Licht ist bekanntlich

[1]) Derartige Untersuchungen laufen z. Z. im Institut für Experimentalphysik der Universität des Saarlandes, Saarbrücken, unter Leitung des Verfassers an.

linear polarisiert und zwar senkrecht zur Einfallsebene bzw. für senkrecht polarisiertes Licht ist das Reflexionsvermögen Null. Es gilt dann

$$\tan \alpha = \frac{n_2}{n_1}; \qquad \alpha = \text{Einfallswinkel}. \tag{10}$$

Nach *F. Abelès* [39] kann man den Brewsterwinkel an Aufdampfschichten, d. h. an Schichten, die notwendigerweise auf einer Unterlage angebracht sind und bei denen man sich nicht des Einflusses der Rückwandreflexion entziehen kann, auf interessante Weise (dennoch) ermitteln: Man läßt, parallel zur Einfallsebene polarisiertes, Licht auf das Ende der Schicht und daher auch auf die unbedeckte Unterlage auffallen und beobachtet die reflektierten Intensitäten bei verschiedenen Einfallswinkeln. Beim Brewsterwinkel sind die Intensitäten gleich, d. h. die beiden Flächen erscheinen gleich hell. Da das Reflexionsvermögen an der Grenze Luft-Schicht in dieser Stellung Null geworden ist, rührt die reflektierte Intensität allein von der Intensität her, die an der Grenze Schicht-Unterlage reflektiert wurde. Es läßt sich zeigen, daß dieses Reflexionsvermögen gleich dem der Grenze Luft-Unterlage ist.

Ein interessantes Verfahren der n-Bestimmung sei noch erwähnt, nämlich die Ausnutzung des Effektes, den man kurz als „Christiansenfilter" kennzeichnet [40]. Der Brechungsindex der gepulverten Substanz ist dann gleich dem des Suspensionsmittels, wenn die Streuung verschwindet. Um die Wellenlängenabhängigkeit des Brechungsindexes zu bestimmen, muß der Brechungsindex des Suspensionsmittels veränderbar sein.

Außerdem besteht eine Schwierigkeit darin, daß die Einstellgenauigkeit, z. B. bezüglich der Wellenlänge, vom relativen Dispersionsverlauf der beiden Substanzen abhängt. Sind beide Dispersionen schwach, so ist das Filter spektral gesehen breit. Umgekehrt kann es im Bereich von Absorptionsstellen, also bei großer Dispersion, unbequem eng werden. Aus diesen Gründen wird diese Methode eigentlich nur zu Kontrollzwecken verwendet, z. B. zur Bestimmung der Ordnung, in der man bei Interferenzverfahren arbeitet. Man kann im allgemeinen mit einer Genauigkeit von 1 % rechnen.

Speziell die Stellen für $n = 1$ lassen sich elegant kontrollieren. Man kann dazu ein Christiansenfilter mit Luft machen [41]: Kristallpulver wird bei der betreffenden Wellenlänge blank durchsichtig.

Ein letztes Verfahren der n-Bestimmung sei genannt, das erst durch die modernsten physikalischen Effekte realisierbar geworden ist: Monochromatische Strahlung erfährt eine Frequenzverschiebung, wenn man die optische Weglänge L zeitlich ändert, indem man den Stoff des zu messenden Brechungsindexes mit zeitlich monoton wachsender Dicke in den Strahlengang einbringt. Das Verfahren wurde von *Grodzins* und *Phillips* [42] 1961 an Lucit ($C_5H_8O_2$) durchgeführt bei $\lambda = 0{,}86$ Å (= 14,4 keV Co^{57} γ-Strahlung) unter Zuhilfenahme des Mössbauereffektes zur Messung der Frequenzverschiebung. Zur Erzeugung des $\mathrm{d}L/\mathrm{d}t$ war die Probe auf einem rotierenden Rad angebracht. Für $\Delta\nu$ gilt:

$$\Delta\nu = \nu\left(\frac{1-n}{c}\right)\frac{\mathrm{d}L}{\mathrm{d}t}; \qquad c = \text{Lichtgeschwindigkeit}. \tag{11}$$

Die Autoren glauben, daß nach dieser Methode auch Messungen in sichtbaren Spektralbereichen möglich sind, wenn man die strenge Monochromasie der LASER $\left(\frac{\mathrm{d}\nu}{\nu} = 10^{-9}\right)$ ausnutzt.

III Bestimmung der optischen Konstanten aus Reflexionsmessungen

Zur Bestimmung der beiden optischen Konstanten wird man eigentlich immer irgendeine Reflexionsmessung zur Hilfe nehmen. Nur in den wenigen genannten Fällen (Messungen der Intensität des ersten Strahls ohne vielfachreflektierte Anteile und unter Verwendung mehrerer Schichtdicken) kann man das Reflexionsvermögen wenigstens für die k-Bestimmung eliminieren. Sind die Verhältnisse so, daß eine durchgehende Intensität nicht mehr gemessen werden kann, ist man sogar *ausschließlich* auf Reflexionsmessungen angewiesen.

Verwendet man Reflexionsmessungen nur um eine *zweite* Bestimmungsgleichung für die beiden Größen n und k zu erhalten, wählt man im allgemeinen dazu senkrechte Inzidenz und sorgt dafür, daß *keine* vielfachreflektierten Anteile zur Messung gelangen, indem man die Probe keilförmig macht, die Rückseite aufrauht oder die Dicke der Schicht hinreichend groß wählt. Die Fresnelschen Formeln vereinfachen sich dann erheblich, nämlich zum Reflexionsvermögen der Intensität gemäß Gleichung (4). Dabei entfallen die Polarisationsunterschiede.

Geringe Abweichungen von der senkrechten Inzidenz spielen keine Rolle, da in den Fresnelschen Formeln nur der Kosinus des Einfallswinkels auftritt. Das erleichtert die experimentelle optische Anordnung.

Es sei erwähnt, daß das Reflexionsvermögen meist durch Vergleich mit einem Standard-Reflektor (z. B. aufgedampfter Aluminiumspiegel) bestimmt wird. Nach Angaben von *Lukes* [43] kann man durch Mehrfachreflexion an Spiegeln, die lediglich *gleich* zu sein brauchen, das Reflexionsvermögen direkt absolut gewinnen.

Will man *beide* optische Konstanten *ausschließlich* aus Reflexionsmessungen gewinnen, so muß man zwei Messungen mit oder an verschiedenen Parametern durchführen. Bei beliebiger Wahl der Parameter ist die Handhabung der Fresnelschen Formeln sehr unbequem. Der Unterschied der verschiedenen, praktisch verwendeten Methoden besteht zunächst darin, die Parameter so zu wählen, daß die Auswertung einfach wird. Selbst dann macht man häufig von Tabellen und Nomogrammen Gebrauch.

Die einzelnen Verfahren unterscheiden sich allerdings noch bezüglich ihrer Nachweisempfindlichkeit gegenüber Änderungen, von n und k. *Humphreys-Owen* [44] hat diese Empfindlichkeit speziell für 9 Verfahren untersucht und graphisch dargestellt. Dabei beschränkt er sich auf Methoden ohne polarimetrische Bestimmungen an den reflektierten Strahlen, d. h. auf Methoden, die in den verschiedensten Kombinationen lediglich Intensitätsmessungen an senkrecht oder parallel polarisiert einfallendem Licht verwenden. Eine besondere Rolle spielt dabei als Einfallswinkel der Brewsterwinkel (Winkel für minimales Reflexionsvermögen für parallel polarisiertes Licht).

Humphreys-Owen weist auf den Einfallswinkel von 45° hin, der das Reflexionsvermögen absolut liefert, ohne einen Standard-Spiegel zum Vergleich heranziehen zu müssen.

Im Folgenden seien einige Methoden aufgeführt, die zur Bestimmung der optischen Konstanten an Halbleitern verwendet wurden:

1. Nach von *A. L. Cauchy* im Jahre 1849 angegebenen Gleichungen bestimmt man das Verhältnis der reflektierten zur Einfallsebene senkrecht bzw. parallel polarisierten Amplituden E_R beim *Haupteinfallswinkel.* Der Haupteinfallswinkel wiederum läßt sich nach *J. Jamin* (1849) unter Berücksichtigung des Umstandes bequem ermitteln, daß linearpolarisiertes Licht, das unter einem Azimut von 45°

einfällt, nach zweimaliger Reflexion unter dem Haupteinfallswinkel wieder linear polarisiert ist. *Humphreys-Owen* weist darauf hin, daß im Fall vorhandener Absorption der Haupteinfallswinkel Φ, definiert durch die Phasendrehung um 90° bei einmaliger Reflexion, nicht identisch ist mit dem Brewsterwinkel, definiert durch minimales Reflexionsvermögen für parallel polarisierte Komponente.

Unter der Voraussetzung

$$\sin^2 \Phi = 0, \tag{12}$$

d. h. Wellenlänge im absorbierenden Medium nicht abhängig vom Einfallswinkel (bei starker Absorption handelt es sich bei schiefem Einfall um eine im absorbierenden Medium quergedämpfte Welle, deren Wellenlänge – wie bei der Totalreflexion – vom Einfallswinkel abhängt) erhält man die Beziehung:

$$\frac{k}{n} = \tan 2\psi \tag{13}$$

$$n = \sin \Phi \tan \Phi \cos 2\psi \tag{14}$$

mit

$$\tan \psi = \left(\frac{E_{R\parallel}}{E_{R\perp}}\right)_{\varphi=\Phi}. \tag{15}$$

Für kleinere Werte von k empfehlen sich andere Näherungsformeln [45]

$$\frac{k}{n} = \frac{\sin \Phi \sin 2\psi}{\sqrt{1-\sin^2 \Phi \sin^2 2\psi}} \tag{16}$$

$$n = \tan \Phi \sqrt{1-\sin^2 \Phi \sin^2 2\psi}. \tag{17}$$

(Diese letzte Näherung führt, im Gegensatz zu der ersten, richtig zum Brewsterschen Gesetz für $k = 0$: $\tan \varphi_{\text{Brewster}} = n$).

Andere Autoren verwenden andere Einfallswinkel, z. B. 70° [46, 47].

Heilmann [48] gibt für diesen Fall bequeme Rechenformeln an, in denen aus Genauigkeitsgründen eine Differenzbildung für fast gleiche Größen vermieden wird.

2. Ein häufig angewendetes Verfahren stützt sich auf eine Veröffentlichung von *Simon* im Jahre 1951 [49].

Man bestimmt das Reflexionsvermögen für zwei feste Einfallswinkel von 20° und 70° und zwar für natürliches Licht, das die parallel- und senkrechtpolarisierte Komponente mit gleicher Amplitude enthält. Für diesen Fall hat *Simon* Kurvenscharen veröffentlicht, aus denen man graphisch n und k ablesen kann. Seine Tabellen umfassen ein n von 0,1 bis 100 und ein k von 0,1 bis 10. *Simon* gibt ebenfalls Tabellen an für den Fall, daß bei beiden Einfallswinkeln nur parallel- oder nur senkrechtpolarisiertes Licht verwendet wird. Voraussetzung für die Benutzung der graphischen Darstellungen zur Auswertung der beiden Meßwerte ist allerdings, daß diese „in sich stimmen"; andernfalls erhält man nicht einmal Näherungswerte für n und k. Man muß also Meßfehler, z. B. eine Änderung der effektiven Apertur, die beim Übergang von einem Einfallswinkel auf den anderen auftreten können, sehr sicher vermeiden. Für den Fall, daß das natürliche Licht, durch apparative Gründe bedingt, einen gewissen Polarisationsgrad (maximal 30 %) besitzt, gibt *Simon* Korrekturmöglichkeiten an.

Ähnliche Nomogramme zur Bestimmung der optischen Konstanten finden sich bei *Prishivalko* [50] und *Ishiguro, Sasaki* und *Nomura* [51].

Es sei auch hier nochmals auf die Notwendigkeit eines Wechsels in der Meßmethode hingewiesen, wenn der k-Wert etwa unter 0,1 absinkt, denn das Reflexionsvermögen reagiert dann nur mehr sehr unempfindlich auf k-Änderungen. Man muß also zur k-Bestimmung zu Durchlässigkeitsmessungen übergehen, wenn man nicht sehr genaue Differenzmessungen bezüglich R einführen kann.

3. Eine dritte Methode (die sogenannte Drudesche Methode), n und k aus Reflexionsmessungen zu bestimmen, hat *Archer* [52] bei seinen Untersuchungen an Germanium verwendet: Sie besteht darin, linear polarisiertes Licht unter einem Azimut von 45° reflektieren zu lassen und seine Elliptizität zu vermessen, d. h. zwei Größen zu bestimmen: a) Die Phasenverschiebung zwischen der parallel- und senkrechtpolarisierten Komponente (die vorher ja Null war), und b) das Amplitudenverhältnis der beiden Komponenten.

In der Praxis ging *Archer* jedoch so vor, daß er mit einem Gaertner-Ellipsometer elliptisch polarisiertes Licht mit bekannten Parametern so herstellte, daß die Elliptizität durch die Reflexion wieder rückgängig gemacht wurde. Nach der Reflexion wurde mit Hilfe eines Analysators auf lineare Polarisation festgestellt. Die Stellung des Analysators gibt dabei das Amplitudenverhältnis an. Der Einfallswinkel betrug 70°, andere Einfallswinkel (60° und 75°) gaben die gleichen Resultate.

Bedeuten δ Phasenverschiebung,
φ Einfallswinkel,
$\tan\psi$ Amplitudenverhältnis parallel zu senkrecht,

so gilt aufgrund der Fresnelschen Formeln:

$$\frac{1 - e^{i\delta}\cdot\tan\psi}{1 + e^{i\delta}\cdot\tan\psi} = \left(\frac{n^2 - k^2 - \sin^2\varphi - i\,2\,n\,k}{\tan\varphi\sin\varphi}\right)^{1/2}, \tag{18}$$

bzw. aufgelöst nach Realteil und Imaginärteil der relativen DK:

$$n^2 - k^2 = \tan^2\varphi\sin^2\varphi\,\frac{(\cos^2 2\,\psi - \sin^2 2\,\psi\sin^2\delta)}{(1 + \sin 2\,\psi\cos\delta)^2} + \sin^2\varphi \tag{19}$$

$$2\,n\,k = \tan^2\varphi\sin^2\varphi\,\frac{\sin 4\,\psi\sin\delta}{(1 + \sin 2\,\psi\cos\delta)^2}. \tag{20}$$

Unter Ausnutzung von Mehrfachreflexion [53] kann man die Genauigkeit der Methode steigern. Nach einem Vorschlag von *von Fragstein* [54] wird der Lichtstrahl zwischen zwei planparallelen Proben bis zu 29mal hin und herreflektiert. Bei geeigneter Wahl des Einfallswinkels läßt sich erreichen, daß die Phasenverschiebung $\delta = n\cdot 180°$ ($n = 1, 2, 3, \ldots$) beträgt, das Licht also wieder linearpolarisiert ausfällt. Neben der Genauigkeitssteigerung erhält man eine wesentliche apparative Vereinfachung, da der Phasenkompensator entfällt.

4. Das experimentell einfachste, aber theoretisch anspruchvollste Verfahren wurde von *Phillip* und *Taft* [55] angewendet und zwar auch an Germanium. Sie bestimmen lediglich das Reflexionsvermögen bei senkrechter Inzidenz und dies in einem möglichst weit ausgedehnten Spektralbereich (Frequenzbereich). Letzteres bedarf hier einer besonderen Erwähnung. Alle übrigen Methoden haben zwar auch das Bestreben, n und k in einem weiten Spektralbereich zu bestimmen, sie gewinnen aber n und k im Prinzip auch für eine isolierte Wellenlänge, da bei fester Wellenlänge zwei unabhängige Größen gemessen werden. Im jetzigen Fall jedoch

stellt das *Spektrum* des Reflexionsvermögens neben seiner Qualität bei *einer* Wellenlänge die zweite notwendige Meßgröße dar, mit deren Hilfe erst $(n)_{\lambda i}$ und $(k)_{\lambda i}$ ermittelt werden kann.

Das Verfahren stützt sich auf die Tatsache, daß man dann aus dem Spektrum des Reflexionsvermögens die beiden Größen n und k bestimmen kann, wenn man das Dispersions*gesetz* kennt.

In einem einfachen Fall ist die Richtigkeit dieser Methode leicht einzusehen. In der Elektronentechnik z. B. bestimmt man für die Amplituden ein komplexes Reflexionsvermögen r, aus dem man eine komplexe Impedanz Z und damit die „optischen Konstanten" gewinnt gemäß der Beziehung:

$$r = \frac{(Z/Z_0) - 1}{(Z/Z_0) + 1}; \qquad Z_0 = 120\,\pi\,(\Omega) \tag{21}$$

$$\frac{Z}{Z_0} = \zeta\, e^{i\vartheta} \tag{22}$$

$$\frac{k}{n} = |\tan\vartheta| \tag{23}$$

$$n^2 + k^2 = \frac{1}{\zeta^2}. \tag{24}$$

Setzt man voraus, daß das Frequenzverhalten der Impedanz z. B. dem eines Resonanzkreises entspricht, so erhält man nach geeigneter Transformation im sogenannten Smith's-Diagramm [56] einen Kreis als Ortskurve für das komplexe Reflexionsvermögen.

Umgekehrt kann man aus den gemessenen *Beträgen* des Reflexionsvermögens einen solchen Kreis konstruieren, der dann rückwärts die komplexe Impedanz und die „optischen Konstanten" liefert.

Simon [49] hat nach dieser Methode nachgewiesen, daß z. B. die Dispersion des Quarzes im Bereich von 8 µm bis 10 µm der zweier klassischer Oszillatoren entspricht.

Eine analoge Beziehung zwischen Reflexionsvermögen (der Intensität) und dessen Spektrum einerseits und den beiden optischen Konstanten n und k andererseits gibt es auch für einen *beliebigen* Dispersionsverlauf aufgrund der Kramers-Kronig-Relation (KKR). Dieser wichtige Zusammenhang der optischen Konstanten wird weiter unten ausführlicher dargestellt, wobei auch die experimentelle Bestätigung der KKR bei Halbleitern behandelt wird. Es sei hier nur auf das von *Phillip* und *Taft* benutzte Ergebnis verwiesen [1]).

$$R = |r|^2 \tag{25}$$

$$r = \frac{n - ik - 1}{n - ik + 1} = |r|\, e^{i\vartheta} \tag{26}$$

$$\vartheta(\nu_i) = \frac{1}{\pi}\int_0^\infty \frac{d\ln|r(\nu)|}{d\nu} \ln\left|\frac{\nu+\nu_i}{\nu-\nu_i}\right| d\nu \tag{27}$$

$$\frac{k}{n} = |\tan\vartheta|. \tag{28}$$

---

1) *Phillip* und *Taft* übernahmen die Methode von *Robinson* [57], die bei *Jahoda* [58] zusammengefaßt ist.

Der Nachteil dieser Methode liegt darin, daß das R-Spektrum *vollständig* bekannt sein muß, da sich das Integral in (27) von 0 bis ∞ erstreckt. Zumindest muß das Spektrum soweit bekannt sein, daß sicher ist, daß die vernachlässigten Teile keinen wesentlichen Beitrag mehr zum Integral liefern.

Abschließend ist noch ein Wort zur Leistungsfähigkeit der Meßmethoden zu sagen. Unter den vielen Methoden, die optischen Konstanten zu bestimmen, gibt es keine, die sich als die beste erwiesen hätte. Bei einem zur Sicherung des Ergebnisses wünschenswerten Vergleich zweier Methoden findet man nur selten übereinstimmende, meistens sogar einander widersprechende Resultate. Zur Demonstration zeigt Abb. 2 den Verlauf des Brechungsindexes von Germanium bestimmt aus Messungen des Reflexionsvermögens und Abb. 3 dasselbe aufgrund von Messungen nach der Prismenmethode. Größere Gegensätze lassen sich kaum denken: Im ersten Fall zeigt sich mit abnehmender Wellenlänge zwischen 16 μm und 2 μm eine Abnahme von n um 1,5, während die Prismenmethode dort eine Zunahme um 0,1 liefert! Nach unserer heutigen Kenntnis ist das letztere Resultat richtig.

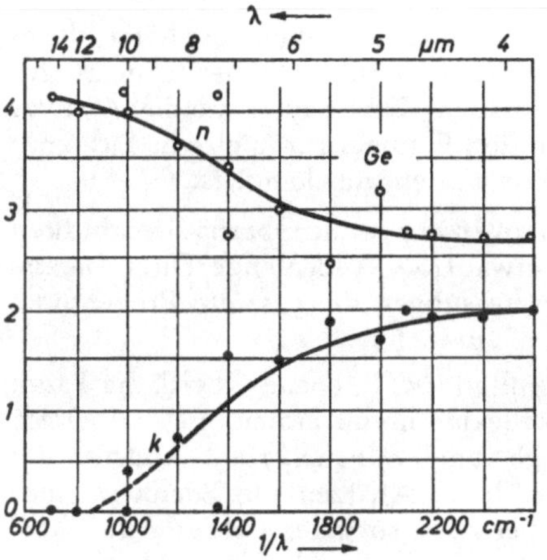

Abb. 2. **Brechungsindex n und Absorptionsindex k von Germanium, bestimmt aus Reflexionsmessungen (nach *Simon* [59] 1951)**

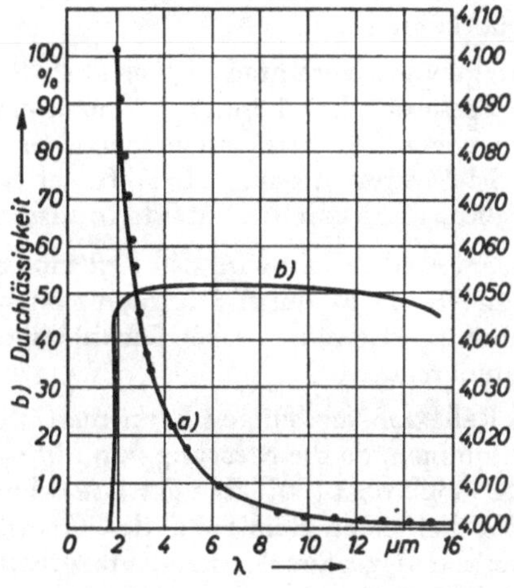

Abb. 3a. **Brechungsindex eines Germaniumeinkristalls, bestimmt mit der Prismenmethode**

Abb. 3b. **Durchlässigkeit einer 1 mm dicken Germaniumprobe, nach *Salzberg* und *Villa* [24] 1957**

Diese Gegenüberstellung mag aufzeigen, wie schwierig es ist, systematische Fehler bei der Bestimmung der optischen Konstanten der Halbleiter zu erkennen.

Die Erklärung für derartige Diskrepanzen liegt u. a. darin, daß die verschiedenen Methoden mehr oder weniger empfindlich sind gegenüber Oberflächenveränderungen an den Proben. Mit der Diskussion eines derartigen Einflusses auf die Bestimmung der optischen Konstanten bei Halbleitern soll sich der nächste Abschnitt beschäftigen.

1b Einfluß von Oberflächenschichten auf die Bestimmung der optischen Konstanten

Bisher wurde nur homogenes Halbleitermaterial und eine ideale Grenzfläche zwischen Halbleiter und dem angrenzenden Medium betrachtet. In Wirklichkeit jedoch befinden sich auf der Halbleiteroberfläche nicht nur dünne Fremdstoffschichten u. U. mit chemischer Wechselwirkung, sondern der Halbleiter selbst weist in der Randzone Inhomogenitäten seiner charakteristischen Parameter auf. Z. B. schwankt die Dichte freier Ladungsträger innerhalb der Verarmungsrandschicht stark. Die optischen Konstanten werden von solchen Inhomogenitäten beeinflußt. Die Meßresultate entsprechen u. U. nicht dem ungestörten Volumen, dessen Eigenschaften man jedoch im allgemeinen ermitteln möchte.

Bei allem spielt die Oberflächenbehandlung eine große Rolle. Z. B. bedeutet das Polieren der Oberfläche eine massive Gitterstörung, worauf gerade ein Halbleiter empfindlich reagiert.

Dem Einfluß derartiger Oberflächenschichten auf die optischen Konstanten sei ein kurzes Kapitel gewidmet, wobei natürlich nur solche Inhomogenitäten zu behandeln sind, die in Fortpflanzungsrichtung des Lichtes (im allgemeinen also senkrecht zur Oberfläche) aufeinanderfolgen, da man andernfalls durch Verkleinern des Bündelquerschnitts wenigstens im Prinzip wieder zu homogenen Verhältnissen zurückkehren kann.

Eine gewisse Vereinfachung erfährt die Behandlung der Inhomogenitäten durch die Tatsache, daß diese meist durch eine Aufeinanderfolge dünner, aber in sich homogener Schichten angenähert werden können. Die mathematische Analyse der Meßwerte ist dann mit Hilfe der bekannten Formeln für Vielfachschichten [1]) möglich, wenn nur *ein* Satz der optischen Konstanten unbekannt ist.

Am empfindlichsten wird das *Reflexionsvermögen* auf solche Oberflächenschichten reagieren, da es durch Schichten von nur etwa 1/50 Wellenlänge Dicke bereits bestimmt ist, während bei Durchlässigkeitsmessungen die gesamte Probendicke dominierend ist.

Bei Reflexionsmessungen kann man ohne polierte, d. h. ebene Oberfläche kaum auskommen, da die Messung von *diffuser* Reflexion im ultraroten Spektralbereich zwar möglich ist [60], aber gewisse Schwierigkeiten [2]) mit sich bringt. Andererseits bleibt bei einer Reinigung der Oberfläche durch Abätzen die Ebenheit einer hinreichend großen Fläche kaum erhalten bei noch so guter Führung des Ätzverfahrens.

So ist es erklärlich, daß sich bei einem Vergleich zwischen polierten und geätzten Proben stets Differenzen ergeben.

Abb. 4 zeigt z. B. Reflexionswerte im Bereich der Reststrahlenbande von Siliciumkarbid (SiC) nach Messungen von *Spitzer, Kleinman* und *Walsh* [61] für die gewachsene, polierte und oxydierte (2 Stunden 1000 °C) Oberfläche. Nach Ätzen der oxydierten Oberfläche in HF erhalten die Autoren wieder den Wert der gewachsenen Oberfläche, den sie nun als typisch für das kompakte Material annehmen.

Cardona [62] hat am GaSb festgestellt, daß Ätzen zu höheren Reflexionswerten gegenüber der polierten Oberfläche führt, daß aber die spektrale Lage von Maxima unverändert ist. Dies ist von Interesse für die Fälle, bei denen es nur auf eine Frequenzbestimmung der Maxima ankommt.

---

1) Zu entnehmen z. B. aus: *Herbert Mayer*, Physik dünner Schichten [12].

2) Die Verwendung einer Ulbricht-Kugel zur Bestimmung des Reflexionsvermögens scheitert im ultraroten Spektralbereich meist daran, daß eine Substanz mit hinreichend diffuser Reflexion zur Auskleidung nicht zur Verfügung steht.

In welcher Richtung sind Veränderungen bei den optischen Konstanten gegenüber den Massivwerten zu erwarten und wie kann man darüber nähere Auskünfte erhalten?

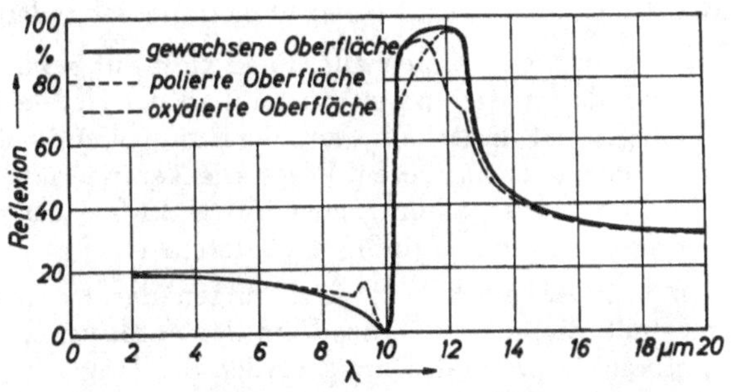

Abb. 4. Reflexionsvermögen von α-II SiC bei drei verschiedenen Oberflächenbedingungen, nach *Spitzer, Kleinman* und *Walsh* [61]

Sieht man zunächst von Fremdstoffschichten und deren spezifischer Absorption ab und auch davon, daß diskrete Oberflächenschichten über Interferenzeffekte andere optische Eigenschaften hervorrufen, so sind es neben neuen Absorptionsmechanismen (z. B. Übergänge zwischen oder zu Oberflächenzuständen) vor allem Änderungen an den bisher im Volumen bekannten Absorptionsmechanismen.

Im Bereich der Fundamentalabsorption (Band-Band-Übergänge) können sich Verschiebungen im Bändermodell zeigen, die ihre Ursache in der Strukturstörung des Gitters haben. Dabei kann die Störung im Abbruch der Gitterperiodizität oder im hohen Fehlordnungsgrad der Polierschicht liegen. Derartige Einflüsse sind bisher aber nicht bekannt geworden, da man in diesem Spektralbereich *nur Reflexions*messungen machen, d. h. die optischen Konstanten des ungestörten Volumens nicht zum Vergleich heranziehen kann.

Mit Hilfe der Absorption freier Ladungsträger lassen sich jedoch Oberflächeneigenschaften feststellen [63], wobei der Einfluß a) von der veränderten Trägerdichte bzw. vom veränderten Zahlenverhältnis zwischen Elektronen und Löchern, oder b) von geänderten Stoßzeiten ausgehen kann, wobei anderseits allerdings meistens die Bänder, d. h. die effektiven Massen als ungeändert angesehen werden.

Im allgemeinen sind es Änderungen von k, die beobachtet werden können. Ein Einfluß auf den Brechungsindex und damit im Durchlässigkeitsbereich ($k \ll n$) auch ein Einfluß auf das Reflexionsvermögen, ist jedoch außerordentlich klein, da die Änderungen in der Trägerdichte, z. B. bei starker Injektion, bei starkem Photoeffekt in der Oberfläche oder bei Anwendung starker Magnetfelder (im Hall-Effekt) oder elektrischer Felder, viel zu klein sind.

Wenn trotzdem z. B. von *Filiński* [64] Änderungen des Reflexionsvermögens von ca. 0,5% bei Injektion beobachtet wurden, so kann dies nicht auf die freien Ladungsträger in dieser Weise zurückgeführt werden [65]. *Ishiguro* und *Hayashi* [66] haben an durchsichtigen Germanium-Aufdampfschichten Änderungen des Brechungsindexes von ca. 0,1 gemessen (interferometrisch) bei starker Beleuchtung. Unter anderen Umständen konnte ein derartiger Effekt jedoch an massivem Material nicht beobachtet werden [14].

Zu derartigen Effekten verbunden mit der Erzeugung großer Überschußträgerdichten ist zu bemerken, daß über die Rekombination in diesem Volumen eine erhebliche Wärmemenge frei wird, so daß die sichere Elimination von Temperatureinflüssen schwierig ist. Ein diesbezügliches Kriterium dürfte z. B. die Zeitkonstante des Effektes sein, die bei *Ishiguro* und *Hayashi* mehrere Sekunden betrug.

Derartig lange Zeitkonstanten können allerdings auch auf sekundäre Weise zustande kommen. Denn da im stationären Zustand an der Halbleiteroberfläche die Trägerdichte inhomogen ist innerhalb der Verarmungsrandschichten oder Inversionsschichten, können sich auf diesem Wege alle Veränderungen des Kontaktpotentials oder der Diffusionsspannung auswirken, die bei den verschiedensten Oberflächenbehandlungen oder Feldeinflüssen entstehen.

So haben *Kosman* und *Abkevich* [67] Änderungen des Kontaktpotentials bei Beleuchtung festgestellt, die auf ein Anwachsen der negativen Ladung der „slow surface traps" zurückzuführen sind. Damit werden die Trägerdichten und Raumladungsdichten in den Randschichten verändert. Auch hier ergaben sich große Zeitkonstanten.

Eine empfindliche Methode, Änderungen des Absorptionsindexes zu entdecken, ist die Bestimmung des Reflexionsvermögens bei innerer Reflexion unter dem Brewsterwinkel für Strahlung, die parallel zur Einfallsebene polarisiert ist: Bei fehlender Absorption ist das Reflexionsvermögen Null, man kann sehr kleine Änderungen des Reflexionsvermögens bei Oberflächenabsorption dann gewissermaßen in „Differenzmeßmethode" leicht verfolgen. *Harrick* [68] hat auf diese Weise die Grenzfläche Germanium-Quecksilber untersucht und $R = 0$ gefunden, während die *Berechnung* mit den optischen Konstanten des massiven Materials $R = 0{,}15$ beim Brewsterwinkel liefert.

Bezüglich einer veränderten Stoßzeit in der Oberfläche sind Messungen von *Kleinman* und *Spitzer* an GaP im Bereich der Reststrahlenbande (siehe weiter unten Abschnitt 3 a) aufschlußreich. Die Messungen des Reflexionsvermögens ergeben nach der Auswertung gerade in dem Bereich hohen Reflexionsvermögens, in dem die optischen Konstanten offenbar überwiegend von der gestörten Oberflächen-Polierschicht bestimmt werden, deutlich kleinere Stoßzeiten als in dem anderen Spektralbereich mit kleinerem Reflexionsvermögen.

Auch bei Messungen im Bereich der hohen Reflexionswerte in der Nähe der Plasmaresonanz freier Ladungsträger (siehe weiter unten Abschnitt 4 d) zeigen sich ähnliche Erscheinungen, die die Autoren aber dort als echte Frequenzabhängigkeit der Stoßzeit zu deuten versuchen.

Auf eine Arbeit von *Hall* [69], der Silicium oberflächlich sehr stark mit Bor dotiert und die optischen Konstanten bzw. das Reflexionsvermögen untersucht hat, sei nur hingewiesen. In diesem Fall ergab sich nicht mehr die zu erwartende inhomogene Trägerdichte in der Oberfläche, sondern eine neuartige, metallische Silicium-Bor-Legierung.

Dies leitet über zur Frage des Einflusses von *Fremdstoff*oberflächenschichten auf die Bestimmung der optischen Konstanten des massiven Halbleiters.

Archer [52] hat die optischen Konstanten von Germanium im Bereich von 0,36 bis 0,7 μm gemessen und dabei derartigen Oberflächenschichten besondere Aufmerksamkeit geschenkt. Er stellt fest, daß im wesentlichen Oxydschichten zu berücksichtigen sind, die sich auch durch sorgfältiges Ätzen und sofortiges Einbringen der Oberfläche in Stickstoffatmosphäre nicht ganz vermeiden lassen. Die

Oxydschicht beträgt immer noch 10 Å und wächst in der Stickstoffatmosphäre in drei Stunden um weitere 0,7 Å, während sie vergleichsweise in Luft um 6 Å wächst. *Archer* stellt übrigens keinen optischen Unterschied fest, wenn er statt der geätzten Proben polierte nahm, die er allerdings in Benzol gekocht, in Aceton gewaschen und kurz vor der Messung 15 s lang in Flußsäure und dann wieder in Aceton tauchte. Obwohl in beiden Fällen die Oberflächenstruktur des Germaniums sicher sehr verschieden ist, scheint diesmal die Germaniumoberfläche optisch nicht verschieden zu sein.

Durch analoge optische Messungen, bei denen die Oberfläche in organische Flüssigkeiten eingetaucht waren, ermittelt *Archer* den Brechungsindex der Oxydschicht zu 1,9 + —0,2 und ihre Dicke zu (10 + — 4) Å [70].

Verwendet man zur Bestimmung der optischen Konstanten die Drudesche Methode, d. h. die Vermessung der Elliptizität von reflektiertem, linearpolarisiertem Licht bei einem Azimutwinkel von 45° und einem beliebigen Einfallswinkel ($\neq 90°$), so bewirkt eine nichtleitende Oberflächenschicht mit dem Brechungsindex n_{ob}, deren Dicke kleiner ist als 100 Å, eine Änderung der Phasenverschiebung δ und des Amplitudenverhältnisses, die beide proportional sind zur Dicke L der Oberflächenschicht:

$$\Delta\delta = \alpha L \qquad \Delta\psi = -\beta L \qquad \text{[vgl. Gl. (18) bis (20)].}$$

Die Konstanten α und β konnten von *Archer* für Germanium [71] ermittelt und so die Meßergebnisse korrigiert werden. Die Korrekturen betragen immerhin für k zwischen 2 bis 30 % nach unten, für die n-Werte ca. 0,6 bis 3 % nach oben. Es ist interessant zu bemerken, daß durch die Annahme solcher Oxydschichten bis zu 40 Å Dicke sich widersprechende Resultate verschiedener Autoren in Einklang gebracht werden können.

In ähnlicher Weise hat *Lukes* [72] das zeitliche Anwachsen von Germaniumoxyden (GeO_2 und GeO) auf der Germaniumoberfläche mit Hilfe der Veränderung der optischen Konstanten (im Na_D-Licht, Reflexion) über 100 Tage verfolgt. Abb. 5 zeigt den Verlauf des gemessenen n und k als Funktion der Zeit. Verwendet man die bekannten Formeln für Vielfachschichten, so lassen sich diese Veränderungen

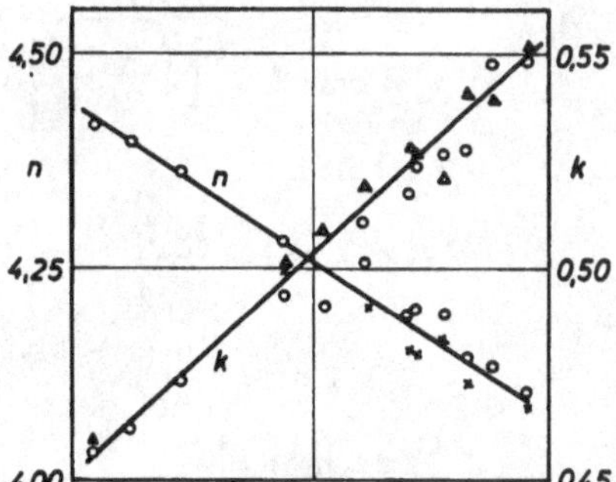

Abb. 5. Abhängigkeit der in Reflexion gemesssenen optischen Konstanten einer dicken Germanium-Aufdampfschicht von der Zeit t (in Tagen), nach *Lukes* [72] 1958

deuten durch das Anwachsen einer nichtabsorbierenden Schicht vom Brechungsindex $n_{ob} = 2{,}2$ bis zu einer Dicke von 100 Å in 100 Tagen. Die Messungen wurden zwar an aufgedampften, dicken Germaniumschichten ausgeführt, die Ergebnisse an polierten Oberflächen sollen jedoch ähnlich sein.

2. Der klassische Zusammenhang von n, k und den Meßgrößen bei einem Oszillator und die Überlagerung bei mehreren Resonanzstellen

Die Spektren von n und k enthalten das gesamt phänomenologisch faßbare Tatsachenmaterial. Aufgabe der Dispersionstheorie ist es, auf Grund einer Modellvorstellung diese Spektren widerspruchsfrei darzustellen. Mit dem Modell sind dann Aufschlüsse über das mikrophysikalische Geschehen gewonnen.

Derartige Dispersionstheorien geben ihr Ergebnis häufig verschieden an. Da solche formal verschiedenen Darstellungen des Dispersionsverhältnisses durch

a) eine komplexe Dielektrizitätskonstante ε^* und $\sigma = 0$,

b) eine komplexe Leitfähigkeit σ^* und $\varepsilon_{rel} = 0$,

c) eine reelle DK $\varepsilon_0 \varepsilon_{rel}$ und eine reelle Leitfähigkeit σ

untereinander äquivalent sind, sei eine vergleichende Übersicht und der Zusammenhang zu den optischen Konstanten n und k vorangestellt. Die optischen Konstanten stehen gemäß den Maxwellschen Gleichungen mit den reellen Größen $\varepsilon_0 \varepsilon_{rel}$ und σ in Zusammenhang, die ihrerseits gemäß der Dispersionstheorie frequenzabhängig sind. Deshalb bezeichnet man das frequenzabhängige σ allgemein als „optische Leitfähigkeit" im Gegensatz zur statischen Gleichstromleitfähigkeit σ_0.

a) $$\varepsilon^* = \mathrm{Re}(\varepsilon^*) - \mathrm{i}\,\mathrm{Im}(\varepsilon^*) \tag{29}$$

daraus

$$\varepsilon_0 \varepsilon_{rel} = \mathrm{Re}(\varepsilon^*)$$

$$\sigma = \omega \cdot \mathrm{Im}(\varepsilon^*).$$

b) $$\sigma^* = \mathrm{Re}(\sigma^*) + \mathrm{i}\,\mathrm{Im}(\sigma^*)$$

daraus

$$\varepsilon_0 \varepsilon_{rel} = \frac{\mathrm{Im}(\sigma^*)}{\omega} \tag{30}$$

$$\sigma = \mathrm{Re}(\sigma^*).$$

$$n \text{ bzw. } k = \sqrt{\frac{\mu_{rel}}{2}\left[\sqrt{\varepsilon_{rel}^2 + \frac{\sigma^2}{\nu^2 \varepsilon_0^2 4\pi^2}} + \text{bzw.} - \varepsilon_{rel}\right]} \tag{31}$$

mit $\mu_{rel} = 1$ erhält man

$$n^2 - k^2 = \varepsilon_{rel} = \frac{\mathrm{Re}(\varepsilon^*)}{\varepsilon_0} \tag{32}$$

$$2nk = \frac{\mathrm{Im}(\varepsilon^*)}{\varepsilon_0} \tag{33}$$

$$4\pi \varepsilon_0 n k \nu = \sigma. \tag{34}$$

Das Modell der *klassischen* Dispersionstheorie geht von der Bewegung einer mit Masse behafteten elektrischen Ladung (mit Ausnahme im Fall der Gitterschwingung handelt es sich um Elektronen) aus. Die Bindungskräfte führen zu einer Resonanzfrequenz ω_0. Die Dämpfung geschieht über eine der Geschwindigkeit proportionale Reibungskraft. Die Energieabgabe erfolgt an das reibende

Medium[1]). Die Lösung der Bewegungsgleichung führt über die komplexe Verschiebungsamplitude und die Dichte der Elektronen N zum elektrischen Moment pro Volumeneinheit, d. h. zur Polarisation und weiter über die Maxwellsche Beziehung zum komplexen Brechungsindex.

Ausgangsgleichung (im linearen Ansatz) und Resultat lauten für einen mit der Kreisfrequenz ω zeitlich sinusförmigen Feldverlauf

$$\ddot{x} + \omega_0^2 x + \gamma \cdot \dot{x} = \frac{e}{m} \cdot E(t) \tag{35}$$

$$\frac{\mathrm{Re}(\varepsilon^*)}{\varepsilon_0} = n^2 - k^2 = 1 + A\left[\frac{\omega_0^2 - \omega^2}{(\omega_0^2 - \omega^2)^2 + \omega^2\gamma^2}\right] \tag{36}$$

$$A = \frac{N e^2}{m \varepsilon_0}$$

$$\frac{\mathrm{Im}(\varepsilon^*)}{\varepsilon_0} = 2 n k = A\left[\frac{\omega\gamma}{(\omega_0^2 - \omega^2)^2 + \omega^2\gamma^2}\right]. \tag{37}$$

Dieses Modell läßt sich auch dann noch verwenden, wenn die Energieabgabe diskontinuierlich, d. h. durch Stöße erfolgt (Lorentzsche Theorie), wobei sich die beiden Fälle: Lichtfrequenz a) größer und b) kleiner als die Stoßfrequenz nur geringfügig quantitativ unterscheiden.

Bezüglich des Elektrischen Feldes am Ort des Elektrons ist die Voraussetzung der Ortsunabhängigkeit im Bereich des Elektrons erfüllt, wenn die Wellenlänge des Lichtes im Medium groß ist gegen die Schwingungsamplitude des Elektrons, also erfüllt für den sichtbaren und erst recht den ultraroten Spektralbereich.

Da in der Bewegungsgleichung das Elektrische Feld am Ort des Elektrons, also das Innere Feld einzusetzen ist, ist zu prüfen, in welcher Weise das Innere Feld vom äußeren abweicht.

Die Feldverstärkung bzw. Abschirmung durch die Polarisation der eigenen Nachbarn, deren Berücksichtigung zur Lorenz-Lorentzschen Form der DK führt, kann bei freien Ladungsträgern (mit $\omega_0 = 0$) in Halbleitern wegen ihrer im allgemeinen geringen Dichte vernachlässigt werden.

Bezüglich der Dispersionsverhältnisse der gebundenen Valenzelektronen wäre an sich wegen der hohen Dichte die Feldkorrektur einzuführen. *Mott* und *Gurney* [73] haben aber bereits 1948 darauf hingewiesen, daß die experimentellen Ergebnisse besser wiedergegeben werden, wenn für das Innere Feld das äußere eingesetzt wird. In ihrer Theorie der Dielektrizitätskonstanten der Halbleiter haben 1958 *Nozieres* und *Pines* [74] eine Begründung dafür gegeben.

In der Theorie der Dispersion durch Gitter-Eigenschwingungen muß jedoch die Lorenz-Lorentzsche Formel Verwendung finden.

Die Stärke der klassischen Dispersionstheorie eines harmonischen Oszillators liegt nicht nur in der Anschaulichkeit ihres Modells, sondern sie ist in der Tatsache begründet, daß sich auch die Quantentheorie durch Umdeutung der Parameter auf ihre Form reduzieren läßt. Dabei werden den Resonanzfrequenzen in bekannter Weise Energiedifferenzen ($\Delta E = h\nu_0$) zugeordnet, die klassische Oszillatorendichte wird durch die Oszillatorenstärke, die Masse durch die effektive Masse ersetzt. Die Reibungskonstante läßt sich in Stoßzeiten ausdrücken. Ja sogar die Elektronenladung wird dann durch eine effektive Ladung ersetzt, wenn der Bindungscharakter nur zum Teil polar, d. h. nur zum Teil auf Couloumbkräften

---

[1]) Nicht etwa durch Abstrahlung, denn ein Energieverlust durch Dipolstrahlung führt zum Widerspruch mit einer der Geschwindigkeit proportionalen Energiedissipation.

beruht, vielmehr homöopolare Bindungsanteile vorhanden sind. Die effektive Ladung wurde von *Szigeti* in seiner Theorie der Gitterschwingungen (vgl. weiter unten) verwendet.

Ferner ist die schon zitierte Kramers-Kronig-Relation ein mit Hilfe der klassischen Dispersionstheorie abgeleitetes aber allgemeingültiges Theorem.

Es erscheint deshalb nützlich, den der klassischen Dispersionstheorie entsprechenden spektralen Verlauf von n und k einerseits und von Reflexionsvermögen und Absorptionskoeffizient anderseits durch einige Bemerkungen zu erläutern für den häufig geübten Fall, daß man aus dem spektralen Verlauf der Absorption oder Reflexion auf die Lage der Resonanzfrequenz oder die Größe der Dämpfung schließen will, indem man qualitativ von charakteristischen Maxima bzw. Minima ausgeht.

Entsprechend der bei der Resonanzfrequenz maximalen absorbierten Energie, hat $\sigma = \varepsilon_0 \cdot 4\pi n k \nu$ bei ω_0 ihr Maximum (und zwar als einzige Größe). Die Größe γ hat die Dimension einer Frequenz und stellt die „Halbwertbreite" für σ dar

$$\text{für } |\omega - \omega_0| = \tfrac{1}{2}\gamma \text{ ist } \sigma = \tfrac{1}{2}\sigma_{\max}. \tag{38}$$

Der Absorptionsindex k hat bei starker Absorption sein Maximum bei

$$\omega_{k\max} = \omega_0 + 0{,}29\,\gamma. \tag{39}$$

Starke Absorption bedeutet, daß für die Größe ϱ gilt:

$$\varrho = \frac{A}{\omega\gamma \cdot \varepsilon_g} > 3 \tag{40}$$

Die Verschiebung des k-Maximums liegt also in der Größenordnung der Halbwertsbreite.

Das Maximum des Reflexionsvermögens R liegt, ebenfalls bei starker Absorption, bei

$$\omega_{R\max} = \omega_0 + 0{,}14 \cdot \varrho \cdot \gamma \tag{41}$$

ist also um mehrere Halbwertsbreiten zu höheren Frequenzen verschoben.

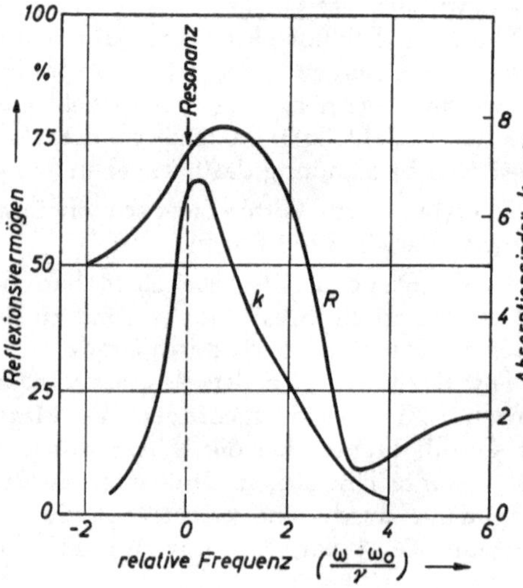

Abb. 6. Theoretische Frequenzabhängigkeit von Absorptionsindex und Reflexionsvermögen eines klassischen Oszillators (mit $\varrho = 6$ und $\varepsilon_g = 14$), nach *Moss* [25]

Abb. 6 zeigt den spektralen Verlauf von k und R für $\varrho = 6$ und $\varepsilon_g = 14$ (siehe weiter unten). Als konkretes Beispiel seien die Werte für die Resonanzverhältnisse der Reststrahlenbande von InSb nach *Moss* [25] mitgeteilt:

$$\omega_0^* = 177{,}6\ \mathrm{cm}^{-1}$$
$$\gamma^* = 5{,}4\ \mathrm{cm}^{-1}$$
$$\varrho = 6.$$

In der Reststrahlenbande von Steinsalz erreicht ϱ sogar den Wert 20.

In der angegebenen Dispersionsformel ist auch der Sonderfall freier Ladungsträger enthalten, für die lediglich $\omega_0 = 0$ zu setzen ist, da keine Rückstellkräfte in der Bewegungsgleichung auftreten. Man kann auch sagen, freie Elektronen haben die Resonanzfrequenz Null. Der zweite Summand im Realteil der DK wird negativ. Die freien Elektronen bewirken eine Verkleinerung der Polarisation, da sie – bei kleiner Dämpfung – aufgrund ihrer Massenträgheit gegenphasig zum elektrischen Feld schwingen.

Sind mehrere Resonanzstellen über das Spektrum verteilt vorhanden, so hat man deren Polarisationsanteile zu addieren und erhält allgemein

$$n^2 - k^2 = 1 + \sum_i \frac{N_i e^2}{m_i \varepsilon_0} \frac{(\omega_{0i}^2 - \omega^2)}{(\omega_{0i}^2 - \omega^2)^2 + \omega^2 \gamma_i^2} \tag{42}$$

$$2nk = \sum_i \frac{N_i e^2}{m_i \varepsilon_0} \frac{\omega \gamma_i}{(\omega_{0i}^2 - \omega^2)^2 + \omega^2 \gamma_i^2}. \tag{43}$$

Da man sich bei der Verfolgung eines Dispersionsverlaufs im allgemeinen *zwischen* Resonanzstellen befindet, liefern offenbar die Resonanzstellen, für die man sich hinreichend weit *unterhalb* der Resonanz befindet, nur einen konstanten Beitrag zum Realteil der DK und keinen Beitrag zum Imaginärteil. Praktischer Weise faßt man alle derartigen Beiträge zum Realteil der DK in der Größe ε_g, oftmals auch „Hochfrequenz DK" genannt, zusammen.

Die Resonanzstellen, für die man sich weit *oberhalb* ihrer Resonanzfrequenz befindet, liefern in der Nähe einer folgenden Resonanzstelle daneben keinen nennenswerten Beitrag zum Real- bzw. Imaginärteil der DK. Folgt jedoch keine weitere Resonanzstelle mehr, so hat man im wesentlichen nur die Ausläufer der *letzten* Resonanzstelle zu berücksichtigen.

In der Nähe einer Resonanzstelle bei gleichzeitigem Einfluß von freien Ladungsträgern her, erhält man also:

$$n^2 - k^2 = \varepsilon_g + \frac{N e^2}{m \varepsilon_0} \frac{(\omega_0^2 - \omega^2)}{(\omega_0^2 - \omega^2)^2 + \omega^2 \gamma^2} - \frac{N_F e^2}{m_F \varepsilon_0} \frac{\omega^2}{(\omega^4 + \omega^2 \gamma_F^2)} \tag{44}$$

$$2nk = \frac{N e^2}{m \varepsilon_0} \frac{\omega \gamma}{(\omega_0^2 - \omega^2)^2 + \omega^2 \gamma^2} + \frac{N_F e^2}{m_F \varepsilon_0} \frac{\gamma_F}{(\omega^3 + \omega \gamma_F^2)}. \tag{45}$$

3. Auftreten selektiver k-Banden und der zugehörige n-Verlauf bei Halbleitern

a) Gitterschwingungen (speziell die Reststrahlenbande)

Es liegt nahe, zunächst diejenigen Dispersionserscheinungen an Halbleitern zu besprechen, die mit Hilfe *eines* klassischen Oszillators gedeutet werden können.

Dies ist bei den Gitterschwingungen der Fall, speziell bei der „Reststrahlenbande". Im an sich kontinuierlichen Gitterschwingungsspektrum treten gewisse Frequenzen so bevorzugt in Erscheinung, daß sie als „Eigenschwingungen" bzw. deren Ober- oder Kombinationsschwingungen aufgefaßt werden können. Der Dispersionsverlauf der optischen Konstanten läßt sich im Bereich solcher selektiver Absorptionsbanden durch klassische Oszillatoren darstellen.

Die Reststrahlenbande tritt speziell in diesem Sinne hervor, da es sich im Zweig der transversalen optischen Gitterschwingung um die Frequenz mit $\lambda = \infty$, d. h. mit $\mathfrak{k}$ (Ausbreitungsvektor der Phononen) $= 0$ handelt. Nur diese Frequenz kann direkt, d. h. in einem sogenannten Ein-Phononen-Prozeß, durch ein Lichtquant angeregt werden (Impulserhaltungssatz), während alle anderen Schwingungen dazu eines Zwei-Phononen-Prozesses entsprechend geringerer Wahrscheinlichkeit bedürfen.

Die starke Absorption der Reststrahlenbande wird ferner dadurch hervorgerufen, daß die Zustandsdichte der Gitterschwingungsenergie beim Ausbreitungsvektor $\mathfrak{k} = 0$ extrem groß ist.

Das Auftreten der Reststrahlenbande ist an sich nicht typisch für Halbleiter. Eher könnte man das Gegenteil behaupten, da die Gitterschwingungen nur dann optisch aktiv sind, wenn im Gitter, d. h. in der Gitterbindung, Dipolmomente erster Ordnung auftreten. Die typischen Halbleiter, die Elementhalbleiter der IV. Gruppe des Periodischen Systems (Ge, Si, Diamant) haben jedoch einen rein homöopolaren Bindungscharakter. Nur über gewissen Gitterstörungen oder Dipolmomente höherer Ordnung werden hier die Gitterschwingungen optisch aktiviert und damit in Absorption bemerkbar. Die Absorptionskoeffizienten betragen maximal aber nur etwa 25 cm^{-1}, z. B. bei Germanium (Abb. 7). Der Absorptionsindex k ist damit maximal etwa $k = 6 \cdot 10^{-3}$. Nur der Umstand, daß in diesem Spektralbereich keine sonstigen stärkeren Absorptionen vorhanden sind, ist es zu verdanken, daß man dieses schwache Absorptionsspektrum ausmessen kann.

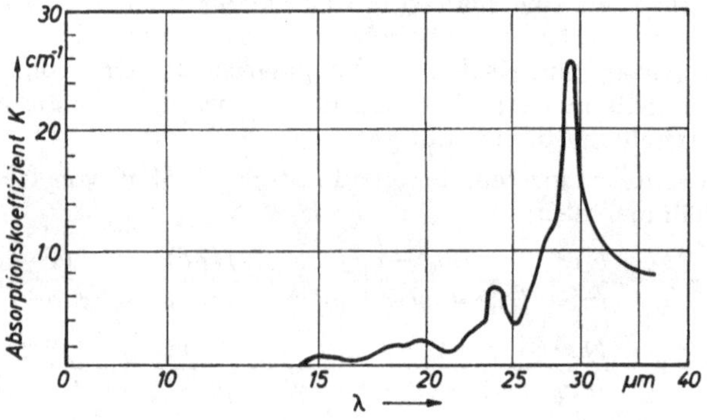

Abb. 7. Absorptionsspektrum von Germanium, auf Grund von Gitterschwingungen, nach *Lax* und *Burstein* [75] 1955

Bezüglich des Brechungsindexes bei rein homöopolaren Halbleitern ist zu sagen, daß ihn Gitterschwingungen mit derart kleiner Resonanzstärke überhaupt nicht beeinflussen. Der Brechungsindex hat in diesem Spektralbereich bereits seinen statischen Wert (z. B. $n = 4 = \sqrt{\varepsilon_g}$ für Germanium), da mit zunehmender Wellenlänge kein Absorptionsmechanismus mehr erscheint, der bezüglich n ins Gewicht fallen würde. Dementsprechend ist auch das Reflexionsvermögen in diesem Spektralbereich konstant.

Im Rahmen einer vergleichenden Betrachtung der optischen Konstanten der Halbleiter kann demnach auf eine nähere Analyse derartig schwacher Gitterschwingungsspektren verzichtet werden. Die Interpretation der einzelnen „Resonanz"-Frequenzen verläuft ganz im Sinne der Gitterschwingungstheorie. Hinzu kommt, daß sich, gewisse Fälle von Diamant ausgenommen, das Gitterschwingungsspektrum als strukturunempfindlich erweist.

Bezüglich der optischen Konstanten im Bereich der Gitterschwingungen interessanter sind die Verbindungshalbleiter, deren Gitter einen polaren Bindungsanteil besitzt, wie z. B. die III-V- oder II-VI-Halbleiter. Hier führt die Fundamentalgitterschwingung (transversale Schwingung der beiden benachbarten verschiedenen Gitteratome gegeneinander) mit dem relativ großen Dipolmoment zu einer sehr starken Absorption, wobei k Werte bis zu etwa 20 erreicht, ein Wert, der den Maximalwert von k in der Absorptionskante noch überwiegt (vgl. weiter unten). Der Brechungsindex zeigt ausgeprägt den Dispersionsverlauf einer Resonanz mit scharfer Resonanzfrequenz und das Reflexionsvermögen den klassischen Verlauf, der von den Alkalihologeniden bekannt ist und als Reststrahlenreflexionsfilter seine experimentaltechnische Verwendung findet.

Abb. 8 zeigt das Reflexionsvermögen von InSb im fraglichen Spektralbereich nach Messungen von *Yoshinaga* und *Oetjen* [76].

Dieser Verlauf der optischen Konstanten kann durch die drei Parameter, die *einen klassischen* Oszillator bestimmen, vollständig beschrieben werden.

In der Schwingungsgleichung, bzw. in den Formeln für die optischen Konstanten (Formel 35–37) ist jedoch bei einem Schwingungssystem aus zwei sich bewegenden verschiedenen Massen, die Masse zu ersetzen durch die reduzierte Masse M

$$\frac{1}{M} = \frac{1}{M_A} + \frac{1}{M_B} \tag{46}$$

M_A Masse des Gitteratoms A, M_B Masse des Gitteratoms B.

Ist z die Zahl der Valenzelektronen, die an der Bindung A-B beteiligt sind, so lautet nach *Szigeti* [77] die komplexe Dielektrizitätskonstante

$$\frac{\varepsilon^*}{\varepsilon_0} = (n - i\,k)^2 = \varepsilon_g + \left(\frac{\varepsilon_g + 2}{3}\right)^2 \frac{N e^{*2} z^2}{\varepsilon_0 M\left(\omega_0^2 - \omega^2 + \frac{i\,\omega}{\tau}\right)}. \tag{47}$$

Die Dichte N gibt die Zahl der Atompaare AB im Volumen an. Der Faktor

$$\left(\frac{\varepsilon_g + 2}{3}\right)^2 \tag{48}$$

berücksichtigt die Polarisationsverhältnisse für die innere Feldstärke und erscheint aufgrund der von *Szigeti* definierten effektiven Ionenladung e^*. Diese effektive Ionenladung ist eine wichtige Größe bei der Beurteilung des polaren Bindungsanteils in der Gitterbindung. $e^* = e_0$ würde eine rein polare Bindung bedeuten. Die entsprechenden Parameter für InSb lauten nach *Moss* [78, 79]

$M = 10^{-25}$ kg, $N = 1{,}5 \cdot 10^{28}\ m^{-3}$, $e^* = 0{,}5\ e_0$,
$n_g = 3{,}96 = \sqrt{\varepsilon_g}$, $\nu_0{}^* = 177{,}6\ \mathrm{cm}^{-1}$ entsprechend 52 μm und
$\gamma^* = 5{,}7\ \mathrm{cm}^{-1}$.

Da die Polarisierbarkeit aufgrund der Fundamental-Gitterschwingung erheblich sein kann, liefert sie u. U. einen deutlichen Anteil an der statischen DK dieser Halbleiter. Speziell InSb hat allerdings (bei Abwesenheit freier Ladungsträger) bei 150 μm ein Reflexionsvermögen von ca. 35 %, was wieder dem Brechungsindex von 3,9 auf der kurzwelligen Seite der Resonanz entspricht [80], der polare Bindungsanteil ist also relativ klein.

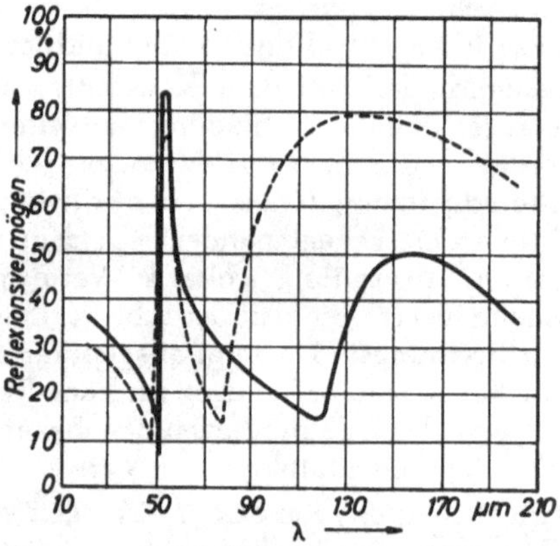

Abb. 8. Reflexionsvermögen von InSb im Bereich der Reststrahlenbande bei 25 °C (——) und 100 °C (– – – –), nach *Yoshinaga* und *Oetjen* [76] 1956

Es sei noch erwähnt, daß die übrigen Gitterschwingungen, die noch schwächer in der Absorption erscheinen, erst recht keinen Einfluß auf die statische DK haben. Nicht in allen Fällen führt die klassische Dispersionstheorie *eines* Oszillators zu einer befriedigenden Darstellung des Spektrums der optischen Konstanten im

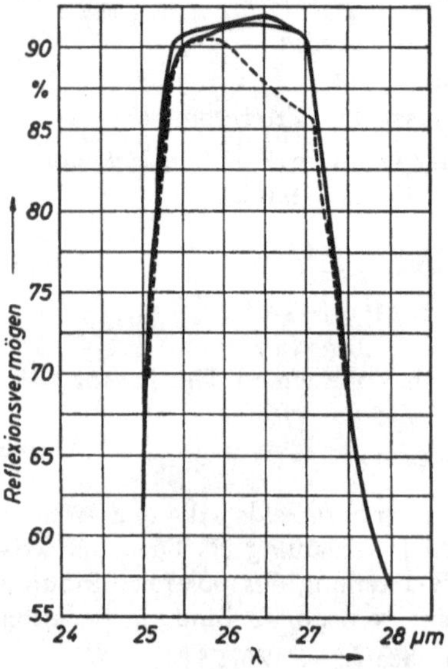

Abb. 9. Reflexionsvermögen von GaP im Bereich der Reststrahlenbande; —— gilt für polierte und dann geätzte Proben, – – – – gilt für nur polierte Proben, nach *Kleinman* und *Spitzer* [81] 1959

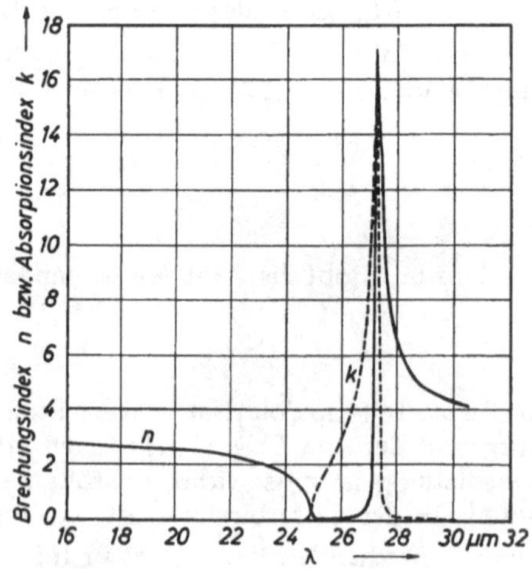

Abb. 10. Verauf der optischen Konstanten im Bereich der Reststrahlenbande von GaP, nach *Kleinman* und *Spitzer* [81] 1959

Bereich der Fundamental-Gitterschwingung[1]), und zwar muß man in einigen Fällen je nachdem, ob man sich oberhalb oder unterhalb der Resonanzfrequenz befindet, eine andere Dämpfungskonstante verwenden.

Diese Verhältnisse seien am GaP nach einer Arbeit von *Kleinman* und *Spitzer* [81] kurz dargestellt.

Abb. 9 zeigt das Reflexionsspektrum von GaP im Bereich der Fundamentalgitterschwingung, Abb. 10 die dazugehörigen optischen Konstanten n und k. Man sieht, daß die k-Kurve unsymmetrisch zur Resonanzwellenlänge 27,3 μm verläuft. Auf der kurzwelligen Seite ist die Halbwertsbreite größer als auf der langwelligen Seite. Eine mögliche Erklärung sehen die Autoren darin, daß die erhaltenen optischen Konstanten, da sie aus Reflexionsmessungen bestimmt wurden, von der Eindringtiefe des Lichtes abhängen. Ist die Eindringtiefe klein im Bereich hoher Reflexion (von 25 μm bis 27 μm!), so wirkt lediglich die durch die Politur gestörte Oberflächenschicht, die eine größere Dämpfung ergibt. Bei größerer Eindringtiefe auf der langwelligen Seite ist das ungestörte Volumen mit der kleineren Dämpfung maßgebend.

Das Resultat einer frequenzabhängigen Dämpfung wurde hier im Fall von GaP durch eine experimentelle Störung erklärt. In gewisser Weise ähnliche Verhältnisse, nämlich bei Ermittlung der optischen Konstanten in der Umgebung einer steilen Reflexionskante, liegen vergleichsweise auch in der Nähe der Plasmaresonanz unter dem Einfluß freier Ladungsträger vor (vgl. weiter unten). *Collins* und *Kleinman* [82] finden beim Zinkoxyd dort auch eine im gleichen Sinn wechselnde Dämpfungskonstante, deuten sie jedoch mit Hilfe eines Einflusses von Polaronen.

Haas und *Corbey* [83] finden bei ihren Messungen an SnS in der Nähe der Plasmaresonanz freier Träger ebenfalls verschiedene Dämpfungskonstanten, d. h. auch im Bereich der höheren Reflexion bei längeren Wellen *größere* Werte. Sie führen dies auf den Einfluß der Störstellenstreuung zurück, die mit wachsender Frequenz der Lichtquanten, d. h. wachsender kinetischer Energie der freien Träger, an Wirksamkeit verliert.

Im übrigen liefert die Analyse des Spektrums der Reststrahlenbande von GaP folgende Parameter für den klassischen Oszillator:

$$\text{GaP}\qquad \begin{aligned} \nu_0 &= 1{,}098 \cdot 10^{13}\,\text{Hz} \qquad (\lambda_0 = 27{,}3\,\mu\text{m}) \\ e^* &= 0{,}58\, e_0 \\ \frac{\gamma}{2\pi\nu_0} &= 0{,}003 \text{ bis } 0{,}004 \text{ für } \lambda > \lambda_0 \\ &= 0{,}003 \text{ bis } 0{,}0035 \text{ für } \lambda < \lambda_0 \\ \varepsilon_g &= 8{,}5. \end{aligned}$$

Hier ist jetzt der Einfluß der Fundamentalgitterschwingung auf die statische DK bemerkbar: nach der Rechnung wird $\varepsilon_{\text{rel stat}} = 10{,}2$ und liegt damit um 1,7 höher als der Wert zwischen Absorptionskante und Gitterschwingung. Allerdings liegen keine Meßwerte der statischen DK vor, die wegen der hohen Leitfähigkeit schwierig zu erhalten sind.

Eine entsprechende Analyse der Fundamental-Gitterschwingung an Zinkoxyd von *Collins* und *Kleinman* [82] liefert größere Unterschiede für die DK vor und hinter der Reststrahlenbande und zwar $\varepsilon_g = 2{,}0$ und berechnet $\varepsilon_{\text{rel stat}} = 8{,}15$ in

[1]) U. W. liegen ähnliche Diskrepanzen auch bei der Deutung der optischen Konstanten der Alkalihalogenide vor.

guter Übereinstimmung mit dem HF-Meßwert bei 1 cm Wellenlänge von $\varepsilon_{\text{rel}\,\lambda=1\,\text{cm}} = 8{,}5$. Die Resonanzwellenlänge von ZnO ist 24,2 μm.

Ganz analoge Bestimmungen und Analysen der optischen Konstanten im Bereich der Fundamental-Gitterschwingung (Reststrahlenbande) liegen u. a. vor an GaAs [84], CdTe [85] und SnS [83].

Oswald [86] hat die Reststrahlenbande verfolgt innerhalb der Mischkristallreihe In ($As_y\,P_{1-y}$) um u. a. den Gang der polaren Bindungsanteile, d. h. der effektiven Ladung zu erfassen.

Wie Abb. 11 zeigt, liegen die Eigenschwingungen zwischen denen für die reinen III-V-Verbindungen InP und InAs. Dabei erniedrigt sich die effektive Ladung von 0,69 bei InP kontinuierlich auf 0,56 bei InAs, wie man qualitativ schon an der Abnahme des maximalen Reflexionsvermögens erkennen kann.

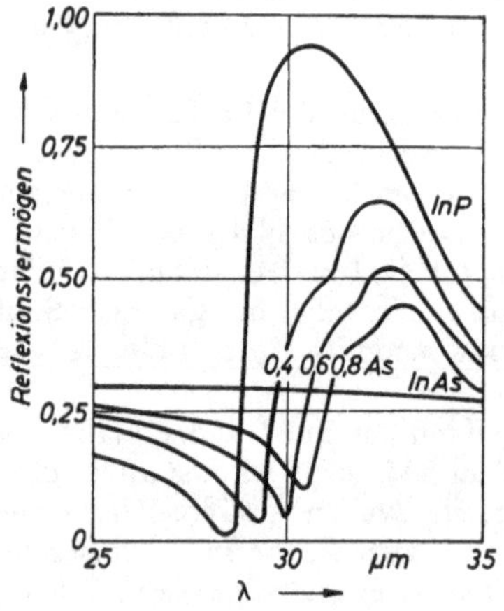

Abb. 11. Reflexionsspektren der Mischkristallreihe In ($As_y\,P_{1-y}$) im Bereich der Reststrahlenbande, nach *Oswald* [86] 1959

Messungen von *Spitzer, Kleinman* und *Walsh* [61] an αII-SiC lassen erkennen, daß auch Siliciumkarbid einen starken polaren Bindungsanteil besitzt, da es eine starke, übrigens auch unsymmetrisch gedämpfte, Reststrahlenbande bei 12 μm zeigt (vgl. Abb. 4).

b) Band-Band-Übergänge zwischen schmalen Bändern (Selen)

In der Quantentheorie der Dispersion wird zunächst das klassische Bild der Resonanzabsorption eines Oszillators verlassen. An die Stelle tritt die Absorption des Lichtquants bei der energetischen „Anhebung" eines Elektrons um ΔE von einem stationären Energieniveau n zu einem anderen Energieniveau m. Die Übergangswahrscheinlichkeit ist nur dann groß, wenn $h\nu = \Delta E$ ist. Bei *scharfen* Energieniveaus tritt damit eine scharfe Absorptionsstelle im Spektrum auf, deren spektraler Verlauf wieder durch den des klassischen Oszillators beschrieben werden kann, wenn man die Resonanzstärke durch die sogenannte Oszillatorenstärke $f_{nm\mathfrak{k}}$ angibt. Hat ein Elektron die Möglichkeit, mehrere Energieniveaus zu erreichen, so gilt für die Oszillatorenstärke der Summensatz

$$\sum_{\substack{m \\ n=\text{const}}} f_{nm\mathfrak{k}} = 1. \qquad (49)$$

Nicht nur der Absorptionsverlauf entspricht dann dem klassischen Oszillator der Resonanzfrequenz $\nu_0 = \frac{\Delta E}{h}$, sondern auch der Verlauf des Brechungsindexes: Man erhält ein sich weit über den Absorptionsbereich erstreckendes Dispersionsgebiet. Dieses Verhalten zeigt sich bekanntlich bei den Spektrallinien isolierter Atome. Aber auch bei Festkörpern, in unserem Fall bei Halbleitern, kann in beschränkten Spektralbereichen ein ähnlicher Verlauf der optischen Konstanten beobachtet werden:

Beim Festkörper verbreitern sich zwar die scharfen Atomenergieniveaus zu Energiebändern aufgrund der Kopplung der ψ-Funktionen im Gitterverband, da aber die Breite des Bandes der Größe der Kopplung entspricht, kann es bei schwacher Kopplung bei relativ schmalen Bändern bleiben. Das spektrale Intervall der Energiedifferenzen für einen Übergang zwischen solchen Bändern ist dann hinreichend eng, so daß qualitativ der Verlauf der optischen Konstanten dem eines klassischen Oszillators entspricht.

Bei Selen findet sich tatsächlich teilweise eine schwache Gitterbindung: Während innerhalb der Ketten eine vorwiegend homöopolare Bindung vorliegt, sind die Ketten untereinander durch vorwiegend van der Waalsche Kräfte — nach *von Hippel* [87] mit einem Zusatz an metallischer Bindung — zu dem hexagonalen Gitter gebunden.

Es ist hier nicht der Ort, das berühmte „Selen-Problem" zu diskutieren. Nur bezüglich der optischen Konstanten, ihres Zusammenhanges untereinander und ihrer Interpretation anhand des Bändermodells, seien hier zwei neuere Arbeiten und zwar von *Prosser* (1960) [88] und *Gobrecht* und *Tausend* (1961) [89] vorgeführt. Diese Autoren geben übrigens die gesamte vorhergehende Literatur an. Ferner schließen die Autoren Messungen an amorphem bzw. monoklinem Selen ein.

Abb. 12 zeigt die optischen Konstanten von hexagonalem Selen nach *Gobrecht* und *Tausend*. Man erkennt zunächst im ultraroten Bereich eine uncharakteristische

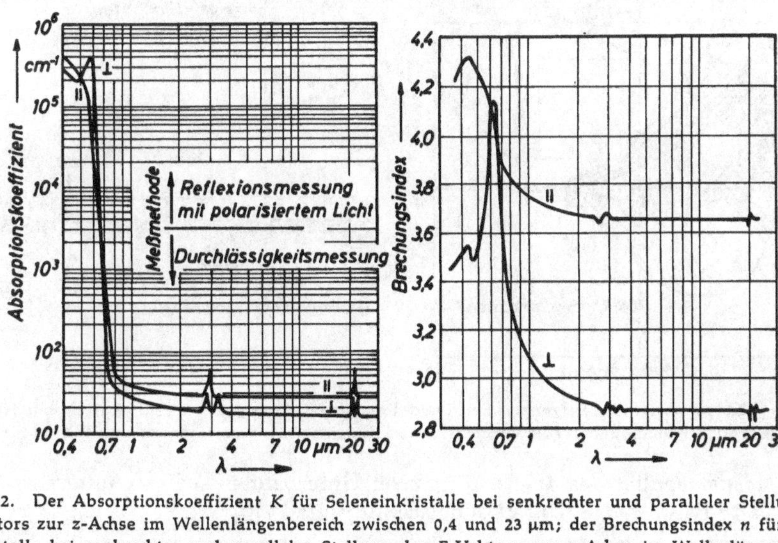

Abb. 12. Der Absorptionskoeffizient K für Seleneinkristalle bei senkrechter und paralleler Stellung des E-Vektors zur z-Achse im Wellenlängenbereich zwischen 0,4 und 23 µm; der Brechungsindex n für Seleneinkristalle bei senkrechter und paralleler Stellung des E-Vektors zur z-Achse im Wellenlängenbereich zwischen 0,4 und 23 µm; nach *Goebrecht* und *Tausend* [89] 1961

„Grundabsorption", deren Ursprung noch ungewiß ist, und die nicht auf die Absorption freier Ladungsträger zurückzuführen ist. Gegen diese Zuordnung spricht nämlich nicht nur die Konstanz der Absorption, sondern auch die bisherige Absorptionsmessung des Verfassers an photoelektrisch erzeugten freien Ladungsträgern, deren Absorption mit Hilfe des Lichtmodulationsverfahrens [1]) separiert werden kann.

Im sichtbaren Spektralbereich steigt die Absorption in der Absorptionskante steil an, worin sich die energetische Distanz zwischen den besetzten und unbesetzten Bändern äußert.

Das Hauptaugenmerk soll hier jedoch auf die Absorptionsbanden und den dazugehörigen Verlauf des Brechungsindexes gerichtet sein. Diesen Absorptionsbanden bei 0,6 μm, 3 μm und 21 μm entspricht bei den betreffenden Wellenlängen ein klassischer Dispersionsverlauf. Die Banden sind nicht sehr stark, aber doch so intensiv, daß der Brechungsindex beeinflußt wird. Im Verlauf des Brechungsindexes ist sogar die Struktur der Doppelbanden bei 3 μm und 21 μm für senkrecht zur *c*-Achse polarisiertes Licht (*E*-Vektor) klar aufgelöst.

Zur Deutung des Spektrums von Selen, der Absorptions*kanten*, der Absorptions*banden* und ihrer jeweiligen Verschiedenheit für die beiden Polarisationsreinrichtungen, wird von den Autoren das von *Gáspár* [90] theoretisch ermittelte grundsätzliche Bändermodell zugrunde gelegt: Abb. 13. Da die Übergänge durch den Impulserhaltungssatz im $\mathfrak{k}$-Raum fixiert sind, ist das Bändermodell wohl nur für feste Ausbreitungsvektoren gültig. Ob sich die Bänder dem gesamten Energieintervall nach nicht doch überdecken, muß offen bleiben.

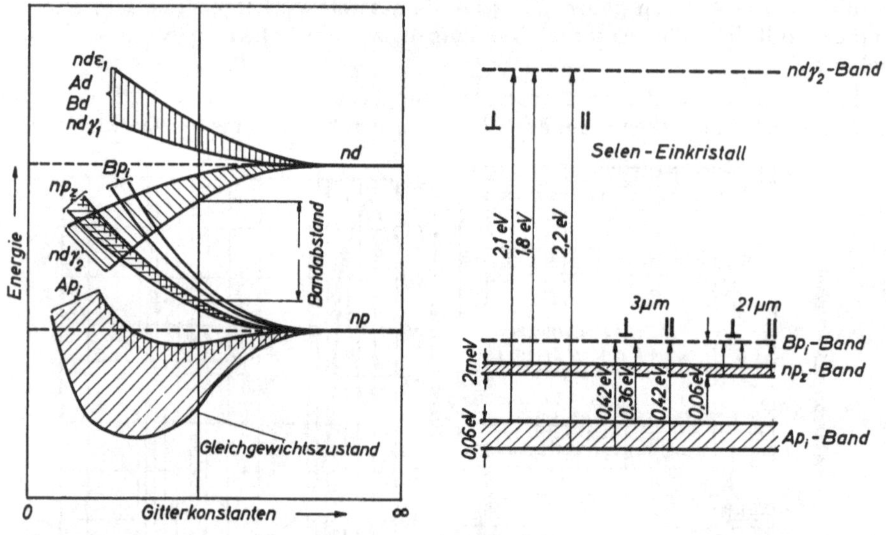

Abb. 13. **Bändermodelle für hexagonales Selen und die optischen Übergänge, die zur Ausbildung der ultraroten Absorptionsbanden und der Absorptionskanten führen sollen, nach *Gobrecht* und *Tausend* [89] 1961**

Nach *Gáspár* spaltet das 4*d*-Band in zwei Unterbänder auf (als unterstes $n\,d\gamma_2$) und das 4*p*-Band in drei Unterbänder Bp_i, np_z und Ap_i.

---

1) Dieses Verfahren wurde vom Verfasser erstmalig an Germanium durchgeführt [14].

Während bei *Gáspár* im Gleichgewichtsabstand der Atome das Bp_ι-Band so weit hochgehoben ist, daß es zum *d*-Band gehört, wird von *Gobrecht* und *Tausend* vorgeschlagen, daß es sich als schmales Band zwischen den beiden besetzten p-Bändern (np_z und Ap_ι) und dem $nd\gamma_2$-Band befindet und zwar in einem Abstand von 0,06 eV über dem np_z-Band. Übergänge in dieses schmale Band sollen nach *Gobrecht* und *Tausend* grundsätzlich zum Auftreten der beobachteten selektiven ultraroten Absorptionsbanden führen.

Die verschiedene Lage der Absorptions*kanten* erklärt sich durch die Berücksichtigung des Umstandes, daß das np_z-Band charakteristisch ist für die Übergänge von Kette zu Kette. Übergänge von dort aus in das Leitungsband erscheinen also nur bei senkrechter Polarisation (des *E*-Vektors zur *c*-Achse), während vom Ap_i-Band aus bei beiden Polarisationsrichtungen Übergänge in das Leitungsband möglich sind.

Prosser [88] ermittelte die Energiedistanzen seinerseits aus Photoleitungsmessungen und gibt sie alle um einige Zehntel eV kleiner an. Darin zeigt sich die bekannte Schwierigkeit, aus Absorptions- bzw. Photoempfindlichkeitskanten die Bandabstände zu bestimmen, wenn man keine Anstiegsanalyse durchführt, sondern den Beginn der Kante durch einen mehr oder weniger willkürlichen Schwellwert definiert.

Immerhin führen beide Messungen zu einer Energie*distanz* zwischen dem np_z-Band und dem Ap_ι-Band von etwa 0,35 eV.

Die Möglichkeit, daß es sich bei der 3 µm-Doppelbande um einen Übergang zwischen diesen beiden Valenzbändern, also um echte Intrabandübergänge (vergleiche das folgende Kapitel) handelt, ist von *Gobrecht* und *Tausend* nicht diskutiert worden.

Inzwischen haben die oben angedeuteten Messungen des Verfassers [1]) an photoelektrisch erzeugten freien Ladungsträgern wohl bewiesen, daß es sich bei den 3 µm-Band in Wirklichkeit um solche p-Bänder handelt. Der Beweis liegt darin, daß die Absorptionsbanden (und zusätzlich zwei weitere Banden bei 1,9 µm und 4,1 µm) mit den photoelektrisch erzeugten freien Ladungsträgern erscheinen, es sich also um Übergänge handelt, die durch Schaffung *freier Plätze* im Valenzband (mittels des Inneren Lichtelektrischen Effektes im Bereich der Absorptionskante) provoziert werden, während der Übergang in ein im Gleichgewichtszustand unbesetztes (Bp_i-) Band davon unabhängig ist. Unterstützt wird der Beweis durch die experimentelle Bestätigung, daß die p-Banden dann nicht (bzw. nur schwach) mit der Photoleitung auftreten, wenn der Photoeffekt in der Absorptionskante mit parallelpolarisiertem Licht durchgeführt wird, im np_z-Band also primär gar keine freien Plätze (Löcher) erzeugt werden.

Die einzelnen Banden in der spektralen Umgebung von 3 µm erklären sich aus Substrukturen (aufgehobene Entartung) der beiden Bänder.

Die Anhaltspunkte für die Konstruktion des Bändermodells sind natürlich nicht so zahlreich wie vergleichsweise bei Germanium. Durch Messungen bei tiefen Temperaturen könnte die Zuordnung der Absorptionsbanden noch gesichert werden, da bei tiefen Temperaturen die beiden Valenzbänder np_z und Ap_i voll besetzt sind und der Übergang zwischen beiden Rändern nicht möglich ist.

Es kam hier auch nur darauf an, zu zeigen, daß beim Vorhandensein sehr enger Bänder, wie z. B. des np_z-Bandes in Selen, bei Band-Band-Übergängen Dispersionserscheinungen auftreten, die denen klassischer Oszillatoren ähnlich sind.

---

[1]) Die Publikation ist z. Z. im Druck: *F. R. Keßler* und *E. Sutter*, Z. Physik **173** (1963).

Es sei erwähnt, daß die von *Gobrecht* und *Tausend* erstmals vorgeschlagene Deutung der ultraroten Absorptionsbanden in Selen als Band-Band-Übergänge neuartig ist. Vorher wurde bei der Deutung der Banden vornehmlich an Gitterschwingungen gedacht.

4. Der Beitrag der freien Ladungsträger zu den optischen Konstanten

a) Diskussion der Intrabandübergänge

Nicht nur im Spektralbereich selektiver Absorptionsbanden lassen sich die optischen Konstanten der Halbleiter anhand der klassischen Dispersionstheorie interpretieren, sondern auch in den Spektralteilen, in denen sie durch die freien Ladungsträger bestimmt werden. Derartige Beobachtungsbereiche liegen spektral zwischen der Absorptionskante und der Absorption durch Gitterschwingungen und dann wieder bei größeren Wellenlängen, wo die Absorption durch Gitterschwingungen vernachlässigbar geworden ist. Bei Germanium bedeutet dies 2 bis 15 μm und oberhalb von 50 μm.

Wenn von der Darstellung der optischen Konstanten der freien Ladungsträger mit Hilfe der klassischen Dispersionstheorie die Rede sein soll, so muß ein Absorptionsmechanismus ausgeschlossen werden, den man als „Intrabandübergang" bezeichnet. Dabei handelt es sich um einen direkten oder auch indirekten Übergang eines freien Elektrons (oder Loches) zwischen zwei Bändern, die sich energetisch überlappen, d. h. entweder gemeinsam das Valenz- oder Leitungsband bilden. Dabei können so kleine energetische Differenzen auftreten, daß die Absorption — meist in der Form breiterer Absorptionsbanden — in den genannten Spektralbereich fällt.

Diese Intrabandabsorption ist bekannt geworden durch die p-Banden der Löcher in Germanium [91], die durch *Kahn* [92] und *Kane* [93] ihre quantitative Deutung durch die Zuordnung zu Übergänge zwischen drei sich überlappenden Valenzbändern gefunden haben. Während die beiden oberen Bänder aus Zyklotronresonanzmessungen bekannt waren, ist das dritte, durch Spin-Bahn-Wechselwirkung bei $k = 0$ abgesenkte Valenzband durch die p-Banden erstmalig experimentell in Erscheinung getreten. Bei Transporterscheinungen kann seine Existenz vernachlässigt werden, da die Besetzungswahrscheinlichkeit zu gering ist. Diese energetische Aufspaltung um 0,3 eV bei Germanium führt dazu, daß die p-Banden bereits oberhalb von ca. 2,5 μm in Erscheinung treten. Da außerdem der Absorptionsquerschnitt dieser direkten Übergänge größer ist als der aufgrund der im folgenden behandelten „Leitungsabsorption", kann man letztere bei Löchern in Germanium nicht über einen größeren Spektralbereich verfolgen.

Bei Silicium liegen die Verhältnisse bez. der Löcher-Absorption qualitativ ähnlich. Die Spin-Bahn-Aufspaltung des Valenzbandes bei $k = 0$ beträgt jedoch nur 0,08 eV. Die p-Banden wurden von *Huldt* und *Staflin* [94] oberhalb von 12,5 μm gefunden. Damit ist der Bereich zwischen 1,1 μm und 12,5 μm frei zur Beobachtung der „Leitungsabsorption".

In Silicium können auch Elektronen Intrabandübergänge machen und zwar als indirekte Übergänge vom absoluten Leitungsbandminimum in (100)-Richtung zu einem sekundären Minimum bei $k = 0$, das ca. 0,5 eV oberhalb des absoluten Minimums liegt. *Spitzer* und *Fan* [95] haben eine Absorptionsbande in n-Typ

Silicium in diesem Sinn gedeutet. Eine Parallele bei Germanium hat man bisher nicht gefunden.

In der folgenden Zeit sind Intrabandübergänge auch bei anderen Halbleitern gefunden worden, z. B. eine p-Bande in Tellur bei 11 μm [96].

So wertvoll die Analyse der Intrabandabsorption für die Ermittlung konkreter Bandstrukturen auch ist, in einer Behandlung des Zusammenhanges zwischen Absorption und Dispersion eines Halbleiters kann sie jedoch außer Betracht bleiben, da selbst bei relativ hohen Trägerdichten der Brechungsindex durch diesen Absorptionsmechanismus nicht beeinflußt wird. Der Brechungsindex hat vielmehr seinen durch die Fundamentalabsorption der Valenz-Leitungsbandübergänge bestimmten konstanten Wert. Die optischen Konstanten sind scheinbar entkoppelt. Der Absorptionsindex erreicht kaum Werte von $k = 10^{-3}$; im Sinne der optischen Konstanten bleibt dies eine vernachlässigbare Absorption. Die Verhältnisse liegen damit ähnlich wie bei den Gitterschwingungen der homöopolaren Halbleiter.

Erst 1961 ist es *Walton* und *Moss* [97] gelungen, mit der Hilfe des Faraday-Effektes, der für die Größe $dn/d\lambda$ selektiv empfindlich ist, kleine Änderungen des Brechungsindexes im Bereich der p-Banden zu finden, die im direkten Meßverfahren für n nicht feststellbar sind. *Walton* und *Moss* verwendeten dazu Proben mit ca. 0,01 Ω cm spezifischen Widerstand, mit vergleichsweise also sehr starker Dotierung.

Bei der Besprechung der Absorption freier Ladungsträger scheiden auch diejenigen Prozesse aus, die zu einer Anhebung eines freien Ladungsträgers in andere Bänder über verbotene Energielücken hinweg erfolgen, da der Energiedifferenz entsprechend die Absorption auf die kurzwellige Seite der Absorptionskante fällt und damit nicht beobachtbar ist.

b) Die „Leitungsabsorption": Dispersionstheorie mit Hilfe der quantentheoretisch adaptierten Drudeschen Theorie

Wendet man sich nun der „Leitungsabsorption" zu, so kann man mit elektrotechnischer Ausdrucksweise sagen, daß es sich dabei um die Freisetzung von Joulescher Wärme durch einen Wechselstrom handelt, dessen Frequenz lediglich im Bereich von 10^{13} bis 10^{15} Hz liegt.

Quantentheoretisch handelt es sich um einen Mechanismus, bei dem ein freier Ladungsträger bei gleichzeitiger Wechselwirkung mit dem Photon und mit Phononen einen indirekten Übergang *innerhalb* eines $E(\mathfrak{k})$-Verlaufs macht.

Die quantentheoretische Behandlung des dazugehörigen Absorptionsspektrums wurde von *Fröhlich* [98, 99], *Schmidt* [100] und *Meyer* [101] durchgeführt.

Das wesentliche Ergebnis von *Fröhlich* war, daß die quantentheoretische Oszillatorenstärke $f_{nn\mathfrak{k}}$ identisch ist mit dem Quotienten aus freier Elektronenmasse m_0 und effektiver Masse m^*.

Damit kann die Quantentheorie der Dispersion und Absorption freier Ladungsträger in einem Kristallgitter dadurch auf die klassische Dispersionstheorie nach Drude-Zehner zurückgeführt werden, daß man die freie Elektronenmasse durch die effektive Masse ersetzt.

Mit der effektiven Masse ist auch die Verbindung zur Transporttheorie der elektrischen Leitfähigkeit hergestellt, so daß man die dortige Beweglichkeit auch für die Bewegungsgleichung der optischen Dispersion verwenden kann. Voraussetzung dafür ist natürlich, daß die Beweglichkeit selbst unabhängig von der

Energie der freien Ladungsträger ist. Diese Voraussetzung ist in einem großen Teil der „normalen" Fälle erfüllt, und zwar dann, wenn die Streuung der Elektronen durch akustische Phononen erfolgt. Dies hat sich nach Messungen von *Jaumann* und *Keßler* [16] am Germanium, von *Keßler* und *Schnell* [102] am Silicium und von *Keßler* und *Sutter* [103] am Indiumantimonid (vgl. weiter unten) quantitativ bestätigt, wenn man nur vollständig das Vorhandensein mehrerer Trägersorten berücksichtigt [104].

An die strenge Gültigkeit der durch die effektive Masse angepaßten klassischen Dispersionstheorie für freie Ladungsträger in Halbleitern sind jedoch noch zwei weitere Voraussetzungen geknüpft.

Einmal ist zu berücksichtigen, daß die klassische Bewegungsgleichung u. a. auf einer kontinuierlichen Energieabgabe über eine der Geschwindigkeit proportionalen Reibungskonstante basiert. Da dies in Wirklichkeit jedoch diskontinuierlich durch Stöße geschieht, hat man die Relation zwischen Stoßzeit τ und Schwingungsdauer zu berücksichtigen. Nach den Ausführungen von *Schmidt* [100] gilt für $\nu \ll \frac{1}{2\pi \cdot \tau}$ die klassische Theorie exakt, für $\nu \gg \frac{1}{2\pi \cdot \tau}$ tritt zur optischen Leitfähigkeit der Faktor

$$\frac{32}{9\pi} = 1{,}13 \tag{50}$$

hinzu, was also nur eine geringe Korrektur bedeutet.

Zum Zweiten tritt bei der optischen Leitfähigkeit ein sogar frequenzabhängiger Korrekturfaktor [1]) F auf

$$F = \frac{4}{9\sqrt{\pi}} \left(\frac{h\nu}{kT}\right)^{1/2}, \tag{51}$$

je nachdem man mit einer induzierten Emission zu rechnen hat oder nicht. Da der klassischen Dispersionstheorie in der quantentheoretischen Energiebilanz die Miterfassung der induzierten Emission entspricht, entfällt der Korrekturfaktor, wenn ein induzierter Übergang unter Lichtquantenemission für die Elektronen möglich ist. Dies ist offensichtlich der Fall, wenn das Band bis zu Energien von $h\nu$ gemessen vom Bandrand aus mit freien Ladungsträgern besetzt ist.

Bei nichtentarteten Halbleitern ist das Valenz- bzw. Leitungsband gemäß der Boltzmannverteilung besetzt. Die energetische Auffüllungshöhe (Abfall der Besetzungswahrscheinlichkeit auf den e-ten Teil) beträgt dann kT. Die induzierte Emission fällt demnach aus, d. h. der Korrekturfaktor F tritt hinzu, für Lichtfrequenzen bei denen $h\nu \gg kT$ ist.

Bei entarteten Halbleitern läßt sich die Auffüllungshöhe nicht so einfach angeben. Als Auffüllungsgrenze kann man jetzt — beim absoluten Nullpunkt in Strenge — den Abstand des Ferminiveaus vom Bandrand bezeichnen. Die Lage des Ferminiveaus hängt wiederum bei gegebener Trägerkonzentration von der Zustandsdichte in dem betreffenden Band und damit wieder von der effektiven Masse ab. Der Korrekturfaktor tritt demnach auf für $h\nu \gg |\zeta - E_{\text{Rand}}|$.

Ist die effektive Masse klein und damit die Zustandsdichte groß, so ist bei mäßigen Trägerdichten die Auffüllungshöhe ein mehrfaches von kT, so daß u. U.

---

[1]) Dieser Korrekturfaktor wurde zuerst von *Fröhlich* [99] angegeben. Eine ausführliche quantentheoretische Ableitung wurde von *Schmidt* [100] gegeben.

im Beobachtungsbereich der Korrekturfaktor nicht zum Tragen kommt. Demnach sind die stark entarteten Halbleiter an sich die besseren Repräsentanten der klassischen Dispersionstheorie als die nicht entarteten Halbleiter. Im gleichen Sinn sind ja auch die Metalle Musterbeispiele für die Gültigkeit der klassischen Dispersionstheorie der freien Ladungsträger und nach neueren Ergebnissen hat sich dies bis dicht vor die Absorptionskanten experimentell bestätigt, vornehmlich bei den Alkalimetallen[1]).

Im folgenden wird gerade der Fall des entarteten InSb ausführlicher quantitativ behandelt bezüglich der Dispersions- und Absorptionsverhältnisse der freien Elektronen, wobei erschwerend der Sonderfall einer konzentrationsabhängigen effektiven Masse auftritt.

Vorher soll aber die klassische Drudesche Theorie bezüglich einiger praktisch wichtiger Näherungsformeln diskutiert werden.

Das vollständige Ergebnis geht zunächst aus den Formeln (44 und 45) hervor, wenn man unter der Elektronenmasse stets die effektive Masse versteht. Da man sich in dem Beobachtungsbereich in hinreichendem Abstand von Resonanzstellen befindet, entfallen in den optischen Konstanten alle Resonanzglieder. Lediglich im Realteil der DK ist in der Größe ε_g der frequenz u n abhängige Einfluß von Resonanzstellen mit höherer Resonanzfrequenz enthalten. D. h., daß darin auch der Dispersionseinfluß der Fundamentalabsorption beim Band-Band-Übergang erfaßt ist, dessen Analyse weiter unten gesondert erfolgt.

Bei homöopolaren Halbleitern ist ε_g identisch mit der statischen DK, da, wie bereits ausgeführt, die Gitterschwingungen keinen Beitrag mehr zu statischen DK liefern und die Trägerdichte hinreichend klein ist. Bei Verbindungshalbleitern ist ε_g gleich der statischen DK vermindert um eben diesen Gitterschwingungsanteil. Die vollständigen Formeln für Real- und Imaginärteil der komplexen DK, sowie für die optische Leitfähigkeit eines Mediums der relativen DK ε_g ($\mu_{\text{rel}} = 1$), in dem freie Ladungsträger vorhanden sind, lauten:

$$\frac{\mathrm{Re}\,(\varepsilon^*)}{\varepsilon_0} = \varepsilon_{\text{rel}} = n^2 - k^2 = \varepsilon_g - \frac{N e^2/m^* \varepsilon_0}{\omega^2 + \gamma^2}\,; \tag{52}$$

$$\frac{\mathrm{Im}\,(\varepsilon^*)}{\varepsilon_0} = \frac{\sigma}{\varepsilon_0\,\omega} = 2\,n\,k = \frac{N e^2/m^* \varepsilon_0}{\omega\,(\omega^2 + \gamma^2)} \cdot \gamma\,; \tag{53}$$

$$\sigma = 4\pi\varepsilon_0 n\,k\,\nu = \frac{N e^2/m^*}{\omega^2 + \gamma^2} \cdot \gamma. \tag{54}$$

Die Abb. 14 zeigt dazu schematisch den Verlauf der optischen Konstanten in Abhängigkeit von der Frequenz für einen Fall, der mit Rücksicht auf die noch folgende Diskussion der Plasmaresonanz so ausgewählt, daß $\varepsilon_{\text{rel stat}} < 0$ ist aufgrund einer relativ hohen Dichte freier Ladungsträger, so daß ein Schnittpunkt mit $n = k$ erscheint. Ist $\varepsilon_{\text{rel stat}} > 0$, so bleibt stets $n > k$.

Für beschränkte Spektralbereiche lassen sich Näherungsdarstellungen angeben: Die erste Betrachtung über eine näherungsweise Darstellung der optischen Konstanten wird mit Hilfe der Maxwellschen Gleichungen durchgeführt, in die man das vollständige Ergebnis der Drudeschen Theorie in der Form ε_{rel} und σ ein-

[1]) Auf eine ausführlichere Diskussion der Verhältnisse bei Metallen an dieser Stelle sei ausdrücklich verzichtet.

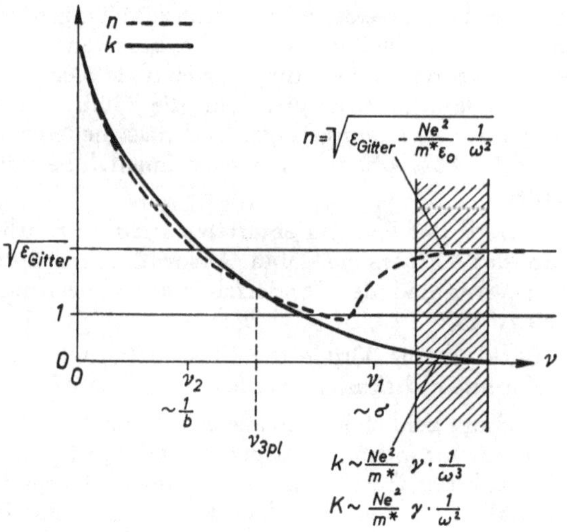

Abb. 14. Die optischen Konstanten eines Mediums der relativen DK $\varepsilon_{\text{Gitter}}$ mit freien Ladungsträgern schematisch (schraffiert der Beobachtungsbereich)

zusetzen hat. Aus dem bekannten Zusammenhang Gleichung (31) (für $\mu_{\text{rel}} = 1$) ersieht man, daß die Größe

$$\omega_1 = 2\pi\nu_1 = \left|\frac{\sigma}{\varepsilon_0\,\varepsilon_{\text{rel}}}\right| \tag{55}$$

bezüglich der Näherung die Rolle einer charakteristischen Frequenz spielt:
Für $\nu \ll \nu_1$ ist $n = k$;
für $\nu \gg \nu_1$ geht k monoton fallend gegen Null und n monoton steigend gegen $\sqrt{\varepsilon_{\text{rel}}}$.
Da σ bzw. ε_{rel} u. U. selbst frequenzabhängig sind, bezeichnet man die Größe

$$\omega_{10} = 2\pi\nu_{10} = \left|\frac{\sigma_0}{\varepsilon_0\,\varepsilon_{\text{rel stat}}}\right| \tag{56}$$

als stoffspezifische charakteristische Größe.

Eine zweite, von der ersten völlig unabhängige Näherungsbetrachtung kann man am Ergebnis der Drudeschen Theorie anstellen: Gemäß Gleichung (52) und (53) entscheidet die Relation von ν und der charakteristischen Frequenz

$$\nu_2 = \frac{\gamma}{2\pi} \tag{57}$$

(es ist die Halbwertsbreite) darüber, ob die ganze Frequenzabhängigkeit der Drudeschen Theorie überhaupt zum Tragen kommt, oder ob mit den statischen Werten

$$\sigma_0 = \frac{Ne^2}{m^*\gamma} \tag{58}$$

und

$$\varepsilon_{\text{rel stat}} = \varepsilon_g - \frac{Ne^2/m^*\varepsilon_0}{\gamma^2} \tag{59}$$

gerechnet werden darf. Letzteres ist für $\nu \ll \nu_2$ der Fall, ersteres bei $\nu \gg \nu_2$.

Abb. 15 stellt die sich damit im Prinzip ergebenden 9 Fälle schematisch dar: Die Ordinate für die Maxwellsche Theorie, die Abszisse für die Drudesche Theorie. Die Frage, in welcher Folge man im konkreten Fall bei Frequenzsteigerung die Bereiche durchschreitet, ist anhand der Relation von ν_1 zu ν_2 bzw. ω_1 zu ω_2 zu beantworten.

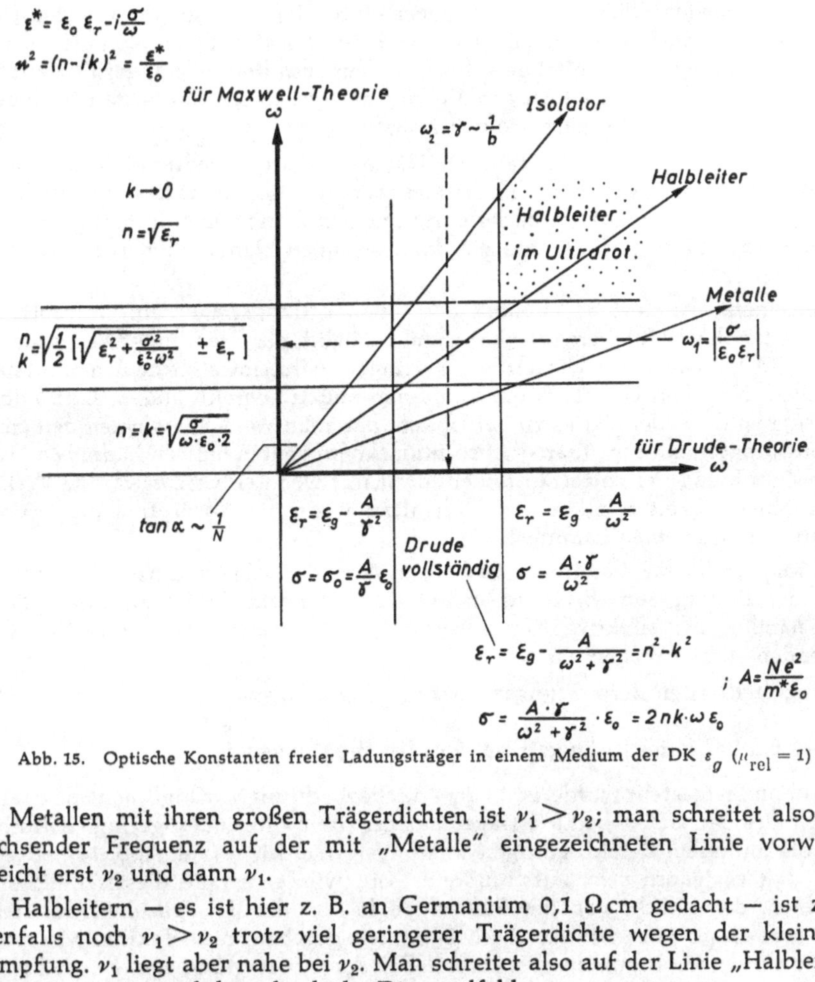

Abb. 15. Optische Konstanten freier Ladungsträger in einem Medium der DK ε_g ($\mu_{rel} = 1$)

Bei Metallen mit ihren großen Trägerdichten ist $\nu_1 > \nu_2$; man schreitet also mit wachsender Frequenz auf der mit „Metalle" eingezeichneten Linie vorwärts, erreicht erst ν_2 und dann ν_1.

Bei Halbleitern – es ist hier z. B. an Germanium 0,1 Ω cm gedacht – ist zwar ebenfalls noch $\nu_1 > \nu_2$ trotz viel geringerer Trägerdichte wegen der kleineren Dämpfung. ν_1 liegt aber nahe bei ν_2. Man schreitet also auf der Linie „Halbleiter" vorwärts, im wesentlichen durch die Diagonalfelder.

Bei wachsender Trägerdichte des Halbleiters, sei es durch Dotierung oder Erwärmung, wird ν_1 größer bei im wesentlichen ungeändertem ν_2, da die Beweglichkeit nicht, oder bei *sehr* starker Dotierung über die Störstellenstreuung schwach konzentrationsabhängig ist. Ebenso ist gegenüber dem exponentiellen Dichteanstieg in der Eigenleitung die Abhängigkeit der Beweglichkeit von der Temperatur nur gering.

Bei Isolatoren (auch Halbleitern) mit noch kleineren Trägerdichten und bei denen u. U. die Dämpfung größer ist, kann sich die Relation zwischen ν_1 und ν_2 auch vertauschen. Man schreitet dann auf der Linie „Isolator" vorwärts.

Diese Linien, die die Beziehung zwischen den beiden Frequenzskalen der Ordinaten und Abszisse herstellen, haben grob gesprochen, eine Steigung $\sim 1/N$.

Die Tabelle 1 gibt für einige Stoffe die Werte von ν_{10} und ν_2 an.

In dem mittleren Spektralbereich, in dem Näherungen nicht anzuwenden sind, kann man das Verhalten der optischen Konstanten anhand einer dritten charakteristischen Frequenz diskutieren, der sogenannten Plasmaresonanzfrequenz (oder einfacher: Plasmafrequenz), bei der $n = k$ ist. Diesem Fragenkomplex sei im folgenden ein eigenes Kapitel gewidmet, in dem auch Beispiele angeführt werden, bei denen man an Halbleitern den Verlauf der optischen Konstanten im Bereich der Plasmaresonanzfrequenz beobachtet hat.

Normalerweise ist bei Halbleitern der Näherungsbereich rechts oben in Abb. 15 der Beobachtung zugänglich, ein Frequenzbereich also, in dem $\nu \gg \nu_1$ und auch $\nu \gg \nu_2$ ist. Dieser Bereich ist in der schematischen Darstellung der optischen Konstanten Abb. 14 schraffiert, und die dort geltenden Näherungen für n, k und σ sind vermerkt.

Grundsätzlich ist dort der Einfluß der freien Ladungsträger auf die optischen Konstanten des Halbleiters sehr klein und bezüglich des Brechungsindexes, dessen großer Absolutwert nur geringfügig verringert wird, im allgemeinen nicht festzustellen. Nur dem Umstand, daß in diesem Spektralbereich andere Extinktionsprozesse völlig fehlen, ist es zu verdanken, daß man wenigstens einen den freien Ladungsträgern zuordnenbaren Absorptionskoeffizienten messen kann. Man wird diese Zuordnung gerechtfertigt finden, nicht nur wenn sich die erwartete Wellenlängenabhängigkeit zeigt, sondern vor allem wenn die Absorption proportional ist zur Zahl der freien Ladungsträger.

Der Sonderfall, daß bei freien Ladungsträgern der Absorptionskoeffizient und auch der Beitrag zum Brechungsindex *nicht* proportional ist zu ihrer Dichte, weil nämlich die effektive Masse selbst konzentrationsabhängig ist, wird im folgenden speziell behandelt.

Vorangestellt seien Betrachtungen über den Brechungsindex.

c) Der Einfluß freier Ladungsträger auf den Brechungsindex

Wie schon festgestellt wurde, ist in dem der Beobachtung zugänglichen Spektralteil der Einfluß der freien Ladungsträger auf den Brechungsindex gering. Betrachtet man die in diesem Bereich gültige Näherungsformel für n (vgl. Abb. 14), so sieht man, daß es jedoch sehr aufschlußreich sein würde, gerade diesen Einfluß zu studieren, da er nicht von der Stoßzeit, d. h. von der Beweglichkeit der freien Träger abhängt. Hier ist also die Möglichkeit gegeben, die effektive Masse der Träger *direkt* zu bestimmen, während bei der Auswertung der k-, d. h. Absorptionswerte stets die Schwierigkeit vorliegt, den Wert der Stoßzeit aus anderen Messungen, häufig aus Gleichstrommessungen, übernehmen zu müssen, wobei die Frage der Zulässigkeit des Verfahrens schwer zu entscheiden ist. Damit ist eine solche Methode auch der Zyklotronresonanz überlegen, deren Ergebnis zwar auch von der Stoßzeit unabhängig ist, die aber zur Herausschälung des Resonanzeffektes die Meßfrequenz über die Stoßfrequenz legen muß, was zu den bekannten experimentellen Erschwernissen führt.

Spitzer und *Fan* [105] haben eine derartige Bestimmungsmethode der effektiven Masse freier Ladungsträger aus ihrem Einfluß auf den Brechungsindex zuerst 1957 durchgeführt. Sie haben dazu die Zahl der freien Ladungsträger durch wachsende

Tabelle 1. Gegenüberstellung der charakteristischen Frequenzen für fünf Halbleiter und Kupfer als Vertreter der Metalle. Angaben für 300 °K (außer Te) und Fremdleitung (außer Cu).

Charakteristische Frequenz / aus / Stoff	ϱ_0; $\varepsilon_{\text{rel stat}}$ Bemerkung	ν_{10} bzw. λ_{10} $\omega_{10} = \frac{\sigma_0}{\varepsilon_0 \varepsilon_{\text{rel stat}}}$	ν_2 bzw. λ_2 $\omega_2 = \frac{1}{\tau} = \frac{e}{m^*} \frac{1}{b}$	ν_{pl} bzw. λ_{pl} $\omega_{pl} = \sqrt{\frac{Ne^2}{m^* \varepsilon_0 \varepsilon_g}} \doteq \sqrt{\omega_{10} \cdot \omega_2}$	m^*
Selen	30 000 Ω · cm $\varepsilon_{\text{rel stat}} = 6{,}3$ Mittelwerte	$9{,}5 \cdot 10^{10}$ Hz 3,2 mm	$2{,}8 \cdot 10^{14}$ Hz 0,97 µm $b = b_0$ gesetzt	$5{,}1 \cdot 10^{12}$ Hz 580 µm	$= m_0$ gesetzt
Silicium	100 Ω cm; $\varepsilon_{\text{rel stat}} = 12{,}2$ Elektronen	$1{,}5 \cdot 10^{9}$ Hz 20 cm	$7{,}7 \cdot 10^{11}$ Hz 390 µm	$3{,}4 \cdot 10^{10}$ Hz 8800 µm	$= 0{,}28\, m_0$
Germanium	1 Ω cm; $\varepsilon_{\text{rel stat}} = 16$ Elektronen	$1{,}1 \cdot 10^{11}$ Hz 2650 µm	$5{,}5 \cdot 10^{11}$ Hz 540 µm	$2{,}5 \cdot 10^{11}$ Hz 1200 µm	$= 0{,}12\, m_0$
Tellur	1 Ω cm; $\varepsilon_{\text{rel stat}} = 23$ Löcher; 100 °K // *c*-Achse	$8{,}0 \cdot 10^{10}$ Hz 3800 µm	$4{,}7 \cdot 10^{11}$ Hz 640 µm	$1{,}9 \cdot 10^{11}$ Hz 1600 µm	$= m_0$ gesetzt
InSb	0,01 Ω cm; $\varepsilon_{\text{rel stat}} = 12{,}2$ Elektronen	$1{,}5 \cdot 10^{13}$ Hz 20 µm	$2{,}7 \cdot 10^{11}$ Hz 1100 µm	$2{,}0 \cdot 10^{12}$ Hz 150 µm	$= 0{,}013\, m_0$
Kupfer	$1{,}6 \cdot 10^{-6}$ Ω cm $\varepsilon_{\text{rel stat}} = 1$ gesetzt	$1{,}0 \cdot 10^{18}$ Hz $2{,}9 \cdot 10^{-4}$ µm	$4{,}3 \cdot 10^{12}$ Hz 7,0 µm	$2{,}1 \cdot 10^{15}$ Hz 0,14 µm	$= 1{,}5\, m_0$

Dotierung so gesteigert, daß der Effekt deutlich genug war. Dabei verschiebt sich die charakteristische Frequenz ν_1 auf das Beobachtungsgebiet zu, während die der Beweglichkeit zugeordnete Frequenz ν_2 in etwa liegen bleibt.

Experimentell wird n aus Reflexionsmessungen bei senkrechter Inzidenz bestimmt, wobei der k-Wert aus Durchlässigkeitsmessungen gewonnen wird.

Abb. 16 zeigt das Ergebnis an Germanium n-Typ mit $3{,}9 \cdot 10^{18}$ Trägern/cm³ und p-Typ mit $1{,}1 \cdot 10^{19}$ Löchern/cm³ bei Zimmertemperatur, und zwar ist das Reflexionsvermögen aufgetragen und der Brechungsindex. Unterhalb von 18 µm, also bei kürzeren Wellenlängen, ist R allein durch den Brechungsindex bestimmt, n und R nehmen erwartungsgemäß mit λ ab. Oberhalb von 18 µm wird der Einfluß von k auf das Reflexionsvermögen dominierend. R steigt wieder an, da k nach der Theorie mit $1/\nu^3$ ansteigt.

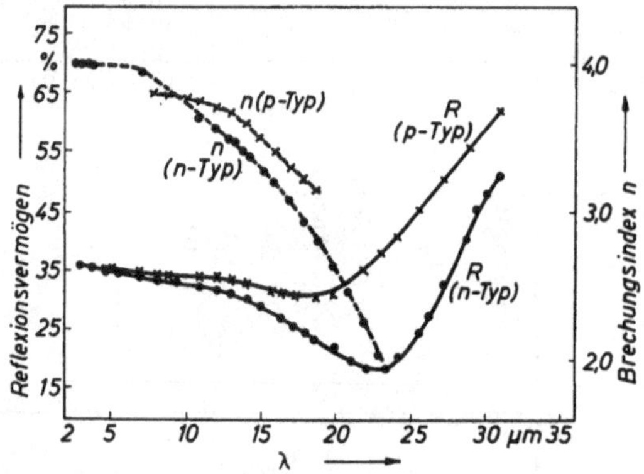

Abb. 16. Reflexionsvermögen und Brechungsindex von n- und p-Typ Germanium unter dem Einfluß freier Ladungsträger bei hoher Tägerkonzentration (n-Typ: $N = 3{,}9 \cdot 10^{18}$ cm^{-3}; p-Typ: $N = 1{,}1 \cdot 10^{19}$ cm^{-3}), nach *Spitzer* und *Fan* [105] 1957

Da bei dieser starken Dotierung das Germanium entartet ist, liegt das Ferminiveau mindestens 7 kT im jeweiligen Band. Dann aber scheiden die induzierten Übergänge nicht aus, und man erwartet eine exakte Bestätigung der Drudeschen Theorie. Abb. 17 zeigt, daß tatsächlich die elektrische Suszeptibilität mit λ^2 ansteigt. Aus der quantitativen Analyse dieser Kurve ergibt sich z. B. die isotrop gemittelte effektive Masse der Elektronen im Leitungsband zu 0,15 m_0 in guter Übereinstimmung mit dem Wert 0,12 der Zyklotronresonanzmessungen.

Der Absorptionsindex k steigt jedoch, wie die Abb. 17 zeigt, steiler als mit λ^3 an. Hier bestätigt sich demnach die Frequenzabhängigkeit der Drudeschen Theorie (vgl. Abb. 14) nicht. Die Erklärung liegt darin, daß bei den hohen Donatordichten die Streuung der Elektronen nicht mehr allein durch akustische Phononen erfolgt, was dem Ansatz der Drudeschen Theorie entspricht, sondern daß bereits die Streuung an jonisierten Störstellen dominierend ist. Nach *Fan, Spitzer* und *Collins* [106] erhält man dann den Exponenten 4 in guter Übereinstimmung mit dem Experiment.

Im Sinne der Drudeschen Theorie bedeutet das Abweichen des Absorptionskoeffizienten von der λ^2-Abhängigkeit das Vorhandensein einer frequenzabhängigen Stoßzeit. Der steilere Anstieg zeigt, daß mit abnehmender Wellenlänge die Stoßzeit größer wird. In dieser Weise wirkt gerade die Streuung an ionisierten Störstellen („Rutherford-Streuung"): Dieser Streumechanismus ist bei höheren kinetischen Energien der freien Ladungsträger unwirksamer. Deren kinetische Energie wächst aber mit der Lichtquantenenergie.

Von diesem Streumechanismus bleibt in Übereinstimmung mit der Drudeschen Theorie die Suszeptibilität unbeeinflußt. Ein weiterer Vorteil, die effektive Masse aus ihr zu bestimmen.

Diese Methode der Bestimmung der effektiven Masse aus dem Brechungsindex mit Hilfe von Reflexionsmessungen ist inzwischen an vielen Halbleitern mit Erfolg durchgeführt worden, teilweise als erste Bestimmung der effektiven Masse für dieses Material.

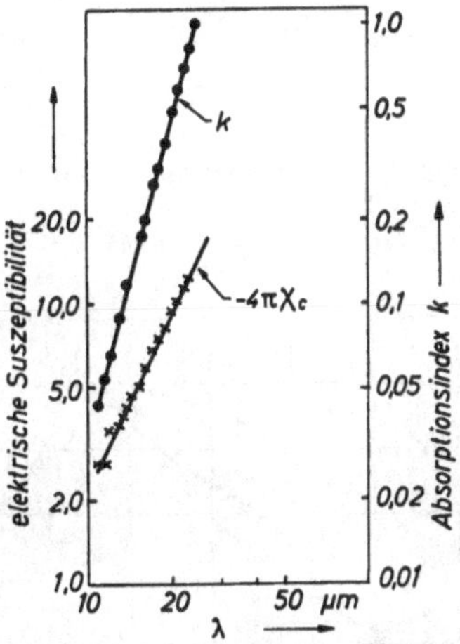

Abb. 17a. Elektrische Suszeptibilität (in CGS-Einheiten) freier Elektronen ($N = 3{,}9 \cdot 10^{18}$ cm^{-3}) in n-Typ Germanium. Die ausgezogene Linie entspricht der λ^2-Abhängigkeit

Abb. 17b. Absorptionsindex k im gleichen Fall, nach *Spitzer* und *Fan* [105] 1957

Spitzer und *Fan* haben gleichzeitig mit den Ergebnissen an n-Typ-Germanium solche an p-Typ-Germanium (nach Abzug des Einflusses der p-Banden), an Silicium, an InAs und an InSb vorgelegt. Wegen der besonderen Bedeutung des Ergebnisses an InSb wird dies weiter unten ausführlicher behandelt.

In einigen Fällen ist auch auf die Frequenzabhängigkeit der Stoßzeit ausdrücklich hingewiesen worden.

So wurde von *Haas* und *Corbey* [83] beim SnS eine ähnliche Frequenzabhängigkeit der Stoßzeit gefunden. Abb. 18 zeigt die gemessenen Reflexionskurven und ihre Darstellung mit Hilfe der Dispersion freier Ladungsträger. Hier unterscheiden sich die Stoßzeiten beider Anpassungskurven um den Faktor 5. Polaronen-Effekte scheiden als zu klein aus (vgl. weiter unten). Die Autoren führen die Frequenzabhängigkeit der Stoßzeit daher wie *Spitzer* und *Fan* auf den Einfluß der Verunreinigungsstreuung (Streuung an *ionisierten* Störstellen) zurück.

Abb. 19 zeigt Messungen von *Collins* und *Kleinman* [82] an Zinkoxyd. Das gemessene Reflexionsvermögen läßt sich ebenfalls nur mit zwei (etwa um den Faktor 3) verschiedenen Stoßzeiten darstellen. Die Autoren erklären dies hier durch den Einfluß von Polaronen auf die wirksame Masse des freien Ladungsträgers. Diese Kopplung von einem freien Ladungsträger mit dem Gitter über die Polarisation des Gitters erfolgt durch longitudinale optische Gitterschwingungen. Unterhalb der Frequenz dieser Eigenschwingung sollte deshalb die größere Polaronenmasse, darüber die reine effektive Masse des Ladungsträgers

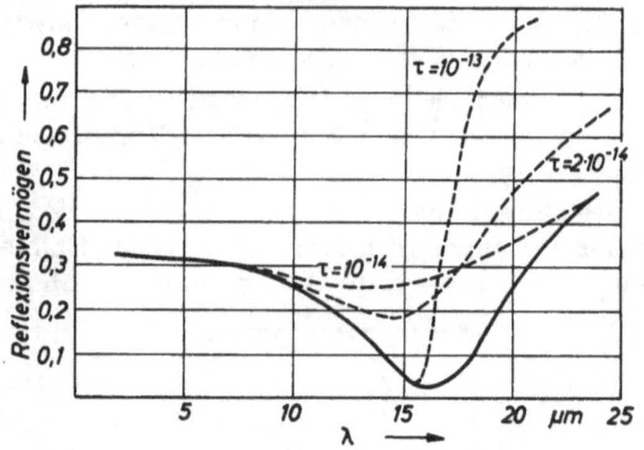

Abb. 18. Reflexionsvermögen von SnS. Die Berechnung der Anpassungskurven (– – – –) erfolgte mit $N = 1{,}06 \cdot 10^{19}$ Löchern/cm³ und $m_{\perp}^* = 0.20\, m_0$. Die jeweils verwendeten Stoßzeiten sind angetragen, nach *Haas* und *Corbey* [83] 1961

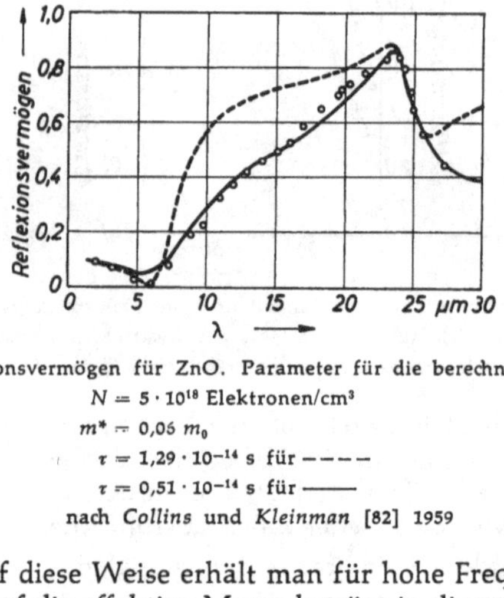

Abb. 19. Reflexionsvermögen für ZnO. Parameter für die berechneten Kurven sind:
$N = 5 \cdot 10^{18}$ Elektronen/cm³
$m^* = 0{,}06\, m_0$
$\tau = 1{,}29 \cdot 10^{-14}$ s für – – – –
$\tau = 0{,}51 \cdot 10^{-14}$ s für ——
nach *Collins* und *Kleinman* [82] 1959

einzusetzen sein. Auf diese Weise erhält man für hohe Frequenzen größere Stoßzeiten. Der Einfluß auf die effektive Masse beträgt in diesem Fall jedoch nur 8 %.

In allen genannten Fällen wurde eine Erklärung durch Oberflächeneinflüsse im Bereich hoher Reflexion (vgl. Kapitel 1 b) nicht herangezogen.

Ohne Anspruch auf Vollständigkeit, seien noch die folgenden Messungen erwähnt: 1959 veröffentlichten *Caldwell* und *Fan* [96] Messungen an Tellur, das entsprechend seiner optischen Anisotropie für freie Löcher bei senkrechter bzw. paralleler Polarisation des Lichtes zur *c*-Achse des Kristalls zwei verschiedene effektive Massen liefert, die sich um den Faktor 1,5 unterscheiden.

1959 haben *Spitzer* und *Whelan* [107] Messungen an n-Typ GaAs durchgeführt.

Von *Cardona* wurde eine Reihe von Verbindungshalbleitern untersucht, so GaAs und InP [108], GaSb [109] und InAs und GaAs [110] unter Beobachtung der Temperatur- und Dotierungsabhängigkeit der effektiven Masse. 1961 führten *Piper* und *Marple* [111] Messungen an CdS durch.

Der Einfluß der freien Elektronen in n-Typ InSb auf den Brechungsindex verdient besonders Erwähnung. Bei Germanium hatten alle freien Träger selbst bei der starken Dotierung noch die gleiche effektive Masse, da die Bänder bis zu den Energiewerten der Bandauffüllung parabolisch verlaufen. Das ist bei InSb nicht mehr der Fall. Die effektive Masse am Bandrand ist sehr klein ($m^*_{\text{Elektronen am Bandrand}} = 0{,}016\ m_0$), die Zustandsdichte dort klein, also ist zunächst Entartung schon bei kleinen Trägerdichten erreicht. Wichtiger ist, daß aus gleichem Grund der *parabolische* Bereich auf eine kleine Randzone beschränkt ist. Liefert das Experiment also für eine bestimmte Dotierung eine effektive Masse, so handelt es sich jetzt dabei um einen *Mittelwert*.

Abb. 20 zeigt zunächst den spektralen Verlauf des Reflexionsvermögens für verschiedene Dotierungen nach *Spitzer* und *Fan* [105]. Der kurzwellige Abfall bis zu dem scharfen Minimum entspricht dem Einfluß der freien Träger auf den Brechungsindex. Der folgende steile Anstieg des Reflexionsvermögens jedoch ist nicht nur auf den Einfluß des mit mindestens λ^3 wachsenden Absorptionsindex zurückzuführen, sondern auch auf die Nähe der Plasmaresonanz (vgl. weiter unten). Daß das Minimum des Reflexionsvermögens fast den Wert Null erreicht, rührt daher, daß die freien Träger den Brechungsindex so stark absenken, daß er $= 1$ wird. Das Reflexionsvermögen ist dann nur mehr durch den Absorptionsindex gegeben, der aber aufgrund der hohen Beweglichkeit der Elektronen in InSb einen sehr kleinen Wert besitzt. Abb. 21 zeigt, daß auch beim InSb die elektrische Suszeptibilität der freien Träger mit λ^2 wächst, wie es die Drudesche Theorie ergibt, der Absorptionskoeffizient jedoch steiler ansteigt. Abb. 22 zeigt den aus dem Experiment gewonnenen *Mittelwert* der effektiven Masse in Abhängigkeit von der Dichte freier Elektronen. Eine Extrapolation auf $N = 0$ liefert daraus den Wert der effektiven Masse am Bandrand zu $0{,}016\ m_0$. Die Kurve erreicht für hohe Trägerdichten eine Art Sättigungswert. Dies ist dadurch zu erklären, daß mit wachsendem Abstand vom Bandrand die effektive Masse größer wird, damit aber

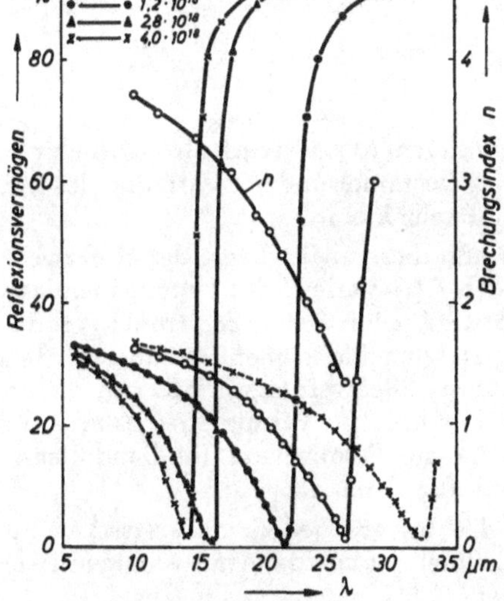

Abb. 20. Reflexionsvermögen für fünf n-leitende InSb-Proben, deren verschiedene Elektronenkonzentrationen verzeichnet sind. Für die Dichte $N = 6{,}2 \cdot 10^{17}\ \text{cm}^{-3}$ ist der spektrale Verlauf des Brechungsindexes eingetragen, nach *Spitzer* und *Fan* [105] 1957

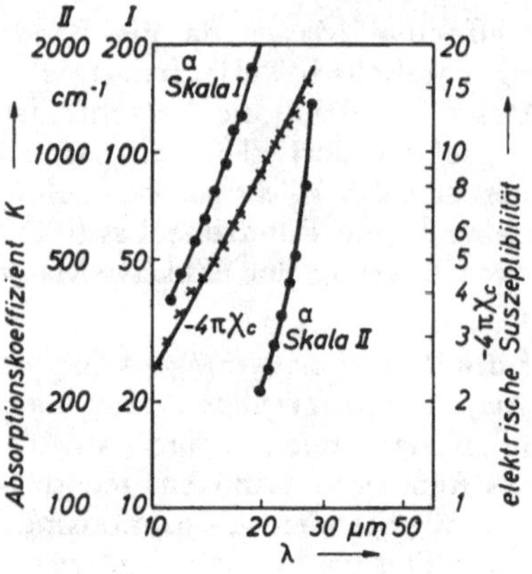

Abb. 21. Absorptionskoeffizient und elektrische Suszeptibilität (in CGS-Einheiten) der n-leitenden InSb-Probe mit $N = 6{,}2 \cdot 10^{17}\ \mathrm{cm}^{-3}$ (vgl. Abb. 20), nach *Spitzer* und *Fan* [105] 1957

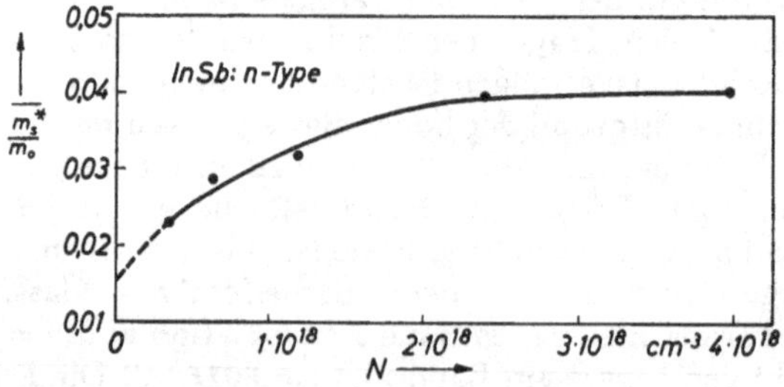

Abb. 22. Abhängigkeit des aus Suszeptibilitätsmessungen, d. h. aus dem Brechungsindex, errechneten Mittelwertes der effektiven Masse von der Elektronenkonzentration in n-leitendem InSb, nach *Spitzer* und *Fan* [105] 1957

auch dort die Zustandsdichte aufgrund des allgemeinen Zusammenhangs zwischen Zustandsdichte und $E(\mathfrak{k})$-Verlauf:

$$D(E) = C \cdot \int\limits_{E=\mathrm{const}} \frac{1}{\mathrm{grad}_{\mathfrak{k}} E}\, \mathrm{d}\sigma . \tag{60}$$

Der Mittelwert der effektiven Masse wird also vornehmlich dann durch diese höher eingebauten Träger bestimmt und die Variation des Mittelwerts bei weiterer Steigerung der Dichte ist sehr klein.

Spitzer und *Fan* haben nun diesen Mittelwert der effektiven Masse auflösen und so den zugrundeliegenden $E(\mathfrak{k})$-Verlauf des Leitungsbandes von InSb bestimmen können. Der Gesamtbeitrag aller freier Elektronen ergibt sich nämlich durch Summation über alle besetzten Elektronenzustände im Band mit der dort vorhandenen effektiven Masse. Dieses Integral läßt sich dadurch vereinfachen, daß man annimmt, daß das Band bis zur Fermigrenze ganz und darüber nicht besetzt ist. Man nähert also, da die Fermigrenze *im* Band liegt, die Fermiverteilung durch ihre Rechteckkurve für $T = 0$ an.

Streng genommen ist das Integral jedoch zu erstrecken nur bis zu einer Auffüllungsgrenze E_a, die definiert ist durch die notwendige Beziehung zur Gesamtzahl der freien Ladungsträger

$$N = \int_{E_{\mathrm{Rand}}}^{E_a} D(E)\, \mathrm{d}E . \tag{61}$$

E_u kann jedoch durch ζ ersetzt werden, wenn das Ferminiveau hinreichend weit im Band liegt, d. h. starke Entartung herrscht.

Der gemessene Mittelwert der effektiven Masse, dem also ein bestimmter Wert ζ zuzuordnen ist bzw. ein dazugehöriger Ausbreitungsvektor $\mathfrak{k}_\zeta$, ergibt sich nach *Spitzer* und *Fan* zu

$$\frac{1}{\overline{m_\zeta^*}} = \frac{1}{\hbar \mathfrak{k}_\zeta} \left| \frac{\partial E}{\partial \mathfrak{k}} \right|_\zeta . \tag{62}$$

$\mathfrak{k}_\zeta$ erhält man aus der Beziehung

$$N = \frac{(2\pi)^3}{2} \frac{4\pi}{3} \mathfrak{k}_\zeta^3, \tag{63}$$

die auch auf dem Ersatz der Fermiverteilung durch die 1-0-Rechteckkurve basiert.

Es ist zu erwähnen, daß der Zusammenhang (62) zwischen dem aus dem Experiment gewonnenen Mittelwert der effektiven Masse $\overline{m_\zeta^*}$ und der Ableitung des $E(\mathfrak{k})$-Verlaufs bei ζ nur für isotrope Bänder mit Extrema bei $\mathfrak{k} = 0$ gilt und auch nur für solche Mittelwerte, die sich aus der Polarisation, nicht aber aus der Absorption freier Träger gewinnen lassen (vgl. weiter unten).

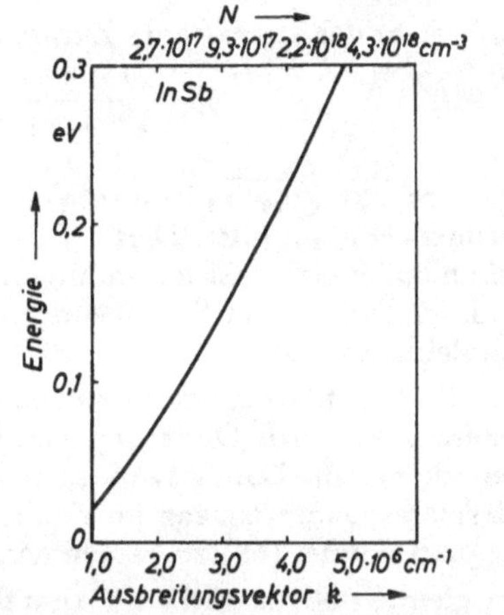

Abb. 23. Verlauf des Leitungsbandes von InSb in Abhängigkeit vom Ausbreitungsvektor $\mathfrak{k}$ auf Grund der Messungen des von den freien Elektronen beeinflußten Brechungsindexes, nach *Spitzer* und *Fan* [105] 1957. Der zweite Abszissenmaßstab entspricht der Dichte der freien Elektronen, die das Leitungsband bis zum entsprechenden $\mathfrak{k}$-Wert auffüllen

Mit Hilfe beider Beziehungen läßt sich die Abhängigkeit des Mittelwertes von der Trägerdichte leicht auswerten und der $E(\mathfrak{k})$-Verlauf bestimmen. Abb. 23 zeigt das Ergebnis, es wird weiter unten noch einmal mit anderen Ergebnissen verglichen (Abb. 32).

Es ist also damit gelungen, aus der Suszeptibilität freier Ladungsträger in einem nicht parabolischen Band, diesen Bandverlauf selbst quantitativ zu ermitteln unter Ausnutzung des großen Vorteils, von der Stoßzeit der freien Träger unabhängig zu sein, so daß hohe Dotierungen und damit starke Störstellenstreuung ohne Einfluß sind.

d) n und k in der Nähe der Plasmaresonanz

Der Bereich, in dem die Plasmaresonanz liegt, ist dem eben besprochenen Näherungsbereich bei niedrigeren Frequenzen vorgelagert. Zwar verläuft auch der

Absorptionsindex mit wachsender Frequenz monoton fallend, der Brechungsindex jedoch ist die interessante Größe.

Im allgemeinen Fall der gedämpften Bewegung der freien Ladungsträger ist die Plasmafrequenz definiert durch die Bedingung $n = k$. Aus Formel (52) erhält man

$$(\nu_{\rm pl})_{\gamma \neq 0} = \sqrt{\frac{N e^2}{4 \pi^2 m^* \varepsilon_g \varepsilon_0} - \left(\frac{\gamma}{2 \pi}\right)^2}. \tag{64}$$

Die eigentliche Bedeutung der Plasmaresonanzfrequenz erscheint aber erst im ungedämpften bzw. schwach gedämpften Fall, der auch praktisch stets vorliegt. Dann kann man $(\gamma/2\pi)^2$ in der Wurzel vernachlässigen und man erhält

$$(\nu_{\rm pl})_{\gamma \doteq 0} = \sqrt{\frac{N e^2}{4 \pi^2 m^* \varepsilon_g \varepsilon_0}}. \tag{65}$$

Diese Frequenz wird häufig als eigentliche Plasmafrequenz bezeichnet, denn in diesem Fall wird bei $\nu = \nu_{\rm pl}$ $n = k = 0$. Mit $n = 0$ geht der Wellencharakter des E- bzw. H-Feldes verloren, man erhält eine Schwingung, bei der sich Leitungsstrom und Verschiebungsstrom gegenseitig kompensieren.

Für die von außen einfallende Welle bedeutet dies Totalreflexion, mit $n = 0$ und $k = 0$ wird das Reflexionsvermögen $R = 1$.

Es besteht der interessante Zusammenhang (vgl. 56, 57, 58)

$$\sqrt{\nu_{10} \cdot \nu_2} = \sqrt{\frac{N e^2}{4 \pi^2 m^* \varepsilon_{\rm rel\,stat} \varepsilon_0}}. \tag{66}$$

Das Produkt $\sqrt{\nu_{10} \cdot \nu_2}$ ist also gleich der Plasmafrequenz im dämpfungsfreien Fall, wenn $\varepsilon_g = \varepsilon_{\rm statisch}$ ist. Dies ist gerade bei den typischen Elementhalbleitern mit rein homöopolarer Gitterbindung der Fall, wie schon mehrfach betont. Damit folgt auch, daß in diesem Fall, wenn ν_{10} in der Nähe von ν_2 liegt, auch $(\nu_{\rm pl})_{\gamma=0}$ einen vergleichbaren Wert hat.

Da die Plasmafrequenz proportional ist zur Wurzel N, läßt sie sich bei Halbleitern z. B. durch Dotierung verschieben und zwar u. U. in den Beobachtungsbereich hinein. Damit wird es möglich, den Dispersionsverlauf im Bereich der Plasmaresonanzfrequenz zu studieren und z. B. die effektive Masse direkt aus $\nu_{\rm pl}$ nach Formel (65) zu bestimmen.

Im gleichen Maße rückt die charakteristische Frequenz ν_1 mit der Trägerdichte hinauf, während die charakteristische Frequenz ν_2 liegen bleibt, wenn die Stoßzeit nicht indirekt z. B. durch den höheren Störstellengehalt bei Dotierung beeinflußt wird.

Wichtig ist nun der Umstand, daß mit wachsender Plasmafrequenz der k-Wert, und wegen $n = k$ auch der n-Wert, an der Stelle der Plasmaresonanz *abnimmt.* Denn es ist bei schwacher Dämpfung

$$k_{\rm pl} \sim \frac{N}{(\nu_{\rm pl})^3} \tag{67}$$

und da $\nu_{\rm pl}$ proportional zu $\sqrt{N}$ ist, ist

$$k_{\rm pl} \; (= n_{\rm pl}) \sim 1/\sqrt{N} \tag{68}$$

bei sonst unveränderten übrigen Parametern.

Damit nähert man sich dem Fall an, daß an der Stelle der Plasmaresonanz n und k gleich Null sind. Eben dem Fall, der der völlig dämpfungsfreien Bewegung der freien Ladungsträger entspricht. Wegen $n = k = 0$ kommt es zu einem Reflexionsvermögen nahezu $= 1$.

Da n fast den Wert $= 0$ erreicht, also bei $\nu_{pl}\ n < 1$, gibt es für n zwei Durchgänge von $n = 1$ und zwar links und rechts von der Plasmafrequenz (vgl. Abb. 14). Der Punkt bei höheren Frequenzen ist von besonderem Interesse, da dort k noch kleiner ist als an der Stelle der Plasmafrequenz. k ist dann neben $n = 1$ zu vernachlässigen. Das Reflexionsvermögen hat demnach dort ein Minimum vom Werte Null! Bezeichnet man diese Frequenz mit $\nu_{4,n=1}$, so springt R mit abnehmender Frequenz zwischen $\nu_{4,n=1}$ und ν_{pl} von $R = 0$ auf $R = 1$. Für $\nu_{4,n=1}$ gilt die aus Gleichung (52) abzuleitende Beziehung

$$\nu_{4,n=1} = \sqrt{\frac{N e^2}{4 \pi^2 m^* \varepsilon_0 (\varepsilon_g - 1)}} = \frac{\nu_{pl}}{\sqrt{1 - \frac{1}{\varepsilon_g}}} \tag{69}$$

Man erkennt übrigens, daß unter Vernachlässigung der Dämpfung der Anstieg des Reflexionsvermögens desto steiler ist, je größer die DK des Mediums ohne freie Träger ε_g ist, denn dann liegen ν_{pl} und $\nu_{4,n=1}$ nahe beieinander, da ihr Verhältnis

$$\frac{\nu_{4,n=1}}{\nu_{pl}} = \frac{1}{\sqrt{1 - \frac{1}{\varepsilon_g}}} \geqq 1 \tag{70}$$

beträgt. Die Reflexionskante ist also steil bei Halbleitern, die bei sonst gleichen Parametern eine große statische DK besitzen, d. h. bei Halbleitern mit vergleichsweise kleinem Bandabstand.

Abb. 24[1]) zeigt den Einfluß der Dämpfung in einer schematischen Kurvenschar, die das Reflexionsvermögen angibt, über einer auf λ_{pl} normierten Wellenlängenskala. Parameter ist die Größe

$$P = \frac{1}{\tau \sqrt{\frac{N e^2}{m^* \varepsilon_0 \varepsilon_g}}}. \tag{71}$$

Man erkennt das Steilerwerden der Reflexionskante und das gleichzeitige Absenken des Reflexionsminimums auf $R = 0$ mit wachsender Trägerdichte. Grundsätzlich sind dabei Stoffe mit großer Stoßzeit (hoher Beweglichkeit) günstig, da dann k von vornherein im ganzen Spektrum einen kleineren Wert erhält. Diesbezüglich sind also z. B. gerade auch die III-V-Verbindungshalbleiter ausgezeichnet. Bei Halbleitern liegt P bei 0,3 und darunter (je nach Trägerdichte). Bei Metallen hat man trotz des großen N wegen der kleinen Stoßzeit P-Werte von ca. 3, also eine flach verlaufende Reflexionskante.

Wegen der kleinen Trägerdichte bei Halbleitern liegt die Plasmaresonanz normalerweise im fernen Ultrarot z. B. für n-Typ-1 Ω cm-Germanium ist $\lambda_{pl} = 1{,}2$ mm. Im Gegensatz dazu liegt die Plasmaresonanz bei Metallen im ultravioletten Spektralbereich, für Cu z. B. ist $\lambda_{pl} = 0{,}14\ \mu$m (vgl. Tabelle 1).

1961 haben *Groth* und *Kauer* [112] Messungen an SnO_2-Schichten publiziert, bei denen die Dotierung bis zu $5 \cdot 10^{20}$ Träger/cm³ geht. Diese Träger haben dabei noch Stoßzeiten von $3 \cdot 10^{-15}$ s und eine effektive Masse von ca. $0{,}3\ m_0$. Daraus

[1]) Im wesentlichen übernommen von *Groth* und *Kauer* [112].

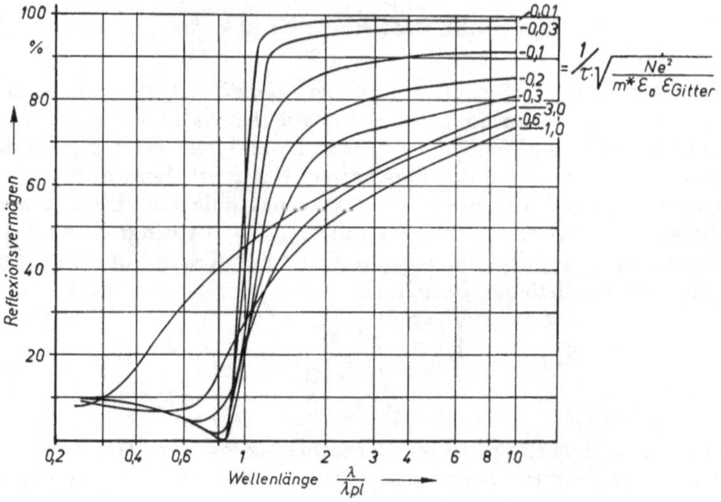

Abb. 24. Normiertes Reflexionsvermögen im Bereich der Plasmaresonanz, nach *Groth* und *Kauer* [112] 1961

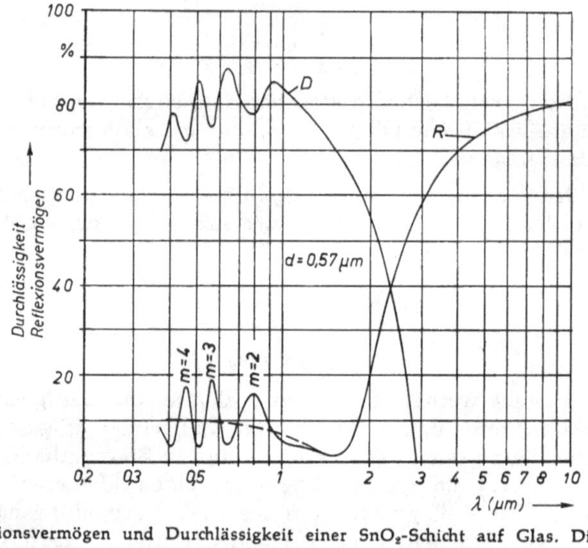

Abb. 25. Reflexionsvermögen und Durchlässigkeit einer SnO_2-Schicht auf Glas. Die Oszillationen im Bereich der Durchlässigkeit sind durch Interferenzeffekte der dünnen SnO_2-Schicht bedingt, nach *Groth* und *Kauer* [112] 1961

resultiert, daß die Plasmaresonanz bei etwa 2 μm liegt. Die Abb. 25 zeigt das Meßresultat für das Reflexionsvermögen mit dem bei abnehmender Frequenz durch die Plasmaresonanz bedingten Steilanstieg.

Die Autoren haben den spektralen Verlauf des Reflexionsvermögens quantitativ analysiert, die Plasmaresonanzfrequenz gewonnen und daraus die effektive Masse der freien Ladungsträger bestimmt.

Es sei erwähnt, daß man auch aus dem Minimum des Reflexionsvermögens direkt nach Gleichung (69) die effektive Masse bestimmen kann. Derartige Bestimmungen wurden von *Spitzer* und *Whelan* [107] an GaAs durchgeführt.

Im *vorher*gehenden Kapitel wurden Meßkurven des Reflexionsvermögens R gezeigt, die eine Absenkung des Brechungsindexes durch freie Ladungsträger wiedergeben. Mit wachsender Wellenlänge stieg dann R wegen des Anstiegs von k mit λ^3 wieder an, z. B. bei Germanium (Abb. 16).

Ein ähnlicher Anstieg ergibt sich aber auch in der Nähe der Plasmaresonanz. In dem angeführten Fall der Messungen an InSb (Abb. 20) z. B. dürfte dieser Wiederanstieg von R mit λ gerade auf die Nähe der Plasmaresonanz, also auf den Verlauf des Brechungsindexes zurückzuführen sein. Im Einzelfalle muß man demnach zunächst quantitativ auswerten, ehe man qualitativ den Einfluß von k oder n auf das Reflexionsvermögen beurteilen kann.

Halbleiter, deren Plasmaresonanz in den Durchlässigkeitsbereich fällt, stellen Reflexions-Kantenfilter ohne Eigenabsorption dar, wie die Abb. 25 z. B. für SnO_2 zeigt.

Die technischen Anwendungsmöglichkeiten derartiger Reflexions-Kantenfilter können groß werden. Darüber folgen im Kapitel 7 „Anwendungen" einige Bemerkungen.

e) Der Beitrag freier Lagungsträger zum Absorptionskoeffizienten der Halbleiter speziell bei nichtparabolischer Bandstruktur

Auf der langwelligen Seite der Absorptionskante, unterbrochen nur durch die Gitterschwingungsbanden, tritt die Absorption freier Ladungsträger in Erscheinung.

Wenn man von den Fällen absieht, in denen die Absorption freier Ladungsträger durch Intrabandübergänge beherrscht wird (vgl. oben Kapitel 4, a)), so hat sich die Drudesche Theorie ergänzt um den quantenmechanischen Korrekturfaktor (Gleichung 51) auch bez. der Absorption in allen Fällen bestätigt. Zunächst hat sich bei Halbleitern mit *parabolischer* Bandstruktur strenge Proportionalität zwischen Absorptionskoeffizient und Trägerdichte ergeben, nicht nur bei verschiedenen *Dotierungen*, sondern auch bei der Temperaturvariation im Eigenleitungsbereich, wobei die Trägerdichte innerhalb eines Kristall*individuums* exponentiell verändert wird [16, 102].

Bei der Proportionalität zur Trägerdichte ist jedoch zu beachten, daß man die Absorption freier Ladungsträger nicht bis zu beliebig kleinen Dichten verfolgen kann, da in den Kristallen stets eine Restextinktion, die sogenannte „Grundabsorption" vorhanden ist, über die sich die Absorption freier Ladungsträger erst erheben muß. Dies zeigt z. B. deutlich die Temperaturabhängigkeit der Absorptionskoeffizienten nach Messungen von *Jaumann* und *Keßler* [16], Abb. 26. Bei Zimmertemperatur herrscht eine im Einzelfall ganz verschiedene Grundabsorption vor, so daß eine Korrelation mit der Trägerdichte völlig fehlt. Die Absorptionskoeffizienten münden aber bei Erhöhung der Trägerdichte alle in die Eigenleitungsgerade ein.

Analog verhält sich der Absorptionskoeffizient, wenn man in einem Kristallindividuum durch Stufendotierung die Trägerdichte erhöht. Nach Messungen von *Keßler* und *Riccius* [113] hat man dann eine feste Grundabsorption, die bei wachsender Dotierung überschritten wird, Abb. 27.

Auch die Wellenlängenabhängigkeit hat sich stets dort bestätigt, wo die Voraussetzungen erfüllt waren. Es besteht nämlich die Schwierigkeit, daß bei kleinen Trägerdichten die Grundabsorption störend vorhanden ist und bei hohen Träger-

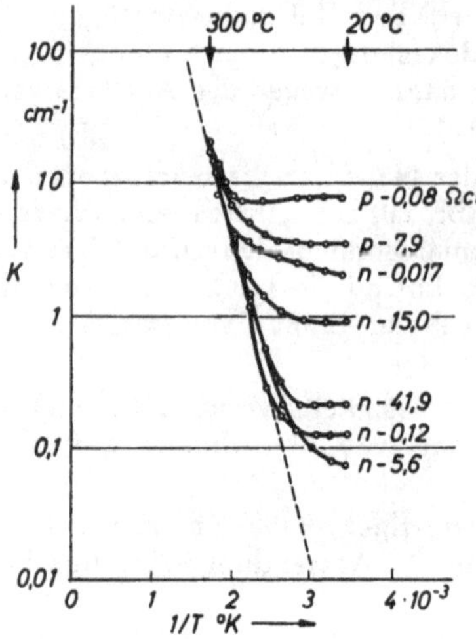

Abb. 26. Die experimentelle Temperaturabhängigkeit des Volumen-Absorptionskoeffizienten von Germanium für verschiedene Proben bei $\lambda = 2{,}4\ \mu m$, nach *Jaumann* und *Keßler* [16] 1956

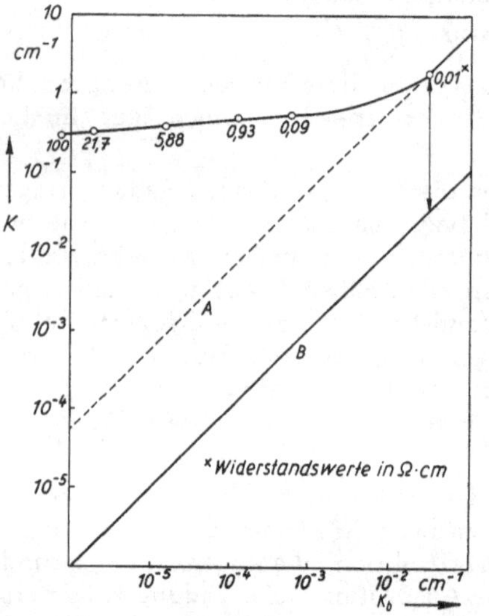

Abb. 27. Vergleich der gemessenen Absorptionskoeffizienten K der Dotierungsstufen eines n-Typ Germanium-Einkristalls mit den aus Gleichstromdaten berechneten Werten K_b. Gemäß der Drudeschen Theorie müßten die Meßpunkte auf der Geraden A liegen, wenn die effektive Elektronenmasse $m^* = 0{,}14\ m_0$ beträgt, während Gerade B für $m^* = m_0$ gilt, nach *Keßler* und *Riccius* [113] 1957

dichten aufgrund hoher *Dotierung* nicht mehr reine akustische Phononenstreuung, d. h. eine unpolare Streuung vorliegt, vielmehr polare Streuung z. B. Störstellenstreuung hinzutritt, bzw. dominiert. Störstellenstreuung an jonisierten Störstellen ergibt, da sie, wie schon erwähnt, zu den energieabhängigen Streumechanismen zählt, nach Rechnungen von *Fan* [114] und *Visvanathan* [115] eine Wellenlängenabhängigkeit des Absorptionskoeffizienten $\sim \lambda^{3,5}$ bei $h\nu > kT$.

Steigert man die Trägerdichte in der Eigenleitung durch *Temperaturerhöhung*, so besteht die Gefahr, daß die Streuung der Elektronen an optischen Gitterschwingungen, ebenfalls eine polare Streuung, von Einfluß wird und eine Abweichung vom λ^2-Gesetz bzw. $\lambda^{1,5}$-Gesetz auftritt.

Von allen drei störenden Einflüssen kann man sich befreien, wenn man die Absorption freier Ladungsträger bei Zimmertemperatur und darunter im

Differenzverfahren bestimmt: Man erzeugt periodisch Überschußträger („excess carriers"), sei es durch Injektion oder Inneren-Lichtelektrischen-Effekt im Bereich der Eigenphotoleitung und mißt die Änderung der Absorption z. B. mittels eines auf die Frequenz der Dichtemodulation selektiv abgestimmten Ultrarotempfängers. Da aus Neutralitätsgründen die Überschußträger stets aus einer gleichen Zahl Elektronen und Löchern, also aus Elektron-Loch-Paaren bestehen, gelingt die Überprüfung der Drudeschen Theorie nur, wenn das Absorptionsspektrum nicht von Intrabandübergängen der Elektronen oder Löcher beherrscht wird. Bei Silicium sind, gegenüber Germanium, die Verhältnisse günstig: Die n-Banden der Elektronen liegen bei ca. 2,3 μm, die p-Banden der Löcher erst oberhalb von 12,5 μm (vgl. Kapitel 4, a) über Intrabandübergänge). Dazwischen hat sich bei photoelektrisch erzeugten Elektron-Loch-Paaren die $\lambda^{1,5}$-Abhängigkeit nach Messungen von *Keßler* [15] exakt bestätigt (Abb. 28).

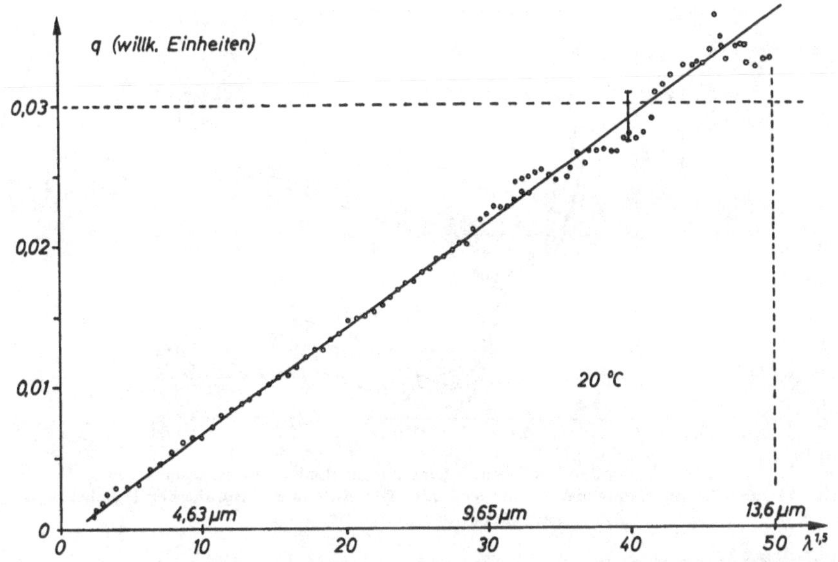

Abb. 28. Absorptionsquerschnitt eines Elektron-Loch-Paares in Silicium aufgetragen gegen $\lambda^{1,5}$, nach *Keßler* [15] 1959

Da in zwei vorhergehenden Referaten der „Halbleiterprobleme" von *Schmidt* [116] und *Jaumann* [117] die Absorption freier Ladungsträger in *parabolischen* Bändern ausführlich behandelt wurde, sei mit dem gegebenen kurzen Hinweis auf die Bestätigung der Drudeschen Theorie in diesem „Normalfall" die Besprechung abgeschlossen, obwohl sich in jüngster Zeit interessante Spezialfragen ergeben haben. So wird die Frage der Beteiligung „optischer Phononen" an der Streuung der freien Ladungsträger weiter behandelt [101, 118], ferner die Frage der Beteiligung von Übergängen zwischen nichtäquivalenten Valleys an der Streuung [119].

Zu derartigen Spezialfragen gehört auch z. B. das Problem der Doppelbrechung durch freie Ladungsträger, wenn der Kristall unter anisotroper elastischer Spannung steht [120]. In diesem Fall wird die wirksame effektive Masse anisotrop durch Umbesetzung der ellipsoidischen Teilbänder wie z. B. bei Germanium.

Den Abschluß des Kapitels über die Leitungsabsorption der freien Ladungsträger bilde vielmehr die Behandlung des schon beim Dispersionsverhalten ausführlicher behandelten Sonderfalls (realisiert beim InSb), bei dem das Leitungsband nichtparabolisch und damit die effektive Masse konzentrationsabhängig ist.

In einer Arbeit von *Keßler* und *Sutter* [103] wurden Absorptionsmessungen an 16 InSb-Proben durchgeführt, bei denen die Trägerdichte durch Dotierung zwischen $2 \cdot 10^{16}$ und $1{,}2 \cdot 10^{18}$ cm^{-3} variiert. Da bei diesen Dichten bereits Entartung vorliegt mit einem Abstand des Ferminiveaus vom Bandrand von 0,046 eV bei 10^{17} cm^{-3} und von 0,18 eV bei 10^{18} cm^{-3} dürfte bei den zur Messung benutzten Wellenlängen die induzierte Emission einzubeziehen sein. Man erwartet demnach eine Wellenlängenabhängigkeit $\sim \lambda^2$ gemäß der Drudeschen Theorie ohne Korrekturfaktor. Abb. 29 zeigt das Absorptionsspektrum der Proben, womit sich diese Erwartung sehr gut bestätigt hat[1]).

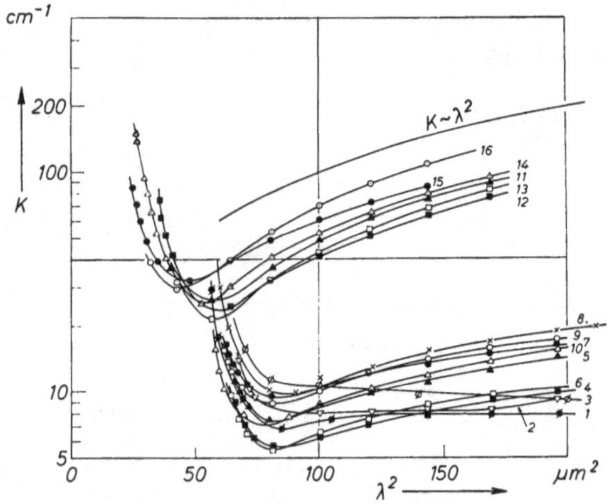

Abb. 29. Absorptionskoeffizient K(cm^{-1}) logarithmisch aufgetragen gegen λ^2 für 16 InSb-Proben wachsender Elektronendichte. Die Hilfslinie entspricht der λ^2-Abhängigkeit, nach *Keßler* und *Sutter* [103] 1961

Da die effektive Masse der Ladungsträger in dem nichtparabolischen Leitungsband von InSb nicht konstant, vielmehr von der Energie der Elektronen im Band abhängt, stellt der gemessene Absorptionskoeffizient eine Summe über alle verschiedenen Absorptionsquerschnitte dar. Da die bei wachsender Trägerdichte weiter im Innern des Bandes „eingebauten" Träger dort eine größere effektive Masse haben, kann der Absorptionskoeffizient nicht mehr proportional zur Trägerdichte sein. Die Abb. 30 zeigt das Meßergebnis für verschiedene Wellenlängen. Die schwächer als proportionale Abhängigkeit bestätigt die Erwartung, denn mit größer werdender effektiver Masse wird der Absorptionsquerschnitt kleiner, womit der Absorptionskoeffizient einer *Gesamtheit* von Elektronen schwächer als proportional zur Gesamtzahl anwächst.

Läßt man die Absorptionsformel nach *Drude* (Gl. 54)[2]) formal bestehen, so liefert das Experiment einen Mittelwert der effektiven Masse m^*, der in Abb. 31 als

---

[1]) Die drei eigenleitenden Proben 1,2 und 3 fallen heraus. Ihre Absorption ist nicht $\sim \lambda^2$ und zu groß, was auf die Anwesenheit von „Grundabsorption" schließen läßt.

[2]) Die Voraussetzung $\omega \cdot \tau \gg 1$ ist hier stets erfüllt.

Funktion der Trägerdichte aufgetragen ist. Durch Extrapolation auf $N = 0$ ergibt sich die effektive Masse am Bandrand zu 0,016 m_0 in sehr guter Übereinstimmung mit *dem* Wert, den *Spitzer* und *Fan* [105] aus der Polarisierbarkeit gewonnen hatten.

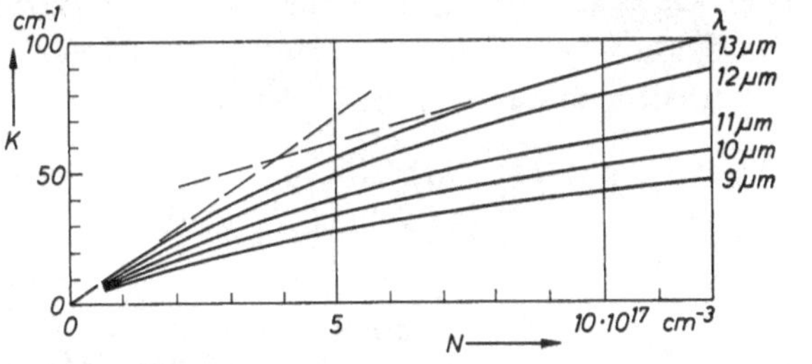

Abb. 30. Abhängigkeit des Absorptionskoeffizienten K der Absorption freier Elektronen in InSb von der Trägerdichte bei 5 verschiedenen Wellenlängen, nach *Keßler* und *Sutter* [103] 1961

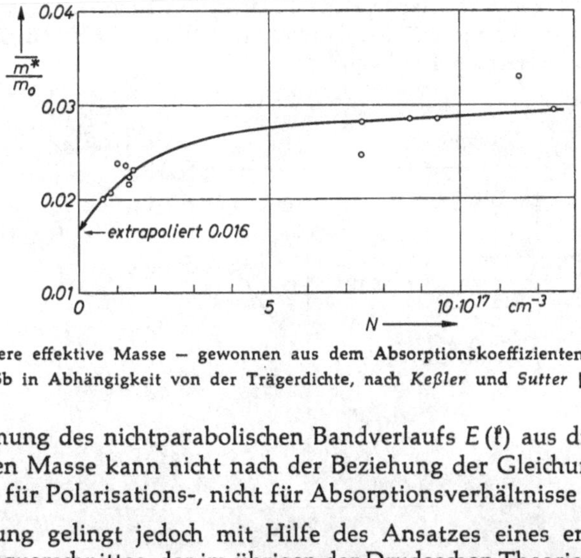

Abb. 31. Mittlere effektive Masse – gewonnen aus dem Absorptionskoeffizienten – für Elektronen in InSb in Abhängigkeit von der Trägerdichte, nach *Keßler* und *Sutter* [103] 1961

Die Bestimmung des nichtparabolischen Bandverlaufs $E(\mathfrak{k})$ aus diesem Mittelwert der effektiven Masse kann nicht nach der Beziehung der Gleichung (62) erfolgen, da diese nur für Polarisations-, nicht für Absorptionsverhältnisse gilt.

Die Auflösung gelingt jedoch mit Hilfe des Ansatzes eines energieabhängigen Absorptionsquerschnittes, der im übrigen der Drudeschen Theorie entspricht. Führt man die Integration über den Ausbreitungsvektor $\mathfrak{k}$ statt über die Energie und ersetzt man die Fermiverteilung wieder durch eine Besetzungswahrscheinlichkeit $= 1$ bis zur Auffüllungsgrenze E_a (vgl. oben Gleichung 61) bzw. bis zu dem zugehörigen Ausbreitungsvektor $\mathfrak{k}_a$ ersetzt durch $\mathfrak{k}_\zeta$, so stellt sich der Absorptionskoeffizient dar als

$$K(\mathfrak{k}_\zeta) = \frac{c \cdot \lambda^2}{e \pi^2} \int\limits_0^{\mathfrak{k}_\zeta} \frac{\mathfrak{k}^2}{m^*(\mathfrak{k})\, \tau(\mathfrak{k})} \, d\mathfrak{k}. \tag{72}$$

Für die Stoßzeit an der Stelle $\mathfrak{k}$ führt man eine Näherung ein, indem man für alle Träger der Gesamtheit $N(\mathfrak{k}_\zeta)$ deren mittlere Stoßzeit $(\bar{\tau}(\mathfrak{k}_\zeta))$ einsetzt. Die Verwendung dieses Mittelwertes ist eine gute Näherung, da bereits die λ^2-Abhängigkeit des Absorptionskoeffizienten die Energieunabhängigkeit der Stoßzeit nahelegt.

Dies bestätigen die Messungen der Photoleitfähigkeit und des photoelektromagnetischen Effektes von *Kurnick* und *Zitter* [121]. Auch die bei InSb zu beobachtende Abnahme der Gleichstrombeweglichkeit mit der Elektronendichte deutet in diese Richtung. Ferner ermitteln *Spitzer* und *Fan* [105] eine Erniedrigung der Stoßzeit beim Übergang von $6 \cdot 10^{16}$ auf $1{,}2 \cdot 10^{18}$ Elektronen pro cm^3 um nur 18 %[1]).

Auf diese Weise erhält man aus (72) die Beziehung

$$\frac{N(\mathfrak{k}_\zeta)}{\overline{m^*}(\mathfrak{k}_\zeta)} = \frac{1}{\pi^2} \int_0^{\mathfrak{k}_\zeta} \frac{1}{m^*(k)}\, \mathfrak{k}^2 \, d\mathfrak{k} \qquad (73)$$

mit Hilfe derer man leicht den experimentellen Mittelwert $\overline{m^*}(\mathfrak{k}_\zeta)$ über eine Differentation nach der oberen Grenze auf die effektive Masse an der Stelle $\mathfrak{k}_\zeta$ zurückführen und damit den Bandverlauf gewinnen kann.

Die Abb. 32 zeigt das Ergebnis: m^* und auch E als Funktion des Ausbreitungsvektors $\mathfrak{k}$. Zum Vergleich ist der aus der Polarisation freier Ladungsträger nach *Spitzer* und *Fan* gewonnene $E(\mathfrak{k})$-Verlauf (Abb. 23) gestrichelt eingetragen. Die Übereinstimmung ist recht befriedigend.

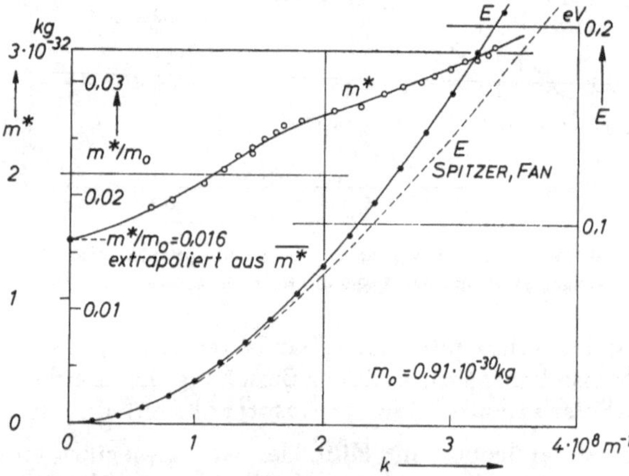

Abb. 32. m^* **für Elektronen in InSb in Abhängigkeit vom Ausbreitungsvektor** $\mathfrak{k}$**. Eine andere Ordinatenteilung liefert dazu den Quotienten** (m^*/m_0)**. Der eingezeichnete** $E(\mathfrak{k})$**-Verlauf erlaubt die Entnahme der Abhängigkeit von** E **[Abstand vom Bandrand in (eV)]. Gestrichelt ist** $E(\mathfrak{k})$ **nach** ***Spitzer*** **und** ***Fan*** **[105] nach** ***Keßler*** **und** ***Sutter*** **[103] 1961**

Damit ist es also gelungen, nicht nur aus der Polarisierbarkeit, sondern auch aus der mit der Stoßzeit verknüpften Absorption freier Ladungsträger unter Zugrundelegung der Drudeschen Theorie einen nichtparabolischen Bandverlauf zu ermitteln, woraus umgekehrt auch die Anwendbarkeit der Drudeschen Theorie in diesem Spezialfall einer konzentrationsabhängigen effektiven Masse bestätigt wird.

---

[1]) Es sei nicht unerwähnt, daß *Hieronymus* und *Weiss* [122] auf Grund der galvanomagnetischen Eigenschaften von InSb zu dem Schluß kommen, daß die Stoßzeit proportional zur effektiven Masse *wachse*.

5. n und k im Bereich der Fundamentalabsorption der Halbleiter

a) Die Kramers-Kronig-Relation für beliebigen n- bzw. k-Verlauf

Über die Dispersionstheorie, mit deren Hilfe die optischen Konstanten n und k aus dem mikrophysikalischen Verhalten der Materie abgeleitet werden, stehen beide in einer festen Beziehung zueinander. Die beiden vorangehenden Kapitel brachten Beispiele dieses Zusammenhanges für den Fall, daß sich die Dispersionstheorie modellmäßig auf das Verhalten eines klassischen Oszillators bzw. auf die Bewegung freier Ladungsträger stützen konnte.

Betrachtet man das Spektrum von n und k im Bereich der Fundamentalabsorption der Halbleiter (z. B. Abb. 40 für Germanium), so scheint eine Analogie zu einem klassischen Modell zunächst unmöglich. Trotzdem gibt es einen Zusammenhang zwischen n und k, d. h. zwischen Real- und Imaginärteil einer Polarisation, der in der Art physikalischer Prinzipien ganz allgemein gilt, ohne an das physikalische Einzelgesetz gebunden zu sein. Dieser Zusammenhang — „Dispersionsrelation" oder „Kramers-Kronig-Relation" genannt — ist so allgemein, daß er gleichermaßen für die Optik als auch für die Dispersionserscheinungen einer beliebigen komplexen frequenzabhängigen Größe z. B. in der Nachrichtentechnik gilt. Als Quelle zum Studium der Kramers-Kronig-Relation (im folgenden abgekürzt mit KKR) wird z. B. meistens eine Monographie über „Netzwerkanalyse und Konstruktion rückgekoppelter Verstärker" [123] zitiert, obwohl die KKR ursprünglich von *Kramers* [124] und *Kronig* [125] in den Jahren 1926—27 für die optische Dispersion und die Dispersion von Röntgenstrahlen entwickelt wurde.

Die KKR macht Gebrauch von der Tatsache, daß jeder spektrale Verlauf des Real- bzw. Imaginärteils der DK dargestellt werden kann durch die Überlagerung einer dichten Folge von Resonanzstellen, deren Amplitudenfaktoren passend zu wählen sind, die dann aber für Real- und Imaginärteil gleich sind. Den wahren Real- und Imaginärteil der DK erhält man dann durch Addition aller Anteile, d. h. durch Integration über alle Resonanzfrequenzen des gesamten Spektrums, wobei die Dämpfung jedes einzelnen Hilfsoszillators im Limes gegen Null geht.

Diese Art der Darstellung paßt im übrigen gut zur Interpretation quantentheoretischer Absorption z. B. eines Band-Band-Überganges, mit Hilfe von klassischen Ersatzoszillatoren angepaßter Oszillatorenstärke.

Im folgenden sei die Ableitung der KKR kurz skizziert: Hat man einen spektralen Verlauf für $2nk$, der sich beispielsweise an einer betrachteten Stelle ν_c ergibt aus der Addition zweier Anteile von zwei klassischen Oszillatoren (Abb. 33 a)

$$(2nk)_{\nu_c} = \frac{A_1 \gamma_1 \nu_c}{(\nu_{01}^2 - \nu_c^2)^2 + \gamma_1^2 \nu_c^2} + \frac{A_2 \gamma_2 \nu_c}{(\nu_{02}^2 - \nu_c^2)^2 + \gamma_2^2 \nu_c^2}, \tag{74}$$

so läßt sich dies umdeuten in

$$(2nk)_{\nu_c} = \int_0^\infty \frac{(\mathrm{d}A/\mathrm{d}\nu)\,\gamma \cdot \nu_c}{(\nu^2 - \nu_c^2)^2 + \gamma^2 \nu_c^2}\,\mathrm{d}\nu \quad \text{für } \gamma \to 0, \tag{75}$$

d. h. in eine dichte Folge von Oszillatoren gleicher Dämpfung γ und passendem frequenzabhängigen $A(\nu)$ (Abb. 33 b). Der Integrand ist nur groß in der Nähe von ν_c, d. h. in den Grenzen

$$(\nu_c - \varepsilon\gamma) < \nu < (\nu_c + \varepsilon\gamma)$$

mit

$$\varepsilon \gg 1 \quad \text{aber} \quad \varepsilon\gamma \ll \nu_c,$$

denn nur die Oszillatoren innerhalb des betrachteten Frequenzintervalls geben einen Beitrag zu $2nk$ an der Stelle ν_c, da sich die Absorption-„Schwärze" *eines* dieser Oszillatoren wegen der geringen Dämpfung nicht weiter erstrecken.

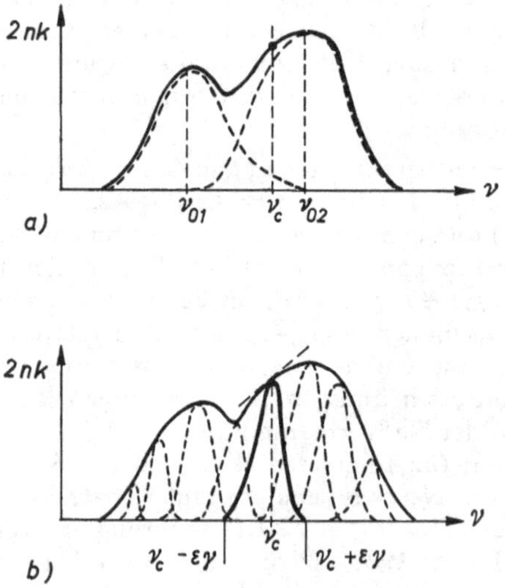

Abb. 33. Hilfsskizzen zur Ableitung der Kramers-Kronig-Relation (Erläuterungen siehe Text)

In diesem Intervall kann $\frac{\mathrm{d}A}{\mathrm{d}\nu} = \text{const}$ gesetzt werden, so daß Formel (75) übergeht in

$$(2nk)_{\nu_c} = \gamma \cdot \nu_c \left(\frac{\mathrm{d}A}{\mathrm{d}\nu}\right)_{\nu_c} \int\limits_{\nu_c-\varepsilon\gamma}^{\nu_c+\varepsilon\gamma} \frac{\mathrm{d}\nu}{(\nu^2-\nu_c^2)^2+\gamma^2\nu_c^2}. \tag{76}$$

Die Lösung des Integrals führt beim Limes $\gamma \to 0$ zu der Beziehung

$$(2nk)_{\nu_c} = \frac{\pi}{2\nu_c}\left(\frac{\mathrm{d}A}{\mathrm{d}\nu}\right)_{\nu_c}, \tag{77}$$

da dies für jede Frequenz ν_c gilt, erhält man allgemein

$$2nk = \frac{\pi}{2\nu}\,\frac{\mathrm{d}A}{\mathrm{d}\nu}. \tag{78}$$

Für den Realteil der DK führt die analoge Auffassung zu

$$(n^2-k^2-1)_{\nu_c} = \int\limits_0^\infty \frac{(\mathrm{d}A/\mathrm{d}\nu)_{\nu_c}(\nu^2-\nu_c^2)}{(\nu^2-\nu_c^2)^2+\gamma^2\nu_c^2}\,\mathrm{d}\nu \quad \text{mit} \quad \gamma \to 0. \tag{79}$$

Die Lösung des Integrals gelingt, indem man es jetzt gerade auf *den* Frequenzbereich *außerhalb* von $(\nu_c \pm \varepsilon\gamma)$ beschränkt, in dem man $(\gamma^2\nu_c^2)$ im Nenner vernachlässigen kann. Im Limes $\gamma \to 0$ erhält man

$$(n^2-k^2-1)_{\nu_c} = \int\limits_0^\infty \frac{(\mathrm{d}A/\mathrm{d}\nu)_{\nu_c}}{\nu^2-\nu_c^2}\,\mathrm{d}\nu, \tag{80}$$

setzt man noch Formel (78) hier ein, so erhält man allgemein die KKR für den Zusammenhang zwischen Real- und Imaginärteil der DK an einer Stelle ν_c im Spektrum:

$$(n^2-k^2)_{\nu_c}-1=\int_0^\infty \frac{4nk\nu}{\pi(\nu^2-\nu_c^2)}\,d\nu. \tag{81}$$

Speziell erhält man für die statische DK ($\nu_c = 0$)

$$\frac{\mathrm{Re}\,(\varepsilon^*)_{\mathrm{stat}}}{\varepsilon_0}=\varepsilon_{\mathrm{rel\,stat}}=1+\int_0^\infty \frac{4nk}{\pi\nu}\,d\nu. \tag{82}$$

Da für Nichtmetalle bei $\nu_c = 0$ k vernachlässigbar ist gegen n, erhält man

$$\varepsilon_{\mathrm{rel\,stat}}=n_0^2=1+\int_0^\infty \frac{4nk}{\pi\nu}\,d\nu \tag{83}$$

oder bezogen auf die Wellenlänge

$$\varepsilon_{\mathrm{rel\,stat}}=n_0^2=1+\int_0^\infty \frac{4nk}{\pi\nu}\,\frac{d\lambda}{\lambda} \tag{84}$$

$$\varepsilon_{\mathrm{rel\,stat}}=n_0^2=1+\frac{1}{\pi^2}\int_0^\infty nK\,d\lambda. \tag{85}$$

Im allgemeinen Fall muß man das Unendlichwerden des Integranden [in Formel (81)] verhindern, indem man den speziellen Wert

$$(2nk\nu)_{\nu_c}$$

abzieht. Man erhält dann die allgemeinste Form der KKR,

$$(n^2-k^2)_{\nu_c}-1=\frac{2}{\pi}\int_0^\infty \frac{2nk\nu-(2nk\nu)_{\nu_c}}{\nu^2-\nu_c^2}\,d\nu, \tag{86}$$

die sich jedoch nur formal von Formel (81) unterscheidet, da das zweite Integral stets gleich Null ist,

$$\int_0^\infty \frac{(2nk\nu)_{\nu c}}{(\nu^2-\nu_c^2)}\,d\nu=0 \tag{87}$$

worauf *Moss* [25] hingewiesen hat.

Aus der prinzipiellen Gültigkeit der Kramers-Kronig-Relation lassen sich u. a. vier Konsequenzen für die Halbleiter ablesen:

1. Große Werte einer statischen DK können entweder durch eine starke Absorption an spektral relativ eng begrenzter Stelle oder durch eine schwächere, aber dafür spektral breitere hervorgerufen werden.

2. Man erhält aus der Temperaturabhängigkeit des Absorptionsspektrums eine Aussage über die Temperaturabhängigkeit der statischen DK. Verschiebt sich z. B.

die Absorptionskante der Halbleiter mit wachsender Temperatur zu langen Wellen, während das kurzwellige Absorptionsspektrum praktisch temperaturabhängig ist, so muß die statische DK mit der Temperatur zunehmen. So ist es z. B. bei Silicium, bei PbS andererseits ist die Temperaturverschiebung der Kante entgegengesetzt und die DK nimmt mit wachsender Temperatur ab [126].

3. Vielleicht kann man auch von dieser Seite ohne Betrachtung der speziellen Bandstruktur und der Quantentheorie der Absorption die Tatsache verständlich machen, daß bei den Halbleitern eine Parallelität besteht zwischen der Wellenlänge der Absorptionskante und dem Brechungsindex, wie es in der Abb. 34 nach *Moss* [127] zum Ausdruck kommt:

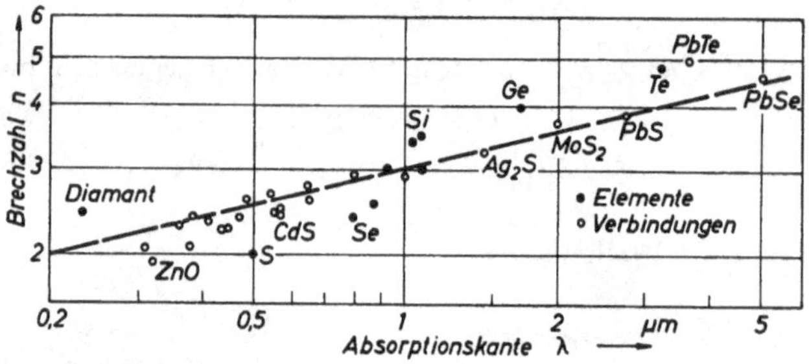

Abb. 34. Photoelektrische Absorptionskante als Funktion der Brechzahl bei Halbleitern, nach *Moss* [127]

Da das kurzwellige Absorptionsspektrum den stark gebundenen Elektronen der Atome zuzuordnen ist, wird es nicht so stark von Halbleiter zu Halbleiter variieren wie die langwellige Absorptionskante, in der sich die Wechselwirkung der Elektronen innerhalb des Gitterverbandes bemerkbar macht. Je langwelliger die Absorptionskante ist, desto größer ist dann also auch das Integral über $n k \nu$, desto größer muß dann also auch nach der Kramers-Kronig-Relation die statische DK und damit der Brechungsindex im Durchlässigkeitsbereich sein.

Die in Abb. 34 enthaltene Proportionalität des Brechungsindexes zur vierten Potenz der Grenzwellenlänge kann übrigens klassisch erklärt werden durch die Vorstellung, daß die Bindungsenergie der Dispersionselektronen $\sim \frac{1}{\varepsilon_{rel}^2}$ herabgesetzt wird.

4. Betrachtet man grob den Absorptionsverlauf eines Halbleiters, d. h. den spektralen Verlauf von $2 n k \nu$, so versteht man anhand der KKR auch, warum bei normalen, d. h. nicht übergroßen Gitterstörungen und Dotierungen der Brechungsindex zu den struktur u n empfindlichen Halbleitereigenschaften zählt. Da k allein im Bereich der Fundamentalabsorption mit n vergleichbare Werte erreicht, wird von dorther der Brechungsindex für längere Wellen und damit die statische DK praktisch allein bestimmt. Die Fundamentalabsorption selbst ist in erster Näherung strukturunempfindlich.

Die durch Störungen hervorgerufene Erhöhung der Absorption im Durchlässigkeitsbereich ist neben der Fundamentalabsorption viel zu klein, als daß dadurch der Brechungsindex bzw. die DK merklich beeinflußt würde. Z. B. beträgt der Absorptionsindex k von 10^{18} durch Dotierung eingebrachten Elektronen in Germanium bei 10 µm erst ca. $k = 0{,}04$ (Absorptionskoeffizient $K = 500\ cm^{-1}$). Auch die Gitterschwingungen der rein homöopolaren Halbleiter Ge, Si und

Diamant rufen wegen des Fehlens eines Dipolmomentes erster Ordnung eine viel zu kleine Absorption hervor.

Die durch Störung gelieferten Beiträge zum Brechungsindex sind also um Größenordnungen kleiner als der Hauptteil, der durch die Fundamentalabsorption bestimmt ist. Derartige Änderungen sind einem direkten Meßverfahren des Brechungsindexes nicht zugänglich. Das ist der Grund, warum sich die Feinheiten des Absorptionsspektrums im nahen und langwelligen Ultrarot, aus denen man so viele Aufschlüsse über das Bändermodell und die Transportphänomene erhält, nicht in gleicher Weise durch Messungen des Brechungsindexes gewinnen lassen. Hier ist also der Zusammenhang zwischen den optischen Konstanten praktisch aufgehoben.

Man sieht, wie im vorhergehenden Kapitel ausführlich behandelt wurde, daß man schon sehr hohe Dotierungen verwenden muß, wenn man doch den Einfluß freier Ladungsträger auf den Brechungsindex, z. B. als Funktion ihrer Dichte, studieren will, während *Absorptions*messungen mit gleichen Zielen empfindlicher sind.

b) Bestätigung der Kramers-Kronig-Relation an Halbleitern

Die Gültigkeit der KKR ist an einigen Halbleitern überprüft worden. Wie im vorhergehenden Kapitel ausgeführt, benötigt man dazu die Kenntnis des gesamten Absorptionsspektrums, oder doch wenigstens der Teile, in denen der Absorptionsindex vergleichbar oder größer als n ist. Bei Halbleitern erfordert dies die Kenntnis der optischen Konstanten im gesamten Bereich der Fundamentalabsorption. Dabei ist das Spektrum zu kürzeren Wellenlängen hin zu vermessen bis die Absorption wieder hinreichend kleine Werte erreicht hat. Das bedeutet, daß bei Halbleitern die Messungen bis weit in den ultravioletten Spektralteil ausgedehnt werden müssen.

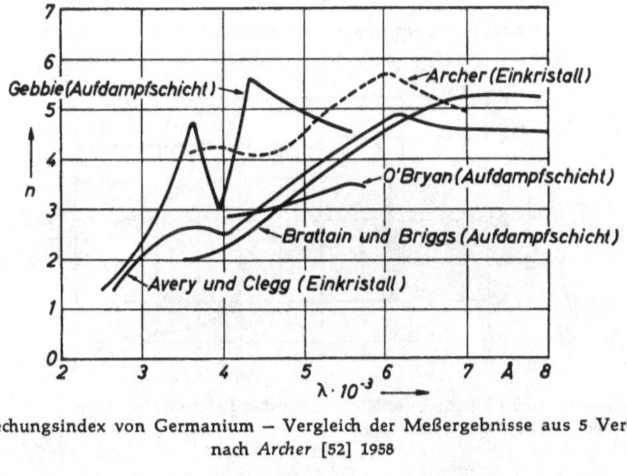

Abb. 35. Der Brechungsindex von Germanium – Vergleich der Meßergebnisse aus 5 Veröffentlichungen, nach *Archer* [52] 1958

Im folgenden sei Germanium als Beispiel näher diskutiert. *Archer* [52] hat im Jahre 1958 die bis dahin vorliegenden Messungen zusammengefaßt und seinerseits bis 0,36 μm (3,45 eV) ausgedehnt. Abb. 35 zeigt einen Vergleich der Meßwerte der verschiedenen Autoren für den Realteil des Brechungsindexes und Abb. 36 einen ebensolchen Vergleich für k. Es gibt wohl kaum einen deutlicheren Hinweis auf die Schwierigkeit der Bestimmung der optischen Konstanten als diese

Diskrepanzen. Da *Archer* Oberflächeneinflüsse eliminiert hat, kommt seinen Messungen ein besonderes Gewicht zu.

Zur Überprüfung der KKR reichen die Messungen zunächst nicht aus, da sie auf der kurzwelligen Seite bei noch zu hohen Absorptionswerten abbrechen. Umgekehrt jedoch liefert die KKR eine Aussage darüber, wie weit sich das Absorptionsspektrum mutmaßlich noch erstrecken würde. Abb. 37 zeigt den Integranden der KKR [Formel (85)] aufgetragen gegen die Wellenlänge. Das Integral über die Meßwerte liefert für die statische DK den 14,3. Um zum wahren Wert von Germanium = 16,0 zu gelangen, bedarf es noch der schraffierten Fläche. Nimmt man einen „normalen" monotonen Absorptionsabfall an, so ergibt sich damit der punktierte Verlauf für die Absorption auf der ultravioletten Seite der Fundamentalabsorption. Man erwartet demnach, daß Germanium für Wellenlängen kleiner als 0,1 µm wieder durchsichtig wird.

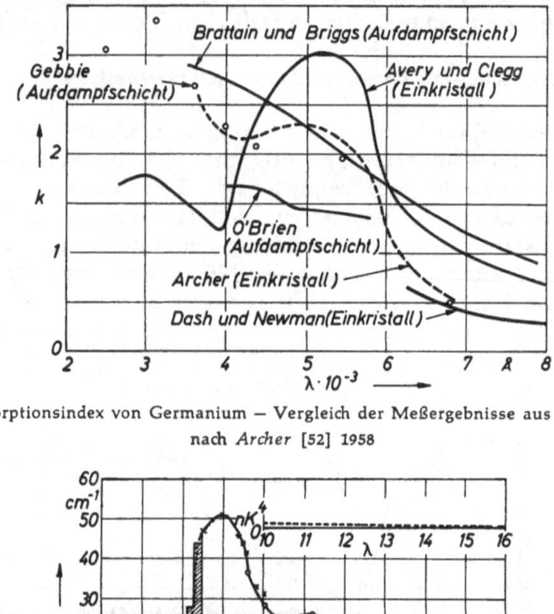

Abb. 36. Der Absorptionsindex von Germanium – Vergleich der Meßergebnisse aus 6 Veröffentlichungen, nach *Archer* [52] 1958

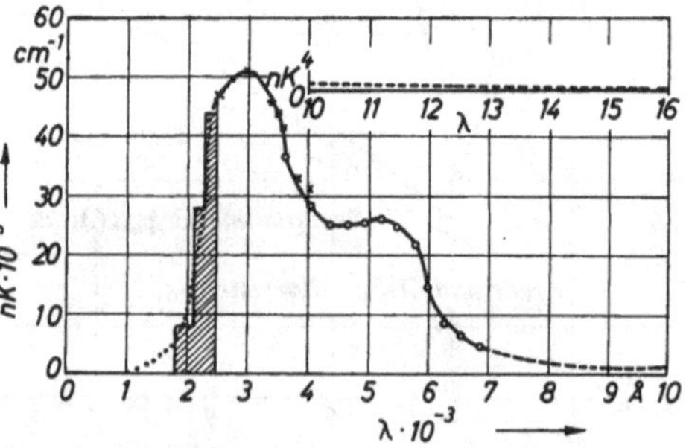

Abb. 37. Der Integrand $n\,K$ (cm^{-1}) der Kramers-Kronig-Relation im Bereich der Fundamentalabsorption der Band-Band-Übergänge von Germanium; nähere Erläuterungen im Text, nach *Archer* [52] 1958

Mit Hilfe dieses auf der ultravioletten Seite vervollständigten Spektrums der Absorption kann man nun die KKR prüfen. Abb. 38 zeigt $\varepsilon_{rel} = n^2 - k^2$ in Abhängigkeit von der Wellenlänge: die Linie berechnet nach Formel (81) und dazu die Meßpunkte. Die Übereinstimmung ist sehr gut im Bereich der Fundamentalabsorption, und zu langen Wellen hin im Durchlässigkeitsbereich (k sehr klein) mündet die Kurve richtig in $n^2 - k^2 = 16 = \varepsilon_{rel\,stat}$ ein.

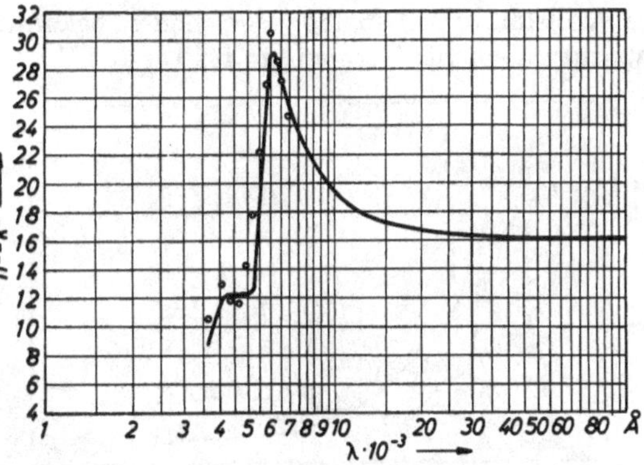

Abb. 38. Vergleich zwischen dem gemessenen Wert (Punkte) und dem mit Hilfe der Kramers-Kronig-Relation berechneten Wert (ausgezogene Linie) der relativen reellen Dielektrizitätskonstanten $\varepsilon_{rel} = n^2 - k^2$ von Germanium im Bereich der Fundamentalabsorption der Band-Band-Übergänge und bis 10 µm Wellenlänge, nach *Archer* [52] 1958

1959 wurde der Verlauf der optischen Konstanten über 3,5 eV hinaus wirklich gemessen und zwar von *Philipp* und *Taft* [55] einerseits und *Rimmer* und *Dexter* [128] andererseits mit verschiedenen Methoden bis 10 eV. 1961 haben *Rustik, Nodvik* und *Weissler* [129] die Messungen bis 27 eV (entsprechend 0,046 µm) ausgedehnt.

Es zeigt sich im wesentlichen der von *Archer* extrapolierte scharfe Absorptionsabfall, dem jedoch einige Feinstrukturen überlagert sind, deren Interpretation, wie im folgenden noch auszuführen, zur Klärung des Bändermodells führen kann. Bezüglich der KKR und dem daraus abgeleiteten Wert für die statische DK liefert jetzt die Integration über das Absorptionsspektrum (Abb. 39) richtig die Größe $\varepsilon_{rel\,stat} = 15$, also nur eine Abweichung von 6 % vom wahren Wert.

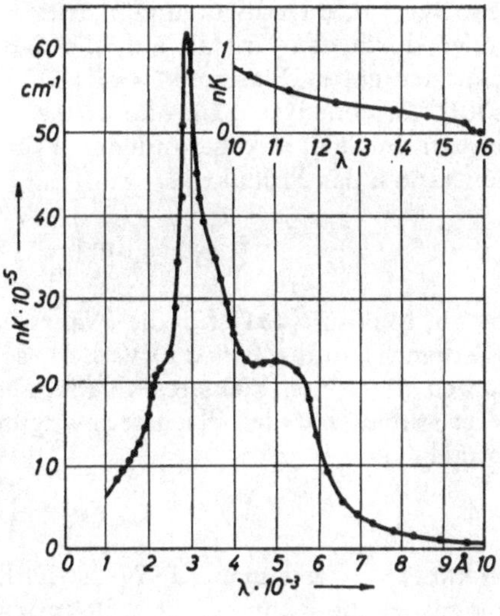

Abb. 39. Der Integrand nK (cm⁻¹) der Kamers-Kronig-Relation im Bereich der Fundamentalabsorption der Band-Band-Übergänge von Germanium, nach *Rimmer* und *Dexter* [128] 1960

Dieser Wert wird durch die Absorption im Bereich oberhalb von 10 eV noch etwas verbessert. Diesbezüglich liefern die Messungen von *Rustik, Nodvik* und *Weissler* keine wesentlich neuen Aussagen.

Abb. 40 zeigt der Vollständigkeit halber den heute bekannten Verlauf der optischen Konstanten n und k für Germanium bis ca. 18 eV.

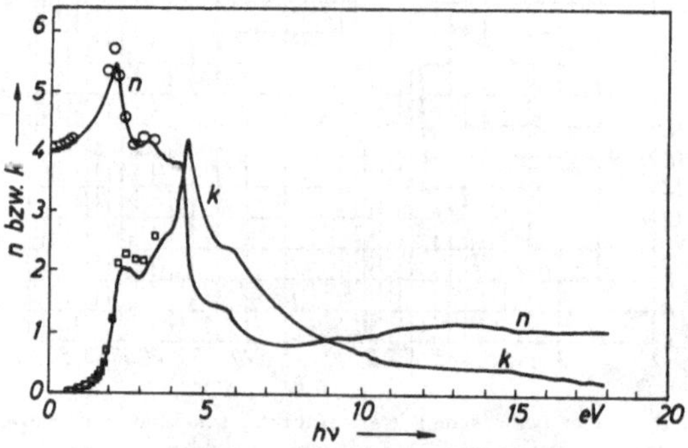

Abb. 40. Brechungsindex n und Absorptionsindex k von Germanium im Bereich der Fundamentalabsorption der Band-Band-Übergänge bis zu einer Lichtquantenenergie von 18 eV, nach *Rustik, Nodvik* und *Weissler* [129] 1961

Die Interpretation der optischen Konstanten für Lichtquantenenergien oberhalb von ca. 7 eV kann im übrigen wieder anhand des klassischen Modells eines freien Elektronengases erfolgen, da die Lichtquantenenergie groß ist gegen die Bindungsenergie der Valenzelektronen. Diese erscheinen jetzt alle als „freie" Elektronen. Der Verlauf der optischen Konstanten entspricht auch genau dem oben bereits für freie Ladungsträger angeführten Dispersionsverlauf: Es erscheint eine Plasmaresonanzfrequenz bei ca. 9 eV, bei der $n = k$ ist. Zu höheren Frequenzen hin nimmt k monoton ab, während sich n von unten dem Wert 1 annähert.

Es tritt hier also eine zweite Sorte von Plasmaresonanz auf, und zwar bezogen auf das massive Halbleitermaterial ohne freie Ladungsträger. Die Anregung derartiger Plasmaschwingungen tritt z. B. auch beim Durchgang schneller Elektronen durch den Kristall auf, die dabei einen charakteristischen Energieverlust (Emission eines „Plasmons" $= h\nu_{\mathrm{pl}}$) erleiden. Auf diese Weise ermittelte *Powell* [130] Plasmonen zu 11,1 und 16,0 eV. Erstere Energie stimmt in etwa mit dem aus der Stelle $n = k$ gefundenen Wert überein. Bildet man aus den optischen Konstanten das Produkt

$$\mathrm{Im}\left(\frac{\varepsilon_0}{\varepsilon^*}\right) = \frac{2\,n\,k}{(n^2 + k^2)^2} \tag{88}$$

das ein Maß ist [131] für die Wahrscheinlichkeit, daß ein Elektron eine Energie zwischen $h\nu$ und $h(\nu + \mathrm{d}\nu)$ verliert, so erhält man auch aus den optischen Konstanten ein zweites kleineres, relatives Maximum bei etwa 16 eV (Abb. 41). Dieser Wert stimmt mit der Plasmaschwingung überein, die man nach der klassischen Formel

$$\nu_{\mathrm{pl}} = \sqrt{\frac{N e^2}{4\,\pi^2\, m_0\, \varepsilon_0}} \tag{89}$$

berechnet[1]), wenn man für N die Dichte der Valenzelektronen für Germanium und für m_0 die Ruhmasse des Elektrons einsetzt.

[1]) Im Vergleich mit Formel (65) ist hier $\varepsilon_g = 1$, da man sich oberhalb aller Resonanzstellen befindet.

Ein kurzes Wort noch zur Überprüfung der KKR an anderen Halbleitern.

Silicium wurde diesbezüglich bereits im Jahre 1953 von *Moss* [126] betrachtet, der sich dabei allerdings auf relativ alte Messungen von *Pfestorf* [132] aus dem Jahre 1926 stützte. Immerhin ergab eine Integration zwischen 0,16 und 0,75 µm, wo sich der Schwerpunkt des Integranden befindet, einen statischen Brechungsindex von 3,4, während *Briggs* [133] n_0 zu 3,43 bestimmte.

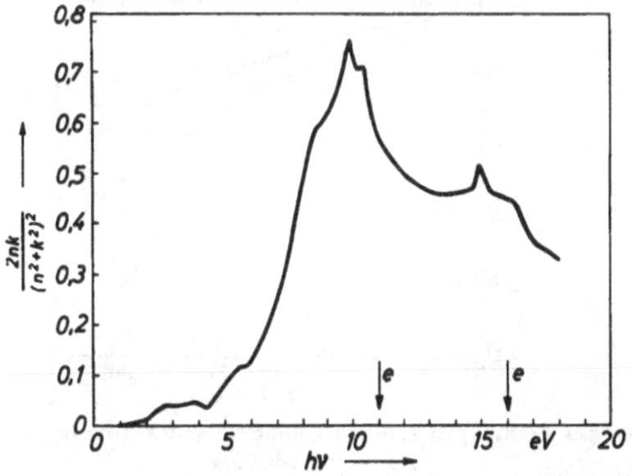

Abb. 41. Imaginärteil vom Reziprokwert der relativen komplexen Dielektrizitätskonstante von Germanium als Maß für die Wahrscheinlichkeit charakteristischer Energieverluste schneller Elektronen. Die Pfeile bezeichnen die von *Powell* [125] experimentell gefundenen Energieverluste, nach *Rustik, Nodvik* und *Weissler* [129] 1961

Moss [126] hat die KKR auch an PbTe überprüft. Aus den optischen Konstanten erhält er $n_0 = 5{,}5$ gegenüber einem im Durchlässigkeitsbereich bei 4,0 µm vorliegenden Wert von $n_{4\,\mu m} = 5{,}4$, auch hier also mit guter Übereinstimmung.

1960 haben *Philipp* und *Taft* [134] die optischen Konstanten von Silicium zwischen 1 und 10 eV Lichtquantenenergie neu gemessen, ohne jedoch auf die KKR Bezug zu nehmen.

Nur bei den homöopolaren Halbleitern liegt der Schwerpunkt der Absorption und damit des Integranden der KKR [Formel (85)] im Bereich der Fundamentalabsorption. Bei Halbleitern mit heteropolarem Bindungsanteil tritt zusätzlich, wie bereits oben geschildert, im Bereich der Reststrahlenbande starke Absorption auf, die den Brechungsindex beeinflußt und auch in der Erstreckung des Integrals mit erfaßt werden muß. *Moss* [78] konnte auf diese Weise unter Berücksichtigung aller drei möglichen Absorptionsprozesse

a) kurzwellige Fundamentalabsorption mit Absorptionskante

b) Absorption freier Ladungsträger

c) Reststrahlenbande

mit Hilfe der KKR den Dispersionsverlauf von InSb im Bereich von 7 bis 20 µm quantitativ darstellen (Abb. 42 und 43).

Faßt man das Ergebnis der Prüfung der KKR zusammen, so kann man sagen, daß sie sich auch an Halbleitern allgemein und besonders im Bereich der Fundamentalabsorption bei Band-Band-Übergängen bestätigt hat. Damit ist auch die Richtigkeit der Methode, die optischen Konstanten mit Hilfe der KKR und einfacher Reflexions- oder Absorptionsmessungen zu bestimmen, gesichert. Dementsprechend mehren sich die Arbeiten, die einer derartigen Bestimmung der optischen Konstanten vornehmen: z. B.

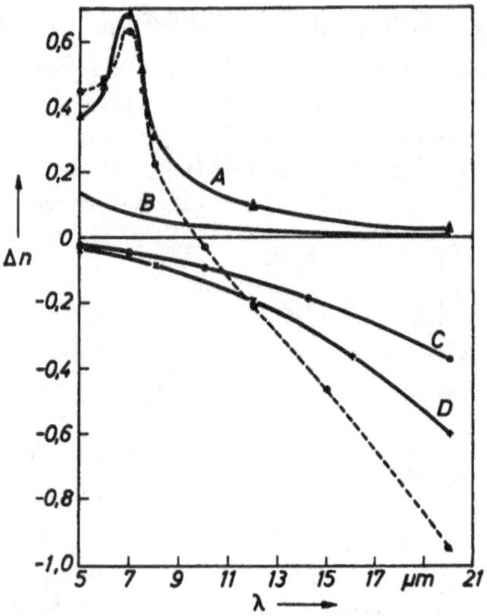

Abb. 42. Berechnung des Brechungsindexes von InSb aus der Überlagerung vier verschiedener Dispersionseinflüsse

A Absorptionskante
B Kurzwellige Absorptionsbande
C Freie Ladungsträger
D Reststrahlenbande

} Endergebnis (– – – –)

Aufgetragen ist die Abweichung des Brechungsindexes vom Wert $n = 3{,}96$, nach *Moss, Smith* und *Hawkins* [78] 1957

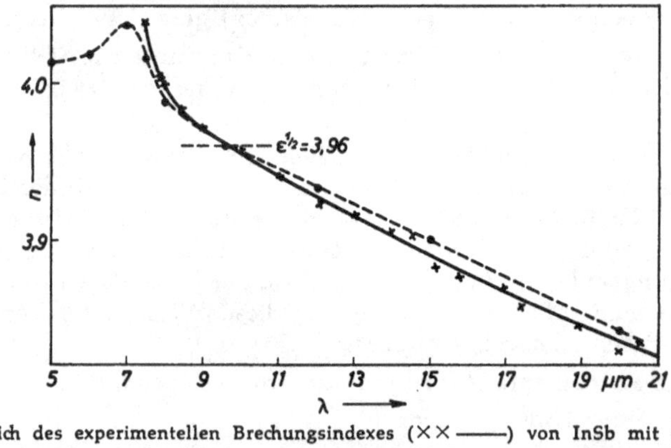

Abb. 43. Vergleich des experimentellen Brechungsindexes (×× ——) von InSb mit dem berechneten Wert (• – – – •), der aus der Überlagerung verschiedener Dispersionseinflüsse erhalten wurde (vgl. Abb. 42), nach *Moss, Smith* und *Hawkins* [78] 1957

Aven, Marple und *Segall* [135] an ZnSe; *Misuishi* [85] an CdTe im Bereich der Reststrahlenabsorption; *Stern* [136] betrachtet Messungen an PbS, PbSe, PbTe, InAs und InSb von verschiedenen Autoren unter diesem Gesichtspunkt.

c) n- und k-Verlauf und die Quantentheorie des Bändermodells

Während sich selektive Absorptionsbanden und auch die Absorption freier Ladungsträger noch mit Hilfe der klassischen Dispersionstheorie darstellen lassen, wobei man bezüglich der Masse der freien Ladungsträger von der effektiven Masse Gebrauch macht, um den Gittereinfluß zu berücksichtigen, so müssen die optischen Konstanten im Bereich der Fundamentalabsorption auf eine Quantentheorie beim Band-Band-Übergang zurückgeführt werden. Die im vorhergehenden Abschnitt behandelte KKR stellt zwar einen eindeutigen Zusammenhang zwischen den optischen Konstanten auch für diesen Fall dar, aber sie liefert keine Aussage über den zugrundeliegenden Elementarakt, der zur Absorption bzw. Dispersion führt.

Das vorliegende Kapitel soll in einem ersten Abschnitt die Ansätze der quantentheoretischen Dispersionstheorie aufzeigen, die sich bisher auf Übergänge zwischen Band*rändern* beschränken und damit im wesentlichen Band*abstände* und spektrale Selektivitäten in Beziehung zueinander setzen.

Der zweite Abschnitt behandelt derartige Abstandsbestimmungen aufgrund experimenteller Ergebnisse mit deren Hilfe man immerhin das Bändermodell des betreffenden Stoffes bis zu Distanzen von ca. 10 eV vervollständigen kann.

In der Quantentheorie sowohl des Lichtes als auch der Elektronenenergiezustände in einem Kristall erscheinen Lichtabsorption bzw. Polarisierbarkeit, also Vorgänge, die zu k bzw. n führen, gemäß der folgenden Elementarprozesse.

Absorption: Das Lichtquant $h\nu$ wird absorbiert, wodurch ein Elektron in einem um $h\nu$ höheren Energiezustand gelangt. Würde dieser Prozeß nach sehr kurzer Zeit wieder umgekehrt verlaufen, d. h. die Energiedifferenz bei der Rückkehr des Elektrons in den Ausgangszustand wieder als Lichtquant $h\nu$ emittiert werden, so würden wir nicht von Absorption, sondern von (inkohärenter) Streuung bzw. bei Zwischenschaltung längerer Zeiträume von Resonanzfluoreszenz sprechen. Charakteristisch für die Absorption ist vielmehr die Energietransformation. Diese tritt bei der Rückkehr des Elektrons in den Ausgangszustand dadurch auf, daß mit überwiegender Wahrscheinlichkeit die Lichtquantenenergie in kleinen Portionen an das Gitter abgegeben wird, wo sie zur Temperaturerhöhung führt. Bezüglich des eingestrahlten Lichtquants spricht man auch dann von Absorption, wenn ein Teil der Energie wieder als Licht mit anderer Frequenz emittiert wird (z. B. Rekombinationsstrahlung oder Lumineszenz), da auch dabei Energietransformation vorliegt.

Der Absorptionsprozeß verläuft analog beim indirekten Übergang, bei dem zusätzlich ein Phonon mitwirkt, das den Impuls des Elektrons ändert. Der Impuls des Lichtquants bleibt in allen Fällen vernachlässigbar.

Polarisation: Die Polarisation (und damit die Dispersion) hängt von der Wahrscheinlichkeit virtueller Übergangsprozesse ab, bei denen *keine* Energie absorbiert wird: Bei direkten Übergängen wird zunächst virtuell ein Photon absorbiert, es folgt der Übergang in das höhere, unbesetzte Energieniveau, dann wird ein Photon gleicher Energie, aber entgegengesetztem Impuls emittiert. Am Ende ist der Zustand des Elektrons nicht geändert.

Bei *indirekten* Übergängen, z. B. mit Phononenabsorption, erfolgte der virtuelle Prozeß statt in zwei in vier Stufen [137] (Abb. 44)

1. Photonabsorption mit Übergang in den höheren Zustand.
2. Phononabsorption mit Impulsänderung.
3. Das produzierte „Loch" (im Valenzband) emittiert dasselbe Phonon.

4. Das Elektron rekombiniert mit dem Loch (deren Impulse sind ja gleich!), daher wird das gleiche Photon emittiert.

Da sich allgemein das Dispersionsgebiet spektral viel weiter erstreckt als die zugehörige Absorption, kommt es darauf an, auch quantentheoretisch dort bereits Einflüsse auf n zu gewinnen, wo noch k wegen $h\nu \neq \delta E$ (δE = überbrückbare Energiedifferenz zwischen stationären $E(\mathfrak{k})$-Zuständen) sehr klein ist.

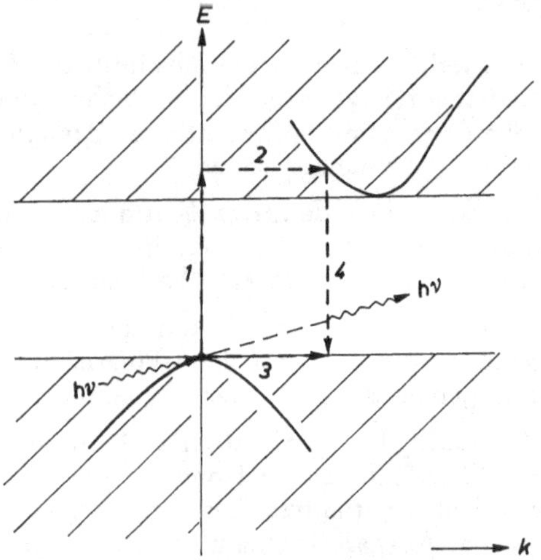

Abb. 44. Virtuelle Übergangsprozesse zur Darstellung der Polarisation

Die vorliegenden Betrachtungen beschränken sich auf *Zwischenband*-Übergänge, d. h. Übergänge zwischen zwei verschiedenen Bändern, die sich energetisch nicht überlappen (Interbandübergänge), denn Übergänge *innerhalb* eines $E(\mathfrak{k})$-Verlaufs (nur *indirekte* Übergänge) entsprechen der Absorption freier Ladungsträger.

Übergänge zwischen sich überlappenden Unterbändern des Valenz- bzw. Leitungsbandes scheiden hier aus, da diese Absorptionserscheinungen ebenfalls der Zahl der freien Ladungsträger proportional sind, also zu den strukturempfindlichen Eigenschaften zählen und nicht im betrachteten Frequenzbereich auftreten (Intrabandübergänge vgl. oben).

Bei den Zwischenbandübergängen kann man sich wiederum auf den Übergang Valenz-Leitungsband beschränken, da die Absorption anderer Übergänge wegen der großen Energiedistanzen nicht nur bei viel höherer Frequenz auftreten würde, sondern weil sie außerdem sehr klein sein muß, da im Sinne der Kramers-Kronig-Relation (vgl. oben) der statische Brechungsindex bereits durch die Absorption der Valenz-Leitungsband-Übergänge erreicht wird.

Aus dem gleichen Grund beschränken sich die folgenden Betrachtungen, die den Zusammenhang von n und k darstellen wollen, nur auf direkte Übergänge. Die indirekten Übergänge liefern einen so kleinen Absorptionsausläufer der Absorptionskante, daß dadurch der Brechungsindex ebenfalls kaum mehr beeinflußt wird. Bereits in diesem Spektralbereich ist n und k „entkoppelt". Das Experiment liefert ja auch im Bereich der indirekten Absorption einen nahezu konstanten Wert für den Brechungsindex (vgl. dazu z. B. Abb. 40).

Nach der Quantentheorie der Absorption und Dispersion liefert *ein* Elektron im n-ten Band mit dem Ausbreitungsvektor $\mathfrak{k}$ den folgenden Beitrag zum Realteil der DK, wenn es im direkten Übergang d. h. unter Erhaltung des Ausbreitungsvektors in ein anderes Band m übergeht:

$$(n^2-k^2)_\mathfrak{k} = 1 + \frac{e^2}{m_0 \varepsilon_0} \sum_m \frac{f_{nm\mathfrak{k}}}{(\nu_{nm\mathfrak{k}}^2 - \nu^2)} \tag{90}$$

Die $f_{nm\mathfrak{k}}$ sind die Oszillatorenstärken für den betreffenden Übergang. Für sie gilt unabhängig von ihrer weiteren Interpretation der Summensatz

$$\Sigma f_{nm\mathfrak{k}} = 1 \tag{91}$$

Es sei erwähnt, daß im Spezialfall $m = n$ die Oszillatorenstärke identisch ist mit dem Quotienten aus m_0 und der effektiven Masse im n-ten Band an der Stelle $\mathfrak{k}$

$$f_{nm\mathfrak{k}} = \frac{m_0}{m_{n\mathfrak{k}}^*}. \tag{92}$$

Der Beitrag eines Elektrons zum Realteil der DK in dem uns hier allein interessierenden Frequenzbereich des direkten Valenz-Leitungsbandüberganges lautet unter Vereinfachung der Indizierung

$$(n^2-k^2)_\mathfrak{k} = 1 + \frac{e^2}{m_0 \varepsilon_0} \frac{f_\mathfrak{k}}{(\nu_\mathfrak{k}^2 - \nu^2)}. \tag{93}$$

Den gesamten Realteil der DK erhält man durch Summierung bzw. Integration über alle besetzten $\mathfrak{k}$-Zustände des Valenzbandes

$$(n^2-k^2) = 1 + \frac{e^2}{m_0 \varepsilon_0} \sum_\mathfrak{k} \frac{f_\mathfrak{k}}{(\nu_\mathfrak{k}^2 - \nu^2)}. \tag{94}$$

Eine analoge Form ergibt sich für den Imaginärteil der DK.

Das Problem, das Dispersions- und Absorptionsspektrum explizit und vollständig angeben zu können, besteht darin, daß man über alle Elektronen summieren muß, die einen Übergang bei einer bestimmten Frequenz ν über die Energiedistanz $h\nu$ machen können. Das sind Elektronen mit ganz verschiedenen $\mathfrak{k}$-Werten und demnach verschiedenen Oszillatorenstärken. Ferner muß zur Summierung die Zahl der Elektronen pro Energieintervall (d. h. die Dichte der Energiezustände und eventuell die Verteilungsfunktion von Elektronen und Löchern) bekannt sein.

Da die $E(\mathfrak{k})$-Funktion in einem Band von parabolischen Teilen an den Bandrändern ausgehend in der Mitte wachsend linear wird mit einem Wendepunkt, ist der Verlauf zur mathematischen Auswertung unbequem und selten bekannt.

Die bisher vorliegenden Rechnungen, die ein Dispersions- bzw. Absorptionsspektrum ableiten, verwenden entweder Näherungen für die Dichtefunktionen usw. oder beschränken sich auf Übergänge zwischen den parabolischen Teilen der Bänder, d. h. zwischen den Bandrändern. Im letzteren Fall erhält man also nur den Anfang (oder das Ende) des Spektrums der Fundamentalabsorption beim Band-Band-Übergang.

Die Näherungsbetrachtungen von *Fröhlich* [98] bezüglich des Brechungsindexes seien vorangestellt, da sie bereits Ergebnisse grundsätzlicher Art über den spektralen Verlauf von n beim Band-Band-Übergang liefern und Vergleiche mit der verfeinerten Theorie ermöglichen.

Fröhlich führt eine Dichtefunktion $\delta(\nu)$ ein, die die Zahl der Elektronen pro Volumeneinheit angibt, die pro Frequenzintervall das diesbezügliche Lichtquant absorbieren können. Ist N_V die Gesamtzahl der Elektronen des Valenzbandes pro Volumeneinheit, so muß nach dieser Definition gelten:

$$N_V = \int_{\nu_{\min}}^{\nu_{\max}} \delta(\nu)\, d\nu . \tag{95}$$

Ersetzt man außerdem die individuellen Oszillatorenstärken der $\delta(\nu)$ Elektronen durch deren Mittelwert $\bar{f}(\nu)$, so schreibt sich der Realteil der DK für die Frequenz ν

$$(n^2-k^2)_\nu = 1 + \frac{e^2}{m_0 \varepsilon_0} \int_{\nu^*_{\min}}^{\nu^*_{\max}} \frac{\bar{f}(\nu)}{(\nu^{*2}-\nu^2)}\, \delta(\nu^*)\, d\nu^* . \tag{96}$$

Die Berechnung des Frequenzganges des Realteils der DK läuft nun darauf hinaus, die Frequenzabhängigkeit der Funktion $\delta(\nu)$ und $\bar{f}(\nu)$ zu kennen.

Man kann auch diese Funktionen aus dem Imaginärteil der DK übernehmen. Für diesen ergibt sich analog

$$(2nk)_\nu = \frac{e^2}{m_0 \varepsilon_0}\, \bar{f}(\nu)\, \delta(\nu)\, \frac{1}{\nu} . \tag{97}$$

Damit ist wenigstens eine *experimentelle* Bestimmung des Produktes $\delta(\nu)\bar{f}(\nu)$ aus *Absorptions*messungen möglich.

Zur Abschätzung hat *Fröhlich* angenommen, daß das Produkt $\delta(\nu)\bar{f}(\nu)$ eine Konstante ist (da dessen Frequenzabhängigkeit schwächer als die des Nenners ist). Qualitativ erhält man dann den in Abb. 45 gezeigten Verlauf für den Realteil der DK, der allerdings nur innerhalb der Frequenzgrenzen $\nu_{\min}$ und $\nu_{\max}$ zu erhalten ist. Jedenfalls sieht man, daß man einen ähnlichen Dispersionsverlauf erhält wie bei einem klassischen Oszillator mit der Resonanzfrequenz $\frac{\nu_{\min}+\nu_{\max}}{2}$. Das Dispersionsgebiet ist nur über die Breite $(\nu_{\max}-\nu_{\min})$ auseinandergezogen.

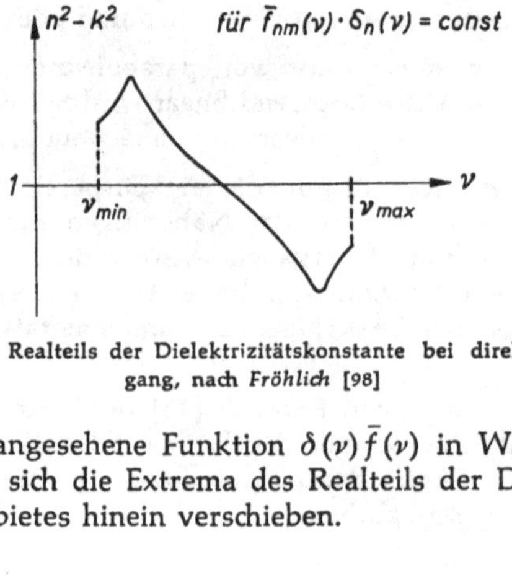

Abb. 45. Spektrum des Realteils der Dielektrizitätskonstante bei direktem Band-Band-Übergang, nach *Fröhlich* [98]

Da die als konstant angesehene Funktion $\delta(\nu)\bar{f}(\nu)$ in Wahrheit am Bandrand verschwindet, werden sich die Extrema des Realteils der DK noch weiter in die Mitte des Frequenzgebietes hinein verschieben.

Bezüglich des Reflexionsvermögens R sieht man, da k für ν_{min} bzw. ν_{max} Null ist, daß das Maximum von R nicht bei ν_{min} (oder ν_{max}) erscheint, also nicht unmittelbar bei $h\nu = \Delta E$ liegt.

Eine Bestätigung des abgeschätzten DK-Verlaufs findet sich z. B. bei Silber in der Absorptionskante. Ein kurzer Hinweis darauf sei hier gestattet.

Abb. 46 zeigt die Kurven für nk und n^2-k^2 (von *Fröhlich* übernommen). Um zum Dispersionsbeitrag des Band-Band-Überganges zu gelangen, muß man bei den Metallen den Dispersionsanteil der freien Ladungsträger abziehen, während

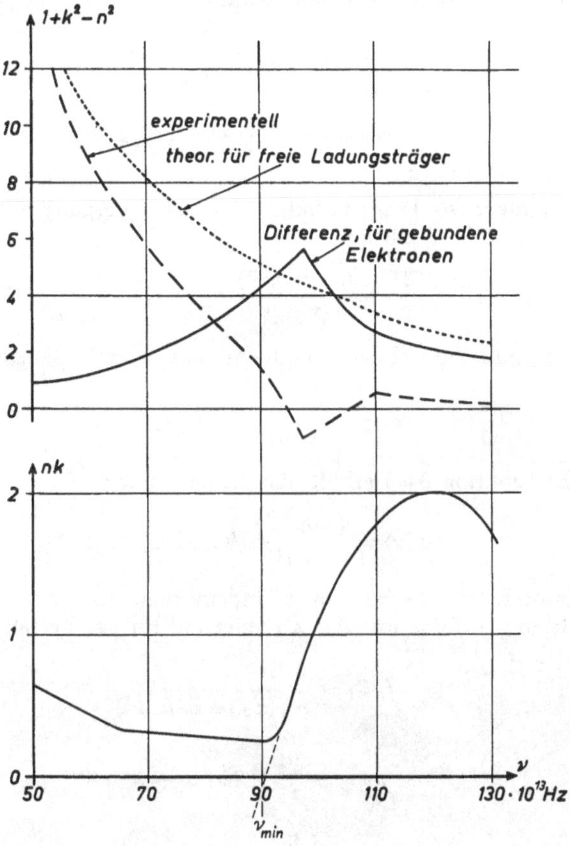

Abb. 46. Optische Konstanten von Silber (übernommen von *Fröhlich* [98]). Die untere Abbildung zeigt den Imaginärteil der Dielektrizitätskonstante mit dem Anstieg der Absorptionskante. Der obere Teil zeigt den Realteil der Dielektrizitätskonstante, und zwar die Zurückführung des experimentellen Verlaufs auf die Anteile durch freie Ladungsträger bzw. gebundene Elektronen, d. h. den direkten Übergang vom Valenzband in das nächsthöhere Band

bei Halbleitern deren Dichte so gering ist, daß die Messung unmittelbar die Dispersion der gebundenen Elektronen, d. h. des Band-Band-Überganges liefert.

Wie man den Kurven entnimmt, liegt das ν_{min} bei $90 \cdot 10^{13}$ Hz, d. h. der Bandabstand beträgt 3,76 eV, während das Maximum von n^2-k^2 bei ca. $100 \cdot 10^{13}$ Hz erscheint, d. h. bei Lichtquantenenergien von 4,1 eV. Letzteres liegt also bei einer um etwa 10% höheren Energie. Dort etwa wird man auch das Maximum des Reflexionsvermögens erwarten.

Beschränkt man sich bei der Betrachtung der optischen Konstanten auf die *Ränder* des Dispersions- und Absorptionsgebietes, so kann man dort *verfeinerte* Angaben über den Frequenzgang des komplexen Brechungsindexes machen, wenn man annimmt, daß die Extrema beider Bänder bei $k = 0$ liegen, Kugelsymmetrie herrscht und nur Übergänge betrachtet werden zwischen parabolischen Teilen des jeweiligen $E(\mathfrak{k})$-Verlaufs. Liegt z. B. das Minimum des Leitungsbandes über dem Maximum des Valenzbandes

$$E(\mathfrak{k})_{\text{Valenzband}} = -\frac{\hbar^2}{2 m_L^*} \cdot \mathfrak{k}^2, \tag{98}$$

$$E(\mathfrak{k})_{\text{Leitungsband}} = \Delta E + \frac{\hbar^2}{2 m_E^*} \mathfrak{k}^2 \tag{99}$$

so erhält man

1. für den Zusammenhang [138] zwischen der zum Übergang notwendigen Lichtquantenenergie und $\mathfrak{k}$ die Funktion:

$$h\nu_{\mathfrak{k}} = \Delta E + \frac{\hbar^2}{2} \frac{(m_E^* + m_L^*)}{m_E^* m_L^*} \mathfrak{k}^2 = \Delta E + \frac{\hbar^2}{2 m_r^*} \mathfrak{k}^2, \tag{100}$$

d. h. einen parabolischen Zusammenhang mit einer reduzierten effektiven Masse m_r^*

$$\frac{1}{m_r^*} = \frac{1}{m_E^*} + \frac{1}{m_L^*}. \tag{101}$$

2. Für die Dichtefunktion $\delta(\nu)$ erhält man in bekannter Weise

$$\delta(\nu) = \frac{(2 m_r^*)^{3/2}}{\pi \hbar^2} (h\nu - \Delta E)^{1/2}. \tag{102}$$

3. Die Oszillatorenstärke erhält man, indem man sie zunächst gemäß ihrer Definitionsgleichung auf das Impulsmatrixelement für den betreffenden Übergang $n \rightarrow m$ zurückführt

$$f_{nm\mathfrak{k}} = \frac{2 |P_{nm\mathfrak{k}}|^2}{m_0 (E_{m\mathfrak{k}} - E_{n\mathfrak{k}})} \tag{103}$$

mit

$$P_{nm\mathfrak{k}} = \frac{\hbar}{i} \int \psi_{m\mathfrak{k}}^* \operatorname{grad} \psi_{n\mathfrak{k}} \, d\tau \tag{104}$$

speziell

$$P_{nm\mathfrak{k}} = \frac{\hbar}{i} \int \varkappa_{m\mathfrak{k}}^* \operatorname{grad} \varkappa_{n\mathfrak{k}} \, d\tau \tag{105}$$

falls gilt

$$\psi_{n\mathfrak{k}} = \varkappa_{n\mathfrak{k}}(\mathfrak{r}) e^{i\mathfrak{k}\mathfrak{r}}; \quad \varkappa_{n\mathfrak{k}}(\mathfrak{r}) = \text{gitterperiodische Amplitude} \tag{106}$$

analog für m.

Bei der Berechnung des Impulsmatrixelementes muß man zwei Fälle unterscheiden, nämlich ob es sich um „erlaubte" oder „verbotene" Übergänge handelt.

Die „erlaubten" Übergänge sind dadurch charakterisiert, daß bei $\mathfrak{k} = 0$ das Impulsmatrixelement $P_{nm\mathfrak{k}} \neq 0$ ist. Das ist dann der Fall, wenn die ψ-Funktionen des Valenz- bzw. Leitungsbandes zueinander unsymmetrisch sind. Dann erfolgt der

Übergang offenbar von einem Maximum des Valenzbandes zu einem Minimum des Leitungsbandes (so z. B. bei Germanium) oder zwischen einem Minimum des Valenzbandes und einem Maximum des Leitungsbandes.

In diesen Fällen des erlaubten direkten Überganges ist das Quadrat des Matrixelementes in erster Näherung eine Konstante.

Die „verbotenen" Übergänge sind definiert durch das Nullwerden des Matrixelementes bei $\mathfrak{k} = 0$. Dies ist bei zueinander symmetrischen ψ-Funktionen im Valenz- bzw. Leitungsband der Fall. Die Bänder liegen dabei so, daß ein Übergang vom Maximum des Valenzbandes zu einem Maximum des Leitungsbandes erfolgt[1]), oder von Minimum zu Minimum. Das Impulsmatrixelement ist dann proportional $\mathfrak{k}$ anzusetzen.

Abb. 47a und 47b zeigen den zu erlaubten bzw. verbotenen Übergängen führenden Bandverlauf schematisch.

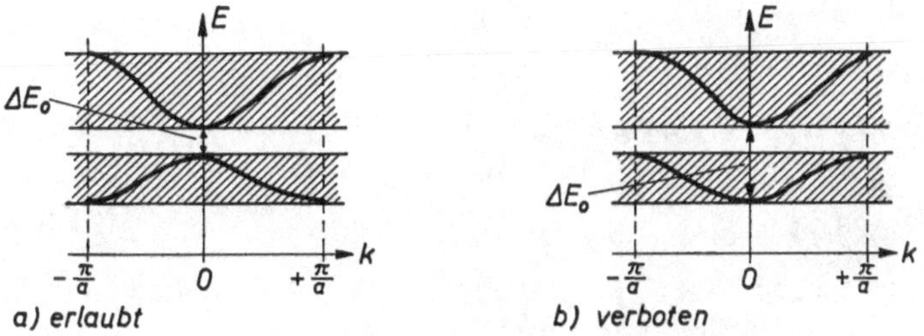

Abb. 47. Verlauf der $E(\mathfrak{k})$-Funktionen in zwei Bändern, der
a) zu „erlaubten"
b) zu „verbotenen"
direkten Übergängen führt (schematisch)

In *beiden* Fällen, d. h. bei erlaubten bzw. verbotenen Übergängen läßt sich die Frequenzabhängigkeit der Absorption leicht angeben, da das Impulsmatrixelement konstant bzw. proportional $\mathfrak{k}$ ist. $\mathfrak{k}$ kann mit Hilfe der Beziehung (100) wieder auf die Frequenz zurückgeführt werden.

Derartige Berechnungen sind zuerst von *Bardeen, Blatt* und *Hall* [139] durchgeführt worden und wurden mehrfach wieder aufgenommen und berichtet [140].

Korovin [137] hat 1959 auf die gleiche Weise auch den Brechungsindex abgeleitet, d. h. die optischen Konstanten vollständig angegeben und das Ergebnis noch dadurch geringfügig verfeinert, daß er dem klassischen Ersatzoszillator eine kleine Dämpfungskonstante

$$\varrho = \frac{\gamma \Delta E m}{\hbar}$$

beigegeben hat, um für den Fall $h\nu < \Delta E$ noch einen schwachen Absorptionsausläufer zu erfassen. Das Ergebnis lautet (107)

---

1) Um einen verbotenen direkten Übergang handelt es sich z. B. auch beim Zustandekommen der p-Banden in Germanium, da die Unterbänder des Valenzbandes gleiche Symmetrie besitzen.

I. „Erlaubte" Übergänge

1. $h\nu < \Delta E$

a) $2nk \doteq 0$

b) $n^2 - k^2 \doteq n^2 = 1 + \frac{4c_1}{\pi\beta^2}(2 - \sqrt{1-\beta} - \sqrt{1+\beta})$

2. $h\nu > \Delta E$

a') $2nk = \frac{\sqrt{8}}{\pi\beta^2}\left\{\left[(\beta-1)^2 + \frac{\gamma^2}{4}\right]^{1/2} + \beta - 1\right\}^{1/2}$

bzw. für $\gamma = 0$

A → a) $2nk = \frac{4c_1}{\pi\beta^2}(\beta-1)^{1/2}$

b) $n^2 - k^2 = 1 + \frac{4c_1}{\pi\beta^2}(2 - \sqrt{1+\beta})$

II. „Verbotene" Übergänge

1. $h\nu < \Delta E$ (107)

a) $2nk \doteq 0$

b) $n^2 - k^2 \doteq n^2 = 1 + \frac{4c_2}{\pi\beta^2}\{(1-\beta)^{3/2} + (1+\beta)^{3/2} - 2\}$

2. $h\nu > \Delta E$

a') $2nk = \frac{\sqrt{2}\,c_2}{\pi\beta^2}\left\{\left[(\beta-1)^2 + \frac{\gamma^2}{4}\right]^{1/2} + \beta - 1\right\}^{3/2}$

bzw. für $\gamma = 0$

B → a) $2nk = \frac{4c_2}{\pi\beta^2}(\beta-1)^{3/2}$

b) $n^2 - k^2 = 1 + \frac{4c_2}{\pi\beta^2}\{1+\beta)^{3/2} - 2\}$

mit

$$\beta = \frac{h\nu}{\Delta E}; \qquad c_1 = \frac{8e^2(2m_r^*)^{3/2}|P_{nm}(0)|^2}{3\pi m_0^2 \hbar \Delta E^{3/2}}$$

$$c_2 = \frac{8e^2(2m_r^*)^{5/2}}{3\pi m_0^2 \hbar \Delta E^{1/2}}$$

Formelzusammenstellung (107) der komplexen DK bei direkten Band-Band-Übergängen (nach *Korovin* [137] 1959).

Bemerkenswert an diesen Formeln ist der spektrale Verlauf des Realteils der DK für die erlaubten bzw. verbotenen Übergänge (im Fall $\gamma = 0$). Für die erlaubten Übergänge erhält man ein Maximum für $h\nu = \Delta E$, während für die verbotenen Übergänge das Maximum bei $h\nu = 1{,}3\,\Delta E$ liegt. Gerade diese Zuordnung des Maximums von $(n^2 - k)^2$, d. h. des Realteils der DK zum Bandabstand, ist für die experimentelle Bestimmung des Bandabstandes von großer Bedeutung geworden.

Da das Reflexionsvermögen u. U. ein Maximum besitzt, weil $(n^2 - k^2)$ maximal ist, kann man den Bandabstand direkt aus dem Maximum des Reflexionsvermögens ohne Umrechnung auf die optischen Konstanten bestimmen bzw. seine Veränderung an einer Verschiebung des Reflexionsmaximums studieren.

Auf derartige Abstandsbestimmungen kommen wir unten zurück.

Es sei bemerkt, daß das Resultat für (n^2-k^2) nicht mit der Abschätzung von *Fröhlich* und mit dem experimentellen Befund an Silber übereinstimmt. Nach *Fröhlich* erwartet man für den erlaubten direkten Übergang ein Maximum des Realteils der DK für $h\nu > \Delta E$ (vgl. Abb. 46), was sich bei Silber bestätigt fand.

Betrachtet man nun den Imaginärteil der DK oder gleich den Absorptionskoeffizienten K, so zeigen Abb. 48 den Verlauf für die erlaubten direkten und Abb. 49 den Verlauf für die verbotenen direkten Übergänge entsprechend den Formeln (A) und (B) aus (107).

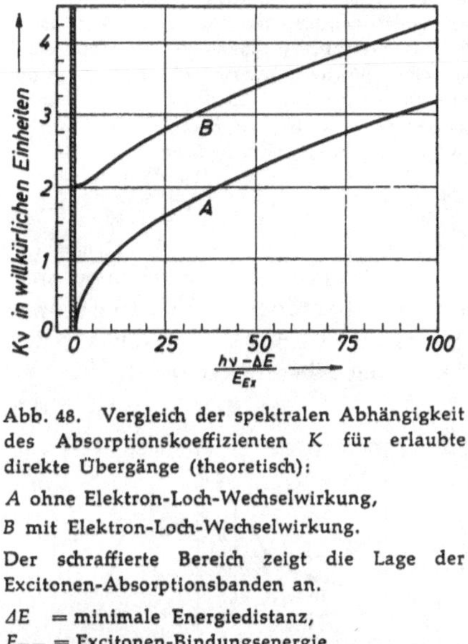

Abb. 48. Vergleich der spektralen Abhängigkeit des Absorptionskoeffizienten K für erlaubte direkte Übergänge (theoretisch):

A ohne Elektron-Loch-Wechselwirkung,

B mit Elektron-Loch-Wechselwirkung.

Der schraffierte Bereich zeigt die Lage der Excitonen-Absorptionsbanden an.

ΔE = minimale Energiedistanz,

E_{EX} = Excitonen-Bindungsenergie,

nach *McLean* [140] 1960.

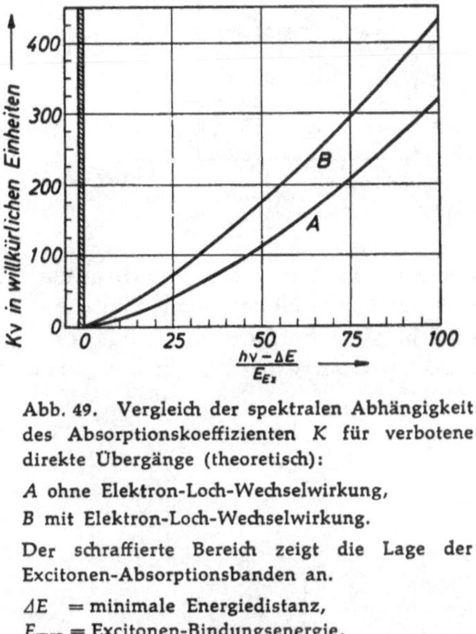

Abb. 49. Vergleich der spektralen Abhängigkeit des Absorptionskoeffizienten K für verbotene direkte Übergänge (theoretisch):

A ohne Elektron-Loch-Wechselwirkung,

B mit Elektron-Loch-Wechselwirkung.

Der schraffierte Bereich zeigt die Lage der Excitonen-Absorptionsbanden an.

ΔE = minimale Energiedistanz,

E_{EX} = Excitonen-Bindungsenergie,

nach *McLean* [140], 1960.

Man hat die Theorie des Absorptionskoeffizienten noch durch die Berücksichtigung des Umstandes verfeinert, daß das beim Valenz-Leitungsband-Übergang produzierte Elektron und Loch nicht je völlig frei ist, beide vielmehr in einem Bindungszustand (Exciton) verbleiben. Der dadurch korrigierte Frequenzgang der Absorption ist in den genannten Abbildungen (48 und 49) ebenfalls enthalten. Die Frequenzskala der Abbildungen ist deshalb auf $(h\nu - \Delta E)$ normiert und in Einheiten der Excitonen Bindungsenergie E_{Ex} angegeben. Der wesentliche Unterschied liegt darin, daß der Absorptionskante ein (oder mehrere) Excitonen-Absorptionsband vorgelagert ist (schraffierter Bereich).

Sucht man nun nach einer Bestätigung der Dispersionstheorie des direkten Bandrand-Bandrand-Überganges durch das Experiment, so muß zunächst die Feststellung erfolgen, ob im betrachteten Fall der Übergang erlaubt oder verboten ist.

Bei Germanium z. B. deuten alle theoretischen Konstruktionen des Bändermodells (aus Symmetriebetrachtungen usw.) darauf hin, daß es sich beim direkten Valenz-Leitungsband-Übergang bei $k = 0$ um einen *erlaubten* Übergang handelt.

Dies bestätigt die Messung des Absorptionskoeffizienten, dessen Verlauf in sehr befriedigender Weise der Theorie entspricht, wie Abb. 50 über der reduzierten Frequenzskala zeigt.

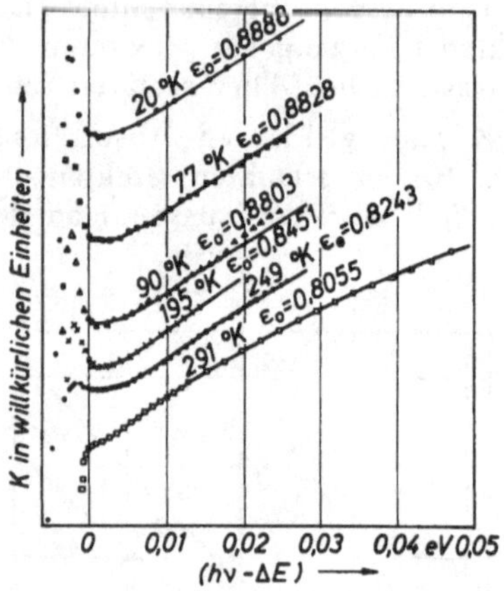

Abb. 50. Vergleich der bei verschiedenen Temperaturen gemessenen Absorptionskoeffizienten von Germanium im Bereich der direkten Übergänge mit dem auf der Basis der erlaubten direkten Übergänge berechneten Verlauf. Für ΔE ist der jeder Temperatur entsprechende Wert verwendet worden. Der Absorptionskoeffizient ist in willkürlichen Einheiten dargestellt und mit einer additiven Konstante versehen, um die Kurven auseinander zu ziehen. Für die Zimmertemperaturwerte ist die Energieskala um den Faktor 2 reduziert, nach *McLean* [140] 1960.

Die Abb. 51 zeigt über dem direkten Energiemaßstab nochmals den Absorptionskoeffizienten. Neben dem Einsatz der indirekten Übergänge bei 0,769 eV, der hier ja nicht betrachtet werden soll, erkennt man bei 0,888 eV den Einsatz der direkten Übergänge und in der „Nase" das Excitonen-Absorptionsband.

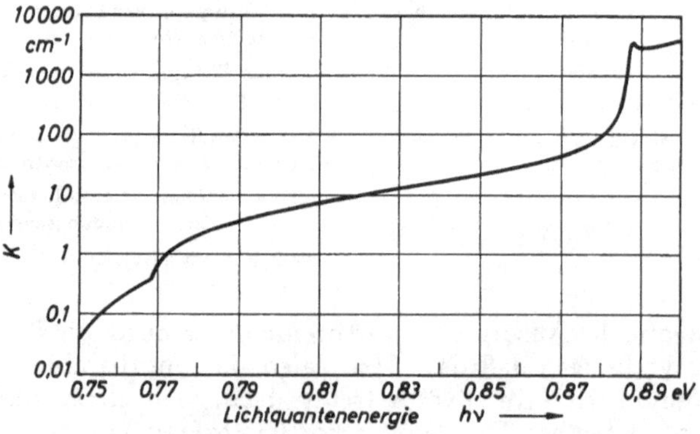

Abb. 51. Der Absorptionskoeffizient von Germanium, nach *McLean* [140] 1960

Bezüglich des Realteils der DK erwartet man demnach ein Maximum an der gleichen Stelle bei 0,888 eV. Abb. 52 zeigt diesen Realteil der DK. Ein Maximum bei 0,888 eV ist nicht zu erkennen, es tritt vielmehr ein Maximum bei ca. 2 eV auf. Diese Diskrepanz veranlaßt *Korovin* [137] zu einer gewissen Kritik an der Zugrundelegung erlaubter Übergänge. Aber auch für verbotene Übergänge liegt das Maximum zu hoch (Faktor 2,3 gegenüber 1,3).

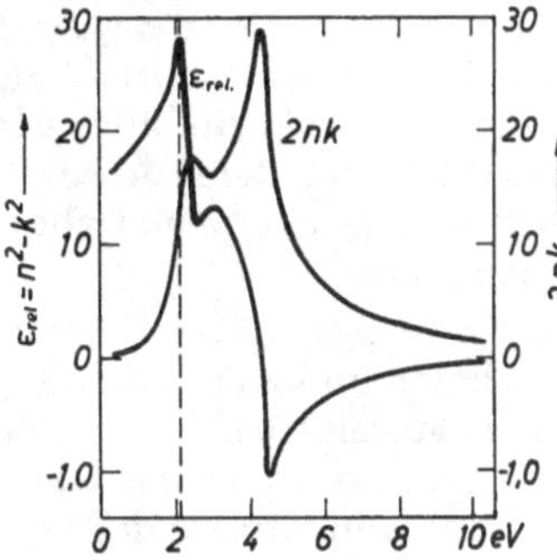

Abb. 52. Real- und Imaginärteil der Dielektrizitätskonstanten von Germanium im Bereich der Fundamentalabsorption, übernommen von *Cardona* und *Sommers* [147]

Die Erklärung dürfte vielmehr darin liegen, daß selbst die direkten erlaubten Übergänge bei $\mathfrak{k} = 0$ (Bandränder) in ihrer Oszillatorenstärke zu klein sind, um gegenüber höher gelegenen Absorptionsmechanismen den Realteil der DK charakteristisch beeinflussen zu können. Man kann sagen, daß im Bereich der Absorptionskante der direkten Übergänge beim Germanium die optischen Konstanten noch entkoppelt sind!

Der Deutung dieser Selektivitäten des Real- bzw. Imaginärteils der DK bei Germanium oberhalb von 1 eV sei ein Wort zum direkten $\mathfrak{k} = 0$ Übergang bei Silicium vorangestellt.

Man hat die Messungen an Silicium bis Lichtquantenenergien von 3 eV im direkten Durchsichtverfahren getrieben und im Absorptionsspektrum bisher einen Einsatz der direkten Übergänge, die denen beim Germanium analog wären, nicht gefunden. Abb. 53 zeigt die Absorptionskanten von Germanium und Silicium im

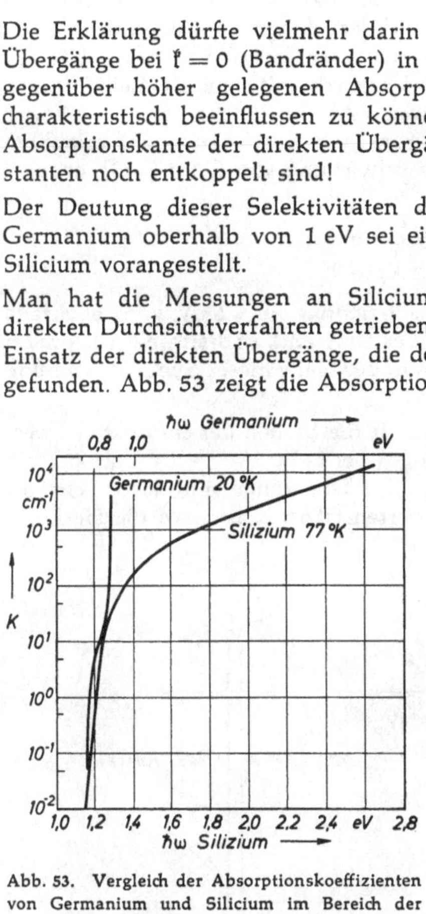

Abb. 53. Vergleich der Absorptionskoeffizienten von Germanium und Silicium im Bereich der Absorptionskante, nach *McLean* [140]

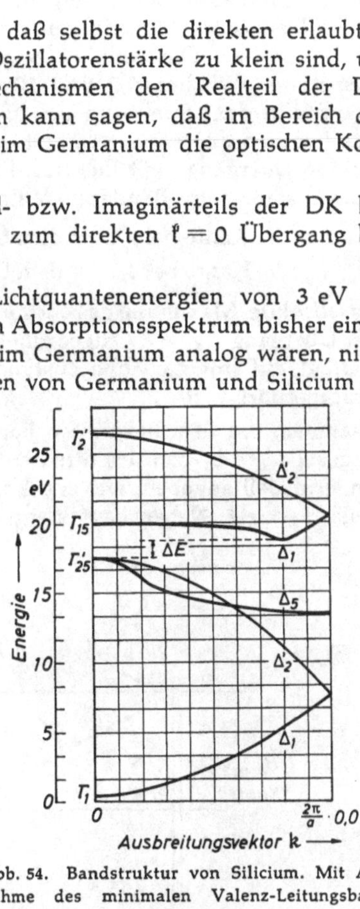

Abb. 54. Bandstruktur von Silicium. Mit Ausnahme des minimalen Valenz-Leitungsbandabstandes ist die Energieskala nur als Näherung aufzufassen, nach *McLean* [140]

Vergleich. Der von *Dash* und *Newman* [161] seinerzeit berichtete kurze Absorptionsanstieg bei 2,5 eV, der ursprünglich in diesem Sinne gedeutet wurde, hat sich bei neueren Messungen nicht bestätigt. Der energetische Abstand müßte also größer als 3 eV sein. Jedoch hat nach neuester Erkenntnis das Leitungsband von Silicium bei $k = 0$ ein Maximum (vgl. Abb. 54). Es würde sich bei den direkten Übergängen bei $k = 0$ also um „verbotene" Übergänge in ein Elektronenniveau mit negativer effektiver Masse handeln, deren Übergangswahrscheinlichkeit bei $k = 0$ Null ist, deren Absorption also mit wachsenden k-Werten nur „weich" einsetzt, so daß man einen abrupten Anstieg im Absorptionskoeffizienten nicht erwarten kann.

Wendet man sich wieder Germanium als Beispiel zu, so ist festzustellen, daß die Selektivitäten im Realteil der DK, die oberhalb von 1 eV liegen, keine Zuordnung zum Bandabstand bei $k = 0$ finden können. Der Energielage entsprechend muß es sich vielmehr dabei um Übergänge handeln, die weiter aus dem Innern des Valenzbandes ins Innere des Leitungsbandes führen.

Eine entsprechende Zuordnung zu einer speziellen Bandstruktur wurde erst 1960 von*Phillips* [142] in Angriff genommen, der sich jedoch dabei auf den Imaginärteil der DK stützte. Die Abb. 52 zeigt den Verlauf des Imaginärteils der DK für Germanium zwischen 0,7 und 10 eV zum Vergleich mit dem Realteil. *Phillips* erkannte in dem Spektrum den Einsatz zweier Absorptionskanten bei 2,1 und 4,2 eV und ordnete sie, gestützt auf die oben genannte Theorie der erlaubten direkten Übergänge mit Elektron-Loch-Wechselwirkung von *Elliot* [143], energetische Distanzen im Bändermodell zu:

die Kante bei 2,1 eV dem Übergang $L_3' \to L_1$;

die Kante bei 4,2 eV dem Übergang $X_4 \to X_1$.

Das absolute Maximum des Absorptionskoeffizienten bei 4,5 eV wird ebenfalls dem Übergang $X_4 \to X_1$ zugeordnet, wobei der Umstand, daß sich ein Maximum ausprägt, auf singulär hohe Zustandsdichten in der Nähe dieser Symmetriepunkte zurückgeführt wird.

Zusammen mit dem bekannten Bandverlauf für die Stellen des indirekten Überganges $\Gamma_{25}' \to L_1$ und des direkten Überganges bei $\mathfrak{k} = 0$ $\Gamma_{25}' \to \Gamma_2'$ läßt sich ein Bändermodell angeben, wie es Abb. 55 zeigt. Die Übergänge sind durch vertikale Pfeile markiert. Neben den Energiedistanzwerten ist in Klammern die Herkunft

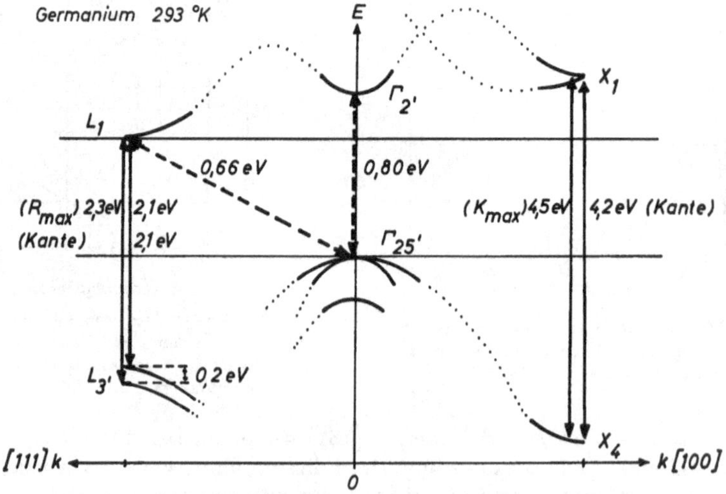

Abb. 55. Zuordnung der optischen Übergänge im Bereich der Fundamentalabsorption von Germanium zum Bändermodell, nach *Phillips* [142] 1960

des Wertes angedeutet: aus der Lage der Absorptionskante, dem Maximum des Absorptionskoeffizienten oder aus dem Maximum des Reflexionsvermögens (vgl. weiter unten).

Da in der Formel für den Frequenzgang der Absorption die reduzierte Masse auftritt (vgl. Formel 107 A bzw. 97, 102, 103).

$$K \sim \nu \, m_r^{*\,3/2} \, |\bar{P}_{nm}(\nu)|^2 \tag{108}$$

läßt sich *eine* effektive Masse bestimmen, wenn die *andere* bekannt ist. So konnte *Phillips* die effektive Masse bei L_3' errechnen, da die effektive Masse in L_1 ja sehr genau bekannt ist.

Vergleicht man den Verlauf des Realteils mit dem Verlauf des Imaginärteils (Abb. 52), so zeigt sich wenigstens für die Absorptionskante bei 2,1 eV der theoretisch erwartete korrespondierende Verlauf, nämlich ein Maximum bei 2,12 eV entsprechend den direkten erlaubten Übergängen, dessen Deutung damit als gesichert erscheint.

Die Absorptionskante bei 4,2 eV liefert dagegen ein nur schwach erkennbares relatives Maximum des Realteils der DK an dieser Stelle, obwohl die Absorption erheblich größer ist. Hier bedarf es also weiterer Klärung, ehe die Zuordnung verständlich ist.

Ein Wort noch zum absoluten Maximum des Imaginärteils bei 4,5 eV. Wenn man von Substrukturen der Bänder einmal vollständig absieht, so erwartet man ein Absorptionsmaximum beim Übergang zwischen zwei Bändern, wenn der Übergang von Bandmitte zu Bandmitte erfolgt, da dort die Zustandsdichten jeweils maximal sind. Berücksichtigt man ferner, daß die Breite eines Bandes in diesem einfachsten Fall umgekehrt proportional ist zur effektiven Masse am Bandrand, so liefert diese Abschätzung für Germanium bei einer Energiedistanz der Bandränder von 0,65 eV eine Breite des Valenzbandes von ca. 2,5 eV und eine Breite des Leitungsbandes von 5,2 eV, d. h. Werte, die nicht unvernünftig erscheinen, zumal dann als größtmögliche Übergangsenergie zwischen den *äußeren* Bandrändern 8,5 eV auftritt. In der Tat liegt der kurzwellige Abfall der Fundamentalabsorption etwa bei dieser Energie in Abb. 40. Allerdings ist die Kante dort sehr flach und nicht im entferntesten so charakteristisch wie auf der langwelligen Seite.

Eine wesentliche Vereinfachung der Untersuchungen über das Bändermodell in diesem Energiebereich ergab sich durch die Tatsache, daß das Reflexionsvermögen von Germanium (Abb. 56) bei 2,1 eV ein Maximum besitzt, das auf das Maximum des *Realteils* der DK zurückzuführen ist, während das Maximum des Reflexionsvermögens bei 4,5 eV dem Maximum des *Imaginärteils* entspricht.

Durch die sichere Zuordnung des Reflexionsmaximums bei 2,1 eV zur Energiedistanz im Bändermodell $L_3'-L_1$ konnte die Bandstruktur an dieser Stelle verfeinerten Untersuchungen zugänglich gemacht werden.

Tauc und *Antonicik* [144] konnten durch Messungen des Reflexionsvermögens mit hohen Auflösungsvermögen eine Aufspaltung der Reflexionsbande nachweisen und zu 0,2 eV bestimmen. Dies ist als ein experimenteller Beweis der Bandaufspaltung bei L_3' gedeutet worden, was man theoretisch auch als Folge der Spin-Bahn-Wechselwirkung erwartet hatte (vgl. Abb. 55).

Lukes[1]) konnte diese Aufspaltung übrigens auch durch verfeinerte Analyse des Absorptionsindexes finden.

1) Nach einem Zitat bei *Tauc* und *Antonicik* [144].

Eine Übertragung der an Germanium vorgeführten Schlußweise auf andere Halbleiter darf nicht ohne weiteres erfolgen, da zunächst zu klären ist, ob es sich um erlaubte oder verbotene Übergänge handelt. Ferner muß eine Analyse vorhergehen, ob das Reflexionsvermögen so eindeutig auf den Realteil oder Imaginärteil der DK zurückzuführen ist.

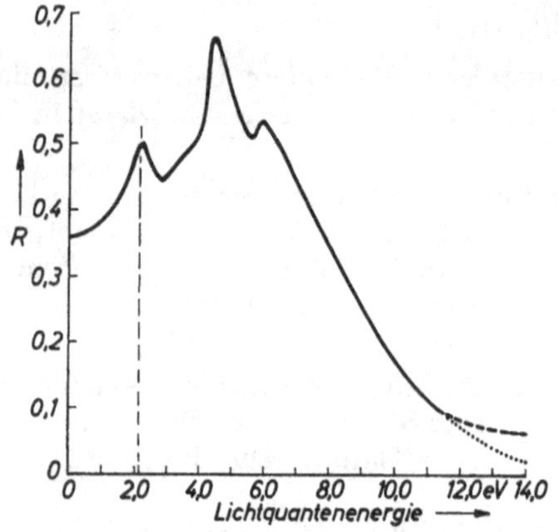

Abb. 56. Reflexionsvermögen von Germanium (gemessen) im Bereich der Fundamentalabsorption, nach *Rimmer* und *Dexter* [128] 1960

Bei Silicium reagiert das Reflexionsvermögen übrigens ähnlich wie bei Germanium nach Messungen von *Philip* und *Taft* [134]:

Ein Maximum des Reflexionsvermögens bei 3,5 μm wird vom Maximum des Brechungsindexes, ein zweites Maximum bei 4,5 eV wird durch das Maximum des Absorptionsindexes bestimmt. Eine nähere Analyse der Bandstruktur liegt jedoch nicht vor.

Analog zu der geschilderten Bestimmung des Bändermodells von Germanium sind in jüngster Zeit viele Halbleiter, namentlich III-V-Verbindungshalbleiter untersucht worden, die eine mit Germanium verwandte Bandstruktur zeigen. So liegen Veröffentlichungen von *Tauc* [145] und Mitarbeitern vor über InSb, GaSb und GaAs und an der Legierungsreihe Ge mit Si.

Ähnliche Untersuchungen anhand der Interpretation der Maxima des Reflexionsvermögens liegen auch von *Cardona* [62, 146] vor für GaSb und InP. Aus der Abhängigkeit der Maxima bei Germanium in Form und Lage von der Temperatur und von der Dotierung konnten *Cardona* und *Sommers* [147] auf eine entsprechende Verschiebung der Bänder schließen. Vergleichende Betrachtungen über die Spin-Bahn-Aufspaltung des L_3' Valenzbandmaximums an Halbleitern mit Zinkblende-Struktur haben *Phillips* [148] und besonders *Cardona* [149] durchgeführt.

Wenn man die quantentheoretische Deutung der optischen Konstanten im Bereich der Fundamentalabsorption zusammenfassen will, so kann man sagen, daß man z. Z. dabei ist, die Absorptions*anstiege* dem Einsatz direkter optischer Übergänge zwischen dem Valenz- und dem Leitungsband an verschiedenen Stellen des $\mathfrak{k}$-Raumes zuzuordnen. Auf diese Weise wird die Bandstruktur an den Stellen ermittelt, die elektrisch nicht erfaßt werden können. Die Ergebnisse stimmen z. B. am Germanium gut mit den Energiedistanzen überein, die man aus Messungen der g-Faktoren der Spinresonanz erhält[1]) [150, 151]. Die Absorptionskanten beim

[1]) Ein diesbezüglicher Vergleich bei *Phillips* [142].

Abstieg der Absorption bzw. des Brechungsindexes bei sehr kurzen Wellen oberhalb von 5 eV sind allerdings bisher noch nicht in gleicher Weise mit dem Bändermodell in Beziehung gebracht worden.

6. Änderung von n und k im Magnetfeld im Bereich der Fundamentalabsorption: Der Faraday-Effekt beim Interbandübergang

a) Erklärung der Meßergebnisse auf Grund der Kramers-Kronig-Relation

Obwohl in dem gegebenen Rahmen dieses Vortrages auf die Abhängigkeit der optischen Konstanten von der Temperatur, vom Druck, von elektrischen Feldern usw. nicht eingegangen werden konnte, soll dem Einfluß des Magnetfeldes im Bereich der Absorptionskante in der Form des Faraday-Effektes gebundener Elektronen[1]) ein kurzer Abschnitt gewidmet sein, da er u. a. eine interessante Anwendung der Kramers-Kronig-Relation gestattet und speziell eine Eigenschaft des Brechungsindexes darstellt.

Die experimentelle Bestimmung der Faraday-Drehung ist gerade in diesem Spektralbereich des steilen Anstiegs der Absorption nicht einfach. Aus diesem Grunde reichen die bis zum Jahre 1960 publizierten Messungen an Germanium nur bis herab zu ca. 2 μm [152].

Auch die Messungen an anderen Halbleitern z. B. von *Kimmel* [153] an GaP, InP, GaAs usw., von *Cardona* [110] an GaAs oder von *Smith, Moss* und *Taylor* [154] an InSb führen in analoger Weise nur bis an die Absorptionskante heran.

An den III-V-Halbleitern sind von *Lax* und *Nishina* [155] 1961 dann erstmalig *Reflexions*messungen zur Bestimmung der Faraday-Drehung im Bereich der Interbandübergänge durchgeführt worden.

Auch die theoretischen Veröffentlichungen zur Frage der Faraday-Drehung beim Band-Band-Übergang beginnen erst im Jahre 1960 mit Arbeiten von *Suffczynski* [156].

Bei Germanium fand man zunächst im Ausläufer der Absorptionskante einen mit abnehmender Wellenlänge monoton zunehmenden Drehwinkel, der im Sinne der klassischen Dispersionstheorie einer diskreten Resonanzstelle, die *Moss* [25] bei 0,4 μm liegend annahm, zugeordnet wurde. Denn die klassische Theorie des Faraday-Effektes liefert für Frequenzen weit unterhalb der Resonanzfrequenz eine Proportionalität des Drehwinkels zu $1/\lambda^2$. Auch der in gleicher Weise aus der klassischen Dispersionstheorie resultierende Zusammenhang der Faraday-Drehung mit dem spektralen Verlauf des Brechungsindexes (ohne Magnetfeld) in der Form

$$\text{Drehwinkel } \alpha = B \cdot d \frac{e}{2 m^* c} \lambda \frac{\mathrm{d}n}{\mathrm{d}\lambda}; \qquad (109)$$

$$c = \text{Lichtgeschwindigkeit}, \quad d = \text{Probendicke}$$

schien sich zunächst zu bestätigen[2]).

[1]) Auf die Faraday-Drehung infolge *freier* Elektronen, ein jetzt schon sehr intensiv bearbeitetes Gebiet, soll hier nicht eingegangen werden. Die Darstellung gelingt im wesentlichen wieder mit Hilfe der quantentheoretisch adaptierten klassischen Dispersionstheorie freier Ladungsträger.

[2]) Eine analoge Deutung der Faraday-Drehung bei amorphem Selen nehmen *Gobrecht, Tausend* und *Bach* [157] vor.

Hartman und *Kleman* [158] veröffentlichten jedoch 1960 Messungen an Germanium, die sich bis ca. 1,6 µm erstreckten und ein völliges Abweichen von der erwarteten Form zeigten: Nach dem anfänglichen Anstieg wird mit abnehmender Wellenlänge die Faraday-Drehung sehr steil kleiner, ändert ihr Vorzeichen und nimmt dann wieder außerordentlich hohe Werte an. Damit waren die bisherigen theoretischen Erklärungen nicht mehr haltbar, da der Vorzeichenwechsel die Nähe einer Resonanzstelle anzeigt[1]), wenn nicht überhaupt die Vorstellung einer singulären Resonanzstelle zu ersetzen war durch eine auf dem Bändermodell fußende Theorie z. B. nach *Suffczynski*.

Keßler und *Bodinet* [159] konnten mit Hilfe einer neuen Meßmethode höherer Empfindlichkeit die Messungen von *Hartman* und *Kleman* bestätigen. Abb. 57 zeigt als Beispiel eine neuere Messung mit definierter Magnetfeldorientierung.

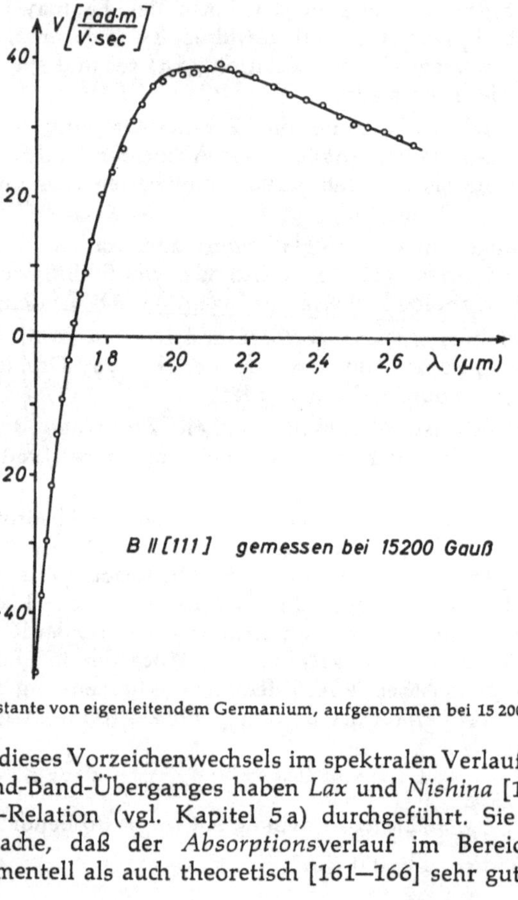

Abb. 57. Verdetsche Konstante von eigenleitendem Germanium, aufgenommen bei 15 200 Gauß und 350 °K

Eine erste Erklärung dieses Vorzeichenwechsels im spektralen Verlauf der Faraday-Drehung infolge Band-Band-Überganges haben *Lax* und *Nishina* [160] mit Hilfe der Kramers-Kronig-Relation (vgl. Kapitel 5a) durchgeführt. Sie stützten sich dabei auf die Tatsache, daß der *Absorptions*verlauf im Bereich der Bandkante sowohl experimentell als auch theoretisch [161–166] sehr gut bekannt und

[1]) In einer neueren Arbeit von *Walton* und *Moss* [167] wird versucht, den Vorzeichenwechsel mit Hilfe der Beziehung (109) zu deuten durch die Annahme, daß der Brechungsindex n ohne Magnetfeld in der Nähe der Absorptionskante, d. h. an der Stelle des Vorzeichenwechsels bei 0,7 eV ein Maximum besitze mit Widerspruch zum experimentellen Befund, wonach n monoton ansteigt bis zum Maximum bei 2 eV (vgl. z. B. Abb. 40).

für links bzw. rechts zirkular polarisiertes Licht verschieden ist, wobei Theorie und Experiment übereinstimmen (Abb. 58). Indem man den Verlauf der Magnetoabsorption (nicht der feldfreien Absorption, wie bei *Lax* und *Nishina* versehentlich geschehen) je für die rechts- bzw. links-zirkular polarisierte Welle heranzieht, kann man über die KKR den Verlauf des Brechungsindexes getrennt für die rechts bzw. links polarisierte Welle erhalten. Die Faraday-Drehung muß sich damit in bekannter Weise aus der Differenz beider Brechungsindizes ergeben:

$$\alpha = \frac{1}{2}\left(2\pi\nu\cdot\frac{d}{c}\right)(n_r - n_l)\,; \tag{110}$$

c = Lichtgeschwindigkeit, d = Probendicke.

Man erhält in ausgezeichneter Weise die Grundzüge des experimentellen Spektrums, vor allem dabei den schroffen Vorzeichenwechsel des Drehsinns.

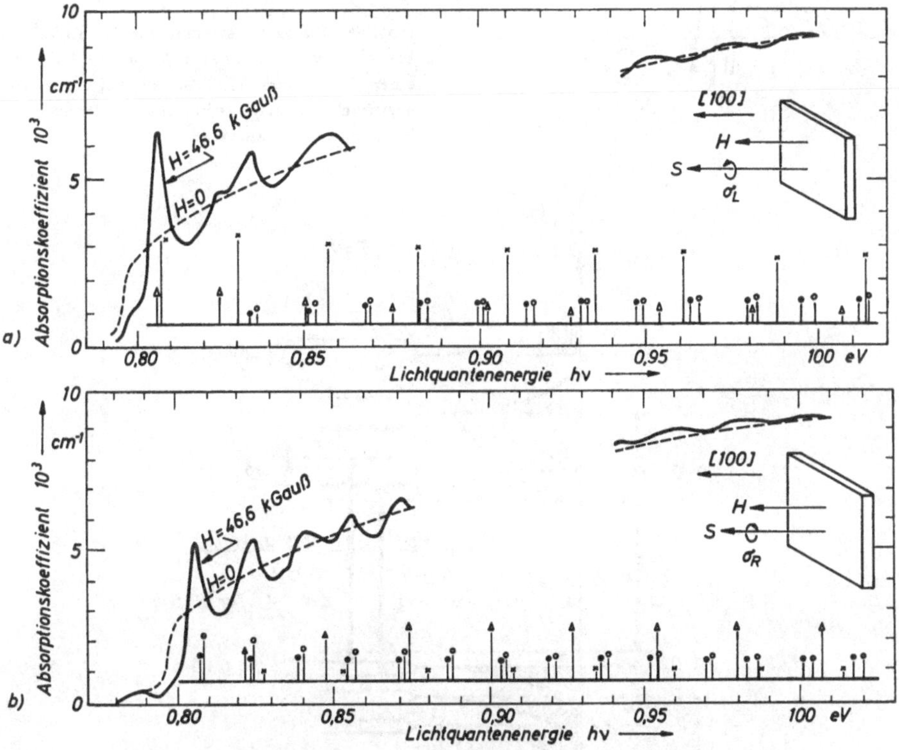

Abb. 58. Experimentelles Absorptionsspektrum von Germanium im Magnetfeld bei Zimmertemperatur
a) für links zirkular polarisiertes Licht,
b) für rechts zirkular polarisiertes Licht.
Zum Vergleich mit der Theorie sind die erwarteten Absorptionslinien schematisch eingetragen.
Nach *Burstein, Picus, Wallis* und *Blatt* [163] 1958

b) Erklärung der Interband-Faraday-Drehung aus der Überlagerung der Drehung diskreter Resonanzstellen und deren Zuordnung zum Bändermodell

Die Betrachtung der Magneto-Band-*Absorption* legt es jedoch nahe, den experimentellen Befund der Faraday-Drehung nach wie vor mit Hilfe klassischer Resonanzstellen zu deuten.

Wie die Abb. 58 zeigte, besitzt die Absorption bei 0,8 eV, was dem Bandabstand bei $\mathfrak{k} = 0$ entspricht, ein ausgeprägtes Maximum. Man muß also zunächst eine Resonanzwelle *dorthin* verlegen, wenn man als Näherung die klassische Dispersionstheorie heranziehen will.

Für den klassischen Oszillator zeigt Abb. 59 schematisch die Aufspaltung des Brechungsindexes für die links bzw. rechts zirkular polarisierte Welle und die daraus resultierende Faraday-Drehung für linear polarisiertes Licht.

Die spektrale Lage der „Resonanzfrequenzen" ergibt sich aus dem Termschema bzw. der Energiedichtefunktion des Halbleiters im Magnetfeld [161–166]: Das

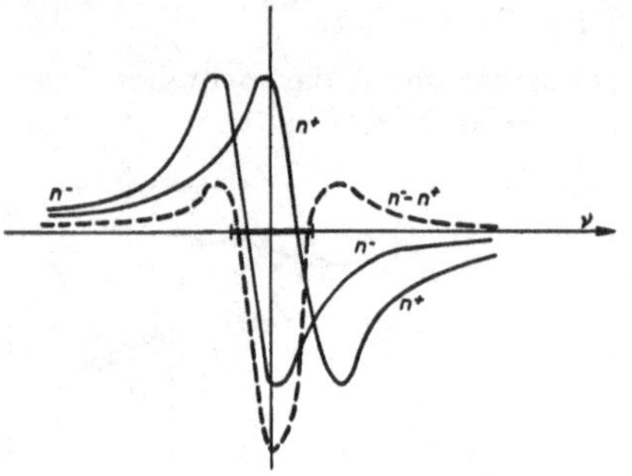

Abb. 59. Dispersionsverlauf für die links (+) bzw. rechts (—) zikular polarisiertes Licht bei einem klassischen Oszillator im Magnetfed. Die gestrichelte Kurve gibt die Differenz der Brechungsindizes an, zu der die Faraday-Drehung proportional ist

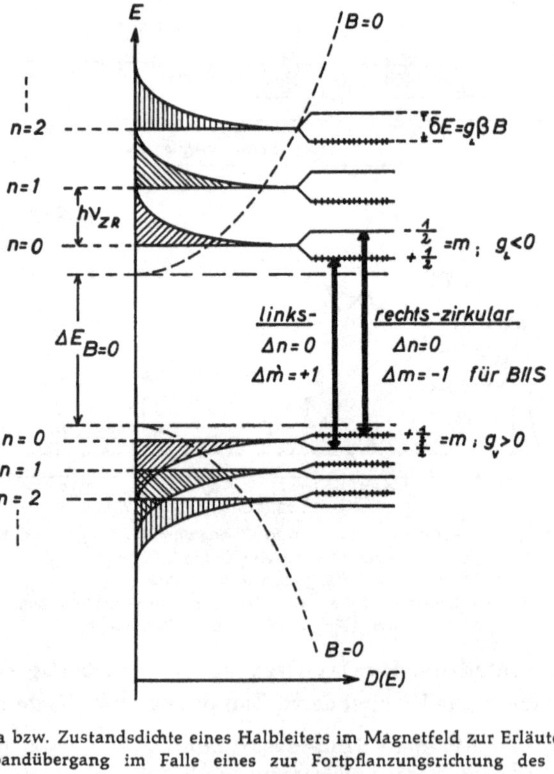

Abb. 60. Termschema bzw. Zustandsdichte eines Halbleiters im Magnetfeld zur Erläuterung des Faraday-Effektes beim Interbandübergang im Falle eines zur Fortpflanzungsrichtung des Lichtes parallelen Magnetfeldes. Zur Vereinfachung wurden isotrope, parabolische und nicht entartete Bänder angenommen. Die Übergänge zum ersten Magnetoabsorptionsband sind entsprechend den Auswahlregeln eingezeichnet.

Energiekontinuum spaltet in der Ebene senkrecht zum Magnetfeld in die Landau-Niveaus, beziffert durch die Quantenzahlen $n = 0, 1, 2, \cdots$, auf. Abb. 60 zeigt die Verhältnisse für den einfachsten Fall (isotrope, parabolische, nicht entartete Bänder). Der Übergang vom Valenzband in das Leitungsband ist unter Beachtung der Auswahlregel $\Delta n = 0$ nur bei diskreten Energiewerten $\Delta E_{0,1,2,\ldots}$ möglich.

Die Theorie der erlaubten direkten Übergänge im Magnetfeld liefert eine steile Spitze des Absorptionskoeffizienten K für $h\nu = \Delta E_{0,1,2,\ldots}$ gemäß [161–166]:

$$K \sim \frac{1}{h\nu(h\nu - \Delta E_i)^{1/2}}. \tag{111}$$

Abb. 61 zeigt diesen Verlauf in der gestrichelten Kurve II, während die ausgezogene Kurve I dem Fall ohne Magnetfeld entspricht. (Die punktierte Kurve III gilt für den *verbotenen* direkten Übergang ohne Magnetfeld.)

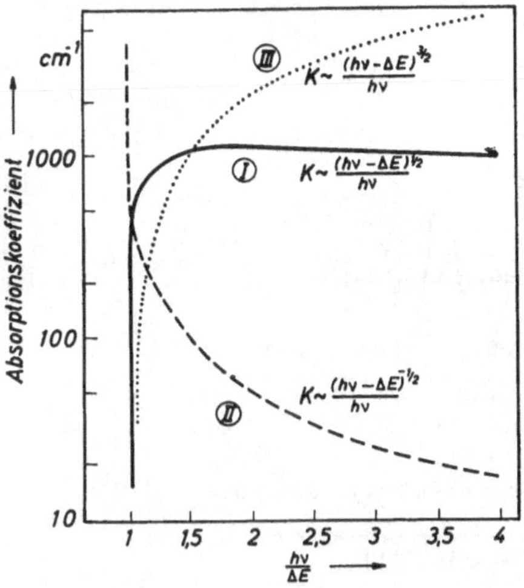

Abb. 61. Theoretischer Verlauf des Absorptionskoeffizienten
I für erlaubte direkte Übergänge ohne Magnetfeld
II für erlaubte direkte Übergänge mit Magnetfeld
III für verbotene direkte Übergänge ohne Magnetfeld
nach *Burstein, Picus, Wallis* und *Blatt* [163] 1958

Im klassischen Bild heißt das, daß im Magnetfeld isolierte „Resonanzfrequenzen" neu auftreten, die im feldfreien Fall nicht vorhanden sind. Deswegen ist auch die Faraday-Drehung nicht mehr auf den die *feldfreie* Dispersion zurückzuführen (gemäß (109)), $\mathrm{d}n/\mathrm{d}\lambda$ müßte vielmehr ebenfalls im Magnetfeld gemessen werden.

Quantentheoretisch kommt der Faraday-Effekt beim Interbandübergang dadurch zustande, daß jedes Landau-Niveau infolge der parallelen bzw. antiparallelen Spineinstellung der Elektronen über die Spin-Bahn-Wechselwirkung energetisch zweifach aufgespalten ist, gekennzeichnet durch die magnetischen Quantenzahlen $m = \pm 1/2$. Die Aufspaltung beträgt $\delta E = g \cdot \beta \cdot B$, wobei B die magnetische Induktion, β das Bohrsche Magneton und g der Landé-Faktor der Elektronen bzw. Löcher in dem jeweiligen Band bedeuten. Der Landé-Faktor kann positiv oder negativ sein. (Abb. 61 entspricht schematisch dem Fall von Germanium mit negativem g-Wert für die Elektronen im $\mathfrak{k} = 0$-Minimum). Da für links- bzw. rechtszirkular polarisiertes Licht im longitudinalen Magnetfeld zusätzlich die Auswahlregel $\Delta m = +1$ bzw. -1 gilt, liegen die Resonanzfrequenzen spektral etwas verschieden, womit sich eine Differenz der Brechungsindizes ergibt und Faraday-Drehung auftritt.

Drehsinn und Größe des Faraday-Effektes hängen in erkenntlicher Weise also von Vorzeichen und Größe der Landé-Faktoren ab. Im Sinne der Vermessung der Landé-Faktoren kann man also die Faraday-Drehung beim Interbandübergang als eine spektral transformierte paramagnetische Elektronenspinresonanz freier Ladungsträger bezeichnen.

Die Abb. 62 zeigt in nun verständlicher Weise eine „klassische" Analyse der Faraday-Drehung anhand der Messungen von *Nishina* u. M. [168]. Wegen der etwa gleichen Magnetfeldstärke kann das Spektrum trotz abweichender Orientierung mit Abb. 58 verglichen werden. Im zweiten Magneto-Absorptionsband ist die Drehung, wie auch schon die Autoren vermuten, von umgekehrtem Vorzeichen, wie im ersten Band. (Insgesamt ist infolge andersartiger Definition das Vorzeichen gegenüber Abb. 57 vertauscht.)

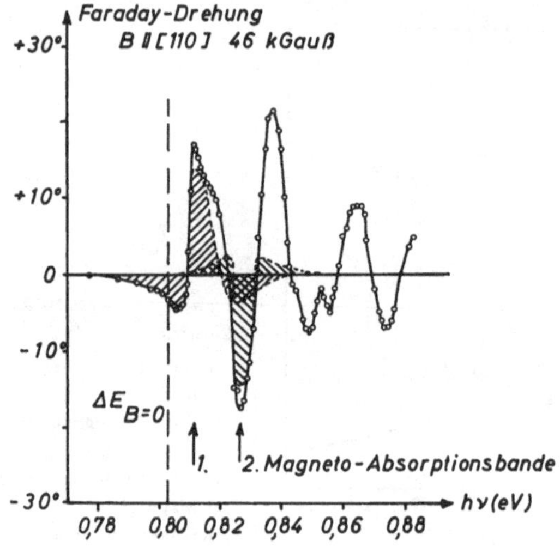

Abb. 62. Analyse der oszillierenden Faraday-Drehung von Germanium beim Interbandübergang anhand einer Messung von *Nishina* u. M. [168] im Sinne einer Zuordnung zum Spektrum der Magnetoabsorption mit klassischer Faradaydrehung für das 1. bzw. 2. Magnetoabsorptionsband.

Der langwellige Ausläufer der Faraday-Drehung mit dem Vorzeichenwechsel im Bereich der Absorptionskante nach den Messungen von *Hartman* und *Kleman* (bzw. in Abb. 57) ist also dem ersten direkten Magneto-Absorptionsband zuzuordnen. Der Einfluß der indirekten Übergänge ist daneben wohl nur schwer festzustellen, da die Oszillatorenstärken für diesen Übergang um drei bis vier Größenordnungen kleiner sind.

Dieser kurze Blick auf den Interband-Faraday-Effekt, der z. Z. sehr stark bearbeitet wird und sicher noch interessante Ergebnisse bringt, sollte nur zeigen, daß auch bei einem relativ komplizierten quantenmechanischen Dispersionsproblem des Brechungsindexes beim Band-Band-Übergang im Magnetfeld die ersten klärenden Gesichtspunkte von der klassischen Dispersionstheorie geliefert werden können, sei es in der Form der Kramers-Kronig-Relation, sei es in der Form des klassischen Oszillators.

7. Schlußbemerkungen über die praktischen Anwendungen der Halbleiter auf Grund der Sondereigenschaften speziell ihres Brechungsindexes

Gewissermaßen nur als Anhang möge das folgende Kapitel einige Bemerkungen über die experimental-technischen Anwendungsmöglichkeiten der Halbleiter bringen, die sich gerade aus dem Brechungsindex und seiner spektralen Abhängigkeit ergeben. Dabei soll auf nähere Einzelheiten und Probleme nicht eingegangen werden. Dies würde nicht nur eine erhebliche Erweiterung des Textumfanges und des Literaturapparates bedeuten, sondern auch eine Entfernung vom Thema. Die Realisierungsmöglichkeiten der Mehrzahl der Anwendungen sind aus den vorhergehenden Kapiteln über die optischen Konstanten der Halbleiter verständlich und abschätzbar.

Die praktische Ausnutzbarkeit der *Absorptions*eigenschaften der Halbleiter ist mannigfaltig und weitgehend bekannt: Die Absorptionskante erlaubt die Verwendung der Halbleiter als Absorptions-Kantenfilter im ultraroten Spektralbereich z. B. zur Abtrennung der kurzwelligen Streustrahlung in der Ultrarotspektroskopie. Daneben spielt die Absorption freier Ladungsträger die größte Rolle, da sich mit Hilfe der Trägerdichtenmodulation über Injektion oder Photoeffekt Modulatoren von Ultrarotstrahlung mit Zeitkonstanten bis etwa Mikrosekunden herab verwirklichen lassen, z. B. zur „Lichttelephonie". Daneben liefert die Absorption die Möglichkeit einer „zerstörungsfreien Werkstoffprüfung" für den Hersteller von Halbleiterbauelementen, denn Größe und Art der Dotierung, Lebensdauer, Sauerstoffgehalt usw. lassen sich leicht feststellen. Da im Eigenleitungsfall die Absorption freier Ladungsträger exponentiell wächst, kann man dies als optisch abtastbares Thermometer benutzen.

Der Brechungsindex der Halbleiter hat andere spezielle Verwendungsmöglichkeiten:

1. Die Konstanz des Brechungsindexes im Durchlässigkeitsbereich bei fast völlig fehlender Absorption macht die Halbleiter zu geeigneten Linsenmaterialien für die Ultrarotoptik. Derartige Linsen haben fast keinen chromatischen Fehler. Der dem Betrag nach hohe Brechungsindex führt zu großen Krümmungsradien der Linsen und damit zur Herabsetzung des Öffnungsfehlers und des Materialverbrauchs im Vergleich mit anderen Materialien bei gleicher Brennweite. Halbleiterlinsen haben darüber hinaus den Vorteil, gegenüber der Atmosphäre z. B. der Luftfeuchtigkeit unempfindlicher zu sein als die klassischen aber hyroskopischen Materialien der Ultrarotoptik, z. B. NaCl, LiF usw.

Dem hohen Energieverlust durch das hohe Reflexionsvermögen kann man durch die bekannte „Vergütungstechnik" wirksam begegnen, wobei als Aufdampfsubstanzen meist wieder Halbleiter Verwendung finden, da diese Substanzen ebenfalls im Ultraroten durchlässig sein und einen, der Wurzelbedingung entsprechend, hohen Brechungsindex haben müssen.

2. Der hohe Brechungsindex führt auch zur Verwendung der Halbleiter als Strahlenteilerplatten ohne Eigenabsorption (Dielektrische Spiegel).

3. Aus gleichem Grund — hoher und weitgehend konstanter Brechungsindex — stellen Halbleiter geeignete Reflexionspolarisatoren für die Ultrarotoptik dar.

In diesem Sinne ist aus den Anfängen der Ultrarotspektroskopie Selen als Polarisator bekannt. Nun sind aus Halbleitern mit höherem Brechungsindex Polarisatoren mit kleineren Energieverlusten darstellbar.

Kombiniert man geeignete Halbleiter mit geringfügig verschiedenen Brewsterwinkeln im Querschnitt eines konvergenten Strahls, so läßt sich der Polarisationsgrad verbessern, da man dem variierenden Einfallswinkel mit dem Brewsterwinkel folgen kann.
Auch als Durchlichtpolarisatoren im Plattensatz können Halbleiter Verwendung finden, da sich mit weniger Platten gleiche Polarisationsgrade ergeben als vergleichsweise bei Materialien mit kleinerem Brechungsindex, z. B. AgCl.

4. Da die freien Ladungsträger den Brechungsindex beeinflussen, kann wieder über ihre Dichtemodulation (Injektion oder Photoeffekt) der Brechungsindex gesteuert werden. Damit läßt sich eine Fremdlichtsteuerung (Lichtmodulation) erreichen, die sich entweder des geänderten Reflexionsvermögens oder der Änderung des Grenzwinkels der Totalreflexion bedient. Gegenüber der Modulation durch Absorption hat diese Art den Vorteil, daß das System aus dem Fremdlicht weniger Energie aufnimmt.

5. Der Verlauf des Reflexionsvermögens im Bereich der Plasmaresonanz, d. h. im Bereich der steilen Reflexionskante mit ihrem Durchlaßbereich auf der kurzwelligen Seite ermöglicht ebenfalls interessante Anwendungen.

Zunächst wird dieses dielektrische Kanten-Reflexions-Filter als solches Verwendung finden. Ferner ergibt sich in Kombination zusammen mit dem umgekehrten Verlauf der Durchlässigkeit im Bereich der Absorptionskante eines anderen Halbleiters ein Selektivfilter.

Ein Kantenreflexionsfilter mit der Lage der Kante, z. B. bei 0,8 bis 1 μm, erlaubt die Herstellung von Lichtquellen, die selektiv im sichtbaren Spektralbereich emittieren, auf der Basis von Temperaturstrahlen. Dabei wird nicht nur der Austritt der oft unerwünschten Ultrarotstrahlung (Erwärmung des bestrahlten Objektes) verhindert, sondern es läßt sich die Lichtausbeute der Lichtquelle steigern, indem man die Ultrarotstrahlung durch geeignete Formgebung des Filters auf den glühenden Körper zurückfocussiert und damit bei gleicher Heizleistung eine geringere Strahlungskühlung, damit höhere Temperatur und so höhere Lichtausbeute erreicht.
Bei allen Anwendungsmöglichkeiten ist zu bedenken, daß nicht nur eine Vielzahl von Halbleitern zur Auswahl zur Verfügung steht, sondern daß sich die Parameter in weiten Grenzen ändern lassen, z. B. durch Verschiebung der Absorptionskante mit der Temperatur oder der Dotierung (beim InSb etwa), Verlagerung der Plasmaresonanz usw. Auf diese Weise kann man sich den praktischen Anforderungen weitgehend anpassen.

Literatur

[1] Z. B. *M. Born* und *E. Wolf*, Principles of Optics, Pergamon Press, London 1959
[2] *D. Baker* und *H. Yemm*, Brit. J. Appl. Phys. **8**, 302 (1957).
[3] *T. M. Buck* und *F. S. McKim*, J. Electrochem. Soc. **103**, 593 (1957).
[4] *R. B. Barnes* und *M. Czerny*, Phys. Rev. **38**, 338 (1931).
[5] *M. Becker* und *H. Y. Fan*, Phys. Rev. **76**, 1530 (1949).
[6] *C. von Fragstein*, Ann. Phys. **7**, 63 (1950) und Optik **18**, 548 (1961).
[7] *W. C. Dash* und *R. Newman*, Phys. Rev. **99**, 1151 (1955).
[8] *H. W. Brattain* und *H. B. Briggs*, Phys. Rev. **75**, 1705 (1949).
[9] *F. Oswald* und *R. Schade*, Z. Naturforsch. **9a**, 611 (1954).
[10] *R. B. Barnes* und *M. Czerny*, Z. Phys. **72**, 447 (1931).
[11] *W. Woltersdorff*, Z. Phys. **91**, 230 (1934).
[12] *H. Mayer*, Physik dünner Schichten, Wiss. Verlagsgesellschaft, Stuttgart 1950.

[13] *C. von Fragstein*, Phys. Verhandl. **3**, 121 (1962).
[14] *F. R. Keßler*, Z. Naturforschg. **13a**, 295 (1958).
[15] *F. R. Keßler*, J. Phys. Chem. Solids **8**, 275 (1959).
[16] *J. Jaumann* und *F. R. Keßler*, Z. Naturforschg. **11a**, 387 (1956).
[17] Siehe z. B. *A. Maréchal*, Optica Acta **5**, 3—4 und 70—74 (1958).
[18] *G. H. Schwuttke*, *O. A. Weinreich* und *P. H. Keck*, J. Electrochem. Soc. **105**, 12 und 706 (1958).
[19] *J. A. Bastin*, *E. W. J. Mitchell* und *J. Whitehouse*, Brit. J. appl. Phys. **10**, 12 (1959).
[20] *F. Oswald*, Optik **16**, 527 (1959).
[21] Z. B. *I. P. Shapiro*, Optika i Spektrosk. **7**, 798 (1959).
[22] Zusammenfassung und Literaturangaben über einige Methoden der n-Bestimmung bei: *J. Vincent-Geisse* und *J. Lecomte*, J. Phys. Radium **21**, 794 (1960).
[23] *H. B. Briggs*, Phys. Rev. **77**, 287 (1950) (Ge und Si).
[24] *C. D. Salzberg* und *J. J. Villa*, J. Opt. Soc. Amer. **47**, 244 (1947) (Ge, Si, Selen – Glas).
[25] *T. S. Moss*, Optical properties of Semicond., Butterworths Sci. Publ., London 1959.
[26] *A. R. Cownie*, J. Opt. Soc. Amer. **50**, 289 (1960).
[27] *S. Tolansky*, Multiple-Beam Interferometry, At the Clarendon Press, Oxford 1949.
[28] Zur Bestimmung absoluter Absorptionswerte an dünnen Schichten im Ultrarot: *J. L. Hollenberg* und *D. A. Dows*, J. chem. Phys. **34**, 1061 (1961).
[29] Korrekturen bei der Tolansky-Methode wegen Grenzflächenreflexion siehe: *P. J. Lindberg*, Optica Acta **4**, 59 (1957).
[30] *K. Lark-Horovitz* und *K. W. Meißner*, Phys. Rev. **76**, 1530 (1949).
[31] *F. Lukes*, Czech. J. Phys. **10**, 59 (1960).
[32] *J. F. Hall jr.*, J. Opt. Soc. Amer. **48**, 654 (1958).
[33] *O. S. Heavens* und *J. C. Kelly*, Proc. Phys. Soc. **72**, 906 (1958).
[34] *S. F. Monaco*, J. Opt. Soc. Amer. **51**, 280 (1961).
[35] *G. Koppelmann* und *K. Krebs*, Z. Phys. **163**, 539 (1961).
[36] *D. Fabre*, *J. Romand* und *B. Vodar*, J. Phys. Radium **21**, 263 (1960).
[37] Siehe z. B. die Zusammenfassung: *J. Lecomte*, Rev. Opt. **34**, 150—163 (1955).
[38] *J. Vincent-Geisse*, *M. Queyrell* und *J. Lecomte*, C. R. Acad. Sci. **247**, 1330 (1958). und Rev. Univ. des Mines 9e série **15**, 507 (1959).
[39] *F. Abelès*, C. R. Acad. Sci. **228**, 553 (1949).
[40] *A. Jeramec*, C. R. Acad. Sci. (Paris) **247**, 1846 (1958).
[41] *J. Vincent-Geisse* und *J. Lecomte*, J. Phys. Radium **20**, 841 (1959).
[42] *L. Grodzins* und *E. A. Phillips*, Phys. Rev. **124**, 774 (1961).
[43] *F. Lukes*, Czech. J. Phys. **9**, 118 (1959).
[44] *S. P. F. Humphreys-Owen*, Proc. Phys. Soc. **77**, 949 (1961).
[45] *R. W. Pohl*, Einführung in die Optik, Berlin, Springer-Verlag, 1943.
[46] *F. Abelès*, Rev. Opt. (Théor. Instrum.) **31**, 127 (1952).
[47] *J. R. Beattie* und *G. K. T. Conn*, Phil. Mag. **46**, 222 (1955).
[48] *G. Heilmann*, Z. Naturforschg. **16a**, 714 (1961).
[49] *I. Simon*, J. Opt. Soc. Amer. **41**, 336 (1951).
[50] *A. P. Prishivalko*, Optika i Spektrosk. **9**, 493 (1960); Englische Übersetzung: Optics and Spectrosc. **9**, 256 (1960).
[51] *M. Ishiguro*, *T. Sasaki* und *S. Nomura*, Sci. Pap. Coll. Gen. Educ. Univ. Tokyo **10**, 207 (1960).
[52] *R. J. Archer*, Phys. Rev. **110**, 354 (1958).
[53] Z. B. *L. G. Schulz* und *F. R. Tangherlini*, J. Opt. Soc. Amer. **44**, 362 (1954).
[54] *H. Kampermann*, Diplomarbeit Köln 1959, unveröffentlicht.
[55] *H. R. Phillip* und *E. A. Taft*, Phys. Rev. **113**, 1002 (1959).
[56] *P. H. Smith*, Electronics **12**, 29 (1939).
[57] *T. S. Robinson*, Proc. Phys. **B 65**, 910 (1952).
[58] *F. C. Jahoda*, Phys. Rev. **107**, 1261 (1957).

[59] *I. Simon*, J. Opt. Soc. Amer. **41**, 730 (1951).
[60] Siehe z. B. *W. L. Derksen, T. J. Monahan* und *A. I. Lawes*, J. Opt. Soc. Amer. **47**, 995 (1957).
[61] *W. G. Spitzer, D. Kleinman* und *D. Walsh*, Phys. Rev. **113**, 127 (1959).
[62] *M. Cardona*, Z. Phys. **161**, 99 (1961).
[63] Zusammenfassung: *N. J. Harricks*, J. Phys. Chem. Solids **14**, 60 (1960).
[64] *I. Filiński*, Phys. Rev. **107**, 1193 (1957).
[65] Dazu die erste Bemerkung von: *L. Sosnowski*, Phys. Rev. **107**, 1193 (1957).
[66] *K. Ishiguro* und *T. Hayashi*, J. Phys. Soc. Japan **9**, 387 (1954).
[67] *M. S. Kosman* und *I. I. Abkevich*, Fiz. tverdogo Tela **1**, 378 (1959).
[68] *N. J. Harrick*, J. Opt. Soc. Amer. **49**, 376 (1959).
[69] *J. F. Hall jr.*, J. Opt. Soc. Amer. **50**, 717 (1960).
[70] Zusammenfassung über Oxydationserscheinungen auf der Germanium-Oberfläche: *M. Green*, Progr. Semicond. **4**, 35 (1960); Edition: *A. F. Gibson*, Heywood & Co., London.
[71] *R. J. Archer*, J. Electrochem. Soc. **104**, 619 (1957).
[72] *F. Lukes*, Czech. J. Phys. **8**, 491 (1958).
[73] *N. F. Mott* und *R. W. Gurney*, Electronic Processes in Ionic Crystals, Clarendon Press, Oxford 1948.
[74] *P. Nozières* und *D. Pines*, Phys. Rev. **109**, 741, 762 und 1062 (1958).
[75] *M. Lax* und *E. Burstein*, Phys. Rev. **97**, 39 (1955).
[76] *H. Yoshinaga* und *R. A. Oetjen*, Phys. Rev. **101**, 526 (1956).
[77] *B. Szigeti*, Trans. Faraday Soc. **45**, 155 (1949).
[78] *T. S. Moss, S. D. Smith* und *T. D. F. Hawkins*, Proc. Phys. Soc. **B 70**, 776 (1957).
[79] *T. S. Moss* in Progr. in Semicond. **5**, 190 (1960); Edition: *A. F. Gibson*, Heywood & Co., London.
[80] *W. Spitzer* und *H. Y. Fan*, Phys. Rev. **99**, 1891 (1955).
[81] *D. A. Kleinman* und *W. G. Spitzer*, Phys. Rev. **118**, 110 (1959).
[82] *R. J. Collins* und *D. A. Kleinman*, J. Phys. Chem. Solids **11**, 190 (1959).
[83] *C. Haas* und *M. M. G. Corbey*, J. Phys. Chem. Solids **20**, 197 (1961).
[84] *W. Cochran, S. J. Fray, F. A. Johnson, J. E. Quarrington* und *N. Williams*, J. appl. Phys. Suppl. to Vol. **32**, 2102 (1961).
[85] *A. Mitsuishi*, J. Phys. Soc. Japan **16**, 533 (1960).
[86] *F. Oswald*, Z. Naturforschg. **14a**, 374 (1959).
[87] *A. von Hippel*, J. Chem. Phys. **16**, 372 (1948).
[88] *V. Prosser*, Czech. J. Phys. **10**, 306 (1960).
[89] *H. Gobrecht* und *A. Tausend*, Z. Physik **161**, 205 (1961).
[90] *R. Gáspár*, Acta Phys. Hung. **27**, 289 und 313 (1957).
[91] *H. B. Briggs* und *R. C. Fletcher*, Phys. Rev. **87**, 1130 (1952).
[92] *A. H. Kahn*, Phys. Rev. **97**, 1647 (1955).
[93] *E. O. Kane*, J. Phys. Chem. Solids **1**, 82 (1956).
[94] *L. Huldt* und *T. Staflin*, Phys. Rev. Letters **1**, 313 (1958).
[95] *R. S. Caldwell* und *H. Y. Fan*, Phys. Rev. **114**, 664 (1959).
[96] *Caldwell* und *H. Y. Fan*, Phys. Rev. **114**, 664 (1959).
[97] *A. K. Walton* und *T. S. Moss*, Proc. Phys. Soc. **78**, 1393 (1961).
[98] *H. Fröhlich*, Elektronentheorie der Metalle, Springer-Verlag, Berlin 1936.
[99] *H. Fröhlich*, unveröffentlicht, zitiert bei *H. Y. Fan* und *M. Becker* in Semiconducting materials, Butterworths Sci. Publ. London, 1951, Seite 132 ff.
[100] *H. Schmidt*, Dissertation Köln 1954, gekürzt veröffentlicht, Z. Physik **139**, 433 (1954).
[101] *H. J. G. Meyer*, Phys. Rev. **112**, 298 (1958).
[102] *F. R. Keßler* und *J. Schnell*, Z. Naturforschg. **13a**, 458 (1958).
[103] *F. R. Keßler* und *E. Sutter*, Z. Naturforschg. **16a**, 1173 (1961).
[104] *F. R. Keßler*, Z. Naturforschg. **11a**, 763 (1956).
[105] *W. G. Spitzer* und *H. Y. Fan*, Phys. Rev. **106**, 882 (1957).

[106] *H. Y. Fan, W. G. Spitzer* und *R. J. Collins*, Phys. Rev. **101**, 566 (1954).
[107] *W. G. Spitzer* und *J. M. Whelan*, Phys. Rev. **114**, 59 (1959).
[108] *M. Cardona* in Proc. Intern. Conf. Semicond. Phys. Prague 1960, Publ. House of the Czechoslovak Academy of Science, Prague 1961.
[109] *M. Cardona*, J. Phys. Chem. Solids **17**, 336 (1961).
[110] *M. Cardona*, Phys. Rev. **121**, 752 (1961).
[111] *W. W. Piper* und *D. T. F. Marple*, J. appl. Phys. Suppl. to Vol. **32**, 2237 (1961).
[112] *R. Groth* und *E. Kauer*, Vortrag Physikertagung Wien 1961 über Optische Effekte freier Träger in SnO_2-Schichten, z. Z. im Druck.
[113] *F. R. Keßler* und *D. Riccius*, Z. Naturforschg. **12a**, 443 (1957).
[114] *H. Y. Fan*, Rep. Progr. Phys. **19**, 107 (1956).
[115] *S. Visvanathan*, Phys. Rev. **120**, 379 (1960).
[116] *H. Schmidt*, Halbleiterprobleme V, Herausgeber *F. Sauter*, Braunschweig 1960.
[117] *J. Jaumann*, Halbleiterprobleme V, Herausgeber *F. Sauter*, Braunschweig 1960.
[118] *S. Visvanathan*, Phys. Rev. **120**, 376 (1960).
[119] *H. Risken* und *H. J. G. Meyer*, Phys. Rev. **123**, 416 (1961).
[120] *K. J. Schmidt-Tiedemann*, Z. Naturforschg. **16a**, 639 (1961) und Phys. Rev. Letters **7**, 372 (1961).
[121] *S. W. Kurnick* und *R. N. Zitter*, J. appl. Phys. **27**, 278 (1956).
[122] *H. Hieronymus* und *H. Weiss*, Solid State Electronics, z. Z. im Druck, Pergamon Press (1962).
[123] *H. W. Bode*, Network Analysis and Feedback Amplifier Design, D. van Nostrand Company, New York, Nachdruck Oktober 1950.
[124] *H. A. Kramers*, Atti cong. intern. fis. **2**, 545, Como 1927 und *H. A. Kramers*, Phys. Z. **30**, 522 (1929).
[125] *R. de L. Kronig*, J. Opt. Soc. Amer. **12**, 547 (1926).
[126] *T. S. Moss*, Proc. Phys. Soc. **B 66**, 141 (1953).
[127] *T. S. Moss*, Proc. Phys. Soc. **B 63**, 167 (1950), die Abb. 34 wurde entnommen: *A. Smakula*, Einkristalle, Springer-Verlag, Berlin 1962.
[128] *M. P. Rimmer* und *D. L. Dexter*, J. appl. Phys. **31**, 775 (1960).
[129] *Om. O. Rustik, J. S. Nodvik* und *G. L. Weissler*, Phys. Rev. **122**, 1131 (1961).
[130] *C. J. Powell*, Proc. Phys. Soc. **76**, 593 (1960).
[131] *H. Fröhlich* und *H. Pelzer*, Proc. Phys. Soc. **A 68**, 525 (1955).
[132] *G. Pfestorf*, Ann. Phys. **81**, 906 (1926).
[133] *H. B. Briggs*, Phys. Rev. **77**, 287 (1950).
[134] *H. R. Philipp* und *E. A. Taft*, Phys. Rev. **120**, 37 (1960).
[135] *M. Aven, D. T. F. Marple* und *B. Segall*, J. appl. Phys. Suppl. **32**, 2261 (1961).
[136] *F. Stern*, J. appl. Phys. Suppl. **32**, 2166 (1961).
[137] *L. I. Korovin*, Soviet Phys. Solid State **1**, 1202 (1959).
[138] Z. B. *H. Y. Fan*, Rep. Progr. Phys. **19**, 107 (1956).
[139] *J. Bardeen, F. J. Blatt* und *L. H. Hall*, Phys. Rev. 95, 559 (1954).
[140] Als jüngste Zusammenfassung über „Das Spektrum der Absorptionskante der Halbleiter" sei verwiesen auf: *T. P. McLean*, Progr. in Semicond. **5**, 53—102 (1960), Edition: *A. F. Gibson*, Heywood & Co., London.
[141] *W. C. Dash* und *R. Newman*, Phys. Rev. **99**, 1151 (1955).
[142] *J. C. Phillips*, J. Phys. Chem. Solids **12**, 208 (1960).
[143] *R. J. Elliot*, Phys. Rev. **108**, 1384 (1957).
[144] *J. Tauc* und *E. Antonicik*, Phys. Rev. Letters **5**, 253 (1960).
[145] *J. Tauc* und *A. Abraham*, Proc. of the Intern. Conference on Semiconductor Physics, Prague 1960, Publ. House of the Czechoslovak Academy of Sciences, Prague 1961.
[146] *M. Cardona*, J. appl. Phys. **32**, 958 (1961).
[147] *M. Cardona* und *H. S. Sommers jr.*, Phys. Rev. **122**, 1382 (1961).
[148] *J. C. Phillips*, Proc. Int. Conf. on Semicond. Phys. Prague 1960, S. 405. Publ. House of the Czechoslovak Academy of Sciences, Prague 1961.
[149] *M. Cardona*, J. appl. Phys. Suppl. to Vol. **32**, 2151 (1961).

[150] *G. Feher, D. K. Wilson* und *E. A. Gere*, Phys. Rev. Letters **3**, 25 (1959).
[151] *L. M. Roth* und *B. Lax*, Phys. Rev. Letters **3**, 217 (1959).
[152] *A. K. Walton* und *T. S. Moss*, J. appl. Phys. **30**, 951 (1959).
[153] *H. Kimmel*, Z. Naturforschg. **12a**, 1016 (1957).
[154] *S. D. Smith, T. S. Moss* und *K. W. Taylor*, J. Phys. Chem. Solids **11**, 131 (1959).
[155] *B. Lax* und *Y. Nishina*, J. appl. Phys. Suppl. to Vol. **32**, 2129 (1961).
[156] M. *Suffczynski*, Proc. Phys. Soc. London **77**, 1042 (1961) und Proc. Int. Conf. Semicond. Phys. Prague 1960, S. 346, Czechoslovak Academy of Sciences, Publ. House, Prague 1961.
[157] *H. Gobrecht, A. Tausend* und *I. Bach*, Z. Physik **116**, 76 (1962).
[158] *B. Hartman* und *B. Kleman*, Ark. Fysik **19**, 75 (1960).
[159] *F. R. Keßler* und *E. Bodinet*, Z. angew. Phys. **14**, 59 (1962).
[160] *B. Lax* und *Y. Nishina*, Phys. Rev. Letters **6**, 464 (1961).
[161] *S. Zwerdling, B. Lax, L. M. Roth* und *K. J. Button*, Phys. Rev. **114**, 80 (1959).
[162] *L. M. Roth, B. Lax* und *S. Zwerdling*, Phys. Rev. **114**, 90 (1959).
[163] *E. Burstein, G. S. Picus, R. F. Wallis* und *F. Blatt*, Phys. Rev. **113**, 15 (1959).
[164] Theorie der Absorption im Magnetfeld: *R. J. Elliot* und *R. London*, J. Phys. Chem. Solids **15**, 196 (1960).
[165] Zusammenfassung über Halbleiter im Magnetfeld und Absorptionstheorien bei: *O. Madelung*, Halbleiterprobleme V, S. 87, Herausgeber *F. Sauter*, Friedr. Vieweg & Sohn, Braunschweig 1960.
[166] Zusammenfassung über Magneto-optische Erscheinungen in Halbleitern: *B. Lax* und *S. Zwerdling*, Progr. in Semicond. **5**, S. 221, Edition: *A. F. Gibson*, Heywood & Co., London 1960.
[167] *A. K. Walton* und *T. S. Moss*, Proc. Phys. Soc. **78**, 1393 (1961).
[168] *Y. Nishina, J. Kolodziejczak* und *B. Lax*, Phys. Rev. Letters **9**, 55 (1962).

D. GEIST*)

Paramagnetische Elektronenresonanz in Halbleitern

Mit 35 Abbildungen

Inhaltsübersicht

1. Einleitung

Elektronenspinresonanz oder paramagnetische Elektronenresonanz in Halbleitern ist ein Phänomen, dessen charakteristische Züge durch Elektronen an Fremdatomen oder Gitterfehlern oder auch durch freibewegliche Ladungsträger geprägt werden. Die Absorption von elektromagnetischer Energie in Form von Hochfrequenzquanten ist nur im Resonanzfall möglich, wenn die Quantenenergie mit dem Abstand der magnetischen Energieniveaus der betroffenen Elektronen übereinstimmt. Lage und Form der Absorptionslinien hängen in charakteristischer Weise von der Wechselwirkung der betroffenen Elektronen mit ihrer Umgebung im Gitter ab. Besonders in das Verhalten der Fremdatome und Fehlstellen (die ja den Halbleiter erst wirklich als Halbleiter interessant machen!) lassen sich bislang kaum geahnte Einblicke gewinnen: in Einbausymmetrie, Elektronenbesetzung,

*) II. Physikalisches Institut der Universität zu Köln.

Elektronenwellenfunktionen, Störstellenumladungen, z. B. unter Lichteinwirkung, in Fremdstoffkonzentrationen und Zusammenballungen, in die chemische Natur von Störstellen und in innere Spannungen und mechanische Störungen der Oberfläche. Für freie Elektronen ergeben sich Aussagen zur Bandstruktur. Ein Vergleich der Ionizität der Komponenten in verwandten halbleitenden Verbindungen ist möglich.

Die Fülle des für Silicium und auch Germanium gefundenen Materials steht in krassem Gegensatz z. B. zu den wenigen deutbaren Feststellungen, die über Störstellenumladungen unter Lichteinwirkung in Phosphoren bis vor kurzem bekannt waren. Dabei ist ausgerechnet die Elektronenresonanz im Halbleiter erstmals an dem als Phosphor berühmten Zinksulfid beobachtet worden [1]. Es zeigt sich so einmal mehr mit harter Deutlichkeit, daß ein wirkliches Verständnis der Fremdelement- und Störstellenprobleme im Festkörper auch eine wirkliche technologische Beherrschung der chemischen Reinheit bzw. Zusamensetzung und der Einkristallqualität erfordert.

Der Spin und das mit ihm verknüpfte magnetische Moment des Elektrons bewirken, daß es in einem konstanten magnetischen Feld zwei Zustände besitzt. Das magnetische Moment kann dem Felde gleich- oder entgegengerichtet sein. Unter dem Einfluß eines zirkularen hochfrequenten magnetischen Wechselfeldes, das in der Ebene senkrecht zum konstanten Magnetfeld liegt, treten Übergänge zwischen den beiden Orientierungen auf (magnetische Dipol-Übergänge), sofern die Energie der Hochfrequenzquanten gleich der Energiedifferenz der den beiden Spinorientierungen entsprechenden Zustände im konstanten Magnetfeld ist und das Hochfrequenzfeld den dem Vorzeichen des Elektronenmoments entsprechenden Umlaufsinn besitzt. Diese Erscheinung zeigt also Resonanzcharakter, und man spricht von Elektronenspinresonanz oder paramagnetischer Resonanz. Für ein freies Elektron liegt in einem Felde von $H = 3330{,}0$ Gauß die Resonanzfrequenz bei $f = 9332{,}7$ MHz, entsprechend einem g-Wert $g = 2{,}0023$ ($hf = g\beta H$; h Plancksches Wirkungsquantum, β Bohrsches Magneton, $\beta/h = e/4\pi mc = 1{,}3997 \cdot 10^8$ Hz/Gauß).

In festen Stoffen, speziell in (den hier allein interessierenden) Halbleitern, sind Elektronen entweder als freibewegliche Ladungsträger (Elektronen oder Defektelektronen) oder als gebundene Elektronen vorhanden, die an Atome des Grundgitters oder an eingebaute Fremdatome oder an Gitterstörungen oder Kombinationen derselben gebunden sind. Die Elektronen sind also in keinem dieser Fälle völlig frei, sondern stehen jeweils in einer bestimmten Wechselwirkung mit den Atomen des Kristallgitters oder untereinander. Von dieser Wechselwirkung wird auch die Spinresonanz in charakteristischer Weise beeinflußt. Diesem Einfluß ist es zu verdanken, daß die Elektronenspinresonanz Aussagen über das Verhalten der Elektronen in Halbleitern machen kann.

Für den Fall, daß die Elektronen benachbarter Atome im Grundgitter so starke Spinwechselwirkung zeigen, daß eine geordnete Verteilung der magnetischen Momente der einzelnen Atome eintritt, liegt Ferromagnetismus, Antiferromagnetismus oder Ferrimagnetismus vor. Dann wird sogenannte ferromagnetische Resonanz in ferromagnetischen Metallen oder in Ferriten beobachtet. Ferromagnetische Resonanz bleibt hier von der Behandlung ausgeschlossen. Es wird die Spinresonanz im Sinne der paramagnetischen Resonanz betrachtet.

Bei genügender Konzentration der freibeweglichen Ladungsträger kann Spinresonanz der Leitungselektronen beobachtet werden, z. B. für 10^{18} cm^{-3} Elektronen in Silicium (*Portis, Kip, Kittel, Brattain*). Mit wachsender Trägerkonzentration steigt auch die Leitfähigkeit des Materials. Da das Hochfrequenzfeld nur bis zur Skineffektdicke in leitendes Material eindringen kann, wird seine Eindringtiefe immer geringer. Wenn sie unter die freie Weglänge der Elektronen absinkt (anomaler Skineffekt), so treten charakteristische Unsymmetrien der Resonanzlinie auf. Die Resonanz der Leitungselektronen liegt für gegebenes Magnetfeld bei kleineren Frequenzen als für freie Elektronen. Diese negative g-Verschiebung wird durch die Spin-Bahn-Kopplung der Elektronen verursacht.

Die Spin-Bahn-Kopplung bestimmt auch über die Wechselwirkung der Elektronenbahnbewegung mit dem Gitter (Streuung durch Gitterschwingungen, ionisierte Störstellen usw.[1]) die Spin-Gitter-Relaxationszeit T_1. Diese ist hier bestimmend für die Linienbreite, da sie kleiner ist (Größenordnung 10^{-10} s) als die Spin-Spin-Relaxationszeit T_2, die von der direkten Wechselwirkung der Elektronenspins herrührt. Neben den Mitteilungen für Silicium liegen noch für Indiumantimonid und für Germanium, im letzteren im Bereich der Störbandleitung, Angaben über Spinresonanz der Leitungselektronen vor (*Bemski; Feher, Wilson, Gere*).

Für Defektelektronen in Germanium oder Silicium führt vermutlich die starke Spin-Bahn-Kopplung zu so breiten Linien, daß sie unbeobachtbar sind. Ob die Aufhebung der Entartung des Valenzbandes durch mechanische Spannung zugleich auch die Relaxationszeit so beeinflußt, daß die Spinresonanz der Löcher beobachtbar wird, ist noch nicht bekannt.

Das Verhalten der Elektronen, die an Fremdatome gebunden sind, hängt zunächst in grober Weise davon ab, ob es sich um Donatoren oder Akzeptoren geringer Aktivierungsenergie (shallow impurity states) handelt oder nicht. Die letzteren werden später behandelt.

Die ersteren beanspruchen einen regulären Gitterplatz und besitzen im neutralen Zustand (bei tiefer Temperatur, meist ca. 4 °K) ein gebundenes Elektron oder Defektelektron, dessen Verhalten (dessen Wellenfunktion) durch die Elektronenzustände des benachbarten Energiebandes zweckmäßig beschrieben werden kann. Der Grundzustand entspricht einem s-Zustand des Wasserstoffatoms mit dem effektiven Spin $1/2$ ohne Rücksicht darauf, welcher spektroskopische Term dem fraglichen Atom im freien Zustand oder als Ion zukommen würde. Dies ergibt sich insbesondere daraus, daß die Wechselwirkung des Elektronenspins mit dem Kernspin des Störatoms (P: $I = 1/2$, As: $I = 3/2$, ^{121}Sb: $I = 5/2$, ^{123}Sb: $I = 7/2$, ^{7}Li: $I = 3/2$) zu isotroper Hyperfeinaufspaltung der Resonanzlinie führt; das ist nur möglich, wenn die Wellenfunktion des Elektrons am Ort des Kerns nicht verschwindet, eine nur für einen s-Zustand erfüllbare Bedingung. Zusammenlagern von Störstellen (zwei, drei oder mehr) gibt zusätzliche Linien zwischen den Hyperfeinkomponenten (*Fletcher, Yager, Pearson, Holden, Merritt; Kip; Feher; Slichter*).

Wegen der Spin-Bahn-Kopplung ist der g-Wert kleiner als für freie Elektronen. Für Germanium ist die Verschiebung zufolge der gegenüber Silicium um zwei Größenordnungen höheren Koppelkonstanten erheblich ($g \sim 1{,}56$), mit ein Grund, daß Resonanz in Germanium erst viel später gefunden wurde als in Silicium (*Feher, Wilson, Gere*).

[1]) Die „Resonanz"-Terminologie betrachtet auch die Streuung an ionisierten oder neutralen Störstellen, Versetzungen usw. sowie Wechselwirkung mit dem Kernspin der Gitteratome als für die Spin-Gitter-Wechselwirkung verantwortlich, nicht nur die Streuung an Gitterschwingungen (Phononen), im Gegensatz zur Spin-Spin-Wechselwirkung der Elektronen untereinander.

Akzeptoren in Silicium (B, Al, Ga, In) geben erst beobachtbare Resonanz, wenn der Kristall genügend hoher mechanischer Spannung unterworfen wird (*Feher, Hensel, Gere*).

Analog zum Donator ist die Wellenfunktion des an einen Akzeptor gebundenen Loches aus den Wellenfunktionen des Valenzbandes zu bilden. In Silicium ist das Valenzband entartet, und der *g*-Wert hängt vom Impuls ab, so daß die Spinresonanz über einen weiten Bereich verschmiert und damit unbeobachtbar ist. Mechanische Spannung hebt die Entartung auf und gibt einen einheitlichen *g*-Wert.

Stickstoff ist in Siliciumkarbid oder Diamant Donator und gibt Spinresonanz (*van Wieringen; Sorokin, Smith*) mit der entsprechenden Hyperfeinaufspaltung (N: $I = 1$). In Diamant ist die Wellenfunktion des gebundenen Elektrons stark konzentriert, so daß wesentliche Unterschiede zu Silicium oder Germanium bestehen. Akzeptoren in Diamant oder Siliciumkarbid geben komplizierte Spektren, da die Energie der Hyperfein- und Kernquadrupolwechselwirkung sowie die Energie des Kernspins im äußeren Felde alle von gleicher Größenordnung sind.

In Bor eingebauter Kohlenstoff liefert Spinresonanz und erhöht die elektrische Leitfähigkeit (*Geist*).

Die Form und Breite der Resonanzlinie der Donatoren in Silicium hat eingehende Untersuchung erfahren. Die Linie ist inhomogen verbreitert; ihre Breite fußt nicht auf einer Wechselwirkung direkt zwischen den Spins, sondern der wesentliche Prozeß ist die Spin-Gitter-Wechselwirkung. Diese wird in Silicium wesentlich durch die Hyperfeinwechselwirkung des Störstellenelektrons mit dem Kernspin der ^{29}Si-Atome im Grundgitter bestimmt (natürliches Si enthält 4,7 % ^{29}Si, $I = 1/2$). Bei genügender Linienschärfe würde sich eine der Zahl und Lage der betroffenen (von der Wellenfunktion des Störstellenelektrons überstrichenen) ^{29}Si-Kerne entsprechende Aufspaltung der Resonanzlinie ergeben. Die tatsächlich vorliegende Linienschärfe reicht jedoch nicht aus, so daß lediglich eine Verbreiterung resultiert. Man kann trozdem die Übergänge zwischen den Einzelniveaus (ihre Energie) ermitteln mit Hilfe der sogenannten Doppelresonanz (*Feher*; ENDOR = *e*lectron *n*uclear *do*uble *r*esonance): das Elektronenresonanzsignal wird durch genügend hohe Mikrowellenenergie gesättigt; strahlt man zusätzlich Hochfrequenz ein, die Übergänge zwischen den Niveaus eines ^{29}Si-Kerns bedingt (Kernspinresonanz des ^{29}Si), so wird zufolge der so verursachten Umbesetzung der ^{29}Si-Hyperfeinniveaus auch das Elektronenspinresonanz-Signal verändert. Da die Größe der Wechselwirkung und damit die Lage der Energieniveaus vom Betrag der Wellenfunktion des Elektrons am Ort des ^{29}Si-Kerns abhängt, läßt sich die Wellenfunktion an einer Zahl von Plätzen in der Umgebung des Störatoms ermitteln. Da die Wellenfunktion des Störstellenelektrons mit der Wellenfunktion der Leitungselektronen über die Störstellentheorie (shallow impurity states) verknüpft ist, gelangt man zu einer Aussage über den Bandverlauf. Es läßt sich das Minimum des Leitungsbandes im *k*-Raum festlegen (*Feher*).

Die Wechselwirkung der Elektronenspins mit ihrer Umgebung ist im Falle des Siliciums ungewöhnlich gering (*Feher, Fletcher, Gere; Honig*), so daß sich extrem lange Relaxationszeiten ergeben (Stunden). Zwei wesentliche Prozesse existieren: die sogenannte „cross relaxation“, bei der der Kernspin des Störatoms und der Elektronenspin gleichzeitig umklappen und eine Relaxation, bei der der Elektronenspin alleine dadurch umklappt, daß die Hyperfeinwechselwirkung mit den ^{29}Si-Kernen oder die Spin-Bahn-Kopplung durch Gitterschwingungen modifiziert wird. Sind freie Leitungselektronen anwesend (werden bei 4 °K z. B. bereits durch die Strahlung von benachbarten wärmeren Hohlleiterbauelementen freigemacht), so sinkt die Relaxationszeit um Größenordnungen zufolge „exchange scattering", einem Prozeß, bei dem beide Elektronen ihre Spins umklappen. Die im allgemeinen lange Relaxationszeit bedingt u. a., daß bei Messungen mit zeitlich veränderlichem Gleichfeld das „fast passage"-Verhalten (schneller Resonanzdurchgang) auftritt.

Die zweite große Gruppe von Fremdstoffen, die eingangs unterschieden wurde, besitzt im Vergleich zu den bisher besprochenen große Aktivierungsenergien. Oftmals handelt es sich um Übergangselemente, insbesondere solche mit nicht abgeschlossener $3d$-Schale. Je nachdem, ob solche Elemente auf reguläre Gitterplätze (Substitution) oder auf Zwischengitterplätze eingebaut werden, ergibt sich in den kovalenten Halbleitern eine ganz verschiedene Elektronenkonfiguration. Bei Substitution werden vier Elektronen für die Bindung an die vier Nachbaratome beansprucht. Der Rest landet in der $3d$-Schale. Für Zwischengitteratome oder -ionen sollen sich dagegen alle Elektronen in die $3d$-Schale begeben, auch diejenigen, die im freien Atom $4s$-Elektronen sind. Jedenfalls sind mit dieser, zunächst als Modell gedachten Vorstellung die Spinresonanzspektren von Mn, Fe und Au in Si sowie von Ni in Ge gut verträglich (*Woodbury, Ludwig, Carlson*). Da am Platz des Fremdatoms Inversionssymmetrie fehlt, ergibt sich in einem äußeren elektrischen Feld eine Verschiebung der Energieniveaus, sofern den d-Funktionen der Elektronen des Fremdatoms ein Anteil an p- oder σ-Funktionen zugefügt ist. Für Fe auf Zwischengitterplatz in Si ist dieser Effekt beobachtet (*Ludwig, Woodbury*).

Bestrahlung von Silicium mit Neutronen (*Fan, Nisenoff*) oder Elektronen (*Bemski*; 1,5 MeV) liefert zahlreiche Defekte, die Spinresonanz ergeben. Diese Defekte sind oft nicht mit Fremdatomen verknüpft, sondern stellen lediglich Störungen des idealen Gitteraufbaues dar z. B. analog zum F-Zentrum der Alkalihalogenide (dort fehlt ein negativ geladenes Halogen-Ion; in der Anionenlücke sitzt dafür ein Elektron). Am eingehendsten ist das sogenannte Si-A-Zentrum untersucht (*Watkins, Walker, Corbett*), das aus einer Silicium-Lücke bestehen soll, in der ein Sauerstoffatom gebunden ist. Ein am Zentrum getraptes Elektron ergibt dann die Spinresonanz.

Das Verhalten der Übergangselemente in Verbindungshalbleitern (einzelne der Elemente bzw. Ionen Mn, Mn^{++}, Fe^{+++}, V, V^{+++}, Co^{++}, Gd, Au, Eu^{++} in GaP, ZnS, ZnSe, ZnTe, CdS, CdTe, ZnO sind untersucht) (*Ludwig, Woodbury; Lambe, Kikuchi; Dorain; Hall; Walsh; Keller, Gelles, Smith; Title*) entspricht in allgemeinen Zügen dem Verhalten von Ionen der Übergangselemente in paramagnetischen Salzen. Der effektive Spin der $3d$-Elektronen bestimmt das Resonanzspektrum. Die Aufspaltung der Hyperfeinkomponenten des Mn^{++}-Ions kommt durch eine Verzerrung der Elektronenwolke zustande. An Hand der Größe der Hyperfeinkoppelkonstanten kann die Ionizität der Atome und der kovalente Bindungsanteil in verwandten Verbindungen verglichen werden.

Von organischen Halbleitern geben Pyrene und Perylene mit Jod eine einzelne Linie, die auf freie Träger schließen läßt (*Kommandeur, Singer*).

Pulverisierte Halbleiter geben in vielen Fällen Resonanz, die vom Oberflächenzustand abhängt. Ein eindeutiger Zusammenhang mit der Gasbeladung der Oberfläche konnte jedoch z. B. für Silicium nicht festgestellt werden (*Walters, Estle*). Lediglich im Falle des Isolators MgO konnte die Resonanz auf die Bildung von F-Zentren beim Pulverisieren zurückgeführt werden. Sandstrahlen einer Silicium-Oberfläche ergibt Resonanz. Erst durch (chemisches) Abtragen einer wenigstens 10^{-4} cm dicken Schicht wird sie wieder beseitigt (*Feher*).

2. Allgemeine Begriffe der paramagnetischen Elektronenresonanz

2a) Die Resonanzbedingung – Sättigung

Das Elektron besitzt einen ihm innewohnenden mechanischen Drehimpuls, den Spin $\mathfrak{s}$, und mit diesem verknüpft ein magnetisches Moment $\mathfrak{M} = -g\beta\mathfrak{s}/\hbar$, wobei β das Bohrsche Magneton ($= 0{,}92732 \cdot 10^{-20}$ erg Gauß$^{-1}$) und g den g-Faktor des Elektrons bedeuten. Für ein freies Elektron ist $g = 2{,}00229$. In einem konstanten magnetischen Felde H_z (in z-Richtung) besitzt das Elektron zwei stationäre Zustände mit den Komponenten $M_z = \mp g\beta\frac{1}{2}$ für das magnetische Moment bzw. $s_z/\hbar = \pm\frac{1}{2}$ für den Spin. Diese Zustände bedeuten parallele und antiparallele Einstellung zum Feld. Die zugehörigen Energien betragen $\pm g\beta H_z\frac{1}{2}$, entsprechend der magnetischen Energie eines Dipols im Feld $E = -\mathfrak{M}\mathfrak{H}$. Also beträgt die Energie-*differenz* der beiden Zustände

$$E_2 - E_1 = g\beta H_z\,.$$

Unter dem Einfluß eines *zirkularen* hochfrequenten *magnetischen Wechselfeldes,* das in der Ebene *senkrecht* zum konstanten Felde H_z liegt, treten Übergänge zwischen den beiden Orientierungen auf (magnetische Dipol-Übergänge), sofern die Energie der Hochfrequenzquanten $h\nu$ gleich der Energiedifferenz ΔE der beiden Zustände ist (Resonanz!) $h\nu = g\beta H_z = \hbar\omega$. h bedeutet das Plancksche Wirkungsquantum ($h = 2\pi\hbar = 6{,}6252 \cdot 10^{-27}$ erg sec). Das Hochfrequenzfeld der Frequenz $\nu = \omega/2\pi$ muß rechtszirkular polarisiert sein, wenn man in Richtung des statischen Feldes H_z blickt. Für ein freies Elektron liegt in einem Felde von $H_z = 3330{,}0$ Gauß die Resonanzfrequenz bei $\nu = 9332{,}7$ MHz.

Für die quantenmechanische Übergangswahrscheinlichkeit findet man

$$\ddot{u}_Q = \frac{\pi g^2 \beta^2 H_\sim^2 \varrho(\omega)}{8\hbar^2}\,4\,. \tag{1}$$

($H_\sim$ Amplitude des zirkularen Wechselfeldes und $\varrho(\omega)$ seine Energiedichteverteilung). Sie gilt für Übergänge in beiden Richtungen, d. h. vom energiearmen zum energiereichen Niveau *und umgekehrt.* Daß trotzdem *Absorption* von Hochfrequenzenergie gefunden wird, liegt daran, daß im thermodynamischen Gleichgewicht die beiden Zustände verschieden stark besetzt sind. Für das Besetzungsverhältnis n_2/n_1 gilt der Boltzmannfaktor

$$\frac{n_2}{n_1} = \exp\left(-\frac{E_2 - E_1}{kT}\right),$$

so daß der energieärmere Zustand stärker (mit der Konzentration n_1) besetzt ist. Es werden also *mehr* Übergänge vom energiearmen zum energiereichen Zustand angeregt als umgekehrt, und dem magnetischen Hochfrequenzfeld wird Energie entzogen. Wirkt dieses Feld genügend lange mit genügend hoher Intensität, so werden die Zustände schließlich gleich stark besetzt, die Resonanz ist *gesättigt.*

Dieser Zustand ist durchaus nicht immer leicht zu erreichen. Die dem Boltzmannfaktor entsprechende Gleichgewichtsverteilung der Spins auf die beiden Niveaus wird durch Prozesse bewirkt, deren physikalische Natur außer acht bleiben soll, die jedenfalls für den Übergang vom energiereicheren zum energieärmeren Zustand eine größere Wahrscheinlichkeit $\ddot{u}_{21}$ bedingen müssen als umgekehrt ($\ddot{u}_{12}$), da im Gleichgewicht definitionsgemäß

$$n_2\,\ddot{u}_{21} = n_1\,\ddot{u}_{12}\,, \quad \text{also} \quad \ddot{u}_{12} = \ddot{u}_{21}\exp\left(-\frac{E_2 - E_1}{kT}\right)$$

erfüllt sein muß. Die Existenz dieser Übergangswahrscheinlichkeiten bedingt, daß ein sich selbst überlassenes System, das z. B. zur Zeit $t = 0$ zwei gleichbesetzte Niveaus hatte ($n_1 = n_2 = N/2$) dem Gleichgewicht zustreben wird gemäß

$$n_1 = n_\infty + \left(\frac{N}{2} - n_\infty\right) \exp\left(-\frac{t}{T_1}\right), \quad n_2 = N - n_1 . \tag{2}$$

Dabei ist die Gesamtkonzentration der Spins N mit der Konzentration n_∞ im energieärmeren Niveau 1 für Gleichgewicht ($t \to \infty$) verknüpft gemäß

$$N = n_\infty \left[1 + \exp\left(-\frac{E_2 - E_1}{kT}\right)\right].$$

Die Relaxationszeit T_1, die für Elektronen in einem Kristall die Wechselwirkung mit den Atomen des Kristallgitters beschreibt, heißt generell Spin-Gitter-Relaxationszeit. Sie läßt sich durch die Übergangswahrscheinlichkeiten ausdrücken

$$T_1 = \frac{1}{\ddot{u}_{12} + \ddot{u}_{21}} = \frac{1}{\ddot{u}_{12}\left[1 + \exp\left(\frac{E_2 - E_1}{kT}\right)\right]} = \frac{1}{\ddot{u}_{12}}\left(1 - \frac{n_\infty}{N}\right). \tag{3}$$

Unter der gleichzeitigen Wirkung der Relaxation und des Hochfrequenzfeldes wird sich eine stationäre Dichte n_{1s} einstellen, die aus der Bedingung

$$\frac{dn_1}{dt} = 0 = (n_{2s} - n_{1s})\, \ddot{u}_Q + \ddot{u}_{21}\, n_{2s} - \ddot{u}_{12}\, n_{1s}$$

folgt, und die sich zu

$$n_{1s} = N \frac{\ddot{u}_Q + \dfrac{1}{T_1}\dfrac{n_\infty}{N}}{2\,\ddot{u}_Q + \dfrac{1}{T_1}}$$

ergibt.

Dem Hochfrequenzfeld wird dabei die Leistung P (Energie je Zeiteinheit) entzogen:

$$P = \frac{dE}{dt} = (h\nu)\, \ddot{u}_Q\, (n_{1s} - n_{2s}) = (h\nu)\, \ddot{u}_Q\, N\left(2\frac{n_\infty}{N} - 1\right)\frac{1}{1 + 2\ddot{u}_Q T_1}.$$

Der letzte Faktor heißt auch Sättigungsfaktor. Ist (näherungsweise) Sättigung erzielt, so wird (wegen $\ddot{u}_Q \to \infty$ bei $T_1 = \text{const}$) die Leistung

$$P \approx h\nu N \frac{1}{2T_1}\left(2\frac{n_\infty}{N} - 1\right) = h\nu \frac{1}{2T_1}\left[n_\infty - (N - n_\infty)\right] \tag{4}$$

absorbiert.

Für lange Relaxationszeiten ($2T_1 \gg 1/\ddot{u}_Q$) strebt $P \to 0$, für kurze dagegen ($2T_1 \ll 1/\ddot{u}_Q$) erhält man

$$P \approx h\nu\, \ddot{u}_Q\, N\left(2\frac{n_\infty}{N} - 1\right) = h\nu\, \ddot{u}_Q\left[n_\infty - (N - n_\infty)\right].$$

Der letzte Faktor ist die Besetzungsdifferenz im Gleichgewicht. Experimentell liegt oftmals der Fall kurzer Relaxationszeiten vor.

Die absorbierte Hochfrequenzleistung ist dann proportional zu $h\nu = g\beta H$, der Energiedifferenz der Niveaus, ferner zu

$$n_\infty - (N - n_\infty) = n_\infty\left[1 - \exp\left(-\frac{E_2 - E_1}{kT}\right)\right],$$

der Besetzungsdifferenz der Niveaus und schließlich proportional der quantenmechanischen Übergangswahrscheinlichkeit $\ddot{u}_Q$. Für kleine Energiedifferenzen oder hohe Temperaturen ($E_2 - E_1 \ll kT$) ist die Besetzungsdifferenz näherungsweise

$$n_\infty \frac{E_2 - E_1}{kT} = \frac{N h \nu}{2 k T} .$$

Insgesamt ist dann also die absorbierte Leistung

$$P \approx \frac{1}{kT} \ddot{u}_Q \frac{N}{2} (h\nu)^2 = \frac{1}{kT} \ddot{u}_Q \frac{N}{2} (g \beta H)^2 . \tag{5}$$

Die Leistung wird größer und damit die Beobachtbarkeit der Resonanz um so besser, je niedriger die Temperatur und je höher die Stärke des magnetischen Gleichfeldes ist. Deshalb wählt man meist das Magnetfeld so hoch wie möglich, doch muß die zugehörige Mikrowellenfrequenz erreichbar bleiben. Im Grunde genommen existiert paramagnetische Elektronenresonanz bei beliebigen, auch kleinen, Magnetfeldstärken.

Ein einzelnes Elektron besitzt den Spin $^1/_2$. Atomkerne oder Elektronensysteme können größere Werte ihres Gesamtspins, also 1, $^3/_2$, 2 usw. besitzen, z. B. $S = {}^5/_2$ für die 3*d*-Elektronen des Mn^{++}-Ions. Im Magnetfeld H_z sind dann Energiezustände möglich, in denen die Komponente M_z des Spins in Feldrichtung die Werte $S, S-1, \ldots, -S$ annimmt. Die Bezeichnungen S und M werden für Elektronen benützt; der Kernspin heißt I, seine Komponente m.

Für ein Elektronensystem mit $S > {}^1/_2$ ist die Formel (1) für die quantenmechanische Übergangswahrscheinlichkeit zu verändern. Anstelle des Faktors 4 tritt das Quadrat $|\langle M' | 2 S_{\mp} | M \rangle|^2$ des Matrixelements der Spinoperatoren $2S_-$ oder $2S_+$ zwischen den beiden Zuständen. Erlaubte Übergänge gehorchen der Forderung $M' - M = \pm 1$ und es gilt

$$|\langle M' | 2 S_{\mp} | M \rangle|^2 = 4 (S \pm M)(S \mp M + 1) \quad \text{für} \quad M' = M \mp 1 .$$

Für $S = {}^1/_2$ kommt man offenbar zu Formel (1) zurück. Die analogen Beziehungen gelten für den Kernspin und für Elektronensysteme mit einem aus Spin- und Bahnmoment zusammengesetzten Gesamtdrehimpuls J (Komponente in Feldrichtung M_J). Zur Berechnung der absorbierten Leistung ist über die vorkommenden Übergänge unter Berücksichtigung der Niveaubesetzungen zu summieren. Für Boltzmann-Verteilung geht Gleichung (5) für die absorbierte Hochfrequenzleistung über in

$$P \approx \frac{N h \nu}{k T\, 2 (2S+1)} (\Sigma\, \ddot{u}_Q)(h\nu) .$$

Der erste Term rechts ist die Besetzungsdifferenz. Die Summe der Quadrate der Matrixelemente in $\Sigma\, \ddot{u}_Q$ ist

$$\Sigma\, |\langle M' | 2 S_- | M \rangle|^2 = \frac{8}{3} S (S+1)(2S+1) .$$

Die bisherigen Überlegungen beschränkten sich auf ein einzelnes freies Elektron (abgesehen von der Erweiterung im letzten Absatz) in einem statischen magnetischen Felde. Die einzige Wechselwirkung bestand zwischen dem magnetischen Moment dieses Elektrons und dem Feld. Im Halbleiter dagegen sind die Elektronen in das von Atomen aufgebaute Kristallgitter eingebettet und treten in großer Zahl auf, so daß Wechselwirkungen untereinander und mit den Atomen des Kristallgitters möglich sind.

Für den Fall, daß die Elektronen benachbarter Atome des Grundgitters so starke Spinwechselwirkung zeigen, daß eine geordnete Verteilung der magnetischen Momente der einzelnen Atome, d. h. der Elektronenhüllen eintritt, liegt Ferromagnetismus, Antiferromagnetismus oder Ferrimagnetismus vor. Solche Systeme sind hier von der Betrachtung ausgeschlossen. Es wird die Spinresonanz im Sinne der paramagnetischen Resonanz betrachtet. Alle im Folgenden behandelten Halbleiter enthalten in der Tat keine Übergangselemente oder Seltene Erden oder Aktiniden als *Grundgitteratome*. Falls paramagnetische Elektronenresonanz gefunden wird, ist sie daher auf Leitfähigkeitselektronen, Fremdatome oder Störungen des idealen Gitteraufbaus zurückzuführen, jedoch nicht auf die Grundgitteratome selbst.

Alle Wechselwirkungen der Elektronen im Halbleiter untereinander und mit den Atomkernen sind letztlich entweder elektrostatischer Natur (Coulomb-Wechselwirkung) oder sie beruhen auf magnetischer Wechselwirkung. An letzterer sind die Elektronen sowohl wegen ihres mit dem Spin verknüpften Eigenmoments als auch wegen ihres Bahnmoments (im Falle von p, d, f usw. Elektronen) beteiligt. Ferner machen sich diejenigen Atomkerne bemerkbar, die einen Kernspin besitzen. Die Isotopenzusammensetzung des Halbleitermaterials ist also wesentlich.

2 b) Freie Elektronen

Je nachdem, ob freibewegliche Elektronen (Elektronen im Leitungsband oder Löcher im Valenzband) oder gebundene Elektronen (an Fremdatomen oder Gitterfehlern) vorliegen, wird die quantenmechanische Behandlung der Energiezustände, d. h. der Ansatz der Eigenwertgleichung etwas verschieden gehandhabt. Die beiden Fälle werden in dieser Reihenfolge behandelt.

Für freibewegliche Elektronen [2] ist wesentlich, daß sie sich im *periodischen* Potential der Grundgitteratome befinden. Im Rahmen der meistgebrauchten *Einelektronennäherung* wird die Wechselwirkung der Leitungselektronen untereinander nicht explizit berücksichtigt; lediglich eine zeitunabhängige Abänderung des Gitterpotentials wird angenommen. Die Wellenfunktion des Elektrons hat dann die allgemeine Gestalt

$$\psi_{\mathfrak{k}} = u_{\mathfrak{k}} \exp(i\,\mathfrak{k}\cdot\mathfrak{r})\,.$$

Für $\psi_{\mathfrak{k}}$ wird die *Symmetrie* des Kristallgitters gefordert und $u_{\mathfrak{k}}(\mathfrak{r})$ muß die (translatorische) *Periodizität* des Gitters besitzen. Der Zusammenhang zwischen den Ausbreitungsvektoren $\mathfrak{k}$ und den Energieeigenwerten des Elektrons $E(\mathfrak{k})$ wird als Bandstruktur oder Bandverlauf bezeichnet. Befindet sich der Kristall im Magnetfeld, so sind die Eigenfunktionen ψ und die Eigenwerte E aus der Eigenwertgleichung

$$\mathscr{H}\psi \equiv \left(\frac{1}{2m}\mathfrak{p}^2 + e\tilde{\varphi} - \frac{e\hbar}{2mc}(\vec{\sigma}\,\mathfrak{H}) - \frac{e\hbar}{4m^2c^2}\vec{\sigma}(\mathfrak{E}\times\mathfrak{p})\right)\psi = E\psi \qquad (6)$$

zu ermitteln. Es bedeuten $\mathfrak{p} = -i\hbar\nabla_{\mathfrak{r}} - \frac{e}{c}\mathfrak{A}$, $\mathfrak{H} = \operatorname{rot}\mathfrak{A}$, $\mathfrak{E} = -\nabla_{\mathfrak{r}}\varphi - \frac{1}{c}\dot{\mathfrak{A}}$. $\mathfrak{p}$ verallgemeinerter Impuls, $\mathfrak{A}$ Vektorpotential, $\mathfrak{H}$ Magnetfeld, $\mathfrak{E}$ elektrisches Feld, $\tilde{\varphi}$ elektrostatisches Potential (gitterperiodisch), $\vec{\sigma}$ Spinoperator. Die Energieoperatoren in der Klammer sind in dieser Reihenfolge: kinetische Energie im Magnetfeld, elektrostatische Energie im elektrischen Feld der Atomrümpfe, Energie des Spins im äußeren Feld und Energie der Spin-Bahn-Wechselwirkung. Läßt man das letzte Glied weg, so liegt die Pauli-Gleichung vor. Fügt man die Ruheenergie

mc^2 und die Glieder $-(e\hbar^2/8m^2c^2)$ div $\mathfrak{E}$ sowie $-(1/8m^3c^2)\mathfrak{p}^2$ hinzu, so liegt die Zweikomponentenform¹) der Dirac-Gleichung mit ihren Gliedern bis zur Ordnung $(v/c)^4$ vor.

Für quasifreie Elektronen mit konstanter skalarer effektiver Masse ergeben sich die Energiewerte im Magnetfeld H_z zu (vgl. Abb. 1)

$$E = E_0 + \frac{\hbar^2 k_z^2}{2m^*} + (l + \tfrac{1}{2})\hbar\omega_c \pm \tfrac{1}{2} g \beta H_z; \quad l = 0, 1, 2, \ldots \tag{7}$$

Mit E_0 wird lediglich der Nullpunkt für die elektrostatische Energie festgelegt, der Summand in k_z^2 gibt die translatorische Energie in z-Richtung. Der dritte (Landau-)Term beschreibt die quantisierten Energiewerte der periodischen Bahnbewegung in der Ebene senkrecht zum Magnetfeld. Die Kreisfrequenz $\omega_c = \frac{eH}{m^* c}$ ist gleich der klassischen Umlaufsfrequenz des Elektrons im Feld. Der letzte (Pauli-)Term ist die Energie des magnetischen Eigenmoments des Elektrons im äußeren Feld H_z.

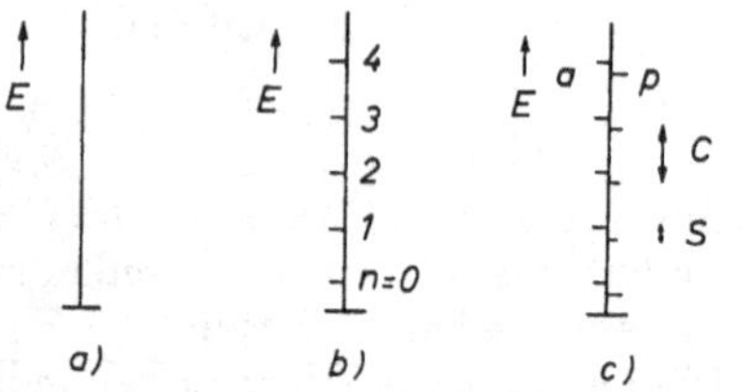

Abb. 1. Energiezustände quasifreier Elektronen im Magnetfeld (qualitativ).
a) Energiezustände ohne Feld, quasikontinuierlich.
b) Energie der Bahnbewegung in der Ebene senkrecht zum Magnetfed H; Landau-Niveaus. Abstand untereinander $\hbar\omega_c$, $\omega_c = eH/m^* c$. Abstand des Niveaus $n = 0$ vom Bandrand $\omega_c/2$. m^* effektive Masse.
c) Energiezustände unter Einbeziehung des Spins. Leitern a bzw. p für antiparallele bzw. parallele Einstellung des magnetischen Dipolmoments des Elektrons zum äußeren Feld. C: Cyclotronresonanz ($\hbar\omega_c$), S paramagnetische Elektronenresonanz ($\hbar\omega = g\beta H$; g g-Faktor, β Bohr-Magneton).

Übergänge zwischen den Landau-Niveaus ohne Spin-Änderung können durch ein *elektrisches* Hochfrequenzfeld mit Quanten der entsprechenden Energie verursacht werden. Die Erscheinung heißt Cyclotronresonanz [3] und ist in Abb. 1c mit C bezeichnet. Übergänge zwischen den Spin-Niveaus ohne Änderung der Landau-Energie ($l = \text{const}$) stellen demgegenüber die hier interessierende Spinresonanz dar, S in Abb. 1c. Um diese Übergänge anzuregen bedarf es, wie bereits einleitend bemerkt, eines *magnetischen* Hochfrequenzfeldes.

Im periodischen Potential $\bar{\varphi}$ eines Kristalls (zunächst ohne Magnetfeld) sind nicht mehr alle Energiewerte erlaubt: es gibt verbotene und erlaubte Bänder. Innerhalb jedes erlaubten Bandes liegen die Eigenwerte quasikontinuierlich²). In der Nähe der Bandränder wäre es im Prinzip möglich, daß sich die Elektronen wie quasifreie

¹) Paarerzeugung (Positron-Elektron) ist dabei als vernachlässigbar angenommen; d. h. die relativen Änderungen der äußeren elektrischen oder magnetischen Felder längs einer Strecke gleich der Compton-Wellenlänge $\hbar/mc$ sind $\ll 1$.

²) Nur quasikontinuierlich, da die Niveaus nicht beliebig dicht liegen können: ihre Anzahl je Energieband ist zwar groß, jedoch endlich, gleich der Zahl der Atome im Kristall.

Elektronen verhalten. Für keinen der in dieser Hinsicht untersuchten Halbleiter trifft dies zu. Zwei einfachere Abweichungen vom Verhalten freier Elektronen sind wichtig [1]). Erstens brauchen die Flächen konstanter Energie im $\mathfrak{k}$-Raum keine Kugeln zu sein. Für Elektronen in Germanium oder Silicium sind die Energieflächen (der Kristallsymmetrie entsprechend angeordnete) Rotationsellipsoide; sie sind durch zwei Massenparameter m_l und m_t zu beschreiben und ihre Gleichung im Hauptachsensystem lautet

$$E = \frac{\hbar^2}{2}\left(\frac{k_x^2 + k_y^2}{m_t} + \frac{k_z^2}{m_l}\right) . . \qquad (8)$$

Zweitens können die Energieflächen zwar Kugeln sein,

$$E = \frac{\hbar^2}{2m^*}|\mathfrak{k}|^2,$$

doch braucht der Faktor vor $|\mathfrak{k}|^2$ keine Konstante zu sein. Dieser Fall liegt insbesondere für die Elektronen im Leitungsband einiger wichtiger III-V-Verbindungen vor.

Im Magnetfeld tritt analog zu dem Verhalten der freien Elektronen (Gleichung (7)) eine Landau-Quantisierung und Pauli-Aufspaltung ein. Für die Cyclotronresonanz-Kreisfrequenz folgt im Falle der Elektronen in Germanium und Silicium

$$\omega_c = \frac{eH}{c}\left(\frac{m_l \cos^2\varphi + m_t \sin^2\varphi}{m_l\, m_t^2}\right)^{1/2}.$$

φ ist der Winkel zwischen dem Magnetfeld und der Hauptachse des Ellipsoids.

Bezieht man den Spin-Bahn-Term (letzter Term in der Klammer in Gleichung (6)) in die Berechnungen ein [4, 5, 6], so sind die Landau-Niveaus nicht mehr äquidistant. Man erhält ferner einen anisotropen g-Faktor (g-Tensor) mit denselben Hauptachsen wie der Massentensor. Für Germanium [5] gilt für die Elektronen im Leitungsband

$$g_{\parallel} = 2 - \frac{\delta}{\Delta E'_{13}}\left(\frac{m}{m_t} - 1\right) \qquad (9)$$

$$g_{\perp} = 2 - \frac{\delta}{\Delta E'_{13}}\left(\frac{m}{m_l} - 1\right) + \Delta g_{\perp} . \qquad (10)$$

δ Spin-Bahn-Aufspaltung des L'_3-Valenzbandes [2]); $\Delta E'_{13}$ Abstand des L'_3-Valenzbandes vom L_1-Leitungsband, beide Größen für den Rand der Brillouin-Zone in [111]-Richtung. $\Delta g_{\perp}$ ist eine kleine Korrektur zufolge höherer Bänder.

In den III-V-Verbindungen InAs und InSb ist der kleine Wert der effektiven Masse mit einem ungewöhnlich großen g-Wert verknüpft. Für den Bandrand gilt [8]

$$g = 2\left[1 - \left(\frac{m}{m^*} - 1\right)\frac{\Delta}{3E_g + 2\Delta}\right] . \qquad (11)$$

E_g Bandabstand, Δ Spin-Bahn-Aufspaltung des Valenzbandes.

---

[1]) Strenge Lösungen der Gleichung (6) für allgemeine Fälle sind nicht bekannt. Sie müßten extrem kompliziert ausfallen. Man wendet zweckmäßige Näherungsmethoden an.

[2]) Wegen der Bandbezeichnungen vgl. [7].

Theoretischen Überlegungen zufolge sollten auch z. B. für Elektronen im Zinkblendegitter Übergänge zwischen Landau-Niveaus unter gleichzeitiger Spin-Änderung (Kombinierte Resonanz) möglich sein [9].

Die experimentellen Ergebnisse zur paramagnetischen Resonanz freibeweglicher Elektronen werden in Abschnitt 3a (S. 109) behandelt.

2c) Gebundene Elektronen

Das Verhalten gebundener Elektronen, also der Elektronen in einem Atom oder Ion, wird durch eine Gleichung ähnlicher Gestalt beherrscht, wie sie Gleichung (6) für bewegliche Ladungsträger besitzt. Der Unterschied besteht im Ersatz des periodischen Potentials durch das evtl. durch die inneren Elektronenschalen abgeschirmte Coulomb-Potential des Atomkerns. Zwei weitere Besonderheiten kommen hinzu: erstens müssen der Kernspin I und das magnetische Moment μ des Atomkerns, falls vorhanden, in die Eigenwertgleichung einbezogen werden; zweitens ist für Atome oder Ionen mit mehreren Elektronen in einer nichtabgeschlossenen Schale eine *Ein*elektronennäherung untragbar, vielmehr muß die Gesamtheit der Elektronen berücksichtigt werden. Die Behandlung entspricht der Theorie der Atomspektren.

Die Eigenwertgleichung umfaßt folgende Energieoperatoren [10]:

Die kinetische Energie der Elektronen sowie die Coulomb-Wechselwirkung zwischen Kern und Elektronen sowie den Elektronen untereinander

$$W_F = \sum_{i=1}^{N} \left(\frac{(-i\hbar \nabla_{\mathfrak{r}}^{(i)})^2}{2m} - \frac{Ze^2}{r_i} \right) + \sum_{i>j=1}^{N} \frac{e^2}{r_{ij}} .$$

Z Kernladung, r_i Abstand des i-ten Elektrons vom Kern, r_{ij} Abstand des i-ten und j-ten Elektrons; die Summation erstreckt sich über die betrachteten N Elektronen des Atoms.

Die Wechselwirkungsenergie zwischen den magnetischen Spin- und Bahn-Momenten $\mathfrak{s}$ und $\vec{l}$.

$$W_{L,S} = \sum_{ij} \{ a_{ij} \vec{l}_i \cdot \mathfrak{s}_j + b_{ij} \vec{l}_i \cdot \vec{l}_j + c_{ij} \cdot \mathfrak{s}_i \cdot \mathfrak{s}_j \} .$$

Für den Fall, daß feste Werte von L und S vorliegen (Russell-Saunders-Kopplung) ist

$$W_{LS} = \lambda L \cdot S .$$

λ ist die Spin-Bahn-Koppelkonstante.

Die zum Teil in $W_{L,S}$ enthaltene magnetische Wechselwirkung zwischen den magnetischen Momenten hat die Form

$$W_{SS} = \sum_{ij} \left\{ \frac{\mathfrak{s}_i \mathfrak{s}_j}{r_{ij}^3} - \frac{3 (\mathfrak{r}_{ij} \mathfrak{s}_i)(\mathfrak{r}_{ij} \mathfrak{s}_j)}{r_{ij}^5} \right\} .$$

Die Wechselwirkung von Spin- und Bahn-Moment mit dem äußeren Magnetfeld (Zeeman-Energie)

$$W_H = \sum_i \beta (\vec{l}_i + 2\mathfrak{s}_i) \mathfrak{H} .$$

Bereits für ein freies Atom oder Ion kommt die magnetische Wechselwirkung mit dem Atomkern hinzu:

Dipol-Wechselwirkung des magnetischen Kernmoments mit den magnetischen Momenten der Elektronen (winkelabhängig, anisotrop)

$$W_{ND} = 2\beta \frac{\mu}{I} \sum_i \left\{ \frac{(\vec{l_i} - \mathfrak{s}_i)\,\vec{I}}{r_i^3} + \frac{3\,(\mathfrak{r}_i \mathfrak{s}_i)\,(\mathfrak{r}_i \vec{I})}{r_i^5} \right\}.$$

Kontakthyperfeinwechselwirkung [11] der s-Elektronen, die auch am Kernort eine endliche Aufenthaltswahrscheinlichkeit $|\psi(0)|^2$ besitzen, mit dem magnetischen Moment des Kerns (isotrop)

$$W_{NK} = \sum_i \frac{16\pi}{3}\,\beta\,\frac{\mu}{I}\,|\psi(0)|^2\,(\mathfrak{s}_i \vec{I}) = \sum_i a_i\,(\mathfrak{s}_i \vec{I}). \tag{12}$$

Elektrostatische Wechselwirkung der Elektronen mit dem elektrischen Quadrupolmoment Q des Kerns

$$W_Q = \frac{e^2 Q}{2I(2I-1)} \left[\sum_i \frac{I(I+1)}{r_i^3} - \frac{3\,(\mathfrak{r}_i \cdot \vec{I})^2}{r_i^5} \right].$$

Wechselwirkungen des Kerns mit dem äußeren Magnetfeld

$$W_N = -\frac{\mu}{I}\,\mathfrak{H}\vec{I}.$$

Die bisher aufgeführten Energieterme beziehen sich auf ein einzelnes Atom oder Ion. Im Kristall kommen die Einflüsse der Nachbarn hinzu.

Die benachbarten Ionen oder Atome bedingen ein starkes elektrisches Feld, das sogenannte Kristallfeld. Seine Symmetrieeigenschaften spielen eine hervorragende Rolle, da sie über den Grad der Aufhebung etwa vorhandener Entartungen im Energieschema des freien Atoms oder Ions entscheiden. Die vom Kristallfeld beigesteuerte Energie sei W_K.

Sofern Atome des Grundgitters an Plätzen $\mathfrak{r}_l$ einen Kernspin oder ein Quadrupolmoment besitzen, ergeben sie Hyperfeinterme, die den Termen

$$W_{ND}, W_{NK}, W_Q, W_N$$

entsprechend gebildet sind, wobei für μ, I, $\vec{I}$, und Q die Werte für diese Grundgitteratomkerne und anstelle von $\mathfrak{r}_i$ die Differenz

$$|\mathfrak{r}_i - \mathfrak{r}_l| \tag{13}$$

treten.

Alle bekannten Bearbeitungen des Eigenwertproblems bemühen sich um zweckmäßige Näherungen. Für die hier zu behandelnden Fremdatome im Halbleiter sind zwei Fälle bevorzugt wichtig.

Donatoren geringer Aktivierungsenergie (z. B. Atome der V. Spalte des periodischen Systems in Silicium) sind wesentlich kovalent gebunden. Das abspaltbare Donatorelektron kann als einzelnes Teilchen behandelt werden, so daß die Energieterme *zwischen* den Elektronen ($W_{L,S}$, W_{SS} und das letzte Glied in W_F) wegfallen. Kinetische Energie, Coulombenergie und Kristallfeld (Klammerausdruck in W_F, und W_K) legen lediglich den Absolutwert der Energie (bezogen auf das Kristallinnere) fest; er ist als experimentell bekannt zu betrachten (Lage des Niveaus im Bandschema). Sofern die Quadrupolmomente der beteiligten Kerne genügend klein sind, können die Terme W_Q wegbleiben. Hat die Wellenfunktion des Donatorkerns s-Charakter, so fällt aus Symmetriegründen die Dipolwechselwirkung mit dem Donatorkern W_{ND} überhaupt weg (nicht dagegen für benachbarte Gitteratome mit Kernspin!). Ferner ist in W_H das Bahnmoment $l_i = 0$, so daß der g-Wert des freien Elektrons erscheint. Eine etwa vorhandene Spin-Bahn-Wechselwirkung gibt Abweichungen von diesem Wert.

Für die Eigenwertgleichung bleibt also

$$(W_H + W_{NK} + W_N + \sum_l (W_{NK}^{(l)} + W_N^{(l)} + W_{ND}^{(l)}))\,\psi = E\psi\,. \tag{14}$$

Die Eigenfunktionen sind durch die Komponenten der magnetischen Momente des Elektrons M und der Kerne m und m_l zu charakterisieren. Für die Energieniveaus im starken Magnetfeld (W_H überwiegt) gilt z. B. für Arsen in Silicium [12] unter Einhaltung der Reihenfolge der Terme in (14):

$$\begin{aligned} E = g\beta HM + aMm - \frac{\mu}{I}\,Hm \\ + \sum_l [a_l M m_l - (\mu_l/I_l)\,H m_l] - \sum_l b_l M m_l\,. \end{aligned} \tag{15}$$

b_l steht für die in $W_{ND}^{(l)}$ auftretende Konstante und die vom Winkel zwischen Kristallachse und Magnetfeld und von der Lage des l-ten Kerns bezogen auf den Donator abhängigen Faktoren. Wie man sieht, ist die Kernspin-Komponente m explizit mitbestimmend für die Energieniveaus, so daß sich die entsprechende Hyperfeinaufspaltung im Resonanzspektrum findet. Bei Zweifeln über die chemische Natur einer Störstelle kann der absichtliche Einbau eines Isotops mit Kernspin eine Klärung bringen. Die Hyperfeinaufspaltung erlaubt gewissermaßen eine Störstellenanalyse. Diese Feststellung gilt natürlich allgemein und nicht nur für die Gleichung (15) zugrundeliegenden Verhältnisse.

Die Faktoren a und a_l enthalten gemäß (12) und wegen (13) die Wellenfunktion des Elektrons am Ort des Donatorkerns und am Ort der Gitteratome mit Kernspin. Auf diesem Wege läßt sich das Verhalten der Wellenfunktion untersuchen.

Ionen der Übergangselemente (speziell der Eisengruppe Ti bis Cu) im Halbleiter stellen den zweiten wichtigen Fall dar. Meist sind mehrere $3d$-Elektronen vorhanden, so daß der Gesamtspin größer als $^1/_2$ wird. Die energetische Lage des Terms wird wiederum durch W_F festgelegt. Für die Eisengruppe ist nun die Kristallfeldenergie W_K groß gegen die Spin-Bahn-Energie W_{LS} (und erst recht groß gegen die restlichen Terme). Das hat zur Folge, daß die zu einem Gesamtbahnmoment L gehörigen Zustände des freien Ions im Kristall weit aufspalten. Größe und Umfang der Aufspaltung und die Anordnung der Niveaus hängen kritisch von der Symmetrie des Kristallfeldes und der Anordnung der Nachbaratome ab. Zwei allgemeine Argumente sind zu beachten.

Die Forderung auf Invarianz der Eigenwertgleichung gegen Zeitumkehr bedingt, daß in Systemen mit *ungerader* Elektronenzahl ohne Magnetfeld stets wenigstens eine zweifache Entartung aller Niveaus bestehen bleibt, die erst im Magnetfeld aufgehoben wird [13] (Kramers-Theorem).

Zweitens neigen Systeme mit höherer Symmetrie und Entartung dazu, diese Entartung weitgehend durch spontane Verzerrung, die die Symmetrie verringert, aufzuheben (soweit dies nicht durch das Kramers-Theorem verboten ist). Ein solcher „Jahn-Teller-Effekt" [14] kann z. B. darin bestehen, daß ein im Gitter substituiertes Fremdatom spontan eine geringe räumliche Verschiebung aus der Lage voller Symmetrie heraus erfährt.

Die restliche Bahnentartung und die verbliebene Spinentartung ergeben einen effektiven Spin S für den zutiefst liegenden und daher allein besetzten und zu betrachtenden Term. Auf diese Weise erhält man Aufschluß über Einbausymmetrie und Elektronenbesetzung des Fremdatoms. Im Endeffekt treten W_{LS}, W_{SS} und W_K zu Funktionen des Spinoperators S zusammen, die einen anisotropen (winkelabhängigen) g-Faktor und die das Kristallfeld beschreibenden Konstanten enthalten. Für axiale Symmetrie dieses Feldes folgt z. B.

$$W_{LSHK} = \beta g_{\parallel} H_z S_z + \beta g_{\perp} (H_x S_x + H_y S_y) + D [S_z^2 - \tfrac{1}{3} S (S+1)] .$$

$g_{\parallel}$ und $g_{\perp}$ sind die Komponenten des g-Tensors, D die einzige hier auftretende Kristallfeldkonstante und S_z, S_x und S_y sind die Komponenten des Spin-Operators. Wegen aller Einzelheiten der Theorie der Energiewerte vergleiche man insbesondere die einschlägige zusammenfassende Literatur [10].

2 d) Linienbreite — Relaxation

Bevor die Besprechung der einzelnen Halbleiter aufgenommen werden kann, sind schließlich noch die Relaxationsprozesse zu erläutern, die für die Einstellung des thermischen Gleichgewichts zwischen den einzelnen Niveaus verantwortlich sind, und die die Form und Breite der Resonanzlinie bestimmen. Die Linienform werde zuerst besprochen.

In der quantenmechanischen Übergangswahrscheinlichkeit $\ddot{u}_Q$ (Gleichung (1), S. 98) beschrieb der Faktor $\varrho(\omega)$ die spektrale Energiedichteverteilung des Mikrowellenfeldes. Aber auch im Falle streng monochromatischer Einstrahlung erhält man keine beliebig scharfe, sondern eine Linie endlicher Breite, wenn das statische Magnetfeld und damit der Abstand der Energieniveaus variiert wird. Zum Energiebetrag, der vom Hochfrequenzfeld geliefert wird, kommen eben noch kleine Energien verschiedener Größe hinzu, die von der Wechselwirkung der Elektronen mit ihrer Umgebung geliefert werden und die bei verändertem statischem Feld für die Erfüllung der Energiebilanz sorgen. Man darf daher in (1) den Faktor $\varrho(\omega)$ auch korrekterweise als Gestaltsfaktor der Linie auffassen. Eine Anzahl Wechselwirkungen und andere, die Linienbreite bestimmende Bedingungen sind in Tabelle 1 zusammengestellt. Die magnetische Dipol-Dipol-Wechselwirkung wirkt zwischen den Elektronen; sie ist für alle Elektronen gleichartig und betrifft alle in gleicher Weise. Demgegenüber bewirkt eine Inhomogenität des statischen Magnetfeldes über der Probe auch eine Linienverbreiterung, aber nur dadurch, daß eine Überlagerung an sich schärferer Einzellinien eintritt, die von den einzelnen Teilen der Probe herrühren, die je für sich genommen in einem kleinen leidlich homogenen Feldbereich liegen. Im Falle der Dipol-Wechselwirkung spricht man daher von einer homogen verbreiterten Linie, im Falle der Feldinhomogenität von einer inhomogenen Verbreiterung. In Tabelle 1 ist die Art der Verbreiterung gekennzeichnet.

Tabelle 1. Ursachen für die endliche Linienbreite

(h) homogene, (i) inhomogene Verbreiterung

Spin-Gitter-Relaxation (h)
Dipol-Wechselwirkung zwischen gleichen Ionen (h)
Dipol-Wechselwirkung zwischen verschiedenartigen Ionen (i)
Austausch-Wechselwirkung zwischen gleichen Ionen
Austausch-Wechselwirkung zwischen verschiedenartigen Ionen
Sättigung der Linie durch das Hochfrequenzfeld (h)
Hyperfeinwechselwirkung (i)
Kernquadrupolwechselwirkung
Inhomogener Kristall (i)
Inhomogenes Feld (i)

Sowohl die Dipolwechselwirkung als auch die Austausch-Wechselwirkung, die in einem Elektronenaustausch zwischen den Ionen besteht, lassen sich durch hinreichend kleine Konzentration der paramagnetischen Zentren in einem diamagnetischen Grundgitter so klein machen, daß sie für die Linienbreite nicht ins Gewicht fallen. Hyperfein- und Kernquadrupol-Wechselwirkung treten nur auf, wenn entsprechende Kerne anwesend sind. Sättigungsverbreiterung kommt durch eine Veränderung der Linienform zustande: bei beginnender Sättigung (Abschnitt 2a, S. 98) steigt die absorbierte Energie zuerst in der Linienmitte mit weiter wachsendem Hochfrequenzfeld nicht mehr an und die so in der Mitte abgeplattete Linie erscheint breiter.

Inhomogen verbreiterte Linien zeigen eine merkwürdige Eigenschaft, sie lassen sich *teilweise* sättigen (Abb. 7, S. 120). Ist Hyperfein-Wechselwirkung die Ursache, so kann die zugrundeliegende Hyperfeinaufspaltung trotzdem aufgelöst werden [12]. Dieser sehr wichtige Befund wird in Abschnitt 3b, Elektron-Kern-Doppelresonanz, abgehandelt.

Wenn die Fremdstoff-Konzentration genügend klein ist und die experimentellen Bedingungen korrekt gewählt sind (Feld und Kristall homogen, Tabelle 1), bleibt von den in Tabelle 1 aufgezählten Ursachen für ein vorgegebenes Fremdelement in einem bestimmten diamagnetischen Kristall neben den Kern-bedingten Wechselwirkungen nur die Spin-Gitter-Relaxation als unvermeidlich übrig.

Diese Spin-Gitter-Relaxation ist es nun, die nicht nur für die bislang besprochene Linienbreite, sondern auch für die Gleichgewichtseinstellung zwischen dem Spinsystem, d. h. zwischen den paramagnetischen Elektronen, und allen anderen Teilen des Kristalls verantwortlich ist. Die thermische Energie des Gitters steckt in den Schwingungen der Atome. Diese Bewegung läßt sich durch Normalschwingungen beschreiben, die Quantenbedingungen unterliegen. Die Erhöhung oder Verminderung der Quantenenergie einer Normalschwingung wird als Emission oder Absorption eines Phonons bezeichnet. Phononen bedingen nur zeitlich variierende *elektrische* Felder und können nicht direkt mit der Zeeman-Energie der *Spins* in Wechselwirkung treten, sondern nur auf dem Umweg über die Spin-Bahn-Kopplung. Folgende Prozesse sind bekannt [15].

Direkter Prozeß. Unter Verringerung der Zeeman-Energie (Spin-Umkehr bzw. Änderung der Komponente M) wird *ein* Phonon emittiert (oder umgekehrt). Abgesehen von sehr tiefen Temperaturen (unter einigen °K) liefert der Prozeß zu

Tabelle 2. Temperatur- und Feld-Abhängigkeit der Relaxationsprozesse

	ungerade Elektronenzahl (Kramers-Entartung)	gerade Elektronenzahl
direkter Prozeß	$\tau \sim \frac{1}{H^4 T}$	$\tau \sim \frac{1}{H^2 T}$
Raman-Prozeß	$\tau \sim \frac{1}{T^9}$	$\tau \sim \frac{1}{T^7}$
Orbach-Prozeß	$\tau \sim \exp\left(\frac{\Delta_t}{k T}\right)$	

H Magnetfeld, T absolute Temperatur, Δ_t Abstand des angeregten Niveaus vom Grundzustand, τ Relaxationszeit.

lange Relaxationszeiten, da zu wenig Phononen genügend geringer Energie vorhanden sind.

Raman-Prozeß. Die Änderung der Zeeman-Energie ΔE entspricht der Differenz zweier Phononen ($\hbar\omega - \hbar\omega'$), von denen eines absorbiert, das andere emittiert wird. Der (virtuelle) Prozeß läuft über einen angeregten Zustand Δ_t des Elektrons, wobei $\Delta E < \hbar\omega < \Delta_t$. Für Helium-Temperaturen und darüber liefert der Raman-Prozeß kleinere Relaxationszeiten als der direkte Prozeß.

Orbach-Prozeß. Ist der Energieabstand Δ_t des angeregten Zustandes vergleichbar mit der Phononen-Energie, so tritt sehr wirksame Relaxation mit entsprechend kleiner Relaxationszeit auf.

Über Temperatur- und Feld-Abhängigkeit der einzelnen Prozesse gibt Tabelle 2 Aufschluß.

3. Einzelne Halbleitermaterialien

3a) Freie Ladungsträger in Silicium, Germanium und Indiumantimonid

Man könnte erwarten, daß Spinresonanz der freien Elektronen leicht zu beobachten sein müßte. Das ist aus zwei Gründen nicht ganz zutreffend. Die hohe elektrische Leitfähigkeit, die von freien Leitungselektronen hervorgerufen wird, läßt ein elektromagnetisches Wechselfeld nur wenig ins Volumen eindringen (Skineffekt). Für ein Material mit 10^{19} cm^{-3} Elektronen einer Beweglichkeit $\mu = 10^3$ cm^2/Vs errechnet sich, falls die Permeabilität $\mu = 1$ ist, die Skineffektdicke $s = (2\varrho/\omega\mu_0)^{1/2}$ in der leitenden Platte für 10 GHz zu 1/100 mm (ϱ spez. Widerstand, ω Kreisfrequenz, μ_0 absolute Permeabilität). Das wirksame Volumen ist also gering. Der Ausweg, feingepulvertes Material zu verwenden, ist bei Halbleitern erwiesenermaßen bedenklich, da die durch Zerpulvern hervorgerufenen Oberflächenstörungen oder eine Gasbeladung ihrerseits Spinresonanz hervorrufen (vgl. Abschnitt 3k, S. 154). Die oberflächenbedingte Resonanzlinie kann durch Ätzen, wenigstens für die Dauer von 10 bis 20 Stunden [16] verhindert werden.

In Metallen ist die Spin-Bahn-Kopplung häufig sehr stark; sie kann dann bewirken, daß die Linienbreite durch die Streuung der Elektronen bei ihrer Bahnbewegung so groß wird, daß Resonanz nicht mehr auffindbar ist. In Halbleitern finden sich recht unterschiedliche Verhältnisse vor. Die erste Beobachtung der Spinresonanz in einem Element-Halbleiter überhaupt, und zwar verursacht durch Leitungselektronen, stammt von *Portis* und Mitarbeitern [17] an gepulvertem Silicium, vgl. Tabelle 3. Die entsprechende Linie wird auch bei massivem Material (Einkristallen) gefunden [12, 18]. Die Dotierung war bei diesen Versuchen so hoch (ca. 10^{18} cm^{-3} P), daß sich die Wellenfunktionen der einzelnen Störatome überlappen und trotz der tiefen Temperatur (< 5 °K) bewegliche Elektronen auftreten. Bei Germanium ist die Wellenfunktion räumlich weiter ausgedehnt und die Überlappung tritt bereits bei geringerer Konzentration ein (ca. 10^{17} cm^{-3}, vgl. Tabelle 3) [19]. Der g-Wert für Leitungselektronen ist von dem Wert für das freie Elektron ($g_0 = 2{,}0023$) verschieden. Die Abweichung ist über die Spin-Bahn-Wechselwirkung durch das Bahnmoment bedingt. Sie ist besonders groß für Zustände in der Nähe entarteter Bereiche der Bandstruktur, in denen zu einem $\mathfrak{k}$-Wert mehrere Energiewerte möglich sind [20].

Für Leitungselektronen in *Silicium* ist die Spin-Bahn-Kopplung am schwächsten. Die g-Verschiebung ist gering und negativ, in Übereinstimmung mit theoretischen Überlegungen [6]. Für *Germanium* mit seiner stärkeren Spin-Bahn-Wechselwirkung ist der g-Wert bereits erheblich kleiner als 2. Mit den Bandstrukturparametern besteht der durch die Gleichungen (9) und (10) gegebene Zusammenhang [5], der für die Elektronen *eines* Energieellipsoides gilt. Dieser g-Wert ist anisotrop und beträgt

$$g_{\parallel} \approx 0{,}9\,; \qquad g_{\perp} \approx 2{,}04 \pm 0{,}04.$$

Als Mittelwert über alle Energieflächen folgt (Tabelle 3)

$$g = \frac{1}{3}\, g_{\parallel} + \frac{2}{3}\, g_{\perp}\,.$$

Tabelle 3. Spinresonanz freier Träger in Halbleitern und verwandten Elementen

Material	Frequenz GHz	Zustand	Fremdatome cm^{-3}	Temp. °K	g-Wert	Linienbreite Linienart	Fermienergie eV	Literatur
Si	8,8453	Einkrist.	P $3 \cdot 10^{18}$	1,25	$1{,}99875 \pm 10$	0,5 Oe, isotrop		12
Si		Pulver < 10 µm	P 10^{18} ... $3 \cdot 10^{18}$	4 ... 300	$2{,}001 \pm 1$	3 ... 30 Oe Lorentz		17
Si		Einkrist.	P, As, Sb 10^{18}	4,2	2,001	< 3 Oe		18a
Si			n, p $5 \cdot 10^{17} \ldots 5 \cdot 10^{18}$	78	2,00			18b
Si	9,5	Pulver	P	145		(5)		16
			$4 \cdot 10^{17}$	300	$g_0 - 0{,}002 \pm 1$	(18)		
			$\sim 10^{19}$	300		(43)		
Ge		Einkrist.	P $3 \cdot 10^{16}$	1,3	$\bar{g}: 1{,}5636 \pm 3$	6 $H \parallel [100]$		19
			10^{17}	1,3		4 stark		
				4		3,6 anisotrop		
			As 10^{17}	1,3	$1{,}5698 \pm 3$			
InSb	9 und 24		n $2 \cdot 10^{14}$	1,2 und 4	$\lvert g \rvert : 50{,}7$	2	$9{,}6 \cdot 10^{-4}$	22
			$2{,}5 \cdot 10^{15}$		48,8	8	$4{,}9 \cdot 10^{-3}$	
			$3 \cdot 10^{15}$		48,8	23		
Sb	72	Einkrist.*		1,3	$-200\ (\parallel 2 \cdot z)$ $-30\ (\parallel 3 \cdot z)$	(10 ... 100)		23a
Bi	72	Einkrist.		1,3	(1,14 kG)	(> 10)		23a

* $2 \cdot z$ zweizählige Achse $3 \cdot z$ dreizählige Achse

Für Leitungselektronen in *Indiumantimonid* mit ihrer extrem kleinen effektiven Masse [21] ist der g-Wert groß und negativ [22] (Tabelle 3). Der Zusammenhang mit der Bandstruktur wird durch Gleichung (11) vermittelt [8]. Die Beobachtung der Resonanz in InSb ist erschwert durch das gleichzeitige Auftreten von Plasma-Resonanz. Mißt man bei wenigstens zwei Frequenzen, so kann der Zusammenhang zwischen der Frequenz ν und dem Magnetfeld H als unterscheidendes Kriterium ausgenützt werden [23b]. Für Spinresonanz ist $\nu \sim H$, für Plasmaresonanz $\nu \sim 1/H$.

In Tabelle 3 sind zum Vergleich die Daten für die Elemente Antimon und Wismut aufgeführt [23a]. Die Resonanz läßt sich in das Energieschema Abb. 2 einordnen. Die Übergänge 1 ($\Delta n = 1, \Delta m = 0$) beschreiben Cyclotronresonanz, die Übergänge 2, 3 und 4 ($\Delta m = \pm 1$) Spinresonanz. Für Wismut sind die Übergänge 2, 3 und 4 zu beobachten. In Antimon scheint der Energieabstand E gleich null zu sein, so daß nur 4 zu beobachten ist und 2 mit der Cyclotronresonanz 1 zusammenfällt.

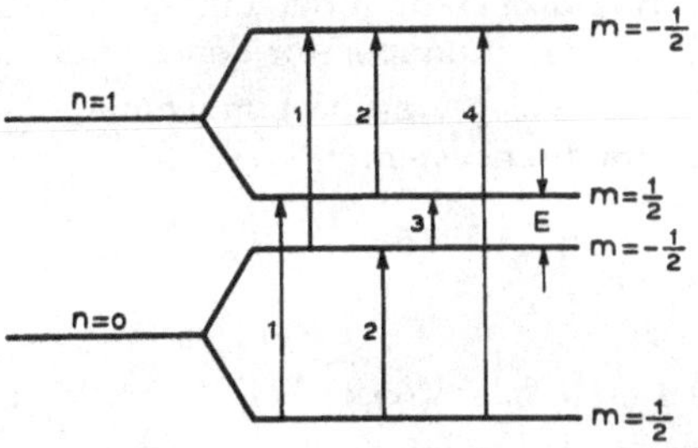

Abb. 2. Elektronenenergie in Wismut oder Antimon (*G. E. Smith, J. K. Galt, F. R. Merritt*, Phys. Rev. Lett. **4** (1960) 276).

Die Spin-Spin-Wechselwirkung allein würde in Halbleitern sehr schmale Linien ergeben, $< 0{,}1$ Oe [17]. Die Linienbreite ist wohl durch die Spin-Gitter-Relaxation bestimmt und durch „motional narrowing"[1]) beinflußt [24]. Während in Silicium eine schmale, fast isotrope Linie (Anisotropie $< 2\,\%$) vorliegt, liefert Germanium eine stark anisotrope (Variation 1 : 10), breitere Linie. Das Vorliegen von motional narrowing bewirkt, daß mit wachsender Dotierung die Linienbreite etwas abnimmt, s. Tabelle 3, Ge + P. Die Abhängigkeit des g-Werts vom Dotierungselement zeigt, daß sich die Elektronen, obwohl sie freibeweglich sind, bevorzugt in der Nähe der Fremdatome aufhalten. Für sehr hohe Trägerkonzentrationen in Silicium und Indiumantimonid wird schließlich stets *eine* verhältnismäßig breite Linie beobachtet[2]).

Spinresonanz freier Löcher ist in Halbleitern bislang nicht beobachtet worden, auch nicht in Silicium oder Germanium. Für diese Elemente liegt es nahe, die Entartung des Valenzbandes verantwortlich zu machen. Der g-Faktor hängt der Spin-Bahn-Kopplung wegen von dem Impuls, d. h. Ausbreitungsvektor $\mathfrak{k}$ des Elektrons ab, so daß sich ein weiter Bereich von Resonanzfrequenzen bei evtl. sehr kleiner Relaxationszeit ergibt, und eine unbeobachtbar breite Linie entsteht.

Für einen Kristall unter einachsiger mechanischer Spannung wird das Energiespektrum E der *Löcher* fundamental geändert. Diese Erscheinung ist für die Leit-

---

[1]) Verschmälerung einer Linie tritt ein, wenn ein *bewegtes* Elektron nur unter dem Einfluß des *Mittelwertes* der zusätzlichen Magnetfelder steht, die von den im Gitter vorhandenen magnetischen Momenten (Kernen, andere Elektronen) herrühren. (Vgl. *Bloembergen, Purcell, Pound.* Phys. Rev. **73**, 679 (1948).

[2]) Die Linie in Bor (S. 140) und diejenigen in CdS mit Ga bzw. Cl (Tabelle 19, S. 147) sind evtl. ebenfalls freien Trägern zuzuschreiben.

fähigkeitseigenschaften und auch die Cyclotronresonanz von Bedeutung [25]. Während im spannungsfreien Fall

$$E(\mathfrak{k},0) = A k^2 \pm \sqrt{\varepsilon_k}\,; \qquad \varepsilon_k = B^2 k^2 + C^2 (k_x^2 k_y^2 + k_y^2 k_z^2 + k_z^2 k_x^2)$$

ist, gilt bei Vorhandensein einer Dehnung, bezogen auf das Hauptachsensystem des Dehnungstensors

a) für den Fall hoher Temperaturen

$$E(\mathfrak{k},\varepsilon) = E(\mathfrak{k},0) + a\Delta \pm \frac{Bb}{2} \sum_i \frac{3k_i^2 - k^2}{\sqrt{\varepsilon_k}} \cdot \varepsilon_{ii}'' ,$$

b) für den Fall tiefer Temperaturen

$$E(\mathfrak{k},\varepsilon) = a\Delta \pm \sqrt{\varepsilon_\varepsilon} + \frac{\hbar^2}{2} \sum_i \frac{k_i^2}{m_{i\pm}}\,; \qquad \frac{1}{m_{i\pm}} = \frac{2}{\hbar^2}\left(A \pm \frac{Bb}{2\sqrt{\varepsilon_\varepsilon}}(3\varepsilon_{ii}'' - \Delta)\right).$$

A, B, C Konstanten der Energieflächengleichung; a, b, c Konstanten der Matrix, die im Hamiltonoperator den Einfluß der Dehnung beschreibt.

$\Delta = \varepsilon_{xx} + \varepsilon_{yy} + \varepsilon_{zz}$ Volumdehnung; ε_{ii}'' Komponenten des Dehnungstensors im Hauptachsensystem;

$$\varepsilon_\varepsilon = \frac{b^2}{2}(\varepsilon_{xx} - \varepsilon_{yy})^2 + (\varepsilon_{xx} - \varepsilon_{zz})^2 + (\varepsilon_{yy} - \varepsilon_{zz})^2$$
$$+ d^2 (\varepsilon^2_{xy} + \varepsilon^2_{xz} + \varepsilon^2_{yz}) .$$

Der erste oder zweite Fall liegt vor, je nachdem ob für die Mehrzahl der Löcher der kinetische Energieanteil $\sqrt{\varepsilon_k}$ groß oder klein gegen die deformationsbedingte Energie $\sqrt{\varepsilon_\varepsilon}$ ist. Im Fall b) ist die auftretende effektive Masse m bemerkenswerterweise unabhängig von der absoluten Größe der Dehnung (sofern sie einen Mindestwert übersteigt) und lediglich richtungsabhängig.

Konsequente Einbeziehung des Spins in die Eigenwertgleichung gestattet, auch die Spinresonanzfrequenzen für die freien Löcher zu ermitteln [26, 27]. Für Deformation entlang [001] oder [111] gilt für *tiefe* Temperaturen.

$$(\hbar\omega_p)^2 = \beta^2 K^2 (g_{\parallel}^2 H_z^2 + g_{\perp}^2 H_{\perp}^2)$$

mit

$$g_{\parallel}^2 = (1 \mp 2)^2, \quad g_{\perp}^2 = (1 \pm 1)^2, \quad d\varepsilon \quad \text{oder} \quad b\varepsilon \gtrless 0 .$$
$$H_{\perp}^2 = H_x^2 + H_y^2 .$$

$2\pi\hbar = h$ Planckscher Wirkungsquantum, K antisymmetric constant (vierte Energieflächenkonstante des Valenzbandes von Ge oder Si bei nicht verschwindendem Magnetfeld) [28], β Bohr-Magneton, ω Kreisfrequenz. Analog zur effektiven Masse (vorhergehender Absatz, Fall b) ist der g-Tensor vom absoluten Wert der Dehnung unabhängig, so daß Spinresonanz wenigstens prinzipiell beobachtbar ist. Messungen von Spinresonanz *und* Cyclotronresonanz sollten es ermöglichen, auch das bislang nicht sicher festgelegte Vorzeichen der Konstanten B und D ($C^2 = D^2 - 3B^2$) zu ermitteln. An freien Löchern ist Spinresonanz bislang nicht aufgefunden worden, jedoch an gebundenen (s. Abschnitt 3d, S. 126).

3b) Donatoren geringer Aktivierungsenergie in Silicium — Elektron-Kern-Doppelresonanz (ENDOR) — Einachsiger Druck

Auf die erste Beobachtung der Spinresonanz in einem Elementhalbleiter überhaupt [17], die Leitungselektronen betraf (s. Abschnitt 3a) folgte einige Zeit später ein Experiment, in dem Spinresonanz neutraler Donatoren bei 4,2 °K in Silicium aufgefunden wurde [18a, 29]. Es zeigte sich sogleich, daß keine einfache, sondern eine aufgespaltene Linie auftritt, und zwar ergeben sich vier Komponenten für Arsen-Atome, zwei für Phosphoratome. Alle Experimente, auch die ausführlicheren späteren [12], bestätigten die sofort gegebene Deutung, daß es sich um die Hyperfeinaufspaltung der Elektronenspinresonanzlinie durch den Kernspin des Fremdatoms handelt. Die diesbezüglichen Daten sind in Tabelle 4 enthalten. Man beachte, daß es auf diese Weise, zumindest in gewissem Umfange, möglich ist, eine Analyse von Fremdatomen auszuführen.

Weshalb bei diesen frühen Experimenten [29] keine Spinresonanz der neutralen *Akzeptoren* zu finden war, obwohl sie gesucht wurde, ist erst erheblich später aufgeklärt worden: maßgebend ist die Entartung des Valenzbandes, dessen Wellenfunktionen auch für das eingebaute Fremdatom maßgebend sind (Abschnitt 3d, S. 126). In diesem Abschnitt werden nur die Donatoren geringer Aktivierungsenergie behandelt (shallow impurity states). Den Fremdatomen großer Aktivierungsenergie, insbesondere den Übergangselementen, ist der Abschnitt 3i (S. 140) gewidmet, da ihre Elektronen ein andersartiges Energiespektrum besitzen.

Die folgende Diskussion der Elektronenwellenfunktion für ein Donatorelektron wird zeigen, daß das Auftreten der Hyperfeinaufspaltung hier von besonderer Bedeutung ist für die Feststellung des tatsächlich realisierten Elektronenzustandes. Auch finden sich individuelle Unterschiede zwischen verschiedenen Donatoren: insbesondere sind die g-Werte und die $\psi(0)$-Werte (Wellenfunktion am Ort des Donatorkerns) nicht von gleicher Größe.

Die hier interessierenden Donatoren haben eine gewisse Ähnlichkeit mit einem Wasserstoffatom. Von den fünf Elektronen, die z. B. beim Phosphor in der 3. Schale sitzen ($3s^2, 3p^3$) werden für die homöopolaren Bindungen zu den vier tetraedrisch angeordneten Nachbaratomen nur vier benötigt. (Silicium besitzt zwei 3s- und zwei 3p-Elektronen.) Vom fünften Elektron kann man annehmen, daß es im Feld des von der Elektronenhülle abgeschirmten Phosphoratoms ähnliche Zustände besitzt wie das Elektron des Wasserstoffatoms.

Diese zunächst qualitative Vorstellung läßt sich verschärfen [30, 132]. Das Donatorelektron befindet sich sowohl im periodischen Potentialfeld $\tilde{\varphi}(\mathfrak{r})$ des Siliciumgitters, als auch im effektiven Feld $-\frac{e^2}{\varkappa r}$ des Störatoms. r ist dabei der Abstand des Donatorelektrons vom Kern, dem die (überschüssige) Ladung e zugeschrieben ist. Die Dielektrizitätskonstante $\varkappa$ tritt auf, da angenommen wird, daß sich das Donatorelektron so langsam durch die Gesamtheit der übrigen Elektronen hindurchbewegt, daß diesen genügend Zeit bleibt, die der Dielektrizitätskonstanten $\varkappa$ gemäße Polarisation aufzubauen. Die Schrödingergleichung nimmt dann die Gestalt an

$$\left(-\frac{\hbar^2}{2m_0}\operatorname{div}\operatorname{grad} + e\,\tilde{\varphi}(\mathfrak{r}) - \frac{e^2}{\varkappa r}\right)\psi = E\psi\,. \tag{16}$$

Faßt man das Glied mit $1/r$ als Störung auf, so ergibt sich als Wellenfunktion für den *Grund*zustand

$$\psi \approx u_{0,0}(\mathfrak{r})\,F(\mathfrak{r}) = u_{0,0}(\mathfrak{r})\,\frac{1}{(\pi a^{*3})^{1/2}}\exp(-r/a^*)\,. \tag{17}$$

$u_{0,0}(\mathfrak{r})$ ist die Lösung des ungestörten Problems für das unterste Band ($n = 0$) für $\mathfrak{k} = 0$. Das Energiespektrum ist zu $E_0(\mathfrak{k}) = (\hbar^2/2m^*)\,k^2$ angesetzt. Der übrige Faktor

Tabelle 4. Donatoren geringer Aktivierungsenergie in Silicium

Element	P	As	Sb		Bi
Elektronenkonfiguration neutral, frei	3s: 2 3p: 3	4s: 2 4p: 3	5s: 2 5p: 3 4f: 0		6s: 2 6p: 3 5f, g: 0
Isotop	^{31}P	^{75}As	^{121}Sb	^{123}Sb	^{209}Bi
Kernspin	$^1/_2$	$^3/_2$	$^5/_2$	$^7/_2$	$^9/_2$
Anzahl *hf*-Komponenten	2	4	6	8	10
magnetisches Kernmoment	1,1316 ± 2	1,4347 ± 3	3,3591 ± 5	2,5465 ± 5	4,0801 ± 5
natürliche Häufigkeit %	100	100	57,25	42,75	100
g-Faktor $\left(\frac{1}{3}g_{\parallel} + \frac{2}{3}g_{\perp}\right)$	1,99850 ± 10	1,99837 ± 10	1,99858 ± 10		2,0023 ± 1
$a\left(\frac{16\pi}{3}\frac{\mu}{I}\mu_e\lvert\psi(0)\rvert^2\right)$ MHz	117,53 ± 2	198,35 ± 2	186,802 ± 5	101,516 ± 4	1475,4 ± 1
$\lvert\psi(0)\rvert^2$ cm^{-3}	$0{,}43 \cdot 10^{24}$	$1{,}73 \cdot 10^{24}$	$1{,}18 \cdot 10^{24}$		$1{,}4 \cdot 10^{25}$
Ionisationsenergie eV	$44{,}6 \cdot 10^{-3}$	$52{,}5 \cdot 10^{-3}$	$43 \cdot 10^{-3}$		$68 \cdot 10^{-3}$
Singlett-Dublett-Abstand E_{12} eV	$15 \cdot 10^{-3}$	$22 \cdot 10^{-3}$	$12 \cdot 10^{-3}$		
$g_{\parallel} - g_{\perp}$ $\times 10^{-3}$	1,04 ± 4	1,10 ± 5	1,13 ± 5		
Störstellenkonz. cm^{-3} $\times 10^{16}$	1,5 (4)	1,8	2,5		~ 2
Linienbreite 2 H_{obs} Oe	2,8 ± 1 (0,24 ± 2)	3,2 ± 1	2,6 ± 1		9,0 ± 4
E_{12}/Ξ_u	$(1{,}32 \pm 8) \cdot 10^{-3}$	$(1{,}98 \pm 12) \cdot 10^{-3}$	$(1{,}10 \pm 7) \cdot 10^{-3}$		

Ionisationsenergien nach *N. B. Hannay.* Semiconductors. Reinhold Publishing Corporation, New York, 1959. p. 460. — *W. Kohn.* Solid State Physics. Herausgeber *Seitz/Turnbull.* Academic Press. Band V.

Deformationspotential angesetzt zu $\Xi_u = 11$ eV. Dieser Wert folgt aus der Effektiven-Masse-Theorie (Abschnitt 3 b, S. 122), angewandt auf das Dublett.

ist die Wasserstoffeigenfunktion des Grundzustandes mit dem effektiven Bohr-Radius $a^* = \hbar^2 \varkappa / m^* e^2$. Für die Energiestufen des Donatorelektrons gilt

$$E_{n_0} = -\frac{1}{n_0^2} \frac{(e^2/\varkappa)^2 m^*}{2\hbar^2}; \quad n_0 = 1, 2, 3, \ldots .$$

Der Energienullpunkt liegt im unteren Rande des Leitungsbandes. Je höher die Energie, um so weiter ausgedehnt ist die Bahn des Elektrons und um so genauer gilt die zitierte Theorie. Für den Grundzustand ist sie am ungenauesten. Das Elektron befindet sich relativ nahe am Kern und die Voraussetzungen vor Gleichung (16) sind schlecht erfüllt. Die experimentellen Werte für den Grundzustand (Ionisationsenergie) sind in Tabelle 4 mit eingetragen.

Für den Fall ellipsoidischer Energieflächen (Gleichung (8), S. 103) kann die Funktion $F(\mathfrak{r})$ in Gleichung (17) nicht kugelsymmetrisch sein. Eine brauchbare angenäherte[1]) Lösung ist [30]

$$F(\mathfrak{r}) = (\pi a b)^{-1/2} \exp\left([-(x^2+y^2)/a^2 + z^2/b^2]^{1/2}\right). \tag{18}$$

Silicium besitzt nicht nur *ein* Minimum des Leitungsbandes (das dann bei $\mathfrak{k} = 0$ liegen müßte), sondern deren sechs, die auf den [100]-Richtungen des $\mathfrak{k}$-Raumes liegen. Das bedeutet, daß im Rahmen der gegebenen Beschreibung auch der Grundzustand des Donators sechsfach entartet ist, da die Wellenfunktionen $\psi^{(i)}$ aller Minima zur gleichen Energie gehören. Die Donatorfunktion ist also als Linearkombination

$$\psi_m = \sum_{i=1}^{6} \alpha_m^{(i)} \psi^{(i)}(\mathfrak{r}); \quad m = 1, 2, \ldots 6 \tag{19}$$

zu schreiben, wobei auch diese Kombinationen im Rahmen der bisher gegebenen Theorie alle zur gleichen Energie gehören. Man muß nun erwarten, daß tatsächlich die Entartung (der 6 möglichen linear unabhängigen Linearkombinationen) aufgehoben wird, soweit dies mit der Symmetrie (Tetraedergruppe T_d) im Siliciumgitter verträglich ist. Beziffert man die Minima $(k_0, 0, 0)$, $(-k_0, 0, 0), \ldots,$ $(0, 0, -k_0)$ in dieser Reihenfolge mit $m = 1, \ldots, 6$, so gilt für die allein möglichen Koeffizientenkombinationen [31] Tabelle 5. Die bei tetraedrischer (also nicht geringerer) Symmetrie verbleibende Entartung ist durch die Zusammenfassung in Tabelle 5 bereits ausgedrückt: man erhält einen einfach, einen zweifach und einen dreifach entarteten Zustand.

Es taucht sofort die Frage auf, welcher Zustand am tiefsten liegt. Man beachte nun, daß die Wellenfunktion aller einzelnen Minima (Gleichungen (17) und (18)) am Ort des Kerns ($r = 0$) *denselben* Wert besitzt. Aus den Vorzeichen der Koeffizienten in Tabelle 5 ist dann zu sehen, daß nur der einfach entartete Zustand ($m = 1$) für den Kernort *nicht* verschwindet.

Für die Hyperfeinaufspaltung ist dieser Umstand wesentlich. Ihr isotroper Teil (contact term) (vgl. Abschnitt 2c, Gl. (12), S. 105), der hier in Frage kommt, liefert bei fester Frequenz eine Differenz

$$\Delta H = (\mu/I)\,(8\pi/3)\,|\psi(0)|^2 = a/\mu_e . \tag{20}$$

für die Magnetfelder, bei denen Resonanz auftritt. Dabei sind μ und I das magnetische Moment und der Kernspin des Donatorkerns und $|\psi(0)|$ ist die Wellenfunktion des Donatorelektrons *am Kernort*. Eine merkliche Hyperfeinaufspaltung

---

[1]) Die Störungsrechnung läßt sich nicht streng erledigen [31].

ist also nur für den einfach entarteten Zustand zu erwarten, der am Kernort nicht verschwindet. Wie schon zu Beginn dieses Abschnitts festgestellt wurde, liefern Donatoren in Silicium ausgeprägte Hyperfeinaufspaltung (Abb. 3), aus deren Größe sich auch die Wahrscheinlichkeitsdichte $|\psi(0)|^2$ des Elektrons am Kernort ergibt. Grundzustand ist also dieser einfach entartete Zustand. In Abschnitt 3e wird das entsprechende Resultat für Germanium mitgeteilt. Die Aufspaltung macht sich auch bei Hall-Effekt-Messungen bemerkbar [133].

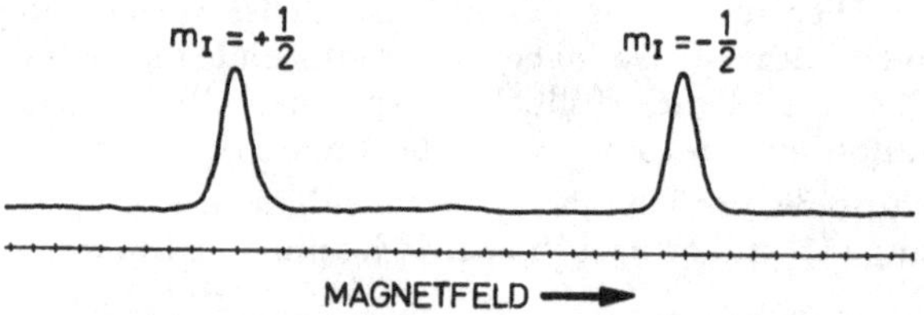

Abb. 3. Elektronenspinresonanz von Phosphor in Silicium (*G. Feher*, Phys. Rev. **114** (1959) 1235). Zweifache Aufspaltung entsprechend dem Kernspin 1/2 des Phosphorkerns, vgl. Tabelle 4. $T = 1{,}25$ °K. $\nu = 9$ GHz. Konz. $7 \cdot 10^{15}$ cm^{-3} P.

Wenn es gelingt, nicht nur den Grundzustand, sondern einen höheren Zustand des Donators mit Elektronen zu besetzen, sollte für diesen auch Spinresonanz beobachtbar sein. Für Phosphor in Silicium ist Spinresonanz beim Bestrahlen mit infrarotem Licht beobachtet worden, die einem höheren Zustand dieses Donators zugeschrieben werden kann, in den die Elektronen durch die Lichtquanten gehoben wurden [32].

Im Magnetfeld ist die Beschreibung der Zustände nach Tabelle 5 nicht endgültig. Wegen des Spins ist jeder Zustand ohne Magnetfeld noch zweifach entartet

Tabelle 5. Koeffizienten der Wellenfunktionen für einen Donator in Gleichung (19)
In der ersten Spalte stehen die gruppentheoretisch üblichen Bezeichnungen der Darstellungen

	m \ i	1	2	3	4	5	6	Normierungs-Faktor
(A_1)	1	1	1	1	1	1	1	$\cdot 1/\sqrt{6}$
(E)	2	1	1	−1	−1	0	0	$\cdot 1/2$
	3	1	1	0	0	−1	−1	$\cdot 1/2$
(T_1)	4	1	−1	0	0	0	0	$\cdot 1/\sqrt{2}$
	5	0	0	1	−1	0	0	$\cdot 1/\sqrt{2}$
	6	0	0	0	0	1	−1	$\cdot 1/\sqrt{2}$

anstelle der Zustände (E) kann auch ihre Summe und Differenz benützt werden (bei entsprechender Normierung):

(E)	2′	2	2	−1	−1	−1	−1	$\cdot 1/\sqrt{12}$
	3′	0	0	1	1	−1	−1	$\cdot 1/2$

(Kramers-Entartung). Die g-Werte, die später benützt werden, sind unter Beachtung dieses Umstandes ermittelt [6, 33].

Für Konzentrationen über 10^{16} Phosphoratomen je cm^3 treten zwischen den Hyperfeinkomponenten weitere schwächere Linien auf, Abb. 4. Es zeigt sich, daß Anzahl, Abstand und Intensität dieser Linien erklärt werden können, wenn man sie Zusammenlagerungen (clusters) von zwei oder mehr gleichen Störatomen zuschreibt. Ist für ein Störstellenpaar die Austauschwechselwirkung zwischen den beiden Elektronen stark, so benehmen sie sich im Triplettzustand wie ein Teilchen vom Spin 1 [34]. Für die Änderung seiner Komponente in Feldrichtung gilt $\Delta M = \pm 1$. Da das Spinpaar mit zwei Kernen zugleich verknüpft ist, hängt die Energie von deren magnetischem Moment ab (Komponenten m_1 und m_2): für die Energiedifferenzen der Hyperfeinkomponenten gilt $\frac{1}{2} a (m_1 + m_2)$. ($a$ Hyperfeinkoppelkonstante, vgl. Gleichung (20).) Entsprechend den möglichen Kombinationen von m_1 und m_2 ergeben sich $(4I + 1)$ Differenzen und damit Linien. Gilt für die Störstellen $S = {}^1/_2$ und $I = {}^1/_2$ so sind die Energiezustände im starken Felde für den Fall $a \ll J$: $E = \frac{1}{4}J$, $\frac{1}{4}J \pm g\beta H_z$, $\frac{1}{4}J + \frac{1}{2}a \pm g\beta H_z$, $\frac{1}{4}J - \frac{1}{2}a \pm g\beta H_z$. Die elektronischen Übergänge liegen bei $h\nu = g\beta H_z$. (J Koppelkonstante der Austauschwechselwirkung.) Der Abstand der äußersten Komponenten entspricht stets a ebenso wie für Einzelstörstellen, der Abstand der Linien untereinander ist halbiert. Wie aus Abb. 4 hervorgeht, gilt Entsprechendes offenbar auch für mehr als zweifache Zusammenlagerung. Mit wachsender Störstellenkonzentration werden diese Zusammenlagerungen häufiger [12, 29, 35]. Bei hohen Konzentrationen findet sich schließlich nur noch die Resonanz der freien Träger (s. Abschnitt 3 a, S. 109).

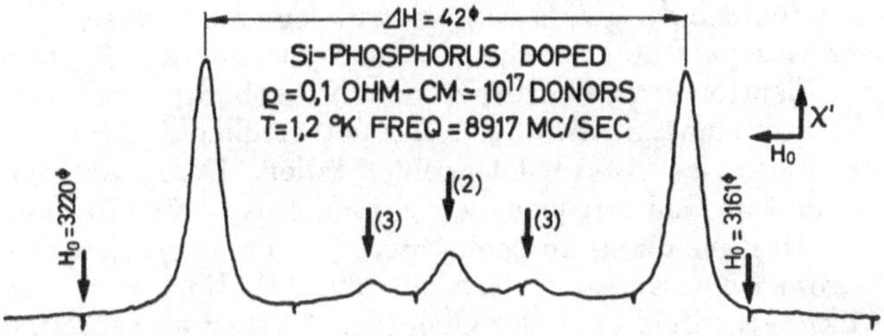

Abb. 4. Elektronenspinresonanz von Donatoren (P) in Silicium (*G. Feher, R. C. Fletcher, E. A. Gere*, Phys. Rev. **100** (1955) 1784). Die schwächeren Linien gehen auf zwei bzw. drei zusammengelagerte Donatoren zurück, im Bild durch die entsprechenden Ziffern gekennzeichnet.

Donatoren in *p-Silicium* sind normalerweise ionisiert, können also keine Spinresonanz verursachen. Strahlt man Licht ($\sim 1\ \mu m$) ein, das Elektronen vom Valenzband ins Leitungsband hebt, und dort eine Konzentration von etwa $10^7\ cm^{-3}$ erzeugt, so gehen diese Elektronen mit einer Zeitkonstanten von 10^{-7} bis 10^{-8} s an die Donatoren über. Gleichzeitig geben die vorher geladenen Akzeptoren ihr Elektron ans Valenzband ab (in dem durch die Lichteinstrahlung freie Plätze geschaffen wurden). Bei Helium-Temperaturen bleibt der dann erreichte Zustand mit *neutralen* Donatoren und Akzeptoren über Stunden bestehen, da (fast) keine freien Löcher vorhanden sind, die den Übergang der Elektronen von den Donatoren zu den Akzeptoren vermitteln könnten. Demnach sollte Spinresonanz der jetzt neutralen Donatoren beobachtbar sein, wie das auch tatsächlich gefunden wurde [36]. Die Donatorkonzentration läßt sich aus der Stärke des Resonanzsignals ermitteln mit einer Genauigkeit, die sicher nicht schlechter sein sollte, als die Konzentrations-Ermittlung über Hall-Effektmessung bei tiefen Temperaturen [36].

Elektron-Kern-Doppelresonanz [37, 38, 137]

Das der Hyperfeinaufspaltung entsprechende Energieschema für das Donatorelektron im starken Magnetfeld ist in Abb. 5 für den Fall $I = 1/2$ (z. B. Phosphor) gezeichnet. Wenn die Wechselwirkung des Kernspins mit dem Elektronenspin diejenige mit dem äußeren Felde überwiegt, liegen für $M = +1/2$ bzw. $-1/2$ jeweils die Zustände mit verschiedenem Vorzeichen von M und m zutiefst. Die Besetzung

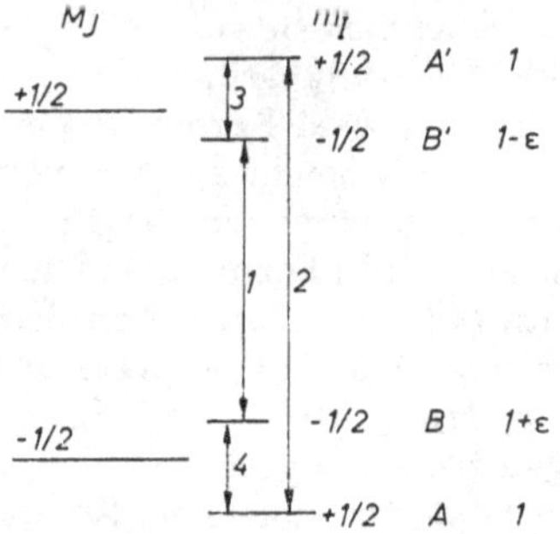

Abb. 5. Energieschema des Donatorelektrons mit Berücksichtigung des Kernspins.
Energieniveaus: $E = g\beta HM + \frac{8\pi}{3}\frac{\mu}{I} g\beta|\psi(0)|^2 Mm - \frac{\mu}{I} Hm$
(im starken Feld). Thermische Wechselwirkung zu 1 und 2 stark, zu 3 und 4 schwach. Dann ergeben sich die in der letzten Spalte angegebenen Besetzungen, falls 2 gesättigt wird.

der vier Niveaus wird nicht gleich sein, sondern einer Boltzmann-Verteilung für die vorhandene Temperatur gehorchen, so daß das Niveau A' am schwächsten besetzt ist. Bei Elektronenresonanzexperimenten beobachtet man die Übergänge 1 und 2, die die Bedingungen $\Delta M = \pm 1, \Delta m = 0$ erfüllen und für einige Tausend Oe Magnetfeldstärke ins Mikrowellengebiet fallen. Demgegenüber liegen die Übergänge 3 und 4 im Radiofrequenzbereich und entsprechen der üblichen Kernspinresonanz. Statt diese direkt zu beobachten, kann man sie auch auf dem Wege über die Elektronenspinresonanz feststellen [37, 38]. Dazu muß zunächst durch ein starkes Mikrowellenfeld etwa der Übergang 2 gesättigt werden, d. h. die Besetzung der Niveaus A und A' wird (nahezu) gleich und das gemessene Signal wird nahezu verschwinden. Die stationär absorbierte Leistung ist durch Gleichung (4) (S. 99) gegeben. Niveau B wird dann um den Anteil ε stärker als A, Niveau B' um den Anteil ε schwächer als A' besetzt sein. Strahlt man nun die Frequenz 3 mit genügender Amplitude ein, so wird dieser Übergang gesättigt, so daß die Niveaus B' und A' gleiche Besetzung annehmen. Das bedeutet, daß sich die Besetzung von A' gegenüber A verringert und das Mikrowellensignal wieder stark auftritt, jedenfalls vorübergehend so lange, bis der Übergang 2 erneut gesättigt ist. Demnach steigt in Abb. 6 das Signal bei Erreichen der Resonanzbedingung für 3 rasch an, um dann allmählich abzuklingen. In Abb. 6 wird das Abklingen natürlich bevorzugt durch das Verlassen der Resonanzbedingung bewirkt. Wie aus den in Abb. 5 angegebenen Niveaus folgt, ist die Energie-Differenz der Übergänge 3 und 4 durch den letzten Term $(\mu/I)H$ allein bestimmt. Sie beträgt $h\nu_4 - h\nu_3 = 2(\mu/I)H(\Delta m)$ und erlaubt die unmittelbare Bestimmung des magnetischen Kernmoments des Donators ohne Kenntnis der Hyperfeinwechselwirkungskonstanten a Kern-Elektron (Elektron in einem $S^{1/2}$-Zustand)[1]. Die Konstante $a = (8\pi/3)(\mu/I)g\beta|\psi(0)|^2$

---

[1]) Anwendung auf radioaktive Kerne [39].

ist gleich der Summe $h\nu_3 + h\nu_4$. Da das Elektronenmoment, mit dessen Hilfe die Kernübergänge nachgewiesen werden, die Kernmomente um etwa drei Größenordnungen übertrifft, ist das Doppelresonanzverfahren viel empfindlicher als die gewöhnliche Kernresonanz. Da zudem die absolute Größe des Kernmoments nicht eingeht, sollte das Verfahren speziell zur Bestimmung kleiner Momente nützlich sein (^{61}Ni, ^{57}Fe) [40, 41]. Auch wurde die hohe Genauigkeit benützt, um die Hyperfeinanomalie zu untersuchen (^{121}Sb, ^{123}Sb in Silicium [42]).

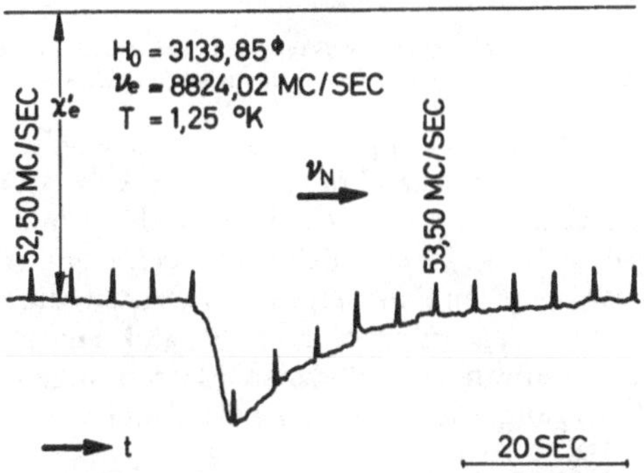

Abb. 6. Elektron-Kern-Doppelresonanz des Donator-Elektrons von Phosphor in Silicium. Wirkung der P-Hyperfeinniveaus (*G. Feher*, Phys. Rev. **103** (1956) 835).
Ordinate: Elektronenresonanzsignal bei 8824,02 MHz.
Abszisse: Zeit. Die Hochfrequenz läuft von 52,50 bis über 53,50 MHz (Markierungszacken).

Nicht in allen Fällen ist die Hyperfeinaufspaltung im Spinresonanzspektrum so groß, daß sie zu einer auflösbaren Linienaufspaltung führt. Ein Beispiel für unaufgelöste Struktur ist Lithium. Wegen seines Kernspins $^3/_2$ würden vier Komponenten zu erwarten sein. Das Experiment ergab nur *eine* Linie mit 1,5 Oe Halbwertsbreite [43]. Es handelt sich um einen Fall von inhomogener Verbreiterung (vgl. Abschnitt 2d, S. 107) [44]. Die Verbreiterung ist nicht Folge einer Wechselwirkung aller am Resonanzprozeß beteiligten Elektronen untereinander. Vielmehr handelt es sich um eine Überlagerung an sich schärferer Einzellinien. Durch Doppelresonanz (voriger Absatz) lassen sich die Hyperfeinkomponenten feststellen [12, 37]. Da Lithium nicht zu den Donatoren mit kleiner Aktivierungsenergie gehört ist es im übrigen in Abschnitt 3i, Tabelle 18, eingeordnet.

Gleichgültig, ob die Hyperfeinstruktur zufolge des *Donator*kerns aufgelöst wird oder nicht: die Linie in *natürlichem* Silicium ist immer inhomogen verbreitert (vgl. die Abschnitte 2c und 2d und Tabelle 3) durch Hyperfeinwechselwirkung, und zwar diejenige mit den ^{29}Si-Kernen. Natürliches Silicium besteht zu 4,7 % aus ^{29}Si mit dem Kernspin $^1/_2$. Bei seiner Bahn um den Donatorkern überstreicht das gebundene Elektron etwa 30 ^{29}Si-Kerne, und seine Resonanzlinie würde auch diesen Kernen entsprechend aufgespalten sein, wenn die Einzellinienbreite hinreichend gering wäre. Die Verbreiterung unterbleibt in (nahezu) isotopenreinem ^{28}Si ($I = 0$) [35, 45]. Geringe Linienbreite ist u. a. für die Anwendung im MASER wesentlich [46, 47].

Jede der Linien in Abb. 3 ist also inhomogen verbreitert. Eine solche Linie wird nur teilweise gesättigt, s. Abb. 7, wenn eine feste Mikrowellenfrequenz einwirkt. Nimmt man anschließend das Spektrum auf, so ist das Signal an der entsprechenden Stelle verringert (sofern das Signal so rasch nach der Sättigung aufgenommen

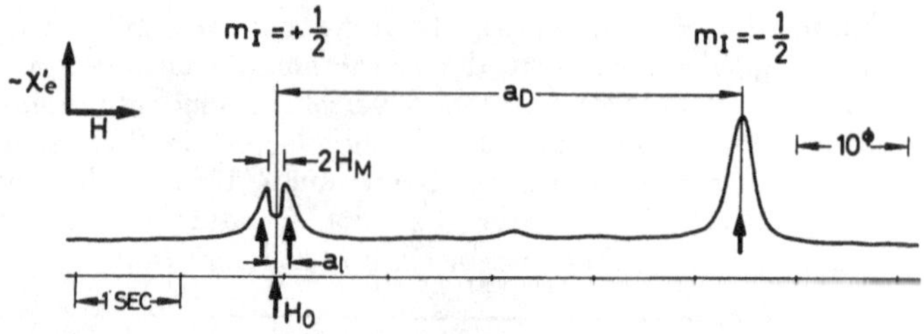

Abb. 7. Teilweise Sättigung einer inhomogen verbreiterten Resonanzlinie. Das Zentrum der linken Linie ($m = +1/2$) wurde vor der Aufnahme des Spektrums gesättigt (*G. Feher*, Physica **24** (1958) S. 80).

wird, daß nicht durch den Relaxationsprozeß bereits wieder thermisches Gleichgewicht erreicht war). Im zugehörigen Energieschema Abb. 8 sind die Einzelniveaus der Übersichtlichkeit halber getrennt gezeichnet; auch ist nur schematisch ein Teil aller möglichen Niveaus angegeben. Beim Doppelresonanzexperiment werden Übergänge a_l (^{29}Si) bzw. ν_D (P im Beispiel) hervorgerufen, die zur Veränderung des Elektronenresonanzsignals $h\nu_e$ führen. Abb. 9 gibt ein Beispiel für die dem Donatoratom benachbarten, an verschiedenen Plätzen sitzenden ^{29}Si-Atome. Die Linienbreite der a_l-Übergänge der ^{29}Si-Kerne ist dabei viel geringer (ca. 10 kHz)

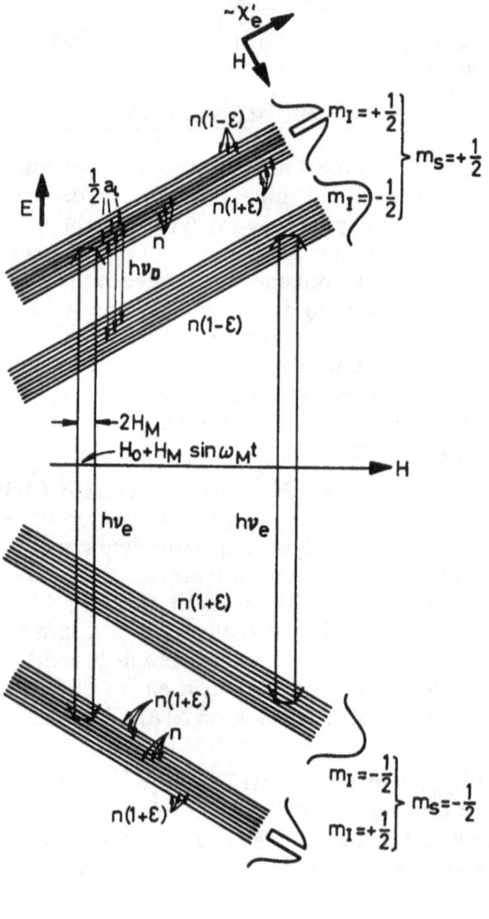

Abb. 8. Schematische Darstellung der Energieniveaus des Donatorelektrons bei Mitwirkung der ^{29}Si-Kerne (*G. Feher*, Phys. Rev. **114** (1959) 1221). – Die Mitte der linken Linie $h\nu_e$ ist (der Einfachheit halber) völlig gesättigt gedacht. Im Doppelresonanzexperiment werden Übergänge ν_D (P) oder a_l (^{29}Si) veranlaßt, so daß auch wieder das linke Signal $h\nu_e$ auftritt.

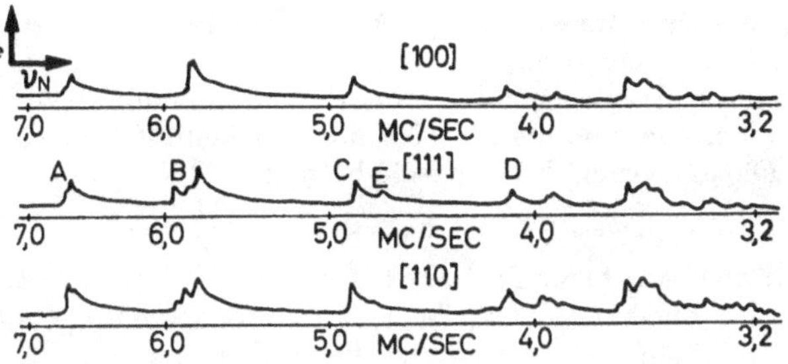

Abb. 9. Elektron-Kern-Doppelresonanz des Donatorelektrons von Arsen in Silicium. Wirkung der ^{29}Si-Hyperfeinwechselwirkung (*G. Feher*, Phys. Rev. **114** (1959) 1223).
Ordinate: Elektronenresonanzsignal bei ca. 9 GHz ($h\nu_e$).
Abszisse: Hochfrequenz in MHz (a_l).
Die Struktur jeder Einzellinie hängt von der Orientierung zwischen Kristall und statischem Magnetfeld ab.

als die Breite der (inhomogen!) verbreiterten Elektronenresonanzlinie ($h\nu_e$). Die Lage der Niveaus hängt in erster Linie von ihrer isotropen Hyperfeinwechselwirkung (vgl. Abschnitt 2c) mit dem Elektron ab. Der Energieanteil, der deshalb zur Formel in Abb. 5 hinzutritt, ist (vgl. Gleichung (15)).

$$\sum_l a_l M m_{\mathrm{Si}} \,,$$

wobei

$$a_l = (16\pi/3)\,(\mu_{\mathrm{Si}}/I_{\mathrm{Si}})\,\mu_e\,|\psi(\mathfrak{r}_l)|^2 \,.$$

Um die Aufenthaltswahrscheinlichkeit des Donatorelektrons ($|\psi(\mathfrak{r}_l)|^2$) an den verschiedenen Gitterplätzen zu ermitteln, ist es erforderlich, die Zuordnung der Doppelresonanzlinien (Abb. 9) zu den verschiedenen Gitterplätzen zu ermitteln. Hier kommt der Umstand zu Hilfe, daß die Doppelresonanzlinien nicht isotrop sind (erfordert als Voraussetzung, daß auch anisotrope Hyperfeinwechselwirkung vorliegt) sondern eine Struktur zeigen, die von der Symmetrie der Umgebung des fraglichen ^{29}Si-Kerns in bezug auf den Donator abhängt. Die genaue Analyse [12] liefert die in Tabelle 6 angegebene Zuordnung. Die Wellenfunktion $\psi(\mathfrak{r})$ hängt noch von der Lage des Minimums des Leitfähigkeitsbandes im $\mathfrak{k}$-Raum ab. Linienlagen und Anisotropie ergeben befriedigend übereinstimmende Plätze, wenn $k_0/k_{\max} = 0{,}85 \pm 0{,}03$ angenommen wird, wobei die Minima des Leitfähigkeitsbandes längs [100]-Richtungen liegen und $k_{\max}$ den Rand der Brillouin-Zone für diese Richtung bedeutet.

Tabelle 6. Zuordnung der Doppelresonanzlinien

$k_0/k_{\max} = 0{,}85 \pm 0{,}03$. Ort des P-Atoms: 000. Längeneinheit: 1/4 der Kante der kubischen Elementarzelle.

Linie in Abb. 9	Platz des ^{29}Si-Kerns
A	400
B	440
C	333
D	555
E	111

Bei der Diskussion der Donatorniveaus war festgestellt worden (S. 115 ff., Tabelle 5), daß über dem Singulett-Grundzustand in gewissem Abstand („valley-orbit-splitting") E_{12} ein Dublettzustand liegt. Normalerweise werden (bei tiefer Temperatur) nur die Eigenschaften des Grundzustandes beobachtet, da nur dieser besetzt ist. Unterliegt der Halbleiter jedoch mechanischer Spannung, so wird die Symmetrie des Kristalls verringert, und die sechs Minima des Leitungsbandes sind nicht mehr gleichwertig. Die Änderung ihrer Energie beträgt

$$\Xi_u T/C',$$

wo T die wirksame einachsige Spannung bedeutet. $C' = \frac{1}{2}(C_{11} - C_{12})$ ist die zugehörige elastische Konstante und Ξ_u das Deformationspotential für reine Scherung. Für Dehnung in [100]-Richtung rücken die beiden in dieser Richtung liegenden Minima zu tieferen Energien und werden stärker besetzt; für Dehnung in [110]-Richtung gelangen die dann noch gleichwertigen 4 Minima zutiefst. Für Dehnung in [100]-Richtung werden nur der Singulettzustand und *einer* der Dublettzustände (derjenige mit dem Normierungsfaktor $1/\sqrt{12}$ in der vorletzten Zeile in Tabelle 5) miteinander gemischt. Mit wachsender Dehnung werden schließlich nur noch die bevorzugten Minima besetzt. Da der Dublettzustand am Kernort die Wellenfunktion zu null macht, wird durch Dehnung $|\psi(0)|^2$ kleiner und die Hyperfeinaufspaltung verringert. Der Grad der Beimischung hängt vom Verhältnis x der Energieverschiebung $\Xi_u T/C'$ zum Singlett-Dublett-Abstand $E_{12} = 6\Delta_c$ ab:

$$x = (\Xi_u T/C')/6\Delta_c \qquad (\text{„valley strain"}).$$

Messung der Hyperfeinaufspaltung als Funktion der Dehnung [48, 49] (im Experiment wird negative Dehnung, also Kompression, durch einachsigen Druck erzeugt) liefert die in Tabelle 4 angegebenen Werte für E_{12}.

Neben der Veränderung der Hyperfeinaufspaltung tritt auch eine Veränderung des g-Wertes aus einem zweifachen Grunde ein. 1. bedingt die Änderung der Wellenfunktion und die gleichzeitige Umbesetzung der Minima auch eine Änderung des von der Messung gelieferten Mittelwertes für g. 2. Darüber hinaus erfährt der g-Wert für das einzelne Minimum eine Veränderung durch die Dehnung. Der g-Wert für ein einzelnes Minimum ist anisotrop: $g^2 = g_{\parallel}^2 \cos^2\varphi + g_{\perp}^2 \sin^2\varphi$. Aus Effekt 1 kann die Differenz $g_{\parallel} - g_{\perp}$ ermittelt werden, s. Tabelle 4. Effekt 2 basiert auf dem Einfluß eines benachbarten Bandes auf das Leitfähigkeitsband bei Dehnung. Experimentell kann die g-Änderung durch Dehnung längs [111] gemessen werden, da dann aus Symmetriegründen Effekt 1 nicht eintritt. Diese g-Verschiebung ist unabhängig von der Art des Donators.

3c) Relaxation in Silicium

Abb. 10 zeigt die verschiedenen Energiezustände, deren ein Donatorelektron im starken Magnetfeld fähig ist. Vorausgesetzt ist ein Donator mit dem Kernspin 1/2. Im thermodynamischen Gleichgewicht sind die Niveaus entsprechend einer Boltz-

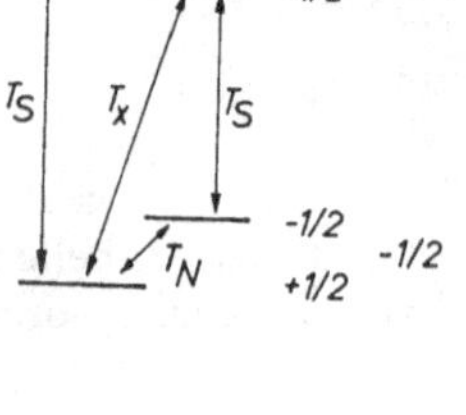

Abb. 10. Energieschema eines Elektrons ($S = 1/2$) an einem Donator (Kernspin $I = 1/2$) im starken Magnetfeld. Mögliche Spin-Gitter-Relaxationsprozesse sind T_S, T_N und T_x.

mann-Verteilung besetzt, d. h. das oberste am wenigsten, das unterste am stärksten.

Unter dem Einfluß eines Mikrowellenfeldes, das die Resonanzbedingung für einen der erlaubten Übergänge zwischen den Niveaus erfüllt, werden Änderungen dieser Gleichgewichtsbesetzung eintreten. Überläßt man danach das System sich selbst, so wird es, wie bereits anläßlich der Gleichung (2) und (3), S. 99, diskutiert, allmählich wieder ins Gleichgewicht zurückkehren [139, 143, 144]. Dieser als Spin-Gitter-Relaxation bezeichnete Prozeß hat sehr verschiedene physikalische Ursachen, die noch nicht als völlig geklärt gelten können. Die Zeitkonstante, mit der sich zwei Niveaus ins Gleichgewicht setzen, heißt Spin-Gitter-Relaxationszeit T_1. Mit T_1 wird auch der entsprechende Prozeß selbst bezeichnet, auch wenn er noch verschiedene physikalische Ursachen hat (vgl. Abschnitt 2 d).

Zu den Übergängen $\Delta M = \pm 1, \Delta m = 0$ (Kernspinkomponente ungeändert) gehört die Relaxationszeit T_s. Die alleinige Änderung der Kernspinkomponente heißt T_N ($\Delta M = 0$, $\Delta m = \pm 1$). Weiterhin ist noch die gleichzeitige gegensinnige Änderung beider Komponenten möglich ($\Delta M = \pm 1$, $\Delta m = \mp 1$). Dagegen ist der Übergang $\Delta M = \pm 1, \Delta m = \pm 1$ verboten. Die Störung der Gleichgewichtsverteilung läßt sich bevorzugt auf zwei Wegen erreichen: durch Sättigung des fraglichen Übergangs oder durch raschen adiabatischen Resonanzdurchgang [50]. Sättigung besteht darin, daß ein Mikrowellenfeld genügender Intensität Besetzungsgleichheit der beiden Niveaus erzwingt (vgl. Abschnitt 2 a). Adiabatischer rascher Resonanzdurchgang (adiabatic fast passage) liegt vor, wenn bei fester Mikrowellenfrequenz das Magnetfeld von einem Wert oberhalb der Resonanzstelle auf einen Wert unterhalb gesenkt wird (oder umgekehrt) und die Zeit, in der dabei die Resonanzlinie durchlaufen wird, kleiner als die Spin-Gitter-Relaxationszeit *und* die Relaxationszeit der Spins untereinander ist (= reziproke Linienbreite) („rascher" Resonanzdurchgang), andrerseits aber doch so langsam („adiabatisch"), daß die Elektronenspins, d. h. die Magnetisierung, der Feldänderung folgen können: $dH/dt \ll \gamma H_1^2$, wo H_1 die Amplitude des Mikrowellenfeldes und $\gamma = g\beta/\hbar$. $\gamma H_1/2\pi$ ist die kleinste vorkommende Präzessionsfrequenz der Magnetisierung um das effektive Feld $((H_0 - \omega/\gamma)^2 + H_1^2)^{1/2}$ (im rotierenden System). Durch diesen Prozeß werden die Besetzungen der beiden Niveaus vertauscht. Führt man anschließend ein normales Spin-Resonanz-Experiment aus, so liefert die zeitliche Änderung der Signalamplitude, sofern sie einem Exponentialgesetz folgt, unmittelbar eine Relaxationszeit T. Bei Beteiligung mehrerer Prozesse braucht kein exponentieller Abfall zu erfolgen.

Schon früh wurde gefunden [51], daß die Relaxationszeiten in Silicium bei tiefer Temperatur ungewöhnlich lang (weit über 10 s) sein können. Spätere Messungen zeigten [35, 51—53, 140—142, 145—147], daß es sich um lange *Elektronenspinrelaxationszeiten* handelt. Sollen die in Abb. 10 angegebenen Zeiten einzeln ermittelt werden, so muß mit Hilfe der bereits genannten Methoden die Besetzung nur jeweils bestimmter Niveaus geändert werden, um danach die Zeitkonstante der Gleichgewichtseinstellung, also die Relaxationszeit, zu bestimmen. Auf eine Mitteilung der experimentellen Einzelheiten [53] wird hier verzichtet. Die einzelnen Relaxationsprozesse besitzen folgende Eigenschaften:

T_S. Diese Relaxationszeit ist unter $\sim 10^{16}$ P je cm³ konzentrationsunabhängig. Für $\sim 5 \cdot 10^{17}$ P/cm³ ist sie bereits um sieben Größenordnungen kleiner (Abb. 11). Bei 1,25 °K und 3200 Oe ist T_S $3 \cdot 10^3$ s, bis 2 °K fällt sie wie $1/T$ [54], über 2 bis 4,2 °K wie $1/T^7$. Im konzentrationsunabhängigen Bereich variiert $1/T_S$ oberhalb 8000 Oe wie H^4, darunter weniger [53, 54]. Im konzentrationsabhängigen Bereich ist T_S von der Anzahl der gleichzeitig im Kristall anwesenden Akzeptoren (Bor) abhängig, jedoch magnetfeldunabhängig [53, 147].

Die ersten Theorien [55, 56] vermochten T_S nicht zu erklären. Betrachtet wurde ein Ein-Phonon-Prozeß, bei dem die (alleinige) Spin-Änderung ($\Delta M = \pm 1$, $\Delta m = 0$) mit der Emission oder Absorption eines Phonons verknüpft ist. Die

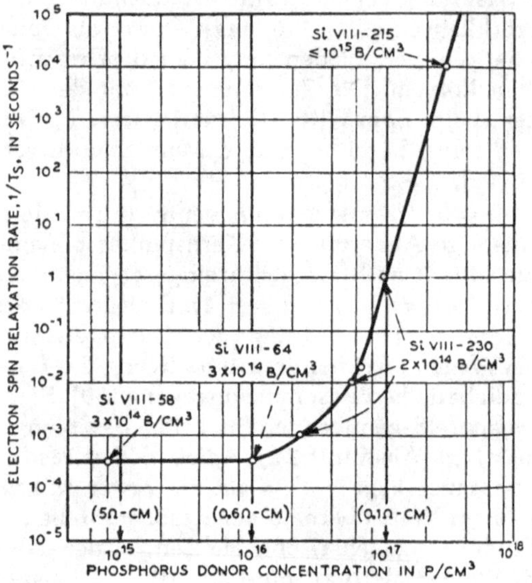

Abb. 11. Abhängigkeit der Spin-Gitter-Relaxationszeit T_s der Elektronen von der Donatorkonzentration (*G. Feher, E. A. Gere*, Phys. Rev. **114** (1959) 1245)

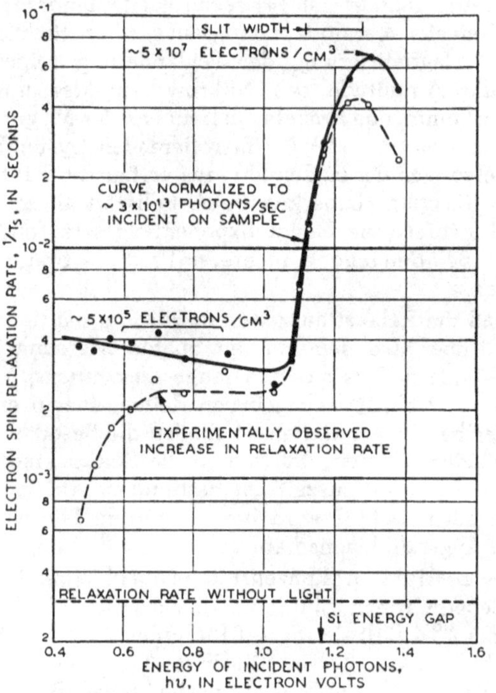

Abb. 12. Beeinflussung der Elektronenspinrelaxationszeit T_s durch Lichteinstrahlung, die freie Träger verursacht (*G. Feher, E. A. Gere*, Phys. Rev. **114** (1959) 1245)

Wechselwirkung zwischen Phonon und Spin kommt dadurch zustande, daß die vom Phonon verursachte Gitterdilatation eine Beimischung von höheren Zuständen (des Bänderschemas) zum Grundzustand des Elektrons bewirkt. In den genannten Theorien wurde Wechselwirkung mit Bändern im Abstand $\sim$ 1 eV angenommen. Wegen dieses großen Abstandes war der Einfluß gering. In neuen Theorien [6, 33] wird das genaue Energieschema, wie es in Abschnitt 3b, S. 116, besprochen wurde, zugrundegelegt. Der Grundzustand (A_1 in Tabelle 5) wird dann durch das Phonon in doppelter Weise beeinflußt. Erstens ergibt die Änderung des Energieabstandes E_{12} zum Dublett (E) einen Umbesetzungseffekt der Minima (wie bei den Dehnungsexperimenten, Abschnitt 3b, S. 122), der den g-Faktor verändert; zweitens wird unter Dehnung (durch das Phonon) der g-Faktor unmittelbar durch ein höheres Band verändert. Beide Effekte zusammen ergeben nun innerhalb eines Faktors 2 die gemessene T_S-Relaxationszeit [48].

T_x. Diese Relaxation (cross relaxation) besitzt Bedeutung für Methoden zur Kernpolarisation [52, 55—57, 137, 138], da sie eine Kopplung zwischen Kernspin- und Elektronenspinorientierung herstellt. Für Phosphor in Silicium findet man [53] bei 1,5 °K und 3200 Oe für T_x 30 h, bei 8000 Oe noch 5 h. Arsen und Antimon in Silicium ergeben $T_x < T_S$ und ermöglichen Kernspinorientierung, z. B. wenn die Elektronenresonanz gesättigt (Overhauser-Effekt [49]) wird. Behandelt man T_x als Ein-Phonon-Prozeß, der die Hyperfeinwechselwirkung beeinflußt, so gelangt man zu viel zu großen Werten von T_x [48, 55]. Wahrscheinlicher ist ein Prozeß, bei dem zwei Phononen beteiligt sind (Raman-Prozeß) [48, 60] (Abschnitt 2d).

Die angegebenen großen Werte für die Relaxationszeiten werden nur erhalten, wenn sich die Probe bei der tiefen Temperatur in völliger Dunkelheit befindet. Einstrahlung von Licht, insbesondere auf der kurzwelligen Seite der Bandkante, setzt die Relaxationszeit drastisch herab (von $3 \cdot 10^3$ auf 25 s, vgl. Abb. 12). Die Wirkung kommt dadurch zustande, daß freie Träger (im zitierten Beispiel $2 \cdot 10^6$ cm^{-3})

Tabelle 7. Energieniveaus der Donatoren geringer Aktivierungsenergie in Silicium

Element	Konzentration	R s^{-1}	$E_{12} \cdot 10^{-3}$; eV	$E_0 \cdot 10^{-3}$; eV	$E_{D+T} \cdot 10^{-3}$; eV	Ξ_u eV
P	$9 \cdot 10^{15}$	$0{,}071 \cdot 10^{10}$	$10{,}6 \pm 0{,}2$	$-44{,}6$ [c]	$-34{,}0$	8,0 [f]
As	$3 \cdot 10^{16}$	$6{,}2 \cdot 10^{10}$	$19{,}8 \pm 0{,}4$	$-53{,}4 \pm 0{,}2$ [d]	$-33{,}6$	10,0 [f]
Sb	$6 \cdot 10^{16}$	$26 \cdot 10^{10}$	$9{,}1 \pm 0{,}3$	$-42{,}6$ [c]	$-33{,}5$	8,3 [f]
Bi	$4 \cdot 10^{16}$	$52 \cdot 10^{10}$	34 ± 2	$-70{,}6 \pm 0{,}3$ [e]	-36	—

Korrektur der Spalten 4 bis 7 wegen hoher Donator-Konzentration (impurity banding) würde E_{D+T} erniedrigen.

E_{12} Singlett-Dublett-Abstand (valley-orbit-splitting), s. Gleichung (21). Die Werte hier stimmen nicht ganz mit den aus Dehnungsexperimenten ermittelten überein, die in Tabelle 4 stehen, doch ist die Abhängigkeit von der Art des Donators in beiden Fällen dieselbe.

E_{D+T} Dublett und Triplett.

Ξ_u Deformationspotentialkonstante.

c: *G. Pikus, E. Burstein, B. Henvis*, J. Phys. Chem. Solids **1**, 75 (1959).

d: *H. J. Hrostowski, R. H. Kaiser*, J. Phys. Chem. Solids **4**, 315 (1958).

e: *H. J. Hrostowski, R. H. Kaiser*, J. Phys. Chem. Solids **7**, 236 (1958).

f: nach *Wilson, Feher* [48].

erzeugt werden, die ihren Spin gleichzeitig mit einem Donatorelektron umkehren. Die Spin-Gitter-Relaxationszeit der freien Elektronen muß angesichts ihrer geringen Dichte sehr klein ($\sim 10^{-9}$ s) sein, oder es ist ein Relaxationsprozeß wirksam, bei dem die beiden T_S-Übergänge (Abb. 10) gleichzeitig gegensinnig auftreten [53].

Die Spin-Gitter-Relaxationszeit T_1 kann herangezogen werden, um die Singlett-Dublett-Aufspaltung in Silicium zu ermitteln [61]. Für die Relaxationszeit T_1 gilt für Si, das mit P, As, Sb oder Bi dotiert ist.

$$1/T_1 = R \exp(-E_{12}/kT)\,. \tag{21}$$

Die Werte von T_1 wurden aus dem Einsetzen der Sättigung der Linie bei wachsender Mikrowellenenergie ermittelt. Es ergaben sich die in Tabelle 7 angegebenen Werte für E_{12}. Mit den bekannten (experimentellen) Werten für die Lage des Grundzustandes (Rand des Leitfähigkeitsbandes = 0) ergeben sich die Lagen des (fast zusammenfallenden) Dublett- und Triplett-Zustandes, die bemerkenswerterweise für alle aufgeführten Donatoren fast dieselben sind. Dieser Sachverhalt wird durch die Theorie dieser Störstellen (Abschnitt 3b, S. 116) richtig wiedergegeben: nur die Energie der Grundzustände zeigt individuelle Verschiedenheit.

3d) Akzeptoren geringer Aktivierungsenergie in Silicium – Einachsiger Druck

Während Spinresonanz der Donatoren in Silicium (Abschnitt 3b) bereits verhältnismäßig lange bekannt ist, entzog sich Resonanz der Akzeptoren lange Zeit hartnäckig der Beobachtung. Die Vermutung [30], daß die komplizierte Entartung des Valenzbandes daran schuld ist, kann nun wohl als bestätigt gelten. Wird

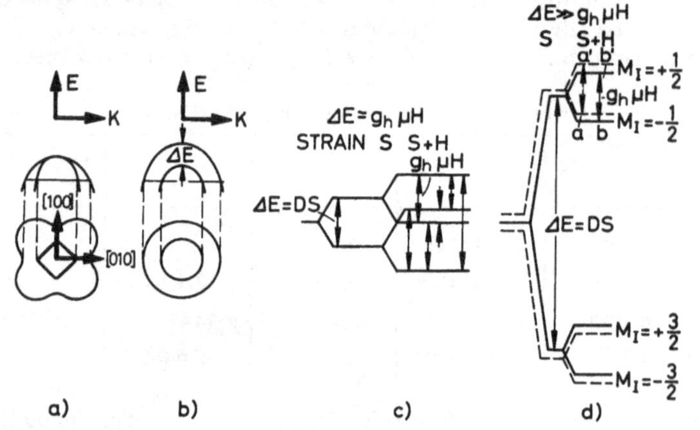

Abb. 13. Valenzband des Siliciums und seine Veränderung unter dem Einfluß einachsiger mechanischer Spannung (*G. Feher, J. C. Hensel, E. A. Gere*, Phys. Rev. Lett. 5 (1960) 309)

a) ohne mechanische Spannung.

b) unter dem Einfluß einachsiger mechanischer Spannung.

c) Energieaufspaltung ΔE zufolge der Dehnung S vergleichbar mit der magnetischen Aufspaltung $g_h\,\beta H$. Alle sechs Übergänge sind zugelassen (die Zustände sind nicht durch eine bestimmte Quantenzahl charakterisiert).

d) Energieaufspaltung ΔE zufolge der von außen angebrachten Dehnung S *groß gegen* die magnetische Aufspaltung $g_h\,\beta H$. Die magnetischen Niveaus lassen sich durch Quantenzahlen M kennzeichnen. Übergänge $\Delta M = \pm 1$ sind erlaubt. Für den Fall d) sind im Gegensatz zu c) die g-Werte in erster Ordnung spannungs*un*abhängig: kleine zusätzliche innere Spannungen geben die gestrichelt angedeuteten Niveaus, so daß $aa' \approx bb'$ und eine einzige Resonanzlinie resultiert.

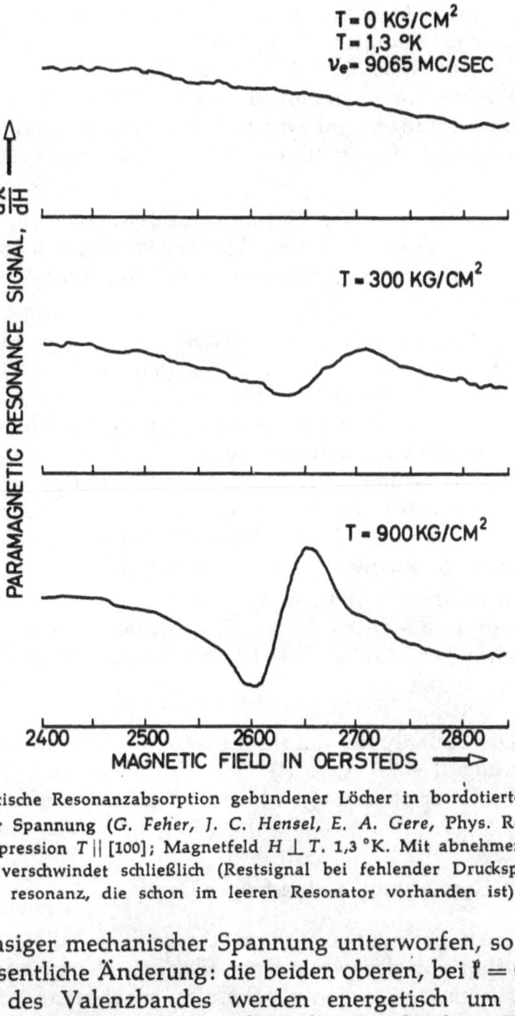

Abb. 14. Paramagnetische Resonanzabsorption gebundener Löcher in bordotiertem Silicium unter einachsiger mechanischer Spannung (*G. Feher, J. C. Hensel, E. A. Gere,* Phys. Rev. Lett. 5 (1960) 309). $1{,}5 \cdot 10^{17}$ B cm^{-3}. Kompression $T \parallel [100]$; Magnetfeld $H \perp T$. 1,3 °K. Mit abnehmender Kompression wird die Linie breit und verschwindet schließlich (Restsignal bei fehlender Druckspannung ist eine Störresonanz, die schon im leeren Resonator vorhanden ist).

p-Silicium einachsiger mechanischer Spannung unterworfen, so erfährt die Bandstruktur eine wesentliche Änderung: die beiden oberen, bei $\mathfrak{k} = 0$ miteinander entarteten Zweige des Valenzbandes werden energetisch um einen Betrag ΔE getrennt, Abb. 13. Anstelle der nichtsphärischen (verbeulten) Energieflächen nach Teilbild a treten Ellipsoide nach Teilbild b auf. Ist die bewußt vorgenommene

Tabelle 8. Spinresonanz der Akzeptoren geringer Aktivierungsenergie in Silicium [63]

Element	Aktivierungs-energie meV	$g_{\parallel}$	$g_{\perp}$	Konzentration cm^{-3}
B	46	$1{,}21 \pm 0{,}01$	$2{,}43 \pm 0{,}01$	$1{,}5 \cdot 10^{17}$
Al	67	$1{,}17^a$	$2{,}15^a$	$\sim 10^{17}$
Ga	71	$1{,}13^a$	$2{,}05^a$	$\sim 10^{17}$
In	154	$0{,}97^a$	$1{,}56^a$	$\sim 10^{17}$

Temperatur: 1,3 °K. Druckspannung ~ 800 kg/cm²; $\parallel$ [100]. a: aus einem Diagramm entnommen.

Dehnung genügend groß (Teilbild d), so stören die unvermeidlichen inneren Spannungen (durch Versetzungen, Fehlstellen oder Gitterschwingungen) nicht und Resonanz wird beobachtet [62, 63], Abb. 14. Das Verhalten des Valenzbandes ist deshalb für die Akzeptoren wesentlich, weil die Wellenfunktion des an das Fremdatom gebundenen Trägers im wesentlichen aus den Wellenfunktionen der Träger in der Umgebung des Minimums des zugehörigen Bandes aufgebaut ist [30].

Bezüglich des Winkels Θ zwischen Dehnung und Magnetfeld ist der g-Faktor anisotrop: $g^2 = g_\perp{}^2 \cos^2 \Theta + g_\parallel{}^2 \sin^2 \Theta$. Für verschiedene Akzeptoren sind die g-Werte systematisch verschieden im Zusamenhang mit ihrer Aktivierungsenergie [64], Tabelle 8.

Bei der Besprechung der freien Träger (Abschnitt 3 a) wurden einige theoretische Ergebnisse über die Bandstruktur in einachsig gedehnten Kristallen mitgeteilt. Soweit sich die Wellenfunktion des gebundenen Loches aus den Funktionen des Valenzbandes aufbauen läßt, kann man gewisse Resultate auf den Fall gebundener Löcher übertragen. Nur für sehr hohe mechanische Beanspruchung erhält man einfache Resultate, aus zwei Gründen: 1. Der g-Faktor wird nur für genügend große Dehnung von deren absolutem Wert unabhängig, wie bei den freien Trägern erläutert wurde. 2. Nur wenn die Wellenfunktion des Störzentrums lediglich die Valenzbandfunktionen zu kleinem $\mathfrak{k}$ enthält – die Dehnung muß dazu so groß sein, daß die von ihr verursachte Bandaufspaltung $2\sqrt{\varepsilon_\varepsilon}$ größer als die Aktivierungsenergie E_i der Störstelle ist – wird der g-Faktor in der Nähe des Wertes für das nichtgebundene Loch liegen. Andernfalls ist eine Verschiebung der Spinresonanzfrequenz

$$\Delta\,\omega_p/\omega_p \approx 2\sqrt{\varepsilon_\varepsilon}/E_i$$

zu erwarten [26]. Die Linienbreite nimmt mit wachsender Spannung zunächst ab. Bei großer Spannung ($\sim 10^4$ kg/cm²) tritt Struktur auf. Die Spin-Gitter-Relaxationszeit steigt unter Spannung auf das 10^5-fache (Temperatur 1,3 bis 10 °K) [63].

3 e) Fremdatome in Germanium – Einachsiger Druck

Substitutionsstörstellen geringer Aktivierungsenergie (shallow impurity states) besitzen als Wellenfunktion des gebundenen Elektrons Kombinationen der Funktionen, die dem Minimum des Leitungsbandes zugehören, sofern es sich um Donatoren handelt (vgl. Abschnitt 3 b). Die an sich vierfache Entartung ist teilweise aufgehoben; es entstehen ein Singlett- und ein Triplett-Term. Weiterhin befinden sich ebenso wie in Silicium in der Nähe des Leitungsbandes andere, durch Spin-Bahn-Wechselwirkung aufgespaltene Bänder (insbesondere das benachbarte Valenzband), allerdings näher liegend als in Silicium. Deshalb weicht in Germanium der g-Faktor der Elektronen im Leitungsband stark von 2 ab und ist anisotrop entsprechend den Gleichungen (9) und (10) [5, 6]. Die g-Anisotropie beeinflußt in starkem Maße die Spin-Gitter-Relaxationszeit. Letztere wurde in den Abschnitten 2 d und 3 c abgehandelt. Zum Singlettzustand gehört eine Kombination der Funktionen aller vier Energieflächenscharen, und der g-Faktor hat den isotropen Wert $g = \frac{1}{3} g_\parallel + \frac{2}{3} g_\perp$. Für Phosphor, Arsen und Antimon wird Spinresonanz gefunden [19] bei 1,3 und 4 °K; die Störstellen sind dann bei kleiner Konzentration neutral, Tabelle 9. Das Resonanzspektrum ergibt für Phosphor und Arsen die dem Kernspin entsprechende Hyperfeinaufspaltung, Abb. 15. Da die

Tabelle 9. Elektronenspinresonanz neutraler Donatoren in Germanium bei 9 GHz [19]

1	2	3	4	5	6	7	8	9	10	11
Donator; Kern-Spin	Konzentration cm^{-3}	g-Wert Singlett	Linienbreite ΔH Oe	gesamte Hyperfein-aufspaltung Oe	$\|\psi(0)\|^2$ cm^{-3}	Singlett-Triplett-Abstand E_{13} meV d	g-Anisotropie unter Spannung	„Zusatz-resonanz" [69]	E_{13} meV piezoresistance	Ξ_u eV
P $I = 1/2$	$8 \cdot 10^{14}$	$1{,}5631 \pm 3$ isotrop[c]	10^a $H \parallel [100]$	21	$0{,}21 \cdot 10^{24}$	$2{,}9 \pm 0{,}2$				
As[b] $I = 3/2$	$5 \cdot 10^{15}$	$1{,}5701 \pm 3$ isotrop	11^a $H \parallel [100]$	107	$0{,}87 \cdot 10^{24}$	$4{,}2 \pm 0{,}2$	$g_\parallel = 0{,}87 \pm 5$ $g_\perp = 1{,}92 \pm 5$		$4{,}10 \pm 15$ [65]	$19{,}2 \pm 4$ (6,6 °K)
Sb	$10^{15} \ldots 3 \cdot 10^{16}$	$\sim 1{,}6$ $H \parallel [100]$ 1,9 $H \parallel [110]$	asymmetrische Linienform					$g_\parallel = 0{,}820 \pm 8$ $g_\perp = 1{,}922 \pm 7$	$0{,}57 \pm 3$ [68]	

a: in anderer Orientierung Verbreiterung

b: gibt bei 24 GHz dieselben Werte

c: $g = \frac{1}{3} g_\parallel + \frac{2}{3} g_\perp$, [5].

d: $E_{13} = 4 \Delta_c$ (valley orbit splitting)

Ξ_u Deformationspotentialkonstante

Wellenfunktion des Triplettzustandes am Ort des Störatoms (seines Kernes) verschwindet und nur für den Singlettzustand einen endlichen Wert hat ($|\psi(0)|^2$ in Tabelle 9), kann man sofort schließen, daß der Singlettzustand der Grundzustand ist. Dieser Befund ist für Arsen verträglich mit Piezowiderstandsmessungen [65]

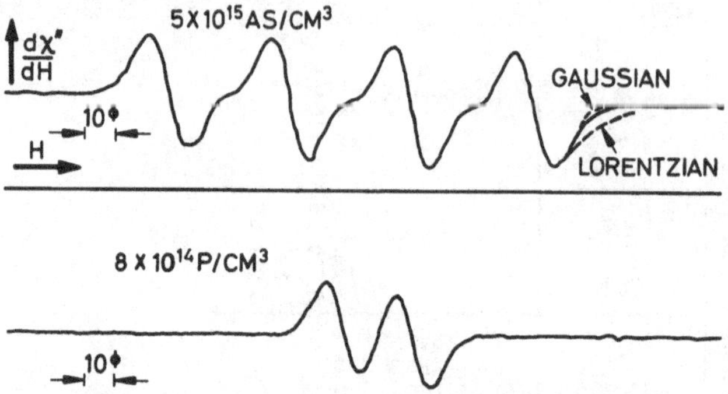

Abb. 15. Elektronenspinresonanzspektrum von Phosphor und Arsen in Germanium (*G. Feher, D. K. Wilson, E. A. Gere*, Phys. Rev. Lett. 3 (1959) 26)

und Messungen des im fernen Infrarot liegenden Lyman-Spektrums [66]. Aufschlußreich ist ein Vergleich mit Silicium. Die Spin-Bahn-Kopplung (Koppel-Konstante λ, S. 104) ist in Germanium etwa eine Größenordnung höher als in Silicium. Dementsprechend ist auch die *g*-Verschiebung, proportional zu $\lambda/\Delta E$, viel höher (vgl. die Tabellen 4, Zeile 8, und 9, Spalte 3); ΔE ist der Abstand des nächsten zugemischten Bandes (S. 103). Die Anisotropie der Linienbreite kann vom anisotropen Teil der Hyperfeinwechselwirkung mit dem Germaniumkern oder einer Streuung der *g*-Werte zufolge lokaler Störungen der Donator-Wellenfunktion, etwa durch mechanische Spannungen, verursacht sein.

Aus einer einfachen Erweiterung [19] der Kohn-Luttinger-Theorie [30] könnte man folgern, daß die Hyperfeinaufspaltung in Germanium etwa eine Größenordnung kleiner sein müsse als in Silicium. Experimentell ist die Aufspaltung um nur etwa einen Faktor 2 kleiner [19]. Der verglichen mit der theoretischen Erwartung große $|\psi(0)|$-Wert läßt zugleich die verhältnismäßig große Linienbreite in Germanium verständlich erscheinen (Tabelle 9, Spalte 4).

Der Abstand des Triplett- vom Singlettzustand kann bestimmt werden, wenn durch einachsige Dehnung Singlett- und Triplettzustand gemischt werden (vgl. Abschnitt 3b, S. 122). Für Spinresonanz nimmt die Hyperfeinwechselwirkung ab, und der *g*-Wert wird anisotrop. Die Ergebnisse der Messungen [48] sind in Tabelle 9 mit eingetragen (Spalte 7 und 8). Der Wert für den Singlett-Triplett-Abstand ist verträglich mit den Piezowiderstandsmessungen [65] und den Eigenschaften des Infrarotspektrums [67].

Für antimondotiertes Germanium wurden vier zusätzliche Resonanzlinien gefunden [69], deren längs [111] orientierter *g*-Tensor in Spalte 9 von Tabelle 9 eingetragen ist. Im Gegensatz zu den normalen Linien, deren Intensität mit steigender Temperatur (z. B. bis 5 °K) stark abnimmt, bleiben diese zusätzlichen Linien fast unverändert. In As-dotiertem Germanium konnte kein entsprechendes Spektrum gefunden werden [69]. Eine plausible Erklärung für dieses Spektrum ist folgende [70]: Innere Spannungen haben in antimondotiertem Germanium besonders großen Einfluß auf die Wellenfunktion des Grundzustandes wegen des extrem kleinen Singlett-Triplett-Abstandes (Tabelle 9, Spalte 10). Dann kann bei geeigneter Orientierung eine innere Spannung bewirken, daß die *einer* Energieflächenschar zugeordnete Funktion *allein* die Donatorwellenfunktion bestimmt. Der zugehörige g-Tensor ist derselbe wie bei den Versuchen mit einachsiger Dehnung (voriger Absatz und Tabelle 9, Spalte 8). Die zusätzlichen Linien besitzen tatsächlich denselben g-Tensor (Spalte 9). Man wird also annehmen, daß diese Linien von Antimon-Donatoren herrühren, die an Orten mechanischer Dehnung eingebaut sind. Die erforderliche Dehnung beträgt nur $\sim 3 \cdot 10^{-5}$; noch 10^{-4} cm von einer Versetzungslinie entfernt ist sie größer. Daß das entsprechende Spektrum in arsendotiertem Germanium fehlt, ist wegen des größeren E_{13} verständlich. Auch die geringere Temperaturabhängigkeit ist erklärt, da für dehnungsbeeinflußte Donatoren das erste angeregte Niveau weiter entfernt ist als für unbeeinflußte.

Außer den Fremdatomen geringer Aktivierungsenergie geben zweifach negativ geladenes Mangan [71] und einfach negativ geladenes Nickel [40, 72] in Germanium Anlaß zu Spinresonanz. Ni^- in Ge (Konz. $7 \cdot 10^{15}$ cm^{-3}) liefert bei 20,4 °K ein anisotropes Sechs-Linien-Spektrum. Für jede Einzellinie gilt

$$g = (g_1^2 \cos^2 \Theta_1 + g_2^2 \cos^2 \Theta_2 + g_3^2 \cos^2 \Theta_3)^{1/2}.$$

Achsen sind eine [100]-Richtung und zwei aufeinander senkrechte [110]-Richtungen. Θ_i sind die Winkel zwischen dem Magnetfeld H und den Kristallachsen, Abb. 16. Liegt das Magnetfeld in einer (110)-Ebene, so fällt ein Teil der Linien stets zusammen und man erhält höchstens vier Linien mit den Intensitätsverhältnissen 1 : 1 : 2 : 2. Benutzt man anstelle natürlichen Nickels bevorzugt das Isotop ^{61}Ni, so tritt vierfache Hyperfeinaufspaltung jeder Komponente auf. Abb. 17. Daraus ergibt sich (erstmals experimentell [40]) der Kernspin des ^{61}Ni zu $I = {}^3/_2$. Der Tensor A der Hyperfeinaufspaltung hat dieselben Achsen wie der

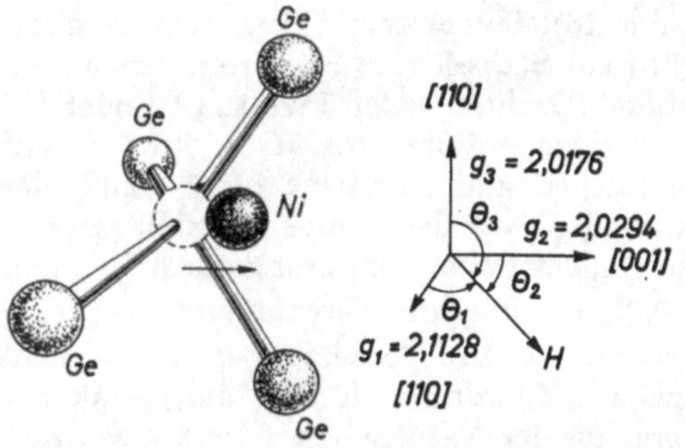

Abb. 16. g-Tensor für ein Nickel-Atom (Ni^-), das in Germanium eingebaut ist. (*G. W. Ludwig, H. H. Woodbury*, Phys. Rev. **113** (1959) 1014) (bei g_1 muß es richtig [$\bar{1}$10] heißen)

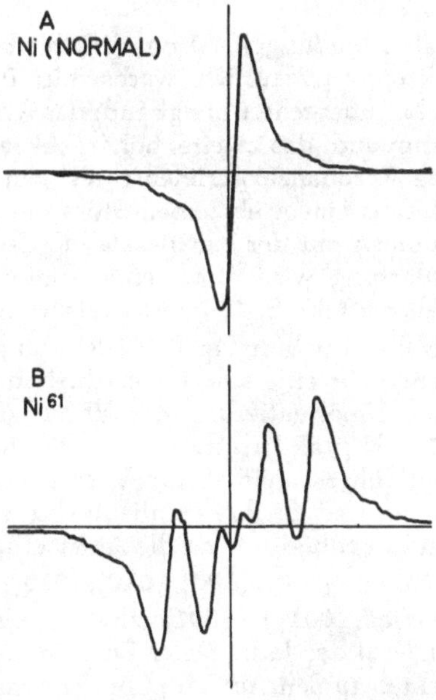

Abb. 17. Eine Feinstrukturlinie des Elektronenresonanzspektrums von Ni^- in Germanium. (*G. W. Ludwig, H. H. Woodbury*, Phys. Rev. **113** (1959) 1014). In Teilbild B Hyperfeinaufspaltung zufolge der Anwesenheit des Isotops ^{61}Ni (Kernspin $I = {}^3/_2$)

g-Tensor. Die Werte sind in Tabelle 10 zusammengestellt. Im Ausläufer der Linie für das größte Feld finden sich weitere Linien, die der Hyperfeinwechselwirkung des Ni^- mit benachbartem ^{73}Ge (Kernspin $I = 9/2$) zugeordnet werden können, Abb. 18.

Diese experimentellen Befunde sind erklärbar mit den folgenden Vorstellungen [40, 72]: Ni^- besetzt einen regulären Gitterplatz in Germanium. Die Elektronenkonfiguration der $3d$-Schale ist $3d^8$, dazu ein gebundenes Loch im System der

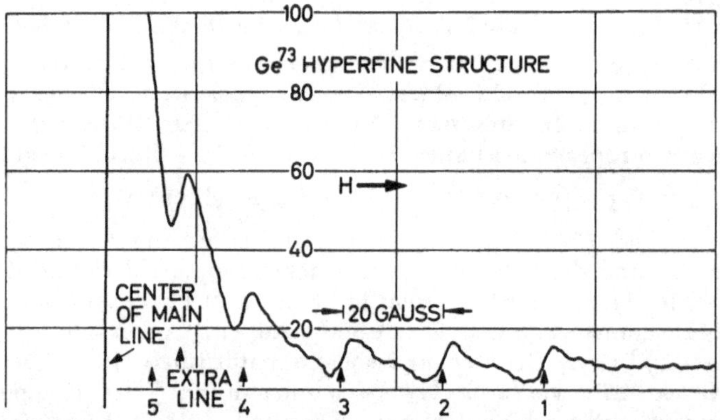

Abb. 18. Hyperfeinlinien im Elektronenresonanzspektrum von Ni^- in Germanium zufolge des Kernspins der ^{73}Ge-Atome (*G. W. Ludwig, H. H. Woodbury*, Phys. Rev. **113** (1959) 1017)

Valenzbindungen. Vom Halbleiterstandpunkt entspricht Ni^- dem unteren Akzeptorniveau. Mit wachsender Besetzung der Ni^0 durch Elektronen, die dabei in Ni^- übergehen, steigt auch das Resonanzsignal, um schließlich wieder abzufallen, wenn auch das zweite, höhere Akzeptorniveau besetzt wird, so daß Ni^{--} entsteht. Die Resonanzexperimente festigen so die Vorstellung, daß die beiden Energieniveaus einem einzelnen Störatom zugehören. – Das gebundene Loch ergibt zusammen mit der $3d^8$-Besetzung den Spin $1/2$ für das Ni^-. Die vorhandene Bahn-Entartung wird durch spontane Verschiebung des Ni^--Ions aufgehoben (Jahn-Teller-Effekt, S. 106). Ausweislich des beobachteten g-Tensors (Tabelle 10) erfolgt die Verschiebung in $[\bar{1}00]$-Richtung (Abb. 16). Entsprechend den sechs Möglichkeiten für eine solche Verschiebung wird ein Sechs-Linien-Spektrum beobachtet. Eine Umorientierung der Vorzugsrichtung (Drehung oder Inversion) findet bei 20,4 °K praktisch nicht statt. Bei höheren Temperaturen (ca. 40 °K) tritt sie auf und führt zunächst zur Verbreiterung (ursprüngliche Breite 4 bis 5 Gauß) der Linien und zu ihrer schließlichen Vereinigung. Aus der Temperaturabhängigkeit der Linienbreite kann die Aktivierungsenergie der Umorientierung durch Drehung ($[001] \rightarrow [100], [\bar{1}00], [010], [0\bar{1}0]$) zu 0,018 eV und durch Drehung *und* Inversion (letztere $[001] \rightarrow [00\bar{1}]$) zu 0,022 eV ermittelt werden. Der letzte Betrag entspricht zugleich der Jahn-Teller-Energie. Die genaue Zuordnung der g_1- und g_2-Komponenten zu den Achsen (Abb. 16) kann erst aus der Analyse der Hyperfeinwechselwirkung mit ^{73}Ge-Kernen (Abb. 18) erschlossen werden. Ist sie, wie vorausgesetzt wird, einem ^{73}Ge auf dem Platz eines nächsten Nachbarn zuzuschreiben, so fällt nämlich nur für eine bestimmte Linie des Gesamtspektrums für verschiedene ^{73}Ge-Atome die Hyperfeinstruktur aufeinander [72]. Die Hyperfeinwechselwirkung ist am größten ($T_{\parallel}$, Tabelle 10) für die Verbindungslinie Ni^--^{73}Ge.

Tabelle 10. Konstanten des Spinresonanzspektrums von Ni^- in Germanium

	1 $[1\bar{1}0]$	2 [001]	3 [110]
g	2,1128	2,0294	2,0176
A für ^{61}Ni	$10{,}3 \cdot 10^{-4}$	$\leqq 1{,}6 \cdot 10^{-4}$	$12{,}2 \cdot 10^{-4}$

A in cm^{-1}.
$T_{\parallel} = 19{,}8 \cdot 10^{-4}\ cm^{-1}$, $T_{\perp} = 16{,}5 \cdot 10^{-4}\ cm^{-1}$.

3 f) Fremdatome in Siliciumkarbid

Siliciumcarbid existiert in mehreren Modifikationen mit verschiedener makroskopischer Symmetrie. Diesen Modifikationen ist jedoch gemeinsam, daß jedes Si-Atom von 4 C-Atomen tetraedrisch umgeben ist und umgekehrt. Insoweit besteht Analogie zum Diamantgitter, in dem die Elemente der IV. Gruppe in elementarer Form kristallisieren. Stickstoff und Bor können an regulären Gitterplätzen in die Hochtemperaturmodifikation 6 H (α-SiC, Typ II) eingebaut werden (Substitution) und wirken dann als Donator bzw. Akzeptor [73, 74]. In dieser Modifikation gibt es für jede der beiden Verbindungs-Komponenten drei verschiedenartige Plätze.

Stickstoff ^{14}N besitzt den Kernspin 1, so daß die Resonanzlinie für Atome auf *einer* Sorte von Plätzen bereits in drei Komponenten aufspaltet. Die genauen Linienlagen (Tabelle 11) lassen sich beschreiben unter der Voraussetzung, daß die Wechselwirkung des Kernspins mit dem Elektronenspin groß, dagegen mit dem äußeren Magnetfeld vergleichsweise klein ist und daß die Quadrupolwechselwirkung vernachlässigt werden kann. Doppelresonanzexperimente (vgl. Abschnitt 3b) ergeben als γ-Wert des Kerns 0,404 ± 3 in Übereinstimmung mit dem bekannten Wert für ^{14}N. Dies beweist, daß tatsächlich Stickstoff als Störstelle eingebaut ist.

Tabelle 11. Parameter des Resonanzspektrums von N in SiC

	$g_{\parallel}$	$g_{\perp}$	$\lvert A \rvert$ (10^{-4} cm^{-1})
starkes Spektrum	2,0036	2,0030	11,08
schwaches Spektrum	2,0040	2,0026	11,20

Linienlagen: $h\nu = g\beta H + Km$
(Elektron: $M = +{}^1/_2 \to -{}^1/_2$; Kern: $\Delta m = 0$)

$$hf = |Km - g_I \beta_N H\,(A g_{\parallel} \cos^2 \Theta + B g_{\perp} \sin^2 \Theta)/Kg|$$
$$(\Delta M = 0;\ \Delta m = \pm 1)$$
$$K^2 g^2 = A^2 g_{\parallel}^2 \cos^2 \Theta + B^2 g_{\perp}^2 \sin^2 \Theta\,;\ g^2 = g_{\parallel}^2 \cos^2 \Theta + g_{\perp}^2 \sin^2 \Theta\,.$$

$g_{\parallel}$, $g_{\perp}$ Komponenten des g-Tensors $\parallel$ und $\perp$ zur z-Achse, Θ Winkel zwischen Magnetfeld und z-Achse, β Bohr-Magneton, β_N Kern-Magneton, H Magnetfeld, g_I Kern-g-Faktor, h Plancksches Wirkungsquantum, ν, f Elektronen- bzw. Kern-Resonanzfrequenz, A, B Konstanten der Hyperfeinwechselwirkung (hier isotrop anzunehmen).

Gefunden wurden zwei Gruppen von Linien (Abb. 19) mit einem Intensitätsverhältnis 2 : 1. Die plausibelste Annahme scheint, daß es sich um die Spektren der drei gleich häufigen möglichen Plätze handelt, wobei zwei der Spektren zusammenfallen (Tabelle 11). Im Kristall zu Abb. 19 befanden sich etwa $3 \cdot 10^{16}$ cm^{-3} wirksame N-Atome. Bei höheren Stickstoffgehalten wird schließlich nur noch eine einzige breite Linie beobachtet, wahrscheinlich auf Grund starker Wechselwirkung der Atome untereinander. Die Tatsache, daß die Hyperfeinwechselwirkung (vgl. Abschnitt 2c) im wesentlichen isotrop ist, zeigt, daß es sich hauptsächlich um Kontakt-Wechselwirkung handelt, die auftritt, wenn sich das Elektron in einem s-Zustand befindet. Für das Betragsquadrat der Wellenfunktion am Kernort ergibt sich

$$|\psi(0)|^2 = 0{,}34 \cdot 10^{24}\ \text{cm}^{-3}.$$

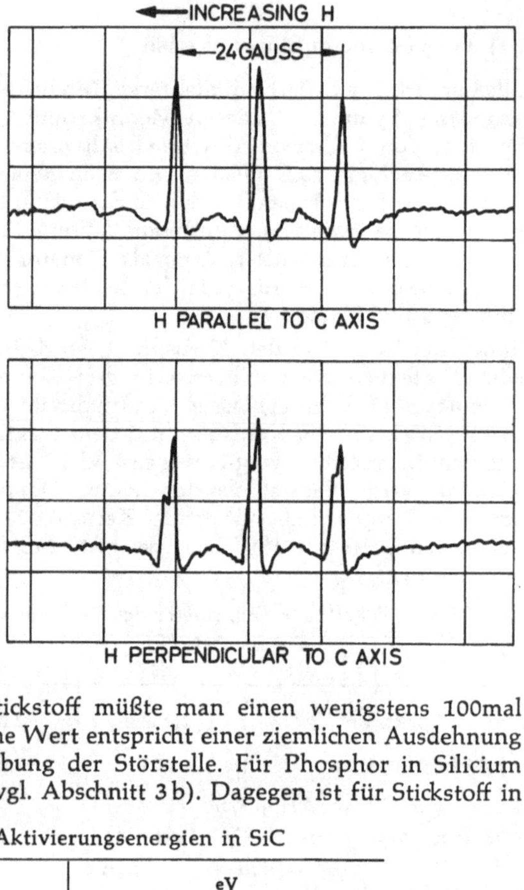

Abb. 19. Elektronenspinresonanzspektrum von Stickstoff in Siliciumcarbid bei 20,4 °K. (*H. H. Woodbury, G. W. Ludwig*, Phys. Rev. **124** (1961) 1085.) Ableitung des Dispersionssignals.

Für ein 2*s*-Elektron im freien Stickstoff müßte man einen wenigstens 100mal größeren Wert erwarten. Der kleine Wert entspricht einer ziemlichen Ausdehnung der Wellenfunktion in der Umgebung der Störstelle. Für Phosphor in Silicium liegen ähnliche Verhältnisse vor (vgl. Abschnitt 3b). Dagegen ist für Stickstoff in

Tabelle 12. Aktivierungsenergien in SiC

	eV
N	0,08[a]
B	0,275[a]
Al	0,27[b]

[a] *J. A. Lely, F. A. Kröger.* In Halbleiter und Phosphore. Herausg. *M. Schön, H. Welker.* Friedr. Vieweg & Sohn, Braunschweig 1958, S. 529 und 531.

[b] *H. J. van Daal, C. A. A. J. Greebe, W. F. Knippenberg, H. J. Vink.* J. appl. Phys. Supp. **32**, 2225 (1961).

Diamant das Elektron offenbar in einem antibonding orbital [75] lokalisiert und fest gebunden. Die Hyperfeinwechselwirkung ist anisotrop (s. Abschnitt 3 g).

Die Aktivierungsenergie für Bor in SiC ist viel größer als für Stickstoff (Tabelle 12). Die Wellenfunktion des gebundenen Loches ist stärker auf das Fremdatom konzentriert und besitzt bevorzugt p-Charakter. Diese Vorstellung ergibt sich aus dem experimentellen Befund, daß die Hyperfeinwechselwirkung gering und anisotrop ist (Tabelle 13). Von den beiden stabilen Borisotopen ^{10}B (Kernspin 3) und ^{11}B ($^3/_2$) besitzt ^{11}B 80 % natürliche Häufigkeit. Das beobachtete Spektrum, Abb. 20, besteht aus drei Sätzen von je vier Linien. Analog zum Stickstoff in SiC stehen dem Bor ebenfalls drei nichtäquivalente Plätze zur Verfügung. Der Kern-

Tabelle 13. Resonanz-Parameter für Bor-dotiertes Siliciumcarbid ($g_\perp$ für Platz 2 und 3 näherungsweise)

Platz	$g_{\parallel}$	$g_\perp$	A cm⁻¹	B cm⁻¹
1	2,0020	2,0068	$\pm 1{,}70 \cdot 10^{-4}$	$\mp 1{,}30 \cdot 10^{-4}$
2	2,0056	(2,003)	$\pm 2{,}1 \cdot 10^{-4}$	
3	2,0062	(2,005)	$\pm 1{,}7 \cdot 10^{-4}$	

$$h\nu = g\beta H - m[(g_{\parallel}/g) A \cos^2 \Theta + (g_\perp/g) B \sin^2 \Theta]$$

$$M = +{}^1/_2 \rightarrow -{}^1/_2 ; \ \Delta m = 0 .$$

Bedeutung der Zeichen s. Tabelle 11.

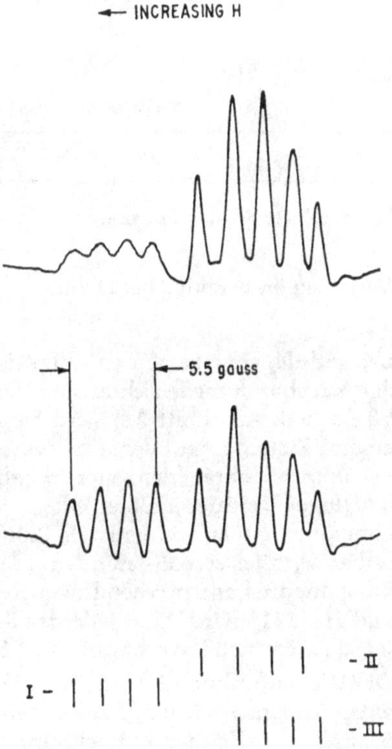

Abb. 20. Spektrum von Bor in Siliciumkarbid (*H. H. Woodbury, G. W. Ludwig,* Phys. Rev. 124 (1961) 1083)

H || der hexagonalen Achse. ν = 14 GHz. Ableitung des Dispersionssignals.

spin $^3/_2$ liefert jeweils vierfache Aufspaltung. Die Wechselwirkung des Kernspins mit dem äußeren Feld überwiegt hier gegenüber dem Einfluß des gebundenen Loches. Deshalb unterscheiden sich die Gleichungen für die Übergangsfrequenzen von Tabelle 11 und 13. Für $\Theta = 50°$ fällt entsprechend der Formel in Tabelle 13 das Hyperfeinspektrum des Platzes 1 für Bor in *eine* Linie zusammen. Das einfache Wasserstoffmodell ist für B in SiC nur eine bescheidene Näherung.

3g) Fremdatome und Bestrahlungsdefekte in Diamant — Relaxationsprozesse

Diamant besitzt das nach ihm benannte Kristallgitter, in dem jedes Kohlenstoffatom im Zentrum eines Tetraeders liegt, an dessen Ecken sich die vier Nachbaratome befinden. Man muß auf Grund des optischen Verhaltens (mindestens) zwei Sorten von Diamant unterscheiden, Typ I und Typ II, entsprechend den Angaben in Tabelle 14. Wird Typ I Diamant bei 2000 °C graphitiert, so findet man mit Hilfe des Massenspektrometers als Restgas Stickstoff ^{14}N [76]. Die optische Absorption bei 7,8 µm und bei 3065 Å ist dem Stickstoffgehalt, der bis über $4 \cdot 10^{20}$ N/cm³ betragen kann, proportional. Typ I Diamanten besitzen ausgeprägte paramagnetische Resonanz [77, 78], Abb. 21. Das Resonanzspektrum läßt sich verstehen, wenn man Hyperfeinaufspaltung durch das Kernmoment des Stickstoffs annimmt. Die Konstanten des Spektrums sind in Tabelle 15 zusammengestellt. Sie gestatten die folgende Beschreibung des als Donator in Diamant eingebauten Stickstoffs: Die Stickstoffatome sitzen auf regulären Gitterplätzen (Substitution). Ihre Aktivierungsenergie ist so groß, daß sie bei Zimmertemperatur neutral sind. Da $A \neq B$ ist, entspricht die Wellenfunktion ψ keinem reinen s-Zustand, vielmehr ist ein wesentlicher p-Anteil enthalten. Als Wellenfunktion wird ein „antibonding orbital"

$$\psi = (1/\sqrt{2})\,(\Phi_N - \Phi_C) \qquad (22)$$

angesetzt [75].

Tabelle 14. Optisches Verhalten von Diamant

	Typ I	Typ II
Ultraviolette Absorptionskante	3000 Å 4,15 eV	2250 Å 5,5 eV
Verhalten im Bereich 7 bis 13 µm	absorbierend	durchsichtig

Φ_N und Φ_C entsprechen sp³-Funktionen vom Tetraeder-Typ, die jeweils zu einem der Nachbaratome gerichtet sind. Durch spontane Gitterdeformation (Jahn-Teller-Effekt, vgl. Abschnitt 2c) wird die Entartung aufgehoben, so daß das Elektron in einem Zustand ist, der (im wesentlichen, vgl. übernächsten Absatz) auf ein *bestimmtes* unter den vier möglichen Nachbaratomen hin gerichtet ist. Bei *beliebiger* Lage des äußeren Magnetfeldes $\mathfrak{H}$ beobachtet man daher jede Hyperfeinkomponente vierfach. Falls $H \parallel [100]$ liegt, schließen alle Tetraederbindungen denselben Winkel von 55° mit dem Magnetfeld H ein und man findet drei Hyperfeinkomponenten entsprechend dem Kernspin $I = 1$ des Stickstoffs ^{14}N. Für $H \parallel [110]$ und $H \parallel [111]$ wird dann jede der äußeren Hyperfeinkomponenten in zwei Linien mit dem Intensitätsverhältnis 2 : 2 bzw. 3 : 1 gespalten, Abb. 21.

Die Wellenfunktion Gleichung (22) beschreibt ein „antibonding orbital" [75] und entspricht insoweit den Funktionen des Leitungsbandes, wenn man die „bonding orbitals" (+-Zeichen in Gleichung (22)) dem Valenzband zuordnet. Die Umorientierung der Wellenfunktion von einem Nachbaratom zu einem anderen erfolgt nicht häufiger als 10^6 mal je Sekunde bei Zimmertemperatur; dies ist aus der beobachteten Linienbreite zu schließen.

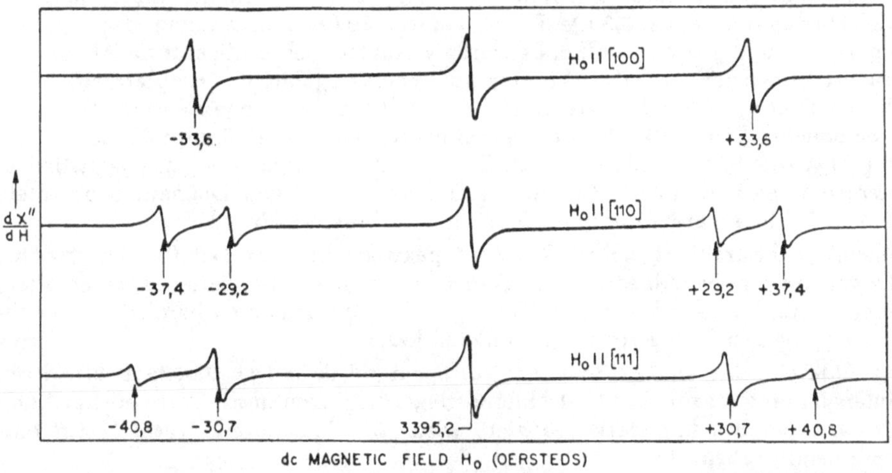

Abb. 21. Elektronenspinresonanz von Stickstoff in Diamant (*W. V. Smith, P. P. Sorokin, J. L. Gelles, G. J. Lasher*, Phys. Rev. **115** (1959) 1546). Hyperfeinaufspaltung zufolge des Kernspins von Stickstoff ^{14}N ($I = 1$). Die Wellenfunktion ist bevorzugt in Richtung auf eines der vier Nachbaratome orientiert Das Fremdatom tritt also in vier nichtgleichwertigen Formen auf, so daß die äußeren Hyperfeinkomponenten vierfach aufspalten, falls nicht aus Symmetriegründen einige Komponenten zusammenfallen.

Weitere schwache Hyperfeinlinien (in Abb. 21 nicht sichtbar; vgl. Abb. 2 in [78]) sind durch das mit 1,1 % Häufigkeit vorhandene Kohlenstoffisotop ^{13}C bedingt (Tabelle 15). Auch das Verhalten dieser Linie wird von dem geschilderten Störstellenmodell richtig beschrieben. Die Gesamtwellenfunktion des Elektrons ist eine lineare Überlagerung von vier gerichteten Funktionen ψ (Gleichung (22)), von denen *eine* wesentlich überwiegt. – Das Kernquadrupolmoment des Stickstoffs ist so klein ($Q = +0{,}02 \cdot 10^{24}$ cm^2), daß es keinen meßbaren Effekt auf das Spektrum ausübt. – Nicht der gesamte Stickstoffgehalt, sondern nur ein Teil ist so eingebaut, daß er paramagnetische Resonanz ergibt. Die geschätzte Spin-Konzentration beträgt 10^{15} bis 10^{17} cm^{-3}, während die Stickstoffkonzentration über 10^{19} cm^{-3} betragen kann.

Tabelle 15. Paramagnetische Resonanz von Stickstoff in Diamant

g-Faktor, isotrop	$g = 2{,}0024 \pm 0{,}0005$
Abstand der Hyperfeinkomponenten K; $K^2 = A^2 \cos^2 \Theta + B^2 \sin^2 \Theta$. Θ: Winkel zwischen C-N-Bindung und magnetischem Gleichfeld.	
Aufspaltung zufolge ^{14}N (99,62 %) $I = 1$	$\|A\| = 40{,}8$ Oe; $\|B\| = 29{,}2$ Oe
Aufspaltung zufolge ^{13}C (1,1 %) $I = 1/2$	$\|A\| = 60{,}8$ Oe; $\|B\| = 25{,}3$ Oe
Linienbreite der einzelnen Komponenten	$\Delta H = 0{,}3$ Oe

Außer dem beschriebenen Spektrum des Stickstoffs findet man in Diamant in wenigen Stücken eine einzelne Linie bei $g = 2$, die ungeklärt ist [77, 78]. Weiterhin gibt es Diamant, der weder diese Linie noch das Stickstoffspektrum zeigt, sondern ein anderes linienreiches Spektrum [77, 79] mit 14 bis 30 orientierungsabhängigen Einzellinien mit etwa 0,3 Oe Breite bei ca. 30 Oe Ausdehnung des Gesamtspektrums und $g = 2{,}0027 \pm 5$. Es wurde vermutet, daß das Spektrum Aluminium zuzuschreiben ist, das als Akzeptor auf einem regulären Gitterplatz sitzt. Der Kernspin $I = 5/2$ ergibt sechsfache Aufspaltung bei ungeänderter Kernspinkomponente ($\Delta m = 0$). Die weiteren Linien ließen sich erklären, falls Übergänge mit $\Delta m = \pm 1, \pm 2$ zulässig sind. Doch ist die Identität des paramagnetischen Zentrums nicht gesichert. Auf die beim Pulverisieren von Diamant beobachtete Linie wird in anderem Zusammenhang in Abschnitt 3k eingegangen.

Neutronenbestrahlung liefert Resonanzspektren, die zum Teil für verschiedene Exemplare sehr verschieden sind. Folgende Linien werden jedoch stets erhalten, gleichgültig, ob es sich um Typ I oder um Typ II Diamanten handelt und unabhängig von den Fluoreszenz-Eigenschaften [80]:

a) Eine einzelne starke Linie mit isotropem g-Faktor ($g = 2{,}0028 \pm 40$), deren Intensität mit wachsender Bestrahlung steigt, die jedoch durch Wärmebehandlung (10 min bei 800 °C) stark reduziert wird. Die Linienbreite verhält sich entsprechend (Tabelle 16).

Tabelle 16. Paramagnetische Resonanz in neutronenbestrahltem Diamant
Linienbreiten in Gauß, 1800 h entsprechen $9 \cdot 10^{18}\ n/cm^2$

	10 h	1850 h	1850 h und Wärmebehandlung
ΔH bei 90 °K	20	70	9
ΔH bei 290 °K	15	26	9

b) Zwölf anisotrope schwächere Linien nach sehr starker Bestrahlung, die durch die genannte Wärmebehandlung nicht beeinflußt werden. Die Linienbreite beträgt $\Delta H \sim 5$ Gauß. Das Spektrum kann einem Zentrum mit dem effektiven Spin $S = 1$ zugeordnet werden, das sich in einem Kristallfeld (fast) axialer Symmetrie befindet, das die Spin-Niveaus in ein Dublett und ein Singlett mit 0,01 cm^{-1} Abstand spaltet. Die Symmetrieachse liegt parallel den Flächendiagonalen der Elementarzelle, so daß gleichzeitig sechs Sorten von Zentren vorliegen, die sich in ihrer Achsenorientierung unterscheiden.

Die Intensität der Linien unter a) und b) steigt qualitativ proportional zur Bestrahlungsdauer. Die Linienbreite ist größer, als man für gleichförmige Verteilung der Zentren erwarten würde. Wahrscheinlich bilden sich Cluster, die größere Wechselwirkung zwischen den beteiligten Atomen ergeben. Folgende Vorstellungen scheinen mit den Beobachtungen gut verträglich [80, 81]: Für die einzelne Linie a) werden Lücken oder Zwischengitteratome oder beide verantwortlich gemacht. Bei Wärmebehandlung vernichten sie sich weitgehend gegenseitig und die Linie wird geschwächt. Das Spektrum b) kann von C_2-Molekülen herrühren, die gegen Wärmebehandlung ziemlich stabil sind. Doch können diese Zuordnungen nicht als eindeutig gesichert gelten.

Die Relaxationszeit der Stickstoffniveaus in Diamant verdient Beachtung. In das Niveauschema Abb. 22 sind vier Übergänge eingetragen, die gleichzeitig erfolgen können, wobei die magnetische Energie (Zeemann-Energie) erhalten bleibt [82].

Dieser Umstand ergibt für diesen an sich sehr unwahrscheinlichen Vierfach-Prozeß eine merkliche Häufigkeit [83]. Die entsprechende Relaxationszeit T_x (cross relaxation time) wurde zu 7 bis 100 ms ermittelt im Temperaturbereich 1,6 bis 77 °K. Auf der Basis dieses Niveau-Schemas mit seiner ihm eigentümlichen Relaxation ist ein Maser [47, 82] denkbar. Die Wahrscheinlichkeit $\ddot{u}$ für den in Abb. 22 gezeichneten Vier-Spin-Prozeß ist

$$\ddot{u}_a \sim n_+^- \, n^- (n_0^+)^2$$

und für den gegenläufigen Übergang

$$\ddot{u}_b \sim n_+^+ n_+^- (n_0^-)^2 \, .$$

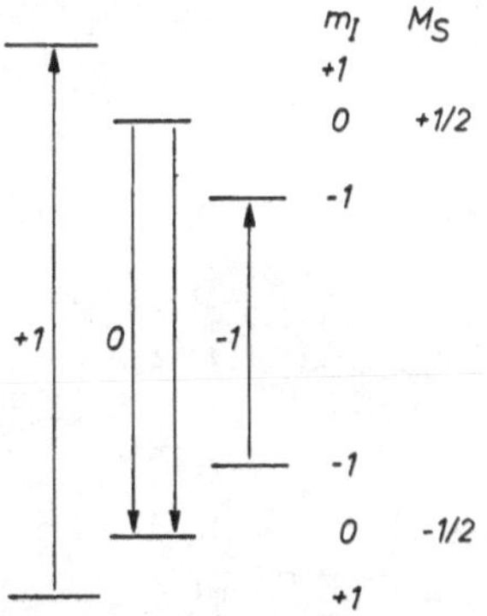

Abb. 22. Vier-Spin-Prozeß der Elektronen an Stickstoff-Donatoren in Diamant. Die Zeemann-Energie bleibt erhalten. M_S Elektronenmoment-, m_I Kernmoment-Komponente.

Dabei bezeichnet n die Besetzungsdichte eines Niveaus, der obere Index bezieht sich auf das magnetische Moment der Elektronen, der untere auf das der Kerne. Schreibt man die Besetzung der oberen Niveaus als Differenzen gegen die unteren

$$n_i^- = n_i^+ + \Delta_i \, ; \qquad i = - \, , 0, + \, ,$$

so wird nur mit linearen Gliedern in Δ

wegen $$n_+^+ \approx n^+ \approx n_0^+$$

die resultierende Übergangsrate

$$\ddot{u}_b - \ddot{u}_a = \ddot{u} \sim 2\Delta_0 - \Delta_+ - \Delta_- \, .$$

Im stationären Zustand ist $\ddot{u} = 0$. Sättigt man nun durch ein Pumpfeld den Übergang 0 (Abb. 22), so wird $\Delta_0 = 0$ und es bleibt die Bedingung

$$\Delta_+ = - \Delta_- \, .$$

Welche Werte von Δ_+ und Δ_- sich tatsächlich einstellen, hängt von den Spin-Gitter-Relaxationszeiten T_{1+} bzw. T_{1-} der Übergänge $+1$ und -1 ab. Nur in wenigen Diamantproben war $\Delta_+ = \Delta_- = 0$. Ist z. B. T_{1-} für den Übergang -1 sehr klein, so wird Δ_- etwa den Gleichgewichtswert (> 0) besitzen, so daß dann Δ_+ einen negativen Wert annimmt. Es tritt tatsächlich die für Maserwirkung erforderliche Besetzungsumkehr mit $n_+^+ > n_+^-$ ein. Man beachte, daß unter den vorliegenden Voraussetzungen die Signalfrequenz höher als die Pumpfrequenz liegt.

3h) Fremdatome in Bor

Elementares, polykristallines Bor zeigt häufig Spinresonanz [84], Abb. 23. Zwischen 300 und 90 °K ändert sich die Intensität des Signals nur wenig[1]). Die

[1]) Bei 4,2 °K ist die Linie merklich breiter als bei 300 °K, in Übereinstimmung mit früheren, unveröffentlichten Experimenten von *Th. L. Estle*.

Linienbreite beträgt einige Oe und ist bei 90 °K nur wenig kleiner als bei 300 °K. Erhitzen und teilweises Schmelzen der Probe begünstigt das Auftreten der Linie. Durch Ätzen des Bors in Säure (Gewichtsverlust ca. 2 %) wird die Resonanz nicht beeinträchtigt. Ätzen in Salzschmelze (Gewichtsverlust ca. 15 %) vermag die Linie zu beseitigen [84]. Im Gegensatz zu Silicium [12, 85] dürfte es sich jedoch nicht um oberflächenbedingte Resonanz handeln, da sie durch Schmirgeln der Oberfläche nicht hervorgerufen werden kann. Wahrscheinlich ist in Bor eingebauter Kohlenstoff wesentlich [84]. Die Behandlung in Salzschmelze bei über 400 °C ändert offenbar auch die Volumeigenschaften (vgl. Fußnote [2]), S. 111).

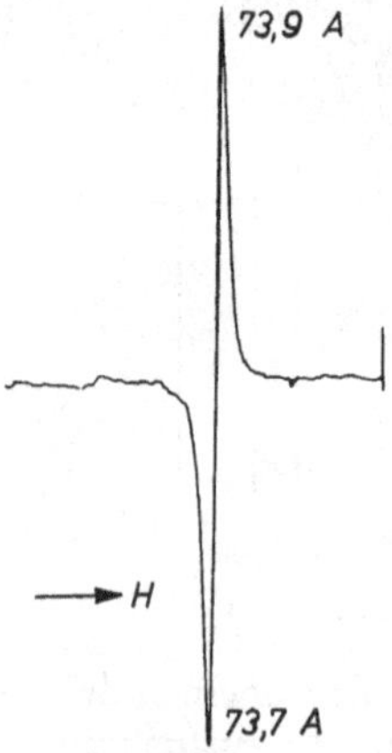

Abb. 23. Elektronenspinresonanz in Bor. Polykristallin. 90 °K. 9332 MHz. $g = 2{,}00$. (*D. Geist* (1961)).

3i) Übergangselemente in Silicium – Äußeres elektrisches Feld

In Silicium können nicht nur Donatoren geringer Aktivierungsenergie, sondern auch andere Fremdatome, z. B. Eisen oder Mangan eingebaut werden. Sofern solche Fremdatome nichtabgeschlossene Elektronenschalen besitzen (Übergangs-

Tabelle 17. Elektronenspinresonanz von Störstellen großer Aktivierungsenergie in Silicium, Substitutions-Fremdatome, 4 Elektronen befinden sich in 4-s-p-Tetraederbindung

Störstelle		Cr°		Mn^{+}	Mn^{--}
Besetzung	Tr ≡				:
	D =	:		:	:
Elektronenkonfiguration		3 d²		3 d²	3 d⁵
Elektronenspin		1		1	5/2
Bahnentartung		1		1	1
freies Element		Cr		Mn	
Elektronenkonfiguration, neutral, frei	4 s	2		2	
	3 d	4		5	
Isotope		^{52}Cr	^{53}Cr	^{55}Mn	
Kernspin		0	3/2	5/2	
Anzahl der Hyperfeinkomponenten			4	5/2	
natürliche Häufigkeit	%	83,78	9,43	100	

Tabelle 18. Elektronenspinresonanz von Störstellen großer Aktivierungsenergie in Silicium, Zwischengitter-Fremdatome, keine Elektronen in 4-s-p-Tetraederbindung

Störstelle		V^{++}	Cr^{+}		Mn^{-}	Mn^{++}	(Mn°)	Mn^{+}	$Mn_4{}^{\circ}$	Fe°	Fe^{+}	Ni^{+}	Li	
Besetzung	D =		:		:	:	:	:		:	:	: .		
	Tr ≡	⋮	⋮		⋮⋮	⋮	⋮ :	⋮ .		⋮⋮	⋮ :	⋮⋮		
Elektronenkonfiguration		$3d^3$	$3d^5$		$3d^8$	$3d^5$	$3d^7$	$3d^6$		$3d^8$	$3d^7$	$3d^9$		
Elektronenspin		$^3/_2$	$^5/_2$		1	$^5/_2$	$^3/_2$	2		1	$(^1/_2)$	$^1/_2$		
Bahnentartung		1	1		1	1	3	3		1	3	2		
g-Faktor	$g_\parallel$												$1{,}9978 \pm 1$	
	$g_\perp$												$1{,}9992 \pm 1$	
$\lvert\psi(0)\rvert^2$	cm^{-3}												$0{,}33 \cdot 10^{22}$	
freies Element		V	Cr			Mn			Mn	Fe		Ni	Li	
Elektronenkonfiguration,	4 s:	2	2			2			2	2		2	2 s: 1	
neutral, frei	3 d:	3	4			5			5	6		8	2 p: 0	
Isotope		^{51}V	^{52}Cr	^{53}Cr		^{55}Mn			$4 \cdot {}^{55}Mn$	^{56}Fe	^{57}Fe	$^{58,60}Ni$	^{6}Li	^{7}Li
Kernspin		$^7/_2$	0	$^3/_2$		$^5/_2$			$4 \cdot {}^5/_2$	0	$^1/_2$	0	1	$^3/_2$
Anzahl Hyperfeinkomponenten		8		4		6			21		2		3	4
natürliche Häufigkeit		100	83,78	9,43		100				91,6	2,1	68,0 27,2	7,2	92,7

elemente) bewirken sie Spinresonanz [12, 86—91, 136]. Die Tabellen 17 und 18 geben eine Übersicht über die untersuchten Elemente. Ihr (effektiver) Spin bestimmt die Zahl der möglichen Energiestufen. Wäre das Fremdatom gänzlich unbeeinflußt, so wären die Stufen äquidistant, und man erhielte nur eine einzige Resonanzlinie. Besitzt das Fremdatom jedoch einen Kernspin I, so wird (im starken Feld) jedes Niveau $(2I+1)$-fach aufgespalten und auch verschoben, so daß die ursprünglich einfache Linie überdies $2S$-fach aufspaltet (vgl. Gleichung (24)).

Im Kristall wird die Umgebung des eingebauten Fremdatoms im allgemeinen nicht kugelsymmetrisch sein. Dann ergibt sich gegenüber dem symmetrischen Fall eine Aufspaltung der Linien dann, wenn vorher Energieniveaus zusammenfielen oder äquidistant waren; andernfalls resultieren nur Linienverschiebungen, die jedoch sehr groß sein können. Die Linienlagen hängen von der Orientierung des Magnetfeldes zu den Kristallachsen ab: das Spektrum ist anisotrop (vgl. Abschnitt 2c).

Beim Einbau ins Gitter können die Fremdatome entweder Siliciumatome an regulären Gitterplätzen substituieren oder Zwischengitterplätze einnehmen. Ein Teil der hier interessierenden Fremdatome vermag sowohl den einen als auch den andern Platz zu besetzen. Im Silicium-Gitter folgen längs [111]-Richtungen die Atome abwechselnd im Abstand $b/4$ und $3b/4$ aufeinander, wenn b die Raumdiagonale der Elementarzelle bezeichnet. Die $b/4$ entfernten Atome sind nächste Nachbarn. Für Zwischengitteratome bietet der Platz in der Mitte der $3b/4$-Strecke den meisten Raum. Seine Umgebung (das elektrische Kristallfeld) besitzt dieselbe Symmetrie wie die eines regulären Platzes. Die vier nächsten Nachbarn sind zwar weiter entfernt, liegen aber auch in [111]-Richtungen. Zufolge der hohen Symmetrie (tetraedrisch) sind g-Faktor und Hyperfeinkonstante (s. Gleichung (23)) isotrop (also Skalare und nicht Tensoren). Die zweitnächsten Nachbarn liegen für den regulären Platz in [100]-, für den Zwischengitterplatz in [110]-Richtungen.

Die Energieniveaus E_i (Energieeigenwerte) für das Fremdatom ergeben sich aus dem gekoppelten System

$$\left(g\beta\mathfrak{H}\mathfrak{S} + A\mathfrak{S}\vec{I} + \tfrac{1}{6}\,a[\mathfrak{S}] - g_I\mu_I\mathfrak{H}\vec{I}\right)\psi_i = E_i\psi_i\,. \tag{23}$$

Die Wellenfunktionen ψ_i sind Linearkombinationen der Funktionen $\psi_{M,m}$ zu den möglichen Komponenten M und m des Elektronen- (S) bzw. des Kern-Spins (I) in Richtung des Feldes $\mathfrak{H}$. g g-Faktor des Elektrons, β Bohr-Magneton, $\mathfrak{S}$ Elektronenspin-Operator, A Hyperfeinkoppelkonstante, $\vec{I}$ Kernspinoperator, a Konstante des Kristallfeldes [1]), $[\mathfrak{S}]$ Spinoperator für die Wechselwirkung mit dem Kristallfeld (für Tetraedersymmetrie $[\mathfrak{S}] = [S_x^4 + S_y^4 + S_z^4 - \tfrac{1}{5}S(S+1)(3S^2+3S-1)]$) g_I g-Faktor des Kernes, μ_I Kernmagneton. Zur Ermittlung der Eigenwerte genügt es, die Säkulargleichung zu lösen. Für die hier interessierenden Fremdatome stellten wir fest, daß g und A isotrop sind. Nimmt man ferner die Terme mit a und g_I (Kristallfeld und Kernspin im äußeren Feld) als vernachlässigbar an, so liefert die verbleibende Gleichung bei Entwicklung nach der als klein angenommenen Größe A bis zum quadratischen Glied

$$E_i = E_0 + g\beta HM + AmM + \frac{A^2}{2g\beta H}\times \\ \times\left[-m\left(S(S+1) - M^2\right) + M\left(I(I+1) - m^2\right)\right] - g_I\mu_I Hm\,. \tag{24}$$

[1]) Der Buchstabe a wird im vorliegenden Text ebenso wie in der wichtigsten einschlägigen Literatur sowohl für die Konstante der isotropen Kontakthyperfeinwechselwirkung (Gleichung (15) und Tabelle 4) als auch für die kubische Kristallfeldkonstante (Gleichung (23)) verwendet. Es ist hier jeweils klar erkennbar gemacht, welche Konstante gemeint ist.

Mit E_0 ist der auftretende konstante Term bezeichnet. Bei der gewöhnlichen Spinresonanz beobachtet man Übergänge $\Delta M = \pm 1$, $\Delta m = 0$. Nur das Elektron, nicht aber der Kern ändert seine Spinorientierung. Demgegenüber induziert man bei Doppelresonanz Übergänge $\Delta m = \pm 1$, $\Delta M = 0$. Das Elektronenresonanzsignal dient nur als Indikator für die Kernresonanz (s. Abschnitt 3b).

Für Lithium war die Hyperfeinaufspaltung bei 9 GHz erst mittels Doppelresonanz zu ermitteln [12]. Aus der isotropen Kontakthyperfeinwechselwirkung folgt, daß die Aufenthaltswahrscheinlichkeit $|\psi(0)|^2$ des Elektrons am Kernort wesentlich kleiner ist (Tabelle 18) als für Donatoren geringer Aktivierungsenergie (Tabelle 4). Zudem ist der g-Wert anisotrop [12]. Der wesentliche Unterschied ist, daß Li in Si auf Zwischengitterplatz eingebaut wird.

Die Wechselwirkung mit dem Kernspin des ^{29}Si, die für die Diskussion der Donatoren kleiner Aktivierungsenergie so bedeutsam war, lassen wir hier außer acht, da sie für die tiefliegenden Störstellen nicht untersucht wurde. Besitzt das fragliche Fremdatom einen Kernspin, so läßt es sich an Hand der verursachten Hyperfeinaufspaltung (Term A in Gleichung (24)) identifizieren, Abb. 24. Man

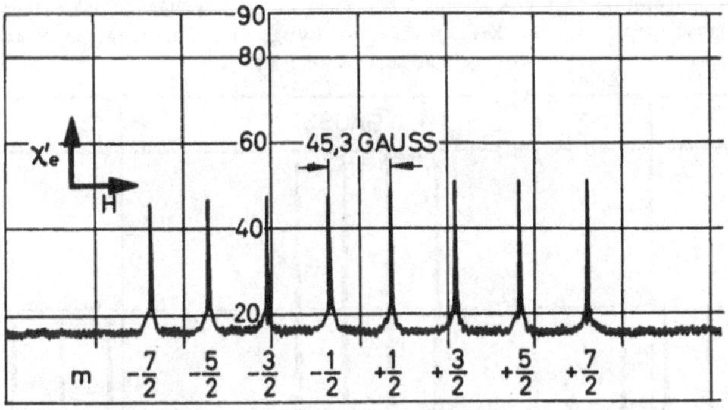

Abb. 24. Elektronenspinresonanz von V++ in Silicium. Hyperfeinaufspaltung zufolge des Kernspins $I = 7/2$ des ^{51}V. 1,3 °K. (*H. H. Woodbury, G. W. Ludwig*, Phys. Rev. **117** (1960) 102).

kann bei bekanntem Fremdatom umgekehrt auch den vorher unbekannten Kernspin bestimmen, wie dies z. B. für ^{57}Fe geschehen ist [41]. Der Umstand, daß sich g-Faktor und Hyperfeinkoppelkonstante ausweislich der Linienlagen als isotrop erweisen, zeigt, daß sich die tiefliegenden Störstellen an Gitterplätzen hoher Symmetrie befinden, nämlich den beiden anfangs dieses Abschnittes diskutierten: an einem regulären Gitterplatz oder dem Zwischengitterplatz auf der Raumdiagonalen. Da das Kristallfeld bezüglich der nächsten Nachbarn an beiden Plätzen gleiche Symmetrie hat, bietet es keine Unterscheidungsmöglichkeit. Für Cr^+ trennt das Kristallfeld die Elektronenübergänge weit, s. Abb. 25a [hier ist $S = 5/2$; für $S \leq 3/2$, wie für V^{++} in Abb. 24, fehlt generell der Kristallfeldeinfluß, d. h. der a-Term[1]) in Gleichung (23); es ist $a = 0$]. Ersetzt man das ^{52}Cr durch ^{53}Cr mit dem Kernspin $I = 3/2$, so tritt zusätzlich die entsprechende Hyperfeinaufspaltung auf, Abb. 25b. Wenn es gelänge, die Hyperfeinwechselwirkung mit dem ^{29}Si aufzulösen, direkt oder durch Doppelresonanz, würde sich eine Unterscheidungsmöglichkeit ergeben; wie bereits bemerkt, besitzen die zweitnächsten Nachbarn für die beiden Plätze verschiedene Anordnung und es würden sich verschiedene Spektren ergeben müssen. Solche Versuche stehen noch aus.

Im Hinblick auf die elektronische Struktur der Störstelle ist es erforderlich, den Ionisationszustand und den Spin des Elektronensystems zu kennen. Ist der A^2-

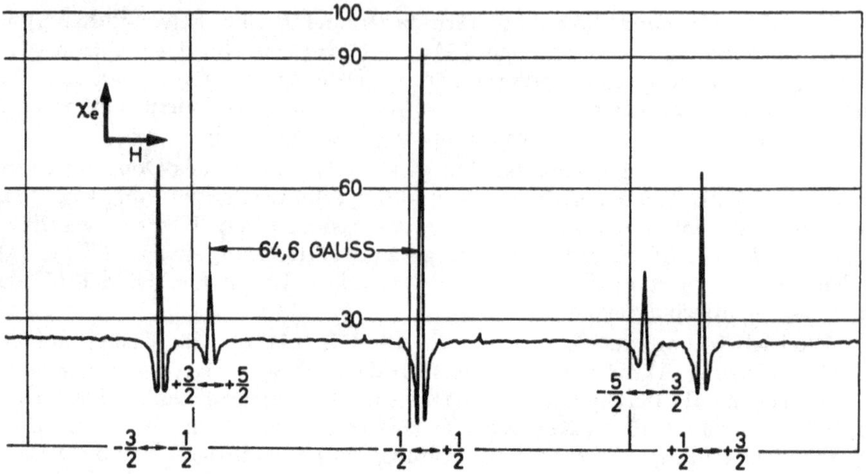

Abb. 25a. Elektronenspinresonanz von Chrom (^{52}Cr, Cr^+) in Silicium (*H. H. Woodbury, G. W. Ludwig*, Phys. Rev. **117** (1960) 102). $S = 5/2$. Kristallfeldaufspaltung. Die Übergänge sind an den Linien angegeben. 20,4 °K. $H \parallel [001]$.

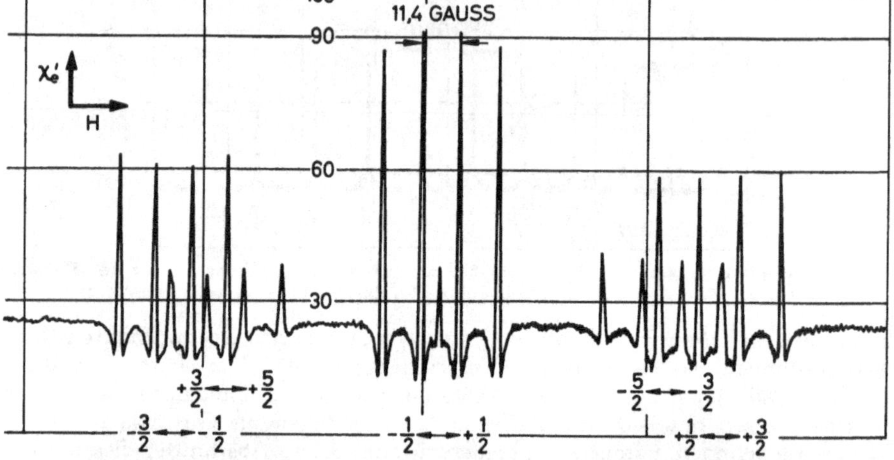

Abb. 25b. Elektronenspinresonanz von Chrom (^{53}Cr, Cr^+) in Silicium (*H. H. Woodbury, G. W. Ludwig*, Phys. Rev. **117** (1960) 102). $S = 5/2$. $I = 3/2$. Kristallfeldaufspaltung *und* (vierfache) Hyperfeinaufspaltung. 20,4 °K. Vgl. dazu Abb. 25 a.

Term in Gleichung (24) genügend groß, so fallen die Elektronenübergänge ($\Delta M = \pm 1$) auseinander und ihre Vielfachheit liefert direkt S, Abb. 26. Jedes der Linienpaare entspricht einem festen m ($\Delta m = 0$(!)). Die aus Gleichung (24) zu bestimmenden Doppelresonanzübergänge ($\Delta m = \pm 1, \Delta M = 0$) enthalten auch explizit S neben A, so daß sie beide Größen ermitteln lassen.

Zu einer vollständigen Beschreibung der Störstelle ist es noch erforderlich, den Umladungscharakter zu kennen. Diese Information läßt sich aus den Resonanzexperimenten allein nicht gewinnen. Hierfür sind elektrische Messungen (Leitfähigkeit, Hall-Effekt) und Dotierungsuntersuchungen notwendig [90]. Fügt man

[1]) Siehe die Fußnote S. 142.

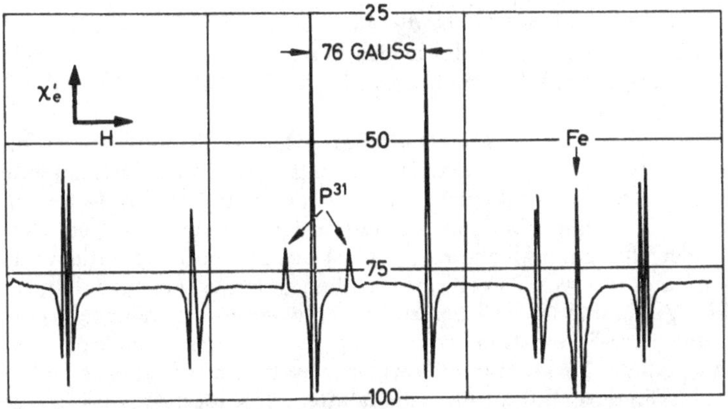

Abb. 26. Elektronenspinresonanz von Mangan (Mn^-; $I = 5/2$) in Silicium (*H. H. Woodbury, G. W. Ludwig*, Phys. Rev. **117** (1960) 102). 6 Hyperfeinlinien, jede doppelt ($S = 1$). 20,4 °K. $H \parallel [111]$.

beispielsweise zu Silicium gleichzeitig einen Donator (P) und Mangan, so vermag das Mangan ein Elektron vom P aufzunehmen und verbleibt in einem einfach negativ geladenen Zustand. Da neutrales Mangan in der 3d und 4s Schale zusammen 7 Elektronen besitzt, liegen bei Mn^- acht Elektronen vor. Da für Mn^- der Spin 1 durch Resonanz festgestellt wird (Tabelle 18, Abb. 26), befinden sich offenbar alle 8 Elektronen in der 3d Schale; zwei davon sind ungepaart und liefern $S = 1$. Die 4s Schale ist frei von Elektronen. Daraus ist der Schluß zu ziehen, daß ein solches Mn-Atom auf einem Zwischengitterplatz sitzt, an dem es keine Valenzbindungen zu betätigen braucht [88]. Für Fremdatome auf regulärem Gitterplatz ist demgegenüber anzunehmen, daß *vier* Elektronen die Bindung zu den Nachbaratomen besorgen und sich nur die restlichen in der 3d Schale aufhalten. Demnach hat (Tabelle 17) substituiertes Mn^+ $((5 + 2) - 1) - 4 = 2$ Elektronen in der 3d Schale, entsprechend dem festgestellten Gesamtspin $S = 1$. Um Mn^+ zu erhalten [91], ist es erforderlich, in bordotiertes Silicium sowohl Kupfer als auch Mangan einzudiffundieren (bei erhöhter Temperatur) und dann abzuschrecken. In kupferhaltigem Material werden beim Abschrecken Leerstellen gebildet, die vom Mangan besetzt werden. Die Bor-Akzeptoren nehmen ein Elektron des Mangans auf.

Diese Überlegungen lassen sich in einen größeren Rahmen einordnen [88, 91], der auf folgenden Annahmen fußt:

a) Bezüglich der Elektronenverteilung: Substituierte Übergangselemente entnehmen so viele Elektronen aus der 3d Schale, wie erforderlich sind, um zusammen mit den 4s Elektronen tetraedrische Bindungen mit den Nachbarn einzugehen. Zwischengitteratome übertragen alle Valenzelektronen in die 3d Schale.

b) Bezüglich der fünf 3d Wellenfunktionen, die in tetraedrischer Umgebung zweifach und dreifach entartet bleiben: Für substituierte Atome liegen die zweifach entarteten *e*-Zustände zutiefst. — Für Zwischengitteratome liegen die dreifach entarteten t_2-Zustände zutiefst:

Die Wellenfunktionen des dreifach entarteten t_2-Zustandes besitzen eine Winkelabhängigkeit gemäß xy, yz und zx, weisen also in Richtung der Flächendiagonalen. Die *e*-Zustände befolgen eine $(3z^2 - r^2)$- bzw. $(x^2 - y^2)$-Abhängigkeit und zeigen längs der kubischen Kristallachsen. Wenn man analog zum oktaedrischen Fall annimmt, daß *die* Wellenfunktionen energetisch am tiefsten liegen, die den Nachbaratomen ausweichen, liegt *e* offenbar für substituierte Atome zutiefst, da die nächsten Nachbarn längs [111] liegen. Für die Zwischengitteratome liegen zwar die *nächsten* Nachbarn längs [111], die *nur wenig weiter* entfernten *zweitnächsten* Nachbarn können jedoch plausiblerweise bewirken, daß die t_2-Zustände zutiefst kommen. Die zugehörige Bahnentartung ist in den Tabellen 17 und 18 mit eingetragen.

Die Spin-Resonanz-Experimente verschaffen jedoch nicht nur einen Einblick in die elektronische Struktur der Störstellen. Bereits aus dem Auftreten oder Nichtauftreten des Resonanzspektrums und seinen zeitlichen Änderungen können wesentliche Aufschlüsse über das Verhalten der Störstellen erzielt werden. Der Zustand vieler Übergangselemente ist selbst bei Zimmertemperatur und darunter nicht stabil, im Laufe von Tagen und Wochen treten Änderungen ein. Die wahrscheinlichste Annahme ist, daß Leerstellen zu wandern vermögen. Treffen sie auf ein Zwischengitter-Fremdatom, so vermag dieses einen regulären Platz einzunehmen. Gemäß der Diskussion im vorigen Absatz wird es dabei seine Elektronenkonfiguration ändern. Spinresonanz gestattet also hier, Diffusionsprozesse im Halbleiter zu verfolgen [91]. Läßt man beispielsweise Mangan in Silicium eindiffundieren bei ca. 1250 °C und schreckt anschließend ab, so befindet sich das Mangan als Mn^{++} auf Zwischengitterplatz. Das Spektrum verschwindet in einigen Tagen, wenn die Probe bei Zimmertemperatur gelagert wird. Enthält jedoch das benützte Silicium auch Kupfer, so werden beim Abschrecken Leerstellen gebildet: entweder ist das Kupfer zunächst substituiert und hinterläßt beim Ausfällen Leerstellen, oder das ausgefällte Kupfer bedingt Dehnung des Kristalls und Versetzungsschleifen, die ihrerseits bei Bewegung Leerstellen erzeugen. In diese Leerstellen begibt sich das Mangan als stabiles Mn^+, sofern das Grundmaterial p-typ ist, z. B. durch B-Gehalt. Denn dann kann das Mangan ein Elektron an die Akzeptoren abgeben.

Übergangselemente vermögen nicht nur als Einzelstörstellen aufzutreten. Von Mangan weiß man [86a], daß sich in Ausscheidungen vier Atome zusammenzulagern vermögen. Die Hyperfeinwechselwirkung mit den Kernspins ($I = {}^5/_2$) ergibt dann eine $(4 \cdot \frac{5}{2}) + 1 = 21$fache Aufspaltung, s. Abb. 27. Neben Zusammenlagerungen von Fremdatomen einer Sorte sind auch solche verschiedener Art möglich. Mangan zusammen mit Bor in Silicium vermag ein kompliziertes Spektrum zu geben, das vermutlich Mn-B-Paaren zugehört. Chrom und Eisen scheinen ebenfalls mit Akzeptoren (B, Al, Ga, In) Paare zu bilden [86, 87, 89].

Paramagnetische Atome, die an Plätzen *ohne* Inversionssymmetrie eingebaut sind, können in einem äußeren elektrischen Feld Verschiebungen ihrer Niveaus erfahren

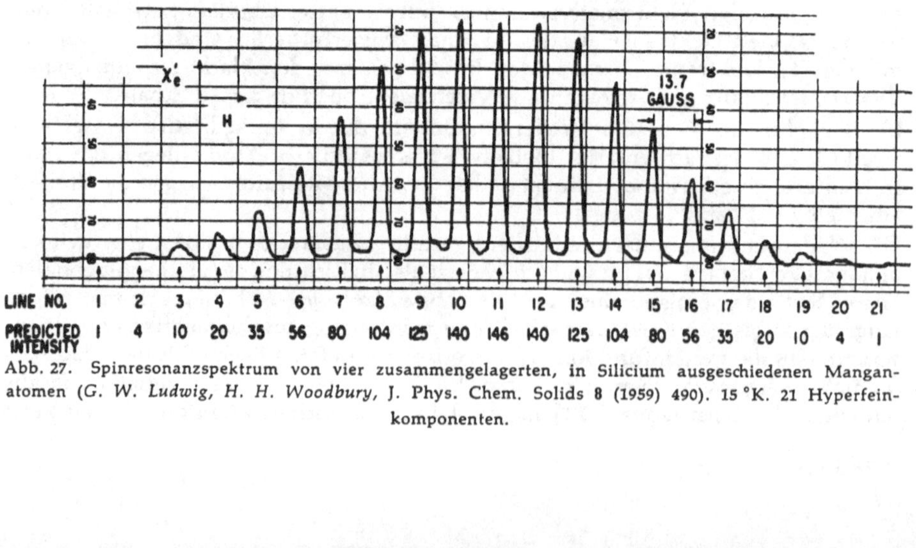

Abb. 27. Spinresonanzspektrum von vier zusammengelagerten, in Silicium ausgeschiedenen Manganatomen (*G. W. Ludwig, H. H. Woodbury*, J. Phys. Chem. Solids 8 (1959) 490). 15 °K. 21 Hyperfeinkomponenten.

[92, 93]. Eisen auf Zwischengitterplatz in Silicium erfüllt diese Bedingung. Ferner sind die t_2-Funktionen (s. S. 145) für die vorliegenden Zustände gemischt, so daß im elektrischen Feld Übergänge möglich sind. Der Abstand zwischen Grundzustand und den angeregten Zuständen ist klein. Neutrales Eisen (Fe^0) in Silicium hat den Spin 1, vgl. Tabelle 18, und im Magnetfeld drei *äquidistante* Niveaus (*eine* Linie) [94]. Ein elektrisches Feld E ergibt bereits eine in E lineare Verschiebung (Abb. 28) der $M = \pm 1$-Niveaus [93], so daß die Linie in zwei Komponenten aufspaltet [94]; s. Abb. 29. Entsprechend dem Boltzmannfaktor 1,17 (für diesen Fall) sollte die Intensität der Komponenten verschieden sein. Doch gibt es zweierlei Zwischengitterplätze, die durch Inversion auseinander hervorgehen, die komplementäre Spektren liefern, so daß ein symmetrisches Aufspaltungsbild entsteht. Auch bei Mn^+ auf Zwischengitterplatz wurde der Einfluß eines äußeren elektrischen Feldes gefunden [95].

Die beiden zusammenfallenden Linien des Eisens in Silicium können auch durch einachsige mechanische Dehnung getrennt werden, da eine solche Dehnung Niveauverschiebungen bewirkt, zufolge der Verringerung der Symmetrie, s. Abb. 30 [90].

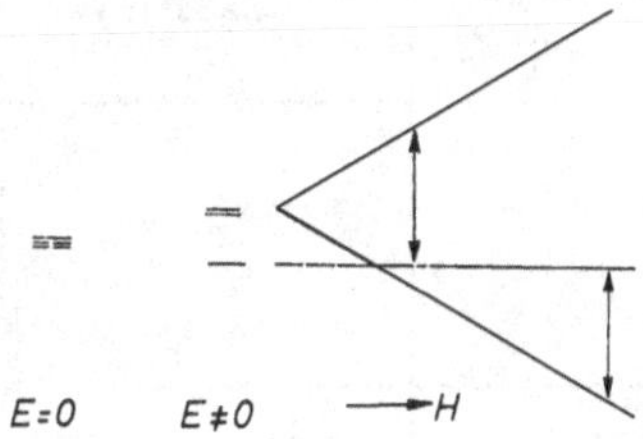

Abb. 28. Energieniveaus eines Übergangelements an einem Platz ohne Inversionssymmetrie im elektrischen (linearer Stark-Effekt) Feld E und magnetischen Felde H. Fall $S = 1$

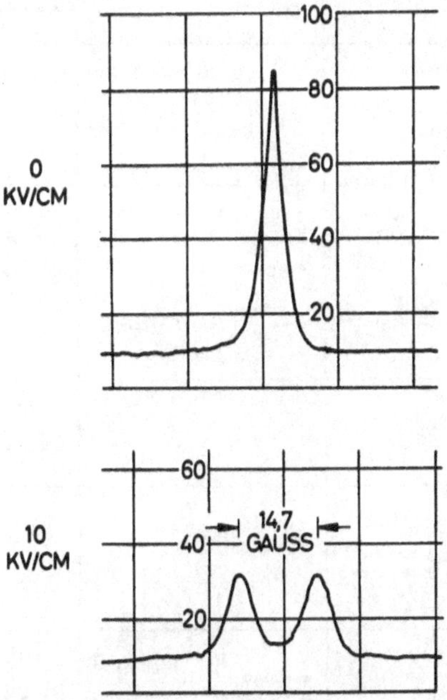

Abb. 29. Elektronenspinresonanz von Eisen (Fe^0) in Silicium (*G. W. Ludwig, H. H. Woodbury*, Phys. Rev. Lett. 7 (1960) 240). Linienaufspaltung proportional zu einem äußeren elektrischen Feld

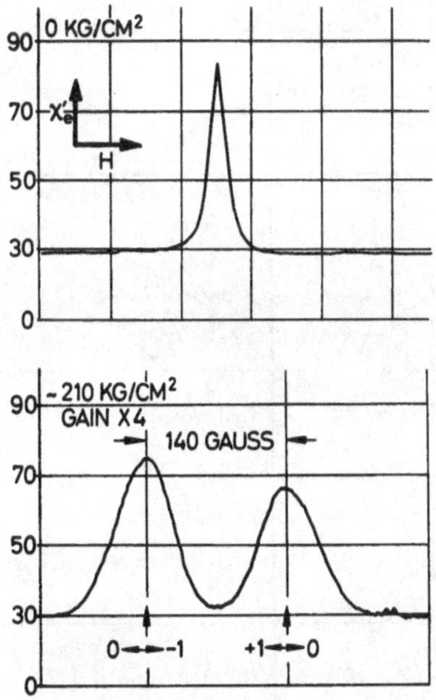

Abb. 30. Elektronenspinresonanz von Eisen (Fe^0) in Silicium (*G. W. Ludwig, H. H. Woodbury*, Phys. Rev. Lett. 7 (1960) 240)

Tabelle 19

	selbstaktiviert	Fe^{+++} (S = 5/2)	Mn^{++} (S = 5/2)		
Zn O	[106] 5) $g_{\parallel} = 1,956$ (∥ c-Achse) $g_{\perp} = 1,953$ (⊥ c-Achse)	[116] 15) $g_{\parallel} = 2,0062 \pm 0,0002$ $\lvert D \rvert = 0,0595 \pm 0,0002$ cm^{-1} $\lvert a - F \rvert = 0,0037 \pm 0,0002$ cm^{-1} $\lvert a \rvert = 0,0041 \pm 0,0003$ cm^{-1} sign $D = -$ sign $(a - F)$	[118] 42) $g = 2,001 \pm 0,001$ $A = -(75,0 \pm 0,05)$ 10^{-4} cm^{-1} $D = -(229 \pm 2)$ 10^{-4} cm^{-1} $a - F = (3,5 \pm 2)$ 10^{-4} cm^{-1}	[110] 40) $g = 2,0016 \pm 0,0006$ $A = (-76,0 \pm 0,4)$ 10^{-4} cm^{-1} $D = (-216,9 \pm 2,2)$ 10^{-4} cm^{-1} $a = (-2,0 \pm 0,5)$ 10^{-4} cm^{-1}	[99] 41) $A = 79$ 10^{-4} cm^{-1}
	[111] 4) $g_{\parallel} = 2,027 \pm 0,005$ $g_{\perp} = 2,052 \pm 0,001$ Signal *A* $g = 1,883 \pm 0,001$ Signal *B*				
Zn $S_{Kub.}$		[115] 11) $g = 2,0194 \pm 0,0003$ $\lvert a \rvert = 0,0128 \pm 0,0001$ cm^{-1}	[121] 36) a 37) b $g = 2,0025 \pm 0,0002$ $A = 68,4 \pm 0,1$ Gauß (a) $A = -68,4 \pm 0,1$ G (b) $a = -1,39 + 0,01$ Gauß (a) $a = +8,35 \pm 0,06$ G (b)	[122] 39) $g = 2,001 \pm 0,002$ $A = 67 \pm 1$ Gauß	[100] 38) $g = 2,0$ $A = 68,5 \pm 1$ Gauß $K = 0,75 \pm 0,05$ Gaul
Zn $S_{hex.}$			[119] 32) $g = 2,0016 \pm 0,0001$ $A = -70 \pm 1$ Oe $D = -113 \pm 2$ Oe $F = -8,1 \pm 1$ Oe	[100] 31) $g = 2,0 \pm 0,05$ $A = 70 \pm 1$ Gauß $K = 0,5 \pm 0,05$ Gauß $D = 5$ Gauß	[99] 33) $g = 2,001$ $A = 63,8$ 10^{-4} cm^{-1}
Zn Se			[113] 29) $g = 2,0051$ $A = 61,7$ 10^{-4} cm^{-1}		[99] 30) $g = 2,01$ $A = 60$ 10^{-4} cm^{-1}
Zn Te			[113] 26) $g = 2,0128$ $A = -56,2$ 10^{-4} cm^{-1} $a = +30$ 10^{-4} cm^{-1}		[99] 27) $A = 56$ 10^{-4} cm^{-1}
Cd S		[105] 13) $g = 2,01$ $D = 30$ 10^{-4} cm^{-1} $D/a_0 \sim -0,5$		[110] 24) $g = 2,0029 \pm 0,0006$ $A = (-65,3 \pm 0,4)$ 10^{-4} cm^{-1} $D = (8,2 \pm 2,2)$ 10^{-4} cm^{-1} $a = (-1,4 \pm 0,5)$ 10^{-4} cm^{-1}	[99] 25) $g = 2,002$ $A = 64,8$ 10^{-4} cm^{-1}
Cd Se					[99] 22) $g = 2,003$ $A = 61,5$ 10^{-4} cm^{-1}
Cd Te			[118] 21) $g = 2,0075 \pm 0,001$ $A = -(57,1 \pm 0,4)$ 10^{-4} cm^{-1} $a = (27,0 \pm 2\ )$ 10^{-4} cm^{-1}		
			[113] 19) $g = 2,0069$ $A = 57,3$ 10^{-4} cm^{-1}	[117] 18) $g = 2,010$ $A = 0,0055$ cm^{-1} $3a = 0,0084$ cm^{-1}	[99] 20) $A = 56,9$ 10^{-4} cm^{-1}
Ga P		[113] 12) g 2,025 a 390 10^{-4} cm^{-1}	[113] 16) $g = 2,002$ $A = 55$ 10^{-4} cm^{-1}		

	V^{++} (S = 3/2) V^{+++} (S = 1)	Co^{++} (S = 3/2)	Eu (S = 7/2)	Ga (S = 1/2)	Cl^{-} (S = 1/2)
	[114] 44) $g_{\parallel} = 1{,}977 \pm 0{,}001$ $g_{\perp} \cong 2$ Hyperfeinaufsp 50 Gauß	[114] 11) $g_{\parallel} = 2{,}243 \pm 0{,}001$ $g_{\perp} = 2{,}279 \pm 0{,}0002$ $A = (16{,}11 \pm 0{,}05)\ 10^{-4}\ cm^{-1}$ $B = (3{,}00 \pm 0{,}03)\ 10^{-4}\ cm^{-1}$ $2D = 5{,}5 \pm 0{,}3\ cm^{-1}$			
[120] 35) $g = 2{,}0021$ $A = -63{,}73\ 10^{-4}\ cm^{-1}$ $u = 7\ 97\ 10^{-4}\ cm^{-1}$		[112] 10) $g = 2{,}248$ $A = 1{,}8\ 10^{-4}\ cm^{-1}$ $u = -0{,}0048$			
[98] 34) $g = 2{,}004$ $A = 69 \pm 1$ Oe					
[98] 28) $g = 2{,}006$ $A = 65 \pm 1$ Oe		[112] 9) $g = 2{,}270$			
	[113] 45) $g = 1{,}917$ $A = 57{,}8\ 10^{-4}\ cm^{-1}$	[112] 8) $g = 2{,}2972$ $A = 17{,}5\ 10^{-4}\ cm^{-1}$ $u = 0{,}00078$ $\|U\| = 0{,}65\ 10^{-4}\ cm^{-1}$			
[98] 23) $g = 2{,}004$ $A = 69 \pm 1$ Oe	[113] 43) $g = 1{,}933$ $A_{\parallel} = 63\ 10^{-4}\ cm^{-1}$ $A_{\perp} = 66\ 10^{-4}\ cm^{-1}$ $D = 1130\ 10^{-4}\ cm^{-1}$	[113] 7) $g = 2{,}269$ $A_{\parallel} = 4{,}6\ 10^{-4}\ cm^{-1}$ $A_{\perp} = < 12\ 10^{-4}\ cm^{-1}$ $D > 2\ 10^{-4}\ cm^{-1}$	[123] 3) $g = 1{,}992 \pm 0{,}001$ $A = (23{,}03 \pm 0{,}10)\ 10^{-4}\ cm^{-1}$ (Eu^{151}) $A = (10{,}32 \pm 0{,}10)\ 10^{-4}\ cm^{-1}$ (Eu^{153}) $b_2^0 = (342{,}9 \pm 0{,}5)\ 10^{-4}\ cm^{-1}$ $b_4^0 = (11{,}9 \pm 0{,}1)\ 10^{-4}\ cm^{-1}$ $b_6^0 = (-0{,}97 \pm 0{,}3)\ 10^{-4}\ cm^{-1}$	[102] 2) $g_{\parallel} = 1{,}792$ $g_{\perp} = 1{,}775$	[109] 1) $g_{\parallel} = 1{,}79$ (c-Achse Kristall) $g_{\perp} = 1{,}78$ (keine Hyperfeinaufsp.)
		[112] 6) $g = 2{,}3093$ $A = 23{,}4\ 10^{-4}\ cm^{-1}$ $u = +0{,}0016$ $\|U\| = 0{,}85\ 10^{-4}\ cm^{-1}$			
[98] 17) $g = 2{,}008$ $A = 59 \pm 1$ Oe					

3j) Übergangselemente, Seltene Erden und Fehlstellen in III-V- und II-VI-Verbindungen — Ionizität — Lichtbedingte Umladungen

Die Ionen der Übergangselemente, die sich in einem S-Zustand ohne Bahnmoment befinden, sind in halbleitenden Verbindungen schon recht eingehend untersucht. Resonanz ist für diese Ionen, insbesondere Mn^{++} und Fe^{+++} im allgemeinen nicht nur bei tiefer Temperatur, sondern auch bei 300 °K beobachtbar. Die Spektren sind bevorzugt im Hinblick auf die zu ihrer Beschreibung erforderlichen Parameter untersucht. Die Ergebnisse für eine Auswahl von Verbindungen und auch andere als die eben genannten Ionen finden sich in Tabelle 19. Die Hyperfeinkoppelkonstante A ist für Mn^{++} für die verschiedenen Verbindungen etwas verschieden. Offenbar ist die Verzerrung der Elektronenwolke, die die Hyperfeinaufspaltung erst beobachtbar macht, für die einzelnen Verbindungen verschieden: wegen der Symmetrie des Mn^{++}-Ions mit seiner $3s^2\,3d^5$ Elektronenkonfiguration (^6S-Zustand) ist eine Hyperfeinaufspaltung eigentlich nicht möglich. Wäre dagegen der Zustand z. B. $3s\,3d^5\,4s$, so würde wegen der s-Elektronen eine erhebliche Hyperfeinaufspaltung resultieren. Es genügt schon eine geringe Zumischung (0,1 %) eines solchen höheren Zustandes [96] („Verzerrung" der Elektronenhülle) um die beobachtete Hyperfeinaufspaltung zu erklären. Ihre Größe hängt noch vom Charakter der Bindung, d. h. von den Atomen oder Ionen ab, die das Mangan umgeben. Je geringer die Ionizität [97], d. h. je kovalenter die Bindung, um so geringer wird die Hyperfeinaufspaltung [98, 99].

Anmerkungen zu Tabelle 19. *L* Linienlagen. *O* Operator.

1) 4 °K; Einkristall.
L: $H = h\nu/g\beta$.

2) 77 °K; Pulver. Ga-Konzentration > Cu, oder Ga < Cu und optische Anregung
L: s. 1).

3) 295 °K; Einkristall.
O: $\mathcal{H} = \beta \mathfrak{H}\cdot\mathfrak{S} + B_2^0 O_2^0 + B_4^0 O_4^0 + $
$+ B_4^3 O_4^3 + B_6^0 O_6^0 + B_6^3 O_6^3 + B_6^6 O_6^6 + A\vec{I}\cdot\mathfrak{S}$.
O_l^m Operatoren, die sich wie Y_l^m transformieren (Kugelfunktionen).
$b_2^0 = 3B_2^0$; $b_4^0 = 60B_4^0$; $b_6^0 = 1260B_6^0$; $b_6^6 = 1260B_6^6$.

4) 77 °K; Pulver.

5) 77, 300 °K; Einkristall.
In Zn-Dampf 7 h bei 1150 °C dotiert; resonanzbedingende Störstelle unbekannt
L: s. 1).

6) 10 °K; Einkristall.
O: s. 10).

7) 10 °K; Einkristall.

8) 10 °K; Einkristall.
O: s. 10).

9) 10 °K; Einkristall.
O: s. 10).

10) 10 °K; Einkristall.

$$O:\ \mathcal{H} = g\beta\mathfrak{H}\mathfrak{S} + A\mathfrak{S}\vec{I} - g_n\beta_N\vec{I}\mathfrak{H} + u\beta\left\{S_x^3H_x + S_y^3H_y + S_z^3H_z - \frac{1}{5}(\mathfrak{S}\cdot\mathfrak{H})[3S(S-1)-1]\right\} + U\left\{S_x^3I_x + S_y^3I_y + S_z^3I_z - \frac{1}{5}(\mathfrak{S}\cdot\vec{I})[3S(S-1)-1]\right\}.$$

11) 1,3 °K.

12) 10 °K; Einkristall.

13) 4,2 °K; Einkristall.
Fe^{++} durch Fotoeffekt in Fe^{+++} überführen (5500 Å).

$$O: \mathcal{H} = g\beta \mathfrak{H}\mathfrak{S} + \frac{a}{6}\left[S_\xi^4 + S_\eta^4 + S_\zeta^4 - \frac{1}{5}S(S+1)(3S^2+3S-1)\right] + D\left(S_z^2 - \frac{1}{3}S(S+1)\right)$$

Nullfeldspaltung $3a_0$.

14) 77 °K; Einkristall. (Lies richtig $g = 2{,}0194 \pm 0{,}0003$).
Fe^{++} wird vermutlich durch die UV-Bestrahlung in Fe^{+++} übergeführt.

$$O: \mathcal{H} = g\beta \mathfrak{H}\mathfrak{S} + \frac{a}{6}\left(S_x^4 + S_y^4 + S_z^4 - \frac{701}{16}\right).$$

15) 300 °K; Einkristall.

$$O: \mathcal{H} = g\beta \mathfrak{H}\mathfrak{S} + \frac{a}{6}\left(S_\xi^4 + S_\eta^4 + S_\zeta^4 - \frac{707}{16}\right) + D\left(S_z^2 - \frac{35}{12}\right) + \frac{7F}{36}\left(S_z^4 - \left(\frac{95}{14}\right)S_z^2 + \frac{81}{16}\right)$$

16) 10 °K; Einkristall.

17) 300 °K; Einkristall.
L: s. 34).

18) 4,2 . . . 300 °K; Einkristall.

$$O: \mathcal{H} = g\beta \mathfrak{H}\cdot\mathfrak{S} + A\vec{I}\cdot\mathfrak{S} + \frac{a}{15}\left[T_{40} + \sqrt{\frac{5}{14}}\,(T_{44} + T_{4-4})\right].$$

$$T_{40} = \frac{1}{8}\left[35\,S_z^4 - 30\,S(S+1)\,S_z^2 + 25\,S_z^2 - 6\,S(S+1) + 6\,S^2(S+1)^2\right].$$

$$T_{44} = \frac{70}{16}S_+^4\,;\; T_{4-4} = \frac{70}{16}S_-^4\,.$$

19) 10 °K; Einkristall.

20) 300 °K; Pulver.
O: s. 41).

21) 20 °K; Einkristall (Mosaikstruktur).
O: s. 42).

22) 300 °K; Pulver.
O: s. 41).

23) 300 °K; Pulver.
L: s. 34).

24) 300 °K; Einkristall.
O: s. 42).

25) 300 °K; Pulver.
O: s. 41).

26) 10 °K; Einkristall.

27) 300 °K; Pulver.
O: s. 41).

28) 300 °K; Pulver.
L: s. 34).

29) 10 °K; Einkristall.

30) 300 °K; Pulver.
O: s. 41).

31) *L*: $H = H_0 - D(2M-1) - Am - K\{I(I+1) - m^2\}$.

32) Einkristall.
O: s. 42).

33) 300 °K; Einkristall.
O: s. 41).

34) 300 °K; Pulver.
$$L:\ h\nu = g\beta H + A'm + \frac{A'^2}{2h}\{I(I+1) - m^2\}.$$

35) 300 °K; Einkristall.
O: s. 37).

36) Einkristall.
$$L:\ H = H_0 - Am - \frac{A^2}{2H_0}\left[\frac{35}{4} - m^2 + m(2M-1)\right] + \frac{a}{64}\times$$
$$\times\ (35\cos^4\Theta - 30\cos^2\Theta + 3 + 5\sin^4\Theta\cos^4\psi)\cdot(56M^3 - 84M^2 - 134M + 81).$$
Nullfeldaufspaltung 18 a'. $\Theta, \psi \sphericalangle$ Kristall, H.

37) 4 °K; Einkristall.
$$O:\ \mathcal{H} = g\beta\mathfrak{H}\cdot\mathfrak{S} + \frac{1}{6}a(S_x^4 + S_y^4 + S_z^4) + A\vec{I}\cdot\mathfrak{S}.$$

38) $L:\ H = H_0 - Am - K\{I(I+1) - m^2\} - Km(2M-1)$.

39) 4,2; 90; 300 °K; Pulver.
L: s. 36).

40) 77 °K; Einkristall.
O: s. 42).

41) 300 °K; Pulver.
$$O:\ \mathcal{H} = g\beta\mathfrak{H}\cdot\mathfrak{S} + A\vec{I}\cdot\mathfrak{S}.$$

42) 20 °K; Einkristall, natürlich.
$$O:\ \mathcal{H} = g\beta\mathfrak{H}\cdot\mathfrak{S} + A\vec{I}\cdot\mathfrak{S} + D\left[S_z^2 - \frac{1}{3}S(S+1)\right]$$
$$+\left(\frac{a}{6}\right)\left[S_\xi^4 + S_\eta^4 + S_\zeta^4 - \frac{1}{5}S(S+1)(3S^2+3S-1)\right]$$
$$+\left(\frac{F}{180}\right)[35S_z^4 - 30S(S+1)S_z^2 + 25S_z^2 - 6S(S+1) + 3S^2(S+1)^2].$$
ξ, η, ζ Achsen des kubischen Feldes; dazu [111]-Achse: z-Achse.
Zn ist tetraedrisch von O umgeben.

43) 10 °K; Einkristall; V^{+++}.

44) 1,3 °K; V^{++}.

45) 10 °K; Einkristall.
$$L:\ H = \frac{h\nu}{g\beta} - Am - \frac{A^2}{2}\frac{g\beta}{h\nu}\{I(I+1) - m^2 + m(2M-1)\}.$$

H Magnetfeld; $\mathcal{H}$ Hamilton-Operator; ν Mikrowellenfrequenz; β Bohr-Magneton; A Hyperfeinkoppelkonstante; g g-Faktor des Elektrons; g_N g-Faktor des Kerns; I Kernspin, m seine Komponente; S Elektronenspin, M seine Komponente; S bzw. I mit Index: Operatorkomponenten; a, u, U, F, D Kristallfeldkonstanten.

Untersuchungen über den Zusammenhang zwischen den Umladungsprozessen eines in ein Gitter eingebauten Fremdatoms und seinem Resonanzverhalten, der Lumineszenz und der Photoleitfähigkeit haben bislang keine voll befriedigenden Ergebnisse gebracht. Haupthindernis ist vermutlich, daß die in Phosphoren wirkenden Störstellen, jedenfalls in ihren Einzelheiten, unbekannt sind, obwohl über die Lumineszenz-Eigenschaften zahlreiche Arbeiten vorliegen. Paramagnetische Elektronenresonanz von Mn^{++} wurde schon früh [100] in einer Anzahl von unbeleuchteten Phosphoren festgestellt, auch wurden die bestehenden Untersuchungsmöglichkeiten klar ausgesprochen. Aber es dauerte fast zehn Jahre, bis über Phosphore berichtet wurde, in denen die Umladung einer Störstelle unter Beleuchtung zu einer korrespondierenden Änderung des Resonanzsignals Anlaß gibt [101—107]. Die Interpretation hat dennoch mit äußerster Vorsicht zu geschehen. Das System CdS mit Cu und Ga als Zusätzen dürfte dem Modell in Abb. 31 entsprechen. Cu ist als Akzeptor anzusprechen und nimmt bei der Umladung ein Elektron auf, Gallium ist Donator und vermag aus seinem Grundzustand heraus ein Elektron abzuspalten [1]). Enthält das CdS mehr Cu als Ga, so geben im thermischen Gleichgewicht alle Ga-Atome ihr Elektron an Kupfer ab. Erst wenn durch Lichteinstrahlung Elektronen ins Leitungsband angeregt werden entstehen auch Ga-Donatoren im Grundzustand mit einem ungepaarten Elektron und man findet Spin-Resonanz [102]. Die Elektronen im Leitungsband erhöhen zugleich die Leitfähigkeit. CdS mit einem Überschuß an Ga gegenüber Cu gibt dementsprechend bereits unbelichtet ein Resonanzsignal. Daß die dem Kernspin des Ga ($I = {}^3/_2$ (für beide stabile Isotope ^{69}Ga und ^{71}Ga)) entsprechende Hyperfeinaufspaltung *nicht* gefunden wurde, ist zweifellos unbefriedigend.

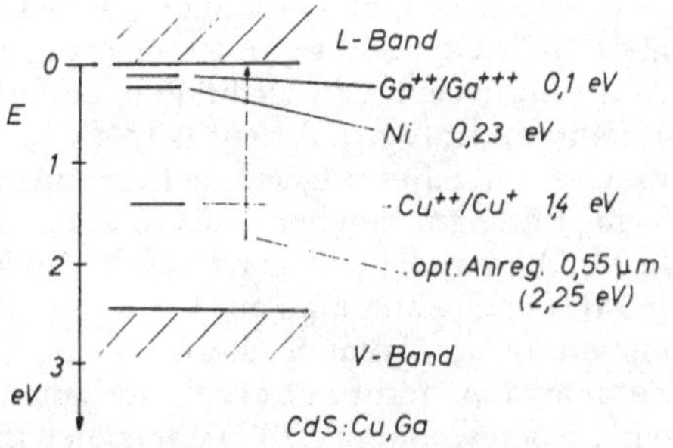

Abb. 31. Niveauschema für einen CdS: Cu, Ga-Phosphor. Bezüglich der Energiewerte vgl. [102, 107]. Die gegebene Beschreibung für Ga ist vom Autor versuchsweise gewählt. Andere Beschreibungen sind gegenwärtig nicht auszuschließen, lediglich der Umladungscharakter muß gewahrt bleiben. Links steht der Grundzustand. Vgl. [108].

Auch bei der Resonanz [109] des Cl^{--} in CdS fehlt die Hyperfeinaufspaltung zufolge des Kernspins von Chlor (${}^3/_2$ für beide stabile Isotope ^{35}Cl und ^{37}Cl). Möglicherweise ist die Wellenfunktion des Elektrons, das sowohl im Falle des Ga wie auch des Cl eine negativ geladene Störstelle umkreist, räumlich so weit ausgedehnt, daß nur eine geringe Wechselwirkung mit dem Kernspin der Störstelle verbleibt. Eine weitere, ebenfalls bislang nicht aufgefundene Hyperfeinaufspaltung kann durch die Cadmium-Isotope mit dem Spin ${}^1/_2$ (natürliche Häufigkeit 13 % für ^{111}Cd und 12,3 % für ^{113}Cd) verursacht werden (vgl. Fußnote [2]), S. 111).

Insgesamt steht nach wie vor zu erwarten, daß paramagnetische Elektronenresonanz einen wesentlichen Beitrag zur Aufklärung der Natur der Störstellen auch in photoleitenden oder lumineszierenden Verbindungshalbleitern liefern wird.

3k) Halbleiteroberflächen und pulverisierte Halbleiter

Die Oberfläche von Halbleitern, die mechanisch bearbeitet worden sind, ergibt in vielen Fällen Spinresonanz. Insbesondere trifft dies für pulverisierte Halbleiter zu. Silicium mit einer Partikelgröße von etwa 1 μm liefert eine Linie [85] mit

---

1) Bezüglich der Störstellennomenklatur, speziell auch bezüglich der Verhältnisse in ZnS, vgl. [108].

$g = 2{,}0055$ und einer Breite von 7 bis 8 Oe bei 9300 MHz. g-Wert und Linienbreite sind temperaturunabhängig zwischen 1,5 und 300 °K. Die Resonanz erscheint auch beim *Pulverisieren* und *Messen* bei 1,5 °K ohne zwischenzeitliches Aufwärmen. Gegenüber dem bei Zimmertemperatur gepulverten Material ist lediglich die Linie etwas asymmetrisch und die Spin-Gitter-Relaxationszeit T_s um einen Faktor 10^3 verkürzt. Nach einmaligem Aufwärmen auf Zimmertemperatur stellen sich die Tieftemperatureigenschaften des bei 300 °K gepulverten Materials ein mit $T_s \sim 10^{-3}$ s. Die Gasatmosphäre beim Pulverisieren und der Störstoffgehalt des Siliciums sind ohne Einfluß auf die Linie. Lediglich bei höchsten Dotierungen ($\gtrsim 10^{19}\,g^{-1}$ As) sind weniger paramagnetische Zentren feststellbar ($< 10^{18}\,g^{-1}$). Durch Neutronenbeschuß entstehen ebenfalls paramagnetische Zentren, die jedoch Linien größerer Breite, 16 bis 20 Oe, ergeben, vgl. Abschnitt 3 m. Auch Siliciumpulver, das durch thermisches Zersetzen von Trichlorsilan gebildet wird, zeigt eine Resonanzlinie. Erhitzen des Si-Pulvers im Vakuum für 6 h auf 650 °C ändert die paramagnetischen Zentren nicht, dagegen verschwinden 80 % durch 10 min Erhitzen an Luft auf 400 °C, der Rest bei 800 °C. Es wird vermutet, daß spezielle Gitterdefekte in der Oberfläche die Resonanz hervorrufen. Es dürfte sich jedoch nicht um Versetzungen handeln. Silicium mit hoher Versetzungsdichte gibt überhaupt keine Resonanz¹). Massives Silicium mit sandgestrahlter Oberfläche gibt Resonanz ($g = 2{,}0061$) [12]. Ätzung, die nur den Oberflächenfilm beeinflußt, bleibt ohne Einfluß. Erst durch Abtragen einer etwa 10^{-4} cm dicken Schicht (durch Ätzen) wird die Linie zum Verschwinden gebracht. Zahlreiche weitere Halbleiter zeigen eine Resonanzlinie nach dem Pulverisieren, s. Tabelle 20. Keine Resonanz ergeben $CaCO_3$, CaF_2, GaAs, Se, KCl, LiF, Bi_2Te_3 und PbTe [85 a]. In MgO kann die Resonanz auf die Bildung von F-Zentren zurückgeführt werden [85 a]. Für Si kann man auf Grund der Abtragungsexperimente [12] und der Zerpulverung im Vakuum, die Resonanz hervorruft, wohl sicher schließen, daß die Resonanzlinie nicht mit der Gasbeladung oder einer Adsorptionsschicht unmittelbar zusammenhängt. Die paramagnetischen Zentren müssen sich in einer Schicht von etwa 10^{-4} cm Dicke befinden.

Tabelle 20. Elektronenspinresonanz in pulverisierten Halbleitern [85a]

Material	g-Wert	Linienbreite in Oe
Ge	2,023 ± 3	50
Si	2,0055 ± 2	7—8
SiC (hexagonal)	2,0027 ± 2	5,5
C (Diamant)	2,0027 ± 2	5,5
MgO	2,0021 ± 1	1,2
CaO	1,9992 ± 2	2
	2,0044 ± 3	8,5
CaS	2,0028 ± 2	2
ZnO	2,0050 ± 6	8
ZnS	2,0031 ± 3	10
SrO	1,9844 ± 2	2
	2,0044 ± 3	10
Al_2O_3		breit
Te		breit
$MgO \cdot Al_2O_3$		breit

¹) *G. Feher*, zitiert in [148].

3 l) Organische Halbleiter

Zwischen Pyrene (Py) und Jod existieren Komplexe der Zusammensetzung $2\,PyJ_2$ (metastabil) und $Py\,2\,J_2$ (stabil). Gepreßte Pillen des letzteren Materials haben bei Zimmertemperatur 75 Ω cm spezifischen Widerstand [124] und 0,11 eV Aktivierungsenergie für die Leitfähigkeit. Einkristalline Komplexe $2\,Per\,3\,J_2$ zwischen Perylene (Per) und Jod zeigen 8 Ω cm und 0,016 eV. Ein Hall-Effekt war nicht beobachtbar. Obere Grenze für die Beweglichkeit ist daher 0,01 $cm^2\,V^{-1}\,s^{-1}$, untere Grenze für die Trägerdichte $8 \cdot 10^{19}\,cm^{-3}$. Diese Komplexe besitzen bei Zimmertemperatur eine paramagnetische Resonanzlinie [125], die etwa $10^{19}\,g^{-1}$ Spins entspricht. Die Spin-Konzentration hängt exponentiell von der Temperatur ab mit einer Aktivierungsenergie, die der der Leitfähigkeit entspricht. Die Linie besitzt im Einkristall keine Anisotropie; die Spin-Gitter-Relaxationszeit T_s ist ungefähr gleich der reziproken Linienbreite T_2. Dieses Verhalten widerspricht nicht der Annahme, daß es sich um Resonanz freier Ladungsträger handelt. Bei tiefer Temperatur wird die Spinkonzentration temperaturabhängig, T_s größer als T_2, und die Linie ist anisotrop. Dann sollte es sich um getrapte Träger handeln.

3 m) Defekte in elektronen- und neutronenbestrahltem Silicium

Bestrahlung mit Neutronen verursacht in n- und p-Silicium [126] das Auftreten von paramagnetischer Resonanz. Der Widerstand nach der Bestrahlung erreicht 10^5 Ω cm. Der *g*-Wert ist 2,0061, die Linienbreite ca. 16 Oe. Bei 4 °K beträgt die Relaxationszeit Sekunden, bei Zimmertemperatur ist sie wesentlich kürzer. Das Spektrum ist anisotrop. Beim Tempern bis 470 °C tritt eine Vereinfachung des Spektrums ein, die auf das Verschwinden von Defekten zurückgeführt wird. Bei noch höherer Glühtemperatur wird das Spektrum jedoch wieder komplizierter. Material niedrigeren Widerstandes, das höher dotiert ist, liefert andersartige Resonanzspektren. Die Natur der von den Neutronen erzeugten Zentren oder Defekten, die für die paramagnetische Resonanz verantwortlich sind, scheint noch nicht geklärt.

Auch Bestrahlung von Silicium mit schnellen Elektronen (1,5 MeV) bei Zimmertemperatur führt zu paramagnetischer Resonanz [128—131], die bei Temperaturen zwischen 1,2 und 20 °K untersucht ist. Siliciumkristalle, die aus Quarztiegeln gezüchtet wurden, verhalten sich wesentlich verschieden von im Vakuum tiegelfrei zonengeschmolzenen. Die letzteren enthalten bekanntlich wenigstens um einen Faktor 100 weniger Sauerstoff. Das Zentrum, das die Resonanz verursacht, heißt Si-A-Zentrum für aus dem Tiegel gezüchtetes Silicium und Si-E-Zentrum für das zonengeschmolzene Silicium. Im letzteren werden nur wenige A-Zentren gebildet. Insbesondere das Si-A-Zentrum hat eingehende Untersuchung erfahren und dürfte gut aufgeklärt sein. Dieses Zentrum entsteht bei Bestrahlung von n-Silicium (10^{15} bis $10^{16}\,cm^{-3}$ P) bei Zimmertemperatur sofort. Elektronenbestrahlung bei 20 °K liefert bei anschließender Resonanzmessung bei dieser Temperatur vergleichsweise nur 0,4 % der Zentren; Tempern bei Zimmertemperatur führt zu 2,5 %. Demnach ist das Si-A-Zentrum kein primärer Defekt, sondern entsteht erst durch zusätzliche Prozesse.

Die Amplitude des Resonanzspektrums der Donatoren (P; s. Abschnitt 3 b) nimmt mit wachsender Elektronenbestrahlung ab, um bei ca. 10^{16} Elektronen/cm^2 zu verschwinden. Das Si-A-Zentrum wirkt offenbar als Akzeptor, s. Abb. 32, das die Donatorelektronen einfängt. Mit immer weiter getriebener Elektronenbestrahlung ($> 10^{17}$ Elektronen/cm^2) nimmt auch die Signalamplitude der Si-A-Zentren wieder

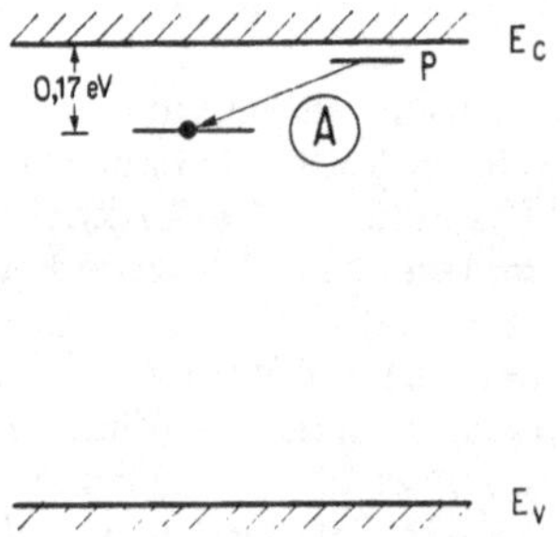

Abb. 32. Das Si-A-Zentrum ist Akzeptor 0,17 eV unter dem Leitfähigkeitsband. Phosphordotierung sorgt dafür, daß das Zentrum mit einem Elektron besetzt wird. Ohne Elektronenbesetzung gibt das Zentrum keine paramagnetische Resonanz (*G. B. Watkins, J. W. Corbett,* Phys. Rev. **121** (1961) 1001)

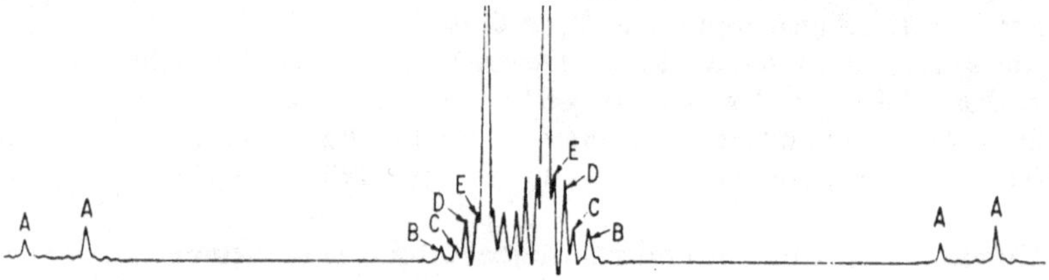

Abb. 33. Spinresonanzspektrum des Si-A-Zentrums bei ca. 4 °K. (*G. B. Watkins, J. W. Corbett,* Phys. Rev. **121** (1961) 1001). Magnetfeld || [100]. Aufgelöstes Hyperfeinspektrum, von ^{29}Si-Atomen an nichtgleichwertigen Plätzen (*A* bis *E*) in der Umgebung des Defektes (vgl. Abschnitt 3b).

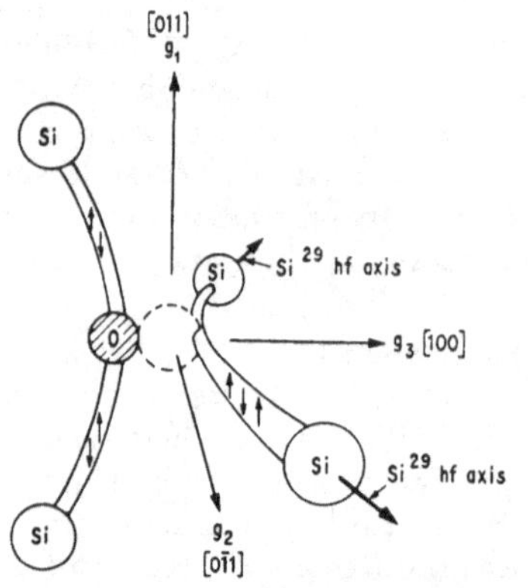

Abb. 34. Modell des Si-A-Zentrums (*G. B. Watkins, J. W. Corbett,* Phys. Rev. **121** (1961) 101). Im Si-Gitter fehlt ein Si-Atom und ist durch ein Sauerstoffatom ersetzt, das zwei der vier Siliciumatome verbindet. Ein zusätzliches Elektron ist am Defekt gebunden. Richtungen des g-Tensors und der Hyperfeinachsen sind eingetragen. $g_1 = 2{,}0093 \pm 3$, $g_2 = 2{,}0025 \pm 3$, $g_3 = 2{,}0031 \pm 3$.

ab und es treten neue Resonanzen auf: es entstehen auch Defekte mit tieferen Energieniveaus. Das Spektrum des Si-A-Zentrums (s. Abb. 33) ist anisotrop und besteht aus mehreren Linien, die verschiedenen Orientierungen des Defektes im Kristall zugeordnet werden können. Als Modell hat sich (s. Abb. 34) ein auf einem regulären Gitterplatz eingebautes Sauerstoffatom bewährt. Außer den verschiedenen Linien zufolge der Orientierungsmöglichkeiten tritt Hyperfeinaufspaltung wegen der ^{29}Si-Atome auf, die einen Kernspin $^1/_2$ besitzen. Größe und Symmetrie der Aufspaltung ergeben, daß sich das Elektron im wesentlichen an den beiden nicht durch das O-Atom verbundenen Si-Atomen aufhält. – Falls nicht alle dieser akzeptorartigen Zentren mit Elektronen besetzt sind, treten unter einachsiger mechanischer Spannung (12 500 psi) Änderungen der Linienintensitäten auf, die durch eine Elektronenumbesetzung der verschieden orientierten Defekte beschreibbar sind. Bei 77 °K besitzen solche Um*besetzungen* Zeitkonstanten von 10 bis

1000 s. Bei 140 °K treten (unter mechanischer Spannung) Spektrumsänderungen ein, die einer Umorientierung der Defekte entsprechen. Die Aktivierungsenergie beträgt 0,38 eV.

Im Spektrum des E-Zentrums, das in stark bestrahltem, phosphordotiertem Silicium auftritt, sind alle Linien doppelt, s. Abb. 35. Es scheint deshalb ein P-Atom ($I = 1/2$) mit diesem Defekt verbunden zu sein. Der Defekt insgesamt stellt jedoch einen Akzeptor dar mit einem Niveau ca. 0,43 eV unter dem Leitfähigkeitsbandrand. *Dieses* Niveau darf jedoch *nicht* mit einem Elektron besetzt sein, wenn Spin-Resonanz auftreten soll.

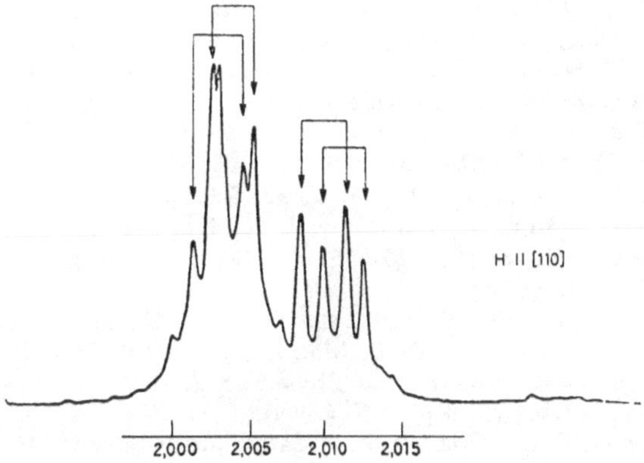

Abb. 35. Elektronenspinresonanzspektrum des Si-E-Zentrums (*G. B. Watkins, J. W. Corbett, R. M. Walker*, J. appl. Phys. **30** (1959) 1198). Dublett-Aufspaltung aller Linien. Magnetfeld || [100]. Abszisse: g-Werte (ungefähr).

Literatur

[1] *E. E. Schneider, T. S. England*, Physica **17**, 221 (1951).

[2] *H. Volz*, Allgemeine Methoden und Ergebnisse der Vielelektronentheorie in Kristallgittern. Halbleiterprobleme **I**, 1 (1954). Herausg. *W. Schottky*. Friedr. Vieweg & Sohn, Braunschweig. — *B. Seraphin*, Theoretisches und Experimentelles zur effektiven Masse von Kristallelektronen. Halbleiterprobleme **II**, 40 (1955). Herausg. *W. Schottky*. Friedr. Vieweg & *Sohn, Braunschweig*. — *John C. Slater*, The electronic structure of solids. Handbuch der Physik **XIX**, 1 (1956). Springer-Verlag, Berlin. Herausg. *S. Flügge*. — *John R. Reitz*, Methods of the one electron theory of solids. Solid State Physics **1**, 1 (1955). Herausg. *F. Seitz, D. Turnbull*. Academic Press, New York. — *Truman O. Woodruff*, The orthogonalized plane wave method. Solid State Physics **4**, 367 (1957). Herausg. *F. Seitz, D. Turnbull*. Academic Press, New York. — *Joseph Callaway*, Electron energy bands in solids. Solid State Physics **7**, 99 (1958). Herausg. *F. Seitz, D. Turnbull*. Academic Press, New York. — *H. Jones*, The theory of Brillouin Zones and electronic states in crystals. North Holland Publishing Co., Amsterdam (1960).

[3] *O. Madelung*, Das Verhalten von Halbleitern in hohen Magnetfeldern. Halbleiteprobleme **V**, 87 (1960). Herausg. *F. Sauter*. Friedr. Vieweg & Sohn, Braunschweig. — *Benjamin Lax, John G. Mavroides*, Cyclotron Resonance. Solid State Physics **11**, 261 (1960). Herausg. *F. Seitz, D. Turnbull*. Academic Press, New York.

[4] *J. M. Luttinger, W. Kohn*, Phys. Rev. **97**, 869 (1955).

[5] *Laura M. Roth, Benjamin Lax*, Phys. Rev. Lett. **3**, 217 (1959).

[6] *Laura M. Roth*, Phys. Rev. **118**, 1534 (1960). — Bull Amer. Phys. Soc. **5**, 60 (1960).

[7] *F. Herman*, Phys. Rev. **93**, 1214 (1954). — *J. C. Phillips*, Phys. Rev. **112**, 685 (1958).
[8] *B. Lax, L. M. Roth, S. Zwerdling*, J. Phys. Chem. Solids **8**, 311 (1959).
[9] *E. J. Rashba, I. I. Boiko*, Fiz. Tverd. Tela **3**, 1277 (1961). Soviet Physics Solid State **3**, 927 (1961). — *E. J. Rashba, V. I. Sheka*. Fiz. Tverd. Tela **3**, 2369, 1863, 1735 (1962). Soviet Physics Solid State **3**, 1718 (1962), **3**, 1357, 1257 (1961). — *E. J. Rashba*, Fiz. Tverd. Tela **2**, 1224 (1960). Soviet Physics Solid State **2**, 1109 (1960). — *I. I. Boiko, E. J. Rashba*, Fiz. Tverd. Tela **2**, 1874 (1960). Soviet Physics Solid State **2**, 1692 (1961).
[10] *A. Abragam, H. M. L. Pryce*, Proc. Roy. Soc. **A 205**, 135 (1951). — *B. Bleany, K. W. H. Stevens*, Repts. Progr. Phys. **16**, 108 (1953). — *K. D. Bowers, J. Owen*, Repts. Progr. Phys. **18**, 304 (1955). — *William Low*, Solid State Physics Suppl. **2** (1960). — *D. J. E. Ingram*, Spectrocopy at radio and microwave frequencies. Butterworth Scientific Publications, London (1955). — *E. E. Schneider*, Arch. Sci. Genève **13**, 183 (1960), Fascicule spécial.
[11] *E. Fermi*, Z. Physik **60**, 320 (1930).
[12] *G. Feher*, Phys. Rev. **114**, 1219 (1959).
[13] *H. A. Kramers*, Proc. Amsterdam Acad. Sci. **33**, 959 (1930). — *E. Wigner*, Nachr. Akad. Wiss. Göttingen, Math.-Physik. Kl. **II a**, 546 (1932).
[14] *H. A. Jahn, E. Teller*, Proc. Roy. Soc. **A 161**, 220 (1937). — *H. A. Jahn*, Proc. Roy. Soc. **A 164**, 117 (1938).
[15] *J. H. van Vleck*, Phys. Rev. **57**, 426 (1940). — *R. de L. Kronig, C. J. Boukamp*, Physica **5**, 521 (1938). — *R. B. Mattuck, W. M. P. Strandberg*, Phys. Rev. **119**, 1204 (1960). — *R. Orbach*, Proc. Phys. Soc. **77**, 821 (1961). — *B. Bölger*, Proc. K. Ned. Akad. Wetensch. **B 62**, 348 (1959).
[16] *G. Lancaster, E. E. Schneider*, Proc. Int. Conf. Semicond. 589, Prag (1961).
[17] *A. M. Portis, A. F. Kip, C. Kittel, W. H. Brattain*, Phys. Rev. **90**, 988 (1953).
[18a] *R. C. Fletcher, W. A. Yager, G. L. Pearson, F. R. Merritt*, Phys. Rev. **95**, 844 (1954).
[18b] *F. K. Willenbrock, N. Bloembergen*, Phys. Rev. **91**, 1281 (1953).
[19] *G. Feher, D. K. Wilson, E. A. Gere*, Phys. Rev. Lett. **3**, 25 (1959).
[20] *R. J. Elliott*, Phys. Rev. **96**, 266 (1954).
[21] *T. S. Moss*, Indiumantimonid. Progr. in Semicond. **5**, 189 (1960). Heywood & Co., London. Herausg. *A. F. Gibson, F. A. Kröger, R. E. Burgess*. — *G. Römelt, D. Geist*, Z. angew. Physik **14**, 99 (1962).
[22] *G. Bemski*, Phys. Rev. Lett. **4**, 62 (1960).
[23a] *G. E. Smith, J. K. Galt, F. R. Merritt*, Phys. Rev. Lett. **4**, 276 (1960).
[23b] *G. Dresselhaus, A. F. Kip, C. Kittel*, Phys. Rev. **100**, 618 (1955).
[24] *W. Anderson, P. R. Weiss*, Rev. Mod. Phys. **25**, 269 (1953).
[25] *G. E. Pikus, G. L. Bir*, Soviet Physics Solid State **1**, 136 (Orig. **1**, 154 (1959)). — **1**, 1502 (Orig. **1**, 1642 (1959)).
[26] *G. E. Pikus, G. L. Bir*, Soviet Physics Solid State **3**, 730 (Orig. **3**, 1001 (1961)).
[27] *G. E. Pikus, G. L. Bir*, Phys. Rev. Lett **6**, 103 (1961). — Int. Conf. Semicond. 89, Prag (1960).
[28] *J. M. Luttinger*, Phys. Rev. **102**, 1030 (1956). Gleichung (11).
[29] *R. C. Fletcher, W. A. Yager, G. L. Pearson, A. N. Holden, W. T. Read, F. R. Merritt*, Phys. Rev. **94**, 1392 (1954).
[30] *W. Kohn*, Shallow Impurity States in Silicon and Germanium. Solid State Physics **5**, 258 (1957). Herausg. *F. Seitz, D. Turnbull*. Academic Press, New York.
[31] *W. Kohn, J. M. Luttinger*, Phys. Rev. **98**, 915 (1955).
[32] *A. Honig*, Bull. Amer. Phys. Soc. II, **6**, 118 (1961).
[33] *Hiroshi Hasegawa*, Phys. Rev. **118**, 1523 (1960).
[34] *Charles P. Slichter*, Phys. Rev. **99**, 479 (1955).
[35] *G. Feher, R. C. Fletcher, E. A. Gere*, Phys. Rev. **100**, 1784 (1955).
[36] *G. Bemski, B. Szymanski*, J. Phys. Chem. Solids **17**, 173 (1960).

[37] *G. Feher*, Phys. Rev. **103**, 834 (1956).
[38] *G. Feher*, Phys. Rev. **103**, 500 (1956).
[39] *G. Feher, C. S. Fuller, E. A. Gere*, Phys. Rev. **107**, 1462 (1957) (^{32}P in Si). — *F. M. Pipkin, J. W. Culvahouse*, Phys. Rev. **106**, 1102 (1957). Phys. Rev. **109**, 1423 (1958) (^{76}As in Si).
[40] *H. H. Woodbury, G. W. Ludwig*, Phys. Rev. Lett. **1**, 16 (1958).
[41] *G. W. Ludwig, H. H. Woodbury, R. O. Carlson*, Phys. Rev. Lett. **1**, 295 (1958).
[42] *J. Eisinger, G. Feher*, Phys. Rev. **109**, 1172 (1958).
[43] *A. Honig, A. F. Kip*, Phys. Rev. **95**, 1686 (1954).
[44] *A. M. Portis*, Phys. Rev. **91**, 1071 (1953).
[45] *J. P. Gordon, K. D. Bowers*, Phys. Rev. Lett. **1**, 368 (1958).
[46] *G. Feher, J. P. Gordon, E. Buehler, E. A. Gere, C. M. Thurmond*, Phys. Rev. **109**, 221 (1958).
[47] *D. Geist*, Der Maser. Halbleiterprobleme **V**, 167 (1960). Herausg. *F. Sauter*. Friedr. Vieweg & Sohn, Braunschweig.
[48] *D. K. Wilson, G. Feher*, Bull. Amer. Phys. Soc. **5**, 60 (1960). — Phys. Rev. **124**, 1074 (1961).
[49] *P. J. Price*, Phys. Rev. **104**, 1223 (1956).
[50] *F. Bloch*, Phys. Rev. **70**, 460 (1956).
[51a] *A. Honig*, Phys. Rev. **96**, 234 (1954).
[51b] *A. Honig, J. Combrisson*, Phys. Rev. **102**, 917 (1956).
[52] *A. Abragam, J. Combrisson*, Compt. Rend. **243**, 576 (1956).
[53] *G. Feher, E. A. Gere*, Phys. Rev. **114**, 1245 (1959).
[54] *A. Honig, E. Stupp*, Phys. Rev. Lett. **1**, 275 (1958). — Phys. Rev. **117**, 69 (1960).
[55] *D. Pines, J. Bardeen, Ch. P. Slichter*, Phys. Rev. **106**, 489 (1957).
[56] *E. Abrahams*, Phys. Rev. **107**, 491 (1957).
[57] *J. W. Culvahouse, F. M. Pipkin*, Phys. Rev. **109**, 319 (1958).
[58] *G. Feher*, Physica. Suppl. **24**, S 80 (1958).
[59] *A. W. Overhauser*, Phys. Rev. **92**, 411 (1954).
[60] *Hiroshi Hasegawa*, unveröffentlicht, zitiert in [48].
[61] *T. G. Castner jr.*, Phys. Rev. Lett. **8**, 13 (1962).
[62] *G. Feher, J. C. Hensel, E. A. Gere*, Phys. Rev. Lett. **5**, 309 (1960). — *G. Feher*, Proc. Int. Conf. Semicond. 579, Prague 1961.
[63] *G. W. Ludwig, H. H. Woodbury*, Bull. Amer. Phys. Soc. II **6**, 118 (1961).
[64] *E. Burstein, G. S. Pikus, B. Henvis, B. Wallis*. J. Phys. Chem. Solids **1**, 65 (1956).
[65] *H. Fritzsche*, Bull. Amer. Phys. Soc. **4**, 185 (1959). — Phys. Rev. **115**, 336 (1959).
[66] *G. Weinreich, W. S. Boyle, Harry G. White, K. F. Rodgers*, Phys. Rev. Lett. **3**, 244 (1959); **2**, 96 (1959).
[67] *Gabriel Weinreich, Harry G. White*, Bull. Amer. Phys. Soc. II **5**, 60 (1960).
[68] *H. Fritzsche*, Phys. Rev. **120**, 1120 (1960).
[69] *R. E. Pontinen, T. M. Sanders jr.*, Phys. Rev. Lett. **5**, 311 (1960).
[70] *Robert W. Keyes, Peter J. Price*, Phys. Rev. Lett. **5**, 473 (1960).
[71] *G. D. Watkins*, Bull. Amer. Phys. Soc. **2**, 345 (1957).
[72] *G. W. Ludwig, H. H. Woodbury*, Bull. Amer. Phys. Soc. **3**, 135 (1958).
[73] *J. S. van Wieringen*, Halbleiter und Phosphore 367 (1958). Herausg. *M. Schön, H. Welker*. Friedr. Vieweg & Sohn, Braunschweig.
[74] *H. H. Woodbury, R. I. Scace, G. W. Ludwig*, Bull. Amer. Phys. Soc. II **4**, 144 (1959). *H. H. Woodbury, G. W. Ludwig*, Phys. Rev. **124**, 1083 (1961).
[75] *C. A. Coulson*, Valence, 88 (1952). Oxford University Press.
[76] *W. Kaiser, W. L. Bond*, Phys. Rev. **115**, 857 (1959).
[77] *W. V. Smith, I. J. Gelles, P. P. Sorokin*, Bull. Amer. Phys. Soc. II **4**, 144 (1959).
[78] *W. V. Smith, P. P. Sorokin, I. J. Gelles, G. J. Lasher*, Phys. Rev. **115**, 1546 (1959).
[79] *W. V. Smith, I. J. Gelles, P. P. Sorokin*, Phys. Rev. Lett. **2**, 39 (1959).
[80] *J. H. Griffith, J. Owen, I. M. Ward*, Nature, London **173**, 439 (1954). — Defects in crystalline solids 82 (1955). Physical Society London.

[81] *M. C. M. O'Brien, M. H. L. Pryce*, Defects in Crystalline Solids 88 (1955). Physical Society London.
[82] *P. P. Sorokin, G. J. Lasher, I. J. Gelles*, Phys. Rev. **118**, 939 (1960).
[83] *N. Bloembergen*, Archives des Sciences Genève **13**, 183 (1960), Fascicule spécial.
[84] *D. Geist*, Halbleiterkonferenz Exeter (1962).
[85a] *G. K. Walters, T. L. Estle*, J. appl. Phys. **32**, 1854 (1961).
[85b] *G. K. Walters*, J. Phys. Chem. Solids **14**, 43 (1960).
[86a] *G. W. Ludwig, H. H. Woodbury, R. O. Carlson*, J. Phys. Chem. Solids **8**, 490 (1959).
[86b] *G. W. Ludwig, R. O. Carlson, H. H. Woodbury*, Bull. Amer. Phys. Soc. II **4**, 22 (1959).
[87] *G. W. Ludwig, R. O. Carlson, H. H. Woodbury*, Bull. Amer. Phys. Soc. II **4**, 144 (1959).
[88] *G. W. Ludwig, H. H. Woodbury*, Phys. Rev. Lett. **5**, 98 (1960).
[89] *H. H. Woodbury, R. O. Carlson, G. W. Ludwig*, Bull. Amer. Phys. Soc. II **4**, 22 (1959).
[90] *H. H. Woodbury, G. W. Ludwig*, Phys. Rev. **117**, 102 (1960).
[91] *H. H. Woodbury, G. W. Ludwig*, Phys. Rev. Lett. **5**, 96 (1960).
[92] *N. Bloembergen*, Phys. Rev. Letters **7**, 90 (1961). — Science **133**, 1363 (1961).
[93] *F. S. Ham*, Phys. Rev. Lett. **7**, 242 (1961).
[94] *G. W. Ludwig, H. H. Woodbury*, Phys. Rev. Letters **7**, 240 (1961).
[95] *G. W. Ludwig, F. S. Ham*, Bull. Amer. Phys. Soc. **7**, 29 (1962).
[96] *A. Abragam, M. H. L. Pryce*, Proc. Roy. Soc. **A 205**, 135 (1951).
[97] *L. Pauling*, Nature of the Chemical Bond. 69 (1940). Cornell University Press.
[98] *J. S. van Wieringen*, Discussions Faraday Soc. **19**, 118 (1955). — Physica **19**, 397 (1953).
[99] *On. Matumura*, J. Phys. Soc. Japan **14**, 108 (1959).
[100] *W. D. Hershberger, H. N. Leifer*, Phys. Rev. **88**, 714 (1952).
[101] *H. Kallmann, Jean Gallagher, Neil Wotherspoon*, Colloque Ampere Eindhoven (1962) (ZnS: Cu).
[102] *J. Dieleman*, Colloque Ampere, Eindhoven (1962) (CdS: Cu, Ga).
[103] *Reuben S. Title*, Phys. Rev. Lett. 4, 502 (1960) (ZnS: Gd, Cr).
[104] *Reuben S. Title*, J. Phys. Chem. Solids **22**, 235 (1961) (ZnS: Gd, Cr; ZnS: Al).
[105] *J. Lambe, J. Baker, C. Kikuchi*, Phys. Rev. Lett. **3**, 270 (1959) (CdS: Fe).
[106] *Jürgen Schneider, Armin Räuber*, Z. Naturforschg. **16a**, 712 (1961) (ZnO).
[107] *Richard H. Bube*, Imperfection Ionization Energies in CdS-Type Materials by Photoelectronic Techniques. Solid State Physics **11**, 250 (1960). Herausg. *F. Seitz, D. Turnbull*. Academic Press, New York.
[108] *W. Schottky, F. Stöckmann*, Vergleichende Betrachtungen über die Natur der Störstellen in Halbleitern und Phosphoren. Halbleiterprobleme **I**, 80 (1954). Herausg. *W. Schottky*. Friedr. Vieweg & Sohn, Braunschweig.
[109] *J. Lambe, C. Kikuchi*, J. Phys. Chem. Solids **8**, 492 (1959).
[110] *Paul B. Dorain*, Phys. Rev. **112**, 1058 (1958).
[111] *H. Kasai, Yoshiro Otomo*, Phys. Rev. Lett. **7**, 17 (1961).
[112] *F. S. Ham, G. W. Ludwig, G. D. Watkins, H. H. Woodbury*, Phys. Rev. Lett. **5**, 468 (1960).
[113] *H. H. Woodbury*, Bull. Amer. Phys. Soc. II **6**, 118 (1961).
[114] *T. L. Estle*, Bull. Amer. Phys. Soc. **6**, 445 (1961).
[115] *Armin Räuber, Jürgen Schneider*, Z. Naturforschg. **17a**, 266 (1962).
[116] *Jürgen Schneider*, Z. Naturforschg. **17a**, 189 (1962).
[117] *J. Lambe, C. Kikuchi*, Phys. Rev. **119**, 1256 (1960).
[118] *T. P. P. Hall, W. Hayes, F. J. B. Williams*, Proc. Phys. Soc. **78**, 883 (1961).
[119] *S. P. Keller, I. L. Gelles, W. V. Smith*, Phys. Rev. **110**, 850 (1958).
[120] *Walter M. Walsh jr.*, Phys. Rev. **122**, 762 (1961).

[121] *L. M. Matarrese, Chirio Kikuchi*, J. Phys. Chem. Solids **1**, 117 (1956). — Phys. Rev. **100**, 1243 (1955). — *G. D. Watkins*, Phys Rev. **110**, 986 (1958).
[122] *K. A. Müller*, Helv. Phys. Acta **28**, 450 (1955).
[123] *Paul B. Dorain*, Phys. Rev. **120**, 1190 (1960).
[124] *J. Kommandeur, Frances R. Hall*, Bull. Amer. Phys. Soc. II **4**, 421 (1959).
[125] *L. S. Singer, J. Kommandeur*, Bull. Amer. Phys. Soc. II **4**, 421 (1959).
[126] *E. Schulz-Du Bois, M. Nisenoff, H. Y. Fan, K. Lark-Horovitz*, Phys. Rev. **98**, 1560 (1955).
[127] *M. Nisenoff, H. Y. Fan*, Bull. Amer. Phys. Soc. II **4**, 159 (1959).
[128] *G. Bemski, G. Feher, E. Gere*, Bull. Amer. Phys. Soc. II **3**, 135 (1958).
[129] *G. Bemski*, J. appl. Phys. **30**, 1195 (1959).
[130] *G. D. Watkins, J. W. Corbett, R. W. Walker*, Bull. Amer. Phys. Soc. II **4**, 159 (1959).
[131] *G. D. Watkins, J. W. Corbett, R. W. Walker*, J. appl. Phys. **30**, 1198 (1959). — *G. B. Watkins, J. W. Corbett*, Phys. Rev. **121**, 1001 (1961).
[132] *D. J. Schechter*, Phys. Chem. Solids **23**, 237 (1962).
[133] *D. Long, J. Meyers*, Phys. Rev. **115**, 1119 (1959).
[134] *W. Kohn, J. M. Luttinger*, Phys. Rev. **97**, 1721 (1955).
[135] *W. Kohn, J. M. Luttinger*, Phys. Rev. **97**, 883 (1955).
[136] *Igo*, J. Phys. Soc. Japan **16**, 1472 (1961).
[137] *J. Combrisson, I. Solomon*, J. Phys. Rad. **20**, 683 (1959). *G. Feher*, J. Phys. Rad. **19**, 830 (1958).
[138] *G. Feher, E. A. Gere*, Phys. Rev. **103**, 501 (1956).
[139] *F. J. Dyson*, Phys. Rev. **98**, 349 (1955).
[140] *A. Honig*, Compt. Rend. **243**, 576, 650 (1956).
[141] *A. Honig*, Physica Suppl. **24**, S 163 (1958).
[142] *A. Honig, R. Lewitt*, Phys. Rev. Lett. **5**, 93 (1960).
[143] *Jerome J. Kaplan*, Amer. J. of Physics. **28**, 491 (1960).
[144] *J. Kondo*, Progr. theor. Phys. Japan. **24**, 161 (1960).
[145] *E. Stupp, A. Honig*, Phys. Rev. **117**, 69 (1960).
[146] *E. Stupp, A. Honig*, Bull. Amer. Phys. Soc. II **4**, 261 (1959).
[147] *R. A. Levy*, Phys. Rev. Lett. **5**, 425 (1960). — *G. Yang, A. Honig*. Bull. Amer. Phys. Soc. II **6**, 20 (1961).
[148] *T. M. Buck*, The Surface Chemistry of Metals and Semiconductors 128 (1960). Herausg. *H. C. Gatos*. John Wiley & Sons. Inc., New York.

HANS-JOACHIM QUEISSER*)

Versetzungen in Silicium

Mit 28 Abbildungen

1. Einleitung

Versetzungen sind wichtige und eingehend untersuchte Baufehler des Kristallgitters [1—3]. Die Ergebnisse an Halbleitermaterialien haben ganz besonders zum besseren Verständnis von Struktur und Eigenschaften der Versetzungen beigetragen. Über ihr plastisches [4] und elektrisches [5] Verhalten ist bereits umfangreiches Tatsachenmaterial angesammelt worden. In letzter Zeit haben besonders die Wechselwirkungen zwischen Fremdatomen und Versetzungen in Silicium und Germanium ein lebhaftes Interesse gefunden. Über alle diese Ergebnisse ist in verschiedenen zusammenfassenden Artikeln [1—6] berichtet worden.

Dieser Beitrag bietet dagegen keinen umfassenden Überblick sämtlicher neueren Ergebnisse, sondern beschränkt sich auf einige Untersuchungen, die in den letzten Jahren größtenteils in den Laboratorien von Shockley Transistor durchgeführt worden sind. Der Vortrag ist in vier Abschnitte unterteilt. Zunächst wird die wechselseitige Beeinflussung von Fremddiffusion und Stufenversetzungen in Silicium behandelt. Es zeigt sich, daß beschleunigte Diffusion von Fremdatomen entlang den Versetzungen auftritt. Andererseits bewirkt eine Diffusion von zu kleinen Substitutions-Atomen eine Erzeugung neuer Versetzungen. Das folgende Kapitel enthält einige Ergebnisse von Messungen elektrischer Eigenschaften von Versetzungen. Phononen-Streuung an Versetzungen wird im dritten Kapitel behandelt. Ein kurzer Abschnitt über Untersuchungen an Stapelfehlern und Teilversetzungen beschließt als viertes Kapitel diesen Bericht.

Die Versetzung ist ein eindimensionaler Gitterfehler [1—3]. Neben der Linie, die sie innerhalb des Kristalles durchläuft, hat sie ein zweites Bestimmungsstück: den Burgersvektor $\mathfrak{b}$. Dieser Vektor wird wie folgt definiert [7]. Ein durch mehrere Sprünge von einem Atom zu einem nächsten Nachbaratom definierter Umlauf, der im ungestörten Gitter wieder zum Ausgangsatom zurückführen würde, ergibt bei Umfahren einer Versetzung keinen geschlossenen Pfad mehr. Der Endpunkt ist vielmehr um $\mathfrak{b}$ vom Ausgangspunkt entfernt. Der Burgersvektor ist also ein Translationsvektor des betreffenden Gitters.

Die Lage des Burgersvektor relativ zur Versetzungslinie bestimmt den Charakter der Versetzung. Ist $\mathfrak{b}$ parallel zur Versetzungslinie, so liegt eine sogenannte Schraubenversetzung vor. Bei einem Burgersvektor senkrecht zur Versetzung spricht man von einer Stufenversetzung. Die Stufenversetzung kann man sich entstanden denken durch Einfügen einer zusätzlichen Teil-Gitterebene. In einem einfachen kubischen Gitter sind die eben geschilderten Verhältnisse leicht zu übersehen. Im Falle des Siliciums wird es bereits schwieriger, sich ein Bild von dem

*) Shockley Transistor, Clevite Corp., Palo Alto, Californien.

Aufbau der verschiedenen Versetzungen zu machen. Silicium kristallisiert im Diamantgitter, das man auffassen kann als zwei ineinandergestellte kubischflächenzentrierte Gitter. *Hornstra* [8] hat die möglichen Strukturen von Versetzungen im Diamantgitter untersucht und detaillierte Beschreibungen gegeben.

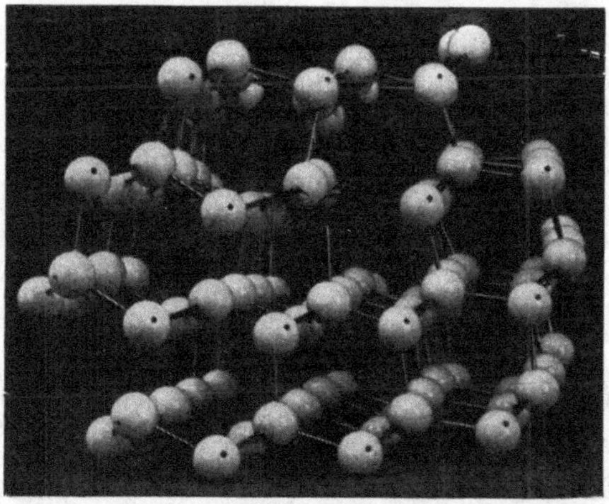

Abb. 1. Modell einer „60°-Versetzung" im Diamantgitter. Unabgesättigte Bindungen treten auf

Im Diamantgitter sind zwei Typen von Versetzungen möglich, die sich voneinander durch Anwesenheit bzw. Fehlen unabgesättigter Bindungen [9] unterscheiden. Abb. 1 zeigt ein Modell einer Versetzung des ersten Typs, mit unabgesättigten Bindungen. Es handelt sich um eine sogenannte „60°-Versetzung", da der Burgersvektor mit der Versetzungslinie einen Winkel von 60° bildet. Die Versetzungslinie wird im Bilde deutlich durch die Reihe der senkrechten Metallstäbchen, die die unabgesättigten Bindungen darstellen sollen. Es leuchtet ein, daß diese freien Valenzen eine starke Störung des Gitters bedeuten. Man hat vor allem erhebliche elektrische Effekte an solchen Versetzungen zu erwarten. So sollten die unabgesättigten Bindungen Elektronen anlagern und damit wie

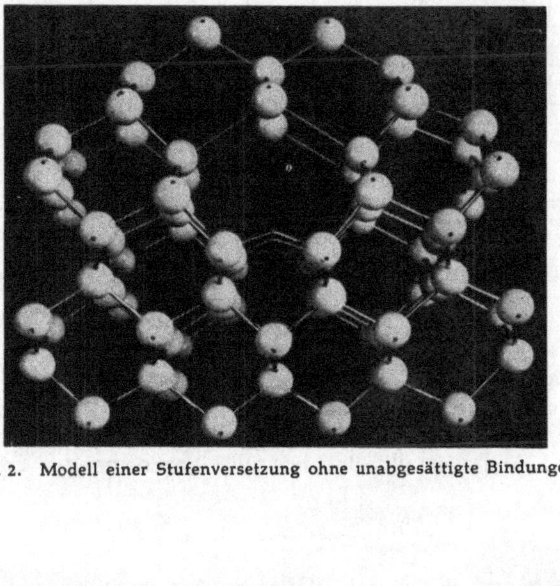

Abb. 2. Modell einer Stufenversetzung ohne unabgesättigte Bindungen

Akzeptor-Atome wirken [9, 10]. Es gibt jedoch einen zweiten Versetzungs-Typ, der keine derartigen freien Bindungen erfordert. *Hornstra* [8] hat gezeigt, daß durch Diffusion eine Umgruppierung erfolgen könnte, wodurch alle Bindungen gesättigt werden können. Als ein Beispiel für eine solche Struktur ist in Abb. 2 eine Stufenversetzung gezeigt. Man kann sich die zusätzliche Halbebene als von unten her eingeschoben denken. Ein Ring von 5 Atomen liegt in der Kompressionszone, ein Ring von 7 Atomen in der Dilatationszone der Versetzung. Die Verbiegung der Bindungen ist in dem Modell stark übertrieben, um die Struktur sichtbarer zu machen. Es ist zur Zeit noch ein ungeklärtes Problem, welcher Typus von Versetzungen in den Halbleitern vom Diamant-Typ tatsächlich vorliegt. Einige Messungen an Germanium [5, 11, 12] deuten darauf hin, daß unabgesättigte Bindungen vorkommen. Bei Silicium scheint dies jedenfalls nicht immer der Fall zu sein, wie die zu besprechenden Ergebnisse zeigen werden.

Silicium ist eine außerordentlich günstige Substanz zur Untersuchung von Versetzungen. Von Vorteil ist einmal die große Reinheit, mit der Si-Kristalle heute hergestellt werden können. Zum zweiten gelingt es aber auch in keinem anderen Material so gut, die Versetzungsdichte so genau nachzuweisen und auch zu kontrollieren. Mehrere Methoden zur Sichtbarmachung von Versetzungen stehen zur Verfügung [4]: Nachweis durch Ätzgrübchen („etch pits") [13], Dekorierung mit Metallatomen – etwa Kupfer – und Sichtbarmachung durch Schatten im Ultrarot-Transmissionsbild [14], Doppelbrechung bei Ultrarot-Transmission [15, 16], Röntgen-Methoden [17–20] und elektronenmikroskopische Beobachtungen [21, 22]. Die Züchtung von Silicium-Einkristallen ist heute so weit verfeinert worden, daß es ohne größere Schwierigkeiten gelingt, vollkommen versetzungsfreies Material herzustellen [23]. Außerdem ist es möglich, Versetzungen in sehr definierter Weise in einem Kristall zu erhalten, nämlich durch plastische Deformation [12] als isolierte Versetzungen oder in der regelmäßigen Anordnung einer Kleinwinkelkorngrenze [24, 25]. In den zu besprechenden Experimenten wird von der letzteren Möglichkeit einer definierten Versetzungsverteilung häufig Gebrauch gemacht. Darum soll dieses Thema kurz besprochen werden.

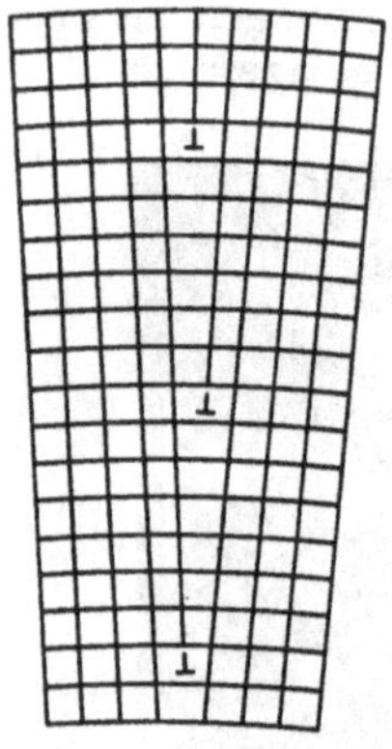

Abb. 3. Versetzungsstruktur einer Kleinwinkelkorngrenze. Die Stufenversetzungen sind durch das Symbol ⊥ angedeutet, sie laufen senkrecht zur Bildebene

Eine Kleinwinkel-Korngrenze tritt auf zwischen zwei Kristallkörnern, deren Orientierung um einen kleinen Winkel verschieden ist [25]. Ist dieser Orientierungsunterschied kleiner als etwa 15°, so kann man sich die Korngrenze als eine regelmäßige Folge von Versetzungen vorstellen [26]. Ein besonders einfacher Fall ist in Abb. 3 dargestellt. Bei den zwei gegeneinander um den Winkel φ

verdrehten parallel-achsigen Kristallkörnern ist die Korngrenze gegeben durch eine Reihe von Stufenversetzungen im Abstand D

$$D = \frac{|\mathfrak{b}|}{\varphi}, \tag{1}$$

wobei $\mathfrak{b}$ der Burgersvektor der Versetzungen ist, der in diesem Falle senkrecht auf der Ebene der Korngrenze steht. Eine Bestätigung dieses Versetzungsmodells der Kleinwinkel-Korngrenze ist an Germanium gefunden worden [27].

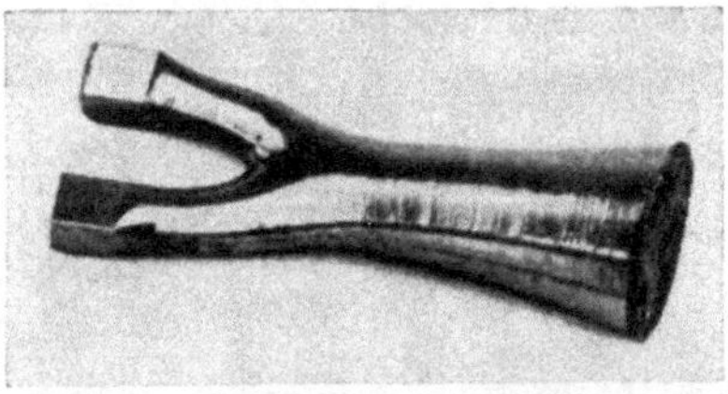

Abb. 4. Stück eines Silicium-Bikristalls mit den beiden Keimlingen

Kristalle, die eine Korngrenze enthalten, werden „Bikristalle" genannt und können leicht hergestellt werden [24, 28]. Statt des sonst üblichen einzelnen Keimkristalls werden dabei zwei Keimlinge verwendet, die gegeneinander um den gewünschten Betrag disorientiert sind. Mit diesem Doppel-Keimling kann dann ein Bikristall aus der Schmelze gezogen werden. Abb. 4 zeigt ein Stück eines solchen Silicium-Bikristalls mit den beiden Keimkristallenden. Ein derartiger Bikristall kann nunmehr in beliebige Formen zugeschnitten werden. Man erhält auf diese Weise Proben mit definierten Versetzungsanordnungen. Die Effekte der einzelnen Versetzungen addieren sich an der Korngrenze und lassen sich gut beobachten. Andererseits kann aus dem Verhalten der Korngrenze auf die Eigenschaften der Einzelversetzungen geschlossen werden. Dies wird im folgenden Kapitel an dem Beispiel der Diffusionseffekte klar werden.

2. Diffusion und Versetzungen

a) Beschleunigte Diffusion entlang Stufenversetzungen

Experimente haben gezeigt, daß an Kleinwinkelkorngrenzen die Diffusion von Fremdatomen verstärkt wird [25]. Halbleitermaterialien eignen sich für solche Untersuchungen besonders gut, weil dotierende Elemente eindiffundiert werden können. Dann kann nämlich der Diffusionsverlauf durch die Wanderung eines p-n-Überganges leicht sichtbar gemacht werden. *Karstensen* [29] untersuchte Donatoren- und Akzeptorendiffusion in Germaniumbikristallen und versuchte, die Ergebnisse mit theoretischen Vorhersagen von *Fischer* [30] und *Whipple* [31] zu vergleichen. An dieser Stelle sollen nur die Ergebnisse an Silicium [32, 33] referiert und mit einer neuartigen Auffassung interpretiert werden, die das Korngrenzenverhalten auf die einzelnen Versetzungen zurückführt.

Bikristalle mit einem Orientierungsunterschied von 4—10° werden benutzt. Dieser Winkel ist hinreichend klein, so daß die einzelnen Versetzungen mehrere Gitterkonstanten Abstand haben. 1 mm dicke Scheibchen solchen p-dotierten Materials werden so hergestellt, daß die Versetzungen senkrecht zu den polierten (100)-Flächen der Scheibchen laufen. Mit den in der Halbleitertechnologie üblichen Verfahren der Festkörperdiffusion [34] wird etwa der Donator Phosphor auf diese

Flächen aufgebracht und eindiffundiert. Der zeitliche Verlauf wenigstens einer Isokonzentrations-Front kann leicht nachgewiesen werden, nämlich an derjenigen Grenzfläche, auf der die Konzentration der eindiffundierenden Donatoren gleich der im Grundmaterial gleichmäßig verteilten Akzeptoren ist. Durch diese Fläche ist der p-n-Übergang definiert. Er kann durch einen Schrägschliff mit nachfolgendem Anfärben („staining") [34] sichtbar gemacht werden. Dieses elektrochemische Anfärbeverfahren läßt die Oberfläche der n-dotierten Siliciumbereiche hell, die der p-dotierten dagegen dunkel erscheinen. Abb. 5 zeigt einen typischen Verlauf einer Phosphordiffusion an einer Korngrenze. Durch die verstärkte Diffusion entsteht an der Grenze ein keilförmiges Profil. Der n-p-Übergang dringt parallel zu den Versetzungen an der Korngrenze viel tiefer in das Material ein.

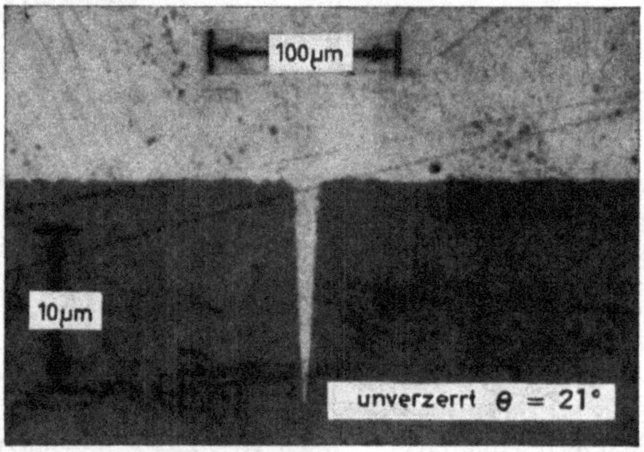

Abb. 5. Eindringen einer Phosphor-Diffusionsfront in einen p-dotierten Bikristall. Sichtbarmachung durch Schrägschliff und Anfärben. An den Versetzungen der Korngrenze ergibt die beschleunigte Diffusion ein keilförmiges Profil
(Man beachte die richtungsabhängige Vergrößerung. Sie ist durch den Schrägschliff bedingt)

Quantitativ kann dieses Verhalten durch zwei Größen bestimmt werden: den halben Keil-Winkel Θ und die Geschwindigkeit $v = dy_s/dt$, mit der die Keiltiefe y_s anwächst. Abb. 6a zeigt eine Schar von Diffusionsprofilen für verschiedene Diffusionszeiten bei konstanter Diffusionstemperatur. Man erkennt, daß mit wachsender Diffusionsdauer t der Winkel Θ stumpfer wird und die Geschwindigkeit v der eindringenden Keilspitze abnimmt. Aus der Diffusionsgleichung und einer Randbedingung an der Korngrenze erhält man [33] — mit der Annahme, daß in unmittelbarer Nähe der Spitze das Profil durch eine Gerade beschrieben wird — folgende Beziehung:

$$(v \cdot \tan \Theta)^{-1} = \frac{W_D \cdot \sin^2 \Theta - W_0}{2D}. \quad (2)$$

Diese sogenannte „spike-velocity equation" verknüpft die meßbaren Größen v und Θ mit dem bekannten Diffusionskoeffizienten D im ungestörten Material und zwei Parametern W_D und W_0, die das Diffusionsverhalten der Versetzungen beschreiben. Die beiden Parameter W_0 und W_D haben beide die Dimension einer Länge. W_0 gibt die Breite desjenigen Quaders ungestörten Materials mit 1 cm² Seitenfläche an, der die gleiche Anzahl von Fremdatomen besitzt wie 1 cm² der Korngrenze. W_0 ist also eine „effektive Breite", die eine erhöhte Konzentration der diffundierenden Atome an der Korngrenze ausdrückt. W_D ist die Breite derjenigen Fläche ungestörten Materials, durch die ein gleich starker Diffusionsstrom fließt wie entlang der Versetzungen bei 1 cm Länge der Korngrenze. Diesen vielleicht zunächst kompliziert erscheinenden Definitionen liegen folgende physikalische Ideen zugrunde. Stufenversetzungen ziehen Fremdatome an. Diese sogenannte „Cottrell-Anziehung" [35] wird mit wachsendem Unterschied der Radien von Fremd- und Wirtsatom stärker. Wegen dieser Anziehung umgeben sich die Versetzungen mit Fremdatomen. Eine erhöhte Konzentration bildet sich aus, die oft „Cottrell-Atmosphäre" genannt wird. W_0 beschreibt gerade diese Konzentration und kann mit der von *Cottrell* [35] abgeleiteten Formel abgeschätzt werden. Wesentlich an dieser Formel ist, daß die Anziehung proportional der Differenz der Atom- bzw. Ionenradien ist. Der stärkere Diffusionsstrom parallel zu den Versetzungen hat denselben Grund einer Konzentrationserhöhung der diffundierenden Atome. Außerdem kann jedoch auch ein vergrößertes Angebot von Leerstellen an den Versetzungen vorhanden sein. Dies verstärkt den Leerstellen-Mechanismus der Diffusion, den die substitutionellen Störstellen im Silicium befolgen. Schließlich kann auch die Aktivierungsenergie der Diffusion an den Versetzungen erniedrigt sein. Der Parameter W_D drückt diese drei Gründe der Diffusionsverstärkung aus.

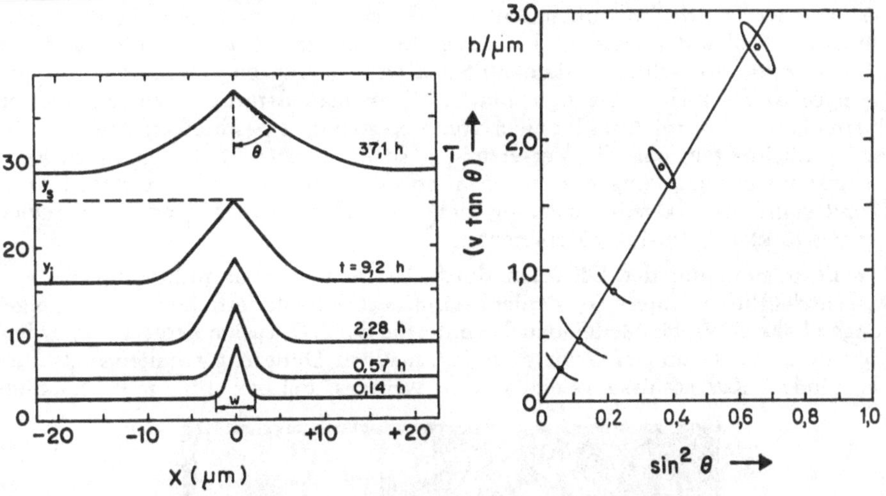

Abb. 6. Auswertung der Korngrenzendiffusion von Phosphor
(a) Schar der Diffusionsprofile, nach [33] (b) Auftragung der Meßwerte von (a) zur Prüfung von Gl. (2)

Die Experimente bestätigen Gl. (2). Abb. 6 b zeigt $(v \cdot \tan \Theta)^{-1}$ aufgetragen gegen $\sin^2 \Theta$. W_D ergibt sich aus der Steigung der Geraden. Der Achsabschnitt ist zu klein, um meßbar zu sein, sonst könnte daraus W_0 errechnet werden. Abschätzungen [33] von W_D mit der Cottrellschen Anziehungsformel zeigen, daß der experimentelle Wert, wie in diesem Beispiel für Phosphor, vernünftig ist. Die Diffusionsstromdichte pro Versetzung kann aus W_D berechnet werden. Es ergibt sich beispielsweise, daß bei 1200 °C entlang einer Versetzung rund 300 000 mal mehr Phosphor diffundiert als in normalem Material durch die vergleichbare quadratische Fläche von der Kantenlänge $|\mathfrak{b}|$ eines Burgersvektor.

Für Atome, die noch schlechter in das Siliciumgitter passen, wird dieser Faktor sogar größer, wie dies auch nach der hier benutzten Cottrellschen Anziehungsformel zu erwarten ist. Eingehende quantitative Prüfungen dieser Abhängigkeit vom Ionenradius des diffundierenden Elements liegen zur Zeit noch nicht vor, jedoch ist qualitativ die Tendenz deutlich zu erkennen [36]. Beispielsweise nimmt in der Reihe P-Sb-Bi der Unterschied der Atomradien gegenüber dem Si zu. In dieser Reihenfolge werden die Diffusionskeile immer schlanker und spitzer, was zunehmende Korngrenzendiffusion bedeutet.

Die eben beschriebene physikalische Interpretation der erhöhten Korngrenzendiffusion erscheint demnach nicht unvernünftig. Gleichung (2) beruht auf identischen mathematischen Grundlagen wie frühere Theorien [30, 31]. Jedoch unterscheidet sie sich durch die physikalische Deutung. Bisher war die Korngrenze betrachtet worden als ein Streifen mit einer — schwer festzulegenden — Dicke und einer a priori als erhöht angenommenen Diffusionskonstanten D'. Die hier genannte Anschauung führt die verstärkte Diffusion auf die Versetzungen selbst und auf Grundeffekte zurück, von denen das Zutreffen wenigstens einer Erklärung — der Cottrell-Anziehung — experimentell bewiesen wird.

„Kohärente" Zwillingsgrenzen [4] zeigen keine verstärkte Diffusion [25, 37]. Dies ist auch zu erwarten, denn man weiß, daß die Störung des Gitters an einer solchen Grenze nur sehr gering ist [4]. Versetzungen treten an einer solchen Zwillingsgrenze nicht notwendigerweise auf. Überraschend ist dagegen die Tatsache, daß auch an energiereicheren „inkohärenten" [4] Zwillingsgrenzen keine beschleunigte Diffusion beobachtet wird [37]. Dieser Befund deutet darauf hin, daß die Gitterstörung an solchen inkohärenten Zwillingsgrenzen offenbar wesentlich geringer ist als bisher vermutet wurde. Wenn man derartige Zwillingsgrenzen überhaupt als lineare Anordnungen von Versetzungen beschreiben will[1]), so ist zu berücksichtigen, daß die Versetzungen so angeordnet sind, daß es zu einer weitgehenden gegenseitigen Kompensation der Spannungsfelder kommen muß. Damit sollte die Cottrell-Anziehung stark verringert werden, womit das Fehlen der verstärkten Diffusion zusammenhängt.

Die Beschleunigung der Diffusion durch Versetzungen ist nicht nur von rein wissenschaftlichem Interesse, sondern kann auch erhebliche technologische Folgerungen haben [39]. Halbleiter-Bauelemente, die durch Diffusion hergestellt werden, können an Versetzungen Gebiete ungleichmäßiger Dotierung erhalten und unter Umständen Kurzschlüsse erleiden. Ein weiteres Beispiel für ungleichmäßige

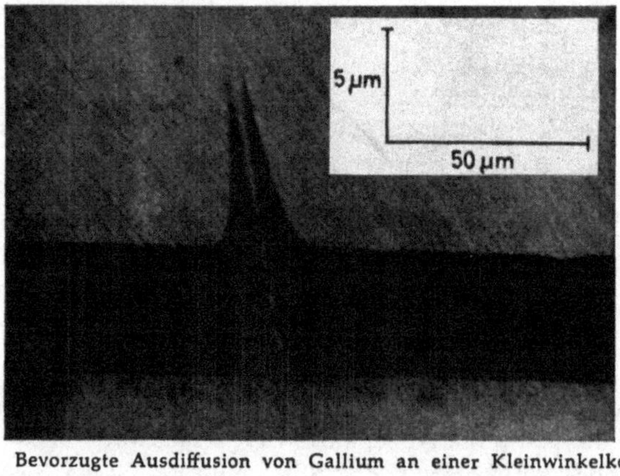

Abb. 7. Bevorzugte Ausdiffusion von Gallium an einer Kleinwinkelkorngrenze

1) Es würde in diesem Rahmen zu weit führen, auf die Struktur und Eigenschaften von Zwillingsgrenzen einzugehen. Der Leser findet eine Einführung bei *Haasen* und *Seeger* [4]; weitere Arbeiten sind [37] und [38].

Dotierung ist in Abb. 7 angedeutet. In die hier gezeigte Probe wurde zunächst Gallium durch Erhitzen bei Anwesenheit von Ga_2O_3 eindiffundiert. Anschließend wurde die Diffusion ohne die Ga_2O_3-Quelle fortgesetzt. Unter diesen Umständen tritt eine starke Ausdiffusion ein. Der Akzeptor Ga verläßt das Silicium wieder, wodurch von der Oberfläche her eine Umwandlung in das ursprüngliche n-Verhalten eintritt. Die Korngrenze verstärkt diesen Diffusionsvorgang. Man sieht aus Abb. 7, daß entlang der Grenze überall n-Leitung wiederhergestellt ist. Ein krasser Fall eines Kurzschlusses durch Korngrenzendiffusion wird in Abb. 8 demonstriert.

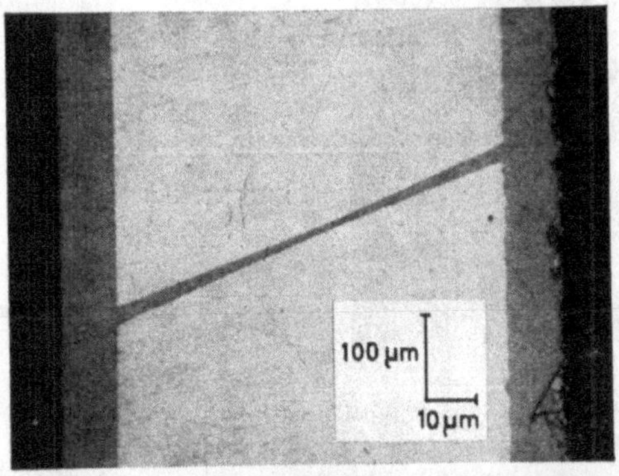

Abb. 8. Durchbruch einer Galliumdiffusion an einer Kleinwinkelkorngrenze

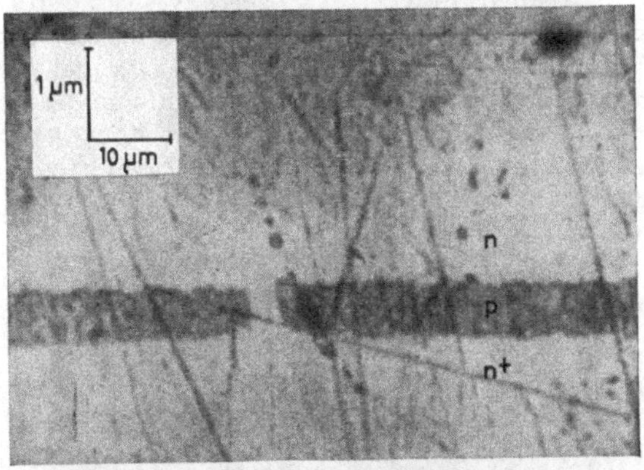

Abb. 9. Modellversuch für einen Emitter-Kollektor-Kurzschluß: Phosphordiffusion (n+) durchbricht an einer Korngrenze die p-leitende „Basis"schicht

Eine Ga-Diffusion bewirkte bei dieser Probe das beidseitige Eindringen eines p-n-Überganges in etwa 10 µm Tiefe. An der Korngrenze jedoch wird die Diffusion so stark beschleunigt, daß es zu einem Kurzschluß durch das gesamte, 100 µm dicke Scheibchen kommt. Abb. 9 beschreibt einen Kurzschluß durch eine mit Bor-Diffusion erzeugte Basis vom p-Typ. Die nachfolgende „Emitter"-Diffusion mit Phosphor-Dotierung führt an der Korngrenze zu einem Durchbruch der Basis. Natürlich werden einzelne Versetzungen wesentlich schwächere Effekte ergeben als die hier gezeigten Superpositionen an einer Korngrenze. Im Prinzip sind aber ähnliche Phänomene auch an isolierten Versetzungen zu erwarten.

Andererseits kann die Korngrenzendiffusion auch ein nützliches Werkzeug für die Konstruktion von Bauelementen sein [39,40]. Es können Strukturen erzeugt

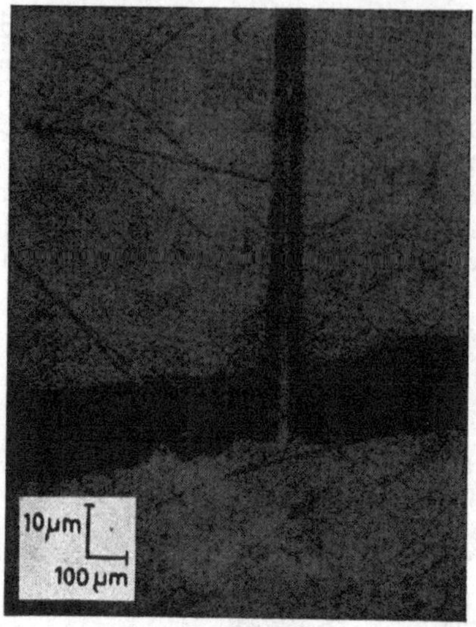

Abb. 10. Doppelkeil, erzeugt durch eine Gallium- und eine Phosphordiffusion an einer Kleinwinkelkorngrenze.

werden, die mit den sonst üblichen Methoden der Festkörperdiffusion nicht zu erreichen sind. Abb. 10 gibt eine Dreischichtenstruktur wieder. Zwei aufeinander folgende Diffusionen ergeben die beiden ineinander geschachtelten Diffusionskeile mit der V-förmigen Zwischenschicht. Abb. 11 zeigt, was sich durch die unterschiedliche Korngrenzendiffusion zweier diffundierender Elemente erreichen läßt: Nach einer Phosphor-Diffusion wurde eine Bor-Diffusion so geleitet, daß die ursprüngliche n-Schicht überall überkompensiert wurde. Lediglich an der Korngrenze bleibt wegen der geringeren Beschleunigung des Bors[1]) ein vollkommen isolierter n-Bereich übrig, in den ein p-Typ-Keil hineinragt. Zur Zeit ist von diesen Möglichkeiten der Korngrenzen noch kein praktischer Gebrauch gemacht worden. Unter Umständen können sich aber die beschriebenen Prinzipien sehr günstig für Ele-

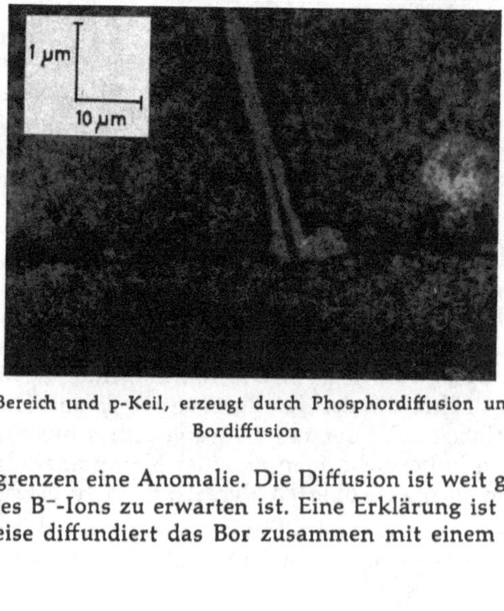

Abb. 11. Isolierter n-Bereich und p-Keil, erzeugt durch Phosphordiffusion und nachträgliche starke Bordiffusion

[1]) Bor zeigt an Korngrenzen eine Anomalie. Die Diffusion ist weit geringer beschleunigt als nach der Größe des B^--Ions zu erwarten ist. Eine Erklärung ist noch nicht gefunden worden. Möglicherweise diffundiert das Bor zusammen mit einem anderen Fremdatom als Komplex.

ment wie z. B. Feldeffekt-Transistoren verwenden lassen [40]. Noch weitergehend ist der Gedanke, die einzelnen Versetzungen einer Korngrenze sehr kleinen Winkels direkt zu benutzen, z. B. zur Erzeugung von Komponenten einer Bauelemente-Matrix.

b) Versetzungserzeugung durch Diffusion

Nach der Beeinflussung der Fremd-Diffusion durch Versetzungen soll nun eine umgekehrte Wechselwirkung besprochen werden, nämlich die Erzeugung von Versetzungen durch Fremd-Diffusion. Werden Substitutionselemente mit relativ zu kleinem Atomradius in genügend hoher Konzentration in ein Kristallgitter eindiffundiert, so entstehen Spannungen. Der an der Oberfläche gebildete Mischkristall hat eine kleinere Gitterkonstante als das reine Unterlagenmaterial. Dies ist grobschematisch in der linken Hälfte von Abb. 12 ausgedrückt. Werden die Spannungen zu groß, und ist das Gitter genügend beweglich, so werden Versetzungen erzeugt, welche die Spannungen ausgleichen, wie es im rechten Teil der Figur angedeutet ist.

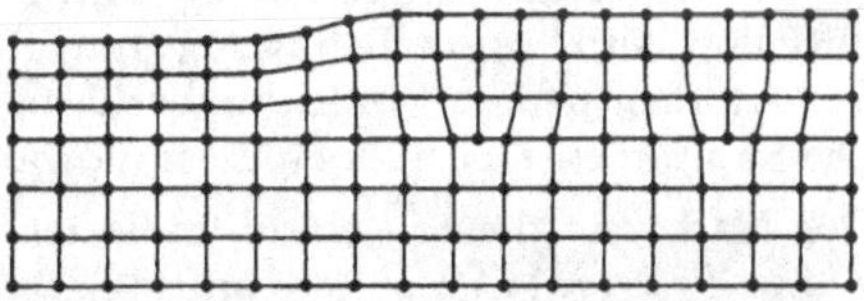

Abb. 12. Schema einer diffundierten Mischkristallschicht auf der Unterlage eines reinen Kristalls. Linke Hälfte zeigt Gitterverspannung, rechte Hälfte Versetzungsbildung

Bor in Silicium ist ein solches Substitutionsmaterial mit zu kleinem Ionenradius. An stark Bor-dotierten Siliciumoberflächen wurden zuerst solche „diffusionsinduzierte" Versetzungen beobachtet [41]. Abb. 13 zeigt die (100)-Fläche eines stark mit Bor beladenen Si-Scheibchens nach einer Ätzung. Der Anschaulichkeit halber ist eine Bikristallprobe gewählt worden, was aber grundsätzlich ohne Bedeutung ist. Die Korngrenze erscheint als starke, senkrechte Ätzlinie. Wesentlich ist, daß in beiden Körnern regelmäßige, rechtwinklige Anordnungen von Linien zu sehen sind. Diese Linien laufen entlang kristallographischer [110]-Richtungen. Man kann an Hand der Liniensysteme sogar sehr bequem die relative Orientierung der beiden Kristallkörner ermitteln. Diese geätzten Linien werden gedeutet als Gleitlinien. Es sind die Schnittgeraden der (111)-Gleitebenen des Siliciums [4] mit der (100)-Oberfläche. Die vom Bor verursachten Spannungen rufen Gleitung hervor, das heißt aber nichts anderes, als daß Versetzungen von der Oberfläche ins Kristallinnere laufen.

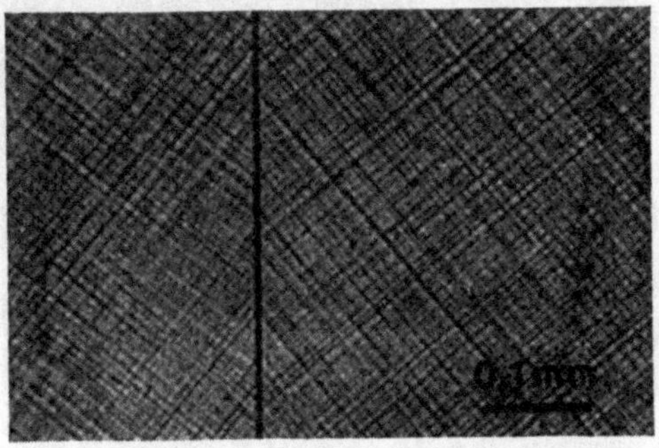

Abb. 13. Systeme von Gleitlinien auf geätzter (100)-Oberfläche eines Si-Bikristalls nach hochkonzentrierter Bordiffusion

Man kann die minimale Borkonzentration abschätzen, die zur Erzeugung von Versetzungen im Silicium notwendig sein sollte. Nach *Shockley* [42] gilt folgende Energiebilanz. Die Energie E_g, die durch Gleitung einer Versetzung mit Burgersvektor $\mathfrak{b}$ in eine Tiefe r freigemacht wird, ist

$$E_g = \frac{\sqrt{2}\, G (1 + \nu)}{1 - \nu} |\mathfrak{b}|\, r \varepsilon_0 , \tag{3}$$

wobei G der Schubmodul, ν die Poissonsche Querkontraktionszahl und ε_0 die Spannung im diffundierten Bereich ist. Die zur Erzeugung der Versetzungen notwendige Energie E_v ist aber [43]

$$E_v = \frac{G}{4\pi(1 - \nu)}\, \mathfrak{b}^2 \ln \frac{2^{3/2} r}{r_0} , \tag{4}$$

wobei r_0 der Abschneideradius des Versetzungskerns ist [43]. Die Bildung von Versetzungen wird dann günstiger sein, wenn E_g größer als E_v ist. Diese Bedingung kann umformuliert werden [42] in eine Aussage über eine kritische Konzentration des eindiffundierten Substitutionselementes. Für unseren Fall der Bordiffusion lautet diese Bedingung: nur oberhalb einer Konzentration von ca. $5 \cdot 10^{15}$ Bor-Atomen pro cm^2 Siliciumoberfläche sollten Versetzungen beobachtet werden. Die Experimente bestätigen diese Vorhersage.

Der Nachweis dieser „eindiffundierten" Versetzungen erfolgte auch auf andere Weise. *Prussin* [44] spaltete diffundierte Si-Kristalle und fand Ätzgruben von Versetzungen an Flächen senkrecht zur Diffusionsfront. Den klarsten Nachweis der durch Fremddiffusion erzeugten Versetzungen liefern jedoch Röntgen-Methoden: *Schwuttke* [45, 46] benutzt dazu ein ähnliches Verfahren wie das von *Lang* [18] entwickelte. Mit einem feinen monochromatischen Röntgenbündel wird der Kristall abgetastet. Die nach der Bragg-Bedingung reflektierte Intensität wird mit einer Photoplatte nachgewiesen. Gitterfehler können örtlich die Bragg-Bedingung verletzen und ergeben damit eine Kontrastwirkung. Abb. 14 zeigt eine derartige Aufnahme eines Si-Scheibchens mit Versetzungen, die durch Diffusion verursacht wurden.

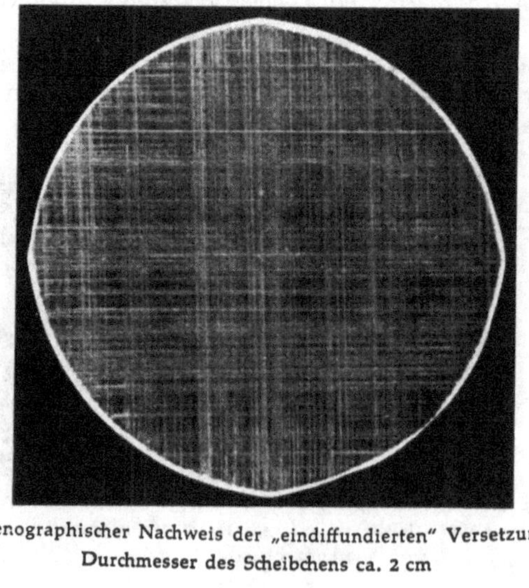

Abb. 14. Röntgenographischer Nachweis der „eindiffundierten" Versetzungen nach [46]; Durchmesser des Scheibchens ca. 2 cm

Dieses Verfahren liefert nicht nur einen eindeutigen Nachweis für die Existenz der Versetzungen, sondern ermöglicht auch eine Bestimmung der Burgersvektoren. Eine Versetzung ergibt nämlich nur dann einen Kontrast, wenn ihr Burgersvektor eine Komponente senkrecht zu den reflektierenden Netzebenen besitzt. Nur dann werden die reflektierenden Netzebenen verzerrt, und es wird die Bragg-Bedingung verletzt. Liegt der Burgersvektor ganz in den reflektierenden Ebenen, so ist kein Kontrast zu sehen. Daher kann man mit mehreren Aufnahmen an verschiedenen Reflexionsebenen den Burgersvektor ermitteln. So zeigen z. B. die Abb. 15 a und b zwei Aufnahmen des gleichen Si-Scheibchens [46], jedoch für unterschiedliche Reflexion. Man erkennt jeweils nur eine Hälfte des Versetzungs-Netzwerks, weil

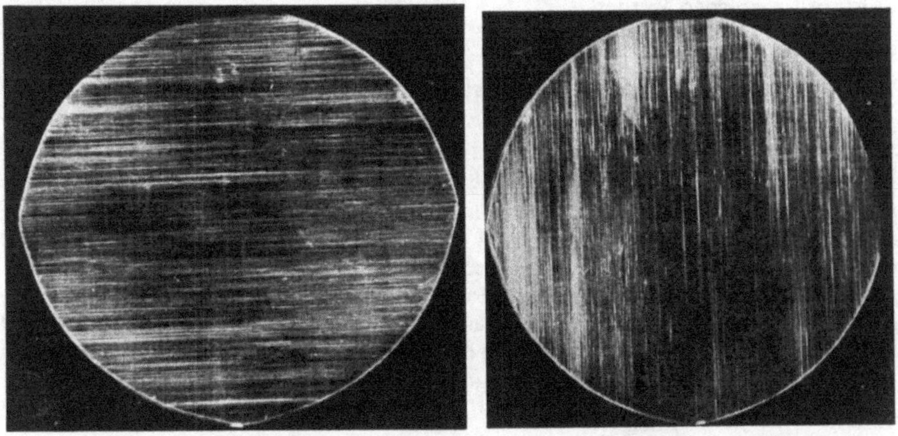

Abb. 15. Röntgen-Topogramm einer Siliciumprobe mit „eindiffundierten" Versetzungen unter verschiedener Orientierung

(a) Bragg-Reflexion an ($\bar{1}10$)-Ebenen (b) Bragg-Reflexion an (110)-Ebenen

die Reflexionsbedingungen so gewählt sind, daß für die andere Hälfte der Versetzungen der Burgersvektor gerade in den Reflexionsebenen liegt. Aus diesen Aufnahmen läßt sich schließen, daß die Burgersvektoren $\frac{1}{2}$ [$1\bar{1}0$] bzw. $\frac{1}{2}$ [110] lauten. Weitere Untersuchungen [47] an solchen Proben deuten auf interessante Reaktionen von Versetzungen hin. Bei bestimmten Orientierungen der Diffusionsfront im Kristallgitter besitzen die Versetzungen zunächst einen Burgersvektor, der leichtes Gleiten ermöglicht. Im Inneren des Materials aber reagieren mehrere dieser Versetzungen so, daß neue Versetzungen entstehen, die nunmehr einen Burgersvektor besitzen, der eine Maximalkomponente in der Ebene der Diffusionsfront besitzt. Auf diese Weise nimmt die Versetzung den größtmöglichen Betrag der Gitterspannungen auf. Diese Untersuchungen sind erst in einem Anfangsstadium, zeigen aber wieder, wie gut gerade Silicium zum Studium von Versetzungen geeignet ist.

Über die Eindringtiefe und Verteilung der Versetzungen ist noch nicht genügend bekannt. Für dünne, hochdotierte Schichten hat sich experimentell gezeigt [41, 48], daß die Versetzungen wesentlich tiefer eindringen als eine Diffusionslänge der Verunreinigungen. Die Berechnung dieser Verhältnisse ist schwierig. Mit einem Modell, das die Versetzungen wie elektrostatisch geladene Drähte betrachtet, sind bisher nur einige Abschätzungen erfolgt [39, 49], die das beobachtete tiefe Eindringen bestätigen. Für sehr lange Diffusionszeiten [44] sind die Versetzungen anscheinend anders angeordnet; der Aufbau entspricht dann mehr der Vorstellung eines Versetzungswalls zwischen Kristallbereichen mit verschiedenen Gitterkonstanten [50].

Erneut muß auf die technologische Bedeutung der eben besprochenen Erscheinungen hingewiesen werden. Silicium-Bauelemente erfordern häufig Diffusionen mit hohen Störstellenkonzentrationen. Solarzellen oder Emitter von Transistoren werden beispielsweise oft so hergestellt, daß die gleichzeitige Erzeugung von Versetzungen unvermeidlich ist. Daher ergibt sich die Frage, welche Rolle Versetzungen für das Verhalten der Bauelemente spielen. Besonders wichtig ist, ob sich irgendein elektrischer Einfluß bemerkbar macht. Im folgenden Kapitel sollen darum einige neuere Messungen über elektrische Eigenschaften der Versetzungen im Silicium besprochen werden.

3. Elektrische Phänomene an Versetzungen in Silicium

a) Strom-Spannungscharakteristiken

Es ist naheliegend, zu untersuchen, ob Versetzungen die Strom-Spannungscharakteristik eines p-n-Überganges in Silicium beeinflussen [51]. Zur Klärung dieser Frage wurden p-n-Übergänge in Bikristallen durch Diffusion erzeugt und die Fluß- und Sperrkennlinien der Dioden mit und ohne Versetzungen gemessen. Abb. 16 zeigt eine Korngrenzen-Diode schematisch. Durch Ätzen nach der Diffusion werden sogenannte „Mesas" hergestellt, die dann kontaktiert und untersucht werden können. Die Versetzungen der Kleinwinkelkorngrenze laufen senkrecht zur Ebene des p-n-Überganges.

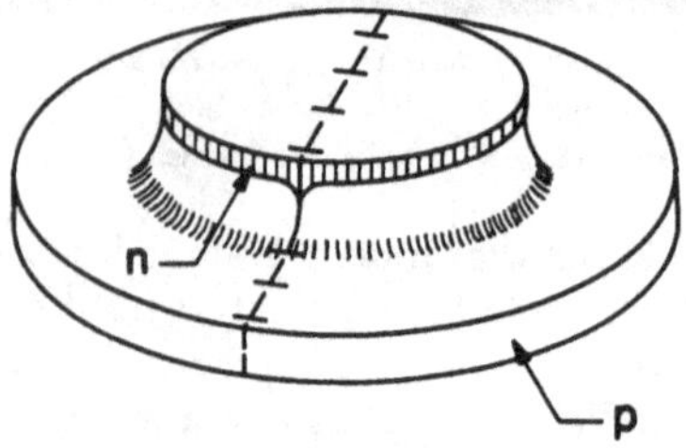

Abb. 16. Mesa-Diode mit den Versetzungen einer Kleinwinkelkorngrenze

Messungen der Flußkennlinien ergeben keinerlei Unterschied zwischen Mesadioden mit und ohne Korngrenzen [52]. Die Strom-Spannungskurven erweisen sich als identisch. Lediglich einige Experimente mit aluminium-diffundierten Dioden liefern Besonderheiten [52]. Der Flußstrom steigt mit zunehmender Spannung V nicht wie $\exp(V/V_\vartheta)$ an (wobei $V_\vartheta = kT/e \approx 25$ mV bei Zimmertemperatur), sondern zeigt eine Abhängigkeit gemäß $\exp(V/AV_\vartheta)$ mit $A \approx 3$. Dieses von der Theorie abweichende Verhalten[1]) ist noch nicht verstanden, scheint aber mit der folgenden Besonderheit des Aluminiums verknüpft zu sein. Aluminium hat eine große Tendenz, sich in tiegelgezogenem Silicium an Versetzungen auszuscheiden [54]. Derartige Ausscheidungen wurden in diesen Dioden auch mit Hilfe von Ultrarot-Durchstrahlung nachgewiesen. Anscheinend handelt es sich bei diesem bisher noch nicht geklärten Effekt also nur um einen indirekten Einfluß der

[1]) Auf das Problem dieser „anomalen Flußkennlinien" kann hier nicht näher eingegangen werden. Messungen an Solarzellen lassen vermuten, daß Ausscheidungen von Verunreinigungen wesentlich sind. Siehe Literaturzusammenstellung [53], ebenso [37] und [52].

Versetzungen. Die Versetzungen wirken als Keimzentren für die Ausscheidungen, die dann wahrscheinlich die elektrischen Effekte hervorrufen.

Technologisch noch interessanter ist die Frage, ob die Sperrcharakteristik von p-n-Übergängen durch Versetzungen beeinflußt wird. Nimmt man Versetzungen mit unabgesättigten Bindungen an, so sollte sich die Korngrenze selbst wie eine p-leitende Platte verhalten. Diese Leitfähigkeit müßte sich durch ein Ansteigen des Sperrstromes bemerkbar machen. Die Dioden sollten demnach „weiches" Sperrverhalten [55] zeigen (Kurve b in Abb. 17), im Gegensatz zu den erstrebenswerten „harten" Dioden, in denen bis zum Lawinenabbruch nur sehr geringe Sperrströme fließen und bei denen die Kennlinie an der Abbruchspannung nahezu rechtwinklig umbiegt (Kurve a in Abb. 17). Experimentell zeigt sich aber, daß auch an Kleinwinkelkorngrenzen „harte" Dioden erhalten werden können. Dieser Befund ist wichtig, denn er läßt an dem primitiven Bild der Leitfähigkeit durch freie Bindungen zweifeln. Allerdings hat eine große Zahl von Versuchen gezeigt, daß an den Korngrenzen „weiche" Dioden sehr viel häufiger auftreten als im normalen, ungestörten Material. Unterhalb der — nunmehr schlecht definierten — Abbruchspannung steigen die Sperrströme mit einer Potenz V^n der Spannung V an. Der Exponent n kann von Diode zu Diode schwanken und liegt zwischen 2 und 7. *Goetzberger* und *Shockley* [55] haben gezeigt, daß ein solches Verhalten mit der Gegenwart von Metallausscheidungen zusammenhängt. Diese unerwünschten Verunreinigungen lassen sich mit glasartigen Oxydschichten aus dem Silicium „herausgettern" [55]. Danach ist ein „hartes" Verhalten wieder hergestellt. Die Dioden mit Korngrenzen lassen sich ebenso behandeln. Also ist anzunehmen, daß die Versetzungen wiederum nur indirekt wirksam sind, nämlich als Kondensationszentren für die Ausbildung von Fremdmetallausscheidungen. Ähnlich wirkt eine inkohärente Zwillingsgrenze, an der es ebenfalls zu einer bevorzugten Ausscheidung von Verunreinigungen kommen kann [37], die dann „weiche" Dioden ergeben.

b) Mikroplasma-Erscheinungen

Ein in Sperrichtung gepolter p-n-Übergang zeigt nach Einsetzen des Lawinenabbruchs häufig eine Lichtemission, die von einzelnen Punkten ausgeht [56—58]. Diese leuchtenden Punkte werden „Mikroplasmen" genannt. Der genaue Mechanismus dieser Erscheinung ist bis jetzt noch nicht sichergestellt [58].

Versetzungen haben einen Einfluß auf die Bildung von Mikroplasmen. Bereits *Chynoweth* und *Pearson* [57] wiesen darauf hin, und andere Autoren [59, 60] bestätigten, daß Versetzungen bevorzugte Orte zur Ausbildung dieser Mikro-

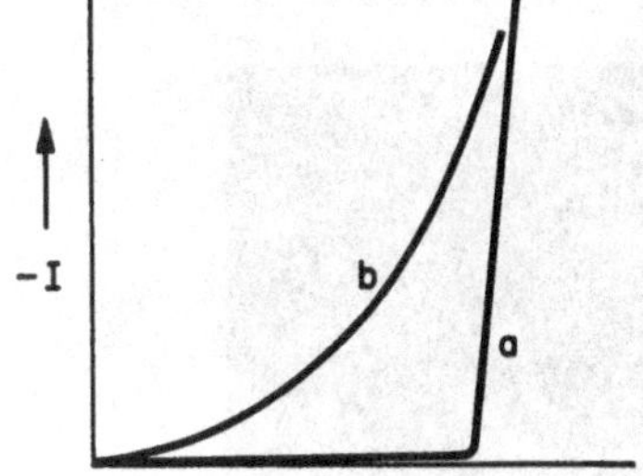

Abb. 17. Typen von Sperr-Kennlinien bei Silicium-Dioden: (a) „harte" Diode; (b) „weiche" Diode

plasmen sind. Abb. 18 gibt ein Beispiel eines p-n-Überganges mit Mikroplasmen [60]. Man erkennt, daß sich ein rechtwinkliges Netzwerk von leuchtenden Punkten andeutet. Die benutzte Diode wurde mit einer so großen Phosphor-Konzentration diffundiert, daß sich Versetzungen bilden sollten. Diese oben besprochenen „eindiffundierten" Versetzungen machen sich hier durch Mikroplasmen bemerkbar. Es kommt aber nicht zur Ausbildung eines geschlossenen Netzwerkes, wie es in den Ätzbildern sichtbar wird. Demnach scheinen Versetzungen nicht gleichmäßig und notwendig eine Mikroplasmenbildung zu veranlassen.

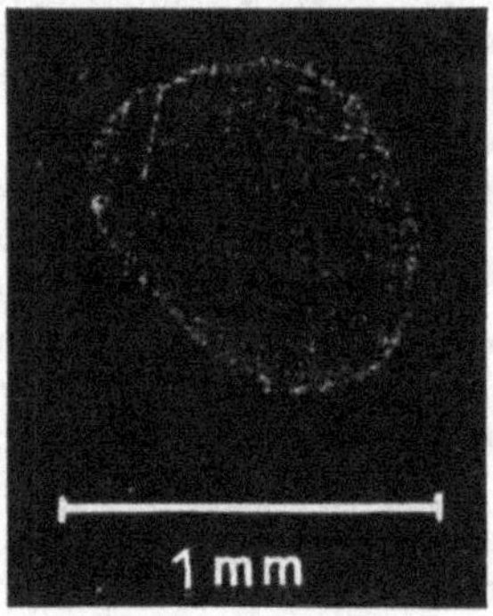

Abb. 18. Mikroplasmen in einer Diode mit hoher Dotierung nach [60]

Ein weiteres Beispiel ist in Abb. 19 gegeben [61]. Hier ist Mikroplasmen-Entladung an einer Kleinwinkelkorngrenze zu erkennen. Man sieht, daß die Versetzungen eindeutig bevorzugte Orte für Mikroplasmen sind. Außerhalb der Korngrenze ist kein Mikroplasma sichtbar. Wiederum nehmen aber nicht alle Versetzungen an dieser Art des Lawinenabbruchs teil, wie aus den dunklen Stellen der Korngrenze gefolgert werden muß. Tatsächlich sind etwa nur 1 % der Versetzungen mit Mikroplasmen korreliert [61]. Daraus ist zu schließen, daß die Versetzung allein noch nicht zur Bildung eines Mikroplasmas genügt. Von *Kikuchi* [62] und *Shockley* [58] werden SiO_2-Ausscheidungen zur Erklärung der Mikroplasma-Erscheinung herangezogen. Diese Annahme könnte auch den Befund an den Korngrenzen erklären. Die Versetzungen wirkten dann wiederum nur indirekt, nämlich als bevorzugte Orte zur Ausbildung der SiO_2-Ausscheidungen. Die Hypothese der Sauerstoffanlagerung an Versetzungen ist bereits mehrfach vorgeschlagen worden [6, 63—66], um verschiedene Phänomene — besonders die Dynamik der Versetzungen — zu erklären. Weiterhin wird die Vermutung, daß Sauerstoff-Verunreinigungen eine wesentliche Rolle spielen, auch durch Photoeffekte bestätigt, die im folgenden besprochen werden sollen.

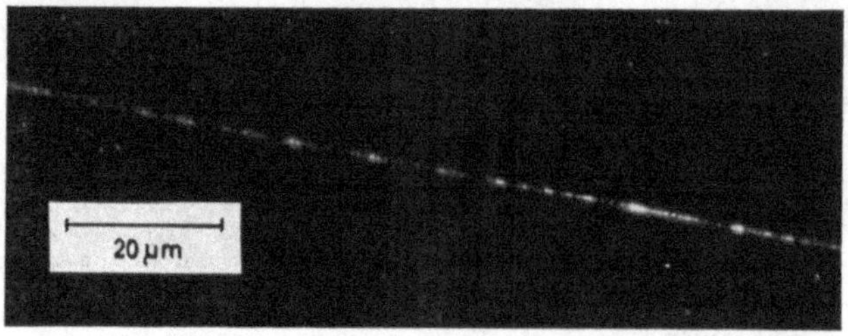

Abb. 19. Mikroplasmen an einer Kleinwinkelkorngrenze, nach [61]

c) Photoeffekte an Korngrenzen

Bei Belichtung einer Kleinwinkelkorngrenze in einem Halbleiterkristall kann es zur Ausbildung einer Photospannung kommen [67]. Nahe der Korngrenze werden die durch die Lichteinstrahlung erzeugten Ladungsträger-Paare in ähnlicher Weise getrennt wie in einer p-n-Photozelle [68]. Das Schema einer Versuchsanordnung ist in Abb. 20 wiedergegeben. Der Bikristall ist an beiden Körnern mit je einem ohmschen Kontakt versehen. Ein Lichtpunkt wird quer zur Korngrenze über den Kristall hinweggeführt. Die Photospannung wird elektronisch verstärkt und kann dann als Funktion des Abstandes zwischen Lichtpunkt und Korngrenze gemessen werden. Aus dem Vorzeichen der Spannung kann gefolgert werden, welche Trägersorte zur Korngrenze hindiffundiert.

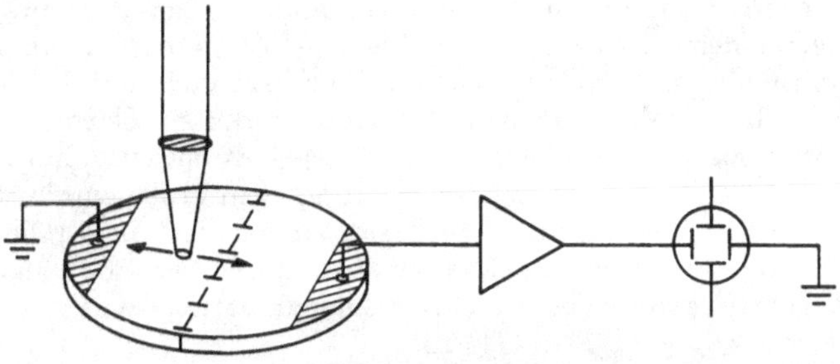

Abb. 20. Versuchsschema zur Beobachtung der Photospannung an Korngrenzen

Versuche an Germaniumbikristallen haben ergeben [67, 69, 70], daß stets die Defektelektronen zur Grenze hindiffundieren. Also verhält sich die Korngrenze wie eine Schicht aus p-Germanium. Diese Tatsache wurde allgemein auf den Akzeptorcharakter der unabgesättigten Bindungen an den Versetzungen zurückgeführt. Aus diesen experimentellen Untersuchungen wurde geschlossen, daß Verunreinigungs-Atmosphären an Versetzungen in Germanium für diesen Effekt keine Rolle spielen.

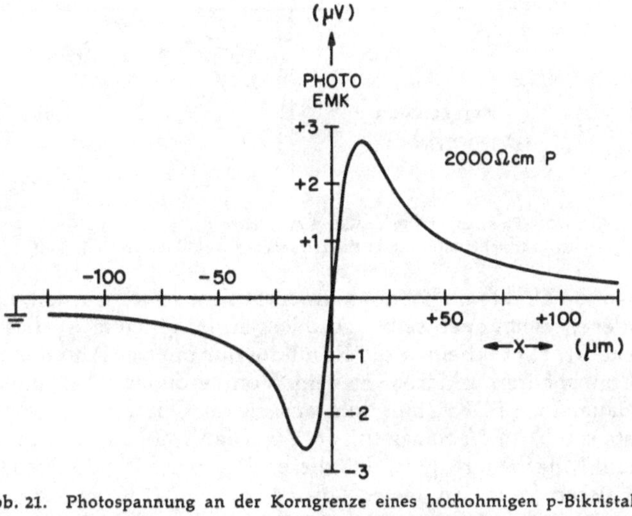

Abb. 21. Photospannung an der Korngrenze eines hochohmigen p-Bikristalls
Die Photospannung ist aufgetragen gegen den Abstand x des Lichtpunktes von der Korngrenze

Im Silicium sind die Verhältnisse überraschenderweise völlig anders. Abb. 21 gibt ein Meßergebnis [71] an einem hochohmigen p-dotierten Bikristall wieder. Aufgetragen ist die Photospannung zwischen den beiden Kontakten in Abhängigkeit vom Ort des Lichtflecks. Beim Überqueren der Korngrenze ($x = 0$) wechselt die Spannung das Vorzeichen, denn die Potentialdifferenz ist stets auf den geerdeten linken ($x < 0$)-Kontakt bezogen. Für große Entfernungen $|x|$ diffundieren die Träger nicht weit genug, um noch an die Korngrenze zu gelangen, daher nimmt das Signal ab. Aus dem Vorzeichen der Spannung ergibt sich, daß sich die Korngrenze wie eine n-Schicht verhält, also anders als in Ge. *Weinreich* et al. [72] und *Matukura* [73] hatten bereits ähnliche Ergebnisse berichtet. Eine größere Zahl neuerer Messungen [71] hat ergeben, daß solches n-Verhalten auf hochohmig p-dotierte Bikristalle beschränkt ist, andere Dotierungen bewirken keine meßbaren Photospannungen. Es findet sich jedoch ein noch stärker ausgeprägter Unterschied gegenüber dem Germanium. An Silicium-Korngrenzen kann sich nämlich nach einer Wärmebehandlung eine Vorzeichenumkehr oder auch ein völliges Verschwinden des Photoeffektes ergeben [71]. Abb. 22 gibt ein Beispiel. Aufgetragen ist die Photospannung der Probe von Abb. 21, jedoch nach 15minütiger Wärmebehandlung bei 1100 °C. Eine Hälfte der ursprünglichen Probe wurde abgeschreckt, die andere langsamer abgekühlt. Es zeigt sich einmal, daß die Größe des Effekts von der Abkühlgeschwindigkeit abhängt, wesentlicher ist aber, daß in beiden Fällen die Korngrenze nunmehr wie eine p-leitende Barriere wirkt.

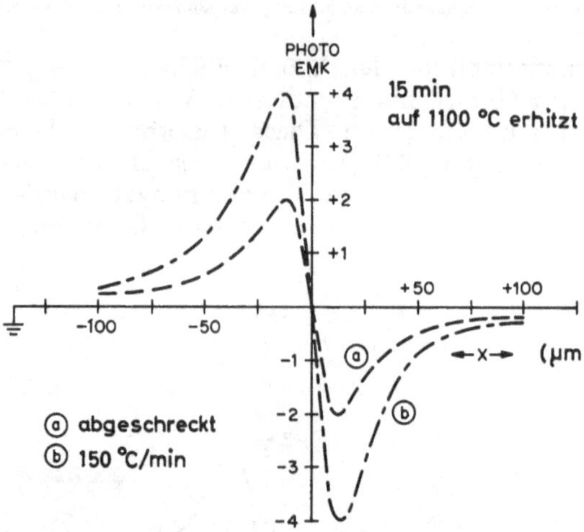

Abb. 22. Photospannung an der Korngrenze der Probe von Abb. 21 nach Wärmebehandlung mit verschiedener Abkühlgeschwindigkeit

Gerade weil solche Effekte am Germanium nicht beobachtet wurden, hatte man auf das Wirken der Versetzungen selbst geschlossen. Im Silicium ist dies anscheinend gerade umgekehrt. Hier scheinen die Resultate nur mit der Annahme von Verunreinigungs-Atmosphären erklärbar zu sein. Von besonderer Wichtigkeit ist dabei wieder der Sauerstoff. Si-Kristalle, die aus einem Quarztiegel gezogen werden, enthalten stets rund 10^{-3} % Sauerstoff [6, 74]. Man weiß aus den Untersuchungen von *Kaiser* und Mitarbeitern [74], daß dieser Sauerstoff in verschiedener Form im Si-Gitter existieren kann: in fester Lösung, als SiO_n^+-Komplex und als SiO_2-Ausscheidung. Bei einem Erhitzen über 1000 °C bildet sich SiO_2. An Versetzungen ist diese Ausscheidung stark bevorzugt, wie aus einer Reihe anderer Untersuchungen bekannt ist [6, 63—66]. Diese Reaktion könnte mit der Vorzeichenumkehr der Photospannung zusammenhängen. Bei Erhitzen über 1300 °C lösen sich die SiO_2-Ausscheidungen wieder auf. Nach einer solchen Wärmebehandlung und schnellem Abschrecken sollte man demnach eine starke Änderung des p-Verhaltens erwarten. Tatsächlich findet man [75] ein Absinken der Photospannung auf weniger als 2 % des früheren Wertes. Weitere Einzelheiten im Photoverhalten entsprechen anderen bekannten Umwandlungen des Sauerstoffs. Außerdem erweist sich, daß ein sauerstoff „freier" Bikristall – gezogen von *Gereth* nach einem modifizierten Dash-Verfahren [28] — keine Photospannung zeigt, während tiegelgezogene Kristalle gleicher Dotierung einen Photoeffekt ergaben.

Alle diese Messungen legen es nahe, den Verunreinigungsatmosphären eine entscheidende Rolle zuzuschreiben. Im Silicium sind Versetzungen mit unabgesättigten Bindungen sehr unwahrscheinlich, die elektrischen Effekte, die sonst zu erwarten wären, treten nicht auf[1]). Die relativ harmlose Rolle der Versetzungen für das Funktionieren von Bauelementen [77] scheint demnach die folgende Erklärung zu haben: In den Versetzungen werden die energiereichen unabgesättigten Bindungen entweder durch Umgruppierung vermieden (vgl. Abb. 2) oder durch Anlagerung von Verunreinigungen abgesättigt. In beiden Fällen ergibt sich dann eine nur geringe Störung des Gitters, und die erwarteten starken und für ein Bauelement katastrophalen elektrischen Effekte bleiben aus.

4. Phononenstreuung an Versetzungen

Hübner [78] hat kürzlich mit interessanten Messungen begonnen, welche die Streuung von Gitterschwingungen an den Versetzungen von Kleinwinkelkorngrenzen in Silicium betreffen. Diese Versuche beruhen auf dem Effekt des „transmitted phonon-drag" [79], der in Abb. 23 schematisch dargestellt ist. Eine npn-Struktur wird benutzt, die mit jeweils zwei Kontakten an den äußeren n-Schichten versehen ist. Wird in der oberen n-Schicht ein Feld E_1 angelegt, so fließt ein Elektronenstrom, der wiederum durch Stöße mit dem Gitter ein Phononen-Driftfeld verursacht. Die durch die Stöße verursachten Gitterschwingungen

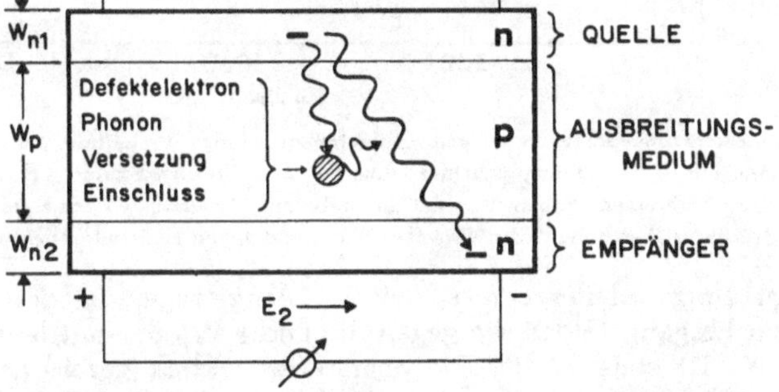

Abb. 23. Versuchsanordnung zur Phononentransmission („transmitted phonon-drag")

1) Versuche, die unabgesättigten Bindungen durch paramagnetische Resonanzen nachzuweisen, waren ergebnislos [76].

(„Phononen") haben einen Vorzugsimpuls in der Richtung des Elektronendriftimpulses. Diese Störung des Phononengleichgewichts pflanzt sich durch den Kristall fort. Die für Ladungsträger bestehende Barriere der p-n-Übergänge stellt für die Phononen kein Hindernis dar. Eine gewisse Zahl der Phononen gelangt also durch die hochohmige p-Schicht bis in die untere stark dotierte n-Schicht. Dort geschieht wieder eine Phonon-Elektron-Wechselwirkung, diesmal umgekehrt: durch den Vorzugsimpuls der Phononen ergibt sich eine Verschiebung der Elektronengleichgewichtsverteilung, die durch ein elektrisches Feld E_2 an den unteren Kontakten nachgewiesen wird. Das Verhältnis $|E_2/E_1|$ ist ein Maß für die Zahl der sogenannten „relevanten" Phononen, die die untere n-Schicht erreichen. Relevant sind nur diejenigen Phononen, die auf Grund ihres Impulses und ihrer Energie mit den Elektronen überhaupt die beschriebene „phonon-drag"-Wechselwirkung eingehen können [79]. Die Meßanordnung wirkt also wie ein Vierpol, bei dem die elektrische Kopplung durch akustische Gitterschwingungen geschieht. Eine andere Betrachtungsweise ist die folgende. Die beiden n-Schichten wirken als Quelle und Empfänger für Phononen, die mittlere Schicht ist das Ausbreitungsmedium. Innerhalb des Ausbreitungsmediums können nunmehr — wie in jeder klassischen Anordnung Quelle/Medium/Empfänger — die verschiedenen Absorptions- und Streuprozesse für die Strahlung untersucht werden. Von den vielfältigen Erscheinungen, die *Hubner* und *Shockley* bereits studiert haben [78—80], sollen an dieser Stelle nur die Streuvorgänge an Versetzungen besprochen werden.

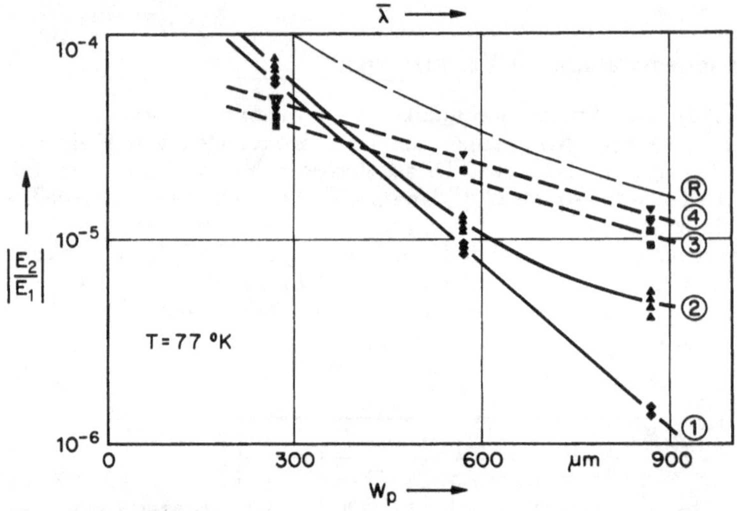

Abb. 24. Phononenstreuung an Versetzungen. Aufgetragen ist das Verhältnis von phonon-erzeugtem Feld E_2 zu Eingangsfeld E_1 in Abhängigkeit der Dicke W_p der mittleren Schicht (vgl. Abb. 23). Kurve *R* gibt den Verlauf an hochreinen Proben. Kurve 1 an Probe mit Versetzungen gemessen; ebenso Kurve 3, jedoch hier durch Kupfer „Festhalten" der Versetzungen. 2 und 4 sind Kontrollproben ohne Versetzungen.

Abb. 24 gibt einige Meßergebnisse wieder. Aufgetragen ist der Quotient von Ausgangs- zu Eingangsfeldstärke gegen die Dicke W_p der mittleren Schicht. Die Meßtemperatur ist stets 77 °K. Die oberste, gestrichelt gezeichnete Kurve gibt den Verlauf an hochreinen, ungestörten Proben wieder. Auf Grund von Phonon-Phonon-Streuung nimmt $|E_2/E_1|$ ungefähr exponentiell mit W_p ab. Die Abweichung von einer exakten Exponentialfunktion rührt daher, daß die freie Weglänge der Phononen mit deren Wellenlänge zunimmt [81]. Die Extinktion der kurzwelligen

Phononen ist also größer als die der längerwelligen. Daher verschiebt sich die mittlere Wellenlänge $\bar{\lambda}$ der durchgelassenen relevanten Phononen mit wachsendem W_p zu größeren Werten. Dies ist qualitativ an der oberen Abszissenachse angedeutet. Die Anordnung arbeitet also wie ein Phononenspektrometer oder Phononenfilter. Durch Variation der Schichtdicke W_p läßt sich $\bar{\lambda}$ ändern. Damit lassen sich Effekte untersuchen, die von der Phononenwellenlänge abhängen.

Kurve 1 in Abb. 24 zeigt den Verlauf von $|E_2/E_1|$ für eine Probe mit einer Kleinwinkelkorngrenze, Kurve 2 die dazugehörigen Ergebnisse an einer Kontrollprobe des gleichen Kristalls ohne Korngrenze. Beide Proben wurden gemeinsam diffundiert und dann abgeschreckt. Die Korngrenze liegt senkrecht zur Phononenausbreitungsrichtung innerhalb der mittleren p-Schicht. Man sieht, daß das Signal durch die Versetzungen reduziert wird, d. h. die Phononen werden stärker gestreut. Mit wachsendem W_p wird der Unterschied zwischen den Kurven 1 und 2 immer größer. Das bedeutet: Die Streuung wächst mit größeren Phononenwellenlängen. Dieses Resultat ist wichtig, denn es kann mit den verschiedenen Theorien der Phononenstreuung an Versetzungen verglichen werden [82–84]. Nur ein dynamisches Modell kann diese Wellenlängenabhängigkeit des Streuquerschnitts erklären. In einem solchen Modell wird die Versetzung mit einer schwingenden Saite verglichen. Die von den einfallenden Phononen angeregte Versetzung oszilliert und sendet dabei wiederum Phononen aus. Wenn dieses Modell richtig ist, sollte sich durch ein „Festhalten" der Versetzungslinie der Streuquerschnitt erniedrigen lassen. Ein solches „Festhalten" kann durch Metallausscheidungen erzwungen werden. Kurve 3 in Abb. 24 zeigt die Streuung an der Korngrenze nach einer Kupfer-Dekoration [14] der Versetzungen. Wie zu erwarten, ist die Streuung geringer als bei Kurve 1. Bei kleinen $\bar{\lambda}$ machen sich die Kupferausscheidungen durch eine verstärkte Rayleigh-Streuung bemerkbar [78]. Die Kontrollkurve 4 ist ebenfalls angehoben, hier werden wahrscheinlich die zusätzlichen, unregelmäßig verteilten Versetzungen „festgehalten". Die Ergebnisse deuten also auf ein dynamisches Versetzungsmodell für den Streuprozeß.

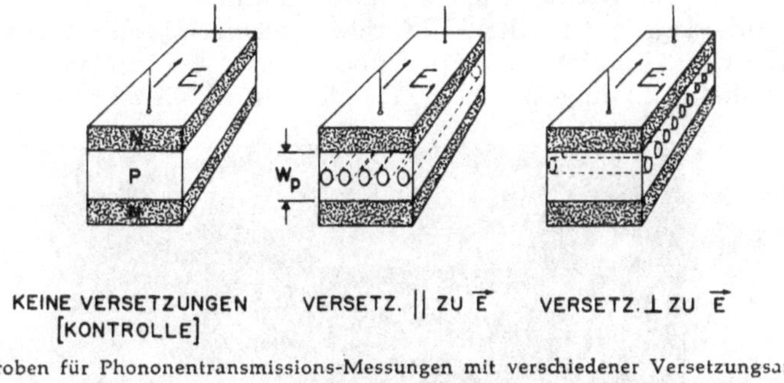

Abb. 25. Proben für Phononentransmissions-Messungen mit verschiedener Versetzungsanordnung

In einer anderen Serie von Experimenten konnte eine Orientierungsabhängigkeit der Streuung nachgewiesen werden [80]. Die benutzten Proben sind in Abb. 25 dargestellt. Die Versuche ergeben, daß die Versetzungen stärker streuen, wenn sie senkrecht zum angelegten Feld liegen. Die Deutung zu diesem Ergebnis fehlt zur Zeit noch, aber eine wichtige Schlußfolgerung kann gezogen werden. Die Versetzungen wirken einzeln und nicht nur gemeinsam im Verband der Korngrenze. Wäre das letztere der Fall, dann sollte sich die Korngrenze mehr wie eine isotrope Membran verhalten und der Orientierungseffekt sollte nicht auftreten. Die Versetzungen machen sich also durch die Struktur ihres Kernes bemerkbar.

Diese Beispiele aus den zur Zeit noch fortgesetzten Versuchen sollen zeigen, daß der „transmitted phonon-drag" ein elegantes und wertvolles Hilfsmittel auch zur Untersuchung von Versetzungsstrukturen darstellt.

5. Teilversetzungen und Stapelfehler

Bisher war in allen Fällen nur von „Totalversetzungen" die Rede. Neben diesen gibt es noch sogenannte unvollständige oder „Teilversetzungen" [1, 2]. Bei Teilversetzungen ist der dem Burgersvektor analoge „Fehlervektor" kein vollständiger Translationsvektor des Gitters. Eine Totalversetzung kann aufspalten in zwei Teilversetzungen. Dann wird zwischen den beiden Teilversetzungen ein Stapelfehler aufgespannt. Einen Stapelfehler kann man sich auch anders entstanden denken. Ein kubisch flächenzentriertes Gitter resultiert aus Stapelung dichtest gepackter (111)-Ebenen in einer bestimmten Folge. Wird diese periodische Folge an einer Stelle unterbrochen, so ergibt sich dort ein Stapelfehler [4, 8]. Der Stapelfehler ist also ein zweidimensionaler Gitterfehler, der durch Teilversetzungen begrenzt wird und eine bestimmte Fehlordnungs-Energie pro Fläche besitzt. Für das plastische Verhalten der Metalle sind Eigenschaften der Stapelfehler von großer Bedeutung und daher eingehend untersucht worden [1]. Von den Halbleitern Ge und Si war bisher nur wenig über Stapelfehler und Teilversetzungen bekannt[1]). In diesem letzten Abschnitt soll kurz auf einige neuere Beobachtungen eingegangen werden, mit denen Wachstumsstapelfehler in Epitaxie-Silicium nachgewiesen wurden.

Die Epitaxie hat als Kristallzüchtungsmethode in den letzten Jahren erhebliche technologische Bedeutung erlangt [85]. Einkristalline Schichten können erzeugt werden, indem an einer auf rund 1200 °C erhitzten Silicium-Unterlage eine flüchtige Verbindung, wie etwa $SiCl_4$, zersetzt wird [86]. Dieses Verfahren ist außerordentlich wertvoll für die Herstellung bestimmter Transistorstrukturen [87] und wird in großem Umfang zur Produktion benutzt.

Untersuchungen der Kristallstruktur dieser Schichten ergaben, daß sich Gitterfehler der Unterlage in der Epitaxie-Schicht fortpflanzen [88]. Daneben zeigen sich jedoch neuartige Gitterfehler, die offenbar typisch für Epitaxie-Material sind. Abb. 26 ist eine Aufnahme an einer (111)-Fläche eines bis zu einer geringen Rest-

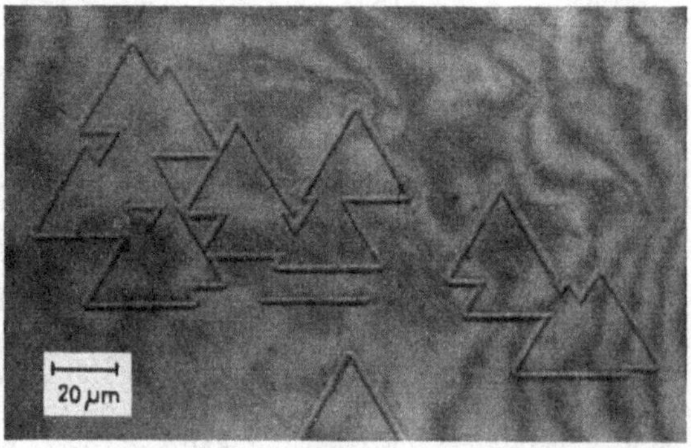

Abb. 26. Geschlossene Stapelfehlerfiguren auf (111) Fläche einer extrem dünnen Folie aus Epitaxie-Silicium. Beobachtet in Reflexion. Monochromatisches Licht bedingt Interferenzlinien gleicher Dicke.

1) Mittlerweile sind verschiedene Veröffentlichungen erschienen. So haben beispielsweise *Amelinckx* und Mitarbeiter die Stapelfehlerenergien von Silicium bestimmt [95].

dicke abgeätzten Scheibchens aus Epitaxie-Silicium. Die Probe ist sogar so dünn, daß mit dem in Reflexion benutzten monochromatischen Licht Interferenzen gleicher Dicke erscheinen [89]. Durch das Ätzen entstehen flache Vertiefungen, die entlang [110]-Richtungen verlaufen und oft gleichseitige Dreiecke ergeben. Diese Dreiecke wachsen mit zunehmender Dicke der Epitaxieschicht. Jedes dieser Dreiecke ist die Schnittfigur der Oberfläche mit einem Tetraeder aus (111)-Flächen. Eine Ecke des Tetraeders liegt auf der Grenzfläche zwischen Unterlage und Epitaxieschicht. Die das Tetraeder aufspannenden Flächen sind Stapelfehler [90]. Ein Beweis wird durch elektronenmikroskopische Untersuchungen an äußerst dünnen Si-Schichten geliefert [90]. Bei richtiger Orientierung der Probe relativ zum Elektronenstrahl lassen sich die für den Stapelfehler typischen [91] Elektronenstrahlinterferenzen nachweisen, die in Abb. 27 dargestellt sind. Neben den geschlossenen Dreiecken findet man auch kurze Stapelfehlerbänder, die von Versetzungen begrenzt werden. Abb. 28 zeigt eine solche Aufnahme.

Ein anderer Beiweis für die Existenz dieser Gitterfehler in Epitaxie-Schichten wurde von *Schwuttke* [92] mit Röntgen-Methoden erbracht. Wiederum wird die auf Seite 172 beschriebene Methode benutzt. Im Reflexionsbild zeigen sich Kontraste,

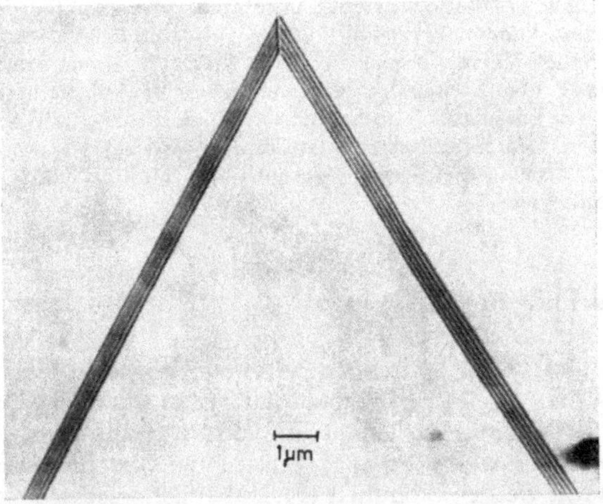

Abb. 27. Stapelfehlerkontrast in Epitaxie-Silicium. Elektronenoptische Aufnahme in Transmission.

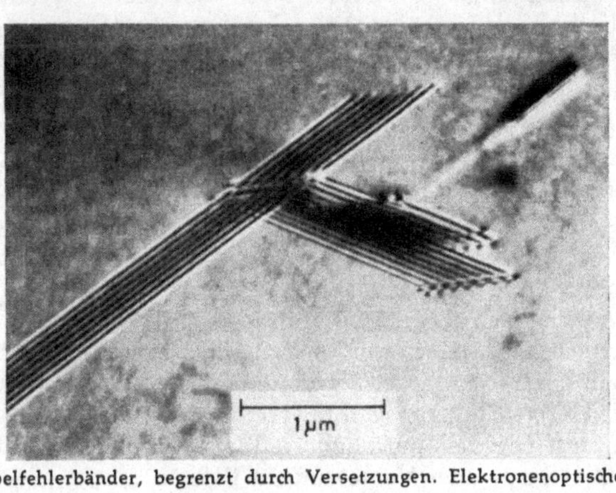

Abb. 28. Stapelfehlerbänder, begrenzt durch Versetzungen. Elektronenoptische Transmission.

die einen Fehlervektor vom Typ [112] haben, wie es für eine Teilversetzung zutrifft. Einige dieser Gitterfehler-Abbildungen haben eine deutliche Doublettstruktur. *Schwuttke* schließt daraus, daß hier zwei Teilversetzungen sichtbar gemacht werden, die einen Stapelfehler aufspannen. Während mit dem Elektronenmikroskop also der Stapelfehler nachgewiesen wurde, offenbaren die Röntgenreflexe die ihn begrenzenden Teilversetzungen.

Die Frage nach dem Ursprung dieser Wachstumsstapelfehler ist zur Zeit noch ungeklärt. Sauerstoff-Verunreinigungen an der ursprünglichen Oberfläche der Unterlage sind von entscheidender Bedeutung [88, 90, 93] und wirken als Keimzentren für die Stapelfehler. Auch an mechanischen Schäden der Oberfläche, etwa Kratzern [92, 93], findet verstärkte Bildung von Stapelfehlern statt. Über die elektrischen Effekte an Stapelfehlern ist ebenfalls noch nichts Genaues bekannt. Es ist jedoch in Analogie zu den Totalversetzungen zu vermuten, daß keine großen direkten Einflüsse auftreten werden. An Stapelfehlern können sich Verunreinigungen bevorzugt ausscheiden, was allerdings elektrische Effekte ergeben würde.

Kürzlich wurden Mikroplasmen in Epitaxie-Silicium untersucht [94]. Eine große Dichte von Stapelfehlern konnte in solchem Material erzeugt werden, indem die Oberfläche der Si-Unterlage durch Oxydation bewußt verunreinigt wurde. Durch Eindiffundieren von Phosphor wurden Dioden hergestellt. Diese Dioden zeigen Mikroplasmen an den sogenannten „stair-rod"-Versetzungen, die durch Knicke in einem Stapelfehler definiert werden (z. B. Abb. 27 oben). Stapelfehlerdreiecke wie in Abb. 26 leuchten also unter Sperrbelastung an den Ecken auf. Jedoch geben nicht sämtliche „stair-rod"-Versetzungen solche Mikroplasmen. Die Situation ist also ähnlich wie bei Mikroplasmen an Totalversetzungen; auch hier scheint ein wesentlicher Einfluß von Verunreinigungs-Atmosphären vorzuliegen.

6. Schlußbemerkungen

Alle hier besprochenen Untersuchungen an Versetzungen in Silicium ergeben ein gemeinsames Resultat: Es hat sich gezeigt, daß selbst in diesem für metallurgische Begriffe sehr reinen Material die Versetzung nicht als isoliertes Gebilde betrachtet werden darf. Viele der wesentlichen Eigenschaften, die im Kristall durch Versetzungen verursacht werden, kommen erst durch das Wechselspiel mit den Störstellen und Verunreinigungen zustande. Nach den hier erwähnten Ergebnissen erscheint es zweifelhaft, ob Versetzungsstrukturen mit unabgesättigten Bindungen überhaupt im Silicium auftreten. Der drastische Unterschied zum Germanium ist überraschend. Chemische Bindungsverhältnisse, zum Beispiel die unterschiedliche Affinität zum Sauerstoff, können hier eine Rolle spielen.

Diese Resultate dürfen jedoch nicht ohne weiteres verallgemeinert werden; eine Einschränkung ist nötig. In der hier beschriebenen, etwas willkürlichen und begrenzten Auswahl der Experimente wurden die Versetzungen fast ausschließlich während des Kristallwachstums erzeugt. Daher kommt es leicht zur Ausbildung der Cottrell-Atmosphären. Auch im Falle der „eindiffundierten" Versetzungen ist eine sehr starke Wechselwirkung mit den Störstellen zu erwarten. Frisch erzeugte Versetzungen, wie sie etwa durch mechanische Beanspruchung entstehen, können daher durchaus ein unterschiedliches Verhalten zeigen. Viele Fragen sind noch ungelöst; künftige Untersuchungen sollten noch manches interessante Ergebnis liefern, das nicht nur für die speziellen Halbleiterprobleme wichtig ist, sondern auch allgemeine Aussagen über Versetzungen liefert.

Die meisten in diesem Laboratorium durchgeführten Untersuchungen wurden durch finanzielle Unterstützung verschiedener Dienststellen der US-Regierung ermöglicht, wofür auch an dieser Stelle gedankt sei. Herzlicher Dank gebührt auch den Herren Dr. *W. Shockley*, Prof. Dr. *K. Seiler*, Dr. *A. Goetzberger*, Dr. *K. Hübner*, *R. Finch* und *W. Hooper* für wertvolle Hilfe und die Genehmigung, über teilweise noch unveröffentlichtes Material vortragen zu dürfen. Das gleiche gilt in ganz besonderem Maße für die Herren Dr. *G. H. Schwuttke* (General Telephone and Electronics Corp.), Prof. Dr. *J. Washburn* und Prof. Dr. *G. Thomas* (University of California); für die Möglichkeit zu der uneingeschränkten Zusammenarbeit mit diesen Kollegen befreundeter Laboratorien bin ich allen Beteiligten und Verantwortlichen außerordentlich dankbar.

Literatur

[1] *W. T. Read jr.*, Dislocations in Crystals, McGraw Hill Co., New York 1953.
[2] *A. Seeger*, Handbuch der Physik, Bd. VII, Teil 1, Springer-Verlag, Berlin, Göttingen, Heidelberg, 1955.
[3] *A. H. Cottrell*, Dislocations and Plastic Flow in Crystals, Clarendon Press, Oxford 1953.
[4] *P. Haasen* und *A. Seeger*, in Halbleiterprobleme IV, S. 68, Friedr. Vieweg & Sohn, Braunschweig 1958.
[5] *W. Bardsley*, in Progr. in Semiconductors **4**, S. 155, John Wiley & Sons, New York 1960.
[6] *R. Bullough* und *R. C. Newman*, The Interaction of Impurities with Dislocations in Si and Ge, demnächst in Progr. in Semiconductors, John Wiley & Sons, New York.
[7] *J. M. Burgers*, Proc. Kon. Ned. Akad. Wetenschap. **42**, 293 (1939).
[8] *J. Hornstra*, J. Phys. Chem. Solids **5**, 129 (1958).
[9] *W. Shockley*, Phys. Rev. **91**, 228 (1953).
[10] *W. T. Read jr.*, Phil. Mag. **45**, 775 (1954).
[11] *G. L. Pearson*, Phys. Rev. **76**, 459 (1949).
[12] *G. L. Pearson* und *F. L. Vogel*, in Progress in Semiconductors **6**, S. 3; John Wiley & Sons, New York 1962.
[13] *W. C. Dash*, J. Appl. Phys. **27**, 1193 (1956).
[14] *W. C. Dash*, J. Appl. Phys. **29**, 736 (1958).
[15] *W. L. Bond* und *J. Andrus*, Phys. Rev. **101**, 1211 (1956).
[16] *G. Eckhardt* und *S. R. Lederhandler*, Solid state design **3**, (5), 27 (1962).
[17] *G. Borrmann*, *W. Hartwig* und *H. Irmler*, Z. Naturforschg. **13a**, 423 (1958).
[18] *A. R. Lang*, J. Appl. Phys. **29**, 597 (1958).
[19] *U. Bonse* und *E. Kappler*, Z. Naturforschg. **13a**, 348 (1958).
[20] *V. Gerold* und *F. Meier*, Z. Phys. **155**, 387 (1959).
[21] *G. A. Geach*, *B. A. Irving* und *R. Phillips*, Research **10**, 411 (1957).
[22] *R. Bullough*, *R. C. Newman*, *J. Wakefield* und *J. B. Willis*, J. Appl. Phys. **31**, 707 (1960).
[23] *W. C. Dash*, J. Appl. Phys. **31**, 736 (1960).
[24] *H. F. Mataré* und *H. Wegener*, Z. Physik **148**, 631 (1957).
[25] Eine zusammenfassende Beschreibung der Korngrenzen findet sich bei *S. Amelinckx* und *W. Dekeyser*, Solid State Physics **8**, S. 325, Academic Press, New York, London 1959.
[26] *W. L. Bragg*, Proc. Phys. Soc. (London) **52**, 54 (1940); *J. M. Burgers* ibid. **52**, 23 (1940).
[27] *F. L. Vogel*, *W. G. Pfann*, *H. E. Corey* und *E. E. Thomas*, Phys. Rev. **90**, 489 (1953).
[28] *R. Gereth*, J. Electrochem. Soc. **109**, 1068 (1962).
[29] *F. Karstensen*, Z. Naturforschg. **14a**, 1031 (1959).
[30] *J. Fisher*, J. Appl. Phys. **22**, 74 (1951).
[31] *R. T. P. Whipple*, Phil. Mag. **45**, 1225 (1954); s. auch *A. D. LeClaire*, ibid. **42**, 468 (1951).

[32] *K. Hubner* und *W. Shockley*, in Structure and Properties of Thin Films, herausgegeben von *C. A. Neugebauer* et al. S. 302, John Wiley & Sons, New York 1959.
[33] *H. J. Queisser, K. Hubner* und *W. Shockley*, Phys. Rev. **123**, 1245 (1961).
[34] *C. S. Fuller* und *J. A. Ditzenberger*, J. Appl. Phys. **27**, 544 (1956).
[35] *A. H. Cottrell*, Proc. Conf. on Strength of Solids, Bristol (England) 1948, (The Phys. Soc., London) S. 30, s. auch [3], S. 56.
[36] *H. J. Queisser*, unveröff.
[37] *H. J. Queisser*, J. Electrochem. Soc. **110**, 52 (1963).
[38] *J. Kohn*, Am. Mineral. **43**, 263 (1958); vgl. *J. Hornstra*, Physica **25**, 417 (1959).
[39] *H. J. Queisser*, Trans. IRE **ED 8**, 428 (1961).
[40] *W. Shockley*, US Patente 2,937,114 (1960), 2,954,307 (1960) und 2,979,427 (1961).
[41] *H. J. Queisser*, J. Appl. Phys. **32**, 1776 (1961).
[42] *W. Shockley*, zitiert in [41].
[43] [3], S. 55.
[44] *S. Prussin*, J. Appl. Phys. **32**, 1876 (1961).
[45] *G. H. Schwuttke* und *H. J. Queisser*, Bull. Am. Phys. Soc. **7**, 89 (1962).
[46] *G. H. Schwuttke* und *H. J. Queisser*, J. Appl. Phys. **33**, 1540 (1962).
[47] *G. H. Schwuttke* und *H. J. Queisser*, Veröff. demn.
[48] *H. J. Queisser* und *R. H. Finch*, Bull. Am. Phys. Soc. **7**, 211 (1962).
[49] *W. Shockley* und *H. J. Queisser*, Trans. IRE **ED—8**, 428 (1961) und in Electron Microscopy and Strength of Crystals, herausg. von *J. Washburn* und *G. Thomas*, Interscience, New York 1963, S. 781.
[50] *J. H. van der Merwe*, Proc. Phys. Soc. **A 63**, 616 (1950).
[51] Eine Zusammenfassung findet sich auch bei *W. Shockley* und *A. Goetzberger* in Metallurgy of Semicond. Materials, herausg. von *J. B. Schroeder*, Interscience, New York 1962, S. 121; s. auch *H. J. Queisser* in „Physics of Failure in Electronics", herausg. v. *M. Goldberg* und *J. Vaccaro*, Spartan Books, Baltimore, London (1963), S. 146.
[52] *H. J. Queisser*, Veröff. in Z. Physik geplant.
[53] *H. J. Queisser*, Solid State Electronics **5**, 1 (1962); *W. Shockley* und *H. J. Queisser*, J. Appl. Phys. **32**, 510 (1961); *W. W. Hooper* und *H. J. Queisser*, Proc. IRE **50**, 486 (1962).
[54] *R. Bullough, R. C. Newman* and *J. Wakefield*, Proc. Inst. El. Engrs. (London) **106 B**, Suppl. 15, 277 (1959); s. auch [6].
[55] *A. Goetzberger* und *W. Shockley*, J. Appl. Phys. **31**, 1821 (1960).
[56] *A. G. Chynoweth* und *K. G. McKay*, Phys. Rev. **102**, 369 (1956).
[57] *A. G. Chynoweth* und *G. L. Pearson*, J. Appl. Phys. **29**, 1103 (1958).
[58] *W. Shockley*, Solid State Electronics **2**, 35 (1960).
[59] *M. Kikuchi* und *K. Tachikawa*, J. Phys. Soc. Japan **15**, 835 (1960).
[60] *A. Goetzberger*, Proc. Int. Conf. Semicond. Phys. Prag 1961, S. 808.
[61] *A. Goetzberger* und *C. Stephens*, J. Appl. Phys. **32**, 2646 (1961).
[62] *M. Kikuchi*, J. Phys. Soc. Japan **15**, 1822 (1960).
[63] *S. Lederhandler* und *J. R. Patel*, Phys. Rev. **108**, 239 (1957).
[64] *W. C. Dash*, J. Appl. Phys. **29**, 705 (1958).
[65] *R. A. Logan* und *J. A. Peters*, J. Appl. Phys. **28**, 1419 (1957).
[66] *G. L. Pearson, W. T. Read jr.*, und *W. L. Feldman*, Acta Met. **5**, 181 (1957).
[67] *G. L. Pearson*, Phys. Rev. **76**, 459 (1949).
[68] *R. Wiesner*, Halbleiterprobleme III, S. 59, Friedr. Vieweg & Sohn, Braunschweig 1956.
[69] *W. E. Taylor, N. H. Odell* und *H. Y. Fan*, Phys. Rev. **88**, 867 (1952).
[70] *H. F. Mataré*, Proc. Inst. Elec. Engrs. (London), **B 106**, Suppl. 15, 293 (1959).
[71] *W. Hooper* und *H. J. Queisser*, Bull. Am. Phys. Soc. **7**, 211 (1962).
[72] *O. Weinreich, H. F. Mataré* und *B. Reed*, Solid State Physics in Electronics and Telecommunications (Brüsseler Konf.), S. 101, Academic Press, London, New York 1960.

[73] Y. *Matukura*, J. Phys. Soc. Japan **16**, 842 (1961).
[74] *W. Kaiser, H. L. Frisch* und *H. Reiss*, Phys. Rev. **112**, 1546 (1958).
[75] *H. J. Queisser*, Internat. Conf. on Lattice Defects, Kyoto 1962. J. Phys. Soc. Japan **18**, Suppl. III, 142 (1963).
[76] *W. T. Read* und *G. L. Pearson*, Report of Bristol Conf. on Defects in Cryst. Solids (Phys. Soc. London 1955), S. 144.
[77] *W. F. Taylor, W. C. Dash, L. E. Miller* and *C. W. Mueller*, Properties of Elemental and Compound Semicond., S. 327, Interscience, New York 1960.
[78] *K. Hübner*, Dissertation ETH Zürich (1962).
[79] *K. Hubner* und *W. Shockley*, Phys. Rev. Letters **4**, 504 (1960).
[80] *K. Hubner* und *W. Shockley*, Adv. Energy Conv. **1**, 93 (1962).
[81] *C. Herring*, Phys. Rev. **95**, 954 (1954).
[82] *J. M. Ziman*, Electrons and Phonons, S. 220, Clarendon Press, Oxford 1960.
[83] *J. D. Eshelby*, Proc. Roy. Soc. **A 197**, 396 (1949).
[84] *F. R. N. Nabarro*, Proc. Roy. Soc. **A 209**, 278 (1951).
[85] Eine Zusammenfassung geben *R. Glang* und *S. Wajda*, Metallurgy of Semicond. Materials, siehe [51], S. 27.
[86] *H. C. Theuerer*, J. Electrochem. Soc. **108**, 649 (1961).
[87] *H. Rebstock*, Festkörperprobleme II (dieser Band), S. 245.
[88] *T. B. Light*, Metallurgy of Semicond. Materials, siehe [51], S. 137.
[89] *H. J. Queisser* und *R. Finch*, Bull. Am. Phys. Soc. **7**, 211 (1962).
[90] *H. J. Queisser, R. H. Finch* und *J. Washburn*, J. Appl. Phys. **33**, 1536 (1962).
[91] *M. J. Whelan* und *P. B. Hirsch*, Phil. Mag. **2**, 1121 und 1303 (1957).
[92] *G. H. Schwuttke*, J. Appl. Phys. **33**, 1538 (1962).
[93] *R. H. Finch, H. J. Queisser, J. Washburn* und *G. Thomas*, J. Appl. Phys. **34**, 406 (1963).
[94] *H. J. Queisser* und *A. Goetzberger*, Bull. Am. Phys. Soc. **7**, 602 (1962); Phil. Mag. **8**, 1063 (1963).
[95] *E. Aerts, P. Delavignette, R. Siems* und *S. Amelinckx*, J. Appl. Phys. **33**, 3078 (1962).

M. ZERBST*)

Piezoeffekte in Halbleitern

Mit 7 Abbildungen

Zusammenfassung:

Der Einfluß mechanischer Spannungen auf verschiedene physikalische Eigenschaften wie z. B. elektrische Leitfähigkeit und optische Absorption wird dargestellt und auf Grund des Modells der Energiebänder eines Halbleiters gedeutet. Die experimentellen Ergebnisse verfeinerten die theoretischen Modellvorstellungen besonders im Hinblick auf die spezielle Struktur der Energiebänder. Beim Valenzband liegt ein mehrfach entartetes anisotropes Energiemaximum vor, während das Leitungsband durch drei verschiedene Typen von Energieminima mit unterschiedlicher energetischer Lage charakterisiert ist, die bei allen Halbleitern vom Diamant- und Zinkblendegittertyp vorliegen dürften und z. T. experimentell nachgewiesen sind.

I. Einleitung

Unter „Piezoeffekten in Halbleitern" soll allgemein der Einfluß mechanischer Spannungen — sei es ein allseitiger oder ein gerichteter Druck bzw. Zug — auf irgendeine physikalische Eigenschaft eines Halbleiters verstanden werden. Zunächst wurde diesen Effekten weniger Aufmerksamkeit geschenkt und im wesentlichen der die Halbleiter kennzeichnende große Einfluß der Temperatur auf ihre Eigenschaften untersucht. So lieferten Messungen des Temperaturganges verschiedener Halbleitereffekte ein reichhaltiges Tatsachenmaterial, das zur Anpassung und Prüfung der theoretisch entwickelten Modelle wie die der Energiebänder und der Streumechanismen von Überschuß- und Defektelektronen in Halbleitern führte. Erst in jüngster Zeit wurde der Einfluß äußeren Druckes auf die Halbleitereigenschaften in großem Umfang untersucht [1, 2], nicht zuletzt deshalb, weil jetzt viele Halbleiter als relativ große Einkristalle hergestellt werden können, die auch gegenüber den isotropen Effekten an polykristallinem Material die charakteristischen druckabhängigen Anisotropien der speziellen Substanzen zeigen [3].

Im Rahmen dieses Referates möchte ich mich im wesentlichen auf die Halbleiter vom Diamant- und Zinkblende-Gittertyp [4, 5] beschränken und die piezoelektrischen, praktisch als Isolatoren anzusehenden Substanzen wie z. B. Quarz und einige Ferroelektrika ausschließen. Die Auswirkungen äußeren Druckes wurden bei den Halbleitern besonders eingehend untersucht für den Leitungsmechanismus (Piezowiderstandseffekt, Einfluß auf Driftbeweglichkeit und Halleffekt) und die optische Absorption (Piezooptische Effekte). Die Darstellung dieser Effekte und deren Deutung auf Grund des Bändermodells wird daher den größten Teil des

*) Forschungslaboratorium der Siemens & Halske AG.

Referates beanspruchen, während z. B. über den bei den $A^{III}B^{V}$-Verbindungen zu erwartenden piezoelektrischen Effekt experimentell nur wenig bekannt ist.

Die Untersuchung der Piezoeffekte führte zu erneuten Prüfungen und Verfeinerungen der verschiedenen physikalischen Modellvorstellungen, insbesondere der durch temperaturabhängige Messungen nicht zu erfassenden anisotropen Eigenschaften.

II. Physik der Kristalle

Piezoeffekte in Halbleitern werden i. a. an Einkristallen untersucht, wobei abgesehen von Untersuchungen unter allseitigem Druck, die Richtung mechanischer Spannungen im Kristall ausschlagebend ist. Dementsprechend werden gerichtete Größen wie z. B. elektrisches Feld und Stromdichte nicht wie bei isotropen Substanzen durch einen Skalar verknüpft, sondern es treten Tensoren an deren Stelle.

Die Tensorbeziehungen, die für die verschiedenen Piezoeffekte gültig sind, wurden z. B. von *C. S. Smith* [1] dargestellt. Hier möchte ich nur auf die den Piezowiderstandseffekt betreffenden Tensorgleichungen näher eingehen. Führt man die Messung des Widerstandes unter mechanischer Spannung bei konstanter Stromdichte aus, so folgt – wie Abb. 1 zeigt – aus der Änderung der Feldstärke eine

Änderung der Feldstärke $\mathfrak{E}$ bei konstanter Stromdichte J unter mechanischer Spannung

$$\delta\mathfrak{E} = \{\delta\varrho\}\, J \qquad \frac{1}{\varrho}\,\delta\mathfrak{E} = \{\Delta_{ij}\}\, J \qquad \Delta_{ij} = \left(\frac{\delta\varrho}{\varrho}\right)_{ij}$$

Tensor der Widerstandsänderung Δ — Tensor der mechanischen Spannung x

$$\Delta = \pi x$$

Verknüpft durch Bitensor π (Tensor 4. Ranges) im kubischen Kristall 3 unabhängige Koeffizienten π_{11} π_{12} π_{44}

$$\pi = \begin{pmatrix} \pi_{11} & \pi_{12} & \pi_{12} & 0 & 0 & 0 \\ \pi_{12} & \pi_{11} & \pi_{12} & 0 & 0 & 0 \\ \pi_{12} & \pi_{12} & \pi_{11} & 0 & 0 & 0 \\ 0 & 0 & 0 & \pi_{44} & 0 & 0 \\ 0 & 0 & 0 & 0 & \pi_{44} & 0 \\ 0 & 0 & 0 & 0 & 0 & \pi_{44} \end{pmatrix}$$

Abb. 1. Piezowiderstandseffekt an Kristallen

Widerstandsänderung $\delta\varrho$, die Tensorcharakter hat. Betrachtet man den dimensionslosen symmetrischen Tensor der relativen Widerstandsänderung Δ, so ist dieser mit dem Tensor der mechanischen Spannung x durch einen Tensor 4. Ranges (auch Bitensor genannt) verknüpft, der als π bezeichnet sei. Dieser Bitensor besitzt im allgemeinen Fall 36 Koeffizienten, deren Werte vom Koordinatensystem abhängig sind. Zweckmäßig bezieht man sie auf ein Koordinatensystem, das durch die Kristallstruktur bestimmt ist. Wählt man als Koordinaten bei kubischen Kristallen, wie den Halbleitern vom Diamant- und Zinkblendetyp, die drei kristallographischen Hauptachsen 100, 010 und 001, so reduzieren sich die Koeffizienten wegen der kubischen Symmetrie auf die drei unabhängigen Koeffizienten π_{11}, π_{12} und π_{44}.

Der Bitensor hat dann die im Bild gezeigte Form.

Zur vollständigen Beschreibung des Piezowiderstandseffektes sind daher diese drei Koeffizienten zu bestimmen, wie es durch drei Widerstandsmessungen unter verschiedenen Druckbedingungen möglich ist und von *Smith* [6] im einzelnen angegeben wurde. Als Beispiel sind in Abb. 2 die Werte für Ge, Si und GaAs mit einer Dotierung von ca. 10^{19} Donatoren bzw. Akzeptoren angegeben. Die Werte für Ge und Si nach Meßwerten von *Smith* [6] sowie *Sanchez* und *Wright* [7] näherungsweise für diese Dotierung berechnet. GaAs dieser Dotierung wurde von uns nach dem gleichen Meßverfahren untersucht [8].

	π_{11}	π_{12}	π_{44}
n-Typ			
Silizium	− 60	+ 30	− 6
Germanium	− 1	− 2	− 70
Galliumarsenid	− 3,2	− 5,4	− 2,5
p-Typ			
Silizium	+ 3	− 2	+ 65
Germanium	− 2	+ 2	+ 50
Galliumarsenid	− 12	− 0,6	+ 45

(Dotierung ca. 10^{19} Donatoren bzw. Akzeptoren)

Abb. 2. Piezokonstanten von Germanium, Silicium und Galliumarsenid in 10^{-12} cm²/dyn

An dieser Stelle möchte ich darauf aufmerksam machen, daß bei n-leitendem Ge und Si jeweils ein Koeffizient besonders groß ist, während bei GaAs nur kleine Werte auftreten. Bei p-leitendem Material tritt für alle drei Halbleiter übereinstimmend ein großer Wert für π_{44} auf. Die Werte bei all diesen Substanzen hängen zudem stark von Dotierung und Temperatur ab. Zum Vergleich: Bei Metallen liegen die Koeffizienten in der Größenordnung von $1 \cdot 10^{-12}$ cm²/dyn.

Für das Verständnis dieser und anderer experimenteller Ergebnisse ist es sinnvoll, wenn wir nicht von den einzelnen Effekten ausgehen, sondern uns auf die neuesten Kenntnisse des Verhaltens der Bandstruktur unter äußerem Druck stützen und die Meßergebnisse in dieses Bild einordnen.

III. Die Struktur der Energiebänder und ihre Druckabhängigkeit

1. Valenzband

Das Valenzband ist – soweit sich aus den bisherigen Untersuchungen schließen läßt – bei allen Halbleitern vom Diamant- und $A^{III}B^{V}$-Typ ähnlich und besitzt, wie insbesondere Zyklotronresonanzmessungen zeigten, ein Maximum der Energie bei $k = 0$. Allerdings handelt es sich hier um ein vierfach entartetes Maximum, denn es berühren sich zwei Bandsysteme, so daß in einer Ebene des k-Raumes als Linien konstanter Energie keine Kreise, sondern wesentlich kompliziertere Figuren auftreten, wie z. B.

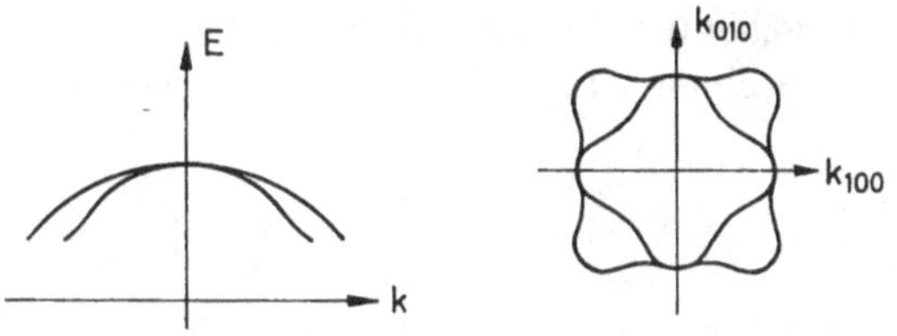

Als Flächen konstanter Energie treten dementsprechend anstelle der Kugelflächen beim einfachen Bandmodell gefaltete Flächen komplizierterer Form auf.

Der Einfluß äußeren Druckes auf diese komplizierte Bandstruktur ist z. Z. theoretisch noch wenig geklärt. Ein erster Ansatz auf der Basis des Modells von Spin-Bahn-gekoppelten Energietermen, deren Koppelung durch mechanische Spannung geändert wird, liegt z. B. von *Adams* [9] sowie *Tuzzolino* [10] vor.

Untersuchungen der Leitfähigkeit, Drift- und Hallbeweglichkeit, sowie der magnetischen Widerstandsänderung zeigen nur kleine Effekte unter hydrostatischem Druck.

Unter gerichteten mechanischen Spannungen fand *Smith* [6] bei p-leitendem Silicium und Germanium einen großen Piezowiderstandseffekt in den 111-Kristallrichtungen — das gleiche Resultat erhielten wir an p-leitendem Galliumarsenid, wie Abb. 2 zeigte. Auch bei p-leitendem Indiumantimonid fand *Potter* [11] diesen Effekt.

Eine mechanische Spannung in bestimmten Kristallrichtungen bewirkt offensichtlich, daß die vierfache Entartung des bei all diesen Substanzen ähnlich aufgebauten Valenzbandes aufgehoben wird und zwei Bandsysteme mit elliptischen Energieflächen an deren Stelle treten, wobei eine Hauptachse der Ellipsoide in Richtung der mechanischen Spannung liegt.

Diese Deutung wird insbesondere nahegelegt durch Zyklotronresonanzmessungen an Silicium unter mechanischer Spannung von *Hensel* und *Feher* [12]: Untersuchungen der Resonanz von Defektelektronen sind experimentell schwieriger, da die gefalteten Energieflächen des entarteten Maximums zu unscharfen Resonanzlinien führen. Unter mechanischer Spannung mit entsprechend aufgehobener Entartung treten dagegen scharfe Resonanzlinien auf, aus denen die effektiven Massen in beiden Valenzband-Ellipsoiden bestimmt werden konnten. Entsprechende Messungen an Germanium sind angekündigt.

Untersuchungen dieser Art scheinen ein guter Ansatz für die Aufklärung der Struktur des Valenzbandes bei $k = 0$ zu sein, denn wenn auch große Ähnlichkeiten bei den Diamant- und Zinkblende-Halbleitern vorliegen, so sind doch in der Feinstruktur charakteristische Unterschiede zu erwarten. So dürfte bei den A^{III}-B^{V}-Verbindungen das Maximum des Valenzbandes nicht exakt bei $k = 0$ liegen. Anscheinend liegt es um einige 10^{-4} eV über dem Wert bei $k = 0$ [13].

2. Leitungsband

Als niedrigste Energie-Minima des Leitungsbandes der Halbleiter vom Diamant- und Zinkblendetyp konnten drei Typen identifiziert werden, die in verschiedenen k-Richtungen liegen [2]:

1. In der 000-Position der Brillouin-Zone die Γ_2'-Zustände des Diamantgitters bzw. die Γ_1-Zustände des Zinkblendegitters,

2. in den 100-Richtungen die Δ_1-Zustände und
3. an der Kante der Brillouinzone in den 111-Richtungen die L_1-Zustände.

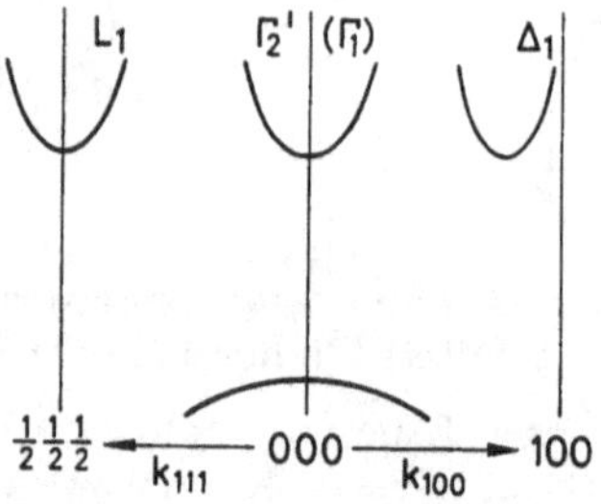

Die Δ- und L-Zustände weisen die von *Herman* [14] angegebene „many-valley"-Struktur auf; d. h. im k-Raum treten vier L- bzw. sechs Δ-Minima auf, die einander äquivalent sind. Geht man von der am eingehendsten untersuchten Struktur von Germanium aus, so drängt sich aus den experimentellen Ergebnissen – wie wir im einzelnen noch sehen werden – die Hypothese auf, daß die energetische Lage der einander im Typ entsprechenden Minima in gleicher Weise durch äußeren Druck geändert wird, unabhängig davon, welche spezielle Substanz vorliegt. Der bei Atmosphärendruck gegebene Energieabstand der verschiedenen Minima vom Valenzbandmaximum ist jedoch von Substanz zu Substanz unterschiedlich.

So ergibt sich ziemlich übereinstimmend für die Druckabhängigkeit der Minima vom Typ:

$$\Gamma \qquad \left(\frac{\partial E}{\partial P}\right)_T \approx +12\cdot 10^{-6}\,\mathrm{eV/kp\,cm^{-2}},$$

$$\Delta \qquad \approx -\;2\cdot 10^{-6}\,\mathrm{eV/kp\,cm^{-2}},$$

$$L \qquad \approx +\;5\cdot 10^{-6}\,\mathrm{eV/kp\,cm^{-2}}.$$

Betrachten wir nun, welcher Minimumtyp dem Valenzbandmaximum am nächsten liegt:

Δ-Typ bei Diamant, Silicium, Aluminiumphosphid, -arsenid, -antimonid Galliumphosphid;

L-Typ bei Germanium, Zinn;

Γ-Typ bei Galliumarsenid, -antimonid sowie Indiumphosphid, -arsenid und antimonid.

3. Bindungs- und Bandtheorie

Die Identifizierung der verschiedenen Minima ist zum Teil gesichert – wie z. B. für Si, Ge, GaAs – doch nicht völlig systematisch verständlich. Wahrscheinlich würde sich ein besseres Verständnis ergeben, wenn der Einfluß des ionogenen Bindungsanteils auf die Energiezustände der Elektronen genauer bekannt wäre. Was läßt sich nun vom theoretischen Standpunkt aus zum Verständnis dieser Ergebnisse sagen?

a) Bindungstheorie

Verschiedene Autoren wie z. B. *Welker* und *Weiss* [15] diskutierten die systematischen Änderungen von Bandabstand, Trägerbeweglichkeit, Schmelzpunkt und Härte mit Gitterkonstante, mittlerer Ordnungszahl und Ionogenität. Die Grundlage dieser Diskussion ist der Zusammenhang zwischen Bindungsstärke, Bindungslänge und atomaren Zuständen.

Extrapolationen dieser systematischen Zusammenhänge waren sehr erfolgreich bei der Voraussage neuer Halbleiter und ihrer Eigenschaften. Sie geben jedoch keine Detailkenntnis der Bandstruktur und der Wechselwirkung verschiedener Bänder und versagen daher völlig bei einer Erklärung der Änderung von effektiver Masse und Beweglichkeit bei einem Wechsel des Minimumtyps, wie er z. B. vorliegt, wenn man vom Germanium mit einem Minimum vom L-Typ übergeht zum isoelektronischen Galliumarsenid, dessen niedrigstes Leitungsbandminimum vom Γ-Typ ist. Trotzdem mag eine Beziehung zwischen diesen systematischen Zusammenhängen und den Druckkoeffizienten der einzelnen Minima bestehen.

Betrachten wir die Voraussagen der Bindungstheorie zur Druckabhängigkeit der verbotenen Zone: Eine Abnahme der Gitterkonstanten würde eine Zunahme des Bandabstandes zur Folge haben, wie es in der Reihe Sn-Ge-Si-C zum Ausdruck kommt. Tatsächlich bewirkt aber eine kleine Verringerung der Gitterkonstanten durch äußeren Druck Zunahme *oder* Abnahme des Bandstabes, wie es sich beim unterschiedlichen Verhalten von Germanium und Silicium zeigt. Andererseits nimmt bei beiden Substanzen die Dielektrizitätskonstante mit der Gitterkonstanten ab, wie Untersuchungen von *Cardona* und Mitarbeitern [16] zeigten; es liegt also eine allgemeine Tendenz zur Zunahme des Bandabstandes vor.

Die Bindungstheorie beschreibt also wohl das Verhalten eines gemittelten Bandabstandes, kann aber nichts über das Verhalten der einzelnen Energieminima aussagen, auf denen die wesentlichen Effekte unter äußerem Druck beruhen.

b) Band-Theorie

Abgesehen von *Parmenters* [17] Untersuchungen zur Deutung der Ergebnisse an Germanium-Silicium-Legierungen liegt — soweit bekannt — keine Arbeit vor, die die Änderungen der Bandstruktur mit der Gitterkonstanten vom Standpunkt der Bandtheorie anzugeben versucht. Auf eine eingehende Diskussion der Bandtheorie unter diesem Gesichtspunkt möchte ich hier nicht eingehen und nur einige qualitative Überlegungen anführen.

Bei den hier betrachteten Halbleitern vom Diamant- und Zinkblende-Gittertyp liegt eine überwiegend homöopolare Bindung vor, d. h. ausgesprochen gerichtete Valenzen in den 111-Richtungen des Kristalls. Daher weisen die Eigenfunktionen für die Elektronen des Valenzbandes die gleiche Symmetrie auf. Somit ist es verständlich, daß bei gleichem Kristalltyp eine sehr ähnliche Struktur des Valenzbandes vorliegt, die quasi eine Eigenschaft der Gitterstruktur selbst ist. Die tatsächlich in das reale Gitter eingebauten Atome haben hierauf keinen wesentlichen Einfluß. Dies gilt unter verschiedenen äußeren Einflüssen, so daß z. B. nahezu übereinstimmende Piezoeffekte der Valenzelektronen verschiedener Substanzen zu erwarten sind, wie die experimentellen Ergebnisse an p-leitendem Germanium, Silicium, Galliumarsenid und Indiumantimonid zeigen.

Empfindlicher reagieren jedoch die angeregten Zustände, d. h. die Zustände des Leitungsbandes, die entsprechend der Symmetrie des realen Gitters in verschiedene, wie die experimentell beobachteten Γ-, Δ- und L-Zustände, aufgespalten sind. Es ist aber theoretisch außerordentlich schwierig zu überblicken, wie die energetische Lage der einzelnen Terme von Gitterabstand, Ionogenität und Atomart — und damit auch äußerem Druck — beeinflußt werden. Es ist verständlich, daß realer Gitteraufbau und äußere Einflüsse unterschiedlich bei Termen unterschiedlicher Symmetrie — und andererseits plausibel, daß sie etwa gleich für Terme gleicher Symmetrie wirken.

Auch vom heutigen Standpunkt der Bandtheorie aus liegt keine exakte Begründung für eine allgemeine Übereinstimmung des Verhaltens entsprechender Energieminima unter Druck vor. Experimentell ist jedoch gesichert, daß die verschiedenen Minimumtypen durch ihren Druckkoeffizienten identifiziert werden können.

4. Ergebnisse an einzelnen Halbleitern

Im folgenden möchte ich die Ergebnisse bei den einzelnen Halbleitern darstellen und in die gegebene Vorstellung der Bandstruktur einordnen. Beginnen wir mit den Halbleitern vom Diamanttyp, und zwar mit Silicium und Germanium, deren Untersuchungen die experimentelle Basis unserer Überlegungen bilden:

(1) Silicium

Bei Silicium wurden nur die Δ_1-Zustände sicher identifiziert und ihr Druckkoeffizient bildet eine Basis der allgemeinen Hypothese [18]. Ein Einfluß der 111- und 000-Minima auf irgendeine meßbare Eigenschaft von reinem Silicium konnte nicht gefunden werden. Dies ist verständlich, da die als niedrigste auftretenden Δ-Minima sich mit zunehmendem Druck dem Valenzbandmaximum nähern, während die anderen Minima sich von ihm entfernen.

Theoretische Abschätzungen für die energetischen Abstände bei Zimmertemperatur und Atmosphärendruck sind nach *H. Brooks* [19] für:

$$\Gamma : 2{,}6 \text{ eV (?)} \quad L : 2{,}5 \text{ eV (?)}$$

sowie experimentell bestimmt

$$\Delta : 1{,}08 \text{ eV}.$$

Untersuchungen der Eigenleitfähigkeit von *Paul* und Mitarbeitern [20] zeigten einen Druckkoeffizienten von $-1{,}5 \cdot 10^{-6}$ eV/kp cm^{-2}. Damit hinreichend übereinstimmende Messungen der Druckabhängigkeit der optischen Absorption lieferten Werte von $-2 \cdot 10^{-6}$ eV/kp cm^{-2}, die von *Drickamer* bis zu Drucken von 140 000 kp/cm^2 bestätigt wurden.

An dieser Stelle soll auf die anisotropen Piezowiderstandseffekte bei gerichteten mechanischen Spannungen näher eingegangen werden. An sich ist bei einem Störhalbleiter, dessen Ladungsträgerdichte durch die Donatorenzahl festgelegt ist — vollständig Ionisation vorausgesetzt — auch bei Variation des Bandabstandes kein Effekt zu erwarten, der den von Metallen um Größenordnungen übersteigt. Die eingangs gezeigte Tabelle zeigte, daß bei einem mechanischen Zug in 100-Richtung sich eine relative Widerstandsänderung von $-60 \cdot 10^{-6}$ cm^2/kp ergibt. Deutlicher sieht man das „abnormale" Verhalten, wenn die relative Widerstandsänderung auf die relative Längenänderung bezogen wird; dann ergibt sich für Silicium von 10 Ωcm der Wert 140, während z. B. Konstantan 2 aufweist. Eine Änderung der Beweglichkeit mit dem Gitterabstand mag wohl mit Werten in der Größenordnung von 1 verträglich sein — keinesfalls aber mit den bei Silicium auch bei geringen Drucken beobachteten Effekten. Die Ursache liegt hier in der „many-valley"-Struktur der Δ-Zustände. Betrachtet man (vgl. Abb. 3) einmal den Verlauf der Δ-Bandkante in Abhängigkeit von k — bzw. einen Schnitt einer k-Ebene bei bestimmten Werten der Energie, so ergeben sich als Linien konstanter Energie Ellipsen — bzw. im k-Raum 6 äquivalente Rotationsellipsoide in den 100-Richtungen mit den durch transversale und longitudinale Masse bestimmten

Achsen. Im unverspannten Zustand sind die Leitungselektronen gleichmäßig auf diese Ellipsoide verteilt und tragen auf Grund der kubischen Symmetrie so zum Leitungsmechanismus bei, daß die Leitfähigkeit isotrop ist. Wird nun der Kristall mechanisch in einer 100-Richtung verspannt, so verschieben sich die Minima energetisch entsprechend ihren Druckkoeffizienten, und zwar werden die Minima in Zugrichtung angehoben und die senkrecht dazu liegenden abgesenkt. Dies bedingt eine Störung der ursprünglichen Gleichverteilung der Elektronen auf die sechs Minima. Die tieferen Minima werden stärker besetzt und die Gesamtbeweglichkeit wird anisotrop entsprechend dem Unterschied von longitudinaler und transversaler Masse. Somit zeigt auch die Leitfähigkeit entsprechend hohe anisotrope Änderungen.

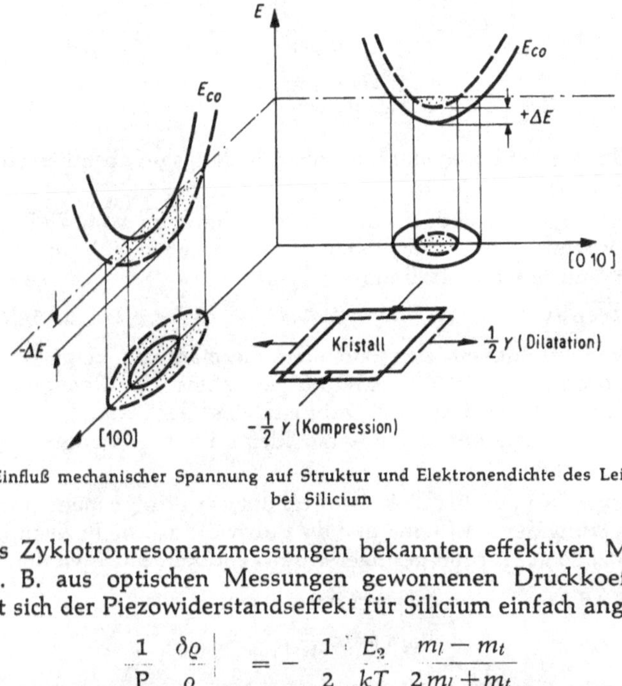

Abb. 3. Einfluß mechanischer Spannung auf Struktur und Elektronendichte des Leitungsbandes bei Silicium

Mit den aus Zyklotronresonanzmessungen bekannten effektiven Massen m_l, m_t und dem z. B. aus optischen Messungen gewonnenen Druckkoeffizienten der Minima läßt sich der Piezowiderstandseffekt für Silicium einfach angeben [3]:

$$\frac{1}{P}\frac{\delta\varrho}{\varrho}\bigg|_{100} = -\frac{1}{2}\frac{E_2}{kT}\frac{m_l - m_t}{2m_l + m_t}$$

E_2 ... Deformationspotential (Energieänderung/Verzerrung).

Die Übereinstimmung der so berechneten Werte mit dem Experiment ist eine Bestätigung der Vorstellungen zur Bandstruktur, zumal der hiernach zu erwartende Temperaturgang proportional $1/T$ auch experimentell beobachtet wurde.

In analoger Weise ergibt sich der Piezowiderstandseffekt bei Germanium, wobei zu berücksichtigen ist, daß hier die niedrigsten Minima vom *L*-Typ sind – dementsprechend große Effekte bei mechanischem Zug in 111-Richtungen, aber mit umgekehrtem Vorzeichen auftreten. Nach diesen speziellen Betrachtungen möchte ich nun die experimentellen Ergebnisse des Druckeinflusses bei Ge referieren:

(2) Germanium

Germanium lieferte wohl bisher das reichste Tatsachenmaterial zum Verständnis des Druckeinflusses auf die Bandstruktur [4] – nicht zuletzt deshalb, weil seine niedrigsten Energieminima vom *L*-Typ sind, die sich unter Druck vom Valenzband

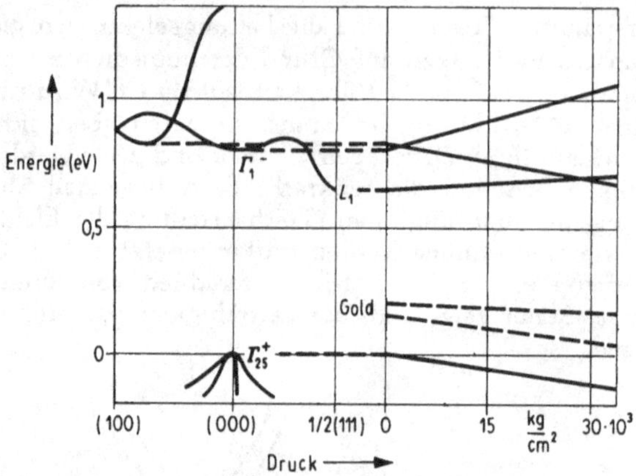

Abb. 4. Einfluß eines Druckes auf die Bandstruktur von Germanium nach *H. Brooks* und *W. Paul*

entfernen, so daß sie bei höherem Druck über die langsam absinkenden Δ-Minima steigen (vgl. Abb. 4).

Optische Daten zeigen außerdem ein weiteres Minimum vom Γ-Typ bei $k = 0$. Bei Zimmertemperatur und Atmosphärendruck ergeben sich die energetischen Abstände vom Valenzband-Maximum:

$$L: 0{,}66\,\text{eV}, \qquad \Gamma: 0{,}81\,\text{eV}, \qquad \Delta: 0{,}85\,\text{eV}.$$

Die elektrische Leitfähigkeit eigenleitenden Germaniums zeigt bis zu hydrostatischen Drucken von 10 000 kp/cm² die Zunahme des Bandabstandes eines L-Minimums mit $5 \cdot 10^{-6}$ eV/kp cm^{-2}. Störleitendes Germanium zeigt bei hydrostatischem Druck – wie zu erwarten – nur kleine Effekte: wenige Prozent Änderung der Beweglichkeit.

Wird der Druck nun über 10 000 kp/cm² erhöht, so erfolgt mehr und mehr eine Elektronenbesetzung der Δ-Minima und die durchschnittliche Beweglichkeit nimmt erheblich ab – z. T. auf Grund geringerer Beweglichkeit im Δ-Minimum und zum

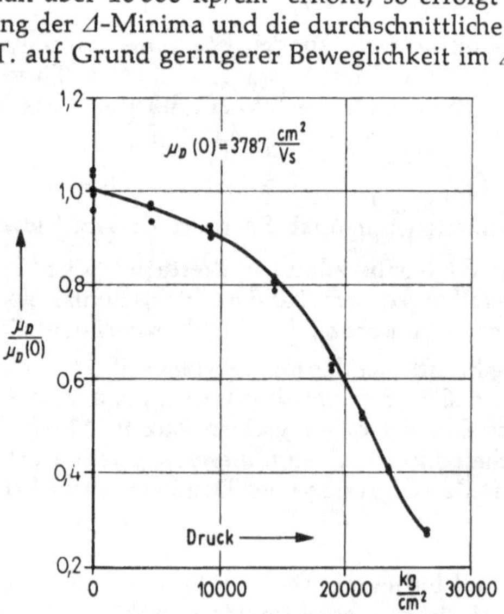

Abb. 5. Driftbeweglichkeit der Elektronen in Germanium in Abhängigkeit von allseitigem Druck nach *W. Paul*, Phys. Chem. Sol. **8**, 200 (1959)

anderen wegen der zunehmenden Band-Band-Streuung der Elektronen, wie es von *Smith* [6] bei Messungen der Driftbeweglichkeit beobachtet wurde:

Bei weiter steigendem Druck sollte die Band-Band-Streuung wegen des nun zunehmenden Abstandes von *L*- und *Δ*-Minimum geringer werden. Ein entsprechendes Minimum der Elektronenbeweglichkeit wurde von *Bridgeman* [21] bei 50 000 kp/cm² beobachtet.

Optische Messungen lieferten zudem eine weitere Bestätigung des Wechsels der Minima-Typen: *Drickamer* fand bis zu 40 000 kp/cm² eine Zunahme des optischen Bandabstandes mit $5 \cdot 10^{-6}$ eV/kp cm^{-2} und darüber eine Abnahme mit $2 \cdot 10^{-6}$ eV/kp cm^{-2}. Von *Cardona* und *Paul* [22] wurde der Druckkoeffizient der *Γ*-Minima aus der optischen Absorption eines direkten Übergangs mit $+ (13 \pm 1) \cdot 10^{-6}$ eV/kp cm² ermittelt.

(3) Germanium-Silicium-Legierungen

Einen wesentlichen Beitrag zum Gesamtbild der Bandstruktur lieferten Untersuchungen von Germanium-Silicium-Legierungen. Mit zunehmendem Siliciumgehalt sollten sich die 100-Minima relativ zu den 111-Minima absenken, während diese sich vom Valenzband entfernen. Bereits bei über 15 % Siliciumgehalt hat nach *Herman* [23] das 100-Minimum die tiefere Position eingenommen. Dementsprechend tritt bereits bei geringerem mechanischen Druck die Band-Band-Streuung und ein Minimum der Leitfähigkeit auf. So fanden *Bridgeman* und *Paul* [24] in einer Legierung mit 10 % Silicium eine minimale Leitfähigkeit bei 15 000 kp/cm² (vgl. bei reinem Germanium etwa erst bei 50 000 kp/cm²).

Die optische Absorption von Legierungen verschiedener Zusammensetzung zeigt den stetigen Übergang vom Verhalten der 111-Minima reinen Germaniums zu dem der 100-Minima reinen Siliciums.

Messungen der magnetischen Widerstandsänderung von *Herman* und Mitarbeitern [23] bestätigten diese Resultate und zeigten auch, daß die Massenverhältnisse und wahrscheinlich auch die effektiven Massen der *L*- und *Δ*-Minima sehr gut mit den Werten bei reinen Substanzen übereinstimmen.

Auch die energetische Verschiebung der Minima in Legierungen unter äußerem Druck scheint mit den bisherigen Resultaten übereinzustimmen, wenn auch noch einige ungeklärte Effekte, z. B. Nichtlinearitäten im Druckkoeffizienten wohl durch Änderungen in der Form der Absorptionskante auftreten.

(4) Diamant

Die Extrapolation von Silicium her legt es nahe, daß ein Energieminimum vom *Δ*-Typ vorliegt. Messungen der optischen Absorption von *Clarke* [25] sind verträglich mit dieser Annahme.

Die Abhängigkeit der Absorptionskante vom Druck liegt nach *Champion* und *Prior* [26] unter $2 \cdot 10^{-7}$ eV/kp cm^{-2}. Passend zur systematischen Extrapolation ist also nur, daß ein kleiner Druckkoeffizient vorliegt. Andere Energieminima konnten nicht beobachtet werden. Der Bandabstand des *Δ*-Minimums beträgt 5,3 eV.

(5) Graues Zinn

Groves [27] untersuchte die Änderung der Eigenleitfähigkeit von Zinn bis zu Drucken von 2000 kp/cm² und fand einen Druckkoeffizienten von $5 \cdot 10^{-6}$ eV/kp cm^{-2} – d. h. genau den des *L*-Minimums in Germanium. Auch stimmen Magnetoresistance-Messungen damit überein, daß ein *L*-Minimum als niedrigstes mit einem energetischen Abstand von 0,08 eV vorliegt.

In der Gruppe der Halbleiter vom Diamant-Typ ist die vorangestellte Hypothese relativ gesichert; aber auch die $A^{III}B^{V}$-Verbindungen lassen sich in dieses Bild einordnen. Betrachten wir zunächst die Aluminiumverbindungen:

(6) Aluminium-Phosphid, -Arsenid, -Antimonid

Die Gruppe der Aluminium-Verbindungen ist im Hinblick auf die Leitungsbandminima relativ wenig untersucht: Weder Zyklotronresonanz-, Magnetoresistance noch Piezowiderstandsuntersuchungen liegen vor.

Messungen der optischen Absorption von AlSb durch *Edwards* und *Drickamer* [28] lieferten einen Druckkoeffizienten von $-1{,}6 \cdot 10^{-6}$ eV/kp cm^{-2}, wie er für ein Δ-Minimum zutreffen würde, für das auch die systematische Extrapolation von Silicium her spricht.

Von AlP und AlAs sind keine Experimente unter Druck bekannt. Sie dürften aber den gleichen Minimum-Typ aufweisen. Als Bandabstände ergeben sich:

AlP: 3,1 eV, AlAs: 2,16 eV, AlSb: 1,6 eV.

Bei den Galliumverbindungen ist günstigerweise eine größere Zahl von Untersuchungen bekannt:

(7) Galliumphosphid

Bei Galliumphosphid liegen im wesentlichen Messungen der optischen Absorption vor, die zwar nicht völlig übereinstimmen, aber doch zur Identifizierung mehrerer Minima führten. Die Schwierigkeit mag darauf beruhen, daß sich, wie mehrmals erwähnt, der Verlauf der Absorptionskante unter Druck ändert.

Nach Messungen von *Edwards* [29], der als niedrigste eine wahrscheinlich indirekte Absorption bei 2,2 eV mit einem Druckkoeffizienten von

$$-1{,}7 \cdot 10^{-6}\ \mathrm{eV/kp\,cm^{-2}}$$

fand, dürfte ein Δ-Minimum vorliegen, während eine weitere, wahrscheinlich direkte Absorption bei ca. 2,6 eV mit positivem Druckkoeffizienten wohl einem Γ-Minimum zuzuschreiben ist. Diese Identifizierungen können jedoch z. Z. noch nicht als sicher bezeichnet werden.

Δ: 2,2 eV, Γ: 2,6 eV.

(8) Galliumarsenid

Die Eigenschaften von GaAs wurden kürzlich eingehend von *Ehrenreich* [30] diskutiert. Als niedrigstes Minimum liegt eines mit Γ-Symmetrie bei $k = 0$ vor.

Druckuntersuchungen von *Howard* [31] und *Sager* [32], sowie Halleffektmessungen und Ergebnisse an GaAs-GaP-Legierungen weisen auf weitere Minima vom Δ-Typ hin, die etwa 0,35 eV höher liegen.

Γ: 1,41 eV, Δ: 1,76 eV und wahrscheinlich $L > 1{,}8$ eV.

Aus optischen Messungen ergaben sich die Druckkoeffizienten

Γ: 9,4 bzw. $12 \cdot 10^{-6}$ eV/kp cm^{-2},
Δ: $-1{,}4 \cdot 10^{-6}$ eV/kp cm^{-2},

die gut zu den bereits referierten Resultaten passen.

Für die korrekte Deutung des Γ-Minimums als niedrigstem bei GaAs sprechen sowohl unsere Messungen an n-leitendem Material, die nur kleine Piezowiderstandseffekte zeigten, als auch *Howards* [31] charakteristische Kurve des Piezowiderstandes unter hydrostatischem Druck:

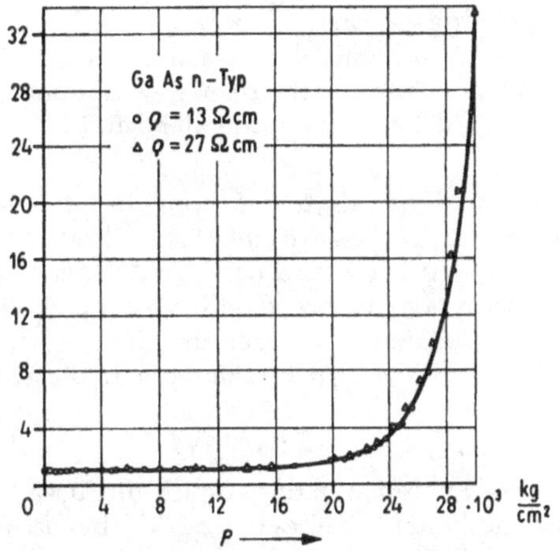

Abb. 6. Druckabhängigkeit des Widerstandes von n-GaAs bei 300 °K nach *W. E. Howard* und *W. Paul*

Der steile Widerstandsanstieg bei 25 000 kp/cm² dürfte auf den Wechsel vom Γ-Minimum zum Δ-Minimum mit erheblich geringeren Beweglichkeiten und zusätzlicher Band-Band-Streuung zurückzuführen sein. Neuere Untersuchungen von Howard deuten darauf hin, daß bei höheren Drucken wieder ein Bereich konstanten Widerstandes erreicht wird, der um den Faktor 600 über dem Wert bei Atmosphärendruck liegt.

Auch hier ist die Situation experimentell nicht völlig geklärt und es existieren noch verschiedene Widersprüche, aber mit der allgemeinen Hypothese stimmen die Daten etwa überein.

An dieser Stelle möchte ich über den wegen des ionogenen Bindungsanteiles bei $A^{III}V^{V}$-Verbindungen zu erwartenden piezoelektrischen Effekt berichten.

Dieser Effekt kann wegen der i. a. relativ hohen Leitfähigkeit zwar nicht statisch untersucht werden, hingegen aber durch mechanische Resonanzschwingungen elektrisch angeregter Platten oder Stäbe nachgewiesen werden.

Nach diesem Verfahren wurde von *Wasilik* und *Flippen* [33] Indiumantimonid bei Temperaturen des flüssigen Heliums und Stickstoffes untersucht. Der Effekt konnte nachgewiesen, die piezoelektrischen Konstanten aber nicht ermittelt werden.

Inzwischen kann Galliumarsenid mit sehr geringen Leitfähigkeiten durch Kompensation von Donatoren und Akzeptoren hergestellt werden. An derartigem GaAs mit einer Leitfähigkeit von 10^{-7} 1/Ω cm, das freundlicherweise von der Fa. Wacker-Chemie Burghausen zur Verfügung gestellt wurde, gelang es uns, den piezoelektrischen Effekt aus Resonanzschwingungen von Stäben bei Zimmertemperatur nachzuweisen. Eine Analyse der Resonanzen lieferte eine Abschätzung der piezoelektrischen Konstanten, für die wir einen Wert von ca. 15 $\frac{\text{V/cm}}{\text{kp/cm}}$ ermittelten[1]).

(9) Galliumantimonid

Sagar [34] führte Messungen des Widerstandes, Halleffektes und Piezowiderstandes als Funktion von Druck und Temperatur aus, die frühere Annahmen

1) *M. Zerbst, H. Boroffka,* Z. f. Naturforschg. **18 a**, 642 (1963).

bestätigten, daß das niedrigste Energieminimum bei $k = 0$ liegt und vom Γ-Typ ist. Die Ergebnisse lassen sich mit der Annahme deuten, daß weitere Energieminima vom L-Typ etwa 1/10 eV über dem Γ-Minimum existieren. Die Druckkoeffizienten dürften mit denen entsprechender Minima in Germanium übereinstimmen.

Optische Messungen von *Edwards* und *Drickamer* [28] zeigten den erwarteten Druckkoeffizienten von $12 \cdot 10^{-6}$ eV/kp cm^{-2}. Aus ihren Messungen ließ sich die Existenz von L-Minima — 0,09 eV darüber — mit einem Druckkoeffizienten von $7 \cdot 10^{-6}$ eV/kp cm^{-2} entnehmen, während ein Maximum dieses Koeffizienten bei 45000 kp/cm^2 auf die Existenz weiterer Minima — mit negativem Druckkoeffizienten und damit vom Δ-Typ hindeutet. Für die energetische Lage ergibt sich:

Γ: 0,81 eV, L: 0,9 eV, Δ: 1,89 eV.

Diese spezielle Lage der Energieminima ist auch die Ursache dafür, daß an GaSb nur Elektronenbeweglichkeiten von 4000 cm^2/Vs beobachtet wurden, während theoretisch ein Wert von 40000 cm^2/Vs zu erwarten wäre [35]; denn bei dem bisher untersuchten Material mit 10^{18} cm^{-3} Donatoren und mehr sind auch die L-Minima mit Elektronen besetzt. Somit führen geringere Beweglichkeiten in diesen Minima sowie die Band-Band-Streuung zwischen Γ- und L-Termen zu einer geringeren Gesamtbeweglichkeit.

(10) Indium-Phosphide, -Arsenide, -Antimonid

Bei den Indiumverbindungen zeigen sowohl elektrische als optische Messungen unter äußerem Druck, daß das niedrigste Minimum bei $k = 0$ mit Γ-Symmetrie auftritt. Die Druckkoeffizienten liegen jedoch durchweg niedriger als der für Γ-Minima allgemein angenommene — möglich, daß in der systematischen Reihe der Substanzen ebenfalls eine schwache Änderung der Druckkoeffizienten auftritt.

Bei Indiumphosphid läßt sich aus optischen und galvanomagnetischen Messungen auf weitere Minima vom Δ-Typ schließen, die jedoch nicht genauer untersucht werden konnten.

Bandabstände:

InP Γ: 1,34 eV, InAs: 0,36 eV, InSb: 0,24 eV.
Δ: 1,6 eV,

Schlußbetrachtung

Betrachten wir noch einmal in Abb. 7 den gesamten Komplex:

Zwar konnten nur bei wenigen Substanzen wie Germanium, Galliumarsenid und Galliumantimonid mehrere Minima sicher identifiziert werden und es zeigen sich noch große Lücken — besonders bei den Aluminium- und Indiumverbindungen. Gänzlich fehlten in der Darstellung die $A^{II}B^{VI}$-Verbindungen, die sich auch einordnen lassen sollten, aber kaum untersucht sind.

Doch auch so zeigt sich ein guter Ansatz für eine einheitliche Betrachtung der Energiebandstruktur der Halbleiter vom Diamant- und Zinkblendetyp. Zukünftig wird also experimentell und theoretisch eingehend zu prüfen sein, ob die Hypothese zutrifft, daß

Substanz	Gitterkonstante in Å	Abstand der Leitungsbandminima vom Valenzband in eV		
		Γ [000]	Δ [100]	L [111]
C	3,567		5,3	
Si	5,43	2,6 (?)	1,08	2,5 (?)
Ge	5,66	0,803	0,85	0,66
Sn	6,489			0,08*)
Al P	5,47		3,1	
Al As	5,66		2,16	
Al Sb	6,10		1,6	
Ga P	5,47		2,2	
Ga As	5,66	1,41	1,77	> 1,8
Ga Sb	6,10	0,81*)	1,89*)(?)	0,9*)
In P	5,9	1,34*)	1,6 (?)	
In As	6,07	0,36		
In Sb	6,49	0,2357*)		
$\left(\frac{\partial E}{\partial P}\right)_T$	in 10^{-6} eV / $\frac{kp}{cm^2}$	+ 12	− 2	+ 5

nach Paul und Ehrenreich bei 300 °K (mit *) bei 0 °K)

Abb. 7. Leitungsbandminima und Gitterkonstanten verschiedener Halbleiter

1. die einzelnen Typen der Energieminima des Leitungsbandes in verschiedenen Substanzen das gleiche Druckverhalten zeigen und generell einander sehr ähnlich sind, und ob
2. die verschiedenen Halbleiter sich im wesentlichen nur durch die energetische Lage der Minima bei Atmosphärendruck unterscheiden, wodurch auch ihr Verhalten bei hohen hydrostatischen Drucken bestimmt ist.

Andererseits ist die Übereinstimmung der Valenzbandstruktur zwar gesichert, aber auch hier dürften nicht zuletzt Untersuchungen der Druckabhängigkeit feinere Unterschiede aufdecken.

Vom Thema des Referates ausgehend, kamen wir notwendigerweise zu einer eingehenden Betrachtung der Bandstruktur, zu deren Aufklärung die Piezoeffekte in Halbleitern einen wertvollen Beitrag liefern können.

Literatur

A. Zusammenfassende Darstellungen

[1] *C. S. Smith,* Solid State Physics **6** (1958), Academic Press New York.

[2] *W. Paul,* Journ. appl. Phys. Suppl. **32**, 2082—2094 (1961).

[3] *R. W. Keyes,* Solid State Physics **11** (1960), Academic Press New York.

[4] *W. Paul,* Phys.-Chem. Solids **8**, 196 (1959).

[5] *A. C. Rose-Innes, C. Hilsum,* Semiconducting III-V-Compounds 1961, Pergamon Press.

B. Spezielle Arbeiten

[6] *C. S. Smith,* Phys. Rev. **94**, 42—49 (1954).

[7] *W. V. Wright, J. C. Sanchez,* Instr. Soc. America; No. 37-SL 61 (1961), Conference Reprint.

[8] *M. Zerbst,* Z. f. Naturforschg. **17 a**, 649 (1962).

[9] *E. N. Adams*, Phys. Rev. **96**, 803—804 L (1954).
[10] *A. J. Tuzzolino*, Phys. Rev. **105**, 1411 (1957).
[11] *R. F. Potter*, Phys. Rev. **108**, 653 (1957).
[12] *J. C. Hensel, G. Feher*, Phys. Rev. Lett. **5**, 307—309 (1960).
[13] *E. O. Kane*, J. Phys. Chem. Solids **1**, 249 (1957); *F. Matossi, F. Stern*, Phys. Rev. **111**, 472 (1958).
[14] *F. Herman*, Proc. IRE **43**, 1703 (1955).
[15] *H. Weiss, H. Welker*, Solid State Phys. **3** (1956), Academic Press New York.
[16] *M. Cordona, W. Paul, H. Brooks*, Solid State Phys. in Electr. and Telecom. **1** (1960), Academic Press New York.
[17] *R. H. Parmenter*, Phys. Rev. **99**, 1759 (1955).
[18] *F. Herman*, Phys. Rev. **95**, 847 (1954).
[19] *H. Brooks*, Advances in Electronics and Electron Physics **7**, (1955), Academic Press New York.
[20] *G. L. Pearson, W. Paul*, Phys Rev. **98**, 1755 (1955); *D. M. J. Warschauer, W. Paul*, J. Phys. Chem. Solids **5**, 102 (1958).
[21] *P. W. Bridgeman*, Proc. Am. Acad. Sci. **81**, 221 (1952).
[22] *M. Cardona, W. Paul*, J. Phys. Chem. Solids **17**, 138 (1960).
[23] *F. Herman, M. Glicksman, R. H. Parmenter*, Progress in Semiconductors **2** (1957), John Wiley & Sons, New York.
[24] Nicht veröffentlicht; siehe *W. Paul* [4].
[25] *C. C. Clark*, J. Phys. Chem. Solids **8**, 481 (1955).
[26] *F. C. Champion, J. R. Prior*, Nature **182**, 1079 (1958).
[27] Von *W. Paul* mitgeteilt Pragve International Conference on Semiconductors 1960.
[28] *A. L. Edwards, H. G. Drickamer*, Phys. Rev. **122**, 1149 (1961).
[29] *A. L. Edwards, T. E. Slykhouse, H. G. Drickamer*, J. Phys. Chem. Solids **11**, 140 (1959).
[30] *H. Ehrenreich*, J. appl. Phys. Suppl. **32**, 2155 (1961).
[31] *W. E. Howard, W. Paul*, Veröffentl. in Vorbereitung.
[32] *A. Sagar*, Westinghouse Research Report 6-40602-3-R 1 (1959).
[33] *J. H. Wasilik, R. B. Flippen*, Phys. Rev. Letter **1**, 233 (1958).
[34] *A. Sagar*, Phys. Rev. **117**, 93 (1960).
[35] *H. Ehrenreich*, J. Phys. Chem. Solids **2**, 131 (1957).

W. GERLACH und G. KÖHL*)

Steuerbare Siliciumgleichrichter

Mit 9 Abbildungen

Von den zahlreichen neuen Halbleiterbauelementen der letzten Jahre kommt dem steuerbaren Siliciumgleichrichter eine besondere Bedeutung zu. Während es dem Transistor bisher nicht gelungen ist, die 10-kW-Grenze zu erreichen, ist der steuerbare Siliciumgleichrichter bereits heute weit über diese Grenze hinaus in das vom ungesteuerten Siliciumgleichrichter erschlossene Leistungsgebiet vorgedrungen. Dieses Element ermöglicht durch seine dem Thyratron analoge Strom-Spannungs-Charakteristik eine schnelle Regelung der Gleichstromleistung und ergänzt daher das Thyratron und den Quecksilberdampfstromrichter. Neben den bekannten Vorteilen der Halbleiterbauelemente wie sofortige Einschaltbereitschaft, mechanische Stabilität und kleine Abmessungen hat der steuerbare Siliciumgleichrichter den Vorteil, daß er sich bedeutend schneller umschalten läßt als das Thyratron und der Quecksilberdampfstromrichter.

Strom-Spannungs-Charakteristik

Der steuerbare Siliciumgleichrichter ist ein Bauelement mit 3 pn-Übergängen (Abb. 1). Der Siliciumkristall hat eine pnpn-Schichtenfolge und ist an seinen beiden äußeren und an einer der beiden inneren Zonen, die als Basiszonen bezeichnet werden, ohmisch kontaktiert.

In der Strom-Spannungs-Charakteristik (Abb. 2) lassen sich drei verschiedene Bereiche unterscheiden: ein Sperrbereich für negative Anodenspannung, ein Sperrbereich für positive Anodenspannung und ein Durchlaßbereich. Der positive Sperrbereich ist über ein Gebiet mit negativem differentiellem Widerstand mit

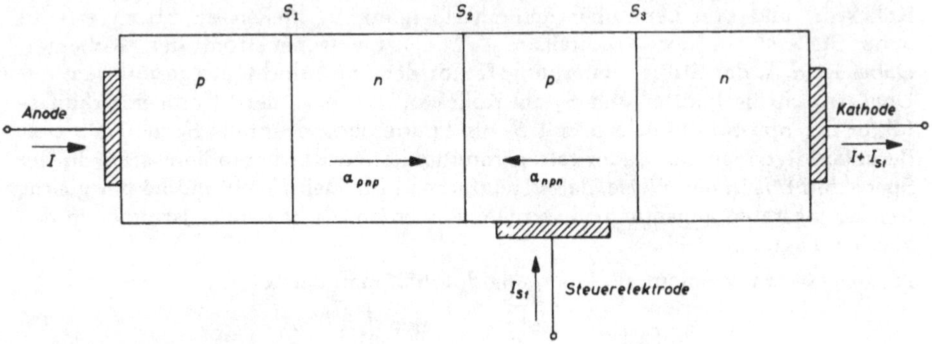

Abb. 1. Prinzipbild eines steuerbaren Siliciumgleichrichters

*) AEG-Forschungsinstitut Frankfurt a. M.

dem Durchlaßbereich verbunden. Ohne Steuerstrom erstreckt sich der positive Sperrbereich bis zur Durchbruchspannung U_{BO}, während er bei einem genügend großen positiven Steuerstrom ($I_{St\,3}$) ganz zum Verschwinden gebracht werden kann, so daß nahezu nur noch die Durchlaßkennlinie eines ungesteuerten Siliciumgleichrichters vorliegt. Dieser Eigenschaft verdankt das Element seinen Namen als steuerbarer Gleichrichter. Für abnehmenden Steuerstrom im Bereich zwischen $I_{St\,3}$ und Null wächst der positive Sperrbereich an.

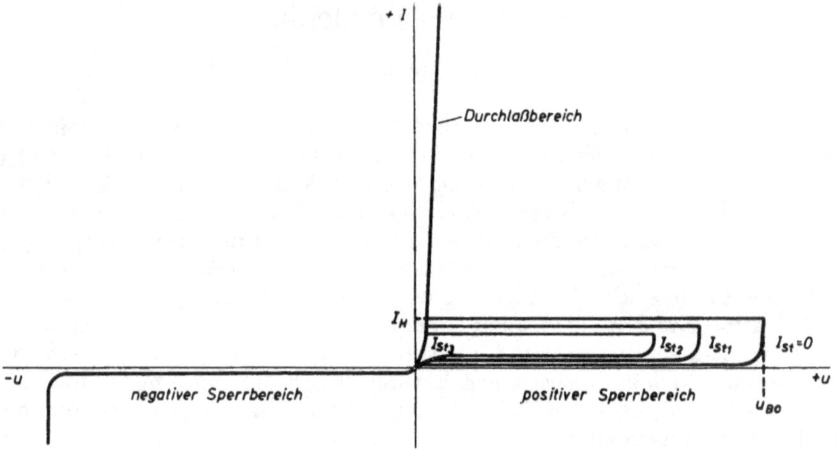

Abb. 2. Strom-Spannungs-Charakteristik eines steuerbaren Siliciumgleichrichters

Wirkungsweise

Bei positiver Spannung der Anode gegenüber der Kathode sind die beiden äußeren pn-Übergänge S_1 und S_3 in Durchlaßrichtung und der mittlere pn-Übergang S_2 zunächst in Sperrichtung geschaltet. Der pn-Übergang S_1 bzw. S_3 injiziert daher Löcher bzw. Elektronen in die benachbarte Basiszone und wirkt damit wie der Emitter eines Transistors, während der pn-Übergang S_2, dem Kollektor eines Transistors entsprechend, die ihn erreichenden Minoritätsladungsträger zur anderen Seite des pn-Übergangs S_2 transportiert [1]. Von dem über den pn-Übergang S_1 fließenden Strom I gelangt der Bruchteil $\alpha_{pnp} \cdot I$ als Löcherstrom zum Kollektor, und von dem über den pn-Übergang S_3 fließenden Strom erreicht ohne Steuerstrom der Bruchteil $\alpha_{npn} \cdot I$ als Elektronenstrom den Kollektor. Dabei ist α_{pnp} der Stromverstärkungsfaktor der pnp-Schichtenfolge mit dem pn-Übergang S_1 als Emitter und S_2 als Kollektor und α_{npn} der Stromverstärkungsfaktor der npn-Schichtenfolge mit S_3 als Emitter und ebenfalls S_2 als Kollektor. Berücksichtigt man die Ladungsträgermultiplikation durch Stoßionisation in der Sperrschicht S_2 in der Weise, daß vereinfachend für Elektronen und Löcher gleiche Ionisierungsraten angenommen werden, so werden die beiden Teilströme um den gleichen Faktor M erhöht.

Für den Gesamtstrom am pn-Übergang S_2 erhält man damit

$$I = M \cdot \alpha_{npn} \cdot I + M \cdot \alpha_{pnp} \cdot I + I_{co} , \tag{1}$$

bzw.

$$I = \frac{I_{co}}{1 - M\,(\alpha_{npn} + \alpha_{pnp})} . \tag{2}$$

Hierin ist I_{c0} der Sperrstrom des pn-Überganges S_2, wie man ihn in Abwesenheit der beiden pn-Übergänge S_1 und S_3 messen würde. Er hängt sowohl durch die Ladungsträgermultiplikation als auch durch das Überwiegen der thermischen Generation von Ladungsträgern über die Rekombination innerhalb der Sperrschicht und eventuell durch einen Leckstrom von der Sperrspannung des pn-Überganges S_2 ab. Der Multiplikationsfaktor M hat die Form

$$M = \frac{1}{1 - \left(\frac{U}{U_{av}}\right)^n}, \tag{3}$$

wobei U_{av} die Spannung für den „avalanche breakdown", den „Lawinendurchbruch", des pn-Überganges S_2 ist. n hat nach *Read* [2] und *McKay* [3] den Wert 3,5 bzw. 4,3 für einen abrupten bzw. linear ansteigenden pn-Übergang. In beiden Fällen kann der Multiplikationsfaktor nur für Spannungen in unmittelbarer Nähe des Lawinendurchbruches wesentlich größer als 1 werden.

Gleichung (2) bildet die Grundlage für die Erklärung der Strom-Spannungs-Charakteristik und soll nunmehr qualitativ diskutiert werden. Wegen der Mehrdeutigkeit des Anodenstromes als Funktion der Anodenspannung wird eine Betrachtungsweise gewählt, bei der der Anodenstrom die unabhängige Veränderliche ist. Bei der Diskussion von Gleichung (2) ist zu berücksichtigen, daß die Stromverstärkungsfaktoren bei Strömen von der Größenordnung des Sperrstromes zunächst sehr klein sind und mit wachsendem Strom ansteigen. Solange die Summe der Stromverstärkungsfaktoren klein gegenüber 1 ist, muß für eine Vergrößerung des Gesamtstromes I die Spannung am pn-Übergang S_2 um so viel zunehmen, daß der damit verknüpfte Anstieg von Multiplikation und Sperrstrom die Vergrößerung von I ermöglicht. Die Gesamtspannung, die gegenüber der Spannung am pn-Übergang S_2 um die Durchlaßspannungen von S_1 und S_3 (etwa 1 V) vermehrt ist, wächst dabei ebenfalls. Wenn sich die Summe der Stromverstärkungsfaktoren mit zunehmendem Strom dem Wert 1 nähert, wird schließlich bei größerem Strom der Fall eintreten, daß bei einer weiteren Stromerhöhung die Ladungsträgermultiplikation und der Sperrstrom sinken müssen, da die vergrößerten Injektionsströme nahezu den gesamten Strom zu führen vermögen. Dies ist mit einer Abnahme der Sperrspannung am pn-Übergang S_2 und infolgedessen auch mit einer Abnahme der Gesamtspannung verbunden und führt zu einem negativen differentiellen Widerstand. Für den Strom, bei dem die Summe der Stromverstärkungsfaktoren den Wert 1 erreicht, können die Injektionsströme den Gesamtstrom allein tragen. Ladungsträgermultiplikation und Sperrstrom werden nicht mehr benötigt. Die Spannung am pn-Übergang S_2 sinkt daher auf Null ab, wodurch die Gesamtspannung als Summe der beiden Durchlaßspannungen von S_1 und S_3 einen Wert von etwa 1 V erreicht. Wenn bei einer weiteren Erhöhung des Stromes die Summe der Stromverstärkungsfaktoren größer wird als 1, wird der Nenner von Gleichung (2) negativ. Da der Strom I aber als positive Größe vorgegeben wird, muß auch der Zähler von Gleichung (2), der den Strombeitrag des pn-Überganges S_2 darstellt, negativ werden, d. h. er muß zu einem Durchlaßstrom werden. Der pn-Übergang S_2 polt daher in Durchlaßrichtung um und bewirkt einen von der p-Basis zur n-Basis gerichteten Löcherstrom, der dem Löcherstrom $\alpha_{pnp} \cdot I$ entgegengerichtet ist, und einen von der n-Basis zur p-Basis gerichteten Elektronenstrom, der dem Elektronenstrom $\alpha_{npn} \cdot I$ entgegenwirkt. Auf diese Weise kompensiert der pn-Übergang S_2 den wegen $\alpha_{npn} + \alpha_{pnp} > 1$ auftretenden Überschuß der von S_1 und S_3 herrührenden Injektionsströme über den Gesamtstrom. Da die Spannung am mittleren pn-Übergang nunmehr den beiden äußeren entgegenwirkt, ergibt sich als Gesamtspannung etwa die Durchlaßspannung eines einzelnen pn-Überganges, und man erhält nahezu die Durchlaß-Charakteristik eines Siliciumgleichrichters.

Bei einer quantitativen Behandlung des Durchlaßbereiches hat man die vom mittleren, nunmehr auch in Durchlaßrichtung belasteten pn-Übergang verursachte Injektion zu berücksichtigen. Dies führt zu einer etwas komplizierteren Gleichung gegenüber (2), in der zusätzlich die inversen Stromverstärkungsfaktoren auftreten, die für den Fall definiert sind, daß die pn-Übergänge S_2 als Emitter und S_1 bzw. S_3 als Kollektor wirken. Es soll hier auf diese Gleichung und deren Ableitung verzichtet werden, da man das grundsätzliche Verhalten an Gleichung (2) besser erkennen kann.

Der Einfluß des positiven Steuerstromes läßt sich ebenfalls anhand der Strombilanzgleichung am pn-Übergang S_2 erkennen. In diesem Fall führt die Strombilanz zu der Gleichung

$$I = M \cdot \alpha_{\text{pnp}} \cdot I + M \cdot \alpha_{\text{npn}} (I + I_{\text{St}}) + I_{\text{co}} , \tag{4}$$

bzw.

$$I = \frac{I_{\text{co}} + M \cdot \alpha_{\text{npn}} \cdot I_{\text{St}}}{1 - M (\alpha_{\text{npn}} + \alpha_{\text{pnp}})} , \tag{5}$$

wobei α_{npn} von $I + I_{\text{St}}$ abhängt. Ein Vergleich mit der Gleichung (2) zeigt, daß zur Führung desselben Anodenstromes eine geringere Ladungsträgermultiplikation und ein geringerer Sperrstrom und damit eine kleinere Spannung benötigt werden. Die Kennlinie ist daher gegenüber der Kennlinie ohne Steuerstrom zu kleineren Spannungen hin verschoben. Der positive Steuerstrom bewirkt dabei, entsprechend dem Basisstrom eines Transistors, eine Erhöhung der Injektionsströme. Zur Führung des gleichen Anodenstromes muß deshalb der vom pn-Übergang S_2 herrührende Stromanteil kleiner sein. Für Kippspannungen, die weit unterhalb des Lawinendurchbruches von S_2 liegen, spielt die Ladungsträgermultiplikation für diesen Stromanteil keine Rolle mehr, da der Multiplikationsfaktor ≈ 1 ist, und es ist nur noch der spannungsabhängige Sperrstrom I_{co} wirksam. Von einer bestimmten Höhe des Steuerstromes an ist auch der Sperrstrom nicht mehr erforderlich. Die Spannung am pn-Übergang S_2 sinkt dann auf Null ab, bzw. polt bei größerem Steuerstrom in Durchlaßrichtung um, und der steuerbare Siliciumgleichrichter verliert seine Sperrfähigkeit vollständig.

Das Wesentliche für das Zustandekommen der Strom-Spannungs-Charakteristik des steuerbaren Siliciumgleichrichters ist, daß die Summe der beiden Stromverstärkungsfaktoren mit steigendem Strom von einem Wert < 1 auf einen Wert > 1 anwächst. Für $\alpha_{\text{pnp}} + \alpha_{\text{npn}} = 1$ verliert der steuerbare Siliciumgleichrichter seine Sperrfähigkeit und „zündet" in den Durchlaßzustand über. Man bezeichnet daher diese Bedingung als die Zündbedingung und den zugehörigen Strom als den Zündstrom. Abb. 3 zeigt die Stromverstärkungsfaktoren als Funktion des Emitterstromes. Die Kurven wurden an Transistoren gemessen, die mit den npn- und pnp-Schichtenfolgen eines steuerbaren Siliciumgleichrichters übereinstimmten. Die Stromverstärkungsfaktoren sind bei kleinen Strömen zunächst sehr klein, steigen mit wachsendem Strom auf einen Maximalwert an und nehmen für größere Ströme wieder ab. Die Alpha-Messung an den Transistoren ergibt kleinere Werte, als sie in dem steuerbaren Siliciumgleichrichter wirksam sind; denn beim Transistor entsteht innerhalb der Basis durch den parallel zum Emitter

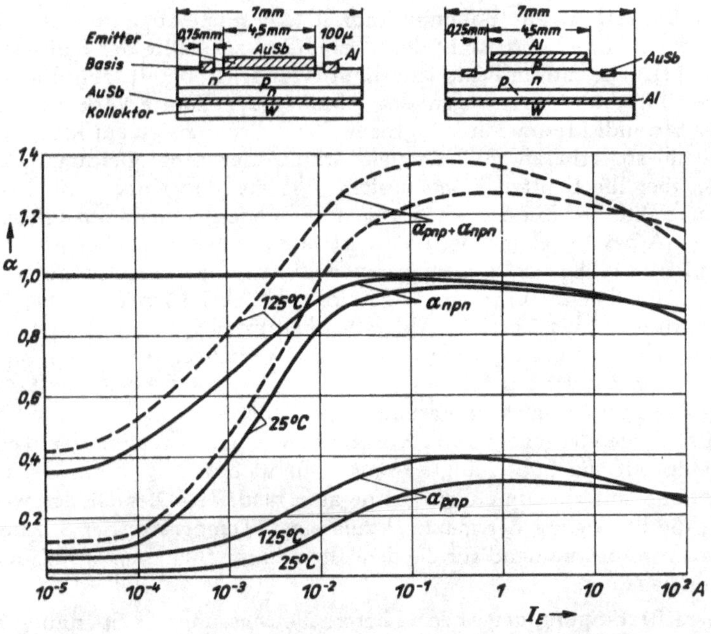

Abb. 3. Verlauf der Stromverstärkungsfaktoren als Funktion des Emitterstromes, gemessen an Transistoren der abgebildeten Geometrie

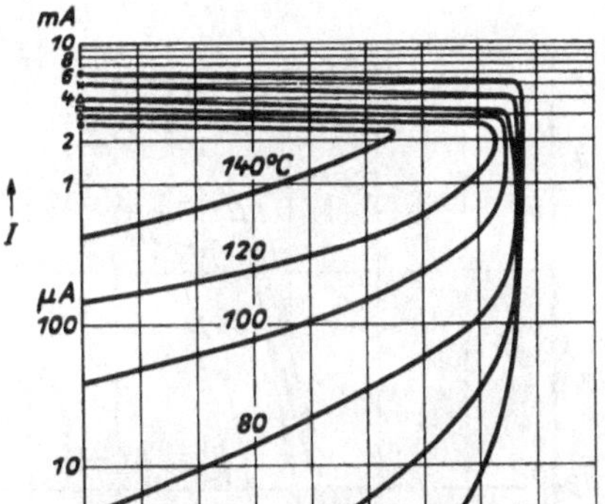

Abb. 4. Positiver Sperrbereich eines steuerbaren Siliciumgleichrichters für verschiedene Temperaturen

fließenden Basisstrom ein Spannungsabfall, der eine Abnahme der Durchlaßspannung des Emitters und damit der Stromdichte zur Mitte der Emitterfläche hin hervorruft [4]. Die Stromdichte am Emitterrand ist damit gegenüber der im Inneren erhöht und führt wegen des Abfalles des Emitterwirkungsgrades mit steigender Stromdichte im Bereich großer Stromdichte zu einem kleineren Alpha als bei dem steuerbaren Siliciumgleichrichter, der eine gleichmäßige Stromverteilung über die Emitterflächen besitzt. Wie aus den Kurven für $\alpha_{pnp} + \alpha_{npn}$ hervorgeht, sollte der Zündstrom des entsprechenden steuerbaren Siliciumgleichrichters 10 mA bei 25 °C und bei 125 °C etwa 3 mA betragen. Die an einer Reihe von steuerbaren Gleichrichtern gemessenen Zündströme lagen in guter Übereinstimmung damit bei 25 °C in einem Bereich von 5 bis 12 mA und bei 125 °C in einem Bereich von 2 bis 5 mA. In Abb. 4 ist die Strom-Spannungs-Kennlinie eines steuerbaren Siliciumgleichrichters in Schaltrichtung für verschiedene Temperaturen dargestellt. Der Zündstrom beträgt 6 mA bei 25 °C und 3 mA bei 125 °C. Der Rückgang des Zündstromes in Verbindung mit der starken Zunahme des Sperrstromes bei steigender Temperatur wirkt sich von einer bestimmten Temperatur an nachteilig auf die Sperrfähigkeit aus. Oberhalb 100 °C sinkt die maximale Sperrspannung mit zunehmender Temperatur rasch ab. Dies ist der wesentliche Punkt für die Festlegung der maximal zulässigen Temperatur der Siliciumscheibe und ist daher mitbestimmend für die dem steuerbaren Siliciumgleichrichter zumutbare Verlustleistung.

Eine weitere Bestätigung der Theorie liefert die Messung der Spannung am mittleren pn-Übergang im Durchlaßbereich. Diese Spannung sollte der äußeren Spannung entgegengerichtet sein, wenn $\alpha_{pnp} + \alpha_{npn} > 1$ wird. Abb. 5 zeigt die gemessene Spannungsverteilung im Durchlaßbereich. Sie wurde an einem steuerbaren Siliciumgleichrichter gemessen, bei dem die vier Schichten entsprechend der

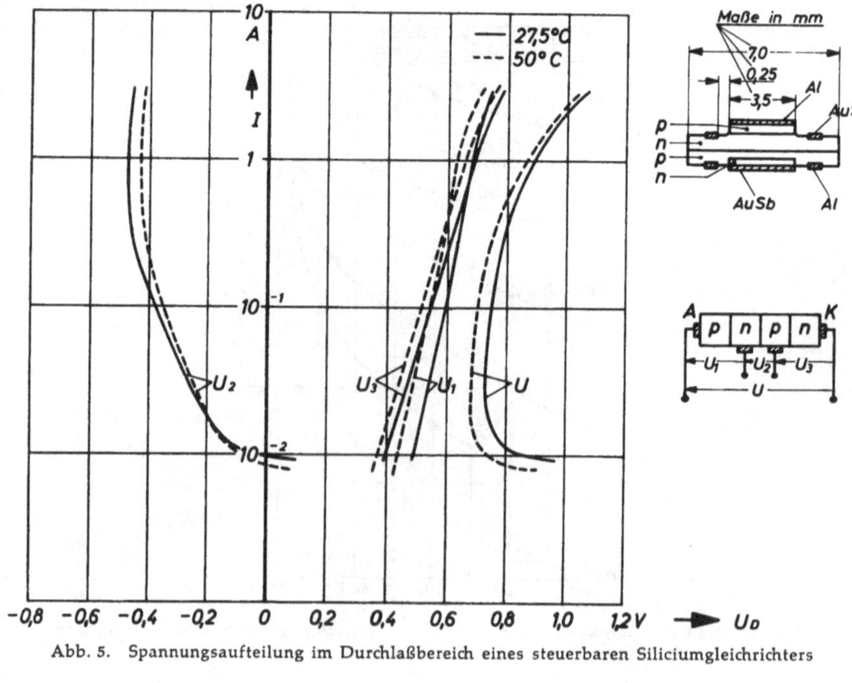

Abb. 5. Spannungsaufteilung im Durchlaßbereich eines steuerbaren Siliciumgleichrichters

angegebenen Skizze kontaktiert waren. Die Spannung U_2 am mittleren pn-Übergang polt in Übereinstimmung mit der Theorie der äußeren Spannung entgegen und kompensiert bei größeren Strömen nahezu eine der beiden Durchlaßspannungen U_1 bzw. U_3, so daß die Gesamtspannung U nur wenig größer ist als die Durchlaßspannung U_1 oder U_3. Eine Erhöhung der Temperatur führt bei einem einzelnen pn-Übergang zu einer Verschiebung der Durchlaßkennlinie zu einer kleineren Durchlaßspannung. Dies ist sowohl für U_1 und U_3 als auch für U_2 erfüllt. Die Gesamtspannung hat deshalb dieselbe Temperaturabhängigkeit wie die Durchlaßkennlinie eines Siliciumgleichrichters.

Wenn die Anodenspannung negativ ist, sind die beiden äußeren pn-Übergänge in Sperrichtung und der mittlere in Durchlaßrichtung belastet. Es resultiert daraus lediglich eine Sperrkennlinie, wobei der Sperrstrom durch die Injektion der mittleren Sperrschicht etwas erhöht ist.

Kennlinienberechnung

Die obige Darstellung hat den Vorteil, daß sie die prinzipielle Wirkungsweise des steuerbaren Siliciumgleichrichters in einfacher Weise zu erklären gestattet. Sie ist jedoch zur quantitativen Kennlinienberechnung weniger geeignet. Die ihr zugrundeliegenden Größen sind zum Teil sehr komplizierte Funktionen von Strom und Spannung und wegen erheblicher experimenteller Schwierigkeiten bisher nicht alle hinreichend genau zu bestimmen. Aus diesem Grund versucht *Schultz* [5], die Kennlinie allein aus den Materialkonstanten numerisch zu berechnen. Er legt seiner Rechnung ein lineares Modell einer pnpn-Schichtenfolge mit abrupten pn-Übergängen und konstanten Störstellendichten in den einzelnen Schichten zugrunde. Dabei berücksichtigt er weitgehend alle in der Literatur erwähnten und teilweise im einzelnen untersuchten Effekte, die die Stromverstärkungsfaktoren beeinflussen. Dazu gehören:

1. Die Rekombination und Generation von Ladungsträgern innerhalb der Emittersperrschichten S_1 und S_3 [6], die bei kleinen Strömen eine Erhöhung des Emitterwirkungsgrades mit steigendem Strom verursachen.
2. Das elektrische Feld in der breiten, hochohmigen Basiszone [7, 8, 9], das eine Zunahme des Transportfaktors mit wachsendem Strom hervorruft.
3. Die Konzentrationsabhängigkeit der Lebensdauer [10] nach der Shockley-Readschen Rekombinationsformel [11], die ebenfalls eine Stromabhängigkeit des Transportfaktors ergibt.
4. Die Verbreiterung der mittleren Sperrschicht mit zunehmender Sperrspannung, die über die damit verbundene Verkleinerung der effektiven Basisdicken zu einer Erhöhung der Stromverstärkungsfaktoren führt [12] und außerdem bei Berücksichtigung der Generation und Rekombination innerhalb der Sperrschicht S_2 zur Folge hat, daß der Sperrstrom mit steigender Sperrspannung zunimmt.

Abb. 6 zeigt eine von *Schultz* berechnete Kennlinie für eine pnpn-Diode mit den angegebenen Störstellenkonzentrationen und Schichtdicken und den in die Shockley-Readsche Rekombinationsformel eingehenden Parametern. Dabei ist E_R die energetische Lage der Rekombinationszentren, gemessen von der oberen Kante des Valenzbandes. Die Kennlinie zeigt bei dieser Wahl der Parameter, die in der Größenordnung der von *Sah, Noyce* und *Shockley* [6] an diffundierten Siliciumgleichrichtern gefundenen Werte liegen, eine weitgehende Übereinstimmung mit der gemessenen Kennlinie eines steuerbaren Siliciumgleichrichters mit den gleichen Dimensionen und etwa den gleichen Störstellenkonzentrationen. Lediglich der Kennlinienbereich mit negativem differentiellem Widerstand ist bei der berechneten Kennlinie über einen größeren Strombereich ausgedehnt als bei der gemessenen (Abb. 4).

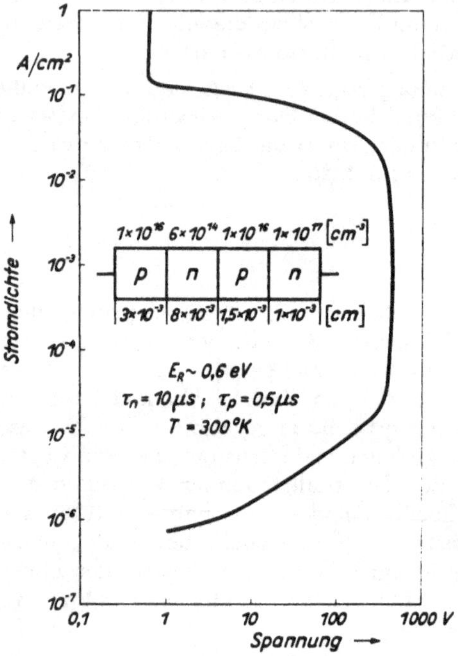

Abb. 6. Berechneter Kennlinienverlauf (nach *Schultz*)

Schultz zeigt ferner, daß die Rekombination und Generation innerhalb der Emittersperrschichten allein nicht ausreicht, um die gemessene Kennlinie deuten zu können. Es sollte möglich sein, unter Verwendung von experimentell an einem steuerbaren Siliciumgleichrichter bestimmten Rekombinationsparametern den für seine Wirkungsweise wesentlichen Mechanismus zu ermitteln bzw. festzustellen, ob nicht noch weitere Effekte gegenüber den obengenannten berücksichtigt werden müssen, wie z. B. der Einfluß der Oberflächenrekombination auf den Stromverstärkungsfaktor.

Dimensionierungsfragen

a) Sperrfähigkeit

Der Wunsch nach einer möglichst hohen Sperrspannung gibt dem diffundierten pn-Übergang eindeutig den Vorrang vor dem legierten pn-Übergang, da er sowohl eine höhere Sperrfähigkeit hinsichtlich des „Lawinendurchbruches" [13], als auch im Hinblick auf den „punch-through"-Effekt, der Ausdehnung der Kollektorsperrschicht bis zum Emitter, besitzt. Abb. 7 zeigt diese beiden Sperrspannungen in Abhängigkeit vom spezifischen Widerstand des Ausgangs-Siliciums für einen diffundierten pn-Übergang mit einer für die Störstellendiffusion charakteristischen Diffusionslänge $L = 27{,}6\ \mu m$ und einer Oberflächenkonzentration der eindiffundierten Störstellen von 10^{19} Atomen/cm³. Die Lawinendurchbruchspannung wächst der Kurve (a) entsprechend mit zunehmendem spezifischem Widerstand, und die „punch-through"-Spannung nimmt den Kurven (b) entsprechend ab, wobei die Basisdicke Parameter ist. Die Kurve (c) gibt die „punch-through"-Spannung für einen abrupten pn-Übergang an und ist, im Vergleich zu der für den diffundierten pn-Übergang bei gleicher Basisdicke erhaltenen Kurve, zu kleinerer Sperrspannung verschoben. Die Lage der Lawinendurchbruchspannung des entsprechenden legierten pn-Übergangs konnte nicht eingezeichnet werden, da keine Meßwerte für dieses Gebiet bekannt waren, doch sollte sie merklich unter der Kurve (a) liegen.

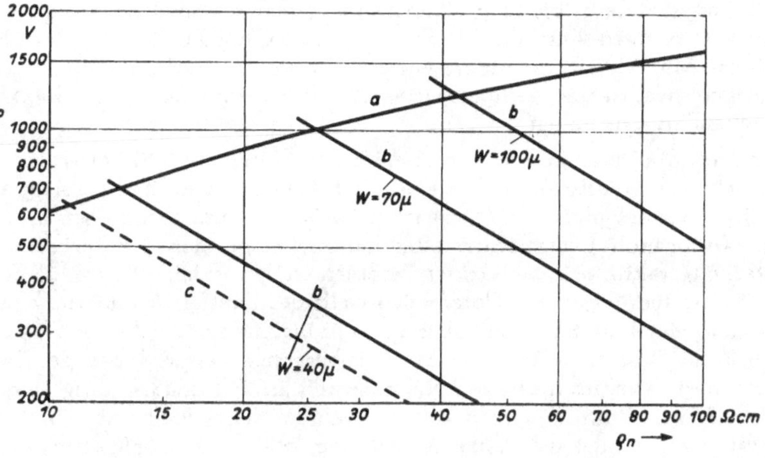

a Begrenzung durch kritische Feldstärke (avalanche breakdown); gemessen

b Begrenzung durch Sperrschichtausdehnung (punch through); berechnet nach Scarlett [14]

c Begrenzung durch Sperrschichtausdehnung für einen abrupten Übergang; berechnet aus: $U_{Sp} = \frac{W^2}{2\varepsilon\varepsilon_0 \cdot \mu_n \cdot \varrho_n}$

Abb. 7. Sperrfähigkeit einer p-n-p-Anordnung in Silicium. Kurven a und b gelten für einen diffundierten p-n-Übergang mit $L = 2\sqrt{D \cdot t} = 27{,}6\ \mu m$. D = Diffusionskonstante, t = Diffusionszeit

Für eine bestimmte Basisdicke ist die maximal erreichbare Sperrspannung durch den Schnittpunkt der zugehörigen Kurve (b) mit der Kurve (a) gekennzeichnet und erfordert daher einen diesem Schnittpunkt entsprechenden spezifischen Widerstand der Basiszone. Hieraus geht hervor, daß zur Erzielung einer hohen Sperrspannung eine dicke, hochohmige Basiszone notwendig ist. Wegen der Abnahme des Stromverstärkungsfaktors mit wachsender Basisdicke ist jedoch die Dicke der Basis begrenzt.

Bei dem steuerbaren Gleichrichter hat man wegen der Forderung, daß lediglich die Summe der Stromverstärkungsfaktoren größer als eins werden muß, die Möglichkeit, eine Basiszone sehr dick und die andere um so dünner zu wählen, und kann somit zu wesentlich höheren Sperrspannungen gelangen als bei einem Transistor, bei dem die Forderung $\alpha > 0{,}9$ die Basisdicke auf Werte unter

40–50 μm einengt. Es sind auf diese Weise Basisdicken von > 100 μm und damit Sperrspannungen von mehr als 1000 V bei einem spezifischen Widerstand über 25 Ωcm erreichbar. Dabei ist allerdings zu berücksichtigen, daß eine Erhöhung der Basisdicke eine Vergrößerung des Bahnwiderstandes bewirkt und dadurch die Durchlaßkennlinie verschlechtert wird. Aus diesem Grunde ist ein Kompromiß zwischen der Sperrfähigkeit und den Durchlaßeigenschaften erforderlich.

In Schaltrichtung kann man diese maximale Sperrspannung nur dann erreichen, wenn man dafür sorgt, daß die Summe der Stromverstärkungsfaktoren bis zu Stromdichten von etwa 20–50 mA/cm^2 klein gegenüber 1 bleibt. Denn dann müssen sowohl der Sperrstrom als auch der Multiplikationsfaktor des mittleren pn-Übergangs zur Herbeiführung der Zündung sehr groß werden. Das bedeutet, daß die Sperrspannung bis zum Lawinendurchbruch ansteigen muß und somit den höchstmöglichen Wert erreicht. Im Idealfall sollte die Summe der Stromverstärkungsfaktoren bis zum Zündstrom $\ll 1$ sein und dann abrupt auf einen Wert > 1 springen. Durch die Wahl eines relativ hohen Zündstromes hätte man damit die Möglichkeit, die im wesentlichen durch die starke Zunahme des Sperrstromes mit wachsender Temperatur verursachte Verminderung der Sperrfähigkeit weitgehend auszuschalten.

Diesem Idealfall kommt eine von *Aldrich* und *Holonyak* [15] entwickelte Anordnung sehr nahe (Abb. 8), bei der eine der beiden äußeren Emitterzonen an einem Teil ihres Randes mit der benachbarten Basiszone kurz geschlossen ist (shorted-emitter-Anordnung). Der Kurzschluß hat zur Folge, daß der wirksame Stromverstärkungsfaktor α_{npn} bei kleinen Strömen stark verkleinert wird, da der größte Teil des Stromes wegen der Potentialschwelle des Emitters S_3 innerhalb der Basiszone zum Metallkontakt fließt. Für größere Ströme wird jedoch der Spannungsabfall in der Basiszone längs des Emitterüberganges so groß, daß der Emitter an seinem nicht kurzgeschlossenen Rand soweit in Durchlaßrichtung vorgespannt wird, daß er merklich injizieren kann. Sobald an dieser Stelle die Zündbedingung erreicht wird, zündet die ganze Anordnung in den Durchlaßbereich. Auf diese Weise gelingt es, durch eine geeignete Wahl des Zündstromes den für die positive Sperrspannung nachteiligen Anstieg der Stromverstärkungsfaktoren und des Sperrstromes bis zu wesentlich höherer Temperatur auszuschalten.

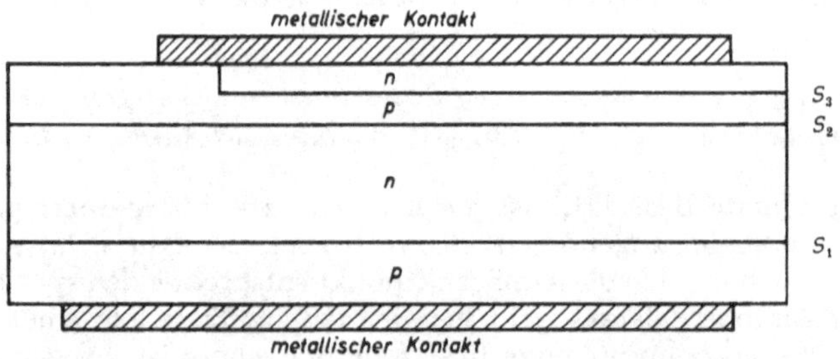

Abb. 8. Vierschichtenanordnung nach dem „shorted-emitter"-Prinzip

In Abb. 9 ist die positive Sperrspannung gesteuerter Siliciumgleichrichter in Abhängigkeit von der Temperatur aufzutragen, und zwar einmal für eine normale Anordnung und zum anderen für eine shorted-emitter-Anordnung. Die gezeigten Kurven stellen keineswegs die erreichbaren Grenzen dar, sondern sind lediglich Vergleichskurven.

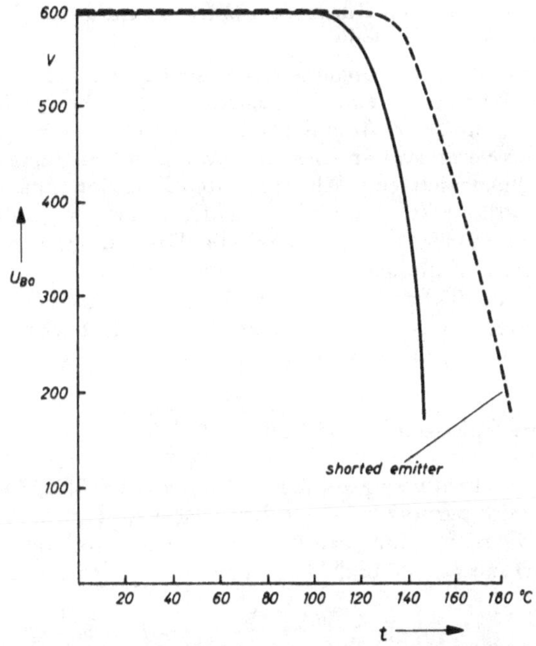

Abb. 9. Einfluß der „shorted-emitter"-Anordnung auf die Temperaturbeständigkeit der positiven Sperrspannung eines steuerbaren Siliciumgleichrichters

b) Strombelastbarkeit

Wegen der gleichmäßigen Verteilung des Stromes über die gesamte Kathodenfläche und der nur wenig höheren Durchlaßspannung im Vergleich zum Siliciumgleichrichter kann man beim steuerbaren Gleichrichter annähernd dieselbe Stromdichte zulassen wie bei einem ungesteuerten. Da die optimale Dimensionierung der Gleichrichterfläche hinreichend bekannt ist, kann man sie unter Berücksichtigung der etwas höheren Verlustleistung auf den steuerbaren Gleichrichter übertragen.

c) Zünd- und Steuerstrom

Der Zündstrom ist durch die Bedingung $\alpha_{npn} + \alpha_{pnp} = 1$ festgelegt. Eine Veränderung des Zündstromes ist bei vorgegebener Diffusionslänge der Minoritätsladungsträger über die Dicke der beiden Basiszonen möglich, da eine Beeinflussung der Anstiegsflanke der Stromverstärkungsfaktoren bisher auf größere Schwierigkeiten stößt. Durch die Basisdickenvariation wird der Maximalwert der Stromverstärkungsfaktoren beeinflußt. Der Stromverstärkungsfaktor der höherohmigen Basiszone liegt durch die Wahl der Basisdicke, wie sie zur Erzielung einer möglichst hohen Sperrspannung notwendig ist, weitgehend fest. Die im Zusammenhang mit der nachteiligen Auswirkung der Temperatur auf die Sperrfähigkeit in Schaltrichtung entstandene Forderung nach einem möglichst hohen Zündstrom bedeutet deshalb eine Verringerung der Summe aus den beiden Stromverstärkungsfaktoren. Diese Verringerung hat jedoch eine schwächere Umpolung der mittleren Sperrschicht im Durchlaßbereich und damit eine Verschlechterung der Durchlaßkennlinie zur Folge. Es ist daher ein Kompromiß zwischen den Durchlaßeigenschaften und den vom Zündstrom stark beeinflußten Sperreigenschaften bei erhöhter Temperatur notwendig.

Erfolgt die Zündung über den Steuerkontakt, so hat der Steuerstrom die gleiche Wirkung wie der Basisstrom eines Transistors. Er deckt die Rekombinationsverluste in der Basis und den Abfluß der Majoritätsladungsträger aus der Basis zum Emitter. Daher verursacht er einen transversalen Spannungsabfall unter der Kathode und infolgedessen eine Abnahme der Injektion mit wachsender Entfernung vom Steuerkontakt. Zur Einleitung der Zündung genügt die Erfüllung der Zündbedingung an einer lokalisierten Stelle. Die Zündung an der dem Steuerkontakt benachbarten Kathodenzone führt zur Ausbreitung der Zündung über die gesamte Kathodenfläche. Um mit möglichst geringem Steuerstrom auszukommen, ist es zweckmäßig, für die Einsteuerung eine Basiszone mit möglichst hohem Stromverstärkungsfaktor zu wählen.

Der ausschaltbare Siliciumgleichrichtei

Es ist möglich, durch einen negativen Steuerstrom aus dem Durchlaßbereich in den positiven Sperrbereich zurückzuschalten. Dazu ist erforderlich, daß die Spannung am mittleren pn-Übergang Null wird bzw. in Sperrichtung umpolt. Man benötigt nach Gleichung (4) mit $I_{co} = 0$ und $M = 1$ einen negativen Steuerstrom [16].

$$|I_{St}| \geqq \frac{\alpha_{npn} + \alpha_{pnp} - 1}{\alpha_{npn}} \cdot I \, . \tag{6}$$

Das bedeutet, daß der Steuerstrom zum Ausschalten bei den bisher beschriebenen Elementen, wenn man von dem Durchlaßbereich in unmittelbarer Nähe des Zündstromes absieht, in der Größenordnung des Anodenstromes liegt, da ein möglichst guter Durchlaßbereich und damit eine möglichst große Alpha-Summe angestrebt wurde. Wenn sich der steuerbare Siliciumgleichrichter sinnvoll ausschalten lassen soll, muß auf diese Forderung verzichtet werden, und die Stromverstärkungsfaktoren müssen so gewählt werden, daß nach Möglichkeit im gesamten Durchlaßbereich die Alpha-Summe nur wenig größer als 1 und α_{npn} nahezu 1 sind. $\alpha_{npn} \approx 1$ erfordert eine dünne Basiszone und hat einen hohen transversalen Basiswiderstand zur Folge. Im Gegensatz zum Einschaltvorgang wirkt sich jetzt der Basiswiderstand nachteilig auf den Steuerkreis aus. Denn der zur Erfüllung der Ausschaltbedingung (6) an jeder Stelle der Emitterfläche notwendige Steuerstrom ruft am Basiswiderstand einen transversalen Spannungsabfall hervor, der zum Versagen des Ausschaltmechanismus führt, wenn er größer ist als die Lawinendurchbruchspannung des pn-Überganges S_3. Außerdem führt er zu einer Vergrößerung der notwendigen Steuerleistung. Zur Verminderung dieses nachteiligen Einflusses des Basiswiderstandes kann man den Steuerkontakt, entsprechend den bekannten Ausführungsformen der Basis-Emitteranschlüsse bei Leistungstransistoren, ring- oder kammförmig mit der Kathode verschachteln.

Der ausschaltbare Siliciumgleichrichter zeigt ähnliche technologische Schwierigkeiten wie der Leistungstransistor. Außerdem hat er in Durchlaßrichtung nahezu die doppelte Durchlaßspannung eines ungesteuerten Gleichrichters.

Literatur

[1] *J. L. Moll, M. Tannenbaum, J. M. Goldey* und *N. Holonyak*, pnpn transistor switches, Proc. IRE **44**, 9, 1174—1182 (1956).

[2] *W. T. Read jr.*, A proposed high-frequency, negative resistance diode. Bell Syst. Tech. J. **37**, 401—446 (1958).
[3] *K. G. McKay*, Avalanche breakdown in silicon. Phys. Rev. **94**, 877—884 (1954).
[4] *N. H. Fletcher*, Some aspects of the design of power transistors. Proc. IRE **43**, 551—559 (1955).
[5] *W. Schultz*, Vortrag Physikertagung 1960, Wiesbaden.
[6] *C. T. Sah, R. N. Noyce, W. Shockley*, Carrier generation and recombination in pn-junctions and pn-junction characteristics. Proc. IRE **45**, 1228—1243 (1957).
[7] *R. W. Aldrich, H. Holonyak jr.*, Multiterminal pnpn-switches. Proc. IRE **46**, 1236—1239 (1958).
[8] *J. A. Lesk*, Germanium pnpn-Switches. IRE Transact. Electr. Dev. **ED-6**, 28—35 (1959).
[9] *J. A. Hoerni, R. N. Noyce*, pnpn-switches. Wescon Conv. Rec. **2**, 3, 172—175 (1958).
[10] *J. M. Mackintosh*, The electrical characteristics of silicon pnpn-triodes. Proc. IRE **46**, 1229—1235 (1958).
[11] *W. Shockley, W. T. Read jr.*, Statistics of the recombinations of holes and electrons. Phys. Rev, **87**, 835—842 (1952).
[12] *J. M. Early*, Effects of space-charge layer widening in junction transistors. Proc. IRE **50**, 1401—1406 (1952).
[13] *H. S. Veloric, M. B. Prince, M. J. Eder*, Avalanche breakdown in silicion diffused pn-junctions as a function of impurity gradient. J. Appl. Phys. **27**, 895—899 (1956).
[14] *R. M. Scarlett*, Space-charge layer width in diffused junctions. IRE Transact. Electr. Dev. **ED-6**, 405—409 (1959).
[15] *R. W. Aldrich, N. Holonyak jr.*, Two-terminal asymmetrical and symmetrical silicion negative resistance switches. J. Appl. Phys. **30**, 1819—1824 (1959).
[16] *R. A. van Ligten, D. Navon*, Base turn-off of pnpn-switches. IRE Wescon Conv. Rec. Electr. Dev. **4**, 49—52 (1960).

WERNER CZULIUS*)

Zähldioden und Zähltransistoren

Mit 19 Abbildungen

In den letzten drei Jahren haben *Halbleiter-Sperrschichtzähler*, kurz Zähldioden genannt, zunehmende Bedeutung in der Kernphysik, der radioaktiven Meßmethodik, der Neutronenflußmessung in Reaktoren und der Untersuchung der kosmischen Strahlung mittels Raketen gefunden. Da bei ihrer Herstellung und Funktion einerseits zahlreiche Probleme der Halbleiterphysik und -technik in extremer Form auftreten, andererseits die für kernphysikalische Detektoren — vor allem Ionisationskammern — geltenden Bedingungen auch hier erfüllt sein sollen, dürfte eine Beschreibung ihrer Arbeitsweise und Eigenschaften, der Vor- und Nachteile gegenüber den bisher verwendeten Detektoren und der Herstellungsprobleme sowohl für den Halbleiterfachmann wie für den Kernphysiker von Interesse sein.

Die Zähldioden sind flächenhafte Halbleiterelemente, die zum *Nachweis einzelner ionisierender energiereicher Teilchen* dienen. Gedacht ist dabei vor allem an α-Teilchen, Protonen und Elektronen. Es können aber auch zum Nachweis von Neutronen die bei deren Kernreaktionen auftretenden Deuteronen, Tritonen, Helium-3-Teilchen und Uranspaltstücke verwendet und ebenso künstlich beschleunigte Ionen (z. B. des Stickstoffs, Kohlenstoffs u. a.) nachgewiesen werden. Zähldioden und Zähltransistoren ergänzen damit die bisher hierfür verwendeten Ionisationskammern, Zählrohre, Szintillationszähler und Neutronendetektoren, denen gegenüber sie vielfältige Vorteile zeigen. Die Zähldioden ähneln den vor zwei bis drei Jahrzehnten zum Nachweis solcher Teilchen versuchten Kristallzählern, die sich jedoch nicht bewährten, da Polarisationserscheinungen und Trappingeffekte keine schnelle und völlige Ausnutzung der erzeugten Ladungsträger zum Aufbau des Impulses ermöglichten.

In der Zähldiode werden die von dem eingeschossenen Teilchen erzeugten Elektron-Loch-Paare im Felde eines p-n-Überganges getrennt. Dies geschieht in ähnlicher Weise wie die Trennung von Elektron-Ion-Paaren im Plattenkondensatorfeld einer Gas-Ionisationskammer. Nur treten anstelle des Füllgases ein Halbleitereinkristall als Dielektrikum, anstelle des über das Zählvolumen konstanten Feldes der beiden geladenen Kammerelektroden das örtlich variable Raumladungsfeld der Sperrschicht und anstelle der beweglichen Elektronen und Ionen im Gas hier die Elektronen und Löcher im Halbleiter. Man nannte die Zähldiode in den USA daher sehr treffend auch „Festkörper-Ionisationskammer".

Bei der Zähldiode liegt der stark unsymmetrisch dotierte p-n-Übergang (Abb. 1) parallel und sehr knapp unter der Oberfläche einer hochohmigen Halbleiterscheibe. Das Grundmaterial ist also sehr niedrig, die dünne Vorderschicht hoch entgegen-

*) Forschungslaboratorium der Siemens-Schuckertwerke AG, Erlangen.

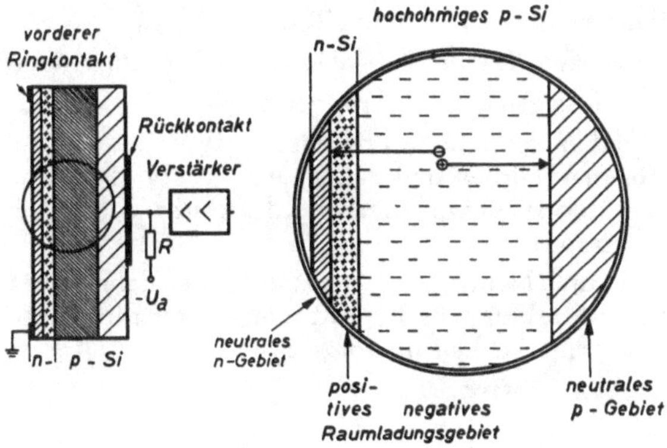

Abb. 1. Schematische Darstellung einer Zähldiode mit (rechts) genauerer Wiedergabe des Raumladungsgebietes und der Ladungstrennung. Die Vorderschicht und die positive Raumladung in ihr sind relativ zu breit dargestellt

gesetzt dotiert. Die Diode wird mit Sperrspannung betrieben, kann jedoch ebenso wie ein Fotoelement auch ohne äußere Betriebsspannung nur mit der inneren Diffusionsspannung arbeiten. Das Raumladungsgebiet (die „Feldzone") erstreckt sich im wesentlichen im niedrig dotierten Grundmaterial über eine Dicke von etwa $^1/_{100}$ bis $^1/_{10}$ mm, ausnahmsweise bei sehr hochohmigem Material und hoher Arbeitsspannung auch bis über 1 mm.

Anstelle eines p-n-Überganges kann auch eine durch Oberflächenladung erzeugte *Oberflächensperrschicht* („Verarmungs- bzw. Inversionsrandschicht") Verwendung finden.

Im *Zähltransistor* wird auf die Rückseite der Scheibe statt eines ohmschen Kontaktes ein zweiter, als Emitter dienender p-n-Übergang aufgebracht, und die vom eingeschossenen Teilchen erzeugte Ladung im gleichen Kristall durch Tran istoreffekt verstärkt.

Gegenüber den erwähnten, bisher verwendeten Teilchendetektoren sind die *Vorteile* der Halbleiter-Sperrschichtzähler folgende:

Etwa zehnmal geringere Ionisierungsenergie als in der Gasionisationskammer, also zehnmal höhere Zahl der erzeugten Ladungsträger und daher kleinere statistische Schwankung der Impulsgröße besonders bei niederen Teilchenenergien;

für verschiedene Teilchenarten und Ionisierungsdichten gleiches Verhältnis zwischen Impulsgröße und Teilchenenergie (im Gegensatz zu Szintillationszählern, bei denen für Teilchen mit höherer Ionisierungsdichte die Quantenausbeute und damit die pro Energieeinheit erzeugte Elektronenzahl geringer wird);

keine oder nur geringe Arbeitsspannungen von etwa 10 bis 100 V; sehr kurze Impulsanstiegszeiten (10^{-10} bis 10^{-8} s) und daher hohes Zeit- und Koinzidenzauflösungsvermögen;

mittels der Arbeitsspannung variable Zählschichtdicke (Feldzone) und damit die Möglichkeit der Unterscheidung von Teilchen gleicher Energie, aber verschiedener Reichweite;

einfache Umkehrbarkeit der Polarität des Signals durch Abnahme des Impulses an der Vorder- oder Rückseite des Kristalles;

gutes Funktionieren auch bei tiefsten Temperaturen;

erwünschtenfalles sehr kleine Dimensionen und geringes Gewicht;

Unempfindlichkeit gegen Erschütterungen;

kein Gas und daher keine Schwierigkeiten mit Vakuumdichtungen, kein Eintrittsfenster für die Teilchen und daher keine Energievorabsorption in diesem, sondern extrem dünne, unwirksame Vorderschicht mit zu vernachlässigender Energievorabsorption;

kleiner Gamma- und Neutronen-Querschnitt und daher geringe Empfindlichkeit gegenüber γ-Strahlung und Neutronen, wenn nicht durch spezielle Herstellung diese Empfindlichkeit hervorgerufen wird;

niedrige Herstellungskosten.

Die *Nachteile* sind:

Gegenüber Gasionisationskammern höhere Kapazität wegen der geringen Dicke der Feldzone und der höheren Dielektrizitätskonstante;

höheres Rauschen als Kammern und Zählrohre bei Zimmertemperatur wegen des thermischen Dunkelstromes;

Alterung an Luft, d. h. Ansteigen des Rauschens mit der Zeit infolge der Anlagerung von Störionen an die Oberfläche;

keine so großen Zählflächen, wie sie bei Gasionisationskammern erreichbar sind.

Als *Material* für Zähldioden wurde anfangs Germanium benutzt, heute wird fast ausschließlich Silicium verwendet; Galliumarsenid wurde kaum erst versuchsweise erprobt, obwohl es ebenso wie andere III-V-Halbleiter manche wesentlichen Vorteile verspricht. Die Vorgänge in der Zähldiode werden weitgehend verstanden, die technische Entwicklung ist sehr fortgeschritten. Der Zähltransistor ist wenig entwickelt, seine Eigenschaften und die möglichen Ausführungsformen sind noch kaum erprobt, manches in seiner physikalischen Wirkungsweise ist noch wenig geklärt.

Ein *Beispiel des Aufbaues* einer solchen Zähldiode sei an Hand von Abb. 1 gegeben: Eine etwa $^1/_2$ bis 1 mm dicke Einkristallscheibe aus sehr reinem p-Silicium (mit einer sehr schwachen Restdotierung von ca. 10^{13} bis 10^{11} Akzeptoren/cm^3 entsprechend einem spezifischen Widerstand von 1000 bis 100 000 Ωcm; Durchmesser je nach Verwendungszweck etwa 1 bis 20 mm) ist von der einen Oberfläche her auf sehr geringe Tiefe (unter $^1/_{10}$ bis höchstens 2 µm) hoch n-gegendotiert (ca. 10^{18} bis 10^{20} Donatoren/cm^3). Der also hinsichtlich der Dotierung sehr stark unsymmetrische p-n-Übergang befindet sich somit knapp unter der Oberfläche, durch welche die zu messenden Teilchen einfallen. Die unsymmetrische Dotierung ist aus folgenden Gründen notwendig: Wie aus der Halbleiterphysik bekannt ist, bildet sich auch ohne äußere Spannung an einem solchen p-n-Übergang durch die Wegdiffusion der beweglichen Ladungsträger über die Grenzschicht eine *Raumladungsdoppelschicht („Feldzone")* von positiv geladenen Donatoratomen im n-Gebiet und einer gleich großen Zahl von Elektronen und negativ geladenen Akzeptoratomen im p-Gebiet. Dieser Raumladung und ihrer Verteilung entspricht nach der Poissonschen Gleichung eine Potentialdifferenz zwischen den äußeren Enden der Feldzone, die sogenannte „Diffusionsspannung". Beim Anlegen von äußerer Spannung in Sperrichtung an den p-n-Übergang wird diese Potentialstufe erhöht, die zugehörige Raumladung muß vergrößert werden und, da das schwach dotierte Raumladungsgebiet der p-Seite bereits von Ladungsträgern entblößt ist, kann dies nur durch eine Verbreiterung der Raumladungsschicht bewirkt werden. Und da die jeweiligen Dicken der beiden Schichten sich umgekehrt wie die Dotierungskonzentrationen der entsprechenden Gebiete verhalten, also etwa wie $1 : 10^6$ bis 10^8, ist die Dicke der Raumladung in der Vorderschicht gegenüber der im Grundmaterial völlig zu vernachlässigen und man kann bei der Herstellung mit der Dotierungsgrenze sehr nahe an die Oberfläche herangehen, so daß die Änderung der Raumladungsdicke in der Vorderschicht mit der Sperrspannung wegen der ohnehin zu vernachlässigenden Dicke der gesamten hochdotierten Schicht keine Rolle mehr spielt und das Teilchen ohne merkliche Vorabsorption in die Feldzone gelangt. Die Dicke der gesamten Raumladungsschicht ist praktisch gleich der der negativen im niedrig dotierten Grundmaterial. Hier sind die wenigen vorhandenen Löcher bis zu einer gewissen Tiefe völlig ausgeräumt, und es bleibt eine negative Raumladungsschicht konstanter Dichte (nämlich der der Akzeptoren), die über eine für Halbleiterbegriffe sehr große Dicke reicht, nämlich ohne Spannung etwa $^1/_{100}$ bis $^1/_{10}$ mm. Durch Anlegen von Sperrspannung kann sie auf $^1/_{10}$ bis 1 mm ausgedehnt werden. Berechnet man aus der Änderung dieser Raumladung mit der angelegten Spannung die Kapazität, so ergibt sich die eines Plattenkondensators, dessen fiktive Platten an den Außenrändern der Feldzone liegen und auf die Summe von Diffusionsspannung und außen angelegter Sperrspannung aufgeladen sind. Die Feldstärke steigt von der vorderen Raumladungsgrenze steil bis zu ihrem Maximalwert an der Dotierungsgrenze an und nimmt dann nach der Tiefe zu langsam etwa linear ab.

Die hohe Gegendotierung ist also notwendig, um überhaupt eine genügende Raumladung aufzubauen; die niedrige Grunddotierung, um sie auf der p-Seite über hinreichende Dicke auszudehnen, damit auch größere Teilchenreichweiten darin absorbiert werden und die Kapazität gering bleibt. Beidseits niedrige Dotierung würde eine dicke Vorderschicht bedingen und dann nicht nur zu einer spannungsabhängigen Vorabsorption in dem restlichen raumladungs- und daher feldfrei verbleibenden Teil dieser Schicht führen, sondern auch zu einer Verringerung der Raumladung überhaupt, wie der Übergang zu verschwindender Dotierung leicht einsehen läßt, der schließlich zu einem einzigen eigenleitenden Kristall ohne p-n-Übergang führt, dessen Widerstand wesentlich unter dem einer Sperrschicht gleicher Dicke liegt.

Taucht in dieser Feldzone ein beweglicher Ladungsträger auf, so wird er entsprechend seiner hohen Beweglichkeit im Silicium und der hohen Feldstärke im Raumladungsgebiet mit sehr hoher Geschwindigkeit bis an das Ende der Raumladungszone hin gezogen, ein Elektron zur n-Seite, ein Loch zur p-Seite. Entsteht in diesem Gebiet ein Elektron-Loch-Paar, so wird es vom Feld schnell getrennt, und die Träger werden ebenso wie einzelne Ladungsträger durch die Feldzone bewegt. Entstehen die Elektron-Loch-Paaare durch thermische Generation, so handelt es sich um den bekannten Sperrstrom der Diode (bei einer Fotodiode würden wir genauer vom Dunkelstrom sprechen), entstehen die Elektron-Loch-Paare durch Lichtanregung, so erhalten wir den Fotostrom, und werden die Elektron-Loch-Paare durch Ionisation beim Einschießen eines geladenen Teilchens längs seiner Bahn gebildet, so erhalten wir den in unserem Falle interessierenden Teilchenstromimpuls (für natürliche α-Teilchen von 4 bis 8 MeV Energie etwa $(2 \text{ bis } 4) \cdot 10^{-13}$ As, d. i. 20 bis 4000 μA innerhalb 10^{-8} bis 10^{-10} s). Dieser ist natürlich immer dem thermischen Sperrstrom und seinen Schwankungen überlagert, und wir können das einzelne Teilchen nur dann nachweisen, wenn sein Impuls merklich aus den Schwankungen des Sperrstromes herausragt.

Außerhalb der Feldzone in den raumladungs- und feldfreien Gebieten des Halbleiters wird die Stromleitung von den dort vorhandenen Majoritätsträgern übernommen.

Falls kein äußerer Kurzschluß vorliegt, entlädt dieser kleine, sehr kurze Stromimpuls die Raumladungskapazität ein bißchen (vgl. Abb. 7), die sich dann durch die Diffusion der Ladungsträger (im Falle des Arbeitens ohne äußere Spannung) oder den Strom über den Außenwiderstand (im Falle des Überwiegens der äußeren Spannung gegenüber der Diffusionsspannung) wieder auflädt (d. i. die Rückstellung der Spannung über den inneren oder den äußeren Widerstand). Wir erhalten so für jedes eingeschossene Teilchen einen Strom- bzw. Spannungsimpuls, den wir mit einem der üblichen kernphysikalischen Impulsverstärker verstärken und anschließend ebenso wie Zählrohr- und Szintillationsimpulse weiter verarbeiten können.

Im einzelnen sind hier eine Menge Probleme und Eigenschaften dieser Zähler zu untersuchen, von denen im vorliegenden Vortrag nur die für das Verständnis der Arbeitsweise und für die Anwendung wichtigsten behandelt werden sollen.

1. Die Laufzeit der eingeschlossenen Teilchen im Halbleiter, d. i. die Zeit, innerhalb deren die Elektron-Loch-Paare gebildet werden, liegt selbst für die relativ langsamen α-Teilchen in der Größenordnung 10^{-12} s: Aus der bekannten Abhängigkeit der Energie, bzw. der Geschwindigkeit von der Reichweite (vgl. [55 E 1], p. 652)

$$E = \text{const} \cdot R^{2/3} \quad \text{bzw.} \quad v = k \cdot R^{1/3} \tag{1}$$

erhält man

$$t = \int_{R_0}^{0} \frac{dR}{v} = \int_{R_0}^{0} \frac{dR}{k \cdot R^{1/3}} = \frac{3}{2k} \cdot R_0^{2/3} = \frac{3 R_0}{2 v_0}. \tag{2}$$

Das gibt z. B. für ein 8,8 MeV-α-Teilchen (von ThC′) mit einer Anfangsgeschwindigkeit $v_0 = 2{,}05 \cdot 10^9$ cm/s (vgl. [55 E 1], Kap. 16, p. 512) und einer Reichweite in Silicium $R_0 = 57$ µm (vgl. Abb. 2) eine Laufzeit

$$t = 3 \cdot 57 \cdot 10^{-4}/2 \cdot 2{,}05 \cdot 10^9 = 4{,}2 \cdot 10^{-12}\,\text{s}.$$

Für ein Elektron vergleichbarer Reichweite liegt die Laufzeit noch eine Größenordnung darunter. Sie ist damit immer sehr kurz gegenüber den Laufzeiten der Ladungsträger durch den p-n-Übergang, so daß wir die Träger als gleichzeitig und momentan im Augenblick des Einschusses des Primärteilchens gebildet annehmen können.

2. Die Reichweiten der verschiedenen Teilchen in Silicium sind noch nicht gemessen. Jedoch existieren für α-Teilchen und Protonen genaue Bestimmungen für das in Atomgewicht und Ordnungszahl benachbarte Aluminium [49 A 1], so daß der Fehler bei der Umrechnung auf Silicium sehr gering ist. Die Reichweiten liegen für die natürlichen α-Teilchen in Si zwischen 20 µm (Uran 238 bzw. Thorium mit 4,2 MeV) und 65 µm (ThC′ mit 8,8 MeV), betragen für Protonen etwa das vierfache bei gleicher Energie und für schwere Ionen wesentlich weniger als für α-Teilchen. Für Spaltstücke war nur ein mittlerer Wert der Reichweite beider Spaltstückgruppen in Al von 3,7 mg/cm² ([60 M 1], Bd. I, p. 456; bzw. [46 S 1] und [50 L 1]) zu finden. Oder man muß aus den Reichweiten von 1,9 und 2,5 cm in Luft (s. [55 E 1], p. 669) auf Silicium umrechnen. Bei Annahme des gleichen Verhältnisses 0,82 des Bremsvermögens relativ zu Luft wie dem von α-Teilchen ergibt dies Reichweiten der beiden Spaltstückgruppen von U^{235} in Si von 12,5 und 16 µm bzw. 2,9 und 3,8 mg Si/cm².

Abb. 2 zeigt für Silicium die Reichweite von monoenergetischen Elektronen, Protonen, Deuteronen, Tritonen, α- und He^3-Teilchen in Abhängigkeit von der Energie, sowie der beiden Gruppen der häufigsten Spaltprodukte der Uranspaltung durch thermische Neutronen.

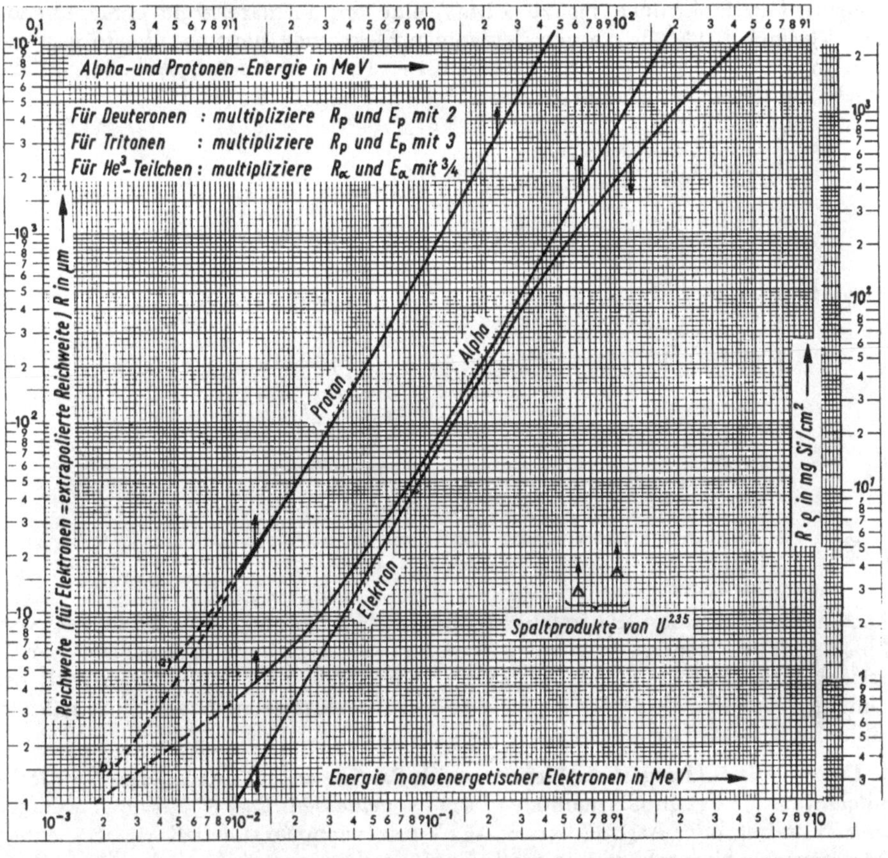

Abb. 2. Energie-Reichweite-Diagramm für Elektronen, Protonen (Deuteronen und Tritonen) und α-Teilchen (He^3-Teilchen) in Silicium. Es gilt:

$$R_d(E) = 2 \cdot R_p(E/2); \quad R_t(E) = 3 \cdot R_p(E/3) \quad \text{und} \quad R_{He\,3}(E) = \tfrac{3}{4} \cdot R_\alpha(\tfrac{4}{3} E) .$$

Für niedere E_p Kurve a) nach [49 A 1], Kurve b) nach [53 S 1].

In den heute praktisch erreichten Feldzonendicken können wir bei Einschuß senkrecht zur Oberfläche, d. i. senkrecht zum p-n-Übergang, Protonen bis etwa 10 MeV, α-Teilchen bis etwa 40 MeV und schwere Ionen bis zu noch wesentlich höheren Energien absorbieren; bei Einschuß schräg oder parallel zur Sperrschicht ein Vielfaches davon.

Schwieriger ist das Problem für Elektronen, die auch bei hoher Energie stark gestreut werden, dabei teilweise ihre Richtung umkehren, wieder aus dem Kristall herauslaufen und nur einen Teil ihrer Energie in der Feldzone abgeben. Aber auch ohne ausgesprochene Reflexion ist die Energieabgabe von Elektronen gering; so ist die „praktische" Reichweite monoenergetischer Elektronen von 20 keV gleich der von 1 MeV-α-Teilchen etwa 3 µm, von 100 keV gleich der von 10 MeV-α-Teilchen (etwa 70 µm) und von 1 MeV-Elektronen bereits 2 mm Si. Von energiereichen Elektronen werden daher die Mehrzahl durch die Feldzone hindurchlaufen und nur einen kleinen Teil ihrer Energie in ihr abgeben. Trotzdem erhält man mit sehr hochohmigen Si-Zähldioden auch noch von senkrecht eingeschossenen monoenergetischen Elektronen bis zu 1 MeV eine der Primärenergie entsprechende Impulsgruppe [61 M 1], die von denjenigen Elektronen herrührt, die so gestreut wurden, daß ihre ganze Bahn innerhalb der Feldzone verlief. Abb. 3 zeigt die Ergebnisse derartiger Messungen von *McKenzie* und *Ewan* [61 M 1].

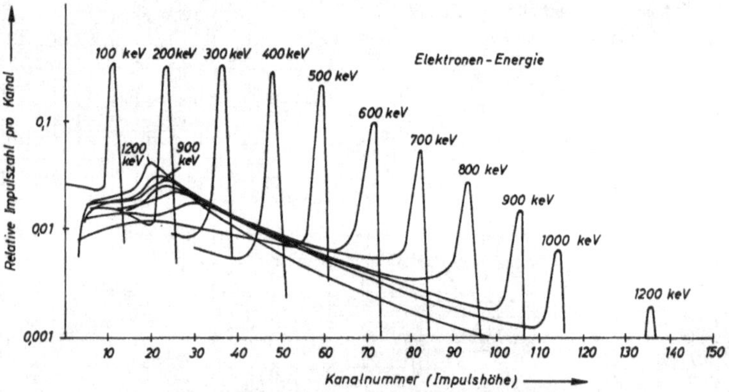

Abb. 3. Impulsspektren monoenergetischer Elektronen. Diffundierte Zähldiode, 12 000 Ωcm p-Si, 200 V Arbeitsspannung, nach [61 M 1]

Auch minimal ionisierende (relativistisch schnelle) Teilchen, z. B. Elektronen von 1 bis 2 MeV, bei denen der Energieverlust 1,42 keV/mg Si/cm² bzw. 3,3 MeV/cm Si beträgt (vgl. [55 E 1], p. 609: $\Delta E/\Delta x_{\min} = 1{,}45$ keV/mg Al/cm²) lassen sich bei genügend rauscharmem Verstärker und dicker Feldzone noch als Einzelteilchen zählen.

3. **Die für die Bildung eines Elektron-Loch-Paares verbrauchte Energie** wurde in Silicium zu 3,6 eV, in Germanium zu 2,9 eV gemessen. Das ist zehnmal weniger als z. B. in Luft oder Argon (36 bzw. 26 eV pro Ionenpaar), so daß wir bei gleicher Primärenergie eine zehnmal so große Zahl von Ladungsträgern bekommen. Zum Vergleich mit der Elektronenausbeute des Systems Szintillationszähler + Fotomultiplier sei darauf hingewiesen, daß man in ihm z. B. mit einem 5 MeV-Proton nur etwa 3000 Elektronen aus der Fotokathode des Multipliers erhält (vgl. [58 M 1], p. 86), also etwa 1700 eV pro erzeugtem Elektron benötigt, das ist 500mal mehr als im Siliciumzähler.

Die experimentell gemessene Ionisierungsenergie im Halbleiter ist weitgehend unabhängig von der Art und Energie der ionisierenden Teilchen (vgl. Abb. 4 und Abschn. 4). Die Impulshöhe ist also für Teilchen ein- und derselben Energie gleich, unabhängig davon, ob es sich um Protonen, α- oder β-Teilchen, oder um schwere Ionen handelt, wenn nur die Bahn des Teilchens in ihrer ganzen Länge in der Feldzone verläuft. Wir können also mit α-Teilchen eine Energie-Eichung durchführen, die auch für Protonen und Elektronen gilt.

Daß die Ionisierungsenergie rund das dreifache der Breite der verbotenen Zone beträgt, daß also pro Elektron dreimal soviel Energie verbraucht wird wie nötig ist,

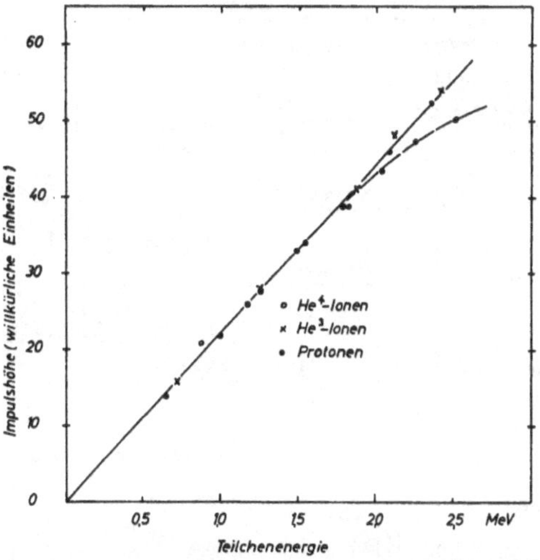

Abb. 4. Impulshöhe für verschiedene Teilchen (Protonen, He^3- und α-Teilchen) in Abhängigkeit von der Energie, nach [59 M 1]

um es in das Leitungsband zu heben, liegt daran, daß das eingeschossene Teilchen sehr hohe Energie hat und die Elektronen zum Teil aus tieferen Bändern als dem Valenzband hervorgeholt, z. T. auch wesentlich höher als auf die Unterkante des Leitungsbandes hochgehoben werden, und die beim Zurückfallen frei werdende Energie in Form von Strahlung und Wärme verloren geht.

4. Daß keine Verluste durch Rekombination eintreten, ist damit zu erklären, daß die Laufzeit der Träger durch die Feldzone (10^{-9} bis 10^{-8} s) sehr klein gegenüber der Lebensdauer in reinem Silicium ist (10^{-5} bis 10^{-3} s), so daß die Träger während ihrer Bewegung durch das Feld gar keine Zeit zur Rekombination haben. Nur bei sehr kleinen Spannungen unter etwa 2 bis 4 V wurden gelegentlich [59 M 1, 60 H 1] Rekombinationsverluste beobachtet. Eine um etwa 10 % verringerte Impulshöhe wurde bei genaueren Messungen stets auch für Spaltstücke festgestellt, die wahrscheinlich auf Rekombination oder Trägereinfang zurückzuführen ist, wenn auch bisher kein Rekombinationsleuchten gefunden wurde [61 M 2]. Solche Verluste sind verständlich, da die Ionisierungsdichte in der Spur eines solchen Spaltstückes etwa $10^{20}/cm^3$ beträgt und wir daher nicht mehr mit der Lebensdauer der Träger in reinem Silicium rechnen können, sondern die in hochdotiertem Material bzw. bei sehr hoher Temperatur zum Vergleich nehmen müssen.

5. Ionisation im feldfreien Halbleitermaterial. Was geschieht nun, wenn ein Teilchen außerhalb der Feldzone ionisiert, das heißt also bei dicker Vorderschicht in derem feldfreien Teil, oder, wenn die Reichweite so groß ist, daß es die Raumladungszone durchläuft und in das dahinter liegende, praktisch feldfreie Gebiet eindringt? (Vgl. Abb. 5.) Dann diffundieren die gebildeten Träger auf Grund ihrer örtlichen Dichteüberhöhung auseinander und so lange umher, bis sie entweder im Volumen oder an der Oberfläche durch Rekombination verloren gehen oder an den Rand der Feldzone kommen. Dort werden die Minoritätsträger vom Felde erfaßt und über die Feldzone hinübergeschwemmt, während die Majoritätsträger zurückgestoßen werden. Der Rand der Feldzone wirkt dabei wie eine optisch schwarze, total absorbierende Wand, welche eine auf sie hin stark bevorzugte Diffusionsrichtung hervorruft. Die die Feldzone erreichenden Träger tragen dann

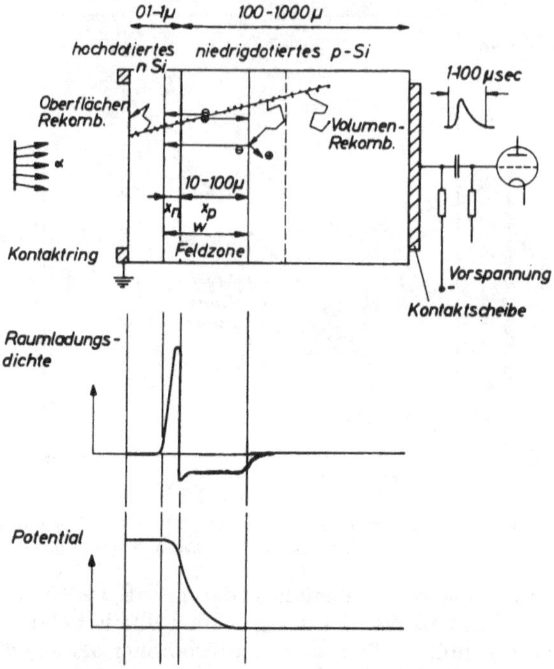

Abb. 5. Zähldiode, schematisch; mit Teilchenspur bis in das feldfreie Grundmaterial Darunter Raumladungs- und Potentialverteilung

genauso zum Impuls bei wie die in der Feldzone gebildeten Ladungsträger, nur daß der von ihnen hervorgerufene Stromanteil um die Diffusionszeit im feldfreien Material verzögert ist. Um diese im feldfreien Grundmaterial abgegebene Energie ebenfalls voll mit nachzuweisen, müssen die erzeugten Träger die Grenze der Feldzone zu 100 % erreichen und dies innerhalb so kurzer Zeit, daß ihr Impulsanteil vom Verstärker noch mit erfaßt wird. Ihre Diffusionszeit muß also kurz gegenüber der Abfallzeit von Diode und Verstärker sein. Messungen haben gezeigt [60 H 1], daß bei einer Verstärker-Rückfallzeitkonstante von 0,2 μs noch eine

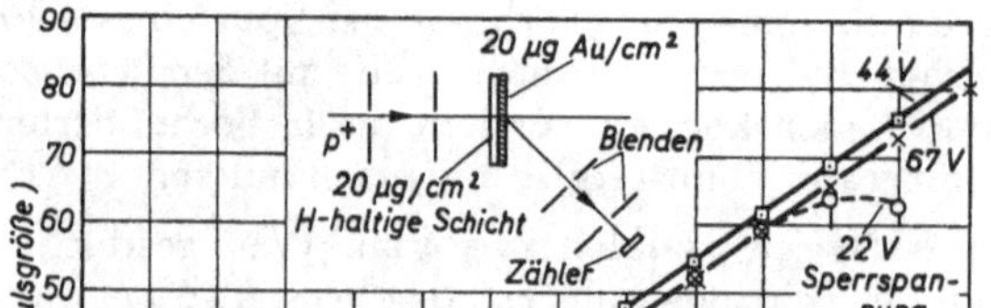

Abb. 6. Protonenimpulse bei zwei verschiedenen Vorderschichtdicken, nach [60 M 2]

etwa 15 μm tiefe Schicht, bei 1 μs eine 20 μm und bei 2 μs noch eine etwa 25 μm tiefe Schicht hinter der Raumladungszone voll zum Impuls beiträgt. Die effektive Sammeltiefe ist also um diesen Betrag größer als die aus der Dotierung und der Arbeitsspannung berechnete.

Hinsichtlich der Vorderschicht haben *Miller, Brown, Donovan* und *Mackintosh* [60 M 2] mit Protonen gezeigt (Abb. 6), daß bei einer diffundierten Vorderschicht von 1 μm Tiefe bereits die 1/2 μm entsprechende Protonenenergie verloren geht, daß man also in dieser hochdotierten Vorderschicht nur aus einer höchstens 1/2 μm dicken Schicht mit völliger Sammlung rechnen kann. In Übereinstimmung damit zeigten ihre Versuche mit einer nur 1/10 μm tief diffundierten Vorderschicht keine Absorptionsverluste mehr.

6. Der Impulsanstieg. Der zeitliche Anstieg des Stromimpulses, bzw. des Spannungsimpulses an einem ohmschen Außenwiderstand ist durch die Laufzeit der Ladungsträger durch die Raumladungsschicht gegeben. Wegen des inhomogenen Feldes in der Sperrschicht ist dieser Anstieg zeitlich nicht linear, sondern berechnet sich aus der Bewegung der Träger im Felde der Raumladung. Für das bei hochohmigem Silicium gut passende Modell einer konstanten Raumladungsdichte, also eines quadratischen Anstieges des Potentials gegen die Dotierungsgrenze hin, ergibt sich ein angenähert exponentiell langsamer werdender Anstieg (mit $1 - e^{-kt}$). Die Anstiegszeit läßt sich aus der Beweglichkeit μ der Elektronen und Löcher und dem Feldverlauf, näherungsweise also aus μ und der Dicke der Feldzone und der daran liegenden Potentialdifferenz berechnen. Es ergeben sich so Impulsanstiegszeiten von etwa 10^{-9} bis 10^{-8} s[1]) für den schnellen Anteil des Impulsanstieges aus der Trennung der in der Feldzone erzeugten Ladungsträger. Bei sehr dünner Feldzone und großer Reichweite der Teilchen folgt auf diesen schnellen Anteil ein langsamerer Weiteranstieg beim Eintreffen der erst nach Diffusion aus dem feldfreien Gebiet in das Feld gelangenden Träger.

Hier sei ein interessantes Faktum erwähnt: Mit Spaltstücken wurden merklich langsamere Impulsanstiege beobachtet [60 M 2]. Wahrscheinlich rührt dies daher, daß die wegen der hohen Ionisierungsdichte ($10^{20}/cm^3$) sehr konzentrierte Ladungsträgerwolke in der Spur des Spaltstückes das anliegende Feld in ihrem Inneren derart schwächt, daß sie erst von der Oberfläche her abgetragen werden muß, ehe die Träger im Innern vom Felde abgesaugt werden können, was dann natürlich mehr Zeit beansprucht, als wenn alle Träger gleichzeitig weggezogen werden.

Die am Verstärkereingang auftretende Impulsanstiegszeit ist insofern etwas länger, als das hochohmige Silicium einen merklichen Bahnwiderstand im feldfreien Grundmaterial aufweist, der zwischen der Eigenkapazität der Diode und der Eingangskapazität des Verstärkers liegt, so daß letztere erst über ihn aufgeladen werden muß[2]). Dabei ist außerdem zu berücksichtigen, daß die Sammlung

---

[1]) Z. B. erhält man mit einer mittleren Beweglichkeit der Elektronen und Löcher in Si von $\mu = 10^3$ cm²/Vs und einer Feldzonendicke $w = 30$ μm (in 1000 Ωcm p-Si bei einer Spannung von $U_a = 10$ V) eine ungefähre Laufzeit von

$$t = w/\mu E = w^2/\mu\, U_a = 9 \cdot 10^{-6}/10^3 \cdot 10 = 10^{-9}\ \text{s}.$$

Die genaue Integration ergibt einen ähnlichen Wert.

[2]) Rechnet man z. B. bei einer 1 mm dicken Zähldiode aus 10 000 Ωcm p-Si mit 3 mm ⌀ (0,07 cm²) und 100 V Arbeitsspannung, so bleibt (bei $w = 300$ μm lt. Abb. 9) eine feldfreie Schicht von 0,7 mm Dicke, die einen Bahnwiderstand von 10 000 Ω hat. Dieser ergibt schon bei nur 20 pF Eingangskapazität eine Erhöhung der Anstiegszeit am Verstärker auf 200 Nanosekunden. Bei niederer Spannung wird die Feldzone schmäler, der Bahnwiderstand des Restgebietes daher noch höher.

der Ladungsträger, vor allem bei senkrechtem Einschuß, auf einer sehr kleinen Fläche an der Grenze zwischen Feldzone und Grundmaterial erfolgt und der Strom von diesem Punkt aus über das hochohmige Material abgeleitet werden muß. Zur Erzielung besonders kurzer Impulse dürfen die Zähler also auch nicht aus zu hochohmigem Material und nicht unnötig dick gemacht werden.

7. **Der Impulsrückfall** wird durch die Zeitkonstante von Diode und angeschlossenem Verstärkereingang bestimmt, wobei im Leerlauf (Außenwiderstand groß gegen Innenwiderstand) die Diodenkapazität und die parallel liegende Eingangskapazität über den Innenwiderstand der Diode, sonst über denselben und den parallel liegenden Arbeitswiderstand aufzuladen sind (Abb. 7). Soweit nicht die Form der Impulse, sondern nur ihre Amplitude interessiert (die ja der Energie des Primärteilchens proportional ist), kann man also die Rückfallzeit des Verstärkers bis fast in die Größenordnung der daran auftretenden Anstiegszeit der Impulse verringern, um kurze Impulsdauern und damit hohes *Zeitauflösungsvermögen* zu erreichen (s. Abb. 8). Benutzt man ausschließlich die Sammlung der Ladungsträger in der Feldzone, die in etwa 10^{-9} bis 10^{-8} s erfolgt, so läßt sich auch die Rückfallzeitkonstante des Verstärkers so weit verringern, und man kann Impulsabstände von 10^{-8} s erreichen. Die *Koinzidenzauflösungszeit* läßt sich noch um eine Größenordnung weiter verkürzen, da es bei Koinzidenzmessungen nur auf den genauen zeitlichen Einsatzpunkt des Impulses ankommt.

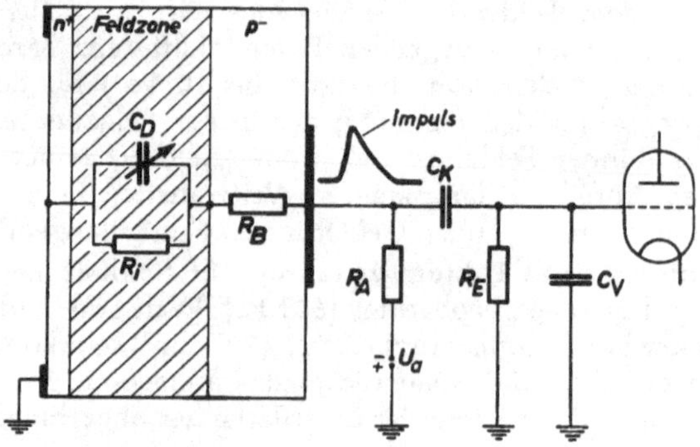

Abb. 7. Ersatzschaltblid der Zähldiode. C_D = Sperrschichtkapazität, R_B = Bahnwiderstand

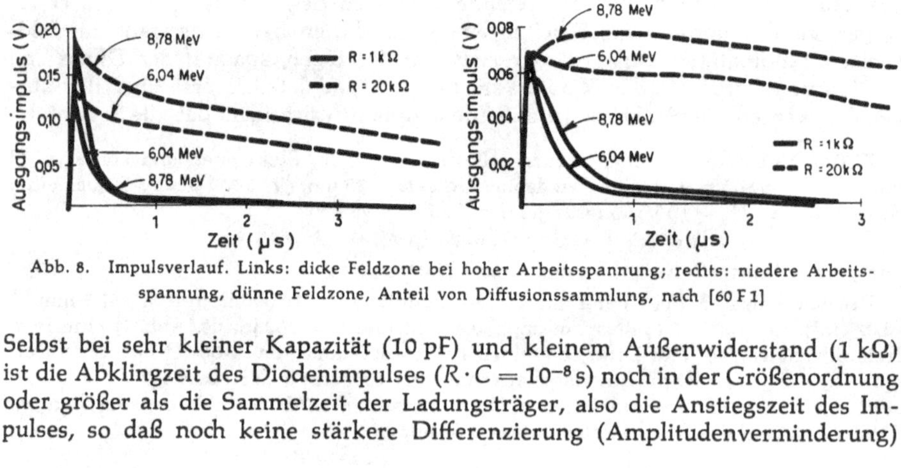

Abb. 8. Impulsverlauf. Links: dicke Feldzone bei hoher Arbeitsspannung; rechts: niedere Arbeitsspannung, dünne Feldzone, Anteil von Diffusionssammlung, nach [60 F 1]

Selbst bei sehr kleiner Kapazität (10 pF) und kleinem Außenwiderstand (1 kΩ) ist die Abklingzeit des Diodenimpulses ($R \cdot C = 10^{-8}$ s) noch in der Größenordnung oder größer als die Sammelzeit der Ladungsträger, also die Anstiegszeit des Impulses, so daß noch keine stärkere Differenzierung (Amplitudenverminderung) eintritt und der Impuls an der Diode seine volle Höhe erreicht. Dagegen ist diese Abfallzeit schon um eine Größenordnung kleiner als die Anstiegszeit der üblichen kernphysikalischen Impulsverstärker (10^{-7} s), die daher den Diodenimpuls bei so kleinem Außenwiderstand nur mit merklich verringerter Amplitude wiedergeben.

8. Impulshöhe. Die Spannungsamplitude A ist im Leerlauf, also bei großer Aufladezeitkonstante der Kapazität C_E (groß gegenüber der Entladezeit durch den Impuls und der Anstiegszeit des Verstärkers) gegeben durch

$$A = Q/(C + C_V) = Q/C_E \,. \tag{3}$$

Dabei ist C_V die Eingangskapazität des Verstärkers und C die Diodenkapazität. Die auf C_E gesammelte Ladung ist

$$Q = \eta\, q \cdot E_T/E_P \,. \tag{4}$$

Die Sperrschichtkapazität ist

$$C = \frac{F}{\sqrt{2}} \cdot \left(\frac{\varepsilon\, \varepsilon_0\, q\, N_G}{U_d + U_a}\right)^{1/2} \tag{5}$$

und hängt mit der Raumladungsschichtdicke w in der für den Plattenkondensator bekannten Weise zusammen:

$$C = \varepsilon\, \varepsilon_0\, F/w \,. \tag{6}$$

Die Diffusionsspannung ist

$$U_d = \ln\,(N_G N_D/n_i^2) \cdot kT/q \,. \tag{7}$$

Dabei ist $q = 1{,}60 \cdot 10^{-19}$ As die Elementarladung, E_T die Energie des einfallenden Teilchens, $E_P = 3{,}6$ eV die Ionisierungsenergie in Silicium, also E_T/E_P die Zahl der erzeugten Elektron-Loch-Paare und η die Effektivität der Sammlung der Ladungsträger, d. h. der Wirkungsgrad der Trennung der erzeugten Elektron-Loch-Paare über die volle an der Sperrschicht liegende Potentialdifferenz in einer Zeit kürzer als die Anstiegszeit des Verstärkers. F ist die Sperrschichtfläche, $\varepsilon = 12$ die Dielektrizitätskonstante des Si, $\varepsilon_0 = 8{,}8 \cdot 10^{-14}$ As/Vcm die Influenzkonstante, U_a die Arbeitsspannung an der Diode, N_G die Störstellenkonzentration im niedrig dotierten Grundmaterial, N_D die Dotierungskonzentration der hoch dotierten Vorderschicht, n_i die Eigenleitungskonzentration ($n_i = 1{,}3 \cdot 10^{10}/\text{cm}^3$ in Si bei 300 °K) und kT/q die „Temperaturspannung" der Ladungsträger ($kT/q = 0{,}026$ V bei 300 °K).

Bei den für Zähldioden in Betracht kommenden stark unsymmetrischen p-n-Übergängen in hochohmigem Si ist die Diffusionsspannung U_d ca. 0,6 bis 0,7 V. Die Effektivität η ist bei Ionisierung in der Feldzone praktisch für alle Teilchen (außer Spaltstücken) gleich eins und für Spaltstücke etwa gleich 0,85 bis 0,95 (vgl. Abschn. 4).

Die Impulsgröße sinkt also proportional der Fläche und wächst proportional der Wurzel aus der an der Sperrschicht liegenden Spannung. *Um große Impulse zu erhalten, brauchen wir kleine Kapazität, also kleine Fläche, hohe Sperrspannung und sehr reines Silicium (kleines N_G).* Die Verkleinerung von C_E ist durch die parallel liegende Eingangskapazität des Verstärkers begrenzt. Wie wir im folgenden Abschnitt sehen werden, bringen jedoch auch die beiden letzteren Punkte Nachteile mit sich.

Den Zusammenhang zwischen der Grunddotierung N_G, der Arbeitsspannung U_a und der Raumladungsschichtdicke w, bzw. der spezifischen Kapazität C/F zeigt das von *Blankenship* [60 B 1] aufgestellte Nomogramm, das Abb. 9 in etwas erweiterter Form wiedergibt: Anstelle der Arbeitsspannung U_a ist genauer die

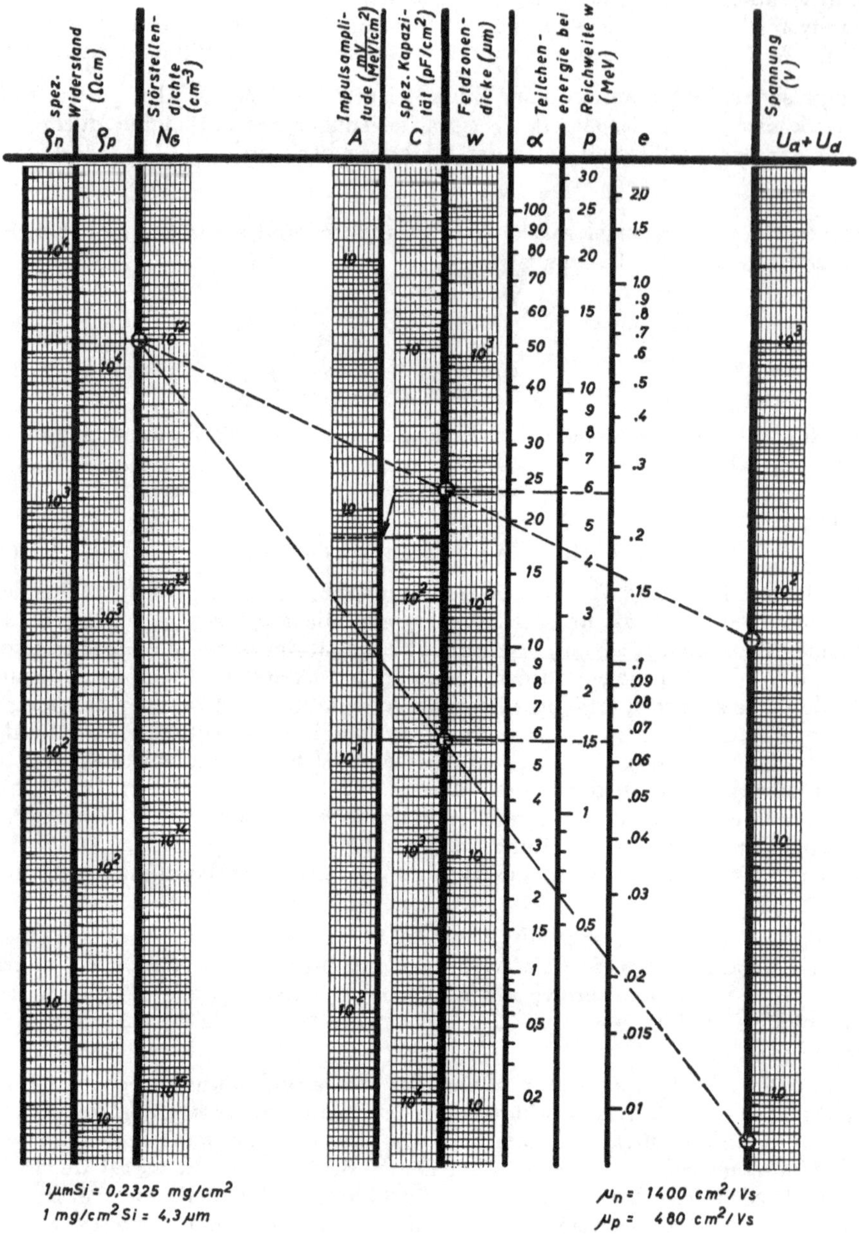

Abb. 9. Blankenship-Nomogramm für Silicium-Dioden, nach [60 B 1]

$$\varrho = 1/N_G \mu q\,, \quad A = \frac{E_T \cdot q}{E_P \cdot C} = 44{,}4 \cdot \frac{E_T}{C} \left(\frac{mV}{MeV/cm^2}\right).$$

Summe ($U_a + U_d$) zu verwenden, an der Leiter für N_G ist zugleich der spezifische Widerstand für n- und p-Si und an der Leiter für die Kapazität auch gleich die Impulsamplitude (in mV) pro MeV eingestrahlter Teilchenenergie bei 1 cm² Sperrschichtfläche und vernachlässigbarer Zusatzkapazität angegeben. Ist letztere zu berücksichtigen, so ist zuerst die Diodenkapazität abzulesen, die Streukapazität (Eingangskapazität des Verstärkers) zu addieren und neben der Summe beider die Impulsamplitude pro MeV abzulesen. Dabei ist zu beachten, daß bei hochohmigem Material und dickem raumladungsfreiem Gebiet (also besonders bei kleiner Arbeitsspannung) der Bahnwiderstand R_B merklich wird und eine Teilung der Diodenspannung U_a zwischen R_B und der Sperrschicht (vgl. Abb. 7) eintritt, die die Kapazität erhöht und damit den an der Diode abnehmbaren Impuls verringert. Außerdem verursacht ein hoher Bahnwiderstand eine Teilung der Impulsspannung zwischen R_B und R_A, von der nur der Anteil an R_A abgenommen wird.

Als Beispiel sei eine 1 cm² große Diode aus 13000 Ωcm p-Si oder aus 4500 Ωcm n-Si ($N_G = 10^{12}/\text{cm}^3$) betrachtet, die mit Po-α-Teilchen bestrahlt wird. Ohne äußere Spannung ist die Feldzone (lt. gestrichelter Verbindungslinie in Abb. 9) $w = 30$ μm dick, die Kapazität beträgt $C = 350$ pF und, wenn keine wesentliche Eingangskapazität des Verstärkers hinzukommt, beträgt die Impulsamplitude am Verstärkereingang $5{,}3 \cdot 0{,}12 = 0{,}65$ mV. Bei 100mal höherer Spannung an der Sperrschicht, also praktisch bei 65 V Arbeitsspannung, ist die Feldzonendicke auf 300 μm gestiegen, die Kapazität auf 35 pF gesunken und bei z. B. 20 pF Zusatzkapazität ist die Impulsgröße auf $5{,}3 \cdot 0{,}8 = 4{,}5$ mV gestiegen. Ohne äußere Spannung können wir in der Feldzone dieses Zählers senkrecht eingeschossene α-Teilchen bis ca. 6 MeV, Protonen jedoch nur bis 1,5 MeV, mit 65 V Arbeitsspannung α bis ca. 27 MeV und Protonen bis 6 MeV absorbieren.

9. Rauschen und Energieauflösungsvermögen. Die für den Anwender meist wichtigste Eigenschaft der Zähldiode ist ihre Energieauflösung. Wie schon erwähnt, sind die Impulsamplituden mit der Rauschspannung der Diode und des Verstärkers moduliert. Man erhält also auch bei sehr genau gleicher Energie der eingeschossenen Teilchen eine Verwaschung der Impulsgruppe, die allerdings bei guten Dioden sehr gering ist. Man gibt sie entweder als *Halbwertsbreite* ΔE (vgl. Abb. 10) im Energiemaßstab (also in keV) an, oder deren Verhältnis zur Energie des Primärteilchens ($\Delta E/E_0$ in Prozent) als *relatives Energieauflösungsvermögen*. Gutes Auflösungsvermögen (z. B. ½ % für 5 MeV) ist also hier entgegen der Bezeichnungsweise in der optischen Spektroskopie durch kleine Zahlenwerte gegeben.

Es hat sich experimentell gezeigt, daß zwar bei großen Sperrströmen (je nach Fläche über 10 oder 100 μA) die Dioden stets schlechtes Auflösungsvermögen ergeben, daß aber merkwürdigerweise bei kleinen Strömen die Auflösung nicht unbedingt proportional dem Sperrstrom ist, sondern oft Dioden mit sehr kleinem Sperrstrom großes Rauschen und schlechte Energieauflösung zeigen. Wir nehmen an, daß dies darauf zurückzuführen ist, daß bei solchen Dioden zwar bei kleinen Spannungen (unter etwa 1 V) der Oberflächensperrstrom sehr klein ist, bei geringer Spannungserhöhung (etwa um 10 V) jedoch bereits Oberflächen-Gleitentladungen einsetzen, die ein starkes Anwachsen des Rauschens verursachen. Untersuchungen von *Buck* [61 B 1] an diffundierten Si-Zähldioden zeigten, daß diese Effekte durch Änderung der Oberflächenladung in Abhängigkeit von der umgebenden Atmosphäre verursacht werden. Ein ähnlicher Effekt ist von gewöhnlichen Siliciumdioden her bekannt [60 J 1 und 60 J 2], die bei Channelbildung, also erhöhter Dicke der Raumladungszone an der Oberfläche, hohen Sperrstrom bei

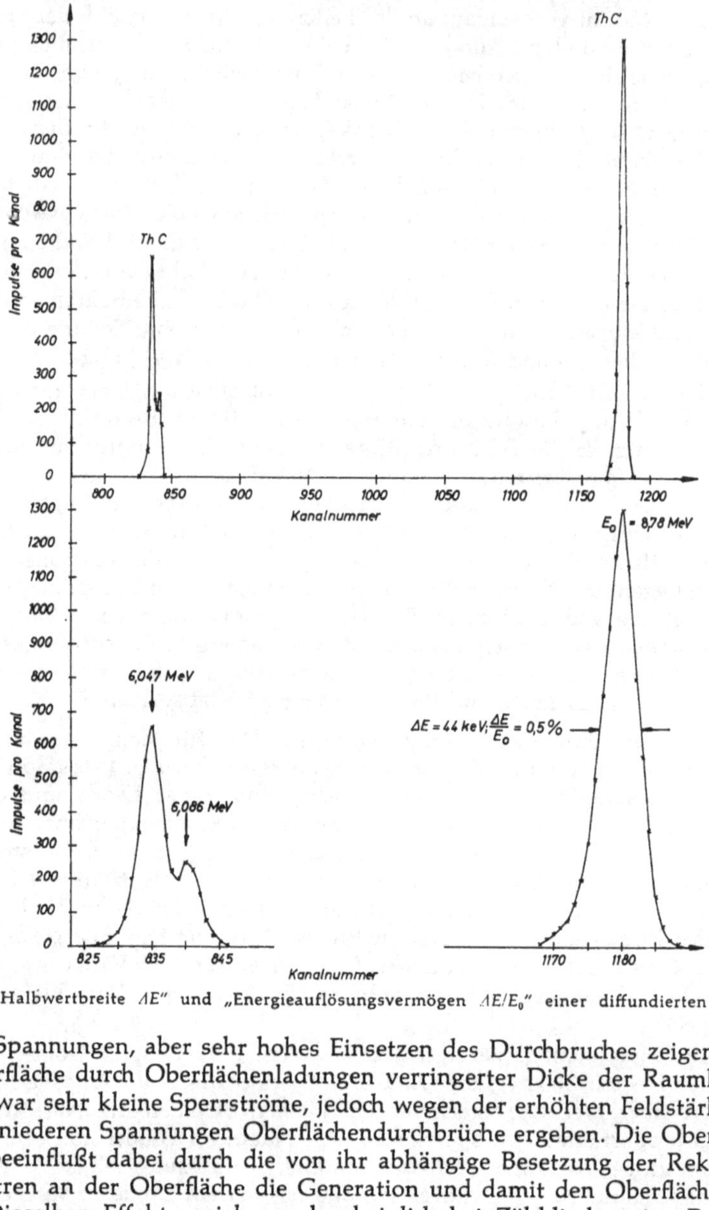

Abb. 10. „Halbwertbreite ΔE" und „Energieauflösungsvermögen $\Delta E/E_0$" einer diffundierten Zähldiode

kleinen Spannungen, aber sehr hohes Einsetzen des Durchbruches zeigen, bei an der Oberfläche durch Oberflächenladungen verringerter Dicke der Raumladungsschicht zwar sehr kleine Sperrströme, jedoch wegen der erhöhten Feldstärke schon bei sehr niederen Spannungen Oberflächendurchbrüche ergeben. Die Oberflächenladung beeinflußt dabei durch die von ihr abhängige Besetzung der Rekombinationszentren an der Oberfläche die Generation und damit den Oberflächensperrstrom. Dieselben Effekte spielen wahrscheinlich bei Zähldioden eine Rolle, nur daß wir sie infolge der hohen Verstärkung im Rauschen der Zähldioden empfindlicher und daher schon sehr viel früher bemerken.

Außer von der statistischen Schwankung des Sperrstromes rührt das Rauschen der Dioden auch von der statistischen Schwankung der Raumladung in der Sperrschicht und den Diffusionsgebieten her. Das der Halbleiter-Sperrschicht eigene $1/f$-Rauschen (der Frequenz f reziprok proportionale Rauschamplitude) verhindert auch bei niederer Teilchenzahl die Anwendung sehr großer Verstärkerzeitkonstanten, also sehr schmaler Bandbreiten und damit eine Verkleinerung des Rauschens auf diesem Wege.

Eine weitere Ursache für die Verbreiterung einer Impulsgruppe liegt in schlechter Sammlung der erzeugten Ladungsträger, wie sie vor allem auftritt, wenn die Spur der Teilchen über die Raumladungszone hinaus in das feldfreie Grundmaterial hineinreicht, von wo die Träger entweder gar nicht oder nur so verspätet an die Feldzone herandiffundieren, daß ihr Beitrag zur gesammelten Ladung vom Verstärker nicht mehr mit erfaßt wird. Eine Linienverbreiterung kann auch durch eine schwache sogenannte „Mehrfachgruppenbildung" (englisch „multiple peaks") eintreten, auf die wir später noch zu sprechen kommen.

Bei kleinen Teilchenenergien wird die Energieauflösung besonders durch die statistische Schwankung der Zahl der erzeugten Ladungsträger begrenzt. Wegen der kleinen Ionisierungsenergie ist die Zähldiode hier allen anderen Zählern überlegen, da die erzeugte hohe Zahl von Ladungsträgern eine kleinere relative statistische Schwankung der Impulsgröße ergibt. Hierbei ist allerdings zu berücksichtigen, daß bei Gasen experimentell eine um einen Faktor 2 bis 3 kleinere Schwankung als die nach der Statistik zu erwartende gefunden wurde. Man nennt diese Zahl den *„Fanofaktor"* [47 F 1]. Ob ein solcher Effekt auch bei Festkörpern existiert, konnte bisher noch nicht ermittelt werden.

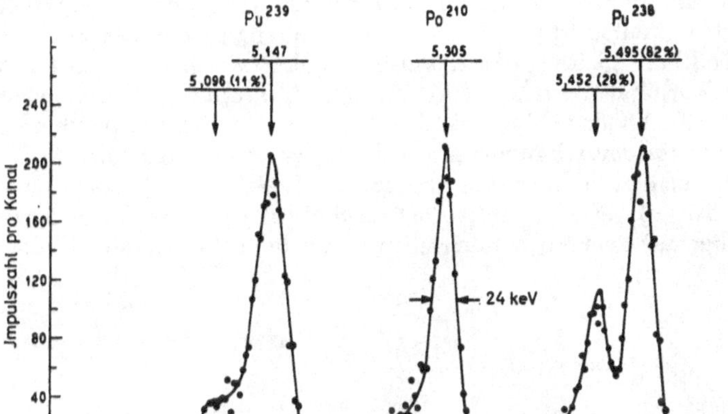

Abb. 11. Oberflächen-Sperrschichtzähler als α-Spektrometer. Zählfläche 6,3 mm², nach [60 B 1].

Praktisch erreicht man mit guten Siliciumdioden von 1 cm² Fläche bei Zimmertemperatur für Po-α-Teilchen (5,3 MeV), die wegen ihrer bequemen Handhabung meist als Eichquelle genommen werden, ein Auflösungsvermögen von 1 %, also eine Halbwertsbreite von 50 keV. Das ist eine Energieauflösung, wie man sie bei Ionisationskammern nur mit größter Mühe und besonderen Vorsichtsmaßnahmen, also äußerst reinem Gas, Abschirmgitter gegen die Influenzwirkung der Ionen (sogenanntem „Frischgitter") usw. erzielt. Mit kleinen Flächen oder bei tiefen Temperaturen läßt sich mit Zähldioden sogar noch eine um einen Faktor 2 bis 7 geringere Linienbreite erzielen. Damit läßt sich die Zähldiode als *Energiespektrometer* verwenden (Abb. 11), das bei wesentlich geringerem Aufwand fast dasselbe leistet wie ein einfaches magnetisches Spektrometer und das dazu den Vorteil hoher Nachweis-Effektivität hat.

10. Innere Verstärkung durch Lawinenmultiplikation. Wie erwähnt, stört bei der Verwendung der Zähldioden die geringe Spannung der Ausgangsimpulse von nur etwa 0,1 bis 10 mV. Man hat daher versucht, eine Verstärkung nach Art der Elektronen-Stoßmultiplikation im Gas des Proportionalzählrohres zu erreichen. Dazu ist zweierlei notwendig: einerseits muß die Feldstärke so hoch sein, daß die Elektronen genügend Energie bekommen, um überhaupt Stoßmultiplikation zu machen, andererseits darf sie nicht so hoch sein, daß innere Feldemission (Zener-Effekt) auftritt. Es muß dann aber die Zone hoher Feldstärke genügend dick im Verhältnis zur Stoßweglänge sein, um mehrere aufeinanderfolgende Stöße mit Multiplikation und damit eine hinreichende Vervielfachung zu erreichen. Dabei ergeben die praktisch nicht zu vermeidenden Unregelmäßigkeiten des Kristalles selbst und des Dotierungsüberganges besonders bei großen Flächen eine Schwankung des Multiplikationsfaktors, die eine zusätzliche Verwaschung der Impulse einer monoenergetischen Teilchengruppe hervorruft. Man erreicht also mit Lawinenzählern keine bessere Energieauflösung, sondern nur größere Impulse, die man weniger zu verstärken braucht. Praktisch wurden mit „gezogenen" Germaniumdioden, die wegen ihres beim Ziehen entstandenen stetigen Dotierungsüberganges besonders gut hohe Feldstärke über größere Tiefe ohne Zenereffekt ermöglichen, Verstärkungsfaktoren bis etwa 25 erreicht [58 B 1].

Es gibt noch eine andere Art von Stoßmultiplikationen, die nicht wie die soeben beschriebene der im Proportionalzählrohr, sondern mehr der im Geiger-Müllerschen Auslösezählrohr entspricht, bei der also unabhängig von der Energie des einfallenden Teilchens gleich große Impulse ausgelöst werden (*„Auslösezähler"*). Sie ist mit dem Vorhandensein von sogenannten *„Mikroplasma-Punkten"* verbunden [61 C 1]. Manche Dioden zeigen nämlich knapp vor dem Durchbruch einen Bereich bistabilen Sperrstromverhaltens, in welchem der Strom vom unteren Kennlinienast plötzlich auf den höheren Ast überspringt (vgl. Abb. 12), dort nur sehr kurze Zeit (unter 10^{-7} s) verweilt und sofort wieder auf den alten Wert zurückspringt. Es beruht dies auf dem Vorhandensein von Stellen sehr erhöhter Feldstärke, z. B.

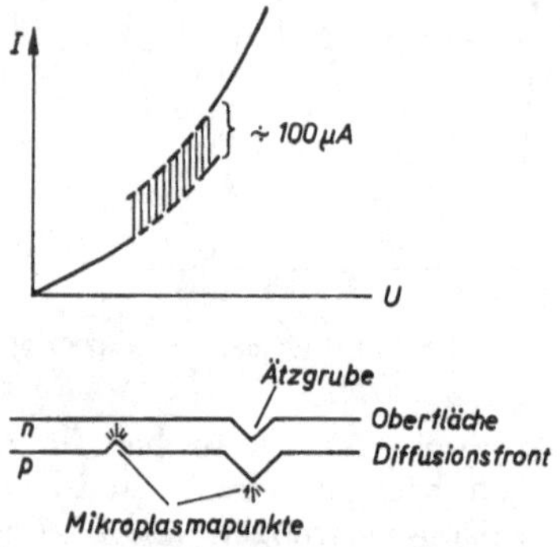

Abb. 12. Prinzip des „Auslösezählers" und Darstellung von Mikroplasmapunkten, nach [61 C 1]

einer Spitze in der Dotierungsfront, an der schon das Eindringen eines einzelnen Elektrons genügt, um diesen Stromsprung auszulösen. Mit solchen Dioden wurden schon bei einigen Kiloohm Arbeitswiderstand Impulse bis zu $^1/_4$ V erreicht [58 S 1]. Allerdings ist die empfindliche Zählfläche dann etwa nur gleich dem Bereich einer Diffusionslänge um diese Spitze herum und daher außerordentlich gering.

11. Der Zähltransistor. Eine weitere Möglichkeit, die Impulse im gleichen Kristall zu verstärken, verspricht der Zähltransistor. Seine Funktionsweise ist bedeutend schwieriger zu übersehen als die der einfachen Zähldiode. Eine Ausführungsform beschrieben *Williams* und *Webb* [61 W 1]. Bei dieser Form (Abb. 13) bildet die sehr dünne, hoch n-dotierte Vorderschicht, durch welche die Teilchen eingeschossen werden, den Kollektor. Das Grundmaterial ist sehr hochohmiges p-Silicium. Beide zusammen bilden eine Zähldiode. Auf der Rückseite trägt sie nicht einen ohmschen Kontakt, sondern einen weiteren p-n-Übergang als Emitter und wird damit zum Transistor. Das Grundmaterial muß gerade so dick gewählt werden, daß bei der günstigen Arbeitsspannung die Kollektor-Raumladungsschicht den größten Teil seiner Dicke erfüllt und nur wenige Mikron als feldfreie Basis verbleiben. Die Basis wird wie bei einem Fototransistor nicht angeschlossen, sondern bleibt elektrisch freischwebend. Die zu messenden Teilchen ionisieren in der Kollektorsperrschicht (der Feldzone), die Löcher werden vom Felde in die Basis geschwemmt. Dieser Stromstoß entspricht einem Diodenimpuls und zugleich einem positiven

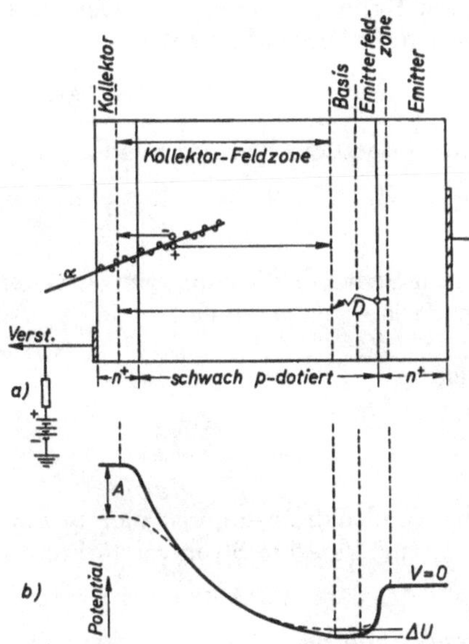

Abb. 13. Zähltransistor schematisch

Steuerimpuls an der Basis eines Transistors in „Emitterschaltung", der wiederum einen Injektionsstrom von Elektronen aus dem Emitter in die Basis bewirkt, wodurch die positive Ladung der Löcher sofort weitgehend neutralisiert wird. Ist die Basis hinreichend dünn, so werden diese Elektronen jedoch schnell durch sie hindurchdiffundieren und auf der andern Seite vom Kollektorfeld erfaßt und weggezogen. Sie müssen daher ständig durch vom Emitter neu injizierte Elektronen ersetzt werden, solange die Löcher in der Basis existieren. Deren Zahl klingt dort nur durch die im hochohmigen Material geringe Rekombination und durch die feldfreie Wegdiffusion über die Emittergrenzschicht ab. Bei den technisch erzielbaren Basisschichtdicken von einigen μm und der nach der Herstellung im fertigen Transistor vorhandenen Lebensdauer der Träger wird die Aufenthaltsdauer der Löcher in der Basis in der Größenordnung 10 bis 100 μs liegen, und so lange dauern auch die experimentell gefundenen Injektions- bzw. Transistor-Stromimpulse. Da diese Zeit wesentlich länger als die Dauer der primären Diodenimpulse (10^{-9} bis 10^{-8} s) ist, erhalten wir eine Verstärkung gegenüber der vom eingeschossenen Teilchen in der Kollektorfeldzone primär erzeugten Ladung bzw. eine Verstärkung des zeitlichen Stromintegrals. Es ist nun die Frage, ob wir außer dieser auch noch eine richtige Spannungsverstärkung erzielen können, bzw. ob wir mit diesem Zähltransistor eine richtige Stromverstärkung bekommen, etwa um den Kurzschlußstromverstärkungsfaktor β in Emitterschaltung ($\beta = \Delta I_C / \Delta I_B$). Zunächst scheint dies selbstverständlich. Eine genauere Überlegung führt jedoch zu folgendem Schluß: Die vom Emitter in die Basis injizierte Elektronenladung Q^- kann nicht größer sein als die von den primär erzeugten Löchern eingebrachte positive Ladung Q^+, da sie diese höchstens völlig neutralisieren, aber nicht überkompensieren kann. Die Löcherladung (für einen als erste Näherung angenommenen Rechteckimpuls) ist gleich Stromstärke mal -dauer des primären Kollektordiodenstromes $j_p \cdot t_{pK}$. Für die Dichte Δn der während des Impulses zusätzlichen Elektronen in der Basis können wir wegen der geringen Basisdicke einen linearen Dichteabfall von der Dichte $n_0 + \Delta n_0$ am Emitter auf die Dichte Null am Kollektor annehmen. Der zusätzliche Elektronendiffusionsstrom durch die Basis (der Dicke a) ist daher

$$j_n = q D \quad \text{grad}\, \Delta n = q D \frac{\Delta n_0}{a}$$

und die zusätzliche Elektronenladung in der Basis

$$Q^- = \frac{\Delta n_0 \cdot a}{2} q = \frac{a^2 j_n}{2D} .$$

Wirkliche Stromverstärkung tritt — bei verschwindender Elektronenrekombination in der Basis — nur dann ein, wenn

$$j_n / j_p > 1$$

ist, also

$$2 t_p D / a^2 > 1$$

bzw.

$$a^2 < 2 D t_p .$$

Da die Diodenstrom-Impulsdauer t_p um 10^{-9} bis 10^{-8} s liegt, erhalten wir mit $D_n = 40$ cm²/Vs echte Stromverstärkung nur für Basisdicken unter

$$\sqrt{8 \cdot 10^{-8}} \text{ bis } \sqrt{80 \cdot 10^{-8}} \text{ cm, d. h. 3 bis 9 } \mu\text{m} ,$$

während schon bei nur etwas dickerer Basis ($\geqq 10\ \mu$m) der Transistorstrom nicht größer als der primäre Diodenstrom werden kann, sondern nur seine Dauer bedeutend größer ist. Auch wenn keine Stromverstärkung erreicht wird, wird also trotzdem eine Ladungs-(Stromintegral-)Verstärkung vorhanden sein und bei großem Außenwiderstand bzw. großer Aufladezeitkonstante (R_a bzw. $R_a \cdot C_K$ in Abb. 14) eine stärkere Entladung der Kollektorkapazität C_K als durch den Diodenimpuls allein, also eine Spannungsverstärkung erzielt werden. Experimentell erreichten *Williams* und *Webb* im Gebiet des steilen Anstieges des Ruhestromes Verstärkungen gegenüber den Diodenimpulsen bis etwa 200fach, allerdings mit nur 1 kΩ Arbeitswiderstand, bei dem der kurze Diodenimpuls durch den Verstärker wahrscheinlich schon stärker differenziert wird als der längerdauernde Transistorimpuls.

Da der Transistor das Rauschen des Kollektordiodenstromes genauso verstärkt wie den Impuls, ist das Signal-Rausch-Verhältnis auch nicht besser als das einer guten Diode mit einem guten Verstärker. Der Vorteil des Zähltransistors liegt darin, daß man ähnlich wie beim Lawinenzähler keinen so guten rauscharmen Verstärker braucht, um gutes Signal-Rausch-Verhältnis zu erhalten. Der Nachteil ist, daß man nicht so kurze Impulse wie mit der Zähldiode hat. Ein weiterer wesentlicher Nachteil gegenüber der Zähldiode ist folgender: Die Ausbreitung der

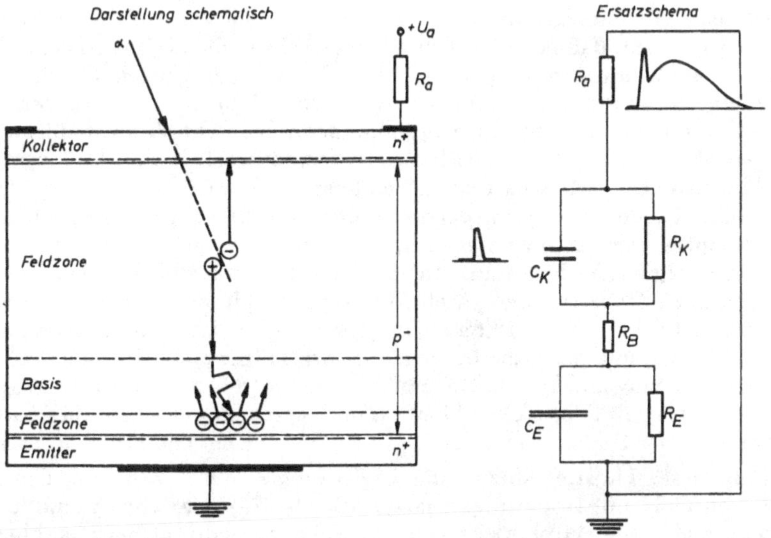

Abb. 14. Zähltransistor, Ersatzschaltbild und Impulsverlauf. An C_K ist der primäre Kollektordiodenimpuls, an R_a dieser und der langsamer ansteigende und länger dauernde Transistorimpuls gezeichnet

Löcherladung über die Basis erfolgt mit der Relaxationszeit, die in diesem hochohmigen Material relativ groß ist. Nach der Formel $T_{\mathrm{Rel}} = \varepsilon \varepsilon_0 \varrho$, wobei ϱ der spezifische Widerstand ist, errechnet man für 10 000 Ωcm-Si eine Relaxationszeit von 10^{-8} s. Ehe sich daher die Ladung über die ganze Fläche ausgebreitet hat, wird sie am Orte der Trägersammlung bereits durch die einströmenden Elektronen neutralisiert, und es trägt im wesentlichen nur derjenige Teil des Emitters den Injektionsstrom, der gegenüber der Einschußstelle des α-Teilchens liegt. Da nun die Stromverstärkung $\beta = (\cosh w/L_n - 1)^{-1}$ (besonders bei großem β, also kleiner Basisdicke w) außerordentlich stark von der Dicke w abhängt, und diese aus technischen Gründen nicht völlig gleichmäßig herzustellen ist, hat ein Zähltransistor eine über die Zählfläche nicht ganz gleiche Verstärkung, die natürlich bei einheitlicher Energie der eingeschossenen Teilchen eine Amplitudenstreuung der herauskommenden Impulse liefert. Der Zähltransistor erreicht also wohl das Signal-Rausch-Verhältnis einer guten Zähldiode, aber praktisch nicht deren gute Energieauflösung. Er ist daher, ebenso wie der Lawinenzähler, mehr für den einfachen Nachweis von Teilchen geeignet als für Energie-Spektrometrie. Sein Vorteil gegenüber dem Lawinenzähler ist, daß er gleichmäßigere Verstärkung über die Zählfläche hat und nicht so empfindlich gegenüber den Herstellungsbedingungen ist.

12. Herstellungsverfahren. Die Herstellung von Zähldioden erfolgt nach den üblichen Verfahren der Erzeugung von Siliciumflächendioden, wobei alle die dabei bekannten Schwierigkeiten auftreten und zusätzlich noch die, daß das Grundmaterial extrem reines Silicium ist, daß die Lebensdauer in ihm möglichst groß bleiben soll, daß auch sehr kleine zusätzliche Sperrströme, z. B. an der Oberfläche, durch ihr Rauschen sehr stören, also vermieden werden müssen, daß die Vorderschicht außerordentlich dünn sein soll und daß die Dotierung sehr gleichmäßig über große Flächen erfolgen soll.

Die bekannteste Methode ist die *Eindiffusion* von Phosphor in p-Si oder von Aluminium oder Bor in n-Si nach den üblichen Verfahren (Trägergasverfahren,

Aufmal- oder Pasten-Verfahren und Eindiffusion im Vakuum). Wir haben die Erfahrung gemacht, daß bei allen Diffusionsverfahren die Gefahr besteht, daß die Dotierung am Anfang nicht ganz gleichmäßig auf der ganzen Fläche einsetzt, wahrscheinlich wegen des Vorhandenseins von dünnen maskierenden Oxydschichten auf dem Silicium. Es zeigt sich dann bei sehr dünnen diffundierten Schichten ($\leqq$ 0,1 µm) eine ungleichmäßige Empfindlichkeit der Zählfläche, d. h. beim Abtasten mit einem scharf ausgeblendeten Strahl monoenergetischer Teilchen geben solche Dioden an verschiedenen Punkten der Oberfläche nicht genau gleich große Impulse, was bei Verwendung eines nicht ausgeblendeten Strahles zu schlechter Energieauflösung führt. In extremen Fällen ergibt dies eine besondere Art der noch zu besprechenden „Mehrfachgruppenbildung". Außerdem haben alle Diffusionsverfahren den Nachteil, daß das Si sehr hoch erhitzt werden muß (900 — 1100 °C), und dabei die Lebensdauer der Träger durch Bildung von Gitterstörungen und Einwandern von Rekombinationszentren stark absinkt. Wegen des Gleichgewichtes von Trägerrekombination und -erzeugung bedeutet dies auch hohe Generation in der Feldzone und damit großen Sperrstrom und hohen Rauschpegel.

Besser in dieser Hinsicht sollten die *Legierungsverfahren* sein, bei denen eine Schicht von Gold mit Dotierungszusätzen (Sb, B, Ga) oder von Aluminium aufgedampft oder aufelektrolysiert oder als Folie aufgedrückt und nachher oder gleichzeitig mit dem Aufdampfen einlegiert wird. Der Vorteil ist die niedere Legierungstemperatur (Schmelzpunkt des Eutektikums Au-Si bei 370 °C, Al-Si bei 577 °C) und daher die bessere Erhaltung der hohen Trägerlebensdauer. Trotzdem sinkt auch bei diesen Verfahren je nach Legierungstemperatur und Abkühlzeit die Lebensdauer. Als Nachteil dieser Verfahren hat sich gezeigt, daß es sehr schwierig ist, über große Flächen gleichmäßig und vollkommen gleich tief liegende Legierungsfronten zu erreichen.

Das einfachste und vielversprechendste Verfahren ist die Herstellung von Oberflächen-Sperrschichten, das also sogenannte *„Oberflächen-Sperrschichtzähler"* (englisch „surface barrier detectors") liefert. Wie aus der Halbleitertechnik bekannt ist, erzeugt eine Oberflächenladung, besonders auf hochohmigem Material, eine kompensierende Raumladung im oberflächennahen Volumen, die sogenannte „Randschicht". Diese kann entweder in einer Erhöhung der Dichte der Majoritätsträger bestehen, dann ist diese sogenannte „Anreicherungsrandschicht" besser leitend als der übrige Kristall und für unsere Zwecke uninteressant. Oder sie besteht in einer Verringerung der Zahl der Majoritätsträger, evtl. sogar in einer Inversion des Leitungstyps, also in einem Überwiegen der Minoritätsträger, dann wirkt diese „Verarmungsrandschicht" ebenso wie die Sperrschicht an einem p-n-Übergang im Innern des Kristalls und ist ebenso wie diese zur Trennung von Ladungsträgerpaaren und daher zum Nachweis eines eingeschossenen ionisierenden Teilchens geeignet. Die Oberflächenladung ist normalerweise bei hochohmigem Silicium bereits aus der umgebenden Atmosphäre vorhanden. Um eine gleichmäßige Verteilung der Ladung über die ganze Oberfläche und eine gute Ableitung des Impulsstromes sicherzustellen, wird die Oberfläche mit einer sehr dünnen (ca. 0,1 bis 0,5 µm) Metallschicht bedampft, welche die Energie der Primärteilchen praktisch nicht merklich verringert. Die Rückseite der Si-Scheibe wird mit einem ohmschen Kontakt versehen. Da man für dessen Herstellung keine erhöhte oder höchstens die für das Legieren notwendige relativ niedere Temperatur verwendet, bleibt die Lebensdauer τ der Träger gut erhalten. Und da der Sperrstrom und damit das Rauschen proportional $1/\sqrt{\tau}$ ist [60 M 2], sollte man also im Prinzip auf diese Weise ebenso wie mit dem Legierungsverfahren Zähler mit kleinerem

Sperrstrom und kleinerem Rauschen erhalten. Praktisch erwiesen sich aber bisher die diffundierten Dioden als zumindest nicht schlechter, meist sogar insofern überlegen, als die Oberflächendioden ziemlich instabil gegenüber Änderungen der Umgebungsbedingungen, also Temperatur, Feuchtigkeit, Vakuum oder Gasbeimischungen zur Luft sind. Dies ist verständlich, da die Oberflächenladung meist aus Ionen von Sauerstoff oder Wasserdampf, z. T. auch aus denen von Fremdgasen in der Luft besteht und sich gezeigt hat, daß dünne aufgedampfte Metallschichten nicht dicht gegen deren Durchdiffusion sind. Auch die Frage, welche Atmosphäre bei welchem Material die beste ist, ist noch nicht geklärt. Unsere Erfahrungen haben gezeigt, daß unter denselben äußeren Bedingungen sowohl auf p-Si wie auch auf n-Si eine Oberflächensperrschicht entstehen kann. Im Schema der Oberflächen-Energiezustände für Elektronen kann man dies folgendermaßen erklären: Liegt das Energieniveau, bei dem die Oberflächenzustände neutral sind, etwa in Höhe der Mitte des verbotenen Bandes (Abb. 15 a), so wird sich bei hohem Ferminiveau, also auf n-Si, die Oberfläche negativ aufladen und dementsprechend Verarmung an Elektronen in der Randschicht des Kristalls bewirken (Abb. 15 b). Dagegen wird sich die Oberfläche positiv aufladen, wenn das Ferminiveau tiefer als die Bandmitte liegt, also auf p-Si, und damit hier Verarmung an Löchern in der Randschicht hervorrufen (Abb. 15 c).

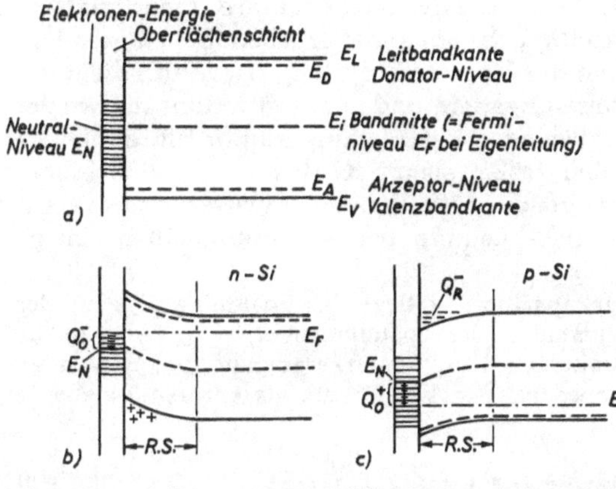

Abb. 15. Oberflächenladung Q_0 und Verarmungsrandschicht R. S. mit Neutral-Niveau der Oberflächenterme etwa in der Mitte des verbotenen Bandes (a); auf n-Si positive Raumladungsrandschicht, also Elektronenverarmung (b); auf p-Si Löcherverarmung (c)

13. Besondere Eigenschaften der Zähldioden. Mit der Oberflächenaufladung ist ein nachteiliger Effekt verbunden, der nicht nur bei Oberflächenzählern, sondern bei allen Zähldioden mehr oder weniger ausgeprägt in Erscheinung tritt: Lädt sich die Oberfläche rings um die hochdotierte Vorderschicht so auf, daß eine Verarmungs- bzw. Inversionsrandschicht entsteht, so gibt dies eine zusätzliche Kapazität, die parallel zur Sperrschicht liegt. Damit verringert sich aber die Impulsamplitude (vgl. Abschn. 8). Diese Vergrößerung des Raumladungsgebietes ergibt außerdem eine Erhöhung des Volumensperrstromes, die wiederum bei Verwendung eines hohen Arbeitswiderstandes eine Verringerung der Sperrspannung an der Diode zur Folge hat. Es kann so durch Änderung der Umgebungsbedingungen (Einbringen von Zählern, die vorher an Luft gelegen haben, ins Vakuum oder umgekehrt) eine sich nur sehr langsam mit Relaxationszeiten von Minuten bis Stunden einstellende Änderung der Impulsamplitude hervorgerufen werden.

Soweit es sich um die Änderung der Kapazität handelt, hat man gute Erfahrungen mit dem von *Fairstein* [61 F 1] eingeführten „ladungsempfindlichen" (besser: „kapazitätsunabhängigen") Verstärker gemacht. Dabei wird ein phasenumkehrender Vorverstärker über einen kleinen Kondensator vom Ausgang auf den Eingang rückgekoppelt. Die Impulsamplitude u_A am Ausgang des Vorverstärkers ist dann für nicht zu hohe Eingangskapazität und hohen Verstärkungsfaktor (ohne Gegenkopplung) unabhängig von der Eingangskapazität

$$u_A = Q/C_K\,,$$

wie sich aus dem Ersatzschaltbild (Abb. 16) berechnen läßt¹).

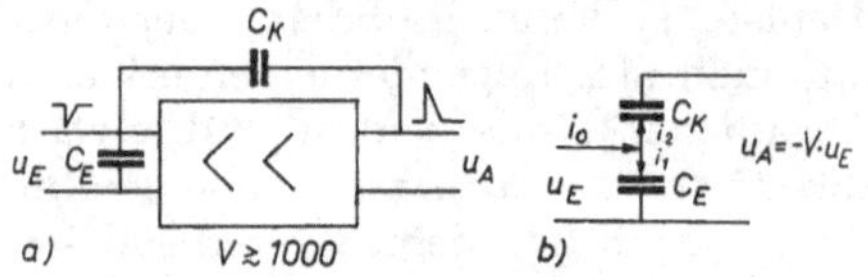

Abb. 16. Kapazitätsunabhängiger (ladungsempfindlicher) Verstärker, vgl. [61 F 1]

Eine weitere charakteristische und sehr störende Eigenschaft mancher Zähldioden ist das sogenannte „multiple peaking", zu deutsch das *Auftreten von „Mehrfachgruppen"*. Es handelt sich dabei darum, daß manche Dioden bei Beschuß mit monoenergetischen Teilchen zwei oder mehrere, manchmal ziemlich scharfe Impulsgruppen gleichzeitig nebeneinander ergeben. Bei einigen Dioden rührt das von Ungleichmäßigkeiten der Vorderschicht her, also wahrscheinlich von Verschiedenheiten in deren Dotierungstiefe und -konzentration, die wieder zu verschiedener Dicke der darunter liegenden Raumladungsschicht führen. Da die berechnete Feldzonendicke dabei aber größer als die Reichweite der eingeschossenen Teilchen ist, sollte man trotzdem gleich große Impulse erwarten und es ist nicht zu verstehen, warum eine einheitliche Ladung bei Aufladung einer einzigen Kapazität ver-

---

¹) An der Eingangskapazität C_E liegt die Spannung U_E, an der Gegenkopplungskapazität C_K die Summe beider Spannungen $u_E - u_A$ (Abb. 16 a). Nach Abb. 16 b ist dann am Knotenpunkt vor dem Verstärkereingang, wenn man den Eingangsleitwert und die Ausgangsimpedanz des Verstärkers als vernachlässigbar ansieht, die Summe der Ströme

$$i_0 + i_1 + i_2 = i_0 - C_E \frac{du_E}{dt} - C_K \frac{d}{dt}(u_E - u_A) = 0\,. \tag{8}$$

Mit $u_E = -u_A/V$ geht das über in

$$i_0 + \frac{C_E}{V}\frac{du_A}{dt} + C_K \frac{du_A}{dt}\left(\frac{1}{V} + 1\right) = 0\,. \tag{9}$$

Integration ergibt

$$\int i_0\,dt + \frac{C_E}{V} u_A + C_K\left(\frac{1}{V} + 1\right) u_A = 0\,. \tag{10}$$

Da nun $\int i_0\,dt = Q$ die vom Detektor gelieferte Ladung ist, erhält man

$$u_A = \frac{-Q}{C_E/V + C_K(1 + 1/V)}\,. \tag{11}$$

Für hohe Verstärkung $V \gg 1$ geht das über in

$$u_A = \frac{-Q}{C_E/V + C_K} \tag{12}$$

und für $C_E/V \ll C_K$, also für $C_E/C_K \ll V$, was wegen $V \gg 1$ gleichbedeutend ist mit $C_E/C_K \lesssim 1$, in

$$u_A = -Q/C_K\,. \tag{13}$$

schieden große Impulse liefern kann. Dioden mit manchen Arten von Rückkontakten (z. B. mit Indiumamalgam aufgelötete Metallscheibchen) zeigen häufig Mehrfachgruppen, wenn man diesen Kontakt aber entfernt und durch einen legierten Gold- oder Vernickelungs-Kontakt ersetzt, so zeigen dieselben Dioden normales Verhalten. Wir fanden Mehrfachgruppen meist auch bei Dioden, bei denen die eindiffundierte Vorderschicht um den Rand herum bis ein Stück auf die Rückseite stehen gelassen wurde, um die Diode besser einkapseln zu können, jedoch verschwanden diese Mehrfachgruppen, wenn wir den p-n-Übergang auf der Rückseite und auf dem Rande abätzten, wobei Vorderseite und Rückkontakt völlig unverändert blieben. Eine zufriedenstellende Erklärung hierfür fehlt noch; wir können vielleicht annehmen, daß in dem hochohmigen Material die Impulsableitung von den verschiedenen Stellen her zum Außenkontakt, sei es nun der

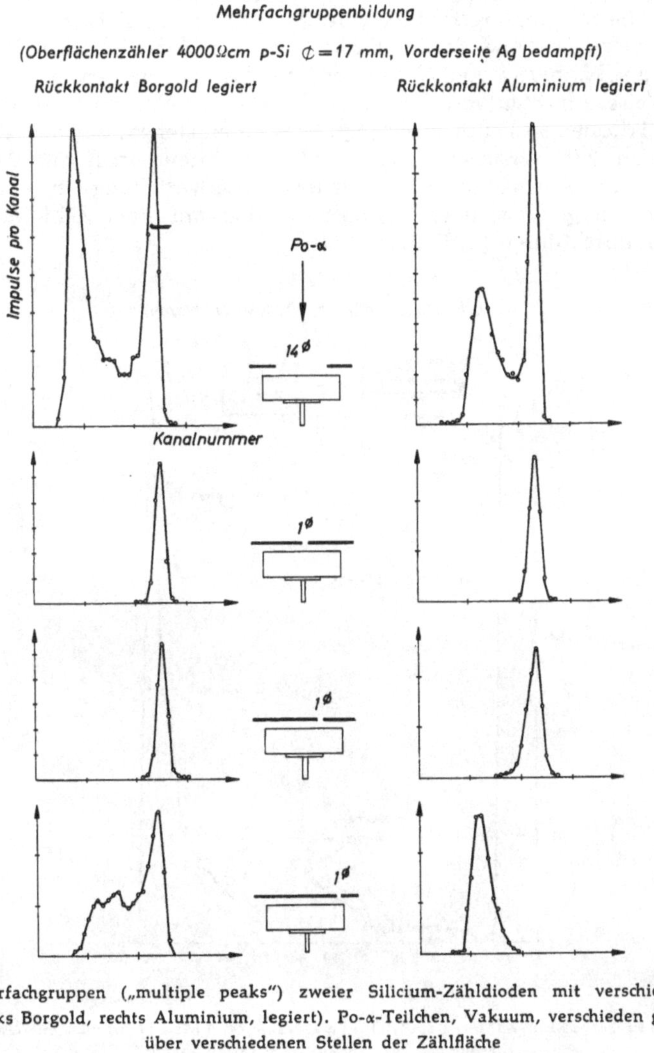

Abb. 17. Mehrfachgruppen („multiple peaks") zweier Silicium-Zähldioden mit verschiedenen Rückkontakten (links Borgold, rechts Aluminium, legiert). Po-α-Teilchen, Vakuum, verschieden große Blenden über verschiedenen Stellen der Zählfläche

vordere oder rückwärtige, doch nicht gleichmäßig und schnell genug ist und evtl. durch Verzögerungen bis zum Verstärker ungleich große Impulse entstehen.

14. Der Nachweis von Neutronen, Elektronen und Quantenstrahlung sei hier nur mit wenigen Worten gestreift. Die Neutronenzählung hat besonderes technisches Interesse für die Ausmessung der räumlichen Verteilung der Neutronendichte in Kernreaktoren. Bisher verwendete man hierfür entweder Ionisationskammern oder Zählrohre, die wegen ihres großen Volumens die Neutronenflußverteilung sehr stören, oder Aktivierungsdetektoren, das sind z. B. Gold- und Silberfolien, die an jedem Punkt einzeln aktiviert und deren Aktivität dann mühsam ausgezählt und auf gleiche Bestrahlungs- und Abklingzeit umgerechnet werden muß. Hier bringt der Siliciumzähler mit seinem sehr geringen Volumen, der geringen Neutronenabsorption und der unmittelbaren Anzeige der Impulszahl besondere Vorteile. Von der Seite der Zählertechnologie her haben wir außerdem den Vorteil, daß wir wegen der großen Durchdringungsfähigkeit der Neutronen die Zähler in vakuumdichte Kapseln einschließen und so der Einwirkung der Atmosphäre völlig entziehen können. Zum Nachweis von Neutronen mit Zähldioden verwendet man in bekannter Weise Schichten von Elementen, welche mit Neutronen reagieren, wobei Protonen, Tritonen, α-Teilchen oder Spaltstücke entstehen, die vom Zähler in der beschriebenen Weise nachgewiesen werden. Während man mit Aktivierungsdetektoren zur Ausmessung der Neutronenflußverteilung in einem großen Reaktorkern einige Tage brauchte, läßt sich dies mit einer Zähldiode in 20 bis 30 Minuten durchführen [59 B 1].

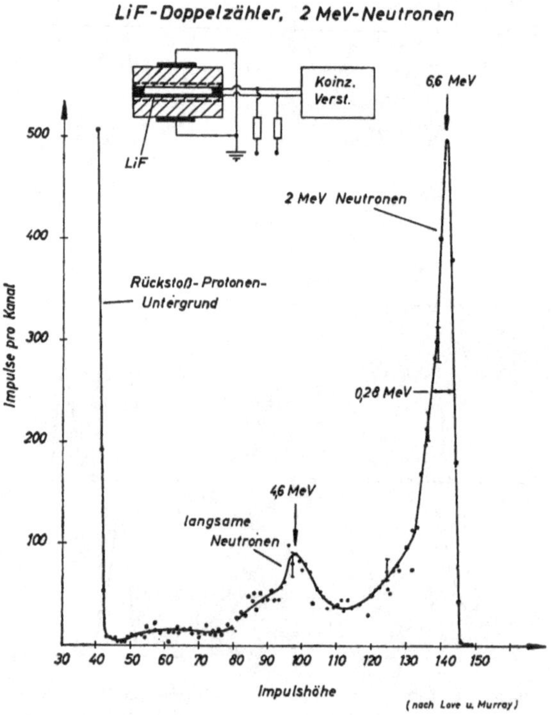

Abb. 18. Li^6F-„sandwich"-Zähler. Impulshöhenspektrum von 2 MeV-Neutronen mit Untergrund an thermischen Neutronen, nach [61 L 1 und L 2]

Eine weitere Verbesserung bietet die sogenannte „sandwich"-Anordnung [61 L 1 und 61 L 2]. Verwendet man z. B. eine sehr dünne Li^6F-Schicht zwischen zwei Zähldioden („sandwich"), so erhält man die bei der Reaktion $Li^6 + n = t + \alpha$ entstehenden beiden Teilchen, das Triton und das α-Teilchen, gleichzeitig in jeweils einem der beiden Zähler, und durch Summieren der beiden Impulse einen Summenimpuls, dessen Amplitude der Neutronenenergie plus der Reaktionsenergie (4,8 MeV) entspricht, so daß man außer der Intensität des Neutronenflusses an jeder Stelle im Reaktor zugleich noch die Energieverteilung der Neutronen angezeigt bekommt, was zu messen bisher überhaupt nicht möglich war. Diese Methode versagt jedoch bei sehr hohen Neutronenenergien ab etwa 10 MeV (die allerdings in Reaktoren nicht mehr auftreten), da für solche Energien der Neutronen-Wirkungsquerschnitt des Siliciums selbst so groß im Verhältnis zu dem der Li-Reaktion wird, daß man viel mehr Protonen und α-Teilchen aus Si-Reaktionen erhält als aus der dünnen Li-Schicht.

Auch eine dünne Schicht von spaltbarem Material (z. B. ca. 1 mg/cm^2 Uran, Plutonium, oder für schnelle Neutronen auch Thorium) kann als „sandwich"-Zähler verwendet werden und liefert dann gleichzeitig zwei große Impulse (jeder über 50 MeV entsprechend) in den beiden Zählern. Der Vorteil liegt in der Möglichkeit, diese Impulse durch Koinzidenzschaltung auszusortieren und so einen eventuellen Untergrund von elektrischen großen Störimpulsen abzutrennen.

Ein Nachteil der Halbleiterzähler sei hier betont: Wie bekannt, ist jeder Halbleiter sehr empfindlich gegen Fremdatome und Gitterstörungen. Nun erzeugen aber thermische Neutronen durch Atomumwandlungen und mehr noch schnelle Neutronen durch Verlagerungen von Gitteratomen, also Bildung von „Frenkeldefekten", eine Veränderung des Halbleiters, die nach etwa 10^{12} schnellen Neutronen oder α-Teilchen pro cm^2 Zählfläche zu einer Erhöhung des Sperrstromes und Verminderung der Energieauflösung und nach etwa 10^{14} auftreffenden schnellen Teilchen pro cm^2 zu völliger Unbrauchbarkeit führt. Bei den kleinen Wirkungsquerschnitten schneller Neutronen und den sehr dünnen Reaktionsschichten führt aber z. B. in dem erwähnten LiF-Zähler nur jedes 10^6te schnelle Neutron zu einer Reaktion und damit zu einem Impuls. Nach der Zählung von 10^7 Impulsen von schnellen Neutronen mit einem 1 cm^2 großen Zähler ist daher der Zähler bereits mit 10^{13} schnellen Neutronen pro cm^2 bestrahlt worden und damit an der Grenze seiner Lebensdauer.

Die Messung von *Elektronen* und ihrer Energie ist die Voraussetzung für die Anwendung von Zähldioden in der gesamten Radiochemie. Eines der Probleme beim Nachweis schneller Elektronen, ihre geringe Energieabgabe und die Rückstreuung, wurde bereits bei der Besprechung der Teilchenreichweite behandelt. Die Hauptschwierigkeit beim Nachweis energiearmer Elektronen ist die Erzielung geringsten Rauschpegels. Auf andere Probleme der Elektronenzählung kann hier nicht näher eingegangen werden.

Die Zählung von *Röntgen- und Gammastrahlung* führt über ihre Umwandlung in Elektronen, also über den Foto- und Compton-Effekt. Der Einsatz von Zähldioden anstelle von Röntgen-Goniometern wäre von besonderem Interesse im Energiegebiet von 1 bis 50 keV für die Röntgenfluoreszenz-Analyse, wenn man gleichzeitig mit dem quantitativen Nachweis der Röntgenquanten auch ihre Energie auf einige Prozent genau bestimmen könnte. Leider genügen an der unteren Grenze dieses Energiebereiches die heute üblichen Verstärker nicht, deren Rauschpegel selbst schon etwa 4 bis 10 keV äquivalent ist, so daß eine bessere Auflösung z. Z. gar nicht möglich ist. Immerhin gelang es *van der Does de Bye* ([61 V 1],

Abb. 19), die 25-keV-K_α-Linie des Zinns mit einer Halbwertbreite von 4 bis 4,5 keV über dem Röntgen-Kontinuum zu zählen, also mit einer Energieauflösung von 17 %. Das genügt jedoch noch nicht, um den Analysatorkristall des Röntgengoniometers entbehrlich zu machen. Es ist bisher noch nicht geklärt, ob andere Verstärker eine Verbesserung erzielen lassen. Im oberen Energiebereich ist das heute für Zähldioden überwiegend verwendete Silicium nicht günstig, da es zufolge seines niederen Atomgewichtes eine geringe Absorptionskonstante (3 cm^{-1} für 50-keV-Röntgenstrahlung) hat, so daß keine quantitative Absorption erfolgt.

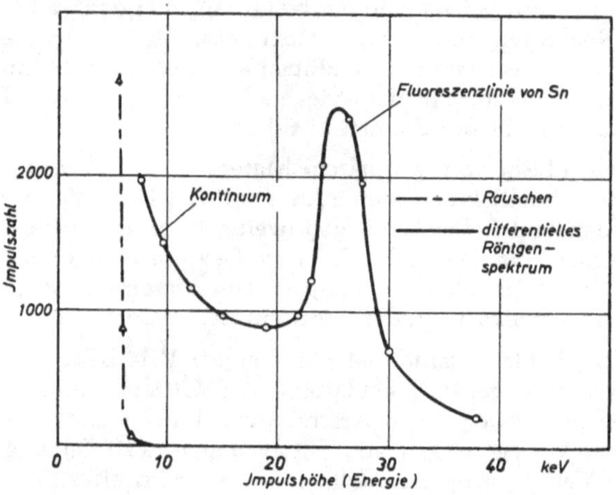

Abb. 19. Spektrum der Konversionselektronen von Zinn-K_α-Röntgenstrahlung. 100 Ωcm p-Si, 0,25 mm^2 Sperrschichtfläche, ca. 100 V, nach [61 V 1]

15. III-V-Verbindungen für Zähldioden würden gerade im letzten Punkte Vorteile gegenüber Silicium bieten, da manche von ihnen, z. B. Galliumarsenid, hohes Atomgewicht, also großen Röntgen-Absorptionskoeffizienten, mit breiter verbotener Zone, also hohem Widerstand, vereinigen. Andere wiederum haben noch höheres Atomgewicht, wie z. B. Indiumantimonid ($A = 112$), jedoch kleine verbotene Zone (InSb 0,24 eV), so daß sie nur mit Kühlung gut betrieben werden könnten. InSb hätte den weiteren Vorteil sehr hoher Elektronenbeweglichkeit und würde daher sehr schnelle Zähler ermöglichen. Borphosphid und Bornitrid sind Halbleiter mit sehr hoher Breite der verbotenen Zone (2,8 bzw. ca. 5 eV), die das für den Nachweis von Neutronen erwünschte Bor gleich zu 50 % im Kristallgitter enthalten, so daß die bei der Neutronenabsorption entstehenden α-Teilchen unmittelbar in der Feldzone erzeugt und nachgewiesen würden, ohne daß eine Absorption in einer vorgelagerten dicken Borschicht auftreten würde und man trotzdem deren hohe Effektivität erreichen könnte. Bei so breiter verbotener Zone wird die Leitfähigkeit eines hinreichend störungsfreien Einkristalls bei Zimmertemperatur so niedrig, daß man nicht mehr auf eine Sperrschicht angewiesen wäre, um trotz des angelegten hohen Feldes hinreichend kleinen Strom und damit kleines Rauschen zu erhalten, sondern wieder zur ursprünglichen Form des reinen Kristallzählers zurückkehren könnte. Damit wären auch die Schwierigkeiten umgangen, die der Erzeugung sehr dicker effektiver Nachweisschichten für die Zählung von Teilchen großer Reichweite mittels der Feldzone in p-n-Übergängen entgegenstehen. Leider werden für alle diese Halbleiter die Reinigung und die

Herstellung von Einkristallen, Kontakten und p-n-Übergängen noch nicht ebenso gut beherrscht wie beim Silicium.

Abschließend glaube ich sagen zu können, daß zwar die Halbleiter-Sperrschichtzähler noch manche Mängel und Herstellungsschwierigkeiten zeigen, daß sie aber bereits heute viele Vorteile gegenüber den bisherigen Detektoren für schnelle ionisierende Teilchen haben. Ich habe auch ihre Nachteile ausführlich aufgeführt und glaube Ihnen gerade damit gezeigt zu haben, welches große und neue Gebiet der Halbleiterforschung hier noch vor uns liegt.

Herrn *H. Kuckuck* bin ich für zahlreiche Diskussionen und Hinweise zu großem Dank verpflichtet.

16. Literatur

Die Literatur ist im wesentlichen in folgenden drei Veröffentlichungen zusammengefaßt, von denen die beiden ersten Vorträge und Diskussionsbemerkungen auf zwei Tagungen speziell über das Thema Halbleiter-Detektoren in den USA im September und Oktober 1960, die dritte eine Monographie über dieses Thema mit ausführlichem Literaturverzeichnis bis Juni 1961 enthält.

1. Mit (PD) bezeichnet: Semiconductor Nuclear Particle Detectors. Edited by *J. W. T. Dabbs* and *F. J. Walter*. Proceedings of an Informal Conference at Asheville, N. C., Sept. 1960, Publication Nr. 871, Washington, National Academy of Sciences — National Research Council 1961.
2. Mit (RD) bezeichnet: Solid State Radiation Detectors. Edited by *R. F. Shea*. Proceedings of the Seventh Annual National Meeting of P.G.N.S., Gatlinburg, Tenn. Oct. 1960, I.R.E. Trans. Nucl. Sci. NS-8, Nr. 1, 1961.
3. *W. Czulius, H. D. Engler* und *H. Kuckuck*, Halbleiter-Sperrschichtzähler, Ergebn. d. exakten Naturwiss., **34**, 236—348 (1961).

[46 S 1] *E. Segrè* and *C. Wiegand*, Stopping power of various substances for fission fragments. Phys. Rev. **70**, 808 (1946).

[47 F 1] *U. Fano*, Ionisation yield of radiation. Phys. Rev. **72**, 26 (1947).

[49 A 1] *W. A. Aron, B. G. Hoffman* and *F. C. Williams*, Range-Energy Curves. AECU-663, Techn. Information Service, Oak Ridge, Tenn. 1949.

[50 L 1] *Lassen*, Kgl. Danske Videnskab Selskab, Mat.-fys. Medd. **25**, Nr. 11 (1950).

[53 S 1] *E. Segrè*, Experimental Nuclear Physics. J. Wiley, New York 1953.

[55 E 1] *R. D. Evans*, The Atomic Nucleus. McGraw-Hill Co., New York 1955.

[58 B 1] *R. Bomal, L. Koch, N. van Dong* et *C. Schneider*, Utilisation des semiconducteurs comme detecteurs de rayonnements nucleaires. IAEA, Paris 1958.

[58 M 1] *W. E. Mott* and *R. B. Sutton*, Scintillation and Čerenkov Counters. Hdb. d. Phys. XLV/II, Springer-Verlag 1958.

[58 S 1] *B. Salzberg* and *K. Siegel*, Semiconductor p-n-junction radiation counters. Proc. I.R.E. **46**, 1536 (1958).

[59 B 1] *R. V. Babcock, R. E. Davis, S. L. Ruby, K. H. Sun* and *E. D. Wolley*, Coated semiconductor is tiny neutron detector. Nucleonics **17**/4, 116 (1959).

[59 M 1] *J. M. McKenzie* and *D. A. Bromley*, Gold-germanium junctions as particle spectrometers. Proc. IRE **106 B**, 731 u. 746 (1959).

[60 B 1] *J. L. Blankenship* and *C. J. Borkowski*, Silicon surface-barrier nuclear particle spectrometer. I.R.E. Trans. Nucl. Sci. NS-7, Nr. 2—3, 190 (1960).

[60 F 1] *S. S. Friedland, J. W. Mayer* and *J. S. Wiggins*, Tiny semiconductor is fast, linear detector. Nucleonics **18**/2, 54 (1960).

[60 H 1] *M. L. Halbert* and *J. L. Blankenship*, Response of Semiconductor surface-barrier counters to nitrogen ions and alpha particles. ORNL-LR-DWG, März 1960.

[60 J 1] O. *Jäntsch*, Sperrkennlinien mit Oberflächendurchbruch von Silicium-p-s-n-Gleichrichtern. Z. f. Naturforsch. **15a**, 302 (1960).
[60 J 2] O. *Jäntsch*, Das Sperrverhalten von Siliciumgleichrichtern in feuchten Gasen. Z. f. Naturforsch. **15a**, 141 (1960).
[60 M 1] *J. B. Marion* and *J. L. Fowler*, Fast Neutron Physics, Bd. I, Interscience Publ. New York 1960.
[60 M 2] *G. L. Miller, W. L. Brown, P. F. Donovan* and *I. M. Mackintosh*, Silicon p-n-junction radiation detectors. I.R.E. Trans. Nucl. Sci. NS-7, Nr. 2—3, 185 (1960).
[61 B 1] *T. M. Buck*, Surface effects on silicon particle detectors (PD, S. 111).
[61 C 1] *A. G. Chynoweth*, Multiplication processes in p-n-junctions (PD, S. 171).
[61 F 1] *E. Fairstein*, Preamplifier configuration and noise (PD, S. 210).
[61 L 1] *T. A. Love* and *R. B. Murray*, Fast neutron spectroscopy with dual detectors (PD, S. 196).
[61 L 2] *T. A. Love* and *R. B. Murray*, The use of surface-barrier diodes for fast-neutron spectroscopy (RD, S. 91).
[61 M 1] *J. M. McKenzie* and *G. T. Ewan*, Semiconductor electron detectors (RD, S. 50).
[61 M 2] *G. L. Miller*, Diskussionsbemerk. (PD, S. 27).
[61 V 1] *J. A. W. van der Does de Bye*, Signal-to-noise ratio of a p-n-junction radiation counter. Philips Res. Repts. **16**, 85 (1961).
[61 W 1] *R. L. Williams* and *P. P. Webb:* Transistor form of nuclear particle detector (PD, S. 182) und (RD, S. 35).

Nachtrag:

Über die letzten Erfolge auf dem Gebiete der Herstellung und Anwendung von Halbleiter-Zählern bringt das Mai-Heft 1962 von *Nucleonics* zusammenfassende Berichte der Vorträge auf dem „8. Scintillation and Semiconductor Counter Symposium" in Washington im März 1962. Die ausführlichen Vortragstexte sind in IRE *Transact. on Nuclear Science* NS-9, Nr. 3, Juni 1962, erschienen. Es handelt sich insbesondere um sehr dicke Feldzonen bis 4 und 6 mm Dicke in Si (sowohl durch außerordentlich hohe Arbeitsspannungen an hochohmigen Oberflächen-Schutzring-Zählern, wie durch Eigenleitungsschichten mittels des Pellschen Lithium-Ionendriftverfahrens) und der damit möglichen hohen Auflösung für γ-Strahlung, energiereiche Elektronen und kosmische Strahlen.

H. REBSTOCK*)

Physik und Technik „schneller Transistoren"

Mit 61 Abbildungen

1. Einleitung

Die Entwicklung von Transistoren für immer höhere Frequenzen und kürzere Schaltzeiten war in den letzten Jahren so erfolgreich, daß es möglich war, die Frequenzbereiche, bis zu denen Transistoren sinnvoll eingesetzt werden können, um Zehnerpotenzen zu erweitern. Während noch um 1955 die obere Frequenzgrenze bei 50 MHz lag, sind heute Transistoren mit maximalen Oszillationsfrequenzen von 4000 MHz und Schaltzeiten von einigen 10^{-9} s hergestellt worden. Um dies zu erreichen, mußten neue physikalische Verfahren ausgearbeitet sowie die Abmessungen der Systeme bis an die Grenze des technisch Möglichen verkleinert werden.

Obwohl Voraussagen auf dem Transistorgebiet äußerst gewagt sind, wird man eine wesentliche Erweiterung des Frequenzumfanges mit konventionellen Transistorstrukturen wohl kaum mehr erwarten können. Die Grenzen dürften sich zwar noch etwas verschieben, doch erscheint schon eine Erweiterung der Grenzfrequenz um den Faktor 10 unwahrscheinlich.

Eine Verwendung der bisherigen Transistoren in Sonderschaltungen bis in den Bereich von 10 000 MHz kündigt sich jedoch an. Wir werden hierauf eingehen.

Die höheren Frequenzbereiche werden wohl anderen Halbleiterbauelementen wie parametrischen Verstärkern, dem MASER (Molecular amplifier by stimulated emission of radiation) und dem LASER (Light amplifier by stimulated emission of radiation) vorbehalten bleiben.

Der Begriff „schnelle Transistoren" wird hier als Oberbegriff für Transistoren für Verstärkerzwecke und für schnelle Schalttransistoren verwendet. Die Trennung der Transistortypen in diese beiden Gruppen ergab sich, da es nicht möglich ist, allen Anforderungen gleichzeitig optimal gerecht zu werden, wie im folgenden näher ausgeführt werden wird.

In den ersten drei (2 bis 4) Kapiteln wird die theoretische Grundlage für die Behandlung der Verstärkertransistoren und der Schalttransistoren gegeben, wobei wir u. a. die neue, für schnelle Vorgänge besonders geeignete Beschreibung des Transistors als ladungsgesteuertes Bauelement diskutieren.

Im fünften Kapitel beschreiben wir die technologischen Verfahren, die eine definierte Beherrschung kleinster geometrischer Abmessungen bis in den Bereich von Basisdicken unter 1 μm und Querabmessungen der Systeme von 50 μm gestatten. Wir werden uns hierbei aus Raumgründen auf die derzeitig wichtigsten Verfahren beschränken.

---

*) Siemens & Halske AG., München, Wernerwerk für Bauelemente.

Im sechsten Kapitel werden einige Aspekte des Verhaltens der Transistoren bei hohen Stromdichten behandelt und ihre Beeinflussung durch die Technik der sogenannten epitaxialen Schichten.

Im letzten Kapitel schließen wir mit einem kurzen Ausblick auf neuere Entwicklungen, wie die des Betriebes von Transistoren oberhalb ihrer Grenzfrequenz und das Problem des „Metal-interface-amplifier" (MIA).

2. Der Transistor als Verstärker bei hohen Frequenzen

Zur Beurteilung der Eignung eines Transistors für die Verwendung bei hohen Frequenzen (ca. 100 MHz bis 4000 MHz) stützt man sich zweckmäßig einerseits auf die Leistungsverstärkung, die mit einer Transistorstufe zu erreichen ist, andererseits auf das Eigenrauschen des Transistors, das insbesondere bei Verwendung in Vorstufen von Bedeutung ist, da es die Grenzempfindlichkeit des Empfängers bestimmt. Weitere nicht unwichtige Gesichtspunkte sind etwa Kreuzmodulationseigenschaften, Klirrfaktor oder Regeleigenschaften des Transistors, auf die aber hier nicht eingegangen werden kann.

Als Grundlage unserer Untersuchung sollen die erstgenannten beiden Problemkreise dienen. Ehe wir hier die Forderungen an die Transistorparameter herausarbeiten, ist eine kurze Behandlung des Schaltungsbegriffes der Leistungsverstärkung notwendig.

2.1 Die Leistungsverstärkung eines Transistors bei hohen Frequenzen und der Zusammenhang mit den physikalischen Kennwerten des Transistors

Die Leistungsverstärkung eines Vierpoles, als den wir den Transistor zunächst betrachten wollen (Abb. 1), ist definiert als das Verhältnis der an einen Lastwiderstand $Z_L = (R_L + i X_L)$ abgegebenen Leistung zu der am Eingang des Transistors auftretenden Leistung:

$$V_N = \frac{\mathrm{Re}\,(u_L\, i_L)}{\mathrm{Re}\,(u_1\, i_1)} = \frac{R_L \cdot i_L^2}{R_1 \cdot i_1^2} \tag{1}$$

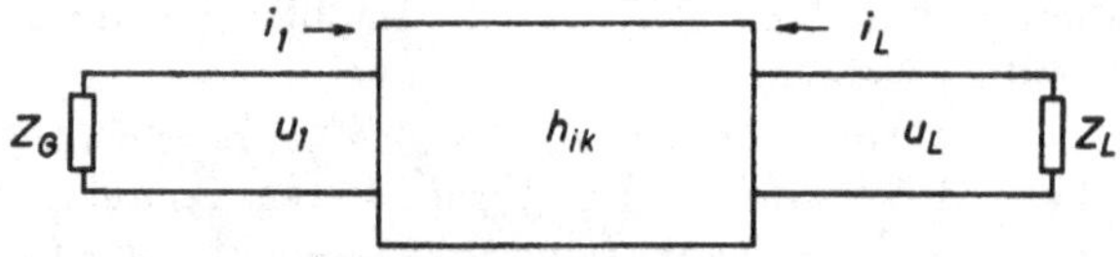

Abb. 1. Der Transistor als Vierpol, beschrieben durch die h-Matrix; Z_G = Generatorimpedanz, Z_L = Lastimpedanz

Übersetzt man diesen Ausdruck in die Beschreibung des Vierpoles mittels der h_{ik}-Matrix¹), so erhält man für die erzielbare Leistungsverstärkung z. B. in Emitterschaltung [1]

$$V_N = \frac{4\, R_G\, G_L \cdot |h_{21}|^2}{|(h_{11} + Z_G)\,(h_{22} + Y_L) - h_{12}\, h_{21}|^2}\,. \tag{2}$$

¹) Die Elemente der h-Matrix ergeben sich bekanntlich nach den Gleichungen

$$u_1 = h_{11}\, i_1 + h_{12}\, u_2\,,$$
$$i_2 = h_{21}\, i_1 + h_{22}\, u_2\,.$$

Für Anwenderzwecke wird meist die Darstellung in Y-Parametern (Leitwerte) gewählt, für physikalische Diskussionen ist jedoch die Hybriddarstellung zweckmäßiger.

Wie aus (2) zu entnehmen ist, hängt die erzielbare Leistungsverstärkung neben von h_{21} einerseits von den Anpassungsbedingungen (Z_G und Y_L), andererseits entscheidend von dem Glied $h_{12}\,h_{21}$ ab, da hierdurch der Nenner gleich Null werden kann. Es ist dies ein Ausdruck der inneren Rückkopplung des Transistors, die unter geeigneten Bedingungen zu einer Verstärkung ∞ und damit zu einer Selbsterregung führen kann.

Für einen gegebenen Transistor erhält man nun Ausdrücke für den Fall der Anpassung $R_G = \mathrm{Re}(h_{11\,E})$ und $Y_L = h_{22\,E}^*$, die für einen Fall, für den die innere Rückkopplung noch untergeordnet ist, die Verhältnisse beschreiben. Setzt man nun nach *R. L. Pritchard* [2] und *L. I. Giacoletto* [3] hier die Shockleyschen Näherungen für die betreffenden h-Parameter ein, so ergibt sich für den Frequenzbereich von $0{,}05\,f_\alpha$ bis $2 f_\alpha$ die optimale Leistungsverstärkung in guter Näherung für einen Transistor mit rein ohmschem Basisausbreitungswiderstand $r_{b'}$ zu:

$$V_{N\,\mathrm{opt}} = \frac{1}{8\,\pi\,f^2} \cdot \frac{f_\alpha}{r_{b'}\,C_C}\,. \tag{3}$$

f_α = Grenzfrequenz in Basisschaltung,
$r_{b'}$ = Basisausbreitungswiderstand,
C_C = Kollektorkapazität (siehe Abb. 2).

Wegen der großen Bedeutung dieser Beziehung und der nicht ganz konsequenten Ableitung bei *Pritchard* wollen wir sie uns unter Umgehung der ausführlichen Berechnung nach *J. B. Angell* [4] plausibel machen, da hierbei der Grundgedanke und die Vernachlässigungen sofort zu übersehen sind.

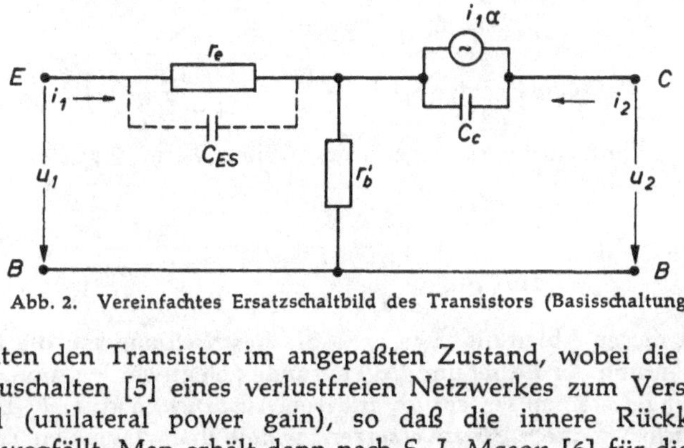

Abb. 2. Vereinfachtes Ersatzschaltbild des Transistors (Basisschaltung)

Wir betrachten den Transistor im angepaßten Zustand, wobei die Rückwirkung h_{12} durch Zuschalten [5] eines verlustfreien Netzwerkes zum Verschwinden gebracht wird (unilateral power gain), so daß die innere Rückkopplung des Transistors wegfällt. Man erhält dann nach *S. J. Mason* [6] für diese verlustfrei neutralisierte optimale Leistungsverstärkung (unilateral power gain) unabhängig von der Schaltungsart (Emitter- oder Basisschaltung)

$$N_U = \frac{|z_{21} - z_{12}|^2}{4\,(r_{11}\,r_{22} - r_{12}\,r_{21})}\,, \tag{4}$$

wobei die $z_{ik} = r_{ik} + i\,x_{ik}$ die Elemente der Impedanzmatrix:

$$\begin{aligned} u_1 &= z_{11}\,i_1 + z_{12}\,i_2 \\ u_2 &= z_{21}\,i_1 + z_{22}\,i_2 \end{aligned}\,, \tag{5}$$

darstellen. Wir benützen diese Form, da sie besonders übersichtliche Ausdrücke liefert.

Die Ausdrücke für die z_{ik} ergeben sich aus dem einfachen Ersatzschaltbild des Transistors nach Abb. 2 für Basisschaltung:

$$\begin{aligned} z_{11} &= \frac{u_1}{i_1}\bigg|_{i_2=0} = r_e + r_{b'}\,, \\ z_{12} &= \frac{u_1}{i_2}\bigg|_{i_1=0} = r_{b'}\,, \\ z_{21} &= \frac{u_2}{i_1}\bigg|_{i_2=0} = r_{b'} + \frac{\alpha}{j\omega C_C}\,, \\ z_{22} &= \frac{u_2}{i_2}\bigg|_{i_1=0} = r_{b'} + \frac{1}{j\omega C_C}\,. \end{aligned} \tag{6}$$

Wir führen hier nun als ersten HF-Einfluß eine Abhängigkeit der Stromverstärkung von der Frequenz ein, indem wir den Einfluß der endlichen Laufzeit der Minoritätsträger durch den Ansatz (siehe hierzu Abschn. 2,2)

$$\alpha = \frac{\alpha_0}{1 + j\,(f/f_a)} \tag{7}$$

berücksichtigen. f_a ist hierbei die Grenzfrequenz in Basisschaltung, d. h. die Frequenz f, bei der die Stromverstärkung auf 0,7 α_0 gefallen ist. Auf die tatsächlichen Verhältnisse, die komplizierter sind, gehen wir im nächsten Abschnitt ein.

Durch Einsetzen von (6) und (7) in (4) erhalten wir dann für die neutralisierte optimale Leistungsverstärkung:

$$N_U = \frac{|\alpha|^2}{4\,(\omega C_C)^2 \left(r_e r_{b'} + \dfrac{\alpha_0 r_{b'}}{C_C} \cdot \dfrac{f/f_a}{1 + (f/f_a)^2} \right)}\,.$$

In vielen Fällen kann nun $r_e r_{b'}$ gegen den zweiten Term der Klammer vernachlässigt werden, so daß sich ergibt:

$$V_{N\,opt} \sim N_U = \frac{|\alpha|^2}{4\,\omega C_C \alpha_0 r_{b'} \dfrac{f/f_a}{1 + (f/f_a)^2}} = \frac{\alpha_0 f_a}{8\pi f^2 \cdot r_{b'} C_C}\,. \tag{8}$$

Wir sehen an dieser Ableitung, wie grob die Beschreibung ist, die bei der ausführlichen Ableitung der Beziehung (3) zugrunde gelegt werden muß. Doch geben exakte Rechnungen keinen wesentlich anderen Ausdruck, nach *P. R. Drouilhet* [7] ist hier lediglich 8 π durch 30 zu ersetzen, womit man dann den Experimenten besser Rechnung trägt.

Für nicht zu hochfrequente Typen hat sich die Beziehung (3) als recht brauchbar erwiesen. Für ausgesprochene Hochfrequenztypen mit eingebautem Driftfeld erwies es sich jedoch als richtiger [8], die Grenzfrequenz f_a durch die im nächsten Abschnitt eingeführte Grenzfrequenz $f_{|\beta|=1}$ zu ersetzen. Dies ist diejenige Grenzfrequenz, bei der die Stromverstärkung in Emitterschaltung gleich eins geworden ist. Eine theoretische Begründung für den nichtneutralisierten Fall findet man bei *Kozuma* und *Miwa* [9] sowie *J. Lindmayer* [10].

Man erhält dann:

$$V_{N\,opt} = \frac{f_{|\beta|=1}}{8\pi f^2 r_{b'} C_C}\,. \tag{9}$$

Ehe wir nun zur Diskussion der Beziehung (8) weitergehen, sei nochmals betont, daß man hiermit keineswegs die maximale Leistungsverstärkung der Verstärkerstufe vor sich hat, da diese durch Zulassung einer (teilweise inneren) Rückkopplung bis auf unendlich ansteigen kann. Bei praktischen Schaltungen pflegt meistens eine gewisse Rückkopplung mit verwendet zu werden.

Doch eignet sich die optimale Leistungsverstärkung sehr gut zum Vergleich verschiedener Transistoren, da sie die an sich nachteilige Rückwirkung nicht positiv bewertet. Wieviel Rückwirkung zugelassen werden kann, hängt ja immer noch von Zusatzforderungen, etwa Rückwärtsdämpfung u. dgl. ab.

Aus obiger Beziehung ergibt sich die *maximale Oszillationsfrequenz* des Transistors, die dann erreicht ist, wenn die Leistungsverstärkung auf 1 abgesunken ist, zu:

$$f_{\max} = \sqrt{\frac{\alpha_0 f_\alpha}{8\pi r_{b'} C_C}} \quad \text{bzw.} \quad = \sqrt{\frac{f_{|\beta|=1}}{8\pi r_{b'} C_C}}\,. \tag{10}$$

Diese maximale Oszillationsfrequenz kann ebenfalls zur Charakterisierung der Hochfrequenzqualität eines Transistors herangezogen werden, da sie charakteristischer ist als die häufig angegebene f_α-Grenzfrequenz. Dieser Gütefaktor ist von der Schaltungsart unabhängig[1]), wie *P. R. Drouilhet* [7] gezeigt hat.

Man erkennt aus (3) daß neben der Abhängigkeit von der Grenzfrequenz die Zeitkonstante $r_{b'} C_C$ wesentlich ist. Es handelt sich hierbei um die Wirkung der Spannungsteilung zwischen Kollektor ($\sim j/\omega C_C$) und dem Basiswiderstand $r_{b'}$. Sehen wir uns nun die Verhältnisse für die optimale Leistungsverstärkung im verlustlos neutralisierten und angepaßten Verstärker näher an.

Bei tiefen Frequenzen geht im angepaßten Fall bei vernachlässigter oder verlustlos neutralisierter Rückwirkung $h_{12} = 0$ (2) über in

$$V_{N\,\mathrm{opt}} \approx \frac{h_{21}^2}{h_{11} h_{22}} = h_{21}^2 \cdot \frac{1/h_{22}}{h_{11}}\,, \tag{11}$$

d. h. die Leistungsverstärkung ist bei tiefen Frequenzen gleich dem Quadrat der Stromverstärkung und dem Verhältnis von Ausgangs- zu Eingangsimpedanz. Bei steigender Frequenz wird die Kollektorimpedanz in zunehmendem Maße durch die Kollektorkapazität überbrückt, die Phasenverschiebung der Stromverstärkung nach (7) kommt ins Spiel und die Leistungsverstärkung fällt nach Gl. (9) mit $1/f^2$ (6 db je Frequenzoktave = 20 db je Dekade) ab. Man erhält daher einen Verlauf nach Abb. 3. Die maximale Oszillationsfrequenz ist erreicht, wenn $V_{N\,\mathrm{opt}} = 1$ geworden ist.

---

[1]) Bei der experimentellen Verwirklichung der Neutralisation treten jedoch für die einzelnen Schaltungsarten Unterschiede für unterschiedliche Transistortypen auf, wie *J. B. Angell* [4] gezeigt hat. Wesentliches Unterscheidungsmerkmal ist hierbei bei einem Betrieb eines Transistors bei derselben relativen Frequenz $f/f_{\max}$, ob $f_{\max}$ größer als f_α oder kleiner als f_α ist. Höhere Leistungsverstärkung bei einer Frequenz f/f_α ergibt hierbei (Basisschaltung) bei gleichem $f_{\max}$ der Transistor mit relativ niedriger f_α aber kleinem r_b, C_C (hochohmigerer Ausgang und damit geringere Dämpfung). Diese Forderung kleines f_α steht in gewissem Gegensatz zu der Anforderung an einen Transistor für Breitbandverstärker. Da in diesem Falle kleine Phasendrehung der Stromverstärkung gefordert wird (Gegenkopplung über mehrere Stufen) und man vom Falle der Anpassung weit entfernt ist, muß in diesen Fällen hohes f_α auch auf Kosten von r_b, C_C gefordert werden. (Eine Verringerung der Basisdicke w erhöht f_α und $r_{b'}$.)

Während für niedrige Frequenzen die Stromverstärkung

$$h_{21} = \frac{i_2}{i_1} \bigg|_{u_2 = 0} \tag{12}$$

entscheidend ist, ist bei hohen Frequenzen ausschließlich f_α, $r_{b'}$ und C_C maßgebend. Ein Transistor mit hoher Gleichstromverstärkung hat in dieser Hinsicht keinen Vorteil mehr (Abb. 3).

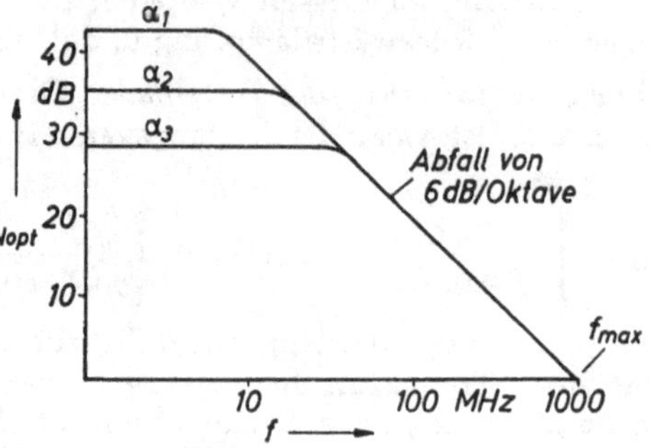

Abb. 3. Angepaßte, neutralisierte Leistungsverstärkung eines Transistors in Abhängigkeit von der Frequenz für verschiedene Stromverstärkungen $\alpha_1 > \alpha_2 > \alpha_3$

Wir wenden uns nun den in Gl. (8) auftretenden Größen zu und diskutieren die physikalischen Aspekte, wobei wir bewußt die komplizierten Ableitungen umgehen und uns darauf beschränken, die Zusammenhänge klar zu machen.

2.2 Die Frequenzabhängigkeit der Stromverstärkung

Das Prinzip des Transistors besteht bekanntlich darin, daß ein in Flußrichtung gepolter unsymmetrischer pn-Übergang Minoritätsträger in die Basiszone injiziert. Diese Minoritätsträger überqueren eine homogene dotierte Basiszone (bei kleinen Stromdichten) durch Diffusion und werden vom in Sperrichtung gepolten Kollektor abgesaugt. Dieser Vorgang benötigt Zeit und da die Geschwindigkeiten im Festkörper wesentlich kleiner sind als z. B. die Elektronengeschwindigkeiten in einer Elektronenröhre, treten Laufzeiteffekte schon bei sehr kleinen Abmessungen auf.

Maßgebend für diese Laufzeiteffekte ist im Prinzip die Summe der Laufzeiten durch die Raumladungszone und in der Basis. Doch spielt hier der Vorgang der Diffusion durch die Basiszone die Hauptrolle. Zwar kann bei HF-Transistoren die Ausdehnung der Kollektorraumladungszone (etwa 10 µm) die der Basiszone

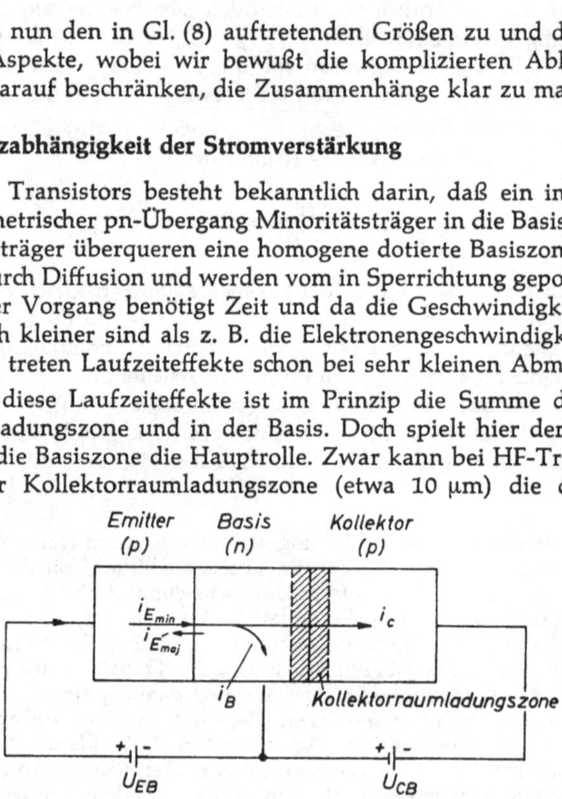

Abb. 4. Transistorschema ($I_{E\,min} + I_{E\,maj} = I_{E\,ges}$)

(etwa 1 μm) übertreffen, doch bewegen sich die Ladungsträger in der Raumladungszone mit Geschwindigkeiten in der Größenordnung $6 \cdot 10^6$ cm/s für Germanium, $9 \cdot 10^6$ cm/s für Silicium (abhängig von der Feldstärke; siehe hierzu *E. Ryder* [11]). Die Flugzeiten durch eine Kollektorschicht von 10 μm Dicke liegen damit in der Größenordnung 10^{-10} s, so daß der Einfluß etwa ab einigen 100 MHz spürbar wird. Besonders verstärkt wird dieser Effekt bei den modernen HF-Transistoren, die unter Zuhilfenahme von eingebauten Dotierungsgradienten die Träger in der Basiszone noch durch ein elektrisches Driftfeld beschleunigen (s. u.). Doch wollen wir hiermit zunächst von den Vorgängen in den Kollektorraumladungszonen absehen und die Haupteffekte diskutieren.

Die Stromverstärkung in Basisschaltung $\alpha = h_{21} = \left. \frac{i_E}{i_B} \right|_{u_{CB}=0}$

gliedert man üblicherweise [12] in die Teileffekte auf:

$$\alpha = \gamma \cdot \beta \cdot \alpha^* \cdot M. \tag{13}$$

Hierbei ist γ die sogenannte Emitterergiebigkeit, die den Anteil der Minoritätsträger $I_{E\,min}$ am Emittergesamtstrom $I_{E\,ges}$ angibt:

$$\gamma = \frac{I_{E\,min}}{I_{E\,ges}}.$$

β ist der sogenannte Transportfaktor, der nach Betrag und Phase den Bruchteil des Minoritätsträgerstromes angibt, der den Kollektor erreicht, während α^* der sogenannte Kollektoreinfangfaktor ist, der bei hochohmigem Kollektor von Bedeutung wird. M ist der Multiplikationsfaktor der Minoritätsträger in der Kollektorsperrschicht, der bei Spannungen in der Größenordnung der Sperrspannung U_{CB} eine Rolle spielt (n-Zahlenfaktor, der vom Transistortyp abhängt).

$$M = \frac{1}{1 - (U/U_{CB})^n}.$$

Wir betrachten hier zunächst die Frequenzabhängigkeit von β und γ, und definieren für jeden der beiden Vorgänge eine Grenzfrequenz, bei der der Betrag auf den 0,7ten Teil abgesunken ist. Man erhält dann die resultierende Grenzfrequenz nach der Beziehung [13] [1]):

$$\frac{1}{f_\alpha} = \frac{1}{f_{\alpha\gamma}} + \frac{1}{f_{\alpha\beta}} + \left(\frac{1}{f_{\alpha c}}\right). \tag{14}$$

Im Sinne der Shockleyschen Theorie für kleine Injektionen handelt es sich hierbei um die Zeitkonstanten infolge der Emittersperrschichtkapazität ($1/f_{\alpha\gamma}$) und der Diffusionskapazität ($1/f_{\alpha\beta}$). Wir wollen hier die ausführlichen Ableitungen der Theorie nicht explizit angeben, zumal sie für viele praktische Fälle einer Ergänzung bedarf [14]. Für das Kollektorglied $1/f_{\alpha c}$ könnten wir im Sinne des oben Gesagten die Flugzeit der Träger ansetzen:

$$\frac{1}{f_{\alpha c}} = \frac{x_m}{2\,v_{lim}}. \tag{15}$$

x_m Sperrschichtdicke, v_{lim} Grenzgeschwindigkeit.

---

1) Zuweilen wird Gl. (14) auch als Summe verschiedener Laufzeitglieder $1/f_\alpha = 2\pi\,(t_E + t_B + t_C)$ dargestellt.

Diskussion von $f_{\alpha\gamma}$

Bei hohen Frequenzen stellt die Kapazität der Emittersperrschicht C_{ES} einen kapazitiven Nebenschluß dar (Abb. 2), der den Emitterwirkungsgrad mit steigender Frequenz immer mehr absenkt, da der Verschiebungsstrom als Majoritätsträgerstrom wirkt. Dieser Effekt ist besonders ausgeprägt bei Transistoren mit diffundierter Basis (s. Abschnitt 5), da hier infolge der hohen Dotierung des emitterseitigen Basisgebietes die Kapazität groß ist.
Es ergibt sich dann mit $I_{E\,ges} = I_{E\,min} + I_{E\,maj} + I_{E\,Versch}$

$$\gamma = \frac{1}{1 + \dfrac{I_{E\,maj} + I_{Versch}}{I_{min}}} \tag{16}$$

und bei einem guten Emitter mit $I_{E\,maj} \ll I_{E\,min}$ vereinfacht:

$$\gamma = \frac{1}{1 + \dfrac{I_{Versch}}{I_{E\,min}}} .$$

Setzt man nun

$$I_{E\,min} \approx \frac{U_E}{r_E} = U_E \cdot \frac{q\,I_E}{k\,T}$$

nach der Shockleyschen Theorie und für

$$I_{E\,Versch} = U_E \cdot j\,\omega\,C_{ES} ,$$

so ergibt sich (genauer siehe [15]):

$$\gamma \approx \frac{1}{1 + \dfrac{j\,\omega\,C_{ES} \cdot k\,T}{q\,I_E}}$$

oder

$$2\pi f_{\alpha\gamma} = \frac{1}{C_{ES}} \cdot \frac{q\,I_E}{k\,T} . \tag{17}$$

Interessanterweise steht in Beziehung (17) der Emitterstrom im Zähler, d. h. bei steigendem Emitterstrom wird die Grenzfrequenz des Emittergliedes immer größer und damit gegenüber $f_{\alpha\beta}$ in (15) vernachlässigbar. Dies ist ein Ausdruck der Tatsache, daß in der Parallelschaltung von Emitterdiode und Sperrschichtkapazität letztere bedeutungslos wird, wenn bei hohen Strömen der Emitter-Flußwiderstand der Diode

$$r_E = \frac{k\,T}{q\,I_E} \to 0$$

geht. (Siehe Ersatzschaltbild Abb. 2.)
Will man daher bei einem HF-Transistor, der wie unten noch gezeigt wird, mit einem Driftfeld in der Basis hergestellt wird und daher relativ großes C_{ES} aufweist, eine hohe Grenzfrequenz erreichen, so ist es zweckmäßig, ihn bei höheren Strömen zu betreiben[1]).

---

[1]) Dies trifft nur soweit zu, als nicht die in Kapitel 6.4 behandelten Effekte wieder zu einem Abfall von f_α führen. Außerdem sind für die endgültige Dimensionierung noch andere Gesichtspunkte, wie etwa eine Rauschforderung, die nach Abschnitt 2.6 kleine Ströme erfordert, ausschlaggebend.

In Abb. 5 ist die Abhängigkeit der Grenzfrequenz eines Drifttransistors vom Strom dargestellt. Im Bereich kleiner Ströme ist deutlich der Einfluß der Emitterkapazität zu erkennen.

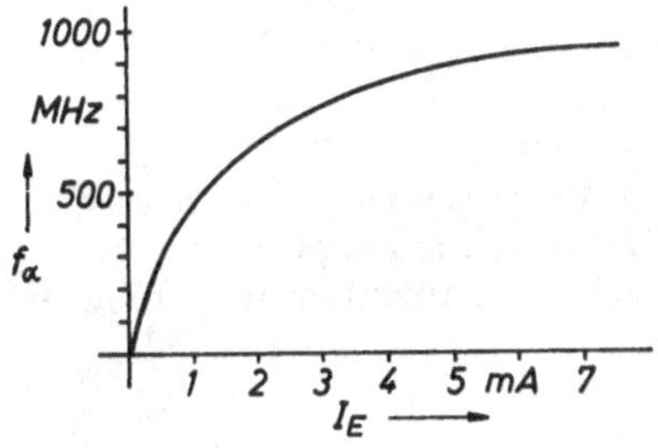

Abb. 5. Grenzfrequenz eines Transistors mit Driftfeld mit starkem Einfluß der Emittersperrschichtkapazität als Funktion des Emitterstromes

Diskussion von $f_{\alpha\beta}$

Wir wenden uns nun der zweiten Größe in Gl. (14) zu, der Grenzfrequenz, die durch den Ausbreitungsfaktor β gegeben ist. Es handelt sich hierbei um den wirksamsten Laufzeiteffekt, die Berücksichtigung der Laufzeit durch die Basiszone.

Ein vom Emitter ausgehender Injektionsimpuls von Minoritätsträgern benötigt eine gewisse Zeit t_B um die Basis zu durchqueren, d. h. ein Wechselstromsignal kommt mit einer gewissen Phasendrehung (Nacheilung) und Verbreiterung am Kollektor an, was zu einer Phasenverschiebung des Kollektorstromes gegenüber dem Emitterstrom Anlaß gibt. Die Laufzeit ist, da es sich um einen Diffusionsprozeß handelt, quadratisch von der Basisdicke w abhängig:

$$t_B = \frac{w^2}{2\,D_{min}} \tag{18}$$

mit w Basisdicke, D_{min} Diffusionskonstante der Minoritätsträger.

Während der Bewegung der Minoritätsträger durch die Basiszone gehen außerdem Träger durch Rekombination verloren, so daß sich für den Transportfaktor nach der Shockleyschen Theorie ergibt:

$$\beta = \frac{1}{\cosh\left(\frac{w}{L_m}\sqrt{1 + j\,\omega\,\tau_m}\right)} = \frac{1}{\cosh\sqrt{\left(\frac{w}{L_m}\right)^2 + j\,\omega\,2\,t_B}} \tag{19}$$

mit $L_{min} = \sqrt{D_{min}\,\tau_{min}}$ Diffusionslänge der Minoritätsträger in der Basis,
τ_{min} Lebensdauer der Minoritätsträger in der Basis.

Da die numerische Behandlung von Gl. (19) schwierig ist, hat man sich nach Näherungslösungen umgesehen. Neben der ersten Näherung der Gl. (7) werden die Verhältnisse durch eine von *R. M. Middlebrook* [16] angegebene Näherungslösung

$$\beta \approx \beta_0 \frac{1 - j\,0{,}2\,f/f_\alpha}{1 + j\,1{,}04\,f/f_\alpha} \sim \beta_0 \frac{e^{-j\,0{,}2\,f/f_\alpha}}{1 + j \cdot f/f_\alpha} \tag{20}$$

gut beschrieben. Vereinfacht ergibt sich Gl. (7), womit man dann die Frequenzabhängigkeit eines RC-Gliedes vor sich hat.

Aus (19) erhält man für vernachlässigte Volumrekombination ($w/L_{min} = 0$) die Beziehung zwischen Laufzeit und Grenzfrequenz, d. h. der Frequenz, bei der $|\alpha|$ auf 0,7 α_0 abgesunken ist, zu:

$$\omega_\alpha = 2\,\pi\,f_\alpha = \frac{2{,}43}{2\,t_B} = 2{,}43\,\frac{D_{min}}{w^2}\,, \tag{21}$$

d. h. die Grenzfrequenz f_α wird um so größer, je kleiner die Basisdicke w und je größer die Diffusionskonstante $D_{\min}$ der Minoritätsträger in der Basis ist.

Der Verlauf der Beziehungen (20) und (7) ist in Abb. 6 in der komplexen Darstellung aufgetragen. Man erkennt hier z. B., daß der Phasenwinkel der Grenzfrequenz nach (7) 45° beträgt, während die genauere Beziehung (19) einen größeren Wert liefert.

Die Abhängigkeit dieser theoretischen Grenzfrequenz von der Basisdicke w ist in Abb. 7 für die hauptsächlich interessierenden Fälle Germanium und Silicium angegeben. Germanium ist infolge seiner größeren Trägerbeweglichkeiten für HF-

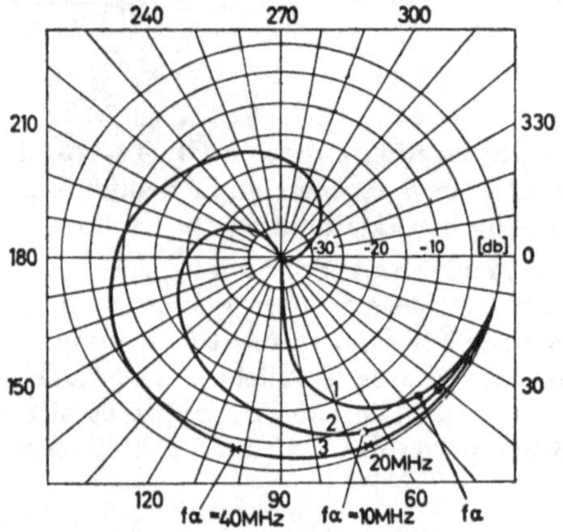

Abb. 6. Komplexe Darstellung des Transportfaktors β als Funktion der Frequenz für
1 RC-Glied (Gl. 7)
2 Transistor nach *Shockley*
3 Transistor mit Driftfeld

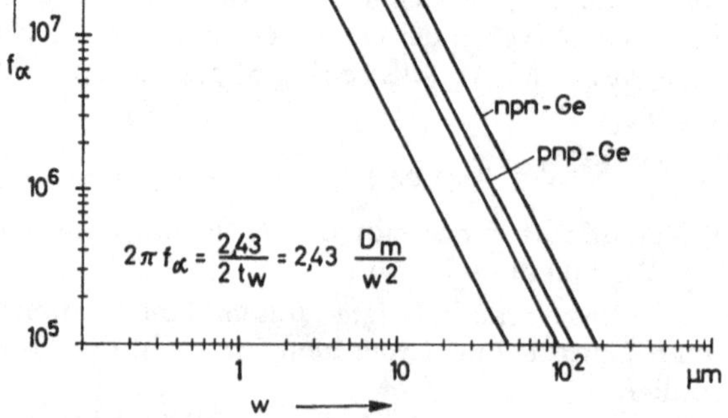

Abb. 7. Theoretische Grenzfrequenz f_α als Funktion der Basisdicke w (nur Anteil des Transportfaktors β) für Germanium- und Siliciumtransistoren

Transistoren besser geeignet, sowie in dieser vereinfachten Darstellung die npn-Struktur günstiger als die pnp-Struktur. (Die Elektronen haben die größere Beweglichkeit; siehe hierzu jedoch Kap. 3).

Nun gibt es eine Möglichkeit, die *Diffusionszeit der Minoritätsträger in der Basiszone zu reduzieren.* Dies gelingt dadurch, daß man durch ein elektrisches Feld die Träger zusätzlich beschleunigt. Insbesondere kann man dies durch Einbau eines Störstellengradienten in die Basis erreichen (s. Drifttransistor Abschn. 5.1). Diese Raumladung der Störstellen ist aus Neutralitätsgründen durch eine denselben Gradienten aufweisende Trägerwolke des umgekehrten Vorzeichens kompensiert. Nun ist jedoch dieser Gradient der beweglichen Ladungsträger ohne eine Zusatzkraft nicht stabil, vielmehr haben die Teilchen das Bestreben, in Richtung des Gradienten so lange abzudiffundieren, bis der Gradient abgebaut ist. Da in diesem Falle die Neutralität verletzt wäre, baut sich durch eine geringe Verschiebung der Ladungsschwerpunkte ein elektrisches Feld auf, das die beweglichen Ladungsträger in ihrer Lage am Diffusionsberg hält. Dieses Feld, das auf die beweglichen Majoritätsträger der Basis rücktreibend wirkt (wenn die Dotierung in Richtung zum Kollektor abnimmt), beschleunigt die vom Emitter kommenden Minoritätsträger. Der Vorgang ist in Abb. 8 für den Fall eines pnp-Transistors grob veranschaulicht. Außerdem wird die Streuung der Flugzeiten der einzelnen Träger reduziert, so daß die Diffusionsfront länger ihr Ausgangsprofil erhält.

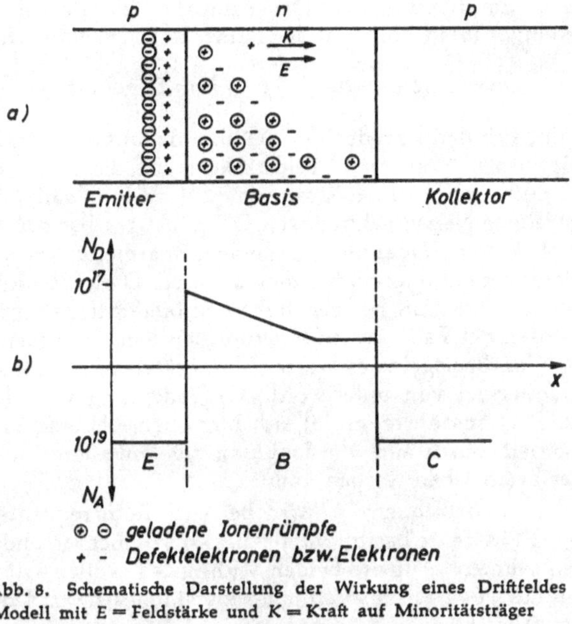

Abb. 8. Schematische Darstellung der Wirkung eines Driftfeldes
a) Modell mit E = Feldstärke und K = Kraft auf Minoritätsträger
b) Störstellenverteilung N_D = Donatorenkonzentration
N_A = Akzeptorkonzentration

Dieses innere elektrische Feld besitzt jeder inhomogen dotierte Halbleiter. Für den Fall des eingebauten Driftfeldes kann man nach *H. Krömer* [17] den Transportfaktor β berechnen:

$$\beta = e^{\eta} \frac{Z}{\eta \sinh Z + Z \cosh Z} \tag{22}$$

mit

$$Z = \sqrt{\eta^2 + j\Phi}\,; \quad j\Phi = \frac{w^2}{L_m{}^2}(1 + j\omega\tau_m) \approx j\omega\frac{w^2}{L_m{}^2} \quad \eta = \frac{q\Delta V}{2kT} = \frac{1}{2}\ln\frac{n_{BE}}{n_{BC}}\,.$$

(ΔV inneres Potential, n_{BE}, n_{BC} Basisdotierung an Emitter bzw. Kollektor.) η beschreibt die Wirkung des elektrischen Feldes; für $\eta = 0$ erhält man (19). Die Diskussion ergibt, daß die Grenzfrequenz f_α um einen Faktor $\eta^{3/2}$ vergrößert werden kann, die Phasendrehung der Grenzfrequenz ist dann um den Faktor $\eta^{1/2}$ vergrößert. Für Germanium könnte hier theoretisch der Faktor 8 in der Grenzfrequenz erreicht werden, unter Berücksichtigung der Tatsache, daß die Emitterdotierung mindestens um den Faktor 50 über der Basisdotierung liegen muß, womit sich für Ge $\Delta V = 200$ mV, für Si $\Delta V = 330$ mV ergibt [17]. Die realisierten Werte der Grenzfrequenzerhöhung liegen jedoch tiefer.

Gl. (20) ist für den Fall des Drifttransistors nach *D. E. Thomas* und *I. L. Moll* [18] zu modifizieren in

$$\beta = \beta_0 \frac{e^{-j\,m\,(f/f_\alpha)}}{1 + j\,(f/f_\alpha)}\,, \tag{20 a}$$

wobei eine Größe m eingeführt wird, die nach

$$m = \frac{1-K}{K} = \frac{f_\alpha(1-\alpha_0)}{f_\beta} - 1 \quad \text{mit} \quad K = \frac{f_\beta}{(1-\alpha_0)\,f_\alpha}$$

vom Verlauf der Stromverstärkung oberhalb f_β abhängt. f_β bedeutet hier die Grenzfrequenz in Emitterschaltung. Der Faktor m kann nach *te Winkel* [19] direkt mit dem eingebauten Potential des Driftfeldes verknüpft werden:

$$m = 0{,}22 + 0{,}98 \cdot \frac{q\Delta V}{kT} \quad (m \text{ in Bogenmaß})\,.$$

Für $\Delta V = 0$ ergibt sich dann wieder $m = 0{,}2$ und damit Gl. (20). Die Exponentialverteilung stellt infolge konstanter Feldstärke meist die günstigste Störstellenverteilung dar, doch konnte *L. J. Varnerin* [20] zeigen, daß maximale Grenzfrequenz für gegebene Nebenbedingungen wie günstiger Basisausbreitungswiderstand $r_{b'}$ und Kollektorsperrspannung mit einem retardierenden Feld erreicht werden kann, da dann eine dünnere Basis möglich wird. Diese Betrachtungen werden noch dadurch modifiziert, daß bei den hohen Stromdichten der modernen Hochfrequenztransistoren der Fall starker Injektion vorliegt. In diesem Falle wird die Grunddotierung des Basisgebietes durch Minoritätsträger „überschwemmt", so daß die Grunddotierung von untergeordneter Bedeutung wird [21]. Wie schon *W. M. Webster* [14] ausführte, ergibt sich hier ebenfalls eine Trägerbeschleunigung, die rechnerisch durch eine Verdopplung der Diffusionskonstante D_{min} der Minoritätsträger beschrieben werden kann.

Die Messung der Grenzfrequenz f_α wird bei sehr hochfrequenten Transistoren noch durch einige Störeffekte beeinflußt, die u. a. zusammenfassend von *R. Wiesner* [22] beschrieben wurden. Auf die beiden wichtigsten wollen wir kurz eingehen, nämlich den Einfluß des Basisausbreitungswiderstandes $r_{b'}$ und den der äußeren Emitter-Basiskapazität C_{EB}.

a) Beeinflussung der Stromverstärkung α durch den Basisausbreitungswiderstand $r_{b'}$

Berücksichtigt man in dem Abb. 2 entsprechenden einfachen Ersatzschaltbild nach Abb. 9 den Einfluß des Basiswiderstandes auf die inneren Transistorparameter, so ergibt sich nach *R. L. Pritchard* [15]:

$$\alpha = \frac{\alpha_i + r_{b'}\,h_{22}}{1 + r_{b'}\,h_{22}} = \frac{\alpha_i + j\omega r_{b'}\,C_C}{1 + j\omega r_{b'}\,C_C}\,. \tag{23}$$

Für C_C kann hier bei nicht zu großen Strömen die Diffusionskapazität vernachlässigt und nur die Kapazität des pn-Überganges angesetzt werden. Man erkennt aus Gl. (23), daß für große Produkte $r_{b'}\,C_C$ die Gesamtstromverstärkung α wieder gegen eins geht. Solche Verläufe sind in Abb. 9 nach [22] durch künstliche Erhöhung des Basisausbreitungswiderstandes (Vorschaltung eines Zusatzwiderstandes) veranschaulicht. In diesem Falle ist der Transistor aber kein Verstärker mehr, sondern nur noch ein passives Netzwerk, da der innere Stromgenerator durch h_{22} kurzgeschlossen wird und die Spannungsteilung zwischen $r_{b'}$ und $1/j\,\omega\,C_C$ das Verhalten bestimmt.

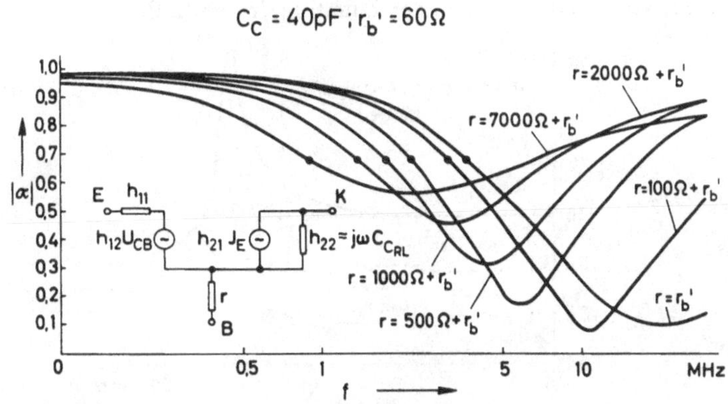

Abb. 9. Veranschaulichung der Verfälschung des Verlaufes der Stromverstärkung $\alpha = f(f)$ durch vorgeschaltete Widerstände in der Basisleitung

Bei Transistoren mit großem $r_{b'}$ oder C_C muß man sich demnach vor Fehlmessungen in acht nehmen und jeweils prüfen, ob man sich nicht schon etwa wieder im ansteigenden Ast befindet.

Nach *J. Lindmayer* und *C. Wrigley* [23] kann man für den Beitrag des Basiswiderstandes auch für moderne Drifttransistoren ansetzen (Laufzeit in der Kollektorsperrschicht vernachlässigt, $f_{\alpha C}$ in Gl. (14) sehr groß; $\omega = 2\pi f$):

$$\frac{1}{\omega_\alpha} = \frac{1}{\omega_{\alpha\gamma}} + \frac{1}{\omega_{\alpha\beta}} + \frac{2}{\omega_{\alpha C}}. \qquad (24)$$

Man modifiziert also Gl. (14) direkt durch das Glied

$$\omega_{\alpha C} = \frac{1}{r_{B'}\,C_C},$$

das allerdings mit dem Faktor zwei eingeht. Der Index C in $\omega_{\alpha C}$ hat hier eine andere Bedeutung als in Gl. (14).

Bei Anwendung dieser Beziehung ist jedoch zu beachten, daß einerseits in Gl. (8) nur die durch die ersten beiden Glieder definierte Grenzfrequenz eingeht ($r_{b'}\,C_C$ ist getrennt berücksichtigt) und andererseits bei allen Umrechnungen in Emitterschaltung ebenfalls das dritte Glied wegzulassen ist, da bei dem meist üblichen Betrieb mit Stromeinprägung der Basisausbreitungswiderstand als Vorschaltwiderstand keine Rolle spielt.

b) Einfluß der äußeren Kapazität C_{EB}

Von den parasitären Kapazitäten, die u. a. von den Gehäusen verursacht werden, hat in Basisschaltung die Kapazität C_{EB} besondere Bedeutung, da sie mit dem häufig induktiven Eingangswiderstand h_{11} zu einem Resonanzeffekt Anlaß gibt [24]

$$\alpha = \frac{\alpha_i}{1 + j\omega h_{11} C_{EB}} .$$

Die „äußere" Stromverstärkung α wird dann in manchen Bereichen größer als eins, da der in der Emitterzuleitung fließende Strom kleiner sein kann als der in den Zweigen des Parallelresonanzkreises h_{11} und C_{EB}. Abb. 10 veranschaulicht den Effekt z. B. für verschiedene Länge der Zuleitungdrähte [22].

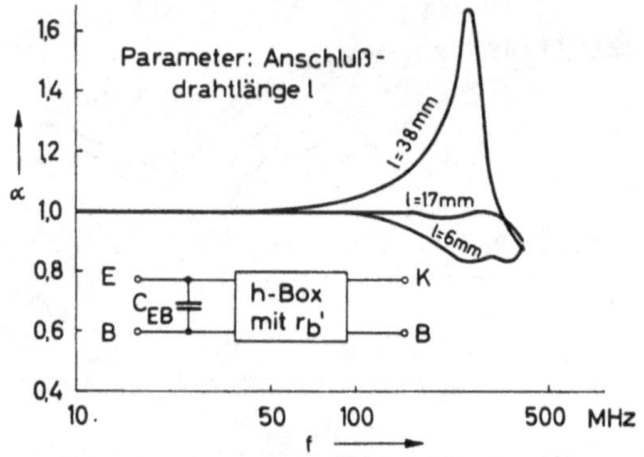

Abb. 10. Einfluß der Kapazität zwischen Emitter und Basis (Schaltkapazität) auf die Stromverstärkung α in Basisschaltung

Ähnlich wie bei a) wird die richtige Messung der Grenzfrequenz in Basisschaltung f_α erschwert.

Aus den oben angeführten Gründen, die für sehr hochfrequente Transistoren die Bestimmung der α-Grenzfrequenz sehr schwierig gestalten, verwendet man zur Charakterisierung des HF-Verhaltens eines Transistors besser die Frequenz, bei der die Stromverstärkung in Emitterschaltung gleich 1 geworden ist. In Emitterschaltung spielt $r_{b'}$ keine Rolle, da der Basiswiderstand hier lediglich dem Eingang vorgeschaltet ist, so daß der unter a) behandelte Effekt ungefährlich ist.

2.3 Die Definition anderer Grenzfrequenzen und ihre Beziehungen zur Grenzfrequenz in Basisschaltung f_α

Definieren wir neben der Grenzfrequenz f_α in Basisschaltung die Grenzfrequenz in Emitterschaltung f_β, d. h. die Frequenz, bei der die Stromverstärkung in Emitterschaltung auf das 0,7fache der Gleichstromverstärkung β_0 abgefallen ist, so gilt in erster Näherung die Beziehung:

$$f_\beta = (1 - \alpha_0) f_\alpha . \tag{25}$$

Häufiger verwendet wird noch die Frequenz, bei der die Stromverstärkung in Emitterschaltung bei kurzgeschlossenem Ausgang auf 1 abgesunken ist, die sogenannte: $f_{|\beta|=1}$-Grenzfrequenz, die auch dadurch zu charakterisieren ist, daß

$$\mathrm{Re}(\alpha) = 0{,}5\,\alpha_0$$

ist. Es gilt dann

$$f_{|\beta|=1} = \beta_0 \cdot f_\beta . \tag{26}$$

$f_{|\beta|=1} = f_T$ wird meist als Verstärkungs-Bandbreite-Produkt (gain bandwith product) bezeichnet. Diese Beziehungen gelten exakt nur für die Frequenzabhängigkeit des RC-Gliedes (Abb. 6, Kurve 1). Für den allgemeineren Fall mit Driftfeld in der Basis gilt nach *D. E. Thomas* und *J. L. Moll* [18], wie für den Transportfaktor β, so auch für die Stromverstärkung α (siehe Gl. (20 a); Seite 256):

$$\alpha = \frac{\alpha_0}{1 + j f/f_\alpha} e^{-j m (f/f_\alpha)} \tag{27}$$

mit

$$m = \frac{1-K}{K} = \frac{f_\alpha}{f_\beta}(1-\alpha_0) - 1 \quad \text{und} \quad K = \frac{f_\beta}{(1-\alpha_0) f_\alpha}.$$

Hiermit gehen dann die Beziehungen (25) und (26) in die der Praxis hochfrequenter Drifttransistoren besser angepaßten Beziehungen:

$$f_\beta = K(1-\alpha_0) f_\alpha, \tag{25 a}$$

$$f_{|\beta|=1} = K \alpha_0 f_\alpha = \beta f_\beta \tag{26 b}$$

über.

Die Größe K ergibt sich für den RC-Verlauf zu 1, für den Transistor nach *Shockley* zu $K = 0{,}82$ und für einen Drifttransistor zu etwa $K = 0{,}5$. Dies hat u. a. zur Folge, daß die Grenzfrequenz für $|\beta| = 1$ nicht, wie im Fall erster Näherung etwa gleich $\alpha \cdot f_\alpha$ wird, sondern wesentlich tiefer liegen kann.

Mit diesen Beziehungen können wir nun in Gl. (8) das der Messung schwer zugängliche f_α durch das übliche $f_{|\beta|=1}$ ersetzen. Nach der genaueren Beziehung (25 b) würde (8) dann lauten:

$$V_{N\,opt} = \frac{f_{|\beta|=1}}{30 K f^2 r_{b'} C_C}. \tag{27}$$

Experimentelle Untersuchungen von *McCotter, Walker* und *Fortini* [8] am MADT-Transistor (s. unten) sowie eigene Untersuchungen am Germanium-Mesatransistor ergaben jedoch, daß es besser mit den Untersuchungen übereinstimmt, wenn man in (27) $K = 1$ setzt. (Theoretische Diskussion [9, 10] s. auch Gl. 9.)

Fassen wir nun nochmals zusammen, welche Forderungen an einen Transistor zu stellen sind, damit er bei hohen Frequenzen gute Leistungsverstärkung liefert:

1. Um $f_{|\beta|=1}$ bzw. f_α groß zu machen, hat man nach (21) und (14) die Basisdicke w und nach (17) die Emittersperrschichtkapazität C_{EBS} klein zu machen. Erhöhen kann man f_α ferner durch Betrieb bei höherem Strom, womit man den Einfluß von $f_{\alpha\gamma}$ unterdrücken kann (Gl. 17 und 14).

   Ein Driftfeld in der Basis erhöht ebenfalls f_α.

   Über die Diffusionskonstante D_{min} in (21) geht noch der Materialeinfluß sowie der Transistortyp (npn oder pnp) ein.

2. Es ist $r_{b'}$ klein zu machen. Dies kann entweder durch dicke Basis oder hohe Basisdotierung erreicht werden.

   Da die Möglichkeit einer dicken Basis nach 1 nicht in Frage kommt, wird man die Basisdotierung so hoch machen, wie es im Interesse eines guten Emitterwirkungsgrades γ sowie einer noch ausreichenden Emitter-Sperrspannung möglich ist.

3. Es ist die Kollektorkapazität C_C klein zu halten, was durch kleine Kollektorfläche sowie hochohmiges Material in der Nähe der Kollektorsperrschicht zu erreichen ist.

2.4 Das Eigenrauschen des Transistors und sein Zusammenhang mit den physikalischen Kennwerten des Transistors

Über die Rauscheigenschaften von Halbleitern und Halbleiterbauelementen ist in den letzten Jahren eine so umfangreiche Literatur entstanden, daß sie im Rahmen dieser kurzen Übersicht unmöglich ausführlich diskutiert werden kann. Wir beschränken uns daher auf eine kurze Literaturzusammenstellung [25—53] und behandeln einige Arbeiten etwas gründlicher, so daß wir in der Lage sind, die grundsätzlichen Forderungen an einen Hochfrequenztransistor aufzustellen.

In den ersten Jahren nach der Erfindung des Transistors hatte man erschreckend große Rauschwerte gemessen. Es stellte sich jedoch dann heraus, daß der Transistor speziell bei niedrigen Frequenzen in seinen Rauscheigenschaften sehr vom erreichten technologischen Stand abhängt. Im allgemeinen ist der Transistor heute in seinen Rauscheigenschaften der Elektronenröhre keineswegs mehr unterlegen, in vielen Fällen ist eher das umgekehrte der Fall.

Es hat sich gezeigt, daß die Abhängigkeit des Eigenrauschens eines Transistors mit der Frequenz den in Abb. 11 schematisch dargestellten Verlauf hat. Man beobachtet bei tiefen Frequenzen einen Abfall des Rauschens mit $1/f$, in einem mittleren Frequenzbereich ist das Rauschen konstant, wogegen es dann bei höheren Frequenzen ansteigt. Man charakterisiert das Rauschverhalten für den Anwender somit zweckmäßigerweise durch die Angaben des Rauschens im konstanten Bereich (weißes Rauschen), die Eckfrequenzen f_1 und f_2, sowie das Verhalten in den beiden Randbereichen.

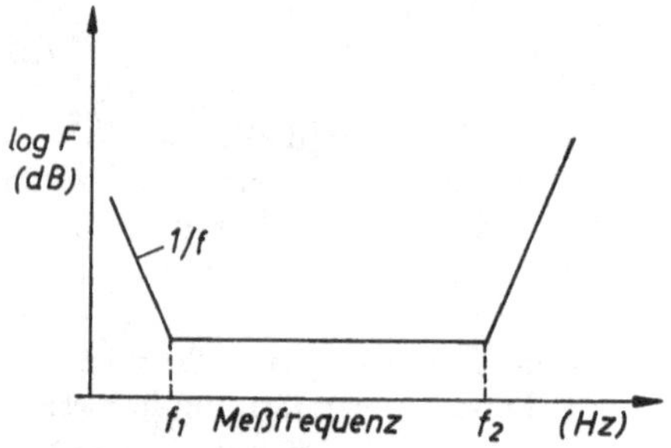

Abb. 11. Prinzipieller Verlauf des Rauschfaktors eines Transistors mit abfallendem Teil ($1/f$), Bereich des „weißen Rauschens" und dem oberhalb f_2 wieder ansteigenden Bereich

Das Rauschen bei niedrigen Frequenzen, das sogenannte $1/f$-Rauschen, entspricht dem Funkelrauschen der Elektronenröhren. Für Halbleiterbauelemente sind die verursachenden physikalischen Effekte in Kristallstörungen, vor allem jedoch in Oberflächeneffekten [25—34] zu suchen. Einerseits sind es hier die sogenannten „langsamen" und „schnellen" Oberflächenzustände, die durch Änderungen ihrer Besetzung ein zusätzliches Rauschen verursachen, andererseits die oberflächenbedingten Sperrstörme, die durch die Umgebung stark beeinflußt werden. Die heute wesentlich verbesserten Oberflächenbehandlungsmethoden sowie Verfahren der Oberflächenpassivierung ergaben eine starke Reduzierung des Funkelrauschens, so daß für Frequenzen oberhalb von etwa 100 Hz bis ca. 10 kHz (je nach Transistortyp) hiervon abgesehen werden kann.

Für die Frage der Anwendung von Transistoren im Hochfrequenzbereich ist jedoch vor allem — abgesehen evtl. von speziellen Breitbandverstärkeranwendungen — das Rauschverhalten im frequenzunabhängigen Bereich und der Anstieg bei hohen Frequenzen wichtig. Die Ursachen für das zusätzliche Rauschen des Transistors sind hier das thermische Rauschen und das Schrotrauschen der bewegten Ladungsträger. Der Anstieg des Rauschens bei hohen Frequenzen wird, wie wir noch sehen werden, wesentlich durch die Hochfrequenzeigenschaften des Transistors bestimmt.

Die Untersuchungen haben gezeigt, daß das Rauschverhalten der verschiedenen Schaltungsarten des Transistors im wesentlichen dasselbe ist, lediglich die Kollektorschaltung hat eine gewisse Sonderstellung [40].

Man kann das Rauschen eines Transistors einerseits nach einer Vierpolmethode behandeln, d. h. man führt formal die zur Beschreibung des Mehrpoles notwendigen Rauschquellen ein, oder man geht von der Kenntnis der Rauschursachen aus und baut von hier aus die Theorie auf [37]. Da die erste Methode meist nur formale Aussagen für bestimmte Betriebsbedingungen (Arbeitspunkt, Frequenz usw.) liefert, gehen wir nach der zweiten Methode vor, da sie die Rauschursachen physikalisch anschaulich erfaßt, und die Abhängigkeit von den Transistorparametern zu übersehen gestattet.

Der von uns zu behandelnde Problemkreis wurde etwa gleichzeitig von *Guggenbühl* und *Strutt* [38], *E. Nielsen* [40] und *Hanson* und *van der Ziel* [41] in unterschiedlicher Ausführlichkeit behandelt. Eine neuere, noch breitere Diskussion stammt von *J. M. Stewart* [42]. Wir werden uns jedoch vorwiegend *E. Nielsen* anschließen, da hier trotz relativ starker Vernachlässigungen eine mit den Experimenten in Übereinstimmung stehende übersichtliche Beschreibung möglich ist.

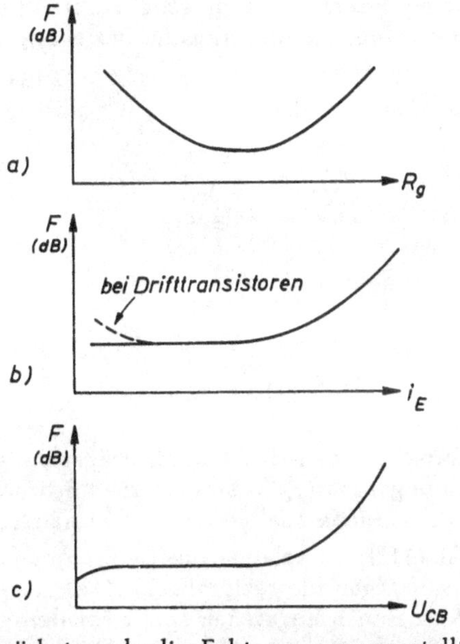

Abb. 12. Prinzipielle Abhängigkeit des Rauschfaktors von a) Generatorwiderstand der Rauschquelle, b) dem Emitterstrom und c) der Kollektorspannung U_{CB}

Ehe wir hier ins Detail gehen, sollen zunächst noch die Faktoren vorangestellt werden, von denen das Rauschverhalten neben der Frequenz noch stark abhängig ist. In Abb. 12a wird die Abhängigkeit des Rauschens von der eingangsseitigen *Anpassung* angegeben. Man erkennt, daß für einen bestimmten Wert ein Minimum erreicht wird (Rauschanpassung). In Abb. 12b ist die Abhängigkeit vom *Emitterstrom* angegeben. Deutlich ist hier der Anstieg des Rauschens mit dem Strom für höhere Ströme. Ebenso nimmt nach Abb. 12c das Rauschen mit zunehmender *Kollektorspannung* U_{CB} stark zu, wenn man sich der Durchbruchsspannung nähert.

2.5 Das Rauschverhalten einer Diode

Ursachen für das Auftreten zusätzlichen Rauschens in einem Transistor sind die *Widerstände* und das *Rauschen des Stromes* infolge seiner korpuskularen Struktur beim Durchgang durch die pn-Übergänge sowie die Rekombinationsvorgänge im Basisgebiet. Die bei einem Widerstand Z auf Grund der thermischen Schwankungen auftretende Rauschleistung ist bekanntlich nach dem Gleichverteilungssatz

$$N_R = kT\Delta f. \tag{28}$$

Hierbei ist k die Boltzmannsche Konstante, T die Temperatur und Δf der Frequenzbereich, in dem das Rauschen gemessen wird. Diese Rauschleistung kann dem Widerstand Z dann entnommen werden, wenn er an einen konjugiert komplexen Widerstand Z^* angepaßt ist, der sich auf der Temperatur $T = 0$ befindet. In Ersatzschaltbildern kann dieser Sachverhalt nach Abb. 13 durch eine eingeprägte Spannung $\overline{u_r^2}$ oder einen eingeprägten Strom $\overline{i_r^2}$ dargestellt werden. Es ist dann nach *H. Nyquist*

$$\overline{u_r^2} = 4kT\,\mathrm{Re}(Z)\cdot\Delta f, \tag{29}$$

$$\overline{i_r^2} = 4kT\,\mathrm{Re}(Y)\cdot\Delta f. \tag{30}$$

Damit sind die Schwankungen rein thermischer Ursache erfaßt. Für das durch einen Strom I erzwungene zusätzliche Rauschen kann nach *Guggenbühl* und *Strutt* [44] die Schottkysche Beziehung [45]

$$\overline{i_r^2} = 2eI\Delta f \tag{31}$$

angesetzt werden.

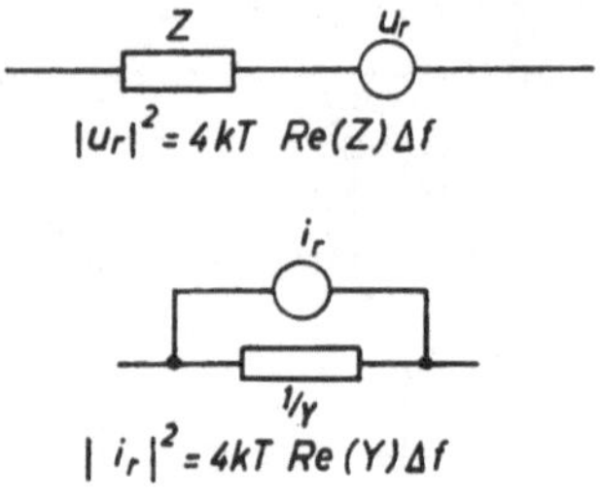

Abb. 13. Ersatzschaltbilder zur Beschreibung des Rauschverhaltens

Infolge statistischer Ladungsträgerübergänge durch den Potentialwall der Raumladungszone ergibt sich ein dem Schroteffekt beim Ladungsträgeraustritt aus der Glühkathode analoges Rauschverhalten.

Gl. (31) gilt, solange die Meßfrequenz, bei der das Rauschen untersucht wird, klein gegen die reziproke Laufzeit der Träger durch die Sperrschicht bleibt, von Ausnahmen abgesehen somit für den gesamten technischen Bereich einer Diode. Es fragt sich nun, wie in einer Diode die beiden Anteile nach Gl. (29) bzw. (30) und (31) zusammenwirken. Auf Grund einer Leistungsbilanz konnten nun *Guggenbühl* und *Strutt* [35, 38] zeigen, daß in der Rauschgleichung einer Diode das Minuszeichen stehen muß (beide Rauschteile völlig unkorreliert):

$$\overline{i^2} = 4kT\,\mathrm{Re}(Y)\,\Delta f - 2eI\Delta f. \tag{32}$$

Hierbei ist I in Flußrichtung positiv, in Sperrichtung negativ zu nehmen, d. h. die Diode rauscht in Flußrichtung schwächer als eine entsprechende Admittanz ohne Stromfluß. Ein Teil der verfügbaren thermischen Rauschleistung wird nach [35] in der Diode selbst verbraucht. Auf die z. T. sehr komplizierten Detailfragen, die heute auch noch nicht vollständig gelöst sind, kann hier nicht näher eingegangen werden (s. z. B. [27, 38, 46]).

2.6 Das Rauschverhalten des Transistors

Um die relativ komplizierten Verhältnisse zunächst möglichst einfach anschaulich zu machen, gehen wir mit *Nielsen* [40] von dem Ersatzschaltbild nach *van der Ziel* [46] der Abb. 14 aus.

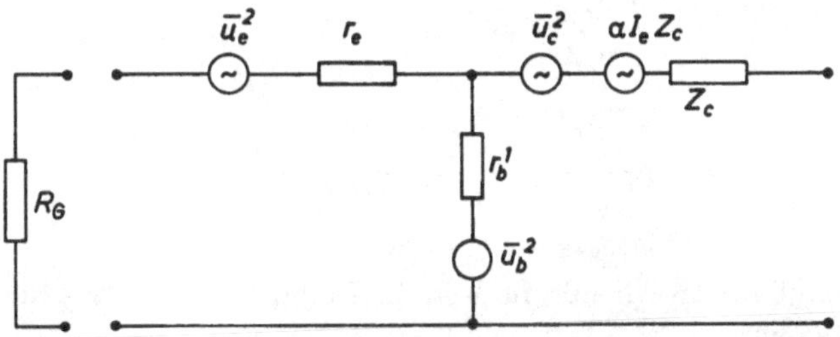

Abb. 14. Rausch-Ersatzschaltbild des Transistors nach *Nielsen* [40] und *van der Ziel* [46]

Die Ursachen des Rauschens werden in drei Quellen lokalisiert, in den Diffusionsschwankungen des Ladungsträgertransportes, in Schwankungen der Rekombination im Basisgebiet sowie in einem Widerstand, dem als wichtigsten zu berücksichtigenden Basisausbreitungswiderstand $r_{b'}$. Gegenüber *van der Ziel* wird noch zusätzlich vernachlässigt die Korrelation zwischen Emitter und Kollektor, die Frequenzabhängigkeit der Emitterimpedanz sowie des Emitter-Rauschgenerators und die Modulationen der Basisdicke. Eine Diskussion der Bedeutung der Vernachlässigungen und Abstimmung mit [38] und [41] gibt *van der Ziel* [27]. Die Ergebnisse der ausführlicheren Behandlung nach *Stewart* [42] folgen später.

Das *Emitterrauschen* ergibt sich aus (32) mit $\mathrm{Re}(Y) = q I_E/kT$ zu:

$$\overline{|i_E|^2} = 2 q I_E \, df. \tag{33}$$

Das Rekombinationsrauschen wird im Kollektorzweig durch den Generator $|i_C|^2$ berücksichtigt:

$$\overline{i_C^2} = 2 q I_C \left(1 - \frac{|\alpha|^2}{\alpha_0}\right) df. \tag{34}$$

Dieser Ausdruck ergibt für hohe Frequenzen ($\alpha \to 0$) das volle Schrotrauschen $i_C^2 = 2 q I_C df$, während bei tiefen Frequenzen ($\alpha = \alpha_0$) das Kollektorrauschen um den Faktor $(1 - \alpha_0)$ reduziert ist.

Setzt man nun für die Frequenzabhängigkeit der Stromverstärkung α in erster Näherung Gl. (7) an, so ergibt sich:

$$\overline{|i_C|^2} = 2 q I_C (1 - \alpha_0) \frac{\left[1 + \left(\frac{f}{\sqrt{1 - \alpha_0} f_\alpha}\right)^2\right] df}{1 + (f/f_\alpha)^2} \tag{35}$$

Hiermit haben wir schon das entscheidende Glied des Verhaltens bei hohen Frequenzen. Ab einer Meßfrequenz von $f = \sqrt{1 - \alpha_0} f_\alpha$ beginnt das Rauschen mit f^2, d. h. mit 6 dB pro Oktave anzusteigen, bis bei $f = f_\alpha$ der Nenner ins Spiel kommt und den Ausdruck konstant werden läßt.

Neben diesen beiden Rauschquellen der Dioden berücksichtigen wir noch den wichtigsten Widerstand, den Basisausbreitungswiderstand $r_{B'}$ und erhalten nach (29) bzw. (30):

$$\overline{i_{B'}^2} = 4\,k\,T\,\mathrm{Re}\,(1/r_{b'})\,d f; \qquad \overline{u_{B'}^2} = 4\,k\,T\,\mathrm{Re}\,(r_{b'})\,d f. \tag{36}$$

Gehen wir nun mit allen Ausdrücken auf das üblichere Ersatzschaltbild mit eingeprägten Spannungen der Abb. 14 über, so ergibt sich unter Einschuß des Rauschgenerators R_G der Quelle:

$$\overline{u_{B'}^2} = 4\,k\,T\,r_{b'}\,df, \tag{36}$$

$$\overline{u_G^2} = 4\,k\,T\,R_G\,df, \tag{37}$$

$$\overline{u_E^2} = 2\,k\,T\,r_E\,df, \tag{38}$$

$$\overline{u_C^2} = \frac{2\,k\,T\,\alpha_0\,(1-\alpha_0)\,|Z_C|^2\left[1+\left(\frac{f}{\sqrt{1-\alpha_0}\,f_\alpha}\right)^2\right]}{r_E\,[1+(f/f_\alpha)^2]} \tag{38}$$

(da ja $\alpha_0\,i_E = i_C$ und $k\,T/r_E = q\,I_E$).

Diese Ausdrücke haben wir nun noch in die Definitionsgleichung für den Rauschfaktor einzusetzen:

Der Rauschfaktor ist definiert durch das Verhältnis des gesamten gemittelten Quadrates der Rauschspannungen am Transistorausgang zum Quadrat der Rauschspannung am Ausgang, das durch die Generatorquelle R_G allein verursacht wird.

Hier ergibt nun die etwas umfangreichere Umrechnung, auf die wir hier verzichten wollen, für den Rauschfaktor F in Emitter- und Basisschaltung (dies gilt für $R_G + r_{b'} \ll Z_C$ und $R_G + r_E \ll \alpha Z_C$):

$$F_B = F_E = 1 + \frac{r_{b'}}{R_G} + \frac{r_E}{2\,R_G} + \frac{(1-\alpha)\left[1+\left(\frac{f}{\sqrt{1-\alpha_0}\,f_\alpha}\right)^2\right]}{2\,\alpha_0\,r_E\,R_G}\,(R_G + r_{b'} + r_E)^2. \tag{39}$$

Bei tiefen Frequenzen haben alle drei Zusatzterme etwa dieselbe Größenordnung. Bei hohen Frequenzen $f > \sqrt{1-\alpha_0}\,f_\alpha = f_2 = \sqrt{f_\alpha f_\beta}$ wird der einzige frequenzabhängige Term mit 6 dB pro Oktave größer, und man erhält die Abhängigkeit nach Abb. 15[1]). Bei tiefen Frequenzen ist kleines $(1-\alpha)$ wichtig, bei hohen Frequenzen großes f_α.

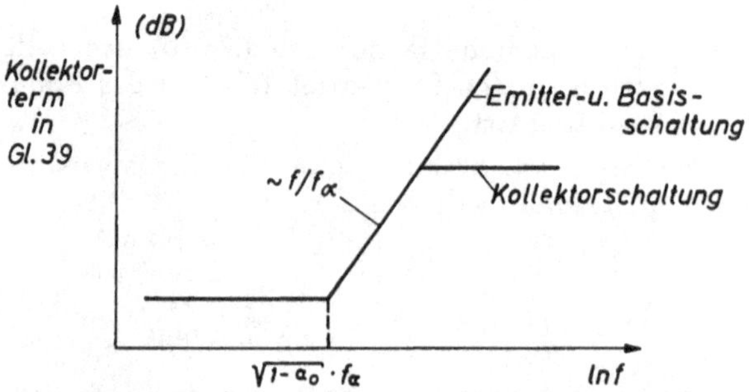

Abb. 15. Verlauf des Kollektortermes der Gleichung (39) als Funktion der Frequenz

[1]) Der wesentlichste Unterschied in Kollektorschaltung ist ein konstanter Bereich oberhalb $f = f_\alpha$ sofern $r_E < R_G + r_{b'}$ ist.

Stewart [42] setzt in seiner ausführlichen Theorie drei andere Grundgleichungen an und berücksichtigt die Wechselwirkung:

$$\begin{aligned} \overline{i_E^2} &= 4\,k\,T_{\text{i}}\, g(f)_E\, df - 2\,q\,I_E\, df, \\ \overline{i_E^2} &= 2\,q\,I_C\, df, \\ \overline{i_E^*\, i_C} &= 2\,k\,T\,Y_{CE}\, df. \end{aligned} \tag{40}$$

Das Ergebnis hat die Form:

$$\begin{aligned} F = {} & \frac{q\,I_{C0}}{2\,k\,T\,g_G} \left| \frac{1 + Y_G r_{b'} + Y_G/Y_E}{\alpha} \right|^2 + \\ & + \frac{q\,I_E}{2\,k\,T\,g_G} \left(\frac{\alpha_0}{|\alpha|^2} \cdot |1 + Y_G r_{b'} + Y_G/Y_E|^2 - |1 + Y_G r_{b'}|^2 \right) \end{aligned} \tag{41}$$

mit $Y_G = g_G + j\,b_G$ Leitwert des Rauschgenerators,
Y_E Emitterleitwert einschließlich Sperrschichtkapazität.

Man ist geneigt, in Gl. (41) das I_{C0}-Glied zu vernachlässigen. Doch muß hier sehr vorsichtig vorgegangen werden, da wie die genaue Analyse zeigt, I_{C0} ständig mit $(1-\alpha_0)\,I_E$ zu vergleichen ist, was bei den z. T. sehr kleinen Arbeitspunkten von ca. 0,25 . . . 1 mA und bei sehr guten Stromverstärkungen ($\alpha = 0{,}99$) nicht immer gerechtfertigt ist. Trotzdem wollen wir für die Übersichtsdiskussion I_{C0} vernachlässigen und erhalten [42]:

$$\begin{aligned} F \approx {} & \frac{q\,I_E}{2\,k\,T\,g_G} \left[\frac{1 + (f/f_\alpha)^2}{\alpha_0} \cdot \left| 1 + g_G r_{b'} + \right. \right. \\ & \left. \left. + \frac{k\,T}{q\,I_E}\, \frac{g_G}{1 + (f/f_\alpha)} \right|^2 - \left| 1 + g_G r_{b'} \right|^2 \right] \end{aligned} \tag{42}$$

Diese Gleichung (42) führt ebenfalls zu einem Verständnis des Verlaufes des Rauschfaktors nach Abb. 11 und gestattet z. B. die Verhältnisse bei Mesatransistoren (s. u.) sehr gut zu beschreiben.

Wir entnehmen den Gl. (39) (*Nielsen*) und (42) (*Stewart*), daß für das Erreichen eines kleinen Rauschfaktors somit folgende Maßnahmen zu treffen sind:

1. $r_{b'}$ muß klein gehalten werden;
2. f_α muß groß sein;
3. α soll groß sein;
4. I_E soll klein sein (nicht explizit in (39) enthalten, folgt dort aber auch nach Berechnung der opt. Rauschanpassung, da I_E in $r_E = k\,T/q\,I_E$ enthalten ist);
5. I_{C0} klein;
6. Rauschanpassung.

Zur Frage der Rauschanpassung erwähnen wir noch, daß sich die Ergebnisse nach *Stewart* in der Form darstellen lassen:

$$F = N_{\min} + \frac{R_n}{g_G}\,|Y_G - Y_0|^2. \tag{43}$$

Hier charakterisieren Y_G und g_G den Rauschgenerator, die Größen $N_{\min}$, R_n und Y_0, die alle komplizierte Ausdrücke in den Transistorparametern I_{E1}, I_{C0}, α usw. darstellen, das Transistorrauschen.

Wir geben die Funktion nach *Stewart* für einen Drifttransistor 2 N 247 an. (Abb. 16 a bis 16 c.)

In der Frequenzabhängigkeit des Rauschfaktors für den Drifttransistor fällt die geringe Stromabhängigkeit des Anstieges auf. Die Ursache ist hier der für Drifttransistoren typische Abfall der Grenzfrequenz zu kleinen Strömen als Folge der Emittersperrschichtkapazität (Gl. 14, 17). Bei Transistoren mit homogen dotierter (relativ hochohmiger) Basis fehlt dieser gegenläufige Effekt, so daß dann die Abhängigkeit vom Emitterstrom viel stärker ist.

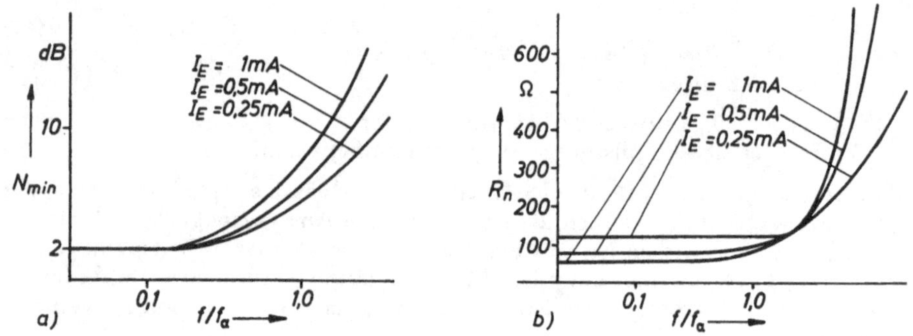

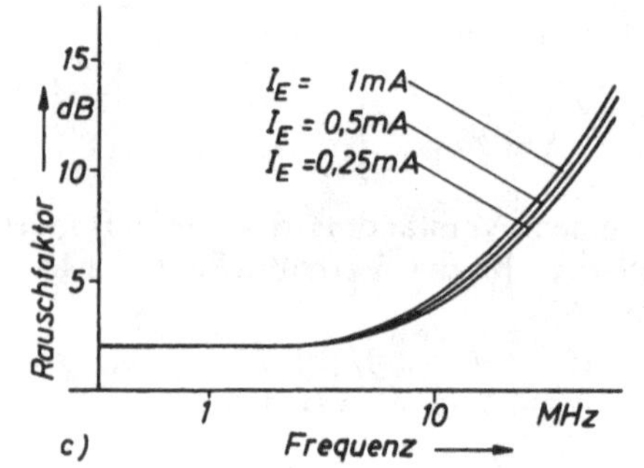

Abb. 16. Abhängigkeit der Größen N_{min} und R_n der Gl. (43) in Abhängigkeit von der Frequenz in Vergleich zur Abhängigkeit von F_{min} eines Drifttransistors nach *Stewart* (c)

Zusammenfassend kann also gesagt werden, daß hinsichtlich des Rauschens ähnliche Forderungen an den Transistor zu stellen sind wie vom Standpunkt der Leistungsverstärkung, lediglich mit anderem Gewicht. Neben f_α geht $r_{b'}$ beim Rauschen direkt ein, während bei der Leistungsverstärkung $r_{B'}\,C_C$ maßgebend ist. Analog der Leistungsanpassung gibt es für minimales Rauschen die sogenannte Rauschanpassung. Wie aus Abb. 17 zu entnehmen ist, fallen Rauschanpassung und Leistungsanpassung nicht immer zusammen. Am günstigsten liegen die Verhältnisse nach *Nielsen* [40] für Emitterschaltung bei einem Diffusionstransistor bei niedrigen Frequenzen. Bei hohen Frequenzen verschieben sich diese Werte.

Nur ein Gesichtspunkt ist gegenläufig, nämlich die Abhängigkeit vom Emitterstrom. Während die Leistungsverstärkung infolge der Stromabhängigkeit von f_α mit steigendem Strom steigt, werden die günstigsten Rauschwerte bei niedrigerem Emitterstrom I_E erreicht.

Abb. 18 zeigt den Rauschfaktor einiger europäischer Typen in Abhängigkeit von der Frequenz. Je niedriger die Grenzfrequenz liegt, um so früher steigt der Rausch-

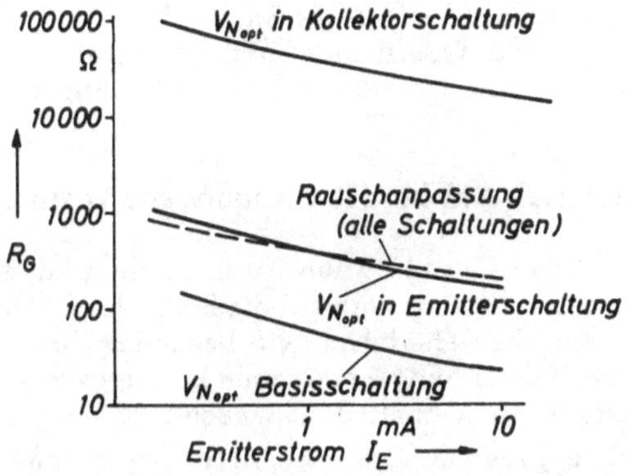

Abb. 17. Vergleich des Generatorwiderstandes für minimales Rauschen und für höchste Leistungsverstärkung $V_{N\,\mathrm{opt}}$ in verschiedener Schaltung nach *Nielsen* [40]

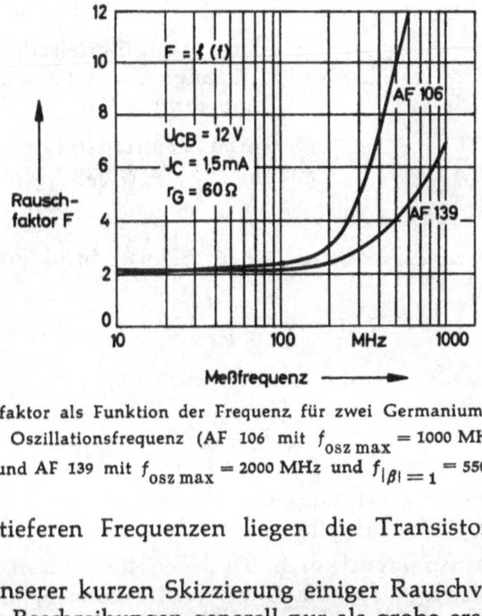

Abb. 18. Der Rauschfaktor als Funktion der Frequenz für zwei Germanium-Mesatransistoren mit verschiedener maximaler Oszillationsfrequenz (AF 106 mit $f_{\mathrm{osz\,max}} = 1000$ MHz und $f_{|\beta|=1} = 220$ MHz (bei 1,5 mA/12 V) und AF 139 mit $f_{\mathrm{osz\,max}} = 2000$ MHz und $f_{|\beta|=1} = 550$ MHz (bei 1,5 mA/12 V)

faktor an. Bei tieferen Frequenzen liegen die Transistoren mit kleinem $r_{b'}$ günstiger.

Zum Abschluß unserer kurzen Skizzierung einiger Rauschvorstellungen sei noch betont, daß diese Beschreibungen generell nur als grobe erste Näherungen anzusehen sind. Trotz nur eindimensionaler Behandlung hat sich jedoch für Germaniumtransistoren bei kleinen Stromdichten befriedigende Übereinstimmung mit den Voraussagen der Theorie ergeben. Schwierigkeiten ergaben sich bei der Übertragung der Theorien auf Silicium und den Fall starker Injektionen, so daß die Theorien durch Diskussion der im Silicium komplizierteren Rekombinationsverhältnisse erweitert [47—50] sowie erste Ergänzungen für den Fall starker Injektion [51] vorgenommen wurden. Doch können wir auf diese Entwicklung hier nicht weiter eingehen, da die bisherigen Vorstellungen zweifellos noch in vielen Einzelheiten zu ergänzen sind und eine abschließende Beurteilung z. Z. noch schwer möglich ist.

So zeigen z. B. Untersuchungen von *A. Baelde* [52] eine Erweiterung des bisherigen Problemkreises durch Berücksichtigung einer nicht gleichmäßigen Basisdicke. *F. J. Hyde, H. J. Roberts* und *B. E. Buckingham* [53] fanden bei Untersuchung der Geometrie- und Oberflächeneinflüsse weitere Faktoren, die beim Vergleich zwischen Theorie und Experiment zu berücksichtigen sind.

3. Zur Frage der Materialwahl bei Hochfrequenztransistoren

Nachdem man heute gelernt hat, nicht nur aus Germanium und Silicium Transistoren herzustellen, wollen wir noch kurz auf die Frage des günstigsten Materiales für HF-Transistoren eingehen, nachdem wir behandelt haben, daß nicht nur die Grenzfrequenz für die Erreichung einer hohen Leistungsverstärkung bei hohen Frequenzen sowie gutes Rauschverhalten maßgebend ist.

Im Ausdruck der Leistungsverstärkung (Gl. 8) für sogenannte bipolare Transistoren, d. h. Transistoren, für deren Wirkungsweise die Bewegung beider Ladungsträgertypen eingeht, stehen die Größen f_α, $r_{b'}$ und C_C. Sie hängen von den Materialkonstanten wie Trägerbeweglichkeiten und Dielektrizitätskonstanten in erster Näherung wie folgt ab:

a) $f_\alpha \sim \frac{1}{D_{min}} = \frac{q}{kT}\mu_{min}$ (Einsteinsche Beziehung, mit q = Elementarladung, k = Boltzmannkonstante, T = Temperatur (°K)).

b) $r_{b'} \sim \frac{1}{N q \mu_{maj}}$ (N (cm^{-3}) Majoritätsträgerzahl; gilt für $N_{maj} \gg N_{min}$)

c) $C_C \sim \sqrt{\varepsilon}$.

Man erhält somit nach *L. J. Giacoletto* [54] für bipolare Strukturen

$$V_{N\,opt} \sim \frac{\mu_{min}\,\mu_{maj}}{\sqrt{\varepsilon}}. \tag{44}$$

Für die Unipolartransistoren wird dieser Ausdruck analog:

$$V_{N\,opt} \sim \frac{\mu}{\sqrt{\varepsilon}}, \tag{45}$$

wobei dann die Polarität zweckmäßigerweise so gewählt wird, daß die Trägerart mit der höheren Beweglichkeit eingeht.

Anstelle von (44) geht für Transistoren, bei denen die Laufzeit in der Kollektorraumladungszone überwiegt, für die Minoritätsträgerbeweglichkeit die Grenzgeschwindigkeit v_{lim} ein [11].

$$V_{N\,opt} \sim \frac{v_{lim}\,\mu_{maj}}{\sqrt{\varepsilon}}. \tag{46}$$

Es ergibt sich somit für bipolare HF-Transistoren die etwas überraschende Tatsache, daß es neben der Dielektrizitätskonstante nur auf das Produkt der Beweglichkeiten beider Trägersorten ankommt. Bei gegebenem Halbleitermaterial kommt es bei dieser rohen Betrachtungsweise nicht mehr darauf an, ob man einen npn- oder pnp-Transistor baut, jeweils natürlich gleiche Geometrie und gleiche Dotierung vorausgesetzt. Die Kurven der Abb. 7 beschreiben nur die Verhältnisse für den Laufzeitanteil der Grenzfrequenz. In Abb. 19 sind nun vergleichskurven für die verschiedenen, heute schon in Betracht zu ziehenden Halbleitermaterialien nach Gl. (44) dargestellt (nach *D. A. Jenny* [55]). Hierbei ist als

Abszisse die Temperatur verwendet, da die Temperatur bis zu der ein Bauelement verwendet werden kann, ein ebenfalls wichtiger Gesichtspunkt geworden ist. In die Temperaturabhängigkeit gehen naturgemäß über die Temperaturabhängigkeit der Beweglichkeiten die Eigenschaften der Halbleitermaterialien erneut ein. Zur Frage der oberen Temperaturgrenze ist neben der Temperatur, bei der Eigenleitung eintritt, auch die erzielbare Oberflächenstabilität mit zu berücksichtigen. Das Bei-

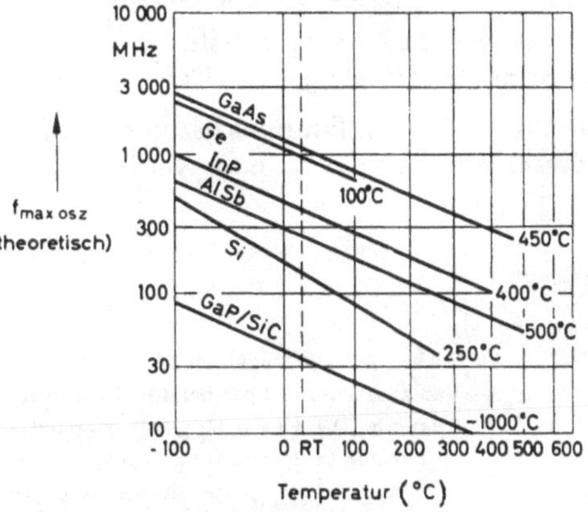

Abb. 19. Maximale Oszillationsfrequenz für verschiedene Halbleitermaterialien als Funktion der Temperatur für Transistoren der Basisdicke 1 μm und gleicher Geometrie nach *Jenny* [55]. Die Grenztemperatur ist ebenfalls angegeben.

spiel der Abb. 19 betrifft einen Transistor, der bei Germanium mit einer Basisdicke von $w = 1\ \mu m$ die maximale Oszillationsfrequenz von 1 GHz erreicht. Wie zu erkennen ist, wird die HF-Qualität des Germaniums nur von GaAs erreicht, das allerdings den Vorteil einer viel höheren zulässigen Temperatur hat. Doch sind hier die technologischen Schwierigkeiten noch beträchtlich (s. Abschn. 5).

4. Der Transistor für kurze Schaltzeiten

Neben seiner Verwendung als Verstärker wird der Transistor in ständig zunehmendem Maße für Schaltanwendungen, z. B. in Rechenmaschinen oder für Pulscode Modulation verwendet. Kennzeichnend für einen Schalter ist sein Widerstand im offenen und im geschlossenen Zustand, die zulässige Schaltleistung und die Schaltzeit. Moderne Transistoren haben in „offen"-Schaltung einen Widerstand von vielen Megaohm, dagegen im „geschlossenen" Zustand Restwiderstände von unter einem Ohm, während die Schaltzeiten je nach Typ von Mikrosekunden bis in den Nanosekundenbereich reichen.

Im Rahmen unserer Untersuchung beschränken wir uns auf die spezifischen Probleme schneller Schalter und lassen damit den Bereich der Schaltung hoher Leistungen beiseite.

4.1 Grundlagen des Schaltverhaltens

Im Gegensatz zu den meisten Verstärkeranwendungen handelt es sich beim Schaltbetrieb um ein sogenanntes *Großsignalverhalten,* da während des Umschaltens der Transistor über das ganze Kennlinienfeld zu schalten ist.

Wir teilen hierzu das Kennlinienbild des Transistors mit *Anderson* [56] nach Abb. 20 in die Bereiche I, II und III ein, wobei diese Bereiche wie folgt charakterisiert werden können:

I. Emitter- und Kollektorsperrschicht in Sperrichtung (Sperrgebiet).

II. Emitter in Flußrichtung, Kollektor in Sperrichtung, sogenannter „aktiver Bereich" (Übergangsbereich).

III. Emitter- und Kollektor in Flußrichtung gepolt, sogenannter „Bereich der Stromsättigung" (Durchlaßgebiet).

Das Kennlinienbild der Abb. 20 ist in Emitterschaltung wiedergegeben, da Schalttransistoren meist in dieser Schaltung verwendet werden.

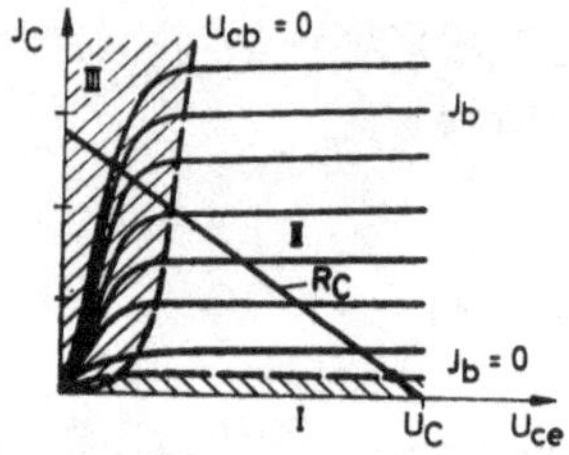

Abb. 20. Die Schaltzustände eines Transistors in Emitterschaltung mit I Sperrbereich, II aktivem Bereich, III Sättigungsbereich. Die Kurve $U_{CB} = 0$ begrenzt den Bereich, in dem der Kollektor in Sperrichtung liegt, links der Kurve ist der Kollektor in Flußrichtung gepolt.

Verfolgen wir, was z. B. geschieht, wenn wir in der angegebenen Schaltung den Basisstrom I_b erhöhen. Der Arbeitspunkt wandert dann auf der Widerstandsgeraden zu höheren Kollektorströmen I_C, wobei U_{CE} ab-, U_{BE} zunimmt. Da nun

$$U_{EC} = U_{EB} + U_{BC}$$

sein muß, bedeutet die Bedingung $U_{CE} = U_{EB}$ ein Umpolen des Kollektors, der dann in Flußrichtung betrieben wird und ebenfalls Minoritätsträger injiziert.

Wir erhalten daher in den verschiedenen Bereichen des Kennlinienfeldes die Minoritätsträgerverteilung (die über die Neutralitätsbedingung = Majoritätsträgerverteilung) in der Basis nach Abb. 21.

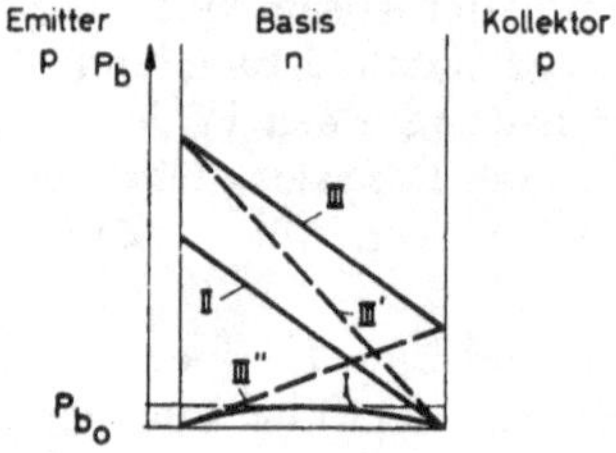

Abb. 21. Die Ladungsträgerverteilung der Minoritätsträger in der Basis eines Transistors für die verschiedenen Schaltzustände der Abb. 20. Im Sperrbereich wird die Konzentration an den pn-Übergängen durch die Absaugung abgesenkt. Im Sättigungsbereich (III) kann die Trägerverteilung als Überlagerung zweier Injektionsverteilungen III′ und III″ aufgefaßt werden.

In Bereich I ist die Minoritäts-Überschußkonzentration = 0, im Bereich II haben wir die normale Abhängigkeit $dp/dx = \text{const}$ (für den Fall des pnp-Transistors), während im Sättigungsgebiet III die Überlagerung der Injektionsverteilungen von Emitter und Kollektor (III′ und III″) maßgebend ist. Die Basis enthält in diesem Falle eine zusätzliche Speicherladung Q_S, die zu keiner weiteren Steigerung des

Kollektorstromes mehr Anlaß gibt, da sie den Gradienten in der Basis nicht zu erhöhen vermag.

Die theoretische Behandlung des Verhaltens kann zwar noch durch Ansatz der exakten Differentialgleichungen angegangen werden, doch werden die Ausdrücke sehr schwerfällig, da zudem die einfache Theorie ständig erweitert werden muß. Da man jedoch für den praktischen Gebrauch auf handliche Beziehungen angewiesen ist, hat man sich nach Näherungsverfahren umgesehen, die zwar teilweise ungenauer sind als die exakte Berechnung, aber in übersichtlicherer Weise gestatten, die Theorie durch Zusatz- und Nebeneffekte zu erweitern.

Die erste Behandlung des Schaltverhaltens insbesondere im Sättigungsgebiet gaben *J. J. Ebers* und *J. L. Moll* [57, 58], wobei sie einen aus Diodenfunktionen aufgebauten nichtlinearen Ansatz verwendeten, dessen Konstanten an den üblichen Beziehungen für kleine Aussteuerungen angepaßt sind:

$$\begin{aligned} I_E &= -\frac{I_{E0}}{1-\alpha_N\alpha_I}\left(e^{q\Phi_E/kT}-1\right)+\frac{\alpha_I I_{C0}}{1-\alpha_N\alpha_I}\left(e^{q\Phi_C/kT}-1\right) \\ I_C &= +\frac{\alpha_N I_{E0}}{1-\alpha_N\alpha_I}\left(e^{q\Phi_E/kT}-1\right)-\frac{I_{C0}}{1-\alpha_N\alpha_I}\left(e^{q\Phi_C/kT}-1\right). \end{aligned} \tag{47}$$

I_{E0} bzw. I_{C0} sind die Sperrströme (für I_C bzw. $I_E = 0$) (+ für npn-Transistor, − für pnp-Transistor).

α_N bzw. α_I die Stromverstärkungen in normalem und inversem Betrieb.

Φ_E bzw. Φ_C die Sperrschichtspannungen an Emitter und Kollektor (+ Zeichen → Flußrichtung).

Die angesetzten idealen Dioden müssen von Fall zu Fall den tatsächlichen Verhältnissen durch zugeschaltete Widerstände angeglichen werden. Diese Näherung gilt für vernachlässigbare Bahngebiete unter Vernachlässigung des Basisverbreitungseffektes [59]. (Abhängigkeit der Basisdicke von der Kollektorspannung.)

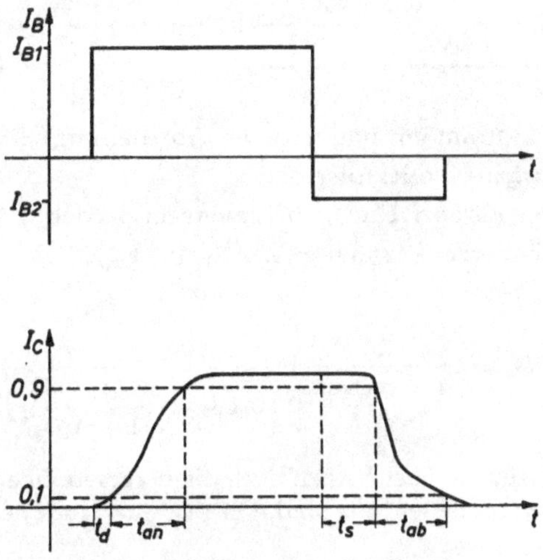

Abb. 22. Zur Definition der Schaltzeiten. Der Eingangsimpuls I_B hat den verzerrten Ausgangsimpuls I_C zur Folge

Mit diesen Ansätzen konnten von *Moll* [57] die einzelnen Schaltzeiten berechnet werden, deren Bedeutung wir an Hand der Abb. 22 erläutern. Ein „rechteckiger" Eingangsimpuls liefert einen nicht völlig formgetreuen Ausgangsimpuls. Man bezeichnet hier wie folgt:

t_d Verzögerungszeit (delay time),

t_{an} Anstiegszeit (rise time),

t_s Speicherzeit (storage time),

t_{ab} Abfallzeit (fall time).

Diese Zeiten hängen nun sowohl vom Transistor als auch von der Schaltungsart ab, insbesondere davon, wie weit man den Transistor übersättigt, d. h. wie stark $I_B > \frac{1-\alpha_N}{\alpha_N} I_C$ ist.

Der erste Term der folgenden Beziehungen charakterisiert den Transistor, der zweite Term die Betriebsbedingungen, wobei als Definition der Schaltzeiten Veränderung des Kollektorstromes von 10 % auf 90 % des Endwertes angenommen worden ist.

Der transistorabhängige Term τ_C bzw τ_s kann im Sinne der Ausführungen des nächsten Kapitels als Zeitkonstante aufgefaßt werden.

Man erhält dann für *Emitterschaltung*[1]) nach [57, 58]

$$t_{an} = \underbrace{\frac{1}{(1-\alpha_N)\,\omega_N}}_{\tau_c} \ln \frac{I_{B1}}{I_{B1} - 0{,}9\,\dfrac{(1-\alpha_N)\,I_C}{\alpha_N}} \tag{48}$$

mit I_{B1} Basisstrom nach dem Sprung,

I_C begrenzter Kollektorstrom (durch Schaltung),

$\omega_N = 2\pi f_{\alpha N}$ Kreis-Grenzfrequenz bei normalem Betrieb (Basisschaltung),

τ_c Zeitkonstante (siehe Abschnitt 4.2).

$$t_s = \underbrace{\frac{\omega_N + \omega_I}{\omega_N\,\omega_I\,(1-\alpha_N\,\alpha_I)}}_{\tau_s} \ln \frac{I_{B1} - I_{B2}}{\dfrac{I_{C1}\,(1-\alpha_N)}{\alpha_N} - I_{B2}} \tag{49}$$

mit I_{B1} I_{B2} = Basisstrom vor und nach der Abschaltung,

I_{C1} = Ausgangskollektorstrom,

ω_I = Kreis-Grenzfrequenz bei inversem Betrieb,

τ_s = Speicherzeitkonstante (s. Abschn. 4.2).

$$t_{ab} = \frac{1}{(1-\alpha_N)\,\omega_N} \ln \frac{I_{C1} - \dfrac{I_{B2}}{1-\alpha_N}}{0{,}1\,I_{C1} - \dfrac{\alpha_N}{1-\alpha_N}\,I_{B2}}\,. \tag{50}$$

Auffallend ist, daß für die Speicherzeit auch die inversen Eigenschaften des Transistors wie α_I und w_I von Bedeutung sind. Dies ist Ausdruck der Tatsache, daß beim

[1]) Auf die Angaben in Basisschaltung und Kollektorschaltung, die bei [57,58] ebenfalls berechnet sind, wird verzichtet.

Betrieb des Transistors in Sättigung mit $I_B > \frac{1-\alpha_N}{\alpha_N} I_C$ auch der Kollektor in Flußrichtung gepolt ist und emittiert. Es sollten daher ω_N und ω_I groß sein, was am besten für einen symmetrischen Transistor erreicht wird [60].

Die Stromverstärkungen sollten klein sein, doch kann man dies aus Gründen der Steuerleistung (α_N groß) der Restspannung, d. h. des Widerstandes im eingeschalteten Zustand (α_N, α_I soll groß sein) sowie des Sperrwiderstandes (α_I soll $> \alpha_N$ sein) schlecht durchführen [58, 60]. Der beste Kompromiß wäre auch hier der symmetrische Transistor mit $\alpha_N = \alpha_I$ und $\omega_N = \omega_I$. Wir gehen jedoch auf diese vor allem bei niederfrequenteren Typen wesentlichen Dinge hier nicht weiter ein, da bei den typischen Hochfrequenztransistoren mit Driftfeld insbesondere bei Mesa- und Planartransistoren (s. u.) der symmetrische Transistor nicht zu verwirklichen ist.

Zusammenfassend kann also gesagt werden, daß nach dieser ersten Analyse besonders die Grenzfrequenzen in normalem und inversem Betrieb wichtig sind. Im übrigen bestimmen die Betriebsverhältnisse I_B, I_{B1} und I_{B2} die Schaltzeiten wesentlich mit.

Je hochfrequenter die Transistoren wurden, um so mehr zeigte sich, daß die obige Behandlungsart des Transistors sehr schwerfällig war, und für viele Fälle dem Problem schlecht angepaßt ist. So kann z. B. der Fall auftreten, daß der Kollektorstrom noch fließt, während I_B bzw. I_E schon zu Null geworden ist, da im Transistor noch *Ladung gespeichert war.*

Dies hat zu einer neuen Entwicklung geführt, die den Transistor im Gegensatz zur bisher üblichen Behandlungsmethode als stromgesteuertes Bauelement als ein ladungsgesteuertes Bauelement betrachtet.

4.2 Der Transistor als ladungsgesteuertes Bauelement

Im Jahre 1957 schlugen *Beaufoy* und *Sparkes* [61] vor, den Transistor als ein ladungsgesteuertes Bauelement („charge-controlled-device“, Abgrenzung gegen „charge analysis“ siehe *Sparkes* [62]) zu betrachten. Das Konzept erlaubt eine Bestimmung zeitabhängiger Parameter aus den Niederfrequenzparametern. *Beaufoy* und *Sparkes* gingen von der in der Basis gespeicherten Ladung aus, die für die Aufrechterhaltung eines Stromes I_E notwendig ist (Beispiel anhand des pnp-Transistors):

$$Q_B = \frac{w^2}{2\,D_p} I_E \approx \frac{1{,}22}{\omega_{aN}} I_E\,. \tag{51}$$

Hier bedeutet ω_{aN} die Grenzfrequenz in Basisschaltung in normaler (Vorwärts-) Richtung. Die Näherung gilt, solange $w \ll L_p$ ist. Diese Basissteuerladung baut sich durch die Trägerrekombination mit der Halbwertszeit τ_p ab, was zu einem Basisstrom führt (mit (51)):

$$I_B = \frac{Q_B}{\tau_p} = \frac{w^2}{2\,D_p\,\tau_p} I_E = \frac{w^2}{2\,L_p^2} I_E\,, \tag{52}$$

da $L_p = \sqrt{D_p\,\tau_p}$ ist, und

$I_B = (1 - \alpha_N)\,I_E$, wenn man die Reihenentwicklung $\alpha_N = (1 - \omega^2/2\,L_p^2)$ ansetzt, was allerdings eine grobe Näherung darstellt, da es sich um ein Großsignalverhalten handelt.

Es lassen sich nun drei Zeitkonstanten definieren, die mit den bekannten Transistorparametern nach den Beziehungen [61] verknüpft sind:

$$\tau_E = \frac{\Delta Q_B}{\Delta I_E} = \frac{1{,}22}{\omega_{\alpha N}}, \tag{53}$$

$$\tau_B = \frac{\Delta Q_B}{\Delta I_B} = \tau_p = \frac{1{,}22}{\omega_{\alpha N}(1-\alpha_N)}, \tag{54}$$

$$\tau_C = \frac{\Delta Q_B}{\Delta I_C} = \frac{1{,}22}{\alpha_N\, \omega_{\alpha N}}. \tag{55}$$

Der Ladungsspeicher in der Basis ist der interessante Fall einer unendlichen Kapazität in dem Sinne, daß Ladung in die Basis eintritt ohne ein elektrisches Feld aufzubauen, was natürlich nur dadurch möglich ist, daß die Raumladung sofort durch Majoritätsträger kompensiert wird.

Diese Verhältnisse müssen den praktischen Bedingungen noch feiner angepaßt werden. Schon *Beaufoy* und *Sparkes* berücksichtigten den Kollektorsperrstrom I_{C0}, den Basiswiderstand $r_{b'}$, sowie die Kapazitäten C_E und C_C. (Ersatzschaltbild nach Abb. 23.)

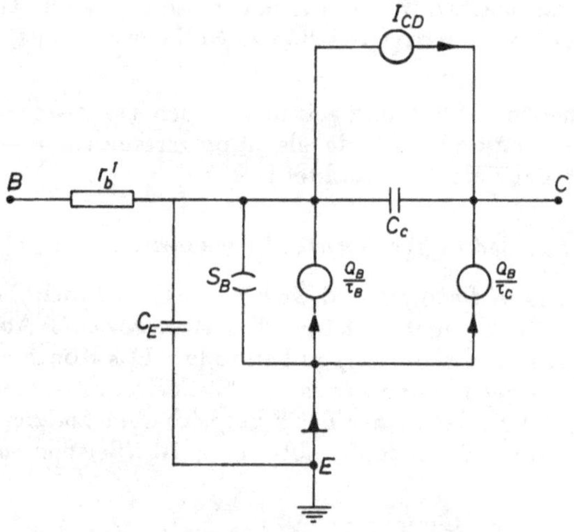

Abb. 23. Ersatzschaltbild nach *Beaufoy* und *Sparkes* [61]

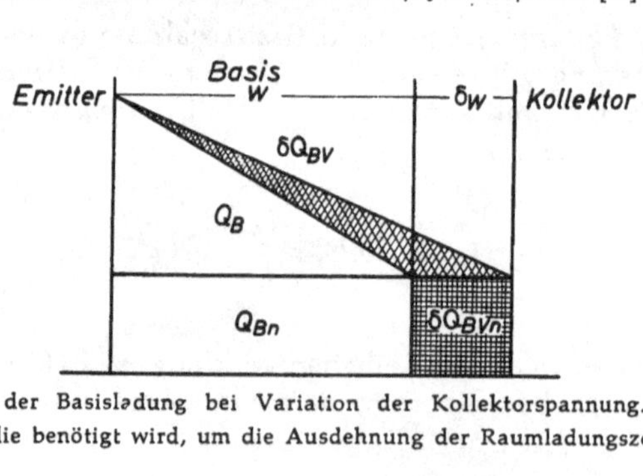

Abb. 24. Veränderung der Basisladung bei Variation der Kollektorspannung. Zu beachten ist die Ladung dQ_{BVn}, die benötigt wird, um die Ausdehnung der Raumladungszone zu verändern

Die Korrektur des Kollektorsperrstromes wird so vorgenommen, daß für I_B dann $I_B + I_{C0}$ und für I_C dann $I_C - I_{C0}$ angesetzt wird. Ferner verändert eine Spannungsänderung am Kollektor (Emitterspannung zunächst konstant) nach Abb. 24 die Basisladung ΔQ_V.

Man erhält dann unter Einbezug von ΔQ_V:

$$\tau_E = \frac{1{,}22}{\omega_{N2}} + \frac{\Delta Q_{BVn}}{\Delta I_E},$$
$$\tau_B = \frac{1{,}22}{(1-\alpha_{N2})\,\omega_{N2}} + \frac{\Delta Q_{BVn}}{\Delta I_B}, \qquad (56)$$
$$\tau_C = \frac{1{,}22}{\alpha_{N2}\,\omega_{N2}} + \frac{\Delta Q_{BVn}}{\Delta I_C},$$

wenn man mit 2 den Zustand der geänderten Kollektorspannung bezeichnet.

Man sieht also, daß für den Schaltbetrieb bei Änderung der Kollektorspannung (immer der Fall, wenn ein Lastwiderstand im Kollektorkreis ist) eine Zusatzladung benötigt wird, die die Umschaltung träger werden läßt.

Die Berechnung ergibt nun [62], daß (56) übergeht in:

$$\tau_{EV} = \left(\frac{1{,}22}{\omega_{N2}} + M\,C_{C1}\,\frac{U_{BC1} - U_{BC2}}{\Delta I_E}\right),$$
$$\tau_{BV} = \frac{1}{(1-\alpha_{N2})}\,\tau_{EV}, \qquad (57)$$
$$\tau_{CV} = \frac{1}{\alpha_{N2}}\,\tau_{EV},$$

wobei *M* ein berechenbarer Faktor ist, der von den Betriebsbedingungen abhängt und für normale Transistoren meist etwa bei 1,7 liegt, bei diffundierten Typen zwischen 1 und 1,5.

Aus diesen Vorstellungen läßt sich nun die Anschaltzeit des Transistors in Emitterschaltung aus den Gleichungen berechnen:

$$I_B = \frac{dq_B}{dt} + \frac{q_B}{\tau_B} + \frac{dq_{Bn}}{dt}, \qquad I_C = \frac{q_B}{\tau_C},$$

wobei hier q_B die zeitlich veränderliche Ladung ist und q_{Bn} die ebenfalls zeitlich variable Ladung der Kollektorraumladungskapazität. Für die Anstiegszeit von $I_{C1} = 0$ auf den Wert $0{,}9\,I_C$ ergibt sich:

$$t_{an} = \frac{1}{1-\alpha_{N2}}\left(\frac{1{,}22}{\omega_{N2}} + M\,\alpha_N\,C_{C1}\,R_L\right)\ln\frac{I_E}{I_B - \dfrac{0{,}9\,I_C\,(1-\alpha_N)}{\alpha_N}}, \qquad (58)$$

wobei die Indizes den Anfangs- und Endzustand bezeichnen.

Für $C_{C1}\,R_L \ll 1{,}22/\omega_{N2}$, kann die Kollektorkapazität vernachlässigt werden und man erhält den von *Moll* berechneten Ausdruck (48).

Wir sehen somit, daß schon durch die zusätzliche Ladung, die durch das „Atmen" der Kollektorschicht entsteht, eine einfache Erweiterung der Beziehung (48) möglich wurde.

Dasselbe Vorgehen ist für die anderen Beziehungen nach *Moll* möglich und führt bis auf den Faktor 1,22, der für die Ableitung nach der Methode der Ladungskontrolle charakteristisch ist, auf dieselben Ergebnisse.

Von besonderer Bedeutung ist hier noch der Fall der Sättigung.

Hier wird der Kollektorstrom von den äußeren Schaltelementen begrenzt, und eine weitere Erhöhung des Basisstromes I_B kann I_C nicht mehr erhöhen. Was nun geschieht ist, daß die Basisladung soweit ansteigt, bis die Rekombination so groß ist, daß die Basisstrombilanz wieder stimmt. Wir haben dann in der Basis die zusätzliche Speicherladung Q_{BS}, die z. B. beim Ausschalten mit abzuführen ist (mit $Q_{BS}/I_{BS} = \tau_S$); so daß gilt:

$$\begin{aligned} Q_{aus} &= Q_{ein} + Q_S = Q_V + I_C \tau_C + I_{BS} \tau_S \\ &= Q_V + I_C \tau_C + \tau_S \left(I_B - \frac{I_C}{\beta_0} \right). \end{aligned} \tag{59}$$

Man führt hier noch häufig den Begriff der „geforderten" Stromverstärkung β_s als Quotienten der beiden Zeitkonstanten ein $\beta_s = \frac{\tau_S}{\tau_C}$. („On Demand" current gain):

$$\beta_s = \frac{\text{möglicher Kollektorstrom bei Kurzschluß}}{\text{Basisstrom}} = \frac{\tau_S}{\tau_C}.$$

Die Gleichsetzung des so zweimal definierten β_s stimmt allerdings nicht in allen Fällen, wofür noch keine Erklärung gegeben werden konnte [62].

Mit Hilfe von β_s schreibt man dann (59)

$$Q_{aus} = Q_V + I_C \tau_C \left(1 - \frac{\beta_s}{\beta} \right) + I_B \tau_s, \tag{60}$$

wobei sich diese Beziehung der Praxis am nächsten erwies [63].

In (60) ist der dritte Term bestimmend für Q_{aus} mit Ausnahme sehr kleiner Basisströme I_B. Da nun in sehr vielen Schaltanwendungen $I_B = I_C/\beta_{S\,min}$ gilt (mit + Bereich der Toleranzen), so wird:

$$I_B \tau_S = \frac{I_C \tau_S}{\beta_{S\,min}} \text{ oder } \frac{\tau_S}{\beta_{S\,min}} = \frac{I_B \tau_S}{I_C}. \tag{61}$$

Der Faktor $\tau_{S\,max}/\beta_{S\,min}$ stellt die pro Kollektorstromeinheit gespeicherte Ladung des in (60) dominierenden Gliedes dar und wird von *Beaufoy* [63] als für *Schalttransistoren geeignetes Gütemaß* vorgeschlagen.

Wir charakterisieren somit den Schalttransistor durch die Größen β_0, τ_C, τ_S und Q_V, sowie die nicht völlig unabhängige Größe β_s.

Damit beschließen wir die kurze Einführung in den Vorstellungsbereich der Betrachtung des Transistors als ladungsgesteuertes Bauelement. Wir verweisen hier noch auf die ausgezeichnete Übersicht von *C. le Can* [64] sowie von *A. Kruithof* [65], die z. T. allerdings etwas andere Wege gehen und die Theorie noch erweitern.

Der Vorteil der Methode der Ladungssteuerung liegt darin, daß anstelle der Bestimmung von α_N α_I ω_N ω_I bei einer Kollektorspannung Null und zusätzlich den Werten bei den Betriebsspannungen für α_N und α_I die Bestimmung der Größen τ_B und τ_C sowie τ_S tritt. Es handelt sich um meßtechnisch leichter zugängliche und anwendungsnahe Meßgrößen.

4.3 Schaltverhalten bei Transistoren mit diffundierter Basis

Wir werden nun die Betrachtungen des vorhergehenden Kapitels auf den Fall der modernen HF-Transistoren erweitern, die (s. Abschn. 5) im Gegensatz zu den legierten Typen, meistens hochohmiges Kollektorbahngebiet aufweisen. Durch die starke Reduzierung der Basisdicke gewinnen zudem die Sperrschichten stärker an Bedeutung.

Für den *nichtgesättigten Fall*

Neben der Basisladung Q_B haben wir die Ladungen zu berücksichtigen, die beim Umschalten in den pn-Übergängen aufgenommen werden: Q_E und Q_C, so daß die Schaltzeit nach *Grinich* und *Noyce* [66] wird:

$$t_{sch} = \frac{Q_E + Q_B + Q_C}{I_B}. \tag{62}$$

Diese Ladungen sind, wie wir schon sahen, Funktionen von:

$$Q_E(U_{BE(aus)}, I_C),$$
$$Q_B = I_C \cdot \tau_C,$$
$$Q_C(U_{C(aus)}, U_{C(ein)}).$$

Hierbei ist für den Spannungshub U_{BE} der Spannungsabfall an $r_{B'}$ mit $I_{B(ein)} r_{B'}$ und an $r_{C'}$ mit $I_{C(ein)} r_{C'}$ ebenfalls zu berücksichtigen. Der Spannungsabfall am Kollektorbahnwiderstand führt z. B. dazu, daß die Schaltzeit schon vorzeitig ansteigt, wenn der „innere Transistor“ das Sättigungsgebiet erreicht („premature“ saturation).

Der gesättigte Betrieb

Bei den modernen HF-Transistoren (mit Ausnahme der MADT-Technik, Abschnitt 5) ergaben sich die Untersuchungen gegenüber den berechneten Werten (49) um Größenordnungen zu hohe Speicherzeiten, obwohl sehr pessimistische Werte für α_I angesetzt wurden[1]).

Die Ursache dieses Effektes ist nach *Grinich* und *Noyce* [66] die Minoritätsträgerinjektion in das Kollektorbahngebiet, wenn der Kollektor in Flußrichtung gepolt ist (Bereich III). Infolge der relativ hohen Volumlebensdauer hat man das normale

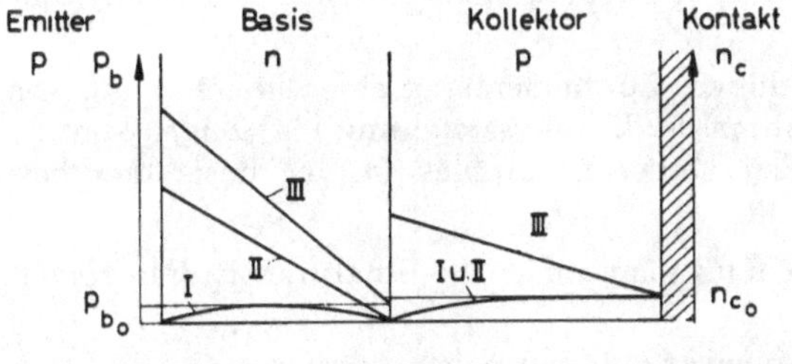

Abb. 25. Ladungsträgerverteilung der Minoritätsträger bei den verschiedenen Schaltzuständen bei einem Transistor mit hochohmigem Kollektorbereich. Im Sättigungsfalle (III) injiziert die Basis in den Kollektor.

---

1) Der Grund für niedriges α_I ist einerseits die schlechte Kollektorergiebigkeit infolge des hochohmigen Kollektors und andererseits der ungünstige Transportfaktor (Geometrie und retardierendes Feld).

Abklingen einer Diode mit großem Bahngebiet, deren Zeitkonstante im wesentlichen die Minoritätsträgerlebensdauer ist. Wir haben also bei Transistoren mit hochohmigem Kollektor nach Abb. 25 auch die Ladungsspeicherung im Kollektor mit zu berücksichtigen. Es leuchtet ein, daß die Umladungszeiten um so größer werden, je größer die Ladung und je kleiner der Umladestrom ist. Bei den üblichen Hochfrequenztransistoren ist dieser Effekt der Kollektorspeicherung gegenüber der geringen in der Basis gespeicherten Ladung überwiegend.

Man kann das nach *R. Wiesner* dadurch ausdrücken, daß man im Ausdruck für die Speicherzeitkonstante (49)

$$\tau_S = \frac{\omega_N + \omega_I}{\omega_N \, \omega_I (1 - \alpha_N \alpha_I)} = \frac{1/\omega_N + 1/\omega_I}{1 - \alpha_N \alpha_I}$$

$1/\omega_I$ durch die gemessene Zeitkonstante τ_c ersetzt.

$$\tau_S = \frac{1/\omega_N + \tau_c}{1 - \alpha_N \alpha_I}.$$

Zu erwähnen ist noch, daß die Einschnürung der Trägerinjektionen auf die Emitterrandgebiete auf Grund des Spannungsabfalles am Basiswiderstand r_B, I_B [67] bei HF verschärft wird, da Verdrängungseffekte dazutreten. Die Berücksichtigung dieser inhomogenen Injektion in das Kollektorbahngebiet wird bei manchen Transistoren schon notwendig (Abb. 26).

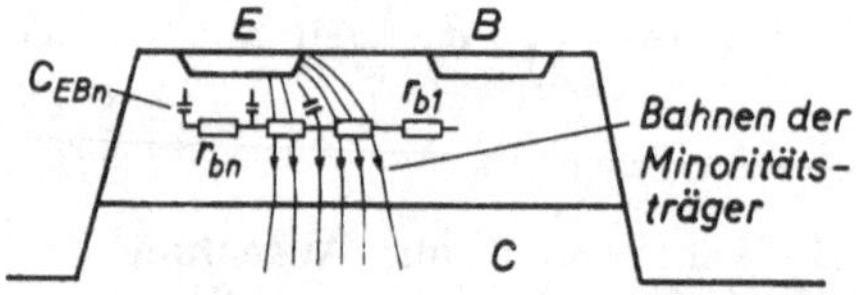

Abb. 26. Zur Stromverdrängung (schematisch)

Zusätzlich zu diesen Argumenten für hohe Schaltgeschwindigkeiten sind bei Schalttransistoren noch einige Zusatzbedingungen zu berücksichtigen. So müssen Schalttransistoren eine höhere Emitterspannung haben, und die sogenannte „punch-through"-Spannung [68] muß bestimmten Bedingungen genügen. Die Forderung nach kleiner Restspannung fordert u. a. kleinen Kollektorbahnwiderstand.

Interessant ist in diesem Zusammenhang eine Untersuchung von *Varnerin* [69], der mit dem Verfahren der Ladungssteuerung [69] zeigen konnte, daß der Einbau eines retardierenden Dotierungsprofiles in der Basis den besten elektrischen Kompromiß darstellt.

Zusammenfassend muß man somit für Schalttransistoren folgende Forderungen stellen:

1. Hohe Grenzfrequenz $f_{\alpha N}$ in normalem Betrieb.
2. Hohe inverse Grenzfrequenz $f_{\alpha I}$.
3. Geringe Trägerlebensdauer im hochohmigen Kollektorgebiet (oder dünne Kollektorsschicht, s. Abschn. 6).
4. Kleine Bahnwiderstände, insbesondere im Kollektor, um den Spannungsabfall im Sättigungsgebiet klein zu halten.
5. Kleine Sperrschichtkapazitäten C_{ES} und C_{CS}.

Ein kleiner Basiswiderstand r_B, ist bei den Anwendungen als Schalter nicht so wichtig, da in den meisten Fällen mit Stromeinprägung gearbeitet wird und in Emitterschaltung r_B lediglich den Quellenwiderstand erhöht.

5. Technologie moderner Hochfrequenztransistoren

Wir haben in den letzten Abschnitten festgestellt, daß zur Erhöhung der Grenzfrequenz in erster Linie die Größe der Transistorsysteme – Basisdicke sowie Querabmessungen – reduziert werden muß. Ferner bringt der Einbau inhomogener Dotierungsprofile eine zusätzliche Erhöhung der Trägergeschwindigkeit gegenüber dem reinen Diffusionsprozeß. Mit der Reduzierung der Abmessungen wird die Einhaltung der Toleranzen zu einem immer mehr in den Vordergrund tretenden Problem.

Normale Germaniumtransistoren werden bekanntlich heute nach dem Legierungsverfahren hergestellt. Man bringt von beiden Seiten einer Germaniumscheibe her ein dotierendes Metall zum Einlegieren, so daß bei der Rückkristallisation dann ein umdotiertes Germanium ausfällt (Abb. 27).

Die nach diesem Verfahren noch reproduzierbar herstellbaren Basisdicken dürften nach den verbesserten Verfahren heute etwa bei 10 μm liegen, womit sich Grenzfrequenzen (in Basisschaltung) in der Größenordnung 10 MHz erreichen lassen. (Mit Driftfeld ca. 80 MHz.)

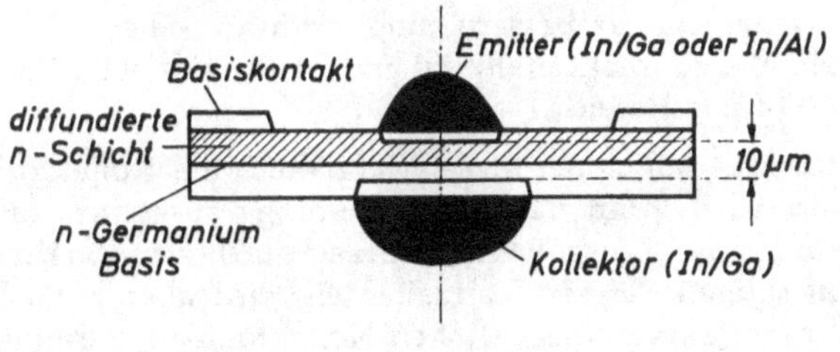

Abb. 27. Schematische Darstellung eines legierten Transistors mit Driftfeld

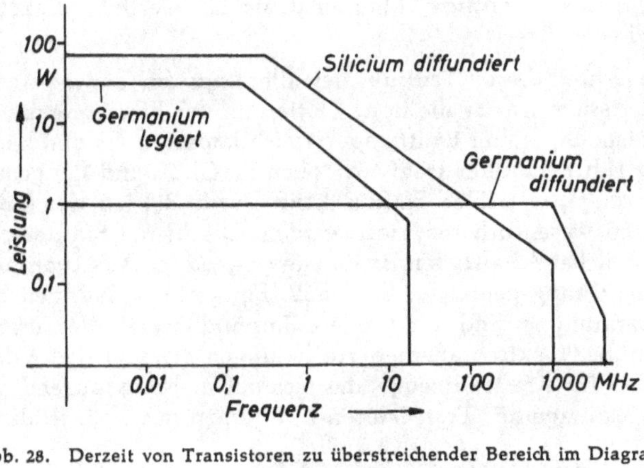

Abb. 28. Derzeit von Transistoren zu überstreichender Bereich im Diagramm Frequenz-Leistung

Bei der Herstellung solcher Transistoren wird schon sehr wichtig, von Halbleiterscheiben mit sehr eng tolerierten Dickenschwankungen auszugehen, da Schwankungen der Scheibendicke sich voll als Schwankungen der Basisdicke auswirken. Man hat daher nach anderen Verfahren gesucht, auf deren wichtigste wir nun eingehen wollen. Besonders erfolgreich war hierbei die Einführung des Verfahrens der Festkörperdiffusion, das in seiner klassischen Ausführungsform darin besteht, einen Halbleiterkristall in einer Dampfphase, die den Dotierungsstoff enthält, zu tempern.

Eine Übersicht der mit den bisherigen Verfahren erzielten Grenzfrequenzen und Verlustleistungen gibt Abb. 28. Die inverse Verknüpfung mit der Leistung rührt daher, daß eine Verkleinerung der Geometrie naturgemäß zu höheren Energiedichten führt.

5.1 Der Drifttransistor und pnip- bzw. npin-Strukturen

Der Drifttransistor verwirklicht den Gedanken, bei nicht weiter verringerter Basisdicke eine Erhöhung der Grenzfrequenz dadurch zu erreichen, daß man elektrische Felder einbaut, die der reinen Diffusion der Minoritätsträger in der Basis eine elektrische Beschleunigung überlagern.

Der Weg wurde von *H. Krömer* [17, 71, 72] vorgeschlagen. Während der Einführung eines sinnvollen Driftfeldes nach Krömer etwa einen Faktor 8 auch in der Grenzfrequenz (siehe Abschn. 22) erreichen läßt, wies *J. M. Early* [73] sofort auf die Möglichkeit hin, das Driftprinzip mit dem Einbau einer sehr hochohmigen Zwischenschicht weiter zu verbessern und dadurch einen pnip- oder npin-Transistor[1]) (Abb. 27) zu realisieren. Er errechnete sich mögliche Oszillationsfrequenzen im 1000-MHz-Bereich.

Der Grund hierfür ist, daß durch diese Maßnahme die Kollektorkapazität entscheidend reduziert wird. Man hat dann allerdings zusätzlich zur Laufzeit der Minoritätsträger durch die Basiszone die Laufzeit durch die verhältnismäßig breite i-Zone zu berücksichtigen. Dieser Laufzeitanteil wird aber klein bleiben, wenn man durch Wahl einer entsprechend hohen Kollektorsperrspannung dafür sorgt, daß die i-Zone zum Kollektorraumladungsgebiet gehört. Dann bewegen sich die Träger unter dem hohen Feld der Raumladungsschicht nach (15) mit der Grenzgeschwindigkeit, die wesentlich höher liegt als die Geschwindigkeit in der mit Driftfeld versehenen Basis.

Ein gewisser Nachteil dieser Technik, der allerdings für die meisten HF-Transistoren charakteristisch ist, ist die hohe Dotierung der Basiszone am Emitterrand, die zu verhältnismäßig hoher Emittersperrschichtkapazität C_E und kleiner Emittersperrspannung führt. Ersterer trägt, wie oben (s. Gl. 14 und 17) gezeigt, zu einer Reduzierung von $f_{\alpha\gamma}$ bei. Der Einfluß kann durch Betrieb des Transistors bei höheren Strömen wesentlich reduziert werden. Die kleine Emittersperrspannung wirkt sich speziell bei Schalttypen ungünstig aus, da im Ausschalttakt häufig der Emitter in Sperrichtung gepolt werden muß. Ein geringer Nachteil der niedrigen Emittersperrspannung ist auch die größere Empfindlichkeit aller Transistoren mit Driftfeld gegenüber elektrostatischen Aufladungen etwa in den Vorstufen eines Rundfunkgerätes für Kraftfahrzeuge, das sich auf mehrere tausend Volt aufladen kann oder bei Montage der Transistoren in Räumen mit isolierendem Fußboden-

---

[1]) Der Buchstabe i steht hier für „intrinsic" d. h. eigenleitende Schicht.

belag, was zu ebensolcher elektrostatischen Aufladung führte und bei ungeschickter Entladung den Emitter zerstören [74] kann.

Zur Herstellung von Drifttransistoren findet das Diffusionsverfahren heute allgemeine Anwendung. Das Diffusionsverfahren [75] erlaubt nicht nur den Einbau beschleunigender Felder, sondern durch Kombination mit einem zweiten Tempervorgang in neutraler Umgebung bei einer sogenannten Ausdiffusion („outdiffusion") auch Dotierungsprofile die zum Emitter hin wieder abfallen [76] (Abb. 29), was eine Erhöhung der Emittersperrspannung bei relativ niedrig bleibendem $r_{b'}$ (höhere mittlere Dotierung) erlaubt. Dies ist insbesondere für Schalttransistoren wichtig.

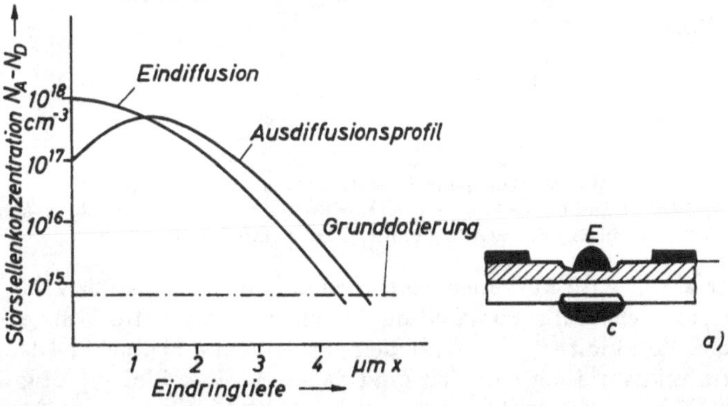

Abb. 29. Konzentrationsverlauf einer Eindiffusion sowie einer kombinierten Ein- und Ausdiffussion a) Schematische Darstellung eines Drifttransistors mit um den Emitter herausgeätzten niederohmigen Bereich

Ein Problem der Herstellung dieser Drifttransistoren ist die gezielte Einlegierung des Emitters in die diffundierte Zone, ohne dabei die dünne Basiszone zu durchstoßen. Ein typisches Kennzeichen der nach dieser Technik hergestellten Transistoren ist der relativ niedrige Basisausbreitungswiderstand $r_{B'}$, da man häufig vor der Emitterlegierung in die Germaniumscheibe noch eine Mulde ätzt, so daß der Bereich zwischen Emitter und Basisanschluß sehr niederohmig gemacht werden kann, ohne daß die Emitterergiebigkeit abfällt, da die niederohmigsten Bereiche in der Nähe des Emitters fehlen (Abb. 29 a).

Die Drifttechnik wurde vor allem durch die Firmen RCA und in Deutschland Telefunken vorwärtsgetrieben. Nach dieser Technik sind z. B. die Typen OC 614 und OC 615 hergestellt, wobei die maximale Oszillationsfrequenz hier schon bis in den Bereich 800 bis 1000 MHz reicht. Die Werte des $f_{|\beta|=1}$ liegen relativ tief ($\sim$ 80 MHz); die gute HF-Qualität entsteht durch extrem kleines $r_{b'}$.

5.2 Der „MADT-Transistor" (micro-alloy-diffused)

Dieses Verfahren ging aus dem ersten Verfahren zur Herstellung von HF-Transistoren, dem sogenannten „surface-barrier"-Verfahren [77] hervor, das schon 1953 die industrielle Herstellung von Transistoren mit Grenzfrequenzen f_α von ca. 50 MHz erlaubte. Hierbei wird (Abb. 30) eine Germaniumscheibe zwischen Düsen eingespannt und durch einen Strahl eines Elektrolyten elektrolytisch geätzt. Diese Ätzung läßt sich – z. T. unter Zuhilfenahme einer Messung mit Ultrarotstrahlung, für die Germanium durchsichtig wird – gut steuern, so daß man im Vergleich zu einem Legierverfahren wesentlich definierter Emittergrenzschichten erzielen kann. Nach einer bestimmten Ätzzeit wird dann die Polung des Elektrolyten geändert und nun Indium auf dem Germanium niedergeschlagen, so daß die Ätzmulde den Emitter definiert.

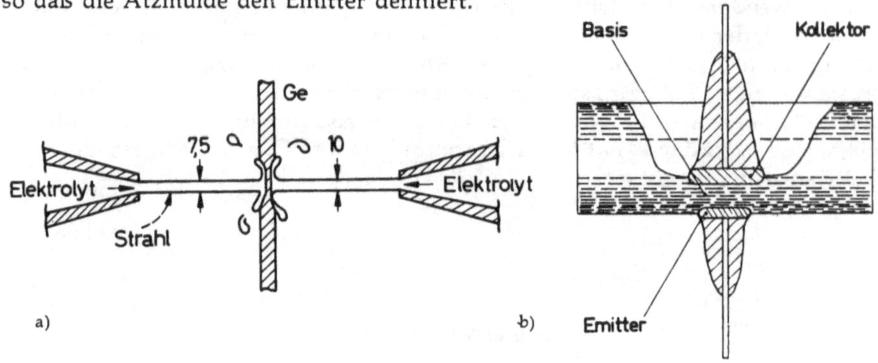

Abb. 30. Die Technologie des „Micro-Alloy-Transistors"
a) Schematische Darstellung des elektrolytischen Ätzvorganges (Maße in µm)
b) Schnitt durch einen MADT-Transistor mit Driftfeld in der Basis

Dieses Verfahren wird mit einer Vordiffusion kombiniert, so daß die Vorteile des Drifttransistors ebenfalls zur Geltung kommen. Bald hatte sich jedoch herausgestellt, daß der Emitter, der nach dem Prinzip des Halbleiter-Metallkontaktes arbeitet, nicht zuverlässig ist. Man ging daher zu einer Einlegierung des Emitters über [78]. Dieser sogenannte „micro-alloy-diffused"-Transistor ist in den letzten Jahren von der Firma Philco soweit durchentwickelt worden, daß man heute die Ätzung der Basisschicht bis auf Schichtdicken von 5 µm beherrscht. Die effektive Basisdicke ist durch das Driftfeld noch weiter reduziert, so daß maximale Oszillationsfrequenzen von 3500 MHz erreicht wurden. Hierzu muß allerdings der Transistor schon in koaxiale Gehäuse eingebaut werden, da sonst die Induktivitäten und Kapazitäten der Zuleitungen die Übertragungseigenschaften entscheidend verschlechtern [8].

Eine Besonderheit des MADT-Verfahrens ist, daß die einzelnen Arbeitsgänge am einzelnen Transistor getrennt vorgenommen werden müssen. Die Firma Philco hat daher schon sehr frühzeitig vollautomatisierte Produktionsstraßen entwickelt, so daß der Prozeß heute trotzdem mit anderen Herstellverfahren wirtschaftlich konkurrieren kann.

Ein wesentlicher Vorteil gegenüber den sonstigen Hochfrequenztypen (s. unten) ist das niederohmige Kollektormaterial, das zunächst günstigere Schalteigenschaften erreichen ließ als etwa mit dem Mesaverfahren. (Keine Ladungsspeicherung im Kollektorbahngebiet, siehe hierzu jedoch Kap. 5.10, Epitaxie).

Transistoren nach dieser Technik werden von Philco und neuerdings englischen Lizenzfirmen hergestellt. Nach dieser Bauart hergestellte Transistoren sind z. B. 2 N 500, 2 N 769, 2 N 502 mit Oszillationsfrequenzen bis 1000 MHz. Die meisten MADT-Transistoren sind jedoch Schalttransistoren mit Speicherzeitkonstanten τ_S in der Größenordnung 15 bis 30 ns. Für Verstärkerzwecke werden mit den Normaltypen 14 dB bei 200 MHz erreicht (neutralisiert und angepaßt).

Der Transistor mit der höchsten Grenzfrequenz [8] ist in ein konzentrisches Gehäuse eingebaut und hat eine maximale Oszillationsfrequenz von 3500 MHz bei Grenzfrequenzen von $f_{|\beta|=1} = 500$ MHz und einem Produkt $r_{b'} C_C = 1{,}6$ ps.

Eine noch weitere Verbesserung der Oszillationsfrequenz bis zu 10 GHz soll in jüngster Zeit [79] durch Kombination mit der Technik epitaxialer Schichten (Abschn. 5.10) im sogenannten „Microlayer-Transistor“ gelungen sein. Er stellt eine pinip-Struktur dar, wobei die eigenleitende i-Basis in der Größenordnung 2,5 µm liegt, die eigenleitenden Schichten (i) epitaxial nach der chemischen Behandlung aufgebracht wurden.

5.3 Der Germanium-Mesatransistor

Der Mesatransistor trägt seinen Namen nach der typischen Form, die an die Bergformen Arizonas erinnert (span. „mesa“, Tafelberg). Nach dieser Technik wird heute ein sehr großer Teil der HF-Transistoren hergestellt. *C. A. Lee* [80] hat dieses Verfahren bei den Bell-Laboratorien entwickelt, das erstmals im Unterschied zu allen bisherigen Transistortechnologien ein relativ hochohmiges Kollektorgebiet verwendet. Man kann dann den Transistor von einer Seite der Germaniumscheibe her aufbauen und wird von Schwankungen der Ausgangsdicke der Halbleiterscheiben, die sich natürlich im Bereich von µm nie vermeiden lassen, unabhängig. Die bisher dominierende Form des Ge-Mesatransistors ist eine Technik, die den Emitter mittels Legierung, die Basisschicht durch Diffusion herstellt. Abb. 31 zeigt schematisch den Aufbau eines Mesatransistors. Zunächst wird die Ausgangs-Germaniumscheibe mit einer dünnen Basisschicht versehen, deren Herstellung

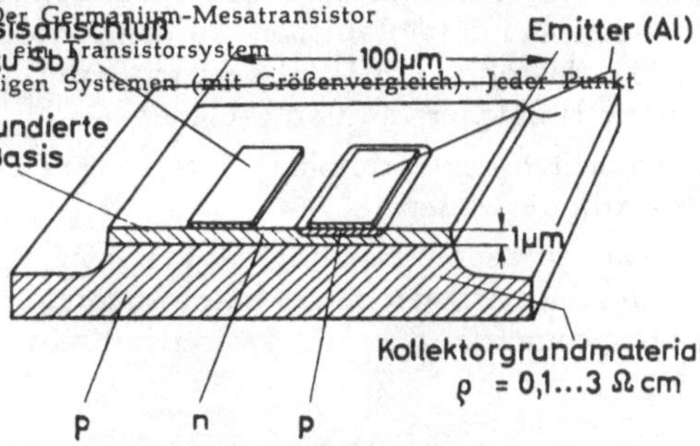

a)

b)

Abb. 31. Der Germanium-Mesatransistor
a) Schematischer Schnitt durch ein Transistorsystem
b) Germaniumscheibe mit fertigen Systemen (mit Größenvergleich). Jeder Punkt stellt einen Transistor dar

über das Verfahren der Festkörperdiffusion (z. B. Antimondiffusion bei $T = 650°$ C, $t = 1$ Std.) bis zu Schichtdicken von 0,3 μm beherrscht wird. Die Aufbringung des Emitters (Aluminium bzw. Al/Au) sowie eines Kontaktes für den Basisanschluß (Gold- bzw. Au/Ag) geschieht nach einer Aufdampftechnik im Hochvakuum. Üblicherweise verwendet man hier bei Germanium parallele Streifen in der Größenordnung 25 × 50 μm, die entweder nach einer Schrägbedampfungstechnik oder einer Verschiebetechnik [81] auf die Germaniumoberfläche aufgebracht werden. Masken für diese Geometrien werden entweder mechanisch gestanzt oder auf elektrolytischem Wege hergestellt (kombiniert mit einer Photolacktechnik).

Nachdem man die Kontakte aufgedampft und einlegiert hat, muß die Kollektorinsel (mesa) herausgeätzt werden. Man deckt hierzu den Bereich der Kollektorinsel mit einer Schutzschicht aus einem säurebeständigen Medium ab (Wachse oder Lacke, z. B. Kodak Photoresist, der gleichzeitig eine optische Definierung der Geometrie erlaubt), die nach dem Ätzprozeß wieder abgelöst wird.

Diese sämtlichen aufwendigen technologischen Prozesse werden an Germaniumscheiben durchgeführt, auf denen gleichzeitig ca. 1000 Transistoren Platz finden, so daß die Herstellung wirtschaftlich ist. Die Einzelsysteme werden dann — meist nach Ritzen mit einem Diamanten — auseinandergebrochen und auf eine Trägerplätte auflegiert, wobei sehr wesentlich ist, daß der Kollektorrückkontakt injektionsfrei ist[1]). Die Kontaktierung erfolgt meist durch dünne Golddrähte vom Durchmesser ca. 10 μm, die mit einem speziellen Kaltschweißverfahren [83] („thermocompression bonding") auf den Aufdampfflecken befestigt werden. Dieses neue Verfahren, das ohne Lötmittel arbeiten kann, ist hervorragend zur Kontaktierung dünnster Halbleiterschichten geeignet.

Der an weiteren Einzelheiten der Technologie interessierte Leser sei auf die umfangreiche Speziallitteratur verwiesen [80–88].

I. M. Early [88] gab eine grobe Abschätzung der Frequenzgrenze in Abhängigkeit von den geometrischen Abmessungen der Mesatransistoren. Er wählte hierzu eine rechteckige Dreistreifengeometrie (mit zwei Basisanschlüssen), wobei die Streifen-

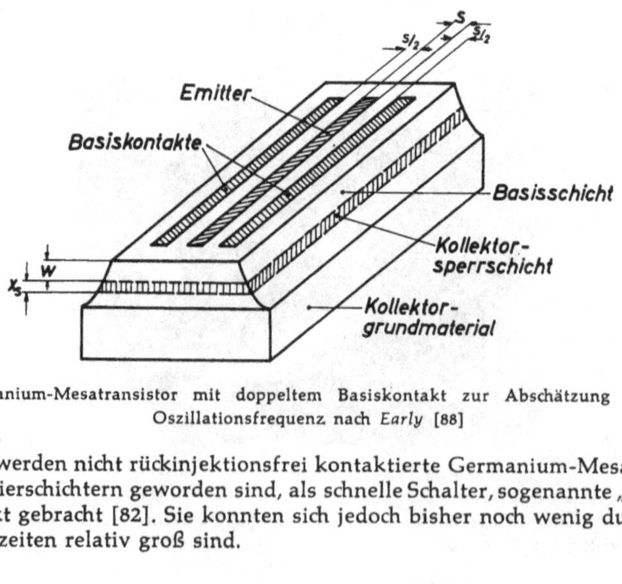

Abb. 32. Germanium-Mesatransistor mit doppeltem Basiskontakt zur Abschätzung der maximalen Oszillationsfrequenz nach *Early* [88]

1) Zuweilen werden nicht rückinjektionsfrei kontaktierte Germanium-Mesatransistoren, die dann zu Vierschichtern geworden sind, als schnelle Schalter, sogenannte „Thyristoren" auf den Markt gebracht [82]. Sie konnten sich jedoch bisher noch wenig durchsetzen, da die Ausschaltzeiten relativ groß sind.

breite s, der Streifenabstand $s/2$ betragen soll (Abb. 32). Man kann nun die in Gl. (3) eingehenden Größen in s ausdrücken und erhält mit:

Kollektorsperrschichtkapazität/Flächeneinheit $C_C = \frac{\varepsilon}{x_b}$

für die:

Kollektorkapazität $C_{CS} = \frac{s\,\varepsilon}{x_s}$

Basisausbreitungswiderstand $r_{b'} = \frac{2}{3}\, s\, \varrho_\square$

($\varrho_\square$ = Flächenwiderstand der Basisschicht)

Grenzfrequenz $f_\alpha \approx \frac{1}{2\pi(t_w + t_{cs})}$ [1])

Im günstigsten Fall ergibt sich für $t_w < t_{cs}$ mit $t_s = \frac{x_s}{2\, v_{lim}}$

$$f_{max} \sim \frac{1}{4\pi s}\sqrt{\frac{3\, v_{lim}}{\varepsilon\, \varrho_\square}}\,. \tag{63}$$

Setzt man in Gl. (63) die Werte

$$v_{lim} = 6 \cdot 10^6 \text{ cm/s}\,, \quad \varrho_\square = 300\ \Omega/_\square\,, \quad \varepsilon = 16 \cdot 8{,}85 \cdot 10^{-14} \text{ F/cm}$$

ein, so ergibt sich für Germaniumtransistoren

$$f_{max} \approx \frac{7{,}5}{s\ (\text{cm})}\ (\text{MHz})\,, \tag{64}$$

womit sich die Werte der Tabelle 1, verglichen mit experimentellen Werten, ergeben [2]). Man erkennt, daß in dieser Betrachtung in erster Näherung die HF-Qualität unabhängig von der Länge der Streifen wird, was höhere Leistungen mit guten HF-Eigenschaften zu kombinieren gestattet. Ein Typ mit einer Verlustleistung von 1 W und einer Leistungsverstärkung von 10 dB bei 1000 MHz wurde z. B. mit einer Streifenlänge von 500 µm möglich [89].

Tabelle 1. Maximale Oszillationsfrequenz eines Ge-Mesatransistors

s (µm)	f_{max} (MHz) (theoretisch)	f_{max} (MHz) (experimentell)
15	1000	
25	3000	1000
7,5	10000	4000 [89]

Auf einen interessanten Sachverhalt sei anhand des Ersatzschaltbildes der Abb. 33 noch hingewiesen, der für Mesatransistoren (und Planartransistoren, s. u.) von Bedeutung ist.

1) Es wird hier die Grenzfrequenz als repizroke Summe der Flugzeiten der Träger durch Basisraum und Kollektorsperrschicht angesetzt. (Gl. (14) kann geschrieben werden $1/f_\alpha = 2\pi\,(t_E + t_W + t_{CS})$.)

2) E. *Fröschle* [90] gab eine ausführlichere Behandlung unter Berücksichtigung der unterteilten Widerstände ($r_{b'}$) und Kapazitäten.

Die Kollektorkapazität C_C teilt sich in erster Näherung in zwei Komponenten[1]) auf, wovon nur $C_{C'B'}$, die sogenannte rückwirkungsaktive Kollektorkapazität in das Rückwirkungsprodukt $r_{B'} C_C$[2]) eingeht. Dieses $C_{C'B'}$ ist der Teil der Kollektorkapazität, der dem Emitter gegenüber liegt, etwa $^1/_5$ bis $^1/_{10}$ der gesamten Kollektorsperrschichtkapazität C_C (je nach Geometrie).

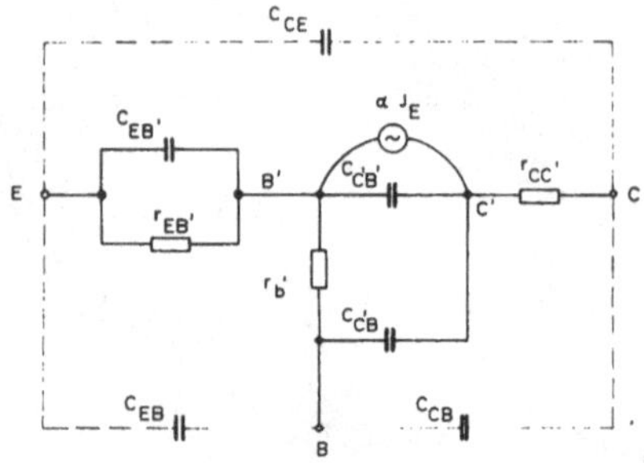

Abb. 33. Vereinfachtes Ersatzschaltbild eines Germanium-Mesatransistors ($C_{EB'}$, $C_{CE'}$, C_{CB} Kapazitäten der Gehäusedurchführungen)

Von Bedeutung ist noch der Kollektorbahnwiderstand r_C, der infolge des relativ hochohmigen Materials ($\varrho \sim 0{,}1 \ldots 5\ \Omega$cm) bei Mesatransistoren nicht mehr zu vernachlässigen ist. Wir kommen hierauf noch in Abschnitt 6 zurück.

Die bisher erreichten höchstfrequenten Typen [89, 91] liegen bei Einbau in ein koaxiales Gehäuse zur Verringerung der Zuleitungsinduktivitäten und -kapazitäten [92] bei maximalen Oszillationsfrequenzen von 4000 MHz, bei Einbau in normale Gehäuse (TO 18) bei 1600 . . . 2000 MHz (AF 139, in [81] als V 120 bezeichnet).

In Deutschland stellt Siemens & Halske nach der Mesatechnik z. B. die Typen AFY 10/11, AF 106 und AF 139 her.

a) 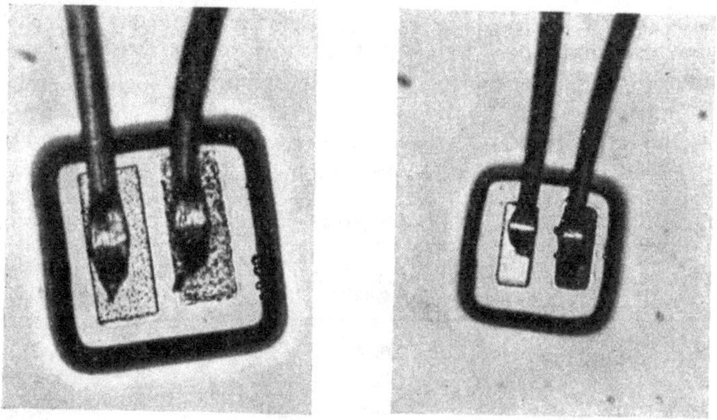 b)

Abb. 34. Kontaktierte Systeme von Germanium-Mesatransistoren für verschiedene Frequenzbereiche
a) System für $f_{\text{osz max}} = 1000$ MHz (AF 106)
b) System für $f_{\text{osz max}} = 2000$ MHz (AF 139)
Die Stärke der Kontaktierungsdrähte beträgt 13 μm (AF 106) und 7 μm (AF 139)

---

1) Eine genauere Betrachtung insbesondere bei hohen Strömen erfordert den Ansatz eines Netzwerkes aus RC-Gliedern für den Basiswiderstand; siehe etwa [90, 93, 94].

2) Genauer ist die Rückwirkungsgröße im Ersatzschaltbild der Abb. 33

$$h_{12} = (r_{B'} C_{C'B'} + h_{11} C_{EC}),$$

$h_{12} = (u_2/u_1)_{i_1=0}$ ist hierbei die sogenannte Spannungsrückwirkung (s. Anm. Seite 246).

Abb. 34 zeigt im Vergleich ein kontaktiertes Mesasystem mit $f_{max} = 1000$ MHz und mit $f_{max} = 2000$ MHz; die Drahtstärken betragen im ersten Fall 13 µm, im zweiten Falle 7 µm (!). Zum Größenvergleich sei bemerkt, daß ein menschliches Haar der Dicke ~ 70 µm die gesamte Mesa des kleineren Systems abdeckt[1]).

5.4 Der POB-Transistor („push out base")

Dieser Transistortyp ist eine Art Mesatransistor, doch wird hier zunächst der Emitter und die Basis einlegiert, wobei Kugeln aus Wismut oder Blei, die Arsen (Basiskugel) sowie Kugeln, die Arsen und Aluminium (Emitterkugel) enthalten, verwendet werden In einem folgenden Arbeitsgang diffundieren aus den auflegierten Kugeln die jeweiligen Verunreinigungen heraus (daher auch Bezeichnung: „post alloy diffusion"). In Germanium diffundieren die n-Verunreinigungen schneller als die p-Verunreinigungen [95], so daß dann die in Abb. 35 skizzierte pnp-Struktur entsteht. Die Diffusion wird häufig in einer Arsen enthaltenden Atmosphäre [96] durchgeführt, so daß zwischen den Kugeln eine hinreichend

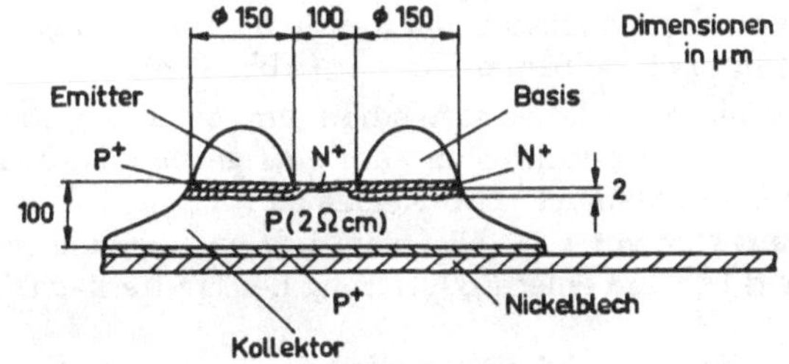

Abb. 35a. Schematischer Schnitt eines legiert-diffundierten POB-Transistors (AF 114 bis 117)

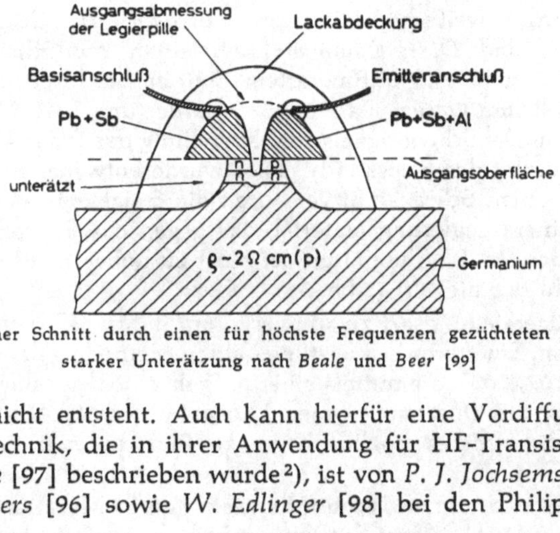

Abb. 35b. Schematischer Schnitt durch einen für höchste Frequenzen gezüchteten POB-Transistor mit starker Unterätzung nach *Beale* und *Beer* [99]

niederohmige Schicht entsteht. Auch kann hierfür eine Vordiffusion eingesetzt werden. Diese Technik, die in ihrer Anwendung für HF-Transistoren erstmalig von *J. R. A. Beale* [97] beschrieben wurde[2]), ist von *P. J. Jochsems, O. W. Memelink, L. J. Tummers* [96] sowie *W. Edlinger* [98] bei den Philips-Gloeilampen-

---

1) *Anmerkung bei der Korrektur:* Es sind nunmehr epitaxiale Ge-Mesatransistoren in koaxialem Gehäuse auf dem Markt (Siemens & Halske). Man erreicht mit ihnen z. B. eine Leistungsverstärkung von 12 dB bei 1500 MHz. (f_{max} ~ 3,5 GHz, da obige Leistungsverstärkung nicht völlig neutralisiert gemessen ist.)

2) Grundgedanke: *R. L. Longini*, British Patent No. 754 404.

fabrieken (Holland) zu einer ausgereiften Technik entwickelt worden. Die HF-Typen AF 114 bis AF 117, AF 124 bis AF 127 sowie AF 102 sind z. B. nach dieser Technologie hergestellt. Der AF 102 erreicht eine maximale Oszillationsfrequenz von ca. 1000 MHz (Abhängig vom Arbeitspunkt).

Der Vorteil der POB-Technik vor der normalen Drifttechnik ist, daß die Gefahr einer Durchlegierung der dünnen Basiszone durch den Emitter nicht besteht[1]). Außerdem können die relativ großen Legierkugeln noch mit Drähten größeren Durchmessers kontaktiert werden (Drahtdurchmesser 30 bis 50 μm) als dies bei Mesatransistoren der Fall ist (Drahtdurchmesser 8—15 μm), was naturgemäß bei der notwendigen Mikrotechnik gewisse Vorteile besitzt.

Allerdings wird die Technologie zu höheren Frequenzen hin schnell komplizierter. So werden für Arbeitsfrequenzen von 250 MHz (AF 102; $f_{max} \sim 1000$ MHz) schon zwei Basiskugeln verwendet, während für Arbeitsfrequenzen von 800 MHz eine massive Unterätzung der Kugeln vorgenommen werden muß [98].

Eine Erweiterung der Technik für höchste Frequenzen wurde von *I. R. A. Beale* und *A. F. Beer* angegeben [99]. Man geht hierbei nur von einer auflegierten Kugel aus, die man dann durch mechanische und chemische Bearbeitungsverfahren (Sandstrahlen und dgl.) in zwei Teilbereiche trennt (Abb. 35 b).

Bei der POB-Technik handelt es sich schon um einen zweifach diffundierten Transistor, da neben der Basisdiffusion auch eine geringe Diffusion der Emitterdotierung (Al) erfolgt. Man hat also keinen abrupten pn-Übergang wie beim normalen Mesatransistor vor sich. Die hierdurch entstehende hochohmige Zone um den Emitter wirkt sich in einer Reduzierung der Emitterkapazität aus.

5.5 Der zweifach diffundierte Mesatransistor

Im Gegensatz zur Technik in Germanium mit legiertem Emitter wurde bei Silicium schon früh eine zweifache Diffusion durchgeführt. Schon 1956 hatten *M. Tannenbaum* und *D. E. Thomas* [100] einen npn-Siliciumtransistor mit diffundierter Basiszone und diffundiertem Emitter beschrieben. Die Diffusionskonstanten in Silicium waren u. a. von *C. S. Fuller* und *J. A. Ditzenberger* [101] gemessen worden. Die Schwierigkeit der Herstellung der Transistoren lag zunächst in der Kontaktierung der Basisschicht. Hier wurde entweder nach einer gezielten Abätzung oder einem Schrägschliffverfahren die freigelegte Basisschicht kontaktiert oder mit einem Legierungsmaterial, das gegen das Emittermaterial (n) eine Sperrschicht bildete (z. B. Aluminium bei nicht zu hoher Emitterdotierung) durch die Emitterschicht durchlegiert (Abb. 36).

Doch war diese Herstellungsart zu schwierig, um industriell definierte Typen herstellen zu können. Eine technisch leistungsfähige Methode gelang erst *C. J. Frosch* und *L. Derick* [102, 103], die mittels einer aufgebrachten verstärkten SiO_2-Schicht eine Maskierung der Oberfläche gegen Phosphor, Arsen, Antimon und Bor erreichten. Dadurch wurde es möglich, begrenzte Bereiche, z. B. den Emitter, einzudiffundieren.

Ein Beispiel eines nach dieser Technik hergestellten Si-Mesatransistors beschreibt z. B. *W. A. Little* [104], wobei der Emitter mittels Bordiffusion, die Basis durch (zweistufig) Phosphordiffusion hergestellt wurde: Hierzu wird zunächst die Basisschicht eindiffundiert, dann eine Oxydschicht aufgebracht (z. B. bei 1000 bis 1200 °C

[1]) Der Germanium-Mesatransistor vermeidet diese Gefahr durch Verwendung sehr dünner Metallaufdampfschichten

in feuchtem Sauerstoff) mittels eines lichtempfindlichen Lackes (z. B. Kodak Photo-Resist) die Oberfläche abgedeckt und die Emitterstruktur aufbelichtet. Nach Entwicklung wird der Lack an der Emitterstelle entfernt und dann das Oxyd dort abgelöst (z. B. mit Flußsäure) und dann der Lack entfernt [104].

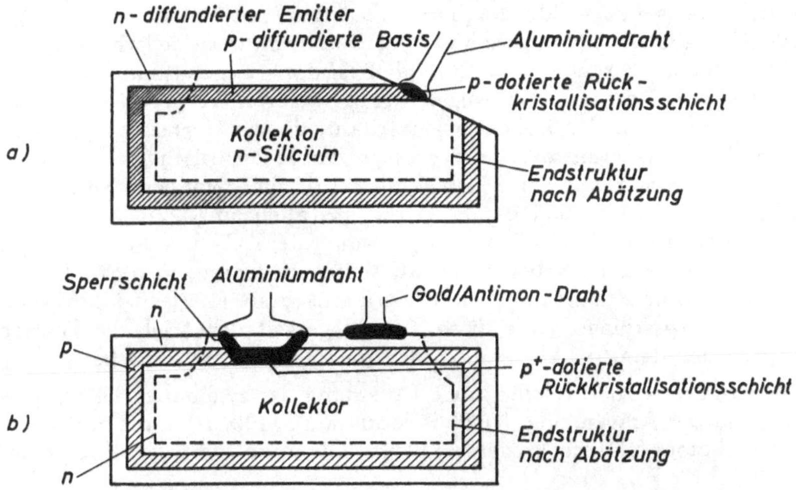

Abb. 36. Der zweifach diffundierte Silicium-Transistor. Schema der ersten Kontaktiermethoden nach *Tannenbaum* und *Thomas* [100]

a) durch Schrägschliff bzw. Ätzung

b) durch Legierung durch den Emitter, wobei sich zwischen Emitterlegierung (Aluminium) und diffundierter Emitterschicht (n) eine Sperrschicht ausbildet

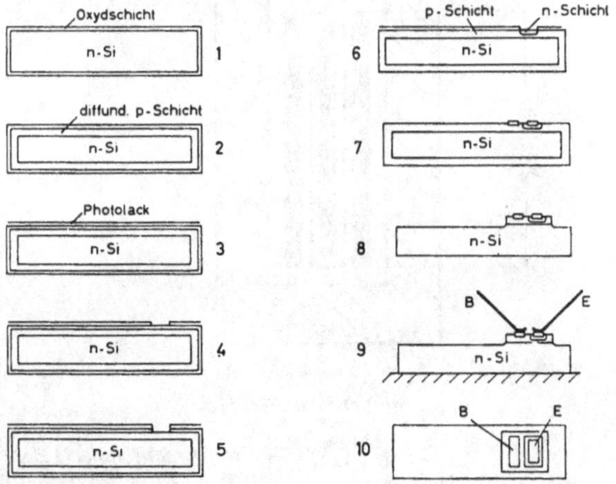

Abb. 37. Modernes Herstellverfahren des zweifach diffundierten Silicium-Mesa-Transistors (hier npn-Typ). 1 Oxydierung, 2 Diffusion der p-Schicht durch das Oxyd, 3 Aufbringung der Photolackschicht, 4 Belichten und Entwickeln der Photolackschicht, wobei die Fläche des Emitters freigelegt wird, 5 Lösen der Oxydschicht im Emitterbereich, 6 Entfernung der Photolackschicht und Emitterdiffusion (n), 7 Ablösung des Oxydes und Aufdampfung der Kontakte für Emitter und Basis, 8 Ätzung der Kollektorinsel (Mesa), 9 Kontaktierung mittels Thermokompression dünner Drähte, 10 Draufsicht auf unkontaktiertes System, man erkennt am Emitter den kleineren Aufdampffleck und den größeren Rand der Emitterdiffusion

Bei der nun folgenden Diffusion des Emitters maskiert das SiO_2 die übrige Oberfläche, nur das „Emitterloch" läßt die Störatome durch (Abb. 37). Schließlich muß nach erneuter Abdeckung dann die Mesa herausgeätzt werden. Aufgedampfte Metallkontakte auf Emitter und Basis erlauben die Kontaktierung.

Schon *J. T. Nelson, J. E. Iwersen* und *F. Keywell* [105] hatten in der in Abb. 38 dargestellten Form eines Silicium pnip-Transistors für Oszillationsfrequenzen von ca. 100 MHz die Maskierungstechnik angewandt, ohne sie jedoch explizit zu beschreiben. Als Emitter wurde hier Bor, als Basisdotierung Antimon verwendet, die Wahl des pnp-Typs erfolgte wegen der geringeren Trägervervielfachung der Defektelektronen in der Kollektorsperrschicht, da der Transistor für hohe Leistungen (5 W) gedacht war. In der Folge wurde die Methode der zweifachen Diffusion gekoppelt mit der Maskierung durch SiO_2 von den verschiedensten Autoren angewandt (z. B. [104, 106]) und bei allen amerikanischen Transistorherstellern (Fairchild, Texas Instruments, Motorola, RCA u. a.) und in Europa im großen Stile produziert. Neben Mehrfachstreifenanordnungen, U-Profilen, Kammstrukturen wurden neuerdings auch Sternstrukturen [107] und Schneeflockenstrukturen vorgeschlagen, alle diese Vorschläge mit dem Ziel, die Emitterrandlänge groß und damit $r_{b'}$ klein zu machen (bei gleicher Emitterfläche).

Ein wesentlicher Grund für die große Bedeutung der zweifachen Diffusion ist die Möglichkeit der Anwendung der Photolacktechnik [108, 109], die gestattet, durch einfache photographische Prozesse kleine und komplizierte Strukturen auf der

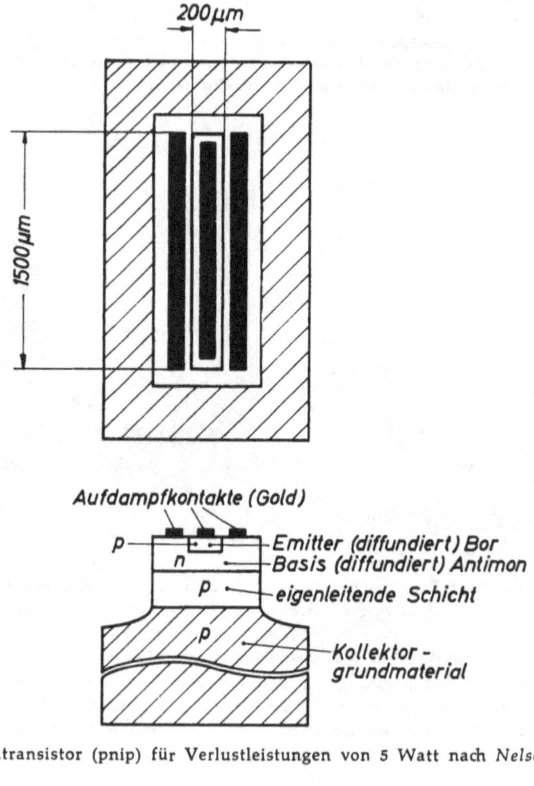

Abb. 38. Silicium-Mesatransistor (pnip) für Verlustleistungen von 5 Watt nach *Nelson* et al. [105]

Oxydhaut abzubilden. Durch die folgenden Ätzprozesse werden diese dann herausgearbeitet.

In neuerer Zeit wurde die SiO_2-Maskierungstechnik auch auf *Germanium* ausgedehnt [110], wobei dann auch hier ein zweifach diffundierter Typ möglich ist [111, 112, 113].

5.6 Der Planartransistor

Im Jahre 1960 wurde bei der Firma Fairchild (USA) ein neues Transistorkonzept entwickelt, das sich in der Folgezeit stürmisch durchgesetzt hat. Der Planartransistor ist im Gegensatz zum Mesatransistor eben aufgebaut (Abb. 39) und dadurch charakterisiert, daß die pn-Übergänge durch die für die Maskierung aufgebrachten Oxydschichten geschützt sind. Zunächst ist dieses Prinzip auf Silicium

a)

b)

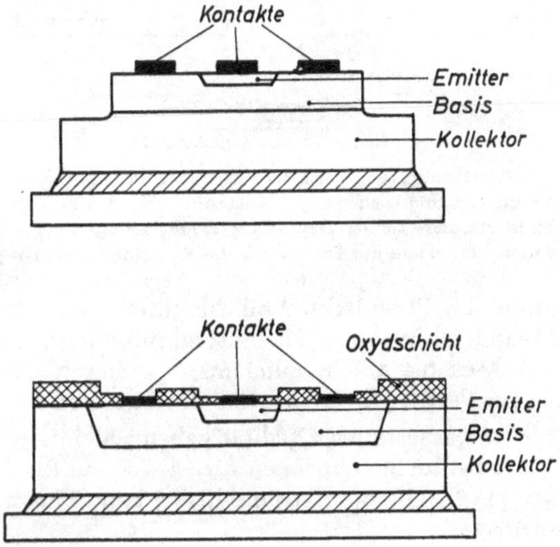

Abb. 39. Vergleich des Mesatransistors mit dem Planartransistor. Während beim Mesatransistor (a) die Kollektorsperrschicht durch die Ätzung des Mesaberges begrenzt wird, geschieht dies beim Planartransistor (b) durch begrenzte Emitterdiffusion infolge Oxydmaskierung (siehe Abb. 40)

beschränkt, da nur das SiO_2 die notwendige maskierende Wirkung aufweist. Der Vorteil des Oxydschutzes ist, wie von *J. A. Hoerni* und *V. H. Grinich* [114, 115] ausgeführt wurde, insbesondere in den verbesserten Gleichstrom- bzw. Niederfrequenzparametern begründet. So werden z. B. gegenüber einer vergleichbaren Mesatype geringere Sperrströme, günstigere Stromverstärkungsverläufe bei kleinen Strömen, höhere Durchbruchsspannungen sowie kleinere NF-Rauschwerte erreicht. Auch die Zuverlässigkeit im Dauerbetrieb soll infolge des Schutzes durch die Oxydhaut besser als bei Mesastrukturen sein.

An Hand von Abb. 40 beschreiben wir kurz den Herstellungsgang. In Abb. 40,1 ist eine oxydierte Siliciumoberfläche vor der Basisdiffusion [116, 117] dargestellt. In Abb. 40,2 ist die Oberfläche im Gebiet der späteren Basis mittels Phototechnik freigelegt; nach der Basisdiffusion wird erneut oxydiert (3), die Emitterzone mittels Phototechnik freigelegt (4), der Emitter diffundiert (5). Schließlich wird das Oxyd an den Stellen, an denen die Kontaktierung erfolgt, entfernt und die Metallkontakte aufgedampft. Es ist zu beachten, daß hierbei die pn-Schichten unter der Oxydschicht liegen.

Schließlich werden die Systeme wie bei der Mesatechnik geritzt und gebrochen, auflegiert und mittels Thermokompression [83] oder mit aufgedampften Leitbahnen kontaktiert.

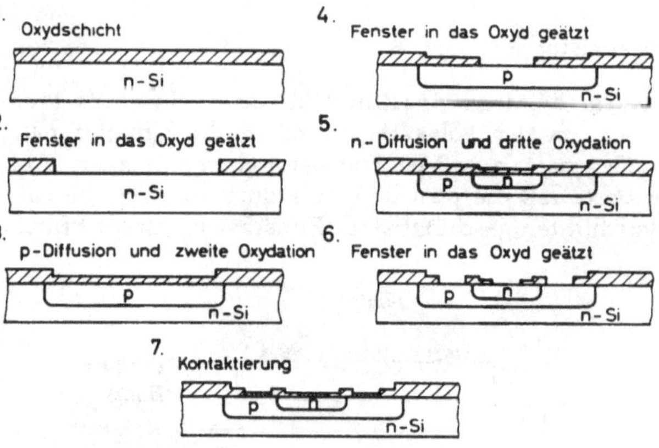

Abb. 40. Schematischer Herstellungsgang beim Planartransistor. 1 Oxydierung, 2 Ätzung eines Fensters in die Oxydschicht (Photolackabdeckung analog Abb. 37), 3 p-Eindiffusion und zweite Oxydation, 4 Ätzung des Emitterfensters in die Oxydschicht (Photolacktechnik), 5 n-Diffusion sowie dritte Oxydation, 6 Ätzung der Fenster für die Kontakte, 7 Kontaktierung

Da die Profile mittels der Photolacktechnik hergestellt werden, können beliebige Geometrien wie Mäanderformen und Kammstrukturen leicht hergestellt werden — ähnlich wie bei der Mesatechnik in Silicium. Aus diesen Gründen hat sich die Planartechnik auch für Festkörperschaltkreise durchgesetzt.

Als Beispiel für die verbesserte NF-Qualität geben wir in Abb. 41 den Vergleich der Stromverstärkung bei kleinen Strömen für Mesa- und Planartransistoren nach *Grinich* und *Hoerni* [115]. Die Sperrströme liegen beim Planartransistor um eine Größenordnung niedriger.

Neuerdings [118] gelang es, mit Silicium-Planartransistoren maximale Oszillationsfrequenzen von 2000 MHz zu erreichen, wobei allerdings die technologische Grenze fast erreicht sein dürfte. Die Basisdicke ist hier noch 0,5 μm, die Emittergeometrie 40 × 15 μm.

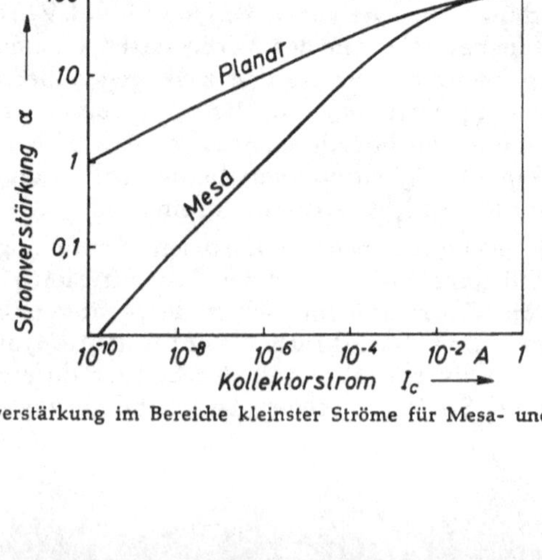

Abb. 41. Die Stromverstärkung im Bereiche kleinster Ströme für Mesa- und Planartransistor

Zu bemerken ist noch, daß Siliciumtransistoren nach Erreichung dieser hohen Grenzfrequenzen z. Z. im Schaltbetrieb den Germaniumtransistoren deshalb überlegen sind, weil es in Silicium besser beherrscht wird, relativ kleine Diffusionslängen im Kollektor zu erhalten. Dies führt zu kleinen Speicherzeiten τ_s, da bei Planartransistoren mit dünner Basis ebenso wie bei entsprechenden Mesatransistoren das hochohmige Kollektorgebiet für die Speicherzeit verantwortlich ist.

Ein erster Germanium-Planartransistor mit legiertem Emitter wurde von *K. Simonyan* und *P. Constantakes* [119] vorgeschlagen. Auch hier sollen sich dieselben Verbesserungen der NF-Eigenschaften gegenüber der Mesatype wie im Falle des Siliciums ergeben haben. Das SiO_2 wurde hier auf das Germanium aufgedampft.

Ob die Planartechnik (Doppeldiffusion) auch für Germanium einsetzbar wird, hängt davon ab, ob es gelingt, auch hier eine Maskierung gegen eine p-Verunreinigung (etwa Bor) bei den tiefen Diffusionstemperaturen des Germaniums zu beherrschen.

5.7 Die Transistortetrode

Wir sahen im Abschnitt 2, daß zur Verbesserung der Hochfrequenzeigenschaften eines Transistors neben der Basisdicke w noch die Kapazitäten der Sperrschichten C_E und C_C sowie der Basisausbreitungswiderstand $r_{b'}$ so klein als möglich gehalten werden muß.

Hier gibt es nun eine interessante Möglichkeit, durch elektrische Einschnürung des aktiven Teiles des Transistors diese Größen zu reduzieren. *R. L. Wallace, L. G. Schimpf* und *E. A. Dickten* [120] wiesen zuerst auf die mögliche Verwendung eines Transistors als Tetrode hin, wozu er allerdings mit zwei Basisanschlüssen versehen sein muß. Der entsprechende Effekt ist bei jedem Transistor zu beobachten. Das bei einer dünnen Basis innerhalb der Basis auftretende Querfeld, das durch den Spannungsabfall des Basisstromes am Basiswiderstand entsteht, führt grundsätzlich zu einer ungleichmäßigen Emitterspannung über die Emitterfläche. Hilft man diesem Querfeld durch das Anlegen einer Spannung an die beiden Basisanschlüsse B_1 und B_2 (Abb. 42) noch nach, so kann man erreichen, daß der

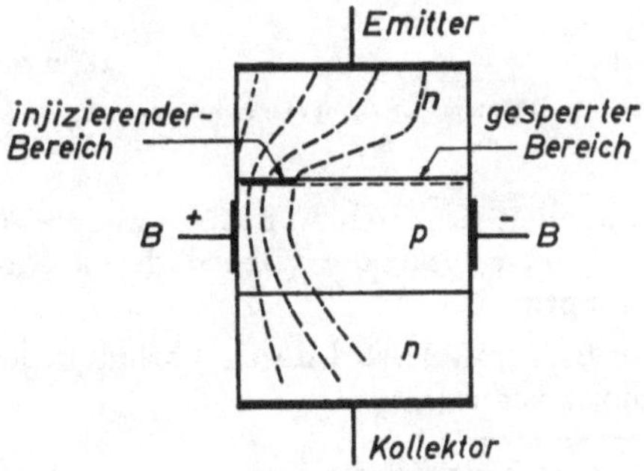

Abb. 42. Die Transistortetrode; infolge der inkonstanten Potentialdifferenz zwischen Emitter und Basis emittiert nur ein Teil der Emitterfläche

Emitter nur an einer Seite emittiert, während er an der übrigen Fläche in Sperrrichtung gepolt ist. Mit der Reduzierung der Fläche fällt die Kapazität ab, was durchaus eine Größenordnung ausmachen kann. Ebenfalls fällt $r_{b'}$ mit steigendem Querstrom.

Die maximale Oszillationsfrequenz kann mit dieser Methode um etwa den Faktor zehn erhöht werden, z. B. gelang es, Tetroden mit Oszillationsgrenzfrequenzen von 1400 MHz herzustellen [121] [1]). Allerdings ist der Schaltungsaufwand größer und der Basisstromkreis verbraucht Leistung, jedoch hat man einen weiteren Freiheitsgrad zur Steuerung des Transistors gewonnen, der evtl. für Regelzwecke verwendbar ist.

5.8 Der Unipolartransistor

Wir erwähnen noch ein Verfahren, das schon auf einen frühen Vorschlag von *W. Shockley* [122] zurückgeht und von *G. C. Dacey* und *I. M. Ross* [123] ausgearbeitet wurde. Im Unterschied zu allen bisherigen Strukturen verwendet der Unipolartransistor nur eine Trägerart und ist nicht auf Minoritätsträger und Injektionsverhältnisse angewiesen.

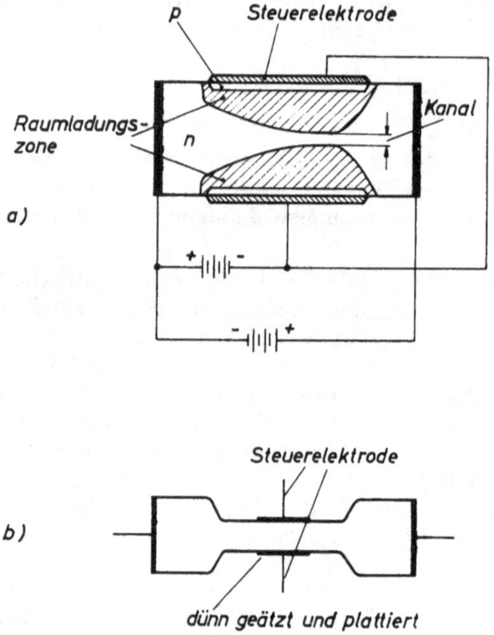

Abb. 43. Prinzip des Unipolartransistors (a) und Ausführungsform als dünngeätztes Stäbchen nach *Teszner* [125] als Tecnetron

Es handelt sich nach Abb. 43a um eine Abschnürung eines Halbleiterwiderstandes durch eine von der Oberfläche ausgehende in Sperrichtung gepolte Raumladungszone.

Der Strompfad wird durch Variation der angelegten Spannung in seinem Querschnitt verändert.

---

1) *Anmerkung bei der Korrektur:* Es ist nunmehr eine (verkappte) Germanium-Mesa-Tetrode auf dem Markt. (AFY 25/26 der Fa. Telefunken.) Sie erreicht bei 1400 MHz eine Leistungsverstärkung von 10 dB bei sehr guten Rauschwerten. Emitter und eine Basiselektrode sind im Transistor verbunden, so daß diese Tetrode nur drei Anschlüsse hat, und unter gewissen Vorsichtsmaßnahmen (Neutralisierung) wie ein Transistor behandelt werden kann.

Die Grenzfrequenz eines solchen Unipolartransistors wird durch das RC-Glied aus der Kapazität der Steuerelektrode und Bahnwiderstand des Kanals gegeben [124]:

$$f_{\mathrm{Gr}} = \frac{1}{2\pi RC} = \frac{\mu_0 E}{2\pi L},$$

wobei E die elektrische Längsfeldstärke und L die Länge der Steuerelektrode ist. Man sieht, daß eine möglichst große Trägerbeweglichkeit μ_0, sowie kleine Länge L der Steuerelektrode wichtig sind.

Eine Variante des Unipolartransistors ist das von *S. Tezner* [125] angegebene Tecnetron (Abb. 43b). Er geht von zylindrischen Germaniumstäbchen (hochohmig) aus, ätzt sie in einem elektrolytischen Ätzprozeß dünn und schlägt anodisch eine Metallelektrode auf der Mantelfläche nieder. Allerdings ist es noch zweifelhaft, ob diese Technik höchste Frequenzen zu erreichen gestattet und die entsprechenden Typen billig herstellbar sind. Zwar soll das Tecnetron noch bei 100 MHz verwendbar sein, doch benötigt es hierzu 10mal höhere Spannung als ein entsprechender Transistor. RCA hat neuerdings eine planare Ausführungsform des Unipolartransistors [126] vorgeschlagen, die allerdings noch nicht für höhere Frequenzen entwickelt ist. Ferner ist vorgeschlagen worden, mit Hilfe dünner Aufdampfschichten von CdS auf Glasunterlage Unipolartransistoren herzustellen [127] („Thinfilm Transistor"). Die Steuerelektrode (control gate) ist hierbei jedoch durch eine Isolatorschicht vom polykristallinen Halbleitermaterial getrennt.

Alle diese Vorschläge zeigen jedoch z. Z. noch keinen Weg zur Herstellung guter HF-Transistoren für 100 bis 1000 MHz.

Auf einige weitere Techniken von mehr grundsätzlicher als praktischer Bedeutung, wie etwa den gezogenen Transistor, den Ausdiffusionstransistor [128], den Spacistor [129—130], den Korngrenzentransistor [131], den Schalttransistor nach *H. Salow* und *W. V. Münch* [132] u. ä. kann hier nicht näher eingegangen werden. Es sei auf die Übersichtsdarstellungen von *R. Dahlberg* [133], *H. Rüchardt* [124] und *H. F. Mataré* [134] verwiesen.

5.9 Transistoren aus anderen Halbleitermaterialien

In jüngster Zeit ist es durch verbesserte Verfahren der Materialreinigung gelungen, Transistoren aus $A_{III}B_{V}$-Verbindungen herzustellen, wobei angesichts der Schwierigkeiten, große Diffusionslängen zu erreichen, zunächst HF-Transistoren mit dünner Basis hergestellt wurden.

Der Gallium-Arsenid-Transistor

Die von *Jones, Wurst* und *Henneke* [135, 136] angewandte Technik ist eine diffundiert-legierte Mesatechnik in Anlehnung an die Germanium-Mesatechnik (Abb. 44). Das Grundmaterial ist mit Schwefel dotiert, die Basis diffundiert mit Zink oder Mangan (in abgeschmolzener Quarzampulle), der legierte Emitter besteht aus Zinn. Die Rückseite ist mit einer Gold-Selen-Legierung auf Platin auflegiert. Die npn-Struktur wurde gewählt, da die Elektronenbeweglichkeit um den Faktor 20 über der der Defektelektronen liegt (9000 gegenüber 450 cm^2/Vs). Die mit einer Dicke der diffundierten Schicht von 3 bis 5 μm erreichte Grenzfrequenz liegt bei $f_{|\beta|=1} = 730$ MHz ($U_{CB} = 3$ V, $I_E = 5$ mA). Bei den Schaltzeiten ist insbesondere die Speicherzeit infolge der sehr kleinen Lebensdauern [137] (im

Kollektorbahngebiet) gegenüber der vergleichbaren Siliciumtype 2 N 706 mit 30 ns auf 1 bis 5 ns abgesenkt worden. Die sonstigen Schaltzeiten liegen trotz ungünstigerer Geometrie eher etwas niedriger als im Falle des Siliciums.

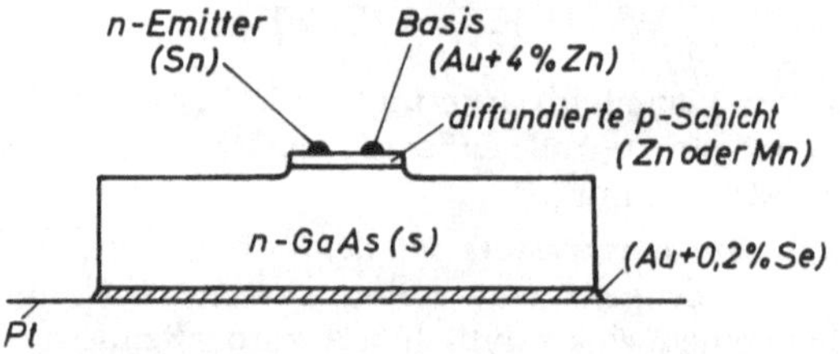

Abb. 44. Hochfrequenztransistor aus Galliumarsenid nach *Jones* et al. [136]

Der Indium-Antimonid-Transistor

Hier wurden nach einer verwandten Technik [136, 138], wie im Falle des GaAs, diffundiert-legierte Mesatransistoren mit Grenzfrequenzen in der Größenordnung $f_{|\beta|=1} = 300$ MHz, hergestellt, jedoch sind die Sperreigenschaften noch schlechter als bei GaAs. In As wird angesichts seines geringen Bandabstandes von 0,33 eV nur bis etwa $-196\,^\circ$C anwendbar (GaAs mit 1,4 eV bis 400 °C).

InSb hat die höchsten Elektronenbeweglichkeiten (400 000 cm²/Vcm bei 77 °C) aller $A^{III}B^{V}$-Verbindungen und ist daher besonders für HF-Transistoren geeignet, doch läßt der geringe Bandabstand nur einen Betrieb bei tiefen Temperaturen zu. Der Emitter besteht aus einer In/Ga/Te-Verbindung (Abb. 45).

Für die Kontaktierung der p-dotierten Basis (Mn ?) wird In/Cd verwendet. Die Basis war 10 µm dick, der Durchmesser der Emitterpillen 50 µm. Die gemessene $f_{|\beta|=1}$-Frequenz lag bei 150 MHz. In den Schaltzeiten wurden die besten Germaniumtransistoren erreicht.

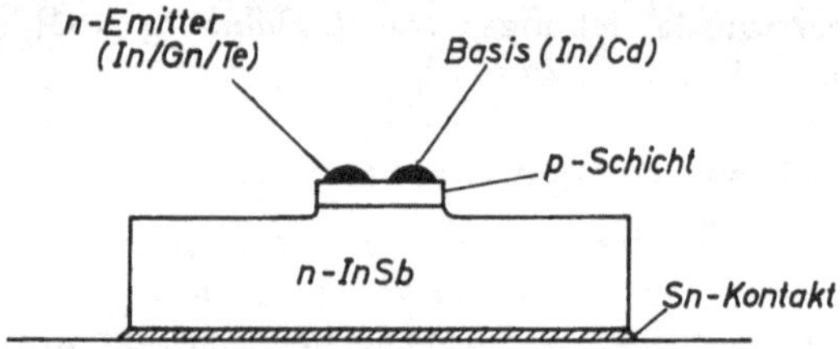

Abb. 45. Hochfrequenztransistor aus Indiumantimonid nach *Henneke* [138]

5.10 Sonderverfahren zur Ausschaltung des hochohmigen Kollektorbereiches bei Mesa- und Planartransistoren

Wie im Kap. 6 noch näher gezeigt wird, führt das relativ hochohmige Kollektorbahngebiet ($\varrho = 0{,}1$ bis 5 Ωcm, je nach Typ), das zur Erreichung einer hinreichend hohen Kollektorspannung sowie einer kleinen Kollektorkapazität benötigt wird, zu einer Reihe von Nachteilen bei der Verwendung für höchste Frequenzen.

Am stärksten sind diese Störeffekte, wenn die Transistoren als Schalter verwendet werden. Hier führt einerseits die große Lebensdauer der Minoritätsträger in der unnötig dicken Kollektorschicht ($d \sim 75$ µm) zu einer hohen Speicherzeitkonstanten τ_s, andererseits zu hohen Restspannungen, die beim Schaltbetrieb so klein als möglich sein sollten. Auch im Verstärkerbetrieb macht sich der vorgeschaltete Kollektorbahnwiderstand in der Größenordnung 100 Ω ab Frequenzen von ca. 800 MHz an störend bemerkbar (Wechselstromwiderstand der Kollektorkapazität von $C_C = 2$ pF bei 800 MHz nur noch ca. 1000 Ω). Weitere Effekte behandeln wir in Kap. 6.

Man hat zunächst versucht, die Schichtdicke des Kollektorbahnmaterials wesentlich zu reduzieren. Durch Läpp- und Ätzverfahren konnte bei den Bell-Laboratorien die Restkollektordicke bei Versuchsmustern bis auf 8 µm gesenkt werden (!) [139]. Doch ist ein solches Verfahren in technischem Maßstab nicht durchführbar, da für eine Montage die Transistorsysteme noch angefaßt werden müssen, ohne zu zerbrechen.

Man ist daher den Weg gegangen, eine Schichtstruktur aufzubauen (s. Abb. 46). Die wichtigsten Verfahren hierzu sind die Verwendung epitaxialer Schichten, die sogenannte Tripeldiffusion, oder eine starke Einlegierung des Rückkontaktes. Diese Techniken verwirklichen die Forderung: dünne hochohmige Schicht nur an der Stelle, wo sie benötigt wird, nämlich in der unmittelbaren Nähe des Kollektor-pn-Überganges. Das Trägermaterial kann dick sein, wenn es sehr niederohmig — fast metallisch — ist.

Verfahren der epitaxialen Schicht [140, 143]

Unter einer epitaxialen[1]) Schicht versteht man eine auf einen Einkristall kohärent abgeschiedene einkristalline Schicht. Bringt man auf ein niederohmiges Trägermaterial mit einem spezifischen Widerstand von $\varrho = 0{,}005\,\Omega$cm eine hochohmige Schicht einer Schichtdicke von 5 bis 10 µm auf, und baut auf einer derart lamellierten Scheibe nun Mesa- oder Planartransistoren auf, so hat man eine Struktur, die einerseits die oben angedeuteten Nachteile des hochohmigen dicken Bahngebietes vermeidet, andererseits aber die in der Nähe der Kollektorsperrschicht notwendige hochohmige Zone aufweist [140, 141, 143].

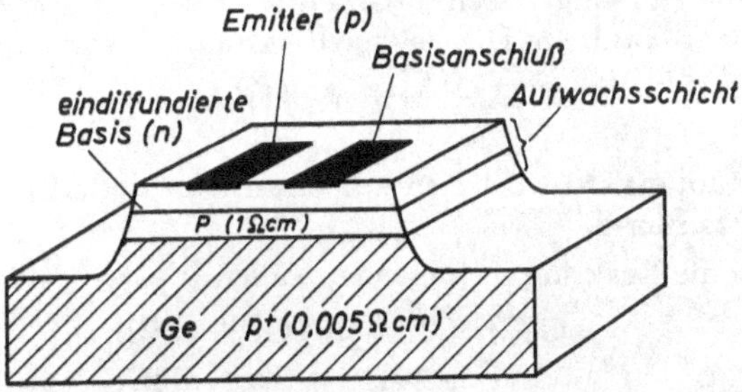

Abb. 46. Epitaxialer Aufbau am Beispiel des Germanium-Mesatransistors

Die für Schaltanwendungen wichtige Restspannung ist dann wesentlich reduziert, der Bereich linearen Kennlinienfeldes ist stark erweitert (Abb. 47). Auch die im Schaltverhalten wichtige gespeicherte Ladung im Kollektorbahngebiet ist durch die dünne Schicht wesentlich verkleinert, da der hochdotierte, niederohmige Bereich sehr kleine Minoritätsträgerlebensdauern aufweist. Sowohl die Restspannungen

1) Von griechisch ἐπι-τάσσω ≙ auf-ordnen; von den Möglichkeiten der Adjektivierung epitaktisch oder epitaxial wurde in Anlehnung an den englischen Sprachgebrauch epitaxial gewählt. Epitaxie bedeuted in der Kristallographie allgemein „das kristallographisch orientierte Aufwachsen auf einer Unterlage".

als auch die Speicherzeitkonstante τ_S (s. Abschn. 4) können hiermit um eine Zehnerpotenz reduziert werden.

Die Aufbringung dieser Aufwachsschichten kann durch Aufdampfung oder thermische Abscheidung bewerkstelligt werden, wobei die Herstellung einer guten Einkristallqualität wichtig ist. Da das Aufdampfverfahren [142] nicht so leicht zu beherrschen ist – die meisten Experimente zeigen die große Schwierigkeit, n-dotiertes Material aufzudampfen [142] – wird heute weitgehend nach dem Verfahren der Zersetzung von $GeCl_4$, GeJ_2 u. ä. oder $SiCl_4$, $SiBr_4$ gearbeitet. Man läßt dabei diese Substanzen – mit H_2 zur Reduktion vermischt – über die heißen Oberflächen strömen.

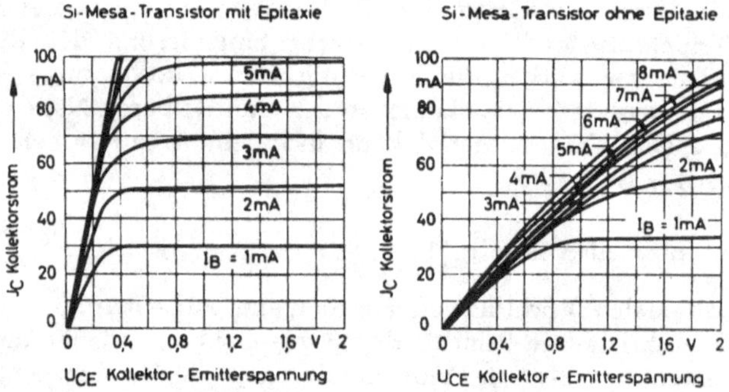

Abb. 47. Vergleich des Kennlinienbildes eines epitaxialen und eines nicht epitaxialen Silicium-Mesatransistors; die Restspannung ist wesentlich reduziert

Um ein Beispiel zu geben, beschreiben wir eine solche Abscheidung bei Silicium. Man erhitzt die Siliciumscheibe in trockener H_2-Atmosphäre ca. 10 min bei 1300 °C, um die Oberfläche zu reinigen, senkt dann die Temperatur auf ca. 1200 °C ab und leitet Siliciumtetrachlorid ein. Hierbei spielt sich die Hauptreaktion

$$SiCl_4 + 2\,H_2 = 4\,HCl + Si$$

ab.

In dem bei Silicium meist realisierten npn-Transistor dotiert man die Schicht etwa mit Phosphortetrachlorid.

Ähnlich verläuft die Reaktion in folgenden Fällen [143]:

$$\begin{aligned} GeCl_4 + 2\,H_2 &= Ge + 4\,HCl, \\ SiBr_4 + 2\,H_2 &= Si + 4\,HCl, \\ SiHCl_3 + \;\; H_2 &= Si + 3\,HCl. \end{aligned}$$

Eine andere Möglichkeit besteht in der thermischen Zersetzung von GeI_2 nach der Beziehung [144]:

$$2\,GeI_2 \rightleftarrows Ge + GeI_4 .$$

Es sind schon verschiedene Verfahren in offenem oder geschlossenem System beschrieben worden [145, 146, 147]. Gewisse Schwierigkeiten bereitete zunächst die Herstellung einer hinreichend ungestörten Schicht konstanter Dicke auf großen Flächen, die Beherrschung der Verhältnisse (Keimbildung und Fehlstellenbildung sowie Rekombinationszentren) in der Aufwachsgrenzschicht sowie die reproduzierbare Herstellung gezielter Dotierungen.

Doch konnten die Probleme im Laufe der letzten Jahre soweit geklärt werden, daß heute viele Schalttransistoren und auch schon ein ständig zunehmender Teil der Verstärkertransistoren epitaxial aufgebaut werden.

Die Einführung dieser Technik bringt zwei weitere Vorteile, der Rückinjektionseffekt und der α^*-Effekt fallen weg (s. Abschn. 6.1).

Die Tripeldiffusion

Wir verdeutlichen dieses Verfahren am Beispiel der Herstellung eines tripeldiffundierten Planartransistors (npn) in Silicium.

Man geht von einer hochohmigen Scheibe n-Silicium aus, die man beidseitig mit einer relativ dicken, sehr niederohmigen n^+-Schicht einer Oberflächenkonzentration $\sim 10^{20}\ cm^{-3}$ versieht. Durch die hierzu notwendige lange Diffusionszeit (Phosphor mit Quelle P_2O_5 etwa 50 Std.) bei der hohen Temperatur von 1200 bis 1300 °C diffundieren naturgemäß auch andere Verunreinigungen, die insbesondere zur Bildung von Rekombinationszentren führen. Man muß daher sehr sauber arbeiten, bzw. durch langsames Abkühlen dafür sorgen, daß die Verunreinigungsatome auf elektrisch unschädliche Gitterplätze wandern bzw. sich ausscheiden. Hat das hochohmige Material die schwierigen Diffusionsprozesse ohne Schaden durchlaufen, läppt und ätzt man nun die niederohmige Schicht der einen Seite ab und baut darauf den Planartransistor nach Abschn. 5.6 auf. Pacific Semiconductors bezeichnet so hergestellte Transistoren als „Laminar Transistors". Ein Beispiel einer nach dieser Technik hergestellten Type ist der 2 N 2102 von RCA.

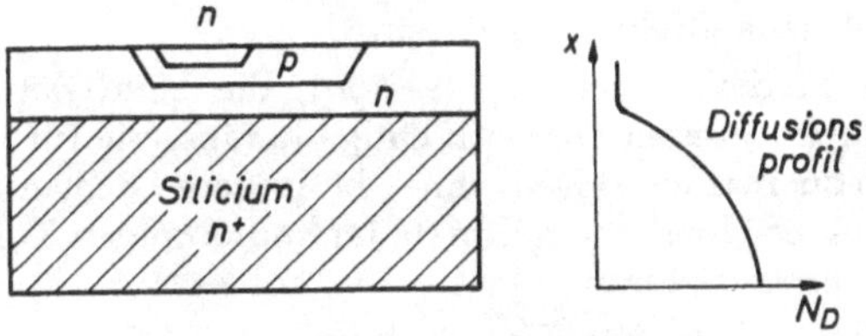

Abb. 48. Schema der Tripeldiffusion, der niederohmige Rückbereich wird durch eine Diffusion verwirklicht (Beispiel für einen Planartransistor)

Da es für höchstfrequente Transistoren auf eine sehr genaue Einhaltung einer bestimmten Dicke des hochohmigen Bereiches ankommt und die niederohmige Rückschicht inhomogen dotiert ist, wird jedoch für die meisten HF-Typen das Verfahren der epitaxialen Schichten verwendet.

Die tiefe Einlegierung der Rückkontakte

Als letztes Verfahren zur Erzielung der gewünschten Schichtstruktur erwähnen wir noch eine Möglichkeit, die in den letzten Jahren auch verschiedentlich angewandt wurde [98, 148]. Hierbei wird die hochohmige Kollektorschicht durch eine – häufig zweistufige – Einlegierung eines dotierenden Materials (für Ge-pnp-Transistoren, z. B. In-Ga) im Bereich des Kollektor-pn-Überganges „herausgelöst", bis nur noch ca. 10 bis 20 µm hochohmiges Material stehen bleiben (Abb. 49). Beim Abkühlen bildet sich eine hochdotierte p^+-Rückkristallisationszone und man hat ebenfalls die gewünschte Schichtstruktur. Schwierig ist bei dem Verfahren die gezielte Einlegierung, die mit sehr großer Genauigkeit ausgeführt werden muß.

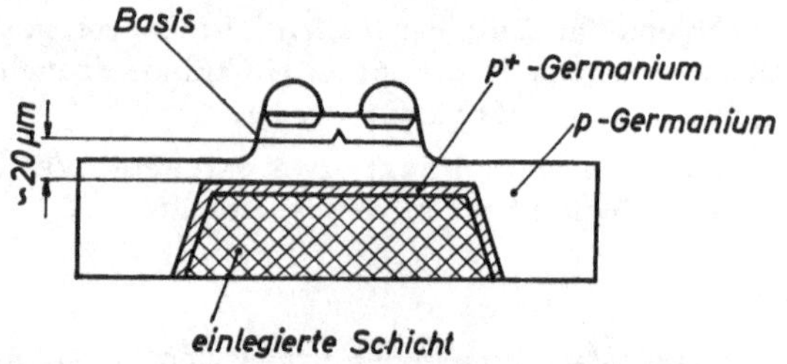

Abb. 49. Ausschaltung des hochohmigen Bahnbereiches durch tiefe Einlegierung von der Rückseite her (Beispiel POB-Transistor)

Dieses Verfahren wird insbesondere für Transistoren für höhere Verlustleistung angewandt, da hierfür bestmögliche Wärmeableitung wichtig ist.

6. Sonderprobleme moderner HF-Transistoren

In diesem Abschnitt sollen noch einige Probleme zur Sprache kommen, die beim Bau von Hochfrequenztransistoren wichtig sind. Es handelt sich hier zunächst um Fragen des Betriebes bei hohen Stromdichten. Infolge der geringen Abmessungen der Systeme erhält man hier Stromdichten in der Größenordnung 100 bis 1000 A/cm². Diese hohen Stromdichten führen zu Raumladungskonzentrationen der beweglichen Ladungsträger, die die Konzentration der Dotierungsatome um Größenordnungen übertreffen können. Naturgemäß hat man damit den Gültigkeitsbereich der üblichen Transistortheorie für kleine Aussteuerungen verlassen und muß auf neue Effekte gefaßt sein.

Aus der Fülle der Erscheinungen[1] [149–156], die beim Betrieb bei größeren Stromdichten auftreten, greifen wir noch einige heraus, die für unseren Problemkreis der Hochfrequenztransistoren eine besondere Bedeutung haben. Insbesondere handelt es sich hierbei um Effekte im hochohmigen Kollektorbahngebiet der Mesa- und Planartransistoren.

Den Abschluß bildet dann die Beschreibung einer Betriebsmöglichkeit von Transistoren oberhalb ihrer max. Oszillationsfrequenz und eine kurze Skizzierung der Technik des Metal-Interface-Amplifier.

6.1 Die Stromverstärkung in Basisschaltung ist > 1

Die Stromverstärkung setzt sich nach (13) aus Emitterergiebigkeit γ, Transportfaktor β, Kollektoreinfangfaktor α^* sowie Kollektormultiplikationsfaktor M zusammen:

$$\alpha = \gamma \cdot \beta \cdot \alpha^* \cdot M. \qquad (13)$$

α^* und M ist größer als 1. (Wir lassen die Störeffekte bei hohen Frequenzen (Abschn. 2.2) außer Betracht.)

Der trivialste *Störeffekt* ist der, daß der Kollektor-pn-Übergang von beiden Seiten – von der Basis und vom Rückkontakt her – Minoritätsträger empfängt und somit

$$\alpha = \alpha_1 + \alpha_2 \geqq 1$$

---

[1]) Für eine Gesamtübersicht über die Effekte bei großen Stromdichten sei auf die Tagung der NTG in Aachen (1962) verwiesen, deren Berichte in NTZ 1962 erschienen sind [149, 150].

werden kann. Dies wirkt sich auf die Stromverstärkung in Emitterschaltung

$$\alpha_E = \frac{\alpha_1 + \alpha_2}{1 - (\alpha_1 + \alpha_2)}$$

so aus, daß α_E unendlich wird.

Da der Sperrstrom in Emitterschaltung $I_{CE0} = (\alpha_E + 1)\, I_{CB0}$ ist, bedeutet dies, daß der Sperrstrom im Punkt $\alpha_1 + \alpha_2 = 1$ unendlich wird, d. h. der Sperrstrom in Emitterschaltung bricht vorzeitig durch und man erhält, wie die genauere Diskussion ergibt, eine sogenannte Schaltcharakteristik (Abb. 50) [1]). Transistoren mit Rückinjektion werden als Dynistoren oder Thyristoren gehandelt [82], sind aber für normalen Transistorbetrieb ungeeignet.

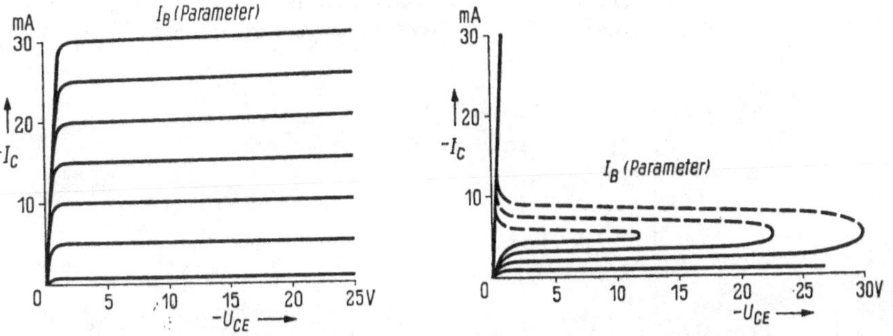

Abb. 50. Vergleich des Kennlinienbildes eines Transistors mit dem des Vierschichters (schematisch)

Der Thyristoreffekt tritt nur bei Transistoren mit hochohmigem Kollektormaterial auf, da er eine Minoritätsträgerbewegung im Kollektorbahngebiet voraussetzt. Im Gegensatz zu Mesa- und Planartransistoren (nichtepitaxial) kommt er beim MADT-Transistor nicht vor. Zur Bekämpfung hat man den Rückkontakt sicher injektionsfrei zu machen. Dies kann durch zwei Maßnahmen erreicht werden, einmal durch den Einbau zusätzlicher Rekombinationszentren, die etwa injizierte Minoritätsträger vernichten oder durch Aufbau einer höherdotierten Grenzschicht (nn^+- oder pp^+-Schicht), die keine Minoritätsträger injizieren soll. Praktisch führen diese Methoden bei sehr hochohmigem Grundmaterial jedoch oft nicht zum vollen Erfolg. Mit der Entwicklung der Epitaxie ist dieses Problem jedoch überwunden.

Ein in seiner Auswirkung ähnlicher, allerdings prinzipieller Effekt ist der sogenannte *α^*-Effekt*, der von *I. M. Early* [157] diskutiert wurde. Er tritt nur bei hochohmigem Kollektormaterial und hohen Temperaturen auf, nämlich dann, wenn die Minoritätsträgerdichte auf der Kollektorseite gegenüber der Majoritätsträgerzahl nicht mehr vernachlässigt werden kann. *Early* berechnet hierfür den Ausdruck für einen pnp-Transistor:

$$\alpha^* = 1 + \frac{\mu_{nC}(I_C) \cdot n_C}{\mu_{pC}(I_C) \cdot p_C}, \tag{65}$$

wobei μ_{pC} bzw. μ_{nC} die Beweglichkeit der Trägersorten im Kollektor bedeuten. Obiger stromabhängiger Ausdruck wird $\alpha^* = 1 + \frac{\mu_{nC}}{2\mu_{pC}}$ bei kleinen Stromdichten;

---

1) Im allgemeinen steigt α mit dem Strom, so daß $\Sigma\alpha_i$ mit steigendem Strom früher $= 1$ wird, was zu einer „rückläufigen" Kennlinie führt.

$= 1 + \frac{\mu_{nC}}{\mu_{pC}}$ bei hohen Stromdichten [157]. Der Effekt rührt daher, daß bei vergleichbaren Trägerkonzentrationen im Kollektorgebiet auch die Majoritätsträger in der Nähe des Kollektor-pn-Überganges ein nennenswertes Konzentrationsgefälle aufweisen, da die Minoritätsträger der Basis nach Überwindung der Kollektorsperrschicht Majoritätsträger sind. Aus Neutralitätsgründen erleiden die Minoritätsträger im Kollektorbahngebiet ebenfalls eine Anhebung, was über die den Majoritätsträgerstrom begleitende Feldstärke zu einer Schwankung des Kollektorsperrstromes im Takt der ankommenden Minoritätsträger (in der Basis) führt. Dieser Effekt wurde früher bei gezogenen Transistoren beobachtet und tritt bei HF-Transistoren mit hochohmigem Kollektor (Mesa-, Planar- und POB-Transistor) wieder auf [158].

Abb. 51 zeigt den α^*-Verlauf mit der Temperatur. Auffällig ist der Unterschied zwischen Mesatyp und MADT-Typ, da wie zu erwarten, der MADT-Transistor

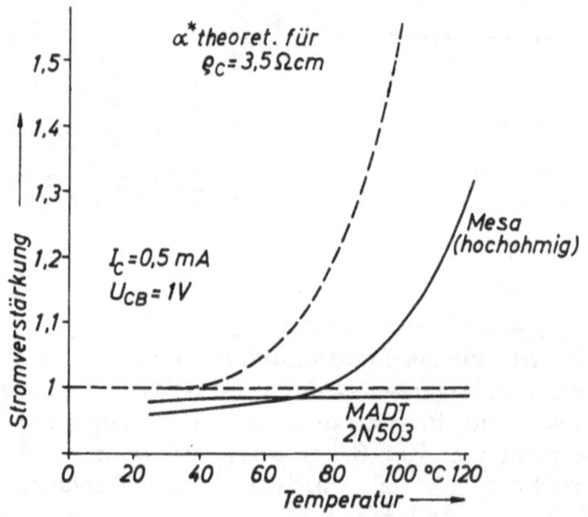

Abb. 51. Stromverstärkung in Basisschaltung als Funktion der Temperatur für einen Mesatransistor und einen MADT-Transistor; gestrichelt der theoretische Verlauf des α^*-Effektes für $\varrho = 3{,}5\ \Omega\text{cm}$

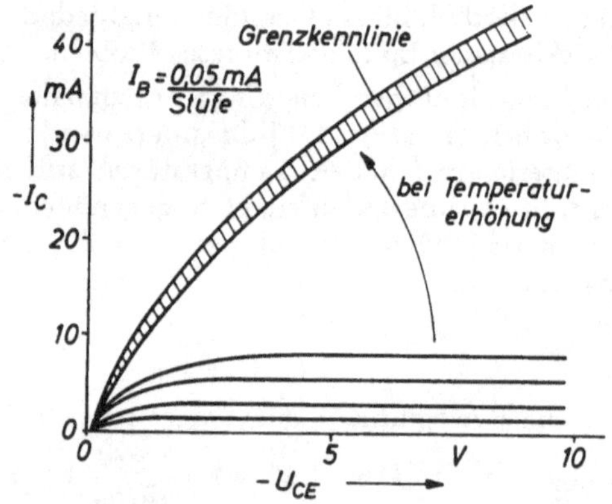

Abb. 52. Zum Problem der Grenzkennlinie; bei starker Temperaturerhöhung steigt die Stromverstärkung stark an, so daß die Kennlinien zu höheren Strömen hochlaufen und schließlich in der Grenzkennlinie zusammenfallen (nur bei hochohmigem Kollektormaterial)

den α^*-Effekt nicht zeigt. Eine für den Wert $\varrho = 3{,}5\,\Omega$cm berechnete Kurve für α^* ist ebenfalls in Abb. 44 eingetragen, gemeinsam mit einer gemessenen Kurve für den Transistor AF 106.

Man kann der Abb. 51 entnehmen, daß bei Temperaturerhöhung (Überlastung) der Faktor α^* ständig weiter steigen kann und man dann in Emitterschaltung zu sehr großen Stromverstärkungen kommt, was letztlich bedeutet, daß der Transistor seine Steuerfähigkeit verliert, da alle Kennlinien in einer Grenzkennlinie zusammenfallen, die für einen bestimmten Transistor nicht mehr überschritten werden kann (Abb. 52).

6.2 Das Problem der Grenzkennlinie

In dieser Grenzkennlinie hat man nun großenteils einen *Effekt des Kollektorbahngebietes* vor sich. Bei kleinen Strömen wird die „Scherung" der Kennlinien durch die berechneten Werte des Kollektorbahnwiderstandes einigermaßen wiedergegeben. Woher kommt nun aber der Widerstandsanstieg nach großen Strömen hin? Hier sind einige Effekte überlagert, deren wichtigste wohl folgende sind [150]:

a) Die Geschwindigkeit von Ladungsträgern in Halbleitern wächst in starken elektrischen Feldern nicht weiter mit der Feldstärke an. Dieser Effekt wurde von *W. Shockley* [159] theoretisch behandelt und von *E. J. Ryder* [11] untersucht. Bei den nun bei Mesatransistoren auftretenden hohen Stromdichten von 100 bis 1000 A/cm^2 erreicht man schon die Bereiche abfallender Beweglichkeit.

b) Ursache a) allein würde von einem bestimmten Strom an die Grenzkennlinie waagerecht werden lassen. Dazu tritt eine Injektion in den Kollektorbereich, da im Bereich der Restkennlinie der Kollektor-pn-Übergang teilweise in Flußrichtung gepolt wird.

c) Als dritter Einfluß ist die Stromverdrängung zu berücksichtigen [160], die durch die ungleiche Emissionsfähigkeit des Emitters infolge Spannungsabfalles am Basisausbreitungswiderstand verursacht wird und sich in den Kollektorbereich hinein fortsetzt, was eine strenge Theorie stark erschwert.

Diese Einschnüreffekte sind naturgemäß um so stärker in der Kollektorzone wirksam, je dünner die Basis ist. Sie sind um so weniger störend, je größer die Emitterrandlänge bei gleicher Fläche ist, was zur Verwendung von kammartigen Strukturen geführt hat.

Da einer Erniedrigung der Stromdichte, Erhöhung der Basisdicke bei HF-Transistoren enge Grenzen gezogen sind, um die HF-Parameter nicht zu beeinträchtigen (kleine Emitterkapazität, kleine Basisdicke), muß man diese Effekte sorgfältig gegen die HF-Parameter abwägen.

6.3 Das Hochfrequenzverhalten in Abhängigkeit vom Arbeitspunkt

Ein Beispiel zeigt diese Effekte anhand der von *H. Rüchardt* [150] diskutierten Gratkurve (Abb. 53). Diese Kurve charakterisiert den Bereich optimaler Leistungsverstärkung bei der Meßfrequenz 500 MHz in Abhängigkeit des Arbeitspunktes. Oberhalb bestimmter Strombereiche (Gratkurve gestrichelt) sinkt die Leistungsverstärkung wieder ab. Diese Kurve verläuft mit fallender Frequenz steiler (kurz gestrichelte Linie).

Was kann nun getan werden, um den sinnvollen Arbeitsbereich des Transistors möglichst groß zu halten.

Einen ersten Anhaltspunkt gibt die Kurve II in Abb. 54, die einen Schalttransistor charakterisiert, der im Unterschied zum AFY 12 mit niederohmigerem

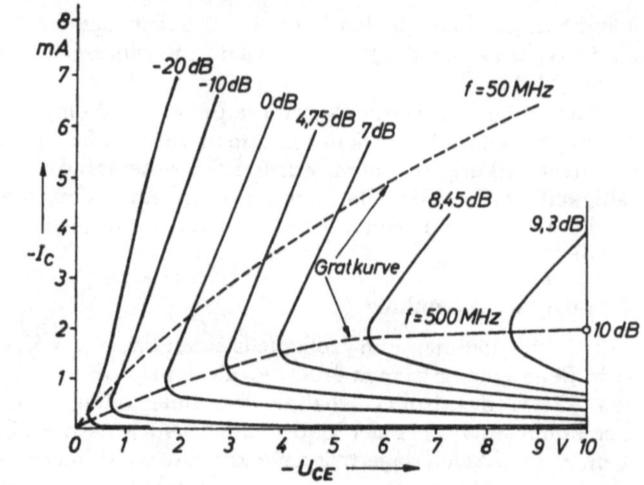

Abb. 53. Abhängigkeit der Leistungsverstärkung eines Germanium-Mesatransistors vom Arbeitspunkt (Emitterschaltung), „Gratkurve" gestrichelt (500 MHz), kurz gestrichelt (50 MHz)

Material hergestellt wird. Die Strombegrenzungseffekte werden nach a) dadurch hinausgeschoben, wie Abb. 54 zeigt.

Nachdem somit sicher ist, daß für einen Teil der Begrenzung der HF-Parameter das hochohmige Bahnmaterial von Bedeutung ist, wird man möglichst die Dicke der für das Erreichen einer hinreichenden Kollektorsperrspannung und kleine Kollektorkapazität notwendigen Kollektorschicht möglichst klein halten. Hierfür kommen die in Kapitel 5.10 diskutierten Verfahren in Frage, insbesondere das der Epitaxie.

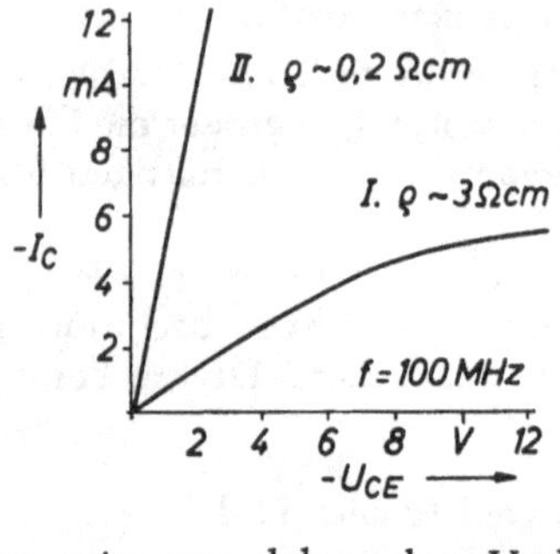

Abb. 54. „Gratkurve" für Germanuim-Mesatransistoren mit Kollektormaterial verschiedenen spez. Widerstandes

Sehen wir uns daher das Verhalten epitaxial aufgebauter Transistoren an. Während wir in den Niederfrequenzparametern die erwartete Reduzierung der Restspannung beobachten (s. Abb. 47, Vergleich zwischen normal und epitaxial aufgebautem Transistor), sowie das Wegfallen des Thyristoreffektes und des α^*-Effektes [1]) registrieren, was einen Betrieb bis zu höheren Temperaturen erlaubt, zeigen sich beim Hochfrequenzverhalten noch Unterschiede der exitaxialen Transistoren in Abhängigkeit vom spezifischen Widerstand der Epitaxialschicht. Dies zeigt, daß mit einer Verringerung der Dicke des Kollektorbahngebietes noch nicht

1) Durch die Randbedingung an der Aufwachsgrenze wird die Minoritätsträgerkonzentration bei dünnen Schichten abgesenkt.

alle Effekte gedeutet sind. Dies führt auf eine interessante Erweiterung unserer Vorstellungen vom Betrieb des Transistors bei hohen Stromdichten.

6.4 Effekte durch Modifikation der Kollektorraumladungsschicht

Es ergibt sich nämlich bei einer Betrachtung der Gratkurven, daß bei nicht zu hohen Betriebsfrequenzen die Gratkurven der epitaxial aufgebauten Transistoren sich von denen normal aufgebauter Mesatransistoren kaum unterscheiden, d. h. daß der Abfall der Leistungsverstärkung mit steigenden Strömen durch die Epitaxie nur wenig beeinflußt wird. Der Hauptunterschied liegt auch hier im spezifischen Widerstand der epitaxialen Schicht.

Die Deutung liegt nahe, wenn man noch feststellt, daß der Haupteinfluß die Grenzfrequenz betrifft. Abb. 55 zeigt die Abhängigkeit der Grenzfrequenz $f_{|\beta|=1}$ mit dem Strom für Transistoren mit hohem und niedrigem spezifischem Widerstand und man erkennt den *starken Abfall der Grenzfrequenz mit steigendem Strom* beim hochohmigen Material.

C. T. Kirk [163] und *H. Rüchardt* [150] haben als Ursache hierfür die Verbreitung der Basis infolge einer „Überschwemmung" des Kollektor-pn-Überganges angesehen. Zur Verdeutlichung schließen wir uns einer Schemadarstellung von

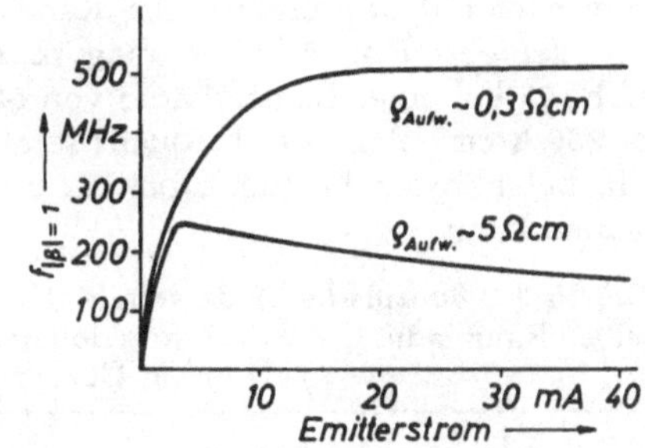

Abb. 55. Abhängigkeit der Grenzfrequenz $f_{|\beta|=1}$ vom Strom für Germanium-Mesatransistoren mit epitaxialem Aufbau in dicker Schicht für zwei verschiedene spez. Widerstände

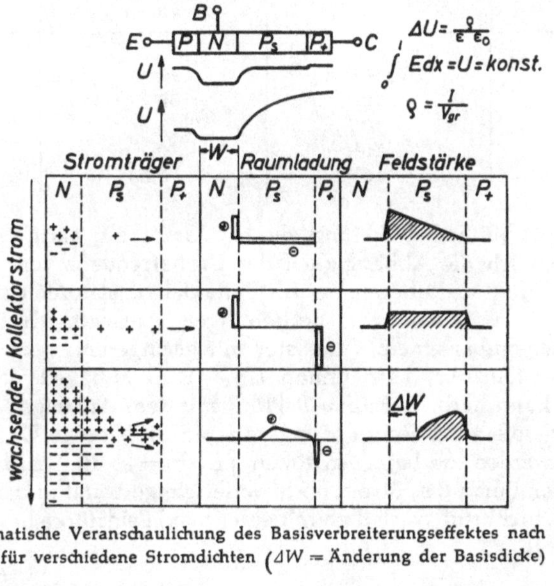

Abb. 56. Schematische Veranschaulichung des Basisverbreiterungseffektes nach *Rüchardt* [150] für verschiedene Stromdichten (ΔW = Änderung der Basisdicke)

H. Rüchardt (Abb. 56) an. Die erste Reihe mit kleiner Stromdichte zeigt den normalen klassischen Fall, die Raumladungszone wird von der niederohmigen Kollektorgrundschicht noch nicht beeinflußt. Eine Steigerung der Stromdichte führt nun zu einer zunehmenden Kompensation der negativen Ionenrümpfe im p-Gebiet der Aufwachsschicht durch die Minoritätsträger der Basis (Defektelektronen im Falle des pnp-Transistors), was zu einer Verschiebung des pn-Überganges nach rechts und damit zu einer Erhöhung der Basisdicke w führt. Die Grenzfrequenz fällt daher mit steigendem Strom ab, naturgemäß um so stärker, je hochohmiger der spez. Widerstand der Schicht ist.

C. T. Kirk [163] gab eine Abschätzung, bei welchen Stromdichten die Konzentration der beweglichen Ladungsträger im pn-Übergang die Konzentration der Grunddotierung erreicht. Da der Kollektor in Sperrichtung gepolt ist, hat man die Grenzgeschwindigkeit der Träger nach *Ryder* [11] mit $v_{\text{lim}} = 6 \cdot 10^6$ cm/s (für Defektelektronen) anzusetzen:

$$I = q\,v\,[E(x)]\,N(x)\,.$$

Es ergeben sich die Werte der Tabelle 2, z. B. ist bei einem spezifischen Widerstand von 3,3 Ωcm (p-Ge) bei einer Stromdichte von 1000 A/cm² die Konzentration der die Sperrschicht durchfliegende Träger gleich der Konzentration der Ionenrümpfe. Dies sind Stromdichten, die genau in der richtigen Größenordnung liegen, wenn man noch mit Störeffekten der Randverdrängung rechnet, was die Abhängigkeit von der Frequenz erklären mag. Z. B. ergibt sich für das Versuchsmuster der Abb. 55 bei einer Emitterfläche von 30 × 70 µm für 15 mA eine Stromdichte von ca. 750 A/cm². Bei tiefer Frequenz setzt der Abfall der Stromverstärkung bei 15 mA ein, bei höherer Frequenz bei ca. 3 mA, was man etwa als Stromverdrängung deuten kann.

Tabelle 2. Spezifische Widerstände (Germanium), bei denen die Stromdichte I_{max} zur selben Raumladung wie die Grunddotierung führt (bei Grenzgeschwindigkeit der Träger im pn-Übergang), nach *Kirk* [163].

I_{max} (A/cm²)	N_{max} (cm⁻³)	p-Ge (Ωcm)	n-Ge (Ωcm)
23	$2{,}4 \cdot 10^{13}$	47	47
100	10^{14}	30	16
1 000	10^{15}	3,3	1,7
10 000	10^{16}	0,3	0,17
100 000	10^{17}	0,03	0,02

Nach dieser Plausibilitätsbetrachtung, die bei *Kirk* [164] auch quantitativ behandelt wird, wollen wir die Abhängigkeit der Grenzfrequenz vom Strom verlassen und noch einen Effekt diskutieren, der für Epitaxialtransistoren charakteristisch ist. Epitaxialtransistoren zeigen mit hochohmiger Aufwachsschicht bei höheren Strömen eine gegenüber einem Transistor mit geringerem spez. Widerstand verringerte relative Durchbruchsspannung U_{CB} (Rückläufigkeit der I_{CE}-Kennlinie Abb. 57). Dies kann nach *H. Rüchardt* [150] mit dem Ansteigen der Spitzenfeldstärke beim Anstoßen der Raumladungszone an die Grenze Unterlage-Epitaxialschicht erklärt werden, da beim Anstoßen $\int E \cdot dx = U$ die Schichtdicke x ständig kleiner wird, wenn man den Strom noch weiter steigert und in der Theorie nullter Näherung das Durchbruchsverhalten mit einer max. Feldstärke beschrieben werden kann.

Die Deutung mittels der Modifizierung der Basisdicke ist an sich naheliegend und Effekte waren zu erwarten. Doch bestand vor der Untersuchung der epitaxialen Transistoren die Möglichkeit, die beobachteten Effekte auch anders zu deuten.

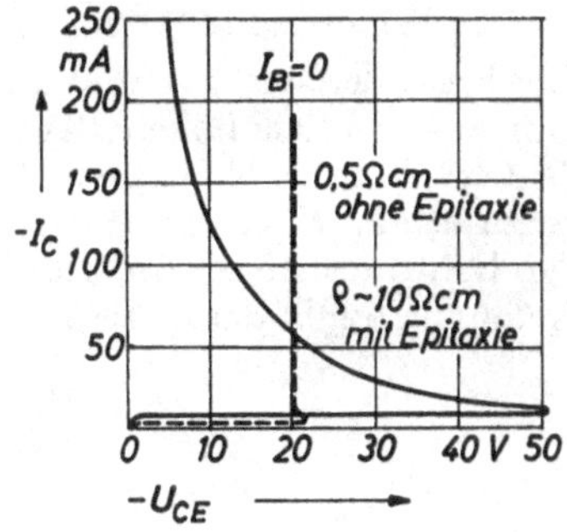

Abb. 57. Durchbruchsverhalten von Germanium-Mesatransistoren normal aufgebaut ($\varrho = 0{,}5\ \Omega$cm) und mit hochohmiger ($\varrho \sim 10\ \Omega$cm) Epitaxialschicht ($d = 10\ \mu$m)

7. Neuere Entwicklungen

Zum Abschluß unserer Betrachtungen greifen wir aus der Fülle neuer Gedanken, die sich mit den Problemen der HF-Transistoren beschäftigen, noch zwei Problemkreise heraus, nämlich das Problem des Betriebes von Transistoren oberhalb der Oszillationsgrenzfrequenz und das Problem des sog. Metal-Interface-Amplifiers (MIA). Auf die sich hinter diesen Problemen andeutende Entwicklung, Verstärker auf der Grundlage von Volumeneffekten zu suchen [165, 166], kann hier nicht eingegangen werden.

7.1 Der Betrieb von HF-Transistoren oberhalb der Oszillationsgrenze

R. Zuleeg und *V. W. Vodicka* [167, 168, 169] gaben 1960 eine Schaltung an, in der es gelang, Transistoren als parametrische Verstärker zu betreiben, wobei die Emitterdiode als parametrisches Element angesehen wurde. Es gelang bei einem Transistor (Mesa- und MADT-Transistor) mit einer maximalen Oszillationsfrequenz von 600 MHz die Mischverstärkung der Abb. 58 zu erhalten. Während z. B. bei normalem Betrieb bei einer Frequenz von 350 MHz nur 5 dB erreicht wurden, ergab der „parametrische" Betrieb 66 dB bei derselben Meßfrequenz. Wesentlich für die Erreichung dieser Werte ist eine verlustarme phasenrichtige

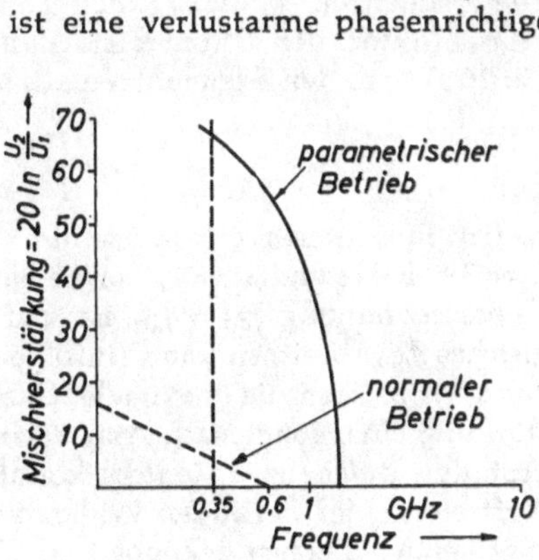

Abb. 58. Vergleich der Leistungsverstärkung eines Transistors bei normalem und parametrischen Betrieb nach *Zuleeg* und *Vodicka* [167]

Rückkopplung sowie der Betrieb des Transistors in einem bestimmten Arbeitsbereich (current tuning). Die Einstellung der richtigen Werte ist hierbei relativ kompliziert und labil.

Das Verhalten wurde in Anlehnung an alte Vorstellungen nach *W. Shockley* [170] und *G. Weinreich* [171] als „Transit time transistor" gedeutet.

Zur Frage der Leistungsverstärkung oberhalb der max. Oszillationsfrequenz zeigte sich zunächst, daß höhere Bänder möglich sind, in denen die Leistungsverstärkung > 1 ist. Man hat hierzu nur in unsere Gl. 4 nach *Mason* eine bessere Näherung einzusetzen, indem man für die Frequenzabhängigkeit der Stromverstärkung den für Drifttransistoren besseren Ausdruck (20 a) ansetzt. Eine etwas komplizierte Rechnung ergibt dann [169]

$$N = \frac{|z_{21} - z_{12}|^2}{4\,(r_{11}\,r_{22} - r_{12}\,r_{21})} = \frac{\alpha^2}{4\,r_{b'}\,C_c^2\,\omega^2 \left(r_E - \dfrac{\mathrm{Im}\,(\alpha)_\omega}{\omega\, C_c} \right)}\,. \tag{67}$$

Man erkennt aus Gl. 67, daß für $\mathrm{Im}\,(\alpha) < r_E\,\omega\,C_C$ für alle Frequenzen ω noch positives N möglich ist (Emitterstromabstimmung) wobei N sehr groß werden kann.

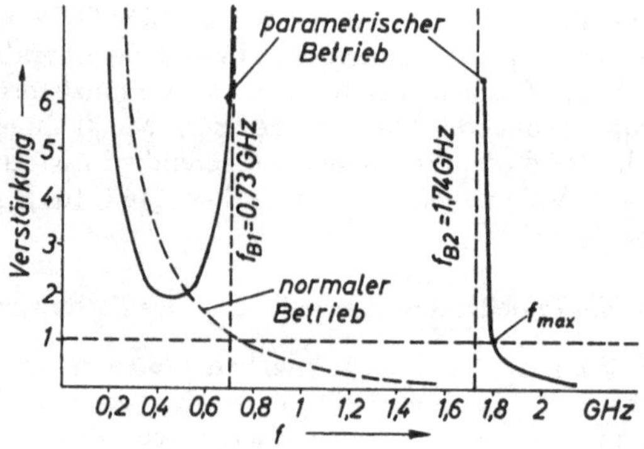

Abb. 59. Vergleich der Leistungsverstärkung im normalem Betrieb und im parametrischen Betrieb mit dem oberen Band bei 1,8 GHz (nach [169])

Die Ergebnisse der Gl. 67 zeigt Abb. 59 nach [169] als Funktion der Frequenz. Die Frequenzen f_{B1} und f_{B2} hängen nach [169] mit der Grenzfrequenz f_α und dem Phasenfaktor der Stromverstärkung eines Drifttransistors m (s. Abschn. 2.2, Gl. 20 a) nach den Beziehungen zusammen:

$$f_{B1} \simeq 2{,}04\, f_\alpha\, m^{-0{,}85}\,,$$
$$f_{B2} \simeq 4{,}93\, f_\alpha\, m^{-0{,}97}.$$

$r_{b'}$ tritt hier interessanterweise nicht auf. Man erhält z. B. für einen Transistor mit $f_\alpha = 390$ MHz und $m = 1{,}1$ sowie einem $f_{max} = 730$ MHz ein $f_{B1} = 1740$ MHz. Die Übereinstimmung $f_{B1} = f_{B2}$ ist Zufall, da ein Transistor mit verschiedenem f_α gleiches f_{max} besitzen kann (infolge entsprechenden $r_{b'}\,C_C$ (s. Gl. 8)). Im zweiten Band (f_{B2}) liegt die maximale Oszillationsfrequenz beim Schnitt mit der Verstärkung eins, somit nach Abb. 59 bei $f_{max} = 1{,}8$ MHz. Dies wurde experimentell bestätigt. *Zuleeg* und *Vodicka* konnten weiter zeigen, daß dieser Bereich mit dem Auftreten eines negativen Widerstandes zwischen Emitter und Kollektor im entsprechenden Bereich gekoppelt ist. Für Transistoren mit Grenzfrequenzen in der

Größenordnung 1000 MHz, die heute herzustellen sind, wie wir gesehen haben, lassen sich hiermit wohl Oszillatoren, Mischer und Verstärker über einen parametrischen Betrieb der Emitterdiode bis in das Frequenzgebiet von 6000 MHz herstellen. Speziell für diesen Betrieb entwickelte Typen können evtl. noch weiter führen. Die Rauschfaktoren sind ebenfalls erstaunlich klein.

Zuleeg und *Vodicka* [169] geben für einen Transistor mit $f_{B1} = 1000$ GHz den Verlauf nach Abb. 60 für die Mischverstärkung für Eingangssignale bei Harmonischen der Oszillationsfrequenz [1]).

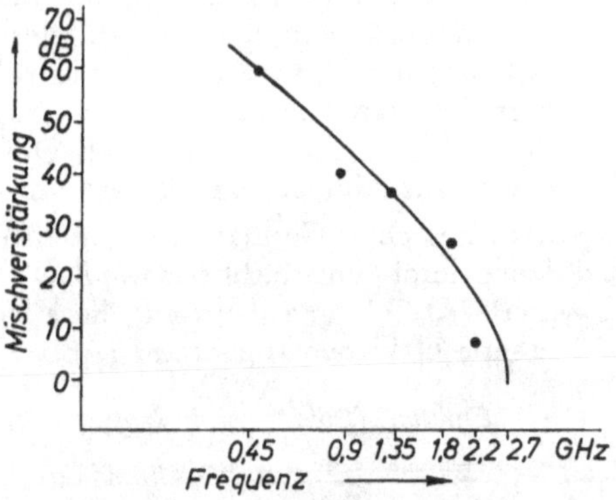

Abb. 60. Spannungs-Mischverstärkung für Eingangssignale bei Harmonischen der Oszillatorfrequenz für einen Transistor mit $f_{B1} = 1000$ MHz nach *Zuleeg* und *Vodicka* [169]

Ähnliche Ergebnisse an europäischen Typen beschreibt *U. Rhode* [172, 173]. Er konnte in verschiedenen Schaltungen im Mischerbetrieb in Abhängigkeit von der Bandbreite (Bandbreite $f = 500$ kHz bei einer Zwischenfrequenz von 10,7 MHz und $f = 7$ MHz bei ZF 36 MHz) bei 2000 MHz Mischverstärkungen von 45 dB bei einem Rauschfaktor von 5,5 dB und bei 5000 MHz Mischverstärkungen von 11 dB bei Rauschfaktoren von 5,8 dB erreichen.

Da bei diesem Mischbetrieb als Pumpfrequenz des parametrischen Verstärkers Oberwellen der Grundschwingung verwendet werden, ist naturgemäß neben den üblichen HF-Eigenschaften wie Grenzfrequenz f_α die zulässige Verlustleistung des Systemes von Bedeutung, da dann die Oberwellen ebenfalls stärker anfallen. Es können daher Siliciumtransistoren trotz schlechterer Grenzfrequenz ebenfalls gute Werte liefern. Vorteilhaft ist jedoch bei allen Transistoren mit hochohmigem Kollektor (Mesa-Planar- und POB-Transistoren) ein epitaxialer Aufbau. Für die Erreichung der höchsten Frequenzen ist zudem ein induktionsarmes und kapazitätsarmes Gehäuse günstig.

Die Entwicklung auf diesem Gebiet ist noch sehr in den Anfängen und es ist noch nicht zu übersehen, ob es gelingt, die entsprechenden Schaltungen hinreichend zu stabilisieren, so daß der parametrisch betriebene Transistor den sonstigen parametrischen Verstärkern, die mehrere Bauelemente benötigen, überlegen ist. Trotzdem hat sich hier eine interessante Entwicklung angebahnt, bei der es möglich erscheint, die grundsätzliche Schwierigkeit beim Bau von HF-Transistoren zu umgehen, daß nämlich jede Erhöhung der Grenzfrequenz über Verringerung der Basisdicke mit einer Erhöhung des Basisausbreitungswiderstandes parallel läuft,

---

1) Bei der Mischverstärkung handelt es sich um eine Spannungsverstärkung, nicht um Leistungsverstärkung.

und somit eine bestimmte Oszillationsgrenzfrequenz nicht überschritten werden kann.

Grundsätzliche Betrachtungen zu dieser Frage wurden von *W. W. Gärtner* und *M. Schuller* [174] angestellt, doch führen sie aus unserem eigentlichen Thema heraus.

7.2 Der Metall-Grenzschichtverstärker (Metal-Interface-Amplifier; MIA)

Im Jahre 1961 gaben *J. P. Spratt, R. F. Schwarz* und *W. M. Kane* [175] ein neues Dreischicht-Bauelement an, das sich vom Transistor in zwei Hauptpunkten unterscheidet: einmal tritt anstelle einer Minoritätsträgerinjektion die Durchtunnelung einer Isolatorschicht, zum anderen durchqueren die Träger die Basiszone im direkten Flug als schnelle Elektronen und nicht mittels Diffusion oder Drift. Man hätte damit naturgemäß ein sehr schnelles Bauelement vor sich.

Dieses Bauelement besteht aus einer Germaniumscheibe (n-leitend), die zunächst mit einer ca. 100 Å dicken Aluminiumschicht bedampft wird. Die Oberschicht des Aluminiums wird oxydiert (Al_2O_3), und dann auf diese isolierende Grenzschicht ein Goldfleck als injizierende Elektrode angebracht (Abb. 61).

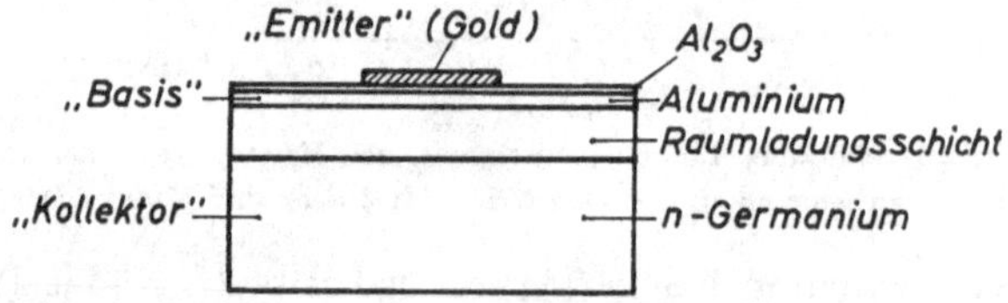

Abb. 61. Prinzip des Metall-Grenzschicht-Verstärkers (metal-interface-amplifier = MIA)

In Analogie zum Transistor wirkt das n-Germanium als Kollektor, die Aluminiumschicht als Basis, der Goldfleck als Emitter. Anstelle des Emitter-pn-Überganges tritt die dünne Al_2O_3-Schicht, anstelle des Kollektorüberganges die Randschicht zwischen n-Germanium und Aluminium, die in Sperrichtung betrieben wird. Wenn die Oxydschicht hinreichend dünn ist, wird sie von den Elektronen durchtunnelt und die „heißen" Elektronen bewegen sich mit großer Geschwindigkeit durch das Aluminium.

Die Schichtdicke des Aluminiums muß möglichst dünn sein, um den Verlust durch Streuprozesse vernachlässigen zu können.

Solche Elemente, die durch Aufdampfung hergestellt wurden, hatten transistorähnliche Kennlinien mit Stromverstärkungen von 0,6 bis 0,97.

Die Deutung der Messung ist nicht unwidersprochen geblieben. So deutet *R. Hall* [176] die Beobachtungen als Trägerinjektion an Löchern (pinholes) der Oxydschicht, die zu einem Randschichttransistor nach *W. W. Gärtner* [130] führen soll und damit auf Strukturen zurückgeführt wären, die dem Spacistor [129] verwandt sind. Untersuchungen von *J. M. Lavine* und *A. A. Jannini* [177] ergaben mit künstlichen Löchern in der Oxydschicht analoge Ergebnisse und scheinen die Hallsche Deutung — mindestens als beteiligt — zu bestätigen. Endgültige Aussagen sind z. Z. jedoch noch verfrüht.

Für die Anregung zu dieser Arbeit habe ich Herrn *Dr. Kniepkamp* zu danken, für viele Diskussionen bin ich den Herren *Dr. Wiesner* und *Dr. Rüchardt* zu Dank verpflichtet.

Literatur

[1] *R. L. Pritchard,* Small signal parameters for Transistors, Electr. Engng. **73**, 903 (Oct. 1954).

[2] *R. L. Pritchard,* High-frequency power gain of junction transistors, Proc. IRE **43**, 1075—1085 (1955). Siehe zusätzlich auch Ergänzung in Transistor Technologie **2**, 361 (D. v. Nostrand, Princeton N. J. 1958).

[3] *L. I. Giacoletto,* Study of npn-junction transistor from DC through medium frequency, RCA Review **15**, 506 (1954).

[4] *J. B. Angell,* High-frequency and video amplifiers in „Handbook of semiconductor electronics" (*L. P. Hunter*) McGraw Hill, New York 1956.

[5] Siehe hierzu etwa *R. Feldtkeller,* Vierpoltheorie, S. Hirzel, Zürich 1953 oder *W. W. Gärtner,* Transistors (D. v. Nostrand, Princeton N. J. 1960).

[6] *S. J. Mason,* Power gain in feedback amplifiers, Trans. IRE **CT-1**, No. 2, 20—25 (June 1954).

[7] *P. R. Drouilhet,* Predictions based on the maximum oscillator frequency of a transistor, Trans. IRE **CT-2**, No. 2, 178—183 (1955).

[8] *J. D. McCotter, M. J. Walker, M. M. Fortini,* Coaxially packaged MADT for microwave aplications, IRE Trans. **ED-8**, 8—12 (1961).

[9] *N. Kozuma, I. Miwa,* High-frequency available power gain of diffused-base transistors, Proc. IRE **50**, 199—200 (1962).

[10] *I. Lindmayer,* Power gain of transistors at high frequencies, Solid-State Electronics **5**, 171—175 (1962).

[11] *E. Ryder,* Mobility of electrons and holes in high electric fields, Phys. Rev. **90**, 766 (1953).

[12] Siehe z. B. *L. P. Hunter* in: Handbook of semiconductor electronics, McGraw Hill, New York 1956.

[13] *I. M. Early,* Structure-determined gain-band product of junction triode transistors, Proc. IRE **46**, 1924—1927 (1958).

[14] *W. M. Webster,* On the variation of junction-transistor current amplification factor with emitter current, Proc. IRE **42**, 914—920 (1954).

[15] *R. L. Pritchard,* Frequency variations of junction-transistor parameters, Proc. IRE **42**, 786—799 (1954).

[16] *R. M. Middlebrook,* An introduction to junction transistor-theory, J. Wiley & Sons, New York 1957.

[17] *H. Krömer,* Zur Theorie des Diffusions- und des Drifttransistors, AEÜ **8**, 223—228, 363—369, 499—504 (1954).

[18] *D. E. Thomas, J. L. Moll,* Junction transistor short-circuit current gain and phase determination, Proc. IRE **46**, 1177—1184 (1958).

[19] *J. te Winkel,* Drift transistor simplified electrical characterization, Electronic and Radio Engng. **36**, 280—288 (1959).

[20] *L. J. Varnerin,* Stored charge method of transistor base transit analysis, Proc. IRE **47**, 523—527 (1959).

[21] Siehe z. B. *J. Lindmayer, C. Wrigley,* The high-injection-level-operation of drift transistors, Solid State Electr. **2**, 79 (1961).

[22] *R. Wiesner:* Physikalische und technologische Grenzen des Hochfrequenztransistors, Nachrichtentechnische Fachberichte, Beihefte der NTZ **18**, 19—29 (1960).

[23] *J. Lindmayer, C. Wrigley,* Alpha cutoff frequency of junction transistors, Solid-State Electronics **2**, 247—258 (1961).

[24] *R. L. Pritchard,* Effect of base-contact overlap and parasitic capacities on small-signal parameters of junction transistors, Proc. IRE **43**, 38—40 (1955).

[25] *A. van der Ziel:* Semiconductor noise in „Noise in Electron Devices" by *L. D. Smullin, H. A. Haus;* Technological Press of Massachusetts Institute of Technology and J. Wiley & Sons, New York 1959, S. 311.

[26] *W. H. Fonger,* A determination of $1/f$-noise sources in semiconductor diodes and triodes, RCA Laboratories (1956), Transistors I, S. 239—295.

[27] *A. van der Ziel:* Noise in junction transistors, Proc. IRE **46**, 1019—1038 (1958).
[28] *W. Guggenbühl, M. J. O. Strutt*, Experimentelle Untersuchung und Trennung der Rauschursachen in Flächentransistoren, AEÜ **9**, 259—269 (1955).
[29] *R. H. Kingston, A. L. McWhorter*, Relaxation time of surface states on germanium, Phys. Rev. **103**, 534—540 (1956).
[30] *A. L. McWhorter, R. L. Kingston:* Channels and excess reverse current in grown germanium pn-junction diodes, Proc. IRE **42**, 1376—1380 (1954).
[31] *E. R. Chenette*, Measurement of the correlation between flicker noise sources in transistors, Proc. IRE **46**, 1304 (1958).
[32] *T. B. Watkins*, 1/*f*-noise in germanium devices, Proc. Phys. Soc. **73**, 59—68 (1959).
[33] *S. Deb, A. N. Daw:* Variation of L.F.-noise figure of a junction transistor, J. Brit. IRE **21**, 49—56 (1961).
[34] *L. Cacagno, R. E. Hobson*, Low noise characteristics of silicon mesa transistors, Electronic Components conference 1961, San Francisco.
[35] *W. Guggenbühl, M. J. O. Strutt*, Theorie des Hochfrequenzrauschens von Transistoren bei kleinen Stromdichten, Nachrichtentechnische Fachberichte, Beihefte der NTZ **5**, 30—33 (1956).
[36] *W. Guggenbühl, B. Schneider, M. J. O. Strutt*, Messungen über das Hochfrequenzrauschen von Transistoren, Nachrichtentechnische Fachberichte, Beihefte der NTZ **5**, 34—36 (1956).
[37] Siehe hier etwa *G. Winkler*, Das Rauschersatzschaltbild des Transistors, Nachrichtentechnik **8**, 542—548 (1958).
[38] *W. Guggenbühl, M. J. O. Strutt*, Theory and experiments of shot noise in semiconductor junction diodes and transistors, Proc. IRE **45**, 839—854 (1957).
[39] *A. van der Ziel, A. G. T. Becking*, Theory of junction diode and junction transistor noise, Proc. IRE **46**, 589—594 (1958).
[40] *E. G. Nielsen*, Behavior of noise figure in junction transistors, Proc. IRE **45**, 957—963 (1957).
[41] *G. H. Hanson, A. van der Ziel*, Shot noise in transistors, Proc. IRE **45**, 1538—1542 (1957).
[42] *J. M. Stewart*, The noise figure of junction transistors, Proc. IRE **106**, Part B, Suppl. 17, 1056—1066 (1959).
[43] *J. S. Vogel, M. J. O. Strutt*, Das Rauschen von Transistor-Mischstufen, AEÜ **16**, 215—222 (1962).
[44] *W. Guggenbühl, M. J. O. Strutt*, Experimentelle Bestätigung der Schottkyschen Rauschformeln an neueren Halbleiterflächendioden im Bereich des weißen Rauschspektrums, AEÜ **19**, 103—108 (1955).
[45] *W. Schottky*, Über spontane Stromschwankungen in verschiedenen Elektrizitätsleitern, Ann. Phys. **57**, 541 (1918).
[46] *A. van der Ziel*, Shot noise in junction diodes and transistors, Proc. IRE **43**, 1639—1646 (1955).
[47] *B. Schneider, M. J. O. Strutt*, Über die Kennlinien und das Rauschen von Silicium-pn-Dioden und Siliciumtransistoren, AEÜ **12**, 429—490 (1958).
[48] *B. Schneider, M. J. O. Strutt*, Rauschen von Germanium- und Siliciumtransistoren im Hochstrombereich, AEÜ **13**, 495—502 (1959).
[49] *A. van der Ziel*, Shot noise in transistors, Proc. IRE **48**, 114—115 (1960).
[50] *B. Schneider, M. J. O. Strutt:* Shot and thermal noise in germanium and silicon transistors at high-level current injections, Proc. IRE **48**, 1731—1739 (1960).
[51] *E. R. Chenette*, Frequency dependence of the noise and the current amplification factor of silicon transistors, Proc. IRE **48**, 111—112 (1960).
[52] *A. Baelde*, The influence of non-uniform base width on the noise of transistors, Philips Res. Rep. **16**, 225—236 (1961).
[53] *F. J. Hyde, H. J. Roberts*, Excess high-frequency noise in junction transistors, Proc. Phys. Soc. **78**, 1076—1077 (1961).
[54] *L. J. Giacoletto*, Comparative high-frequency operation of junction transistors mode of different semiconductor materials, RCA Rev. **16**, 534—542 (1955).

[55] *D. A. Jenny*, The status of transistor research in compound semiconductors, Proc. IRE **46**, 959—968 (1958).
[56] *A. E. Anderson*, Transistors in switching circuits, Proc. IRE **40**, 1541—1558 (1952).
[57] *J. L. Moll*, Large signal transient response of junction transistors, Proc. IRE **42**, 1773—1784 (1954).
[58] *J. J. Ebers, J. L. Moll*, Large signal behavior of junction transistors. Proc. IRE **42**, 1761—1772 (1954).
[59] *J. M. Early*, Effects of space-charge layer widening in junction transistors, Proc. IRE **40**, 1401—1406 (1952).
[60] *J. J. Ebers, S. L. Miller*, Design of alloyed junction germanium transistor for high-speed switching, Bell. Syst. Techn. J. **34**, 761—781 (1955), s. auch in Transistor Technology II, Herausgeber *F. J. Biondy*, 1958, Bell. Lab. Series.
[61] *R. Beaufoy, J. J. Sparkes*, The junction transistor as a charge-controlled device, ATE Journ. **13**, 310—327 (1957).
[62] *J. J. Sparkes*, A study of charge control parameters of transistors, Proc. IRE **48**, 1696—1705 (1960).
[63] *R. Beaufoy*, Transistor switching-circuit design using the charge-control parameters, Proc. IRE **106 B**, Suppl. 17, 1085—1091 (1959) (International convention on Transistors, London).
[64] *C. le Can*, Übergangsverhalten und einige grundsätzliche Kennwerte von Transistoren, Valvo Berichte **7**, 55—76 (1961).
[65] *A. Kruithof*, Transient response of junction transistors and its graphical representation, Proc. IRE **106 B**, Suppl 17, 1092—1101 (1959) (Internat. Conv. of Transistors London).
[66] *V. H. Grinich, R. N. Noyce*, Switching time calculations for diffused base transistors, IRE Wescon Conv. Rec. Vol. 2 Pt **3-ED**, 141—147 (1958).
[67] *J. T. Nelson, J. E. Iwersen, F. Keywell*, A five-watt, ten magacycle transistor, IRE Wescon. Conv. Rec. Vol. 1 Pt **3-ED**, 40 (1957), u. Proc. IRE **46**, 1209—1215 (1958).
[68] *W. Shockley*, Transistor electronics: Imperfections, unipolar and analog transistors, Proc. IRE **40**, 1289—1313 (1952).
[69] *L. J. Varnerin*, Stored charge method of transistor base transit analysis, Proc. IRE **47**, 523—527 (1959).
[70] *M. A. Abdiukhanov, G. N. Berestovskii, U. A. Kuz'Min*, On the calculation of transistor processes by the charge method, Radiotekhnika i Electronika **5**, 450—459 (1960), übersetzt in Radio Engng. and Electronics **5** (1960).
[71] *H. Krömer*, Der Drifttransistor, Naturwissenschaften **40**, 578—579 (1953).
[72] *H. Krömer*, The drifttransistor, RCA Rev. in Transistor I, 202—220 (1956), published by RCA, Princeton N. J.
[73] *J. M. Early*, pnip and npin-junction transistor triodes, Bell. Syst. Techn. J. **33**, 517—533 (1954).
[74] *D. G. Stroh*, Static electric can kill transistors, Electronics **35**, 90—92 (1962).
[75] Siehe z. B. *F. M. Smits:* Formation of junction structures by solid-state diffusion, Proc. IRE **46**, 1049—1061 (1958); oder *C. S. Fuller*, Formation of junctions by diffusion in Transistor Technology III, 64—89, edited by *F. J. Biondi* (D. v. Nostrand 1958).
[76] *R. C. Miller, F. M. Smits*, Diffusion of antimony out of germanium and some properties of the antimony-germanium system, Phys. Rev. **107**, 65—70 (1957).
[77] *W. E. Bradley, J. W. Tiley, R. A. Williams, J. B. Angell, F. P. Keiper, R. Kansas, R. F. Schwarz, J. F. Walsh*, The surface barrier transistor, Proc. IRE **41**, 1702 (1953).
[78] *C. G. Thornton, I. B. Angell*, Technology of micro-alloy diffused transistors, Proc. IRE **46**, 1166—1176 (1958).
[79] *J. M. Carroll*, What's new in semiconductors, Electronics **34**, 89—120 (1961).
[80] *C. A. Lee:* A high frequency diffused base germanium transistor, Bell. Syst. Techn. J. **35**, 23—34 (1956).

[81] *H. Dorendorf, H. Rebstock,* Der Germanium-Mesatransistor, Siemens Z. **35**, 602—609 (1961).
[82] *C. W. Müller, J. Hilibrand,* The "Thyristor" a new high-speed switching transistor, IRE Trans. **ED-5**, 2—5 (1958).
[83] *H. Christensen,* Electrical contacts with termocompression bonds, Bell. Lab. Rec. **36**, 127—130 (1958).
[84] *H. E. Talley,* A family of diffused base germanium transistors, IRE Wescon. Conv. Rec. Pt 3 B 115—121 (1958).
[85] *R. M. Warner, J. M. Early, G. T. Loman,* Characteristic structure and performance of a diffused-base germanium oscillator transistor, IRE Trans. **ED-5**, 127—130 (1958).
[86] *C. H. Knowles,* New transistor design "The Mesa", Electronic Industries **17**, Nr. 8, 55—60 (1958).
[87] *R. E. Warren,* Germanium high frequency mesa transistors Brit. Commun. u. Electronics **8**, 174—177 (1961).
[88] *J. M. Early,* Structure-determined gain-bond product of junction triode transistors, Proc. IRE **46**, 1924—1927 (1958).
[89] *J. T. Nelson, A. G. Foyt,* Germanium transistors for operating above 1 KMC, Meeting of Electron Devices (Oct. 1961), Washington D. C.
[90] *E. Fröschle,* Zur Theorie der Transistoren für hohe Frequenzen, Z. angew. Physik **14**, 288—297 (1962).
[91] *D. Grandberry, D. D. Martin, E. Orris, C. M. Chang,* A germanium ultra-high switching transistor, Meeting of Electron Devices (Oct. 1961), Washington D. C.
[92] *W. A. Rheinfelder,* Extending the high-frequency response of transistor amplifiers, Electr. Design. **9**, Heft 25, 36—39, u. Heft 26, 48—51 (1961).
[93] *R. L. Pritchard,* Two-dimensional current flow in junction transistors at high frequencies, Proc. IRE **46**, 1152—1160 (1958).
[94] *J. R. A. Beale, A. F. Beer,* A study of large-signal high-frequency effects in junction transistors using analog techniques, Proc. IRE **50**, 66—77 (1962).
[95] *W. C. Dunlap,* Diffusion of impurities in germanium, Phys. Rev. **94**, 1531—1540 (1954).
[96] *P. J. W. Jochems, O. W. Memelink, L. J. Tumers,* Construction and electrical properties of a germanium alloy-diffused transistor, Proc. IRE **46**, 1161—1165 (1958).
[97] *J. R. A. Beale,* Alloy-diffusion: a process for making diffused-base junction transistors, Proc. Phys Soc. (London) **70 B**, 1087—1089 (1957).
[98] *W. Edlinger,* High frequency transistors, by the alloy-diffusion technique, Colloque International sur les Dispositifs a Semiconducteurs, Paris 1961, Vol. 1, 209—215, Editions Chiron, 40, Rue de Seine, Paris 6.
[99] *I. R. A. Beale, A. F. Beer,* Deutsche Patentauslegeschrift 1 121 224 vom 4. 1. 1962.
[100] *M. Tanenbaum, D. E. Thomas,* Diffused emitter and base silicon transistors, Bell. Syst. Techn. J. **35**, 1—22 (1956).
[101] *C. S. Fuller, J. A. Ditzenberger,* Diffusion of donor and acceptor elements in silicon, J. Appl. Phys. **27**, 544—553 (1956).
[102] *C. J. Frosch, L. Derick,* Surface protection and selective masking during diffusion in silicon, J. Electrochem. Soc. **104**, 547—552 (1957).
[103] *L. A. D. Asaro,* Diffusion and oxyde masking in silicon by the box method, Solid State Electronics **1**, 3—12 (1960).
[104] *W. A. Little,* A pnp high-frequency silicon transistor, J. Electrochem. Soc. **107**, 789 (1960).
[105] *J. T. Nelson, J. E. Iwersen, F. Keywell,* A five-watt ten-megacycle transistor, Proc. IRE **46**, 1209—1215 (1958).
[106] *J. A. Aschner, C. A. Bittermann, W. F. J. Hare, J. J. Kleimack,* A double diffused silicon high-frequency switching transistor produced by oxide masking techniques, J. Electrochem. Soc. **106**, 415—417 (1959). — A silicon medium-power transistor for high-current high-speed switching applications, IRE Trans. **ED-7**, 251—256 (1960).

[107] *J. C. Haenichen, T. R. Huffmann, J. E. Muschinske, P. T. Robinson*, Design of a high-frequency transistor with star geometrie, Meeting on Electron Devices 1961, Washington D. C.

[108] *J. R. Nall, J. W. Lathrop*, The use of photolithographic techniques in transistor fabrication, Diamond Ordnance Fuze Laboratories Report Nr. TR-608, 3—18 (1. June 1958).

[109] *T. C. Hellmers, J. R. Nall*, Microphotographs for electronics, Semiconductor Products **4**, 37—42 (1961).

[110] *E. L. Jordan*, A diffusion mask for germanium, J. Electrochem. Soc. **108**, 478—481 (1961).

[111] *R. M. Folsom, W. A. Pieczonka, P. P. Dastrucci, M. M. Roy*, A high speed medium power, all-diffused germanium npn-mesa-transistor, IBM Technical Publication TR 00851; Vorgetragen: IRE Conv. New York; 26 March 1962.

[112] *A. W. Berger, R. M. Folsom, W. E. Harding, W. E. Mutter*, Diffusion masking and all diffused germanium npn mesa transistor, IRE Electron Device Meeting 1959, Washington D. C.

[113] *R. A. Jacobs, R. R. Abshire, R. W. Wilson, H. Anetsman*, A npn-germanium double-diffused mesa transistor, Electron Devices Meeting 1961, Washington D.C.

[114] *J. A. Hoerni*, Planar silicon transistors and diodes, Electron Devices Meeting 1960, Washington D. C.

[115] *V. H. Grinich, J. A. Hoerni*, The planar transistor family, Colloque International sur les Dispositifs a semiconducteurs, Paris 1961, Vol. I, 132; Editions Chiron, 40 Rue de Seine, Paris 6e.

[116] *R. Saintesprint*, Sur la diffusion des elements des collonnes III et V dans le silicium, Solid State Electronics **1**, 123—130 (1960).

[117] *A. D. Kurtz, R. Yee*, Diffusion of boron into silicon, J. Appl. Phys. **31**, 303—305 (1960).

[118] *D. F. Allison, O. Baker, G. E. Moore*, KMC silicon planar transistor, Electron Devices Meeting 1961, Washington D. C.

[119] *K. Simonyan, P. Constantakes*, Planar germanium diodes and transistors, Electron Devices Meeting 1961, Washington D. C.

[120] *R. L. Wallace, L. G. Schimpf, E. A. Dickten*, A junction transistor tetrode for high frequency use, Proc. IRE **40**, 1395—1400 (1952).

[121] *S. L. Miller*, Addendum zu Nachdruck [120] in Transistor Technology II, 468—471; Bell. Lab. Series (1958).

[122] *W. Shockley*, A unipolar "Field Effect" transistor, Proc. IRE **40**, 1365—1376 (1952).

[123] *G. C. Dacey, I. M. Ross*, The field-effect transistor, Bell. Syst. Techn. J. **34**, 1149—1189 (1955).

[124] *H. Rüchardt*, Sonderformen von HF-Transistoren, Nachrichtentechnische Fachberichte, Beihefte der NTZ, **18**, 39—48 (1960).

[125] *S. Teszner, M. Thue*, Le tecnetron, nouvelle etape de developpement des dispositifs a semi-conducteurs, Bull. soc. franc. Elect. **8**, 683—700 (1958).
S. Teszner, DPA Auslegeschrift 1013796 und 1034775.
S. Teszner, Sur les nouvelles structures du tecnetron, Colloque International sur les Dispositifs a semiconducteurs, Paris 1961, Vol. I, 461, Editions Chiron, 40 Rue de Seine, Paris 6e.

[126] *W. A. Bösenberg, J. A. Olmstead, K. Wybrands*, Design and applications of silicon unipolar transistors made by diffusion techniques. Electron Devices Meeting 1961, Washington D. C.

[127] *P. K. Weimer*, Evaporated circuits incorporating a thin-film-transistor, International Solid State Circuits Conference Philadelphia (Penn.) Febr. 1962.

[128] *I. Halpern, R. H. Redicker*, Outdiffusion as a technique for the production of diodes and transistors, Proc. IRE **46**, 1068—1076 (1958).

[129] *H. Statz, R. A. Pucel*, The spacistor, a new class of high-frequency semiconductor devices, Proc. IRE **45**, 317—325 (1957).

H. Statz, R. A. Pucel, C. Lanza, High frequency semiconductor spacistor tetrodes, Proc. IRE **45**, 1475—1483 (1957).
[130] *W. W. Gärtner,* Design Theory for depletion layer transistors, Proc. IRE **45**, 1392—1400 (1957).
[131] *H. F. Matare,* Diskussionsbemerkung zu „Sonderformen von HF-Transistoren", Nachrichtentechnische Fachberichte, Beihefte der NTZ **18** (1960).
O. A. Weinreich, H. F. Matare, B. Reed: The grain boundary amplifier, Proc. Phys. soc. **73**, 969—972 (1959).
[132] *H. Salow, W. V. Münch,* Über einen Schalttransistor mit kurzen Sprungzeilen, Z. angew. Phys. **8**, 114—119 (1956).
W. v. Münch, H. Salow, A silicon switching transistor, Colloque International sur les Dispositifs a Semiconducteurs, Paris 1961, Vol. I, 89, Editions Chiron, Paris 6e.
[133] *R. Dahlberg,* Ausführungsformen von Hochfrequenz-Transistorsystemen, Nachrichtentechnische Fachberichte, Beihefte der NTZ **18**, 31—38 (1960).
[134] *H. Matare,* Recent development in the field of semiconductor devices for high frequencies, Fortschritte d. HF-Technik **5**, 347—412 (1960).
[135] *M. E. Jones, E. C. Wurst,* Recent advances in GaAs-transistors, IRE International Conv. Rec. **9**, 3, 26—29 (1961).
[136] *M. E. Jones, E. C. Wurst, H. L. Henneke,* Intermetallic transistors, Colloque International sur les Dispositifs a Semiconducteurs, Paris 1961, Vol. I, 193—200, Editions Chiron, Paris.
[137] *S. Mayburg,* Direct recombination in GaAs and some consequences in transistor design, Solid State Electronics **2**, 195—201 (1961).
[138] *H. L. Henneke,* Indium antimonide transistors, Solid State Electronics **3**, 159—166 (1961).
[139] *R. E. Davis, C. A. Bittmann, R. J. Gnaedinger,* Microwave germanium transistor, IRE Meeting EGED Washington D. C. (Oct. 1959).
v. R. Saari, R. J. Kirkpatrick, C. A. Bittmann, R. E. Davis, Circuit applications of a coaxially encapsulated microwave transistor, Intern. Solid State Circuits Conference (Febr. 1960) Philadelphia (Penn.).
[140] *H. C. Theuerer, J. J. Kleinmark, H. H. Loar, H. Christensen,* Epitaxial diffused transistor, Proc. IRE **48**, 1642—1643 (1960).
H. C. Theuerer: Epitaxial silicon films by the hydrogen reduction of $SiCl_4$, J. Electrochem. Soc. **108**, 649—653 (1961).
[141] Verschiedene Vorträge auf den Tagungen: IRE Meeting on Electr. Dev. 1960 (Washington D. C.), Electrochem. Society (Oct. 1960), Houston, Texas; Wescon. Show (Aug. 1960), Los Angeles, Californien.
[142] *O. Weinreich, G. Dermit, C. Tufts,* Germanium films obtained by thermal evaporation in vacuum, J. Appl. Phys. **32**, 1170—1171 (1961).
J. E. Davoy, Epitaxy of germanium films on germanium by vacuum evaporation, J. Appl. Phys. **33**, 1015—1016 (1962).
G. A. Kurov, S. A. Semiletov, Z. G. Pinsker, An investigation of vacuum-evaporated single-crystal germanium films, Soviet Phys. Doklady **1**, 604—606 (1957); übersetzt DAN **110**, 970—971 (1956).
[143] Siehe z. B. *J. Sigler, S. B. Watelski:* Epitaxial techniques in semiconductor devices, Solid State J. **2**, 33—37 (1961).
[144] *J. C. Marinace,* Epitaxial vapor growth of Ge single crystals in a closed-cycle process, IBM Journal of research and development **4**, 248—255 (1960).
[145] Sammelheft IBM Journal of research and development **4** (July 1960).
M. J. O'Rourke, J. C. Marinace, R. L. Anderson, W. H. White, Electrical properties of vapor-grown Ge junctions, p. 256.
W. E. Baker, D. M. J. Compton, Radiotracer studies of the incorporation of iodine into vaper-grown Ge, p. 269.
W. E. Baker, D. M. J. Compton, Incorporation of As into vapor-grown Ge, p. 275.
E. S. Waida, B. W. Kippenhan, W. H. White, Epitaxial growth of silicon, p. 188.
R. Glang, B. W. Kippenhan, Impurity introduction during epitaxial growth of silicon, p. 299.

H. S. Ingham, P. J. McDade, Dislocation content in epitaxial vapor-grown Ge crystals, p. 302.

[146] *A. Mark*, Growth of single crystal silicon overgrowth on silicon substrates, J. Electrochem. Soc. **107**, 568—569 (1960).

[147] Technical Conference Metallurgy of Semiconductors, AIME, 30. Aug. — 1. Sept. 1961.
T. B. Light, Imperfections in Ge and Si-epitaxial films.
H. Basseches, Some factors affecting the resistivity of epitaxially grown Si-layers.
S. K. Tung, The influence of process parameters on the growth of epitaxial Si-films.
W. J. Corrigan, Doping of silicon epitaxial layers.

[148] *B. A. I. Davis, L. J. Fey, D. D. Jones*, Some aspects of the design of power transistors for high frequency amplification and for high-speed high-current switching, Colloque International sur les dispositifs a semiconducteurs Vol. I, 237—252 (Paris 1961), Editions Chiron, Paris.

[149] *R. Wiesner*, Das Verhalten des Transistors bei großer Aussteuerung, NTZ **15**, 323—332 (1962), sowie weitere Referate d. NTG-Tagung Aachen (1962) veröffentlicht in NTZ (1962) demnächst.

[150] *H. Rüchardt*, Effekte in Mesatransistoren bei großer Stromdichte, NTZ **15**, 333—340 (1962), NTG-Tagung Aachen 1962 (s. auch Vortrag auf NTG-Symposium über Transistoren bei großer Aussteuerung; Hamburg, Herbst 1961).

[151] *C. T. Sah*, Effects of electrons and holes on the transistion layer characteristics of linear gradet pn-junctions, Proc. IRE **49** (1961), 603—618.

[152] *Z. S. Grubnikov*, Current carriers in pn-junctions, Soviet Physics-Solid State **3**, 1211—1219 (1961), Übersetzt aus Fizika Tverdogo Tela **3**, **6**, 1668—1682 (1961).

[153] *E. J. Adirovich, I. S. Riabinkin, K. V. Temko*, Equilibrium distribution of potential field and concentration of current carriers in fused junctions, Soviet J. Techn. Phys. (Übersetzung) **3**, 49—59 (1958).

[154] *A. Herlet*, Das Verhalten von pn-Gleichrichtern bei hohen Durchlaßbelastungen, Z. Naturforsch. **11a**, 498—510 (1956).

[155] *E. Groschwitz*, Nichtlineare Abweichungen vom thermodynamischen Gleichgewicht in trägerüberschwemmten Halbleitergebieten bei Stromaufprägung, Z. angew. Phys. **14** (1962), Heft 10 und 11 demnächst.

[156] *K. E. Mortenson*, High-level transistor operation and transport capacitance, IRE Trans. **ED-6**, Nr. 2, 174—189 (1959).

[157] *J. M. Early*, Design theory of junction transistors, Bell. Syst. Techn. J. **32**, 1271—1312 (1953).

[158] *W. Rosinski*, Alloy diffused transistors with alpha exceeding unity, Colloque International sur les dispositifs a semiconducteurs Vol. I, 200—208 (1961) (Paris); Editions Chiron, Paris.

[159] *W. Shockley*, Hot electrons in germanium and ohm's law, Bell. Syst. Techn. J. **30**, 990—1034 (1951).

[160] *N. H. Fletcher*, The high curent limit for semiconductor junction devices, Proc. IRE **45**, 862—872 (1957).

[161] *R. Emeis, A. Herlet, E. Spenke*, The effective emitter area of power transistors, Proc. IRE **46**, 1220—1229 (1958).

[162] *R. L. Pritchard*, Two dimensional current flow in junction transistors, Proc. IRE **46**, 1152—1160 (1958).

[163] *C. T. Kirk*, UHF-transistor switching theory (f_T-Degradation at high current densites), Quarterly Progress Rep. Lincoln Laboratory, Solid State Res. Div. 8. group 56 und 26, 15. April 1960, S. 71—79.
Stored charge in the transition-layer region of pn-junctions, loc. cit. 15. July 1961, S. 78—81, und 15. Oct. 1961, S. 57.

[164] *C. T. Kirk*, A theory of transistor cutoff frequency (f_T) falloff at high current densities, IRE Trans. on Electr. Devices **ED-9**, 164—174 (1962).

[165] *A. Corneretto*, Active-device designers turn to bulk effects, Electronic Design **10**, Nr. 9, 4—10 (26. April 1962).
[166] *E. Groschwitz*, Verstärkung von Raumladungswellen in elektronischen Halbleitern, Z. Naturforsch. **12a**, 529—532 (1957).
E. Groschwitz, Zur Frage neuer Möglichkeiten der Verstärkung durch Trägerbewegung in Halbleitern, Z. angew. Phys. **12**, 370—382, 400—410 (1960).
[167] *R. Zuleeg, V. W. Vodicka*, Parametric amplification properties in transistors, Proc. IRE **48**, 1785—1786 (1960).
[168] *V. W. Vodicka, R. Zuleeg*, Transistor operation beyond cutoff frequency, Electronics **33**, 57—60 (26. Aug. 1960).
[169] *R. Zuleeg, V. W. Vodicka*, Microwave operation of drift transistors in transit-time mode, IRE Trans. **CT-8**, Nr. 4, 426—433 (Dec. 1961).
[170] *W. Shockley*, Negative resistance arising from transit time in semiconductor diodes, Bell. Syst. Techn. J. **33**, 799—826 (1954).
[171] *G. Weinreich*, Transit time transistor, J. Appl. Phys. **27**, 1025—1027 (1956).
[172] *U. L. Rohde*, Parametric amplification with transistors, Wireless World **67**, Nr. 10, 498—499 (Oct. 1961).
U. L. Rohde, Pushing transistors above their frequency limits with parametric conversion, Electronics **35**, Nr. 25, 46—49 (Juni 1962).
[173] *U. L. Rohde*, Very low noise transistor amplifiers in the UHF-band using the parametric conversion mode, J. IRE (London), **23**, Nr. 8 (Aug. 1962).
[174] *W. W. Gärtner, M. Schuller*, Three-layer negative-resistance and inductive semiconductor diodes, Proc. IRE **49**, 754—767 (1961).
[175] *J. P. Spratt, R. F. Schwarz, W. M. Kane*, Hot electrons in metal films „injection and collection", Phys. Rev. Letters **6**, 341—342 (1961).
[176] *R. N. Hall*, Current gain in metal-insulator tunnel triodes, Solid-State Electronics **3**, 320—322 (1961).
[177] *J. M. Lavine, A. A. Jannini*, Current gain in metal-interface amplifiers, Solid-State Electr. **5**, 109—110 (1962).

Inhaltsübersicht

Halbleiterprobleme Band I bis VI und Festkörperprobleme Band I

Halbleiterprobleme Band I

Halbleiterprobleme Band II

Halbleiterprobleme Band III

Halbleiterprobleme Band IV

Halbleiterprobleme Band V

Halbleiterprobleme Band VI

Festkörperprobleme Band I